Chaos und Fraktale

Verständliche Forschung

Chaos und Fraktale

Mit einer Einführung von Hartmut Jürgens,
Heinz-Otto Peitgen und Dietmar Saupe

Erschienen bei **Spektrum** DER WISSENSCHAFT in Heidelberg

Inhaltsverzeichnis

Einführung   **7**   Hartmut Jürgens, Heinz-Otto Peitgen und Dietmar Saupe

Dynamische Systeme, Chaos, Turbulenz und Anwendungen

Chaos   **8**   James P. Crutchfield, J. Doyne Farmer, Norman H. Packard und Robert S. Shaw

Klimamodelle   **22**   Stephen H. Schneider

Wie entsteht das Magnetfeld der Erde?   **30**   Charles R. Carrigan und David Gubbins

Konvektion   **38**   Manuel G. Velarde und Christiane Normand

Mischen zäher Flüssigkeiten   **52**   Julio M. Ottino

Turbulenzen in Supraflüssigkeiten   **62**   Russell J. Donnelly

Oszillierende chemische Reaktionen   **72**   Irving R. Epstein, Kenneth Kustin, Patrick De Kepper und Miklós Orbán

Die Populationsdynamik von Räuber und Beute   **82**   Arthur T. Bergerud

Sekundenherztod: Hilfe von der Topologie?   **92**   Arthur T. Winfree

Fraktale Geometrie, komplexe Strukturen und Anwendungen

Fraktale − eine neue Sprache für komplexe Strukturen   **106**   Hartmut Jürgens, Heinz-Otto Peitgen und Dietmar Saupe

Fraktales Wachstum   **120**   Leonard M. Sander

Die Renormierungsgruppe   **128**   Kenneth G. Wilson

Spingläser   **146**   Daniel L. Stein

Quasikristalle   **154**   David R. Nelson

Cortex: hohe Ordnung oder größtmögliches Durcheinander?   **164**   Valentin Braitenberg und Almut Schüz

Wie der Leopard zu seinen Flecken kommt   **178**   James D. Murray

Software für Mathematik und Naturwissenschaften   **186**   Stephen Wolfram

Autoren   **198**

Literatur   **200**

Bildnachweise   **202**

Index   **203**

Einführung

Von Hartmut Jürgens, Heinz-Otto Peitgen und Dietmar Saupe

Chaos und Ordnung – Fraktale Geometrie, das sind die zentralen Begriffe, die eine Welle kennzeichnen, die nun seit nahezu zehn Jahren die Naturwissenschaften bewegt. Eine Welle, die in ihrer Kraft, Kreativität und Weiträumigkeit längst ein interdisziplinäres Ereignis ersten Ranges geworden ist. Dieser Band, der siebzehn sorgfältig ausgewählte Artikel zusammenführt, gibt davon Zeugnis, indem er die Spur nachzeichnet, die diese Welle zwischen 1979 und 1989 in *Spektrum der Wissenschaft* gelegt hat.

Die Chaostheorie hat die Naturwissenschaften mit der überraschenden Tatsache konfrontiert, daß viele Phänomene trotz der Möglichkeit einer strengen und umfassenden deterministischen Modellierung prinzipiell nicht langfristig prognostizierbar sind. Wenn unter Determinismus eine gesetzmäßige, vorhersagbare Verknüpfung von Ursache und Wirkung verstanden wird, so sollte nach traditioneller Vorstellung in der Regel die Annahme gültig sein, daß ähnliche Ursachen auch zu ähnlichen Wirkungen führen. Ohne diese Voraussetzung wären auf der Grundlage von Messungen, die stets fehlerbehaftet sind, Vorhersagen über reale dynamische Systeme prinzipiell unmöglich.

Die Gegenwart von Chaos in deterministischen Systemen heißt nun aber, daß kleinste Unterschiede in den Ursachen, etwa in Form von unvermeidlichen Meßfehlern, zu größten Unterschieden in den resultierenden Wirkungen führen können. Entgegen unserer am mechanistischen Weltbild geschulten Intuition sind Systeme mit dieser Eigenschaft in der Natur darüber hinaus sogar offenbar die Regel und nicht die Ausnahme.

Es ist naheliegend, daß sich diese neuartigen Phänomene nicht mehr in der überkommenen Sprache der Euklidischen Geometrie mit ihren Grundformen wie Linie, Kreis und so weiter beschreiben lassen. Die adäquate Sprache ist die Fraktale Geometrie mit ihrem unerschöpflichen Vorrat an geometrischen Elementen. Wer diese Sprache beherrscht, kann damit etwa die Form einer Wolke ebenso präzise und einfach beschreiben, wie ein Architekt ein Haus in der Sprache der traditionellen Geometrie vollständig entwerfen kann.

Daneben ist die Fraktale Geometrie aber auch die Geometrie der Chaostheorie, das heißt: befindet sich ein dynamisches System im Zustand des Chaos, so hinterläßt es eine Spur, deren Formen und Strukturen erst durch die Fraktale Geometrie greifbar werden. Umgekehrt liefert die Chaostheorie Modelle und Mechanismen für die Entstehung fraktaler Strukturen.

Fraktale und die moderne Chaostheorie verbindet auch, daß in ihnen die schrittmachenden Entdeckungen erst durch Computerexperimente möglich gemacht wurden. Dies ist für das tradierte Wissenschaftsverständnis eine Herausforderung, die von manchen als kraftvolle Erneuerung und Befreiung, von anderen mit einer gewissen Skepsis betrachtet wird. Durch die fachspezifi-schen Computermethoden – etwa in Physik und Mathematik, aber auch anderen Wissenschaften – entstehen neue Teildisziplinen (wie Computational Physics, Mathematics of Computation, Scientific Computing), die aufgrund ihrer teils sensationellen Erfolge sehr schnell wachsen und damit in erhebliche Konkurrenz mit den klassischen Disziplinen treten. Dieser Prozeß ist in den USA schon sehr weit fortgeschritten, während den Methoden hierzulande vielfach noch eine breitere Anerkennung in den Wissenschaften vorenthalten wird. Diese Haltung steht in einem bemerkenswerten Kontrast zu dem öffentlichen Interesse an den Ergebnissen dieser jungen Wissenschaften.

Die beiden Aspekte Chaostheorie und Fraktale Geometrie bestimmen den zweiteiligen Aufbau dieses Buches – das mit dem Chaos-Teil das Verhalten dynamischer Systeme an einigen grundlegenden Beispielen verdeutlicht und daran anschließend im Fraktale-Teil die Eigenschaften komplexer Strukturen vorstellt.

Beide Teile beginnen mit einführenden Übersichtsartikeln, deren Anwendungsperspektiven dann beispielhaft in den nachfolgenden Artikeln vertieft werden. Dabei sind die Themen – fachübergreifend – so ausgewählt, daß der Band einen ersten Einblick in die grundlegenden Ansätze einer neuen vielversprechenden Sichtweise in den Naturwissenschaften vermittelt.

Bremen, Juni 1989

Chaos

Es gibt Ordnung im Chaos: Hinter dem Zufall stecken geometrische Strukturen. Chaos schränkt zwar die Vorhersagbarkeit in grundsätzlicher Weise ein, aber es legt auch kausale Zusammenhänge nahe, wo man vorher keine vermutet hat.

Von James P. Crutchfield, J. Doyne Farmer, Norman H. Packard und Robert S. Shaw

Es ist die große Stärke der Naturwissenschaften, Ursache und Wirkung in Zusammenhang zu bringen. So kann man beispielsweise auf der Grundlage des Gravitationsgesetzes die Eklipsen – also Sonnen- und Mondfinsternisse – für Tausende von Jahren vorhersagen.

Für andere Naturphänomene gilt das nicht: Obwohl die Bewegung der Atmosphäre genauso wie die Bewegung der Planeten physikalischen Gesetzen folgt, ist die Wettervorhersage nur eine Wahrscheinlichkeitsaussage. Das Wetter, die Strömung eines Bergbaches oder der Fall eines Würfels haben nichtvorhersagbare Elemente. Da hier keine eindeutige Zuordnung von Ursache und Wirkung bekannt ist, bezeichnet man diese Phänomene als zufällig oder stochastisch. Bis vor kurzem hatte man jedoch wenig Grund daran zu zweifeln, daß auch in solchen Fällen zumindest prinzipiell exakte Vorhersagen möglich seien. Man nahm an, es sei nur nötig, genügend viel Information über das System anzuhäufen und zu verarbeiten.

Dieser Standpunkt ist jedoch durch eine erstaunliche Entdeckung ins Wanken gekommen: Einfache deterministische Systeme aus nur wenigen Teilen können stochastisches Verhalten erzeugen. Solches Zufallsverhalten ist grundsätzlicher Natur; es verschwindet nicht, wenn man mehr Information sammelt. Man bezeichnet Zufallsverhalten, das auf diese Weise erzeugt worden ist, als deterministisches Chaos.

Es scheint paradox, daß Chaos deterministisch ist, erzeugt nach festen Regeln ohne stochastische Elemente. Prinzipiell ist die Zukunft durch die Vergangenheit vollständig bestimmt, aber praktisch werden kleine Fehler verstärkt – das Verhalten ist deshalb zwar kurzfristig vorhersagbar, langfristig aber unvorhersagbar. Es gibt Ordnung im Chaos: Das chaotische Verhalten beruht auf eleganten geometrischen Strukturen, die Zufall in ähnlicher Weise erzeugen wie beispielsweise ein Spieler beim Mischen der Karten oder ein Bäcker beim Kneten von Brotteig.

Durch die Entdeckung von Chaos entstand in der Naturwissenschaft ein neues Paradigma. Einerseits folgen daraus grundlegende Schranken für die Vorhersagbarkeit, andererseits folgt jedoch aus dem Determinismus des Chaos, daß viele zufällige Phänomene genauer vorhersagbar sind als bisher angenommen. Als zufällig erscheinende Daten, die man früher gemessen und dann ohne weitere Untersuchung beiseite getan hatte, weil man meinte, sie seien zu kompliziert, lassen sich jetzt mit einfachen Gesetzen erklären. Chaos ermöglicht es, Ordnung in so unterschiedlichen Systemen wie der Atmosphäre, einem tropfenden Wasserhahn und dem Herzen zu finden. Die Folge dieser Tatsache ist eine Revolution, die viele verschiedene Zweige der Wissenschaft erfaßt.

Ursachen zufälligen Verhaltens

Was sind die Ursachen des zufälligen Verhaltens? Ein klassisches Beispiel für Stochastizität ist die Brownsche Bewegung. Unter dem Mikroskop kann man sehen, daß sich ein Staubkorn in einem Wassertropfen unablässig irregulär hin- und herbewegt. Ursache dieser Zufallsbewegung ist die thermische Bewegung der Wassermoleküle, die mit dem Staubteilchen kollidieren. Weil man die Wassermoleküle nicht sieht und weil sie so zahlreich sind, ist die detaillierte Bewegung des Teilchens unvorhersagbar. Das Netz der kausalen Beziehungen zwischen den Teilsystemen kann hier so kompliziert werden, daß das resultierende Bewegungsmuster zufällig wird.

Das Chaos, das wir hier betrachten wollen, setzt keine große Zahl von Teilsystemen oder unbeobachtbaren Einflüssen voraus. Die Entdeckung, daß

Bild 1: Chaos ist eine Folge der geometrischen Operation des Streckens. Dies ist hier dargestellt an einem Bild des französischen Mathematikers Henri Poincaré, des Vaters der Theorie dynamischer Systeme. Das ursprüngliche Bild (oben links) wurde digitalisiert, damit ein Computer die Streckung vornehmen konnte. Eine einfache mathematische Zuordnung streckt das Bild nun diagonal, als ob es aus Gummi wäre. Wo die Teile den Bildrand verlassen, werden sie abgeschnitten und auf der gegenüberliegenden Seite wieder eingesetzt, wie im Feld 1 gezeigt. (Die Nummer über jedem Feld gibt an, wie oft die Transformation angewandt worden ist.) Durch wiederholtes Anwenden der Transformation werden die Bildpunkte des Gesichts durcheinandergewürfelt (Felder 2 bis 4). Das Ergebnis ist eine zufällige Mischung der Farben, so daß im Mittel ein grünes Bild entsteht (Felder 10 und 18). Ab und zu passiert es, daß einige Punkte wieder in die Nähe der Ausgangslage zurückkehren, wobei das Bild dann kurz wieder zu erkennen ist (Felder 47 und 48 sowie 239 bis 241). Die hier gezeigte Transformation ist insofern eine Ausnahme, als diese „Poincaréschen Wiederkehren" (wie man sie in der statistischen Mechanik nennt) öfter vorkommen als normal; in einem typischen chaotischen System sind sie extrem selten, es gibt sie vielleicht einmal während der Existenz des Universums. Falls noch Hintergrundfluktuationen überlagert sind, werden die Poincaréschen Wiederkehrzeiten so lang, daß normalerweise alle Informationen über das ursprüngliche Bild verlorengehen.

9

einfache Systeme zufälliges Verhalten zeigen können, motiviert aber eine erneute Untersuchung der Ursprünge zufälligen Verhaltens selbst in so umfangreichen Systemen wie dem Wetter.

Weshalb läßt sich die Bewegung der Atmosphäre soviel schwerer vorhersagen als die Bewegung des Sonnensystems? Beide bestehen aus vielen Teilchen, und beide folgen dem zweiten Newtonschen Gesetz, $F=ma$, das als eine einfache Anweisung zur Vorhersage der Zukunft angesehen werden kann: Wenn die Kräfte F auf eine gegebene Masse m bekannt sind, so kennt man auch die Beschleunigung a. Es folgt nun aus der Differential- und Integralrechnung, daß Ort und Geschwindigkeit eines Objekts für immer bestimmt sind, falls man sie zu einem bestimmten Zeitpunkt messen kann. Diese Idee ist so weitreichend, daß sich der französische Mathematiker Pierre Simon de Laplace im 18. Jahrhundert einmal damit brüstete, er könne bei Kenntnis der Orte und Geschwindigkeiten aller Teilchen im Universum für alle Zeiten die Zukunft vorhersagen.

Obwohl es offensichtlich praktische Schwierigkeiten bei der Realisierung des Laplaceschen Gedankens gibt, zweifelte mehr als 100 Jahre kaum jemand an seiner prinzipiellen Berechtigung (Bild 2). Aus der wörtlichen Anwendung der Laplaceschen Behauptung auf menschliches Verhalten entstand die philosophische Schlußfolgerung, daß es vollständig vorbestimmt sei: Ein freier Wille wäre demnach nicht existent.

Im Verlaufe der wissenschaftlichen Entwicklung im 20. Jahrhundert brach jedoch der Laplacesche Determinismus aus zwei sehr unterschiedlichen Gründen zusammen. Der erste Grund ist die Entwicklung der Quantenmechanik. Ein zentrales Axiom dieser Theorie ist das Heisenbergsche Unschärfeprinzip – demnach gibt es in Mikrosystemen eine grundsätzliche Grenze für die Genauigkeit, mit der gleichzeitig Ort und Geschwindigkeit gemessen werden können. Die Unschärferelationen erklären einige stochastische Phänomene in der Atom- und Kernphysik – etwa den radioaktiven Zerfall von Atomkernen – recht gut.

In größeren Systemen ist jedoch die Ursache für nichtvorhersehbares Verhalten nicht durch die Quantenmechanik zu begründen. Dort sind einige Phänomene vorhersagbar, andere nicht. Beispielsweise ist die Bahn eines Fußballs vorhersagbar: Ein Torwart macht davon jedesmal intuitiv Gebrauch, wenn er einen Ball hält. Im Gegensatz dazu läßt sich die Bahn eines Luftballons, aus dem die Luft strömt, nicht vorhersagen; der Luftballon torkelt und ändert seine Richtung zu Zeiten und an Orten, die sich nicht vorhersagen lassen. Dennoch folgt er den Newtonschen Gesetzen genauso wie der Fußball. Warum ist dann das Verhalten des Ballons soviel schwerer vorhersagbar als das des Balles?

Das klassische Beispiel dieser Dichotomie sind Strömungen. Unter gewissen Bedingungen ist die Bewegung einer Flüssigkeit laminar – glatt, gleichmäßig und regulär – und leicht aus den hydrodynamischen Gleichungen vorhersagbar. Unter anderen Bedingungen ist die Bewegung turbulent – verwirbelt, ungleichmäßig und irregulär – und schwer vorherzusagen. Der Übergang von laminarem zu turbulentem Verhalten ist jedem bekannt, der schon einmal in einem Flugzeug aus einer ruhigen Wetterlage plötzlich in ein Gewitter eingeflogen ist. Was verursacht den wesentlichen Unterschied zwischen laminarer und turbulenter Bewegung?

Um das Rätselhafte daran deutlich zu sehen, stellen Sie sich vor, sie säßen an einem Bergbach. Das Wasser wirbelt und spritzt, bewegt sich eigensinnig erst in der einen Richtung, dann in der anderen – obwohl die Steine im Bachbett fest verankert liegen und der Zustrom aus den Quellen fast konstant ist. Woher kommt die zufällige Bewegung des Wassers?

Eine jahrelang vorherrschende Erklärung turbulenter Strömungen geht auf

Laplace, 1776

„Der momentane Zustand des ‚Systems' Natur ist offensichtlich eine Folge dessen, was er im vorherigen Moment war, und wenn wir uns eine Intelligenz vorstellen, die zu einem gegebenen Zeitpunkt alle Beziehungen zwischen den Teilen des Universums verarbeiten kann, so könnte sie Orte, Bewegungen und allgemeine Beziehungen zwischen all diesen Teilen für alle Zeitpunkte in Vergangenheit und Zukunft vorhersagen.

Die Astrophysik, der Teil unseres Wissens, der dem menschlichen Geist zur größten Ehre gereicht, gibt uns eine wenn auch unvollständige Vorstellung, wie diese Intelligenz beschaffen sein müßte. Die Einfachheit der Gesetze, nach denen sich die Himmelskörper bewegen, und die Beziehung zwischen ihren Massen und Abständen erlauben der Analysis, ihren Bewegungen bis zu einem gewissen Punkt zu folgen; und um nun den Zustand dieses Systems großer Massen für zukünftige oder vergangene Jahrhunderte zu bestimmen, genügt es dem Mathematiker, daß ihre Orte und Geschwindigkeiten zu einem Zeitpunkt durch Beobachtung gegeben sind: Die Menschheit verdankt diese Möglichkeit den leistungsfähigen Instrumenten, die sie benutzt, und den wenigen Beziehungen, die man zur Berechnung braucht. Aber unser Unwissen um die verschiedenen Ursachen, die beim Werden eines Ereignisses zusammenwirken, sowie ihre Komplexität zusammen mit der Unvollkommenheit der Analyse verhindern, daß wir die gleiche Sicherheit bei den meisten anderen Problemen haben. Es gibt also Dinge, die unbestimmt sind, die mehr oder weniger wahrscheinlich sind, und wir versuchen die Unmöglichkeit, sie zu bestimmen, dadurch zu kompensieren, daß wir die verschiedenen Grade der Wahrscheinlichkeit bestimmen. Es ist also so, daß wir einer Schwäche des menschlichen Geistes eine der schönsten und genialsten mathematischen Theorien verdanken, die Wissenschaft von Zufall und Wahrscheinlichkeit."

Poincaré, 1903

„Eine sehr kleine Ursache, die wir nicht bemerken, bewirkt einen beachtlichen Effekt, den wir nicht übersehen können, und dann sagen wir, der Effekt sei zufällig. Wenn die Naturgesetze und der Zustand des Universums zum Anfangszeitpunkt exakt bekannt wären, könnten wir den Zustand dieses Universums zu einem späteren Moment exakt bestimmen. Aber selbst wenn es kein Geheimnis in den Naturgesetzen mehr gäbe, so könnten wir die Anfangsbedingungen doch nur *annähernd* bestimmen. Wenn uns dies ermöglichen würde, die spätere Situation *in der gleichen Näherung* vorherzusagen — dies ist alles, was wir verlangen —, so würden wir sagen, daß das Phänomen vorhergesagt worden ist und daß es Gesetzmäßigkeiten folgt. Aber es ist nicht immer so; es kann vorkommen, daß kleine Abweichungen in den Anfangsbedingungen schließlich große Unterschiede in den Phänomenen erzeugen. Ein kleiner Fehler zu Anfang wird später einen großen Fehler zur Folge haben. Vorhersagen werden unmöglich, und wir haben ein zufälliges Ereignis."

Bild 2: Die Ansichten zweier Geistesgrößen über Zufall und Wahrscheinlichkeit sind hier einander gegenübergestellt. Der französische Mathematiker Pierre Simon de Laplace (1749–1827) behauptete, daß die Gesetze der Natur strikt deterministisch seien – Wahrscheinlichkeitstheorie wäre nur wegen der unvermeidlichen Meßfehler notwendig. Das Zitat des Mathematikers Henri Poincaré (1854–1912) nimmt den heutigen Standpunkt vorweg, daß selbst beliebig kleine Unsicherheiten über den Zustand eines Systems im Laufe der Zeit verstärkt werden können, so daß Vorhersagen über die ferne Zukunft unmöglich werden.

den sowjetischen Physiker Lev D. Landau (1908 bis 1968) zurück. Demnach besteht die Bewegung einer turbulenten Flüssigkeit aus vielen verschiedenen unabhängigen Oszillationen. Läßt man die Flüssigkeit schneller strömen, so daß sie immer turbulenter wird, treten nach und nach weitere Oszillationen hinzu. Obwohl jede einzelne Oszillation einfach sein kann, macht ihre komplizierte Überlagerung die Strömung unvorhersagbar.

Zufallsverhalten in einfachen Systemen

Landaus Theorie ist jedoch inzwischen widerlegt worden. Zufälliges Verhalten gibt es auch in ganz einfachen Systemen, ohne daß Komplexität oder Unbestimmtheit nötig wären. Der französische Mathematiker Henri Poincaré erkannte dies schon um die Jahrhundertwende, als er feststellte, daß unvorhersagbare, „zufällige" Phänomene entstehen können, wenn in einem System kleine Änderungen in der Gegenwart große Änderungen in der Zukunft hervorrufen (Bild 2).

Die Idee wird klarer am Beispiel eines auf einem Grat ausbalancierten Steines: Ein kleiner Stoß in die eine oder andere Richtung genügt, um ihn auf einem von zwei sehr unterschiedlichen Wegen talwärts rollen zu lassen. Während der Stein jedoch nur empfindlich auf kleine Störungen reagiert, solange er sich noch auf dem Grat befindet, tun dies chaotische Systeme in jedem Punkt ihrer Bahn.

Ein Beispiel illustriert, wie empfindlich manche physikalische Systeme auf externe Störungen reagieren können. Bei einem idealisierten Billardspiel sollen die Kugeln ohne Energieverlust über den Tisch rollen und zusammenstoßen. Mit einem einzigen Stoß schickt der Spieler die Kugeln in eine längere Folge von Kollisionen; er möchte die Wirkung seines Stoßes abschätzen. Für welchen Zeitraum könnte ein Spieler mit perfekter Kontrolle über den Stoß die Bahn des Spielballes vorhersagen? Sofern er nur einen Effekt vernachlässigt, dessen Stärke der gravitativen Anziehung eines Elektrons am Rande der Milchstraße entspricht, wäre die Vorhersage bereits nach einer Minute falsch.

Die Ungenauigkeiten wachsen so schnell, weil die Kugeln rund sind und deshalb kleine Bahnabweichungen bei jedem Zusammenstoß vergrößert werden. Das Anwachsen geschieht exponentiell: Bei jeder Kollision werden die neuen Fehler zu den alten geschlagen, so daß die Größe des Fehlers in ähnli-

cher Weise anwächst wie die Anzahl von Bakterien, die sich in einem unbegrenzten Lebensraum mit unbegrenzter Nahrung vermehren. Bei jeder Kollision wird der Gesamtfehler multipliziert; auf diese Weise erreicht jeder noch so kleine Effekt rasch makroskopische Dimensionen. Das ist eine der fundamentalen Eigenschaften von Chaos.

Diese exponentielle Vergrößerung der Fehler durch die chaotische Dynamik ist der zweite Grund dafür, daß die Prognose von Laplace über den Determinismus aller Ereignisse falsch war. Aus der Quantenmechanik folgt, daß Messungen der Anfangswerte immer unscharf sind; Chaos erzwingt, daß diese Fehler derart anwachsen, daß sich das Systemverhalten nicht mehr vorhersagen läßt. Ohne Chaos hätte Laplace hoffen können, daß die Fehler beschränkt blieben — oder daß sie zumindest langsam genug wüchsen, so daß Vorhersagen über lange Zeiträume möglich wären. Da jedoch chaotisches Verhalten eine Realität ist, werden alle Vorhersagen rasch ungenau.

Dynamische Systeme

Chaotisches Verhalten kennt man vor allem aus der Theorie dynamischer Systeme. Zur Beschreibung eines derartigen Systems muß man seinen Zustand (die wesentliche Information über ein System) und die Dynamik (eine Vorschrift, welche die zeitliche Änderung

des Zustandes angibt) kennen. Die zeitliche Entwicklung kann man sich im Zustandsraum veranschaulichen — einem abstrakten Raum, dessen Koordinaten die Komponenten des Zustands sind (Bild 3). Im allgemeinen ändern sich die Koordinaten des Zustandsraumes mit dem Modell; für ein mechanisches System könnten das Ort und Geschwindigkeit sein, während für ein ökologisches Modell Populationen verschiedener Spezies geeigneter wären.

Ein gutes Beispiel eines dynamischen Systems ist ein einfaches Pendel. Zur Bestimmung seiner Bewegung braucht man lediglich zwei Variablen: Ort und Geschwindigkeit. Der Zustand ist also ein Punkt in einer Ebene mit Ort und Geschwindigkeit als Koordinaten. Er entwickelt sich zeitlich entsprechend den Newtonschen Gesetzen, die mathematisch als Differentialgleichung formuliert sind. Während das Pendel vor- und zurückschwingt, bewegt sich der Zustand längs eines Weges in dieser Ebene. Im idealen Fall eines reibungsfreien Pendels ist die Bahn (der Orbit) eine geschlossene Kurve; ist das nicht der Fall, spiralt sie auf einen Punkt zu, und das Pendel kommt schließlich zur Ruhe (Bild 3).

Die zeitliche Entwicklung eines dynamischen Systems kann entweder kontinuierlich oder zeitlich diskret — sprunghaft — sein. Bei der kontinuierlichen Entwicklung spricht man von Fluß, im diskreten Fall von Abbildung. Ein Pendel beispielsweise bewegt sich stetig von einem Zustand zum nächsten

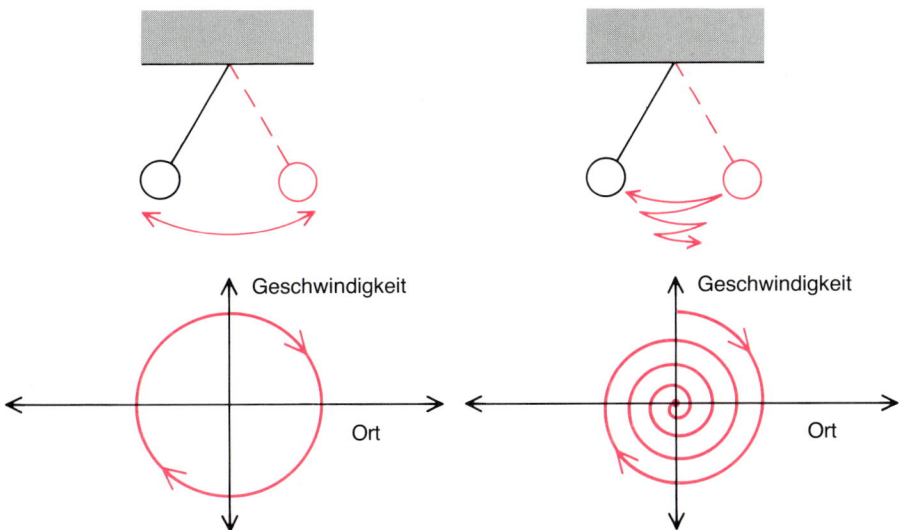

Bild 3: Der Zustandsraum ist ein nützliches Konzept zur Veranschaulichung des Verhaltens dynamischer Systeme. Es handelt sich dabei um einen abstrakten Raum, dessen Koordinaten die Freiheitsgrade des Systems sind. So ist beispielsweise die Bewegung eines Pendels (oben) vollständig durch Anfangsgeschwindigkeit und Anfangsort bestimmt. Sein Zustand ist deshalb ein Punkt in einer Ebene mit Ort und Geschwindigkeit als Koordinaten (unten). Während das Pendel vor- und zurückschwingt, beschreibt es einen Orbit oder Weg im Zustandsraum. Für ein reibungsfreies Pendel ist der Orbit eine geschlossene Kurve (unten links); beim Pendel mit Reibung spiralt der Orbit auf einen Punkt zu (unten rechts).

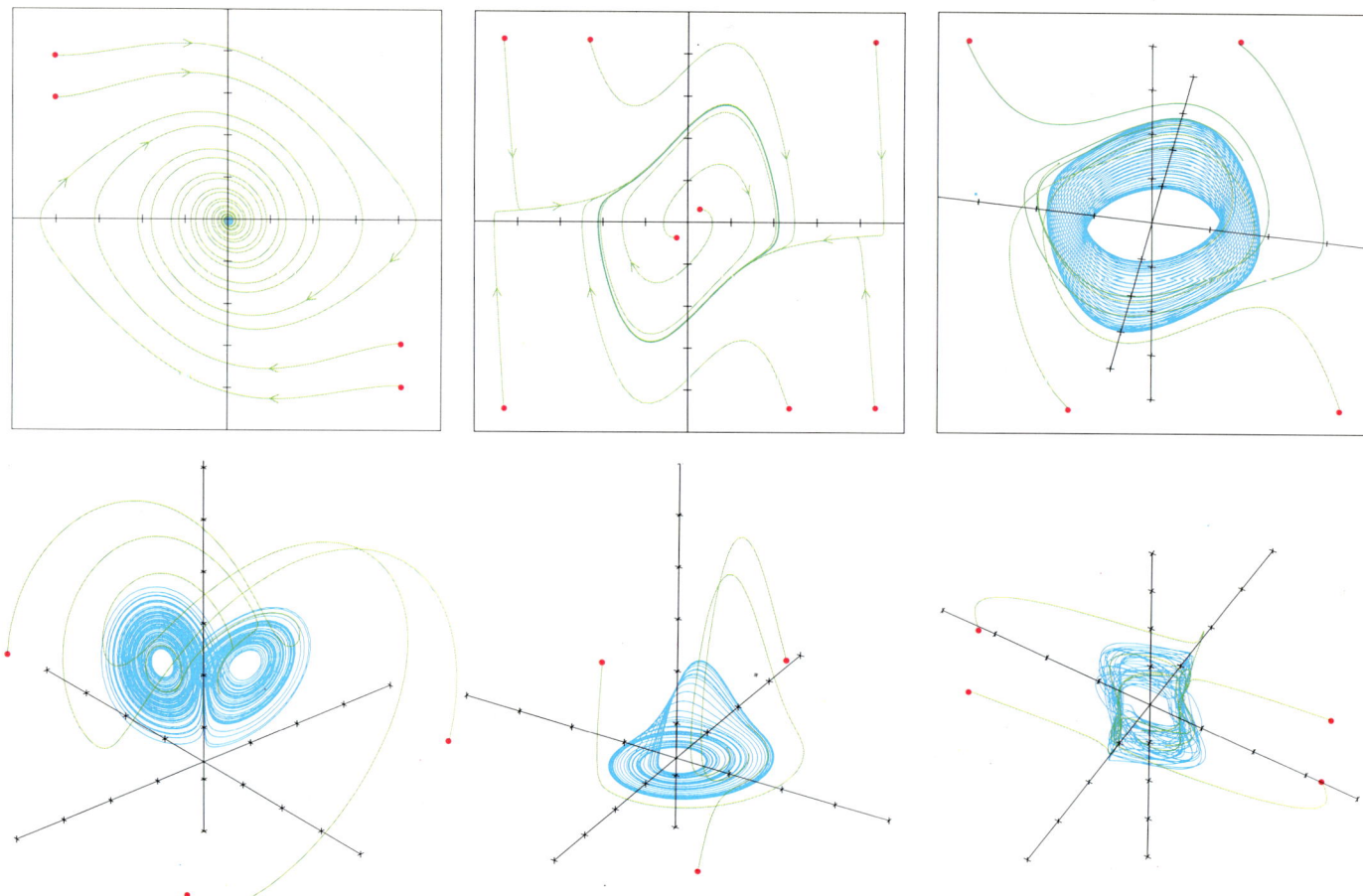

Bild 4: Attraktoren sind geometrische Strukturen, die das Langzeitverhalten im Zustandsraum charakterisieren. Grob gesprochen ist ein Attraktor alles, worauf sich ein System zubewegt oder wovon es angezogen wird. Attraktoren sind hier blau gezeichnet und Anfangszustände rot. Von den Anfangszuständen loslaufende Trajektorien (grün) bewegen sich schließlich auf einen Attraktor zu. Der einfachste Fall ist der eines Fixpunktes (oben links). Er gehört zu einem Pendel mit Dämpfung; unabhängig davon, wie man es anstößt, läuft das Pendel immer auf die gleiche Ruhelage zu (links in Bild 3). Der nächstkompliziertere Attraktor ist der Grenzzyklus (oben Mitte), dargestellt als geschlossene Kurve im Zustandsraum. Ein Grenzzyklus beschreibt stabile Schwingungen, wie bei einer Pendeluhr oder beim Herzschlag. Zusammengesetzte Schwingungen oder quasiperiodisches Verhalten gehören zum Torus-Attraktor (oben rechts). Alle drei Attraktoren sind vorhersagbar: Ihr Verhalten läßt sich beliebig genau vorausberechnen. Im Gegensatz dazu ist das Verhalten chaotischer Attraktoren nicht vorhersagbar; sie zeigen kompliziertere geometrische Strukturen. Drei Beispiele chaotischer Attraktoren sind in der unteren Reihe abgebildet. Sie stammen aus Arbeiten von (von links nach rechts) Edward N. Lorenz, Otto E. Rössler und einem der Autoren (Shaw). Die Orbits in den Bildern wurden mit einfachen Systemen gewöhnlicher Differentialgleichungen in einem dreidimensionalen Zustandsraum berechnet.

und wird deshalb durch einen zeitlich stetigen Fluß beschrieben. Dagegen beschreibt man die Zahl der jedes Jahr in einer bestimmten Gegend geborenen Insekten oder das Zeitintervall zwischen den Tropfen eines undichten Wasserhahns besser als Abbildung zu diskreten Zeiten.

Um herauszufinden, wie sich ein System — ausgehend von einem Anfangszustand — entwickelt, kann man die Dynamik (die Bewegungsgleichungen) benutzen und den Orbit schrittweise bestimmen. Bei dieser Methode ist der rechnerische Aufwand ungefähr proportional zur Länge des Zeitintervalls, über das man dem Orbit folgen will.

Hin und wieder lassen sich die Bewegungsgleichungen einfacher Systeme, wie beispielsweise für das reibungsfreie Pendel, in geschlossener Form lösen: Es gibt eine Formel, die jeden künftigen Zustand als Funktion der Anfangswerte

und der Zeit angibt. Eine Lösung in geschlossener Form ist eine Abkürzung, ein einfacherer Algorithmus, der aus Anfangszustand und Endzeit die Zukunft vorhersagt, ohne durch alle Zwischenzustände zu gehen. Mit einer derartigen Lösung wird der rechnerische Aufwand zur Bestimmung der Bewegung im wesentlichen unabhängig von der Zeit. Auf diese Weise lassen sich zum Beispiel Sonnen- und Mondfinsternisse auf viele Jahre im voraus bestimmen; man geht dabei aus von den Bewegungsgleichungen für Planeten und Monde sowie von den Positionen und Geschwindigkeiten der Erde und des Mondes.

Erfolg bei der Suche nach geschlossenen Lösungen für eine Vielzahl einfacher Systeme begründete früher die Hoffnung, solche Lösungen würden für jedes mechanische System existieren. Heute weiß man, daß dies im allgemei-

nen falsch ist: Das nicht vorhersagbare Verhalten chaotischer Systeme läßt sich nicht in einer geschlossenen Form ausdrücken — es gibt demnach keine Abkürzung bei der Vorhersage ihres Verhaltens.

Fixpunkte, Grenzzyklen und Tori

Der Zustandsraum bleibt trotzdem ein wichtiges Mittel bei der Beschreibung chaotischer Systeme. Seine Bedeutung liegt in der Möglichkeit, das Verhalten geometrisch darzustellen.

Zum Beispiel wird ein Pendel unter dem Einfluß von Reibung schließlich stehenbleiben; im Zustandsraum läuft der Orbit auf einen Punkt zu. Dieser Punkt bewegt sich nicht: Er ist ein sogenannter Fixpunkt (Bild 4 oben links). Weil er Orbits in der Nähe gleichsam anzieht, spricht man von einem Attrak-

tor (von lateinisch *attrahere*, anziehen).
Stößt man das Pendel ein wenig an, so
kehrt sein Orbit zu demselben Fixpunkt-Attraktor zurück.

Jedes System, das langfristig zur
Ruhe kommt, läßt sich durch einen Fixpunkt im Zustandsraum charakterisieren. Dies ist ein Beispiel für ein sehr
allgemeines Phänomen: Verluste beispielsweise durch Reibung oder Viskosität sorgen dafür, daß Orbits von kleineren Gebieten in dem Zustandsraum
mit niedrigerer Dimension angezogen
werden. Auch alle derartigen Gebiete
nennt man Attraktoren. Sie bestimmen
langfristig die Entwicklung des Systems, indem sie nahegelegene Orbits
anziehen.

Einige Systeme kommen langfristig
nicht zur Ruhe, sondern durchlaufen
periodisch eine Reihe von Zuständen.
Ein Beispiel dafür ist die Pendeluhr, bei
der eine Feder oder Gewichte die Energieverluste durch Reibung ausgleichen.
Das Pendel wiederholt die gleiche Bewegung immer wieder. Im Zustandsraum gehört zu dieser Bewegung ein
Zyklus: ein periodischer Orbit. Unabhängig davon, wie man das Pendel in
Bewegung versetzt, wird es langfristig
schließlich immer den gleichen Zyklus
erreichen. Solche Attraktoren nennt
man Grenzzyklen (Bild 4 oben Mitte).
Ein weiteres wohlbekanntes System mit
einem Grenzzyklus-Attraktor ist das
Herz.

Ein System kann durchaus mehrere
Attraktoren haben. Wenn dies der Fall
ist, können sich Orbits von unterschiedlichen Anfangsbedingungen auf verschiedene Attraktoren zubewegen. Die
Menge aller Punkte, die sich auf einen
Attraktor zubewegen, heißt das Einzugsgebiet des Attraktors. Die Pendeluhr hat zwei solcher Einzugsgebiete:

**Bild 5: Chaotische Attraktoren haben eine sehr
viel kompliziertere Struktur als die vorhersagbaren Fixpunkt-, Grenzzyklus- oder Torus-At-
traktoren. In größerem Maßstab als in Bild 4
sieht man, daß ein chaotischer Attraktor nicht
glatt ist, sondern Falten hat. Die hier dargestellte Bildfolge zeigt die nötigen Schritte, um einen
der einfachsten Attraktoren herzustellen: den
Rössler-Attraktor (benannt nach Otto E. Rössler von der Universität Tübingen, unten). Zuerst einmal müssen nahe benachbarte Trajektorien auf dem Objekt exponentiell divergieren
oder „gestreckt" werden (oben); im hier gezeigten Beispiel verdoppelt sich der Abstand
zweier Punkte ungefähr. Zweitens muß sich das
Objekt, damit es kompakt bleibt, auf sich selbst
zurück-„falten" (Mitte): die Fläche biegt sich
so weit zusammen, daß beide Enden zusammenfallen. Der Rössler-Attraktor ist in vielen
Systemen beobachtet worden, die chaotische
Strukturen ausbilden können – angefangen
bei Strömungen bis hin zu chemischen Reaktionen. Er ist damit ein Beispiel für Einsteins Ma-
xime, daß die Natur einfache Formen vorziehe.**

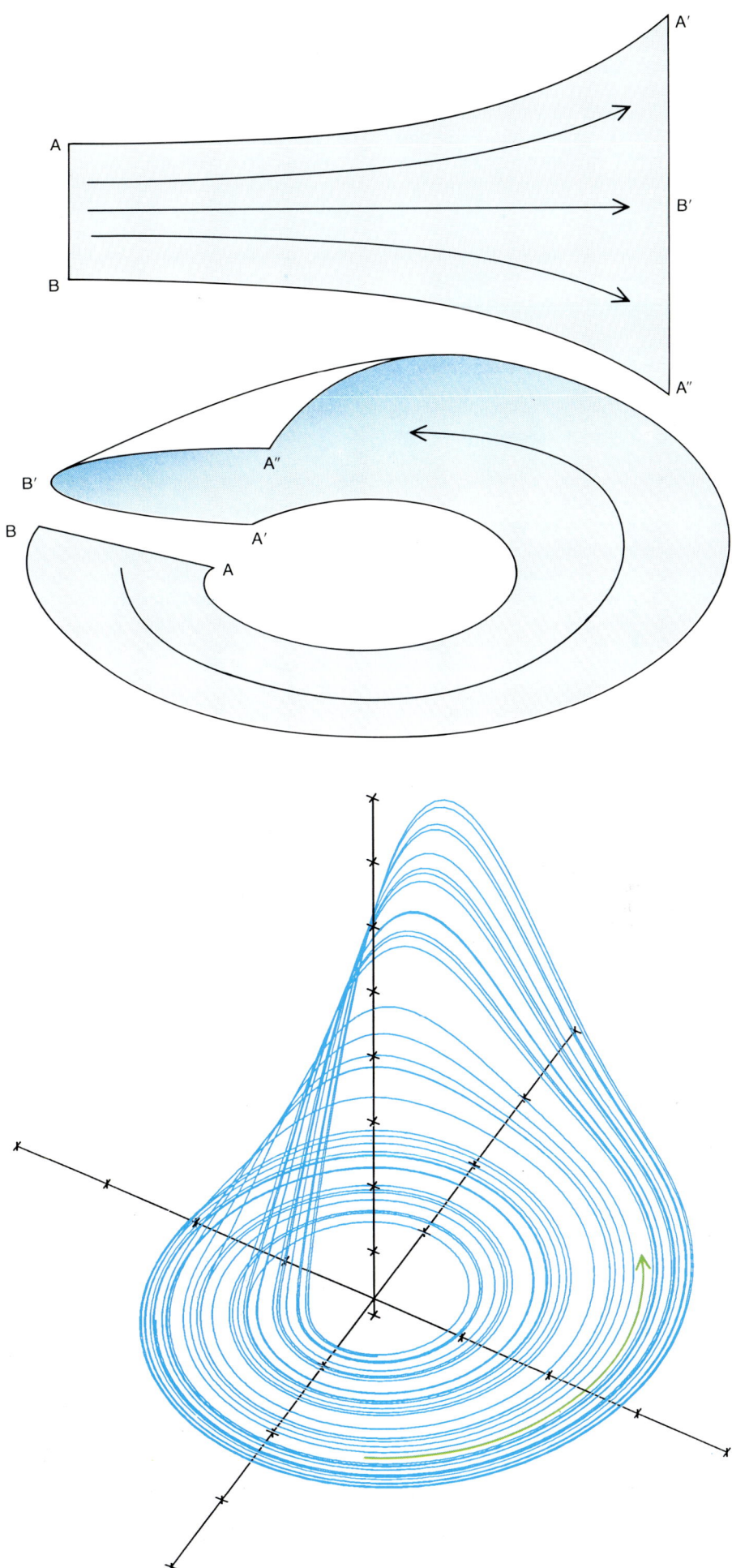

Bei kleiner Auslenkung des Pendels kehrt es wieder in die Ruhelage zurück; bei großer Auslenkung jedoch beginnt die Uhr zu ticken, und das Pendel führt stabile Oszillationen aus.

Die nächstkomplizierte Form eines Attraktors ist ein Torus – eine Fläche, die der Oberfläche eines Rettungsrings ähnelt (Bild 4 oben rechts). Dieser Typ beschreibt Bewegungen mit zwei unabhängigen Oszillationen, die man auch als quasiperiodische Bewegung bezeichnet. (Physikalische Beispiele lassen sich aus elektrischen Schwingkreisen bauen.) Der Orbit windet sich um den Torus im Zustandsraum, wobei je eine Frequenz bestimmt wird durch die Geschwindigkeit, mit welcher der Orbit auf dem großen beziehungsweise dem kleinen Radius umläuft. Auch höherdimensionale Tori, wie sie bei Kombination von mehr als zwei Oszillationen entstehen, können Attraktoren sein.

Es ist eine wichtige Eigenschaft quasiperiodischer Bewegungen, daß sie sich trotz ihrer Komplexität vorhersagen lassen. Obwohl sich ein Orbit nur dann exakt wiederholt, wenn die Frequenzen der einzelnen Oszillationen (bis auf einen gemeinsamen Faktor) rationale Zahlen sind, bleibt die Bewegung regulär: Orbits, die auf dem Torus nahe beieinander gestartet werden, bleiben nahe beieinander – und langfristige Vorhersagbarkeit ist sichergestellt.

Chaotische Attraktoren

Bis vor kurzem waren Fixpunkte, Grenzzyklen und Tori die einzigen bekannten Attraktoren. Im Jahre 1963 entdeckte jedoch Edward N. Lorenz vom Massachusetts Institute of Technology ein konkretes Beispiel eines niedrigdimensionalen Systems, das komplexes Verhalten zeigte. Um die Unvorhersagbarkeit des Wetters zu verstehen, reduzierte er die Bewegungsgleichungen für Fluide (fließende Medien wie Flüssigkeiten und Gase; auch die Atmosphäre kann man als Fluid betrachten) auf ein System mit nur drei Freiheitsgraden. Trotz dieser Vereinfachung verhielt sich das System in einer offensichtlich stochastischen Art und Weise, die sich durch keinen der drei bekannten Typen von Attraktoren zufriedenstellend beschreiben ließ. Der Attraktor, den er beobachtete, ist heute als Lorenz-Attraktor bekannt; er war das erste Beispiel eines chaotischen oder – wie er auch genannt wird – seltsamen Attraktors.

Mit Hilfe des Computers, auf dem Lorenz sein Modell simulierte, fand er auch den fundamentalen Mechanismus, der für die Stochastizität verantwortlich

ist: Mikroskopische Störungen werden verstärkt und beeinflussen das makroskopische Verhalten. Zwei Orbits mit verwandten Anfangsbedingungen laufen exponentiell auseinander – sie bleiben nur für kurze Zeit benachbart (Bild 5 oben). Das Verhalten nicht-chaotischer Attraktoren hingegen ist – wie erläutert – qualitativ anders: Bei ihnen bleiben benachbarte Orbits nahe beieinander, kleine Fehler bleiben beschränkt, und das Verhalten ist vorhersagbar.

Der Schlüssel zum Verständnis des chaotischen Verhaltens liegt in einer einfachen Streckung und Faltung im Zustandsraum. Das exponentielle Auseinanderstreben der Orbits ist eine lokale Eigenschaft: Wegen der endlichen Größe des Attraktors können zwei Orbits auf einem chaotischen Attraktor nicht für immer exponentiell auseinanderlaufen. Folglich muß sich der Attraktor auf sich selbst zurückfalten (Bild 5 Mitte). Obwohl Orbits in solchen Fällen divergieren und immer weiter auseinanderliegenden Bahnen folgen, müssen sie schließlich wieder nahe aneinander vorbeilaufen.

Durch diesen Prozeß werden die Orbits auf einem chaotischen Attraktor gemischt – etwa so, wie ein Spieler Karten mischt (Bild 6). Die Zufälligkeit eines Orbits ist die Folge dieses Mischens. Diese Vorgänge des Streckens und Faltens wiederholen sich andauernd, so daß Falten in Falten, darin wieder Falten und so ad infinitum entstehen. Ein chaotischer Attraktor ist demnach ein Fraktal: ein Objekt, das bei jeder Vergrößerung neue Details zeigt (Bild 7).

Chaos mischt die Orbits im Zustandsraum in ähnlicher Weise, wie ein Bäcker Teig knetet. Mit einem Tropfen blauer Lebensmittelfarbe im Teig kann man verdeutlichen, was mit benachbarten Orbits passiert. Der Knetvorgang ist eine Kombination aus zwei Arbeitsgängen: dem Ausrollen des Teiges – wobei sich der Farbfleck ausdehnt – und dem Zusammenfalten des Teiges. Anfangs wird der Farbfleck nur immer länger, aber schließlich wird er gefaltet; nach einiger Zeit ist er mehrmals gestreckt und gefaltet worden.

Bei genauer Betrachtung zeigt sich, daß der Teig schließlich aus vielen abwechselnd blauen und weißen Lagen besteht. Nach nur 20 Schritten ist der Farbfleck auf mehr als das Millionenfache seiner ursprünglichen Länge gestreckt worden, während seine Dicke auf molekulare Ausmaße geschrumpft ist. Die blaue Farbe ist dann gut mit dem Teig durchmischt.

Chaos entsteht auf ähnlichem Weg – nur wird anstatt des Teiges der Zu-

standsraum durchmischt. Angeregt durch diese Vorstellung von Mischen hat Otto E. Rössler von der Universität Tübingen das einfachste Beispiel eines chaotischen Attraktors in einem zeitlich kontinuierlichen System entworfen (Bild 5 unten).

Wenn man ein physikalisches System beobachtet, so läßt sich wegen der unvermeidlichen Meßfehler sein Zustand nicht genau bestimmen. Der Zustand ist also nicht in einem Punkt, sondern vielmehr innerhalb eines kleinen Gebiets im Zustandsraum lokalisiert. Die Quantenunschärfe legt das kleinstmögliche Gebiet fest; verschiedene Arten von Rauschen ergeben jedoch weitaus größere Fehler. Das kleine durch eine Messung festgelegte Gebiet entspricht dabei dem Farbfleck im Teig.

Lokalisierung im Zustandsraum

Indem man das System in einem Gebiet des Zustandsraums durch eine Messung lokalisiert, gewinnt man ein gewisses Maß an Information über das System selbst. Je genauer die Messung ausfällt, desto mehr weiß der Beobachter über den Zustand des Systems. Umgekehrt gilt: Je größer das Gebiet, desto unsicherer der Beobachter.

In nicht-chaotischen Systemen bleiben benachbarte Orbits im Laufe der Zeit nahe beieinander; eine Messung liefert deshalb auch ein bestimmtes Maß an Informationen, die zeitlich erhalten bleiben. In eben diesem Sinne bezeichnet man solche Systeme als vorhersagbar: Messungen der Anfangswerte enthalten die Information, mit der sich künftiges Verhalten vorhersagen läßt. Vorhersagbare Systeme sind gegenüber Meßfehlern nicht sehr empfindlich.

Das Strecken und Falten eines chaotischen Attraktors hingegen reduziert die ursprüngliche Information und ersetzt sie durch neue: Das Strecken (Bild 1) macht kleine Fehler größer; das Falten bringt weitentfernte Orbits zusammen und vernichtet so Informationen auf großen Skalen. Chaotische Attraktoren wirken als eine Art Pumpen, die mikroskopische Fluktuationen makroskopisch zur Wirkung bringen. Unter diesem Gesichtspunkt ist auch klar, daß keine exakte Lösung, keine Abkürzung bei der Vorhersage der Zukunft existieren kann: Nach kurzer Zeit überdeckt die Ungenauigkeit der ursprünglichen Messung den ganzen Attraktor – Vorhersagbarkeit geht vollständig verloren. Es gibt in chaotischen Systemen keinen kausalen Zusammenhang zwischen Vergangenheit und Zukunft.

Chaotische Attraktoren arbeiten lokal wie Rauschverstärker: Eine kleine

Fluktuation, hervorgerufen vielleicht durch thermisches Rauschen, wird bald danach eine große Abweichung in der Position des Orbits hervorrufen. Es gibt jedoch einen wichtigen Unterschied zwischen chaotischen Attraktoren und einfachen Rauschverstärkern: Da man annimmt, das Strecken und Falten werde fortwährend wiederholt, wird jede kleine Fluktuation schließlich die Bewegung dominieren — und das Verhalten ist unabhängig von der Stärke des Rauschens. Aus diesem Grund kann man chaotische Systeme auch nicht „beruhigen", indem man beispielsweise die Temperatur erniedrigt. Chaotische Systeme erzeugen stochastisches Verhalten aus sich selbst heraus, sie benötigen kein externes Rauschen als Eingabe. Das zufällige Verhalten chaotischer Systeme beruht also letztlich auf den

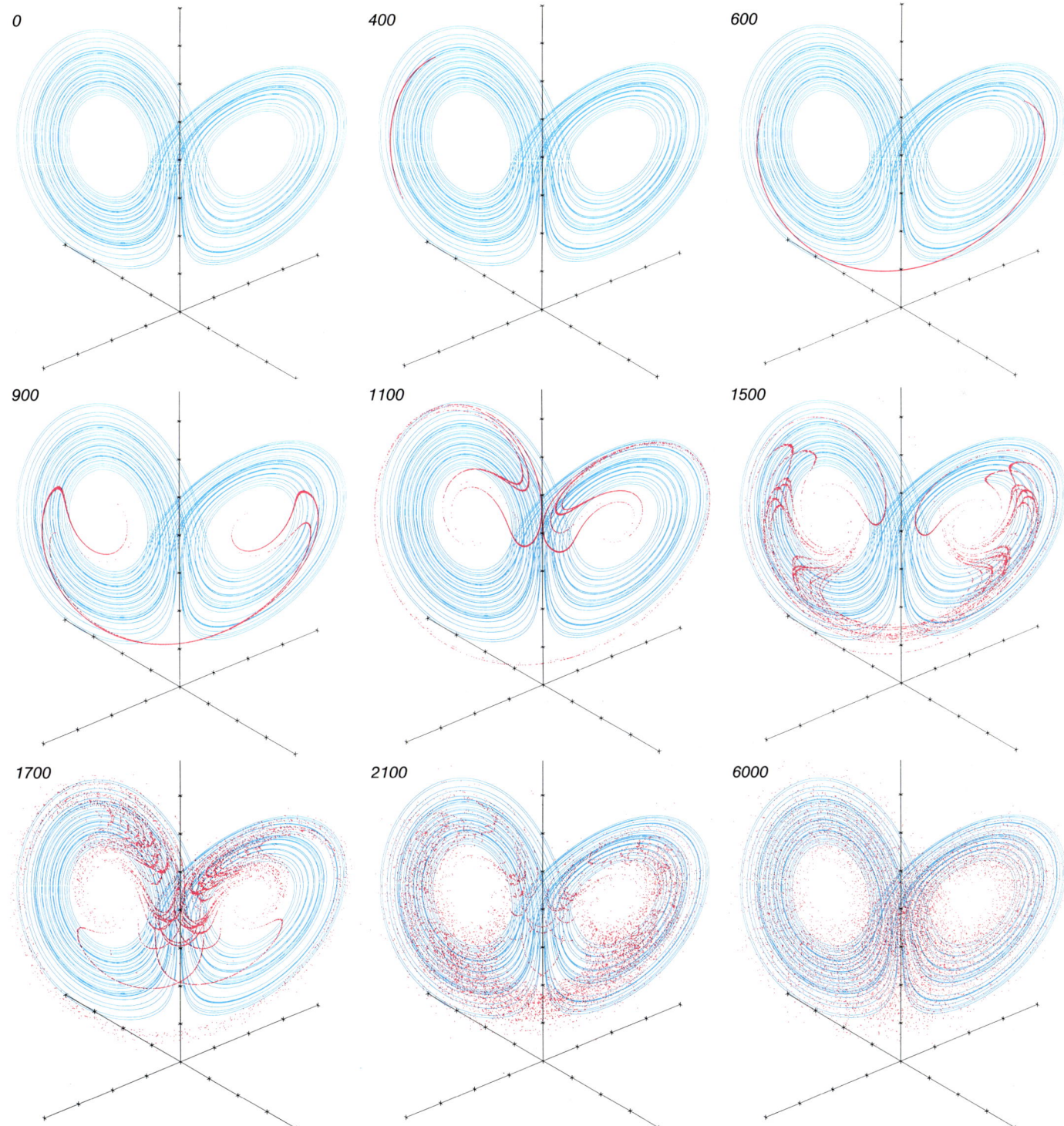

Bild 6: Die Divergenz benachbarter Trajektorien ist einer der Gründe, warum Chaos Unvorhersagbarkeit beinhaltet. Eine perfekte Messung ergäbe im Zustandsraum genau einen Punkt, aber jede Messung ist mit Fehlern behaftet, die eine Wolke von Ungenauigkeit erzeugen. Der wahre Zustand kann irgendwo innerhalb der Wolke sein. In diesem Beispiel wird am Lorenz-Attraktor die Unsicherheit durch eine Wolke von 10 000 roten Punkten dargestellt; sie liegen so nahe beieinander, daß man sie nicht unterscheiden kann. Wenn sich jeder Punkt nun entsprechend den Bewegungsgleichungen bewegt, wird die Wolke zunächst in ein langes dünnes Band gestreckt; es wird dann zudem mehrmals gefaltet, bis es schließlich den ganzen Attraktor überdeckt. Es ist jetzt unmöglich, Vorhersagen zu machen: Der Endzustand könnte irgendwo auf dem Attraktor sein. Bei einem vorhersagbaren Attraktor bleiben alle Endzustände nahe beieinander. Die Zeit ist in Einheiten von zweihundertstel Sekunden angegeben.

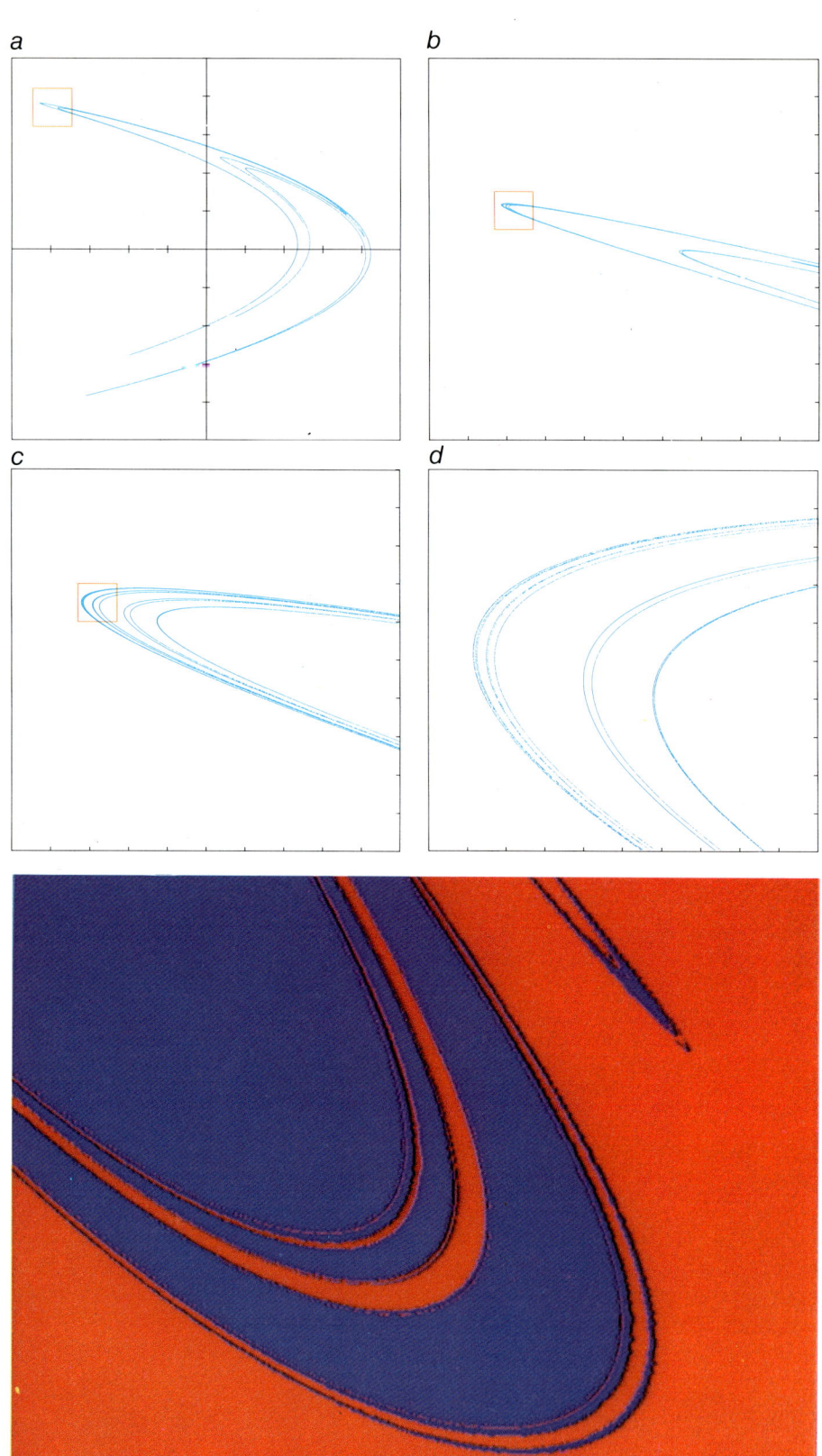

komplizierten Orbits, die durch Strekken und Falten erzeugt werden, nicht auf dem Verstärken von Fehlern (Rauschen).

Es sei darauf hingewiesen, daß chaotisches und nicht-chaotisches Verhalten auch in verlustfreien, energieerhaltenden Systemen möglich sind. Die Orbits laufen dann nicht auf einen Attraktor zu, sondern bleiben vielmehr auf eine Energieschale eingeschränkt. Energieverlust ist jedoch in vielen, wenn nicht gar den meisten realen Systemen eine wichtige Größe; man darf deshalb erwarten, daß das Konzept des seltsamen Attraktors von allgemeinem Nutzen sein wird.

Attraktoren und turbulente Strömungen

Niedrigdimensionale chaotische Attraktoren eröffnen ein neues Gebiet der Theorie dynamischer Systeme; die Frage, ob sie für das zufällige Verhalten physikalischer Systeme relevant sind, bleibt jedoch offen.

Das erste Experiment, das die Hypothese stützt, hinter dem zufälligen Verhalten von Strömungen steckten chaotische Attraktoren, war sehr indirekt. Jerry P. Gollub vom Haverford-College in Pennsylvania und Harry L. Swinney von der Universität von Texas in Austin machten dieses Experiment im Jahre 1974. Die Belege waren indirekt, weil die Experimentatoren nicht den Attraktor selbst, sondern nur dessen statistische Eigenschaften untersuchten.

Das System war eine sogenannte Couette-Zelle aus zwei konzentrischen Zylindern. Der Raum zwischen den Zylindern ist mit einer Flüssigkeit gefüllt; man dreht die Zylinder oder einen der Zylinder mit gleichbleibender Winkelgeschwindigkeit. Wird die Winkelgeschwindigkeit erhöht, so zeigen sich immer komplexere Strömungsbilder mit komplizierter Zeitabhängigkeit (Bild 8).

Gollub und Swinney maßen die Geschwindigkeit der Flüssigkeit an einem festen Punkt. Mit wachsender Winkelgeschwindigkeit beobachteten sie nun einen Übergang von konstanter zu einer sich periodisch ändernden und schließlich zu einer sich aperiodisch ändernden Geschwindigkeit.

Das Experiment konzentrierte sich auf den Übergang zur aperiodischen Bewegung. Es war entwickelt worden, um zwischen zwei theoretischen Modellen zu entscheiden, die verschiedene Szenarien für das Verhalten der Flüssigkeit bei wachsender Winkelgeschwindigkeit vorhersagten.

Die Landau-Theorie stochastischer Strömungen sagte − wie erwähnt −

Bild 7: Chaotische Attraktoren sind Fraktale: Objekte, die bei fortgesetzter Vergrößerung immer neue Details zeigen. Chaos produziert in natürlicher Weise Fraktale. Da benachbarte Trajektorien auseinanderlaufen, müssen sie übereinander gefaltet werden, damit die Bewegung kompakt bleibt. Dies wiederholt sich dann immer wieder, so daß Falten in Falten in Falten − und so ad infinitum − entstehen. Michel Hénon vom Observatorium Nizza in Frankreich hat eine einfache Vorschrift entdeckt, welche die Ebene streckt und faltet und so jedem Punkt einen neuen zuordnet. Ausgehend von einem Anfangspunkt sind alle Bilder dieses Punktes dargestellt, die man durch wiederholte Anwendung der Hénonschen Vorschrift erhält. Die resultierende Struktur zeigt ein einfaches Beispiel für einen chaotischen Attraktor (a). Eine zehnfache Vergrößerung des eingerahmten Ausschnitts ist in (b) gezeigt. Wiederholen dieser Vergrößerungen zeigt die mikroskopische Struktur des Attraktors (c, d). Das untere Bild zeigt ein Attraktionsgebiet im Zustandsraum des Hénon-Attraktors.

voraus, daß mit wachsender Rotationsgeschwindigkeit immer mehr unabhängige Oszillationen angeregt werden sollten; der zugehörige Attraktor wäre ein hochdimensionaler Torus. Die Landauschen Vorstellungen hatten jedoch David Ruelle vom Institut des Hautes Etudes Scientifiques bei Paris und Floris Takens von der Universität Groningen in den Niederlanden in Frage gestellt. Sie gaben eine mathematische Begründung, warum der Attraktor des Landau-Bildes in Strömungen sehr unwahrscheinlich sei. Ihre Ergebnisse legten nahe, daß statt dessen jeder höherdimensionale Torus einem chaotischen Attraktor Platz machen würde — genau wie Lorenz ursprünglich vermutet hatte.

Gollub und Swinney fanden nun, daß sich bei kleinen Drehgeschwindigkeiten die Strömung der Flüssigkeit zeitlich nicht änderte: Der zugrundeliegende Attraktor war ein Fixpunkt. Als die Drehgeschwindigkeit erhöht wurde, begann das Wasser mit einer einzigen Frequenz — entsprechend einem Grenzzyklus-Attraktor — zu oszillieren; der zugehörige Orbit ist periodisch. Bei weiterer Erhöhung der Rotationsgeschwindigkeit fand man zwei unabhängige Frequenzen, wie man sie für einen zweidimensionalen Torus-Attraktor erwartet.

Landaus Theorie sagte nun voraus, daß sich dieses Verhalten bei weiterem Erhöhen der Drehgeschwindigkeit fortsetzen würde: Mehr und mehr verschiedene Frequenzen würden nacheinander entstehen. Im Experiment zeigte sich dieses Verhalten jedoch nicht; statt dessen beobachteten die beiden Wissenschaftler, daß bei einer kritischen Drehgeschwindigkeit plötzlich ein kontinuierliches Band von Frequenzen erschien. Diese Beobachtung war im Einklang mit der Lorenzschen Idee „deterministischer nichtperiodischer Strömungen" — und damit eine weitere Stütze für seine Vorstellung, daß chaotische Attraktoren für Turbulenz verantwortlich seien.

Suche nach chaotischen Attraktoren

Obwohl die Arbeit von Gollub und Swinney diese Idee favorisierte, war ihre Analyse nicht zwingend. Man würde die Existenz eines einfachen chaotischen Attraktors gerne direkt aus experimentellen Meßreihen ableiten. Üblicherweise registriert ein Experiment jedoch nicht alle Teile eines Systems, sondern nur einige wenige. Beispielsweise konnten Gollub und Swinney nicht die komplette Couette-Strömung vermessen, sondern nur die Strömungsgeschwindigkeit in einem Punkt. Die Aufgabe des Forschers ist es nun, den Attraktor aus diesem beschränkten Datensatz zu „rekonstruieren".

Selbstverständlich gelingt das nicht immer; falls der Attraktor zu kompliziert ist, werden Teile fehlen. In einigen

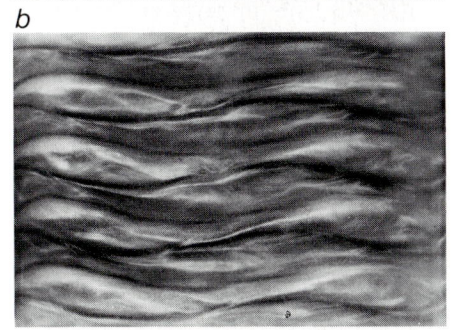

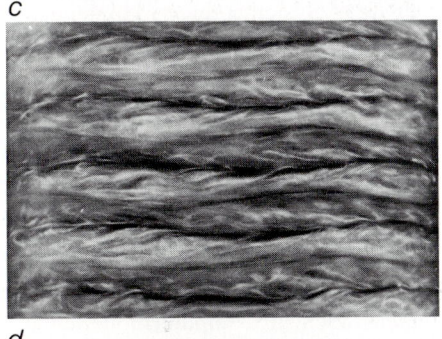

Bild 8: Experimentelle Belege stützen die Hypothese, daß chaotische Attraktoren hinter einigen stochastischen Strömungstypen stekken. Die Bildfolge zeigt Wasser in einer Couette-Zelle; sie besteht aus zwei konzentrischen Zylindern. Der Raum zwischen den Zylindern ist mit Wasser gefüllt, und der innere Zylinder dreht sich mit einer festen Winkelgeschwindigkeit (a). Wenn man die Drehgeschwindigkeit des Zylinders erhöht, zeigen sich immer kompliziertere Bewegungsmuster (b), die erst irregulär (c) und dann chaotisch (d) werden.

Fällen kann man die Dynamik jedoch aus einem beschränkten Datensatz ermitteln.

Eine von uns eingeführte und von Takens mathematisch abgesicherte Methode ermöglicht es, den Zustandsraum zu rekonstruieren und nach dem Attraktor zu suchen. Die wesentliche Idee ist, daß die zeitliche Entwicklung einer einzelnen Komponente durch all die anderen mitbestimmt ist, mit denen sie wechselwirkt. Die Information über die wesentlichen Komponenten ist deshalb implizit in der Bahn dieser einzelnen Komponente enthalten. Um nun einen „äquivalenten" Zustandsraum zu rekonstruieren, nimmt man eine Komponente und behandelt die Meßwerte zu festen Zeitverzögerungen — beispielsweise eine Sekunde früher, zwei Sekunden früher, und so fort — wie unabhängige neue Komponenten.

Die verzögerten Werte kann man als neue Komponenten auffassen, die einen Punkt in einem mehrdimensionalen Zustandsraum festlegen. Wiederholen dieser Prozedur — auch für Verzögerungen bezüglich anderer Zeitpunkte — erzeugt viele solcher Punkte. Man kann dann andere Methoden anwenden um festzustellen, ob diese Punkte auf einem chaotischen Attraktor liegen oder nicht. Obwohl diese Rekonstruktion in vielerlei Hinsicht willkürlich ist, zeigt es sich doch, daß die wichtigen Eigenschaften eines Attraktors erhalten bleiben und von den genauen Details der Rekonstruktion unabhängig sind.

Wir möchten dies an einem Beispiel illustrieren, das jedermann bekannt und leicht zugänglich ist: den Tropffolgen eines undichten Wasserhahns. Das Zeitintervall zwischen zwei Tropfen kann sehr gleichmäßig sein — und schon so mancher Schlaflose ist wach geblieben, weil er immer auf den nächsten Tropfen gewartet hat. Weniger bekannt ist, was bei etwas größerem Durchfluß passiert: Dann fallen die Tropfen zwar oft noch einzeln, aber in einer sich nicht wiederholenden Folge — was sich etwa so anhört wie ein Trommler mit immer neuen Ideen. (Dieses Experiment kann man leicht selbst nachvollziehen; Wasserhähne ohne Sieb sind am besten geeignet.) Die Übergänge zwischen periodischen und anscheinend zufälligen Tropffolgen erinnern an den Übergang zwischen laminaren und turbulenten Strömungen. Könnte diesem Experiment ein einfacher chaotischer Attraktor zugrunde liegen?

Eine experimentelle Untersuchung des tropfenden Wasserhahns hat einer von uns (Shaw) zusammen mit Peter L. Scott, Stephen C. Pope und Philip J. Martein an der Universität von Kalifornien in Santa Cruz durchgeführt. In einer ersten Version des Experiments ließen sie die Tropfen aus einem gewöhnlichen Wasserhahn auf ein Mikrophon fallen und maßen das Zeitintervall zwischen den Tönen. Typische Ergebnisse einer verbesserten Ausführung des Experiments sind in Bild 9 gezeigt. Trägt man die Zeitintervalle zwischen zwei aufeinanderfolgenden Tropfen paarweise auf, so erhält man einen Querschnitt durch den Attraktor.

Bei periodischen Tropffolgen beispielsweise bewegt sich das Ende der Wassersäule im Hahn, aus der sich die Tropfen lösen, in einer gleichmäßigen Art und Weise, die man durch einen Grenzzyklus im Zustandsraum darstellen könnte. Diese Bewegung wird allerdings in diesem Experiment nicht verfolgt: Man mißt lediglich das Zeitintervall zwischen dem Ablösen der Tropfen. Dies ist so ähnlich, als ob man eine Bewegung auf einem Kreis mit einer Stroboskoplampe betrachtet. Ist die Frequenz richtig gewählt, so sieht man nur einen Fixpunkt.

Das aufregende Ergebnis des Experiments war, daß man tatsächlich chaotische Attraktoren in der nicht-periodischen Tropffolge fand. Es hätte ja sein können, daß die Zufälligkeit des Tropfens durch unsichtbare Einflüsse wie etwa kleine Schwingungen oder Luftströmungen hervorgerufen worden wäre; dann aber könnte man keine Beziehung zwischen einem Intervall und dem nächsten finden — ein Ausdruck der Daten ergäbe einen strukturlosen Fleck. Da man jedoch Strukturen findet, muß das zufällige Verhalten auf deterministischen Konzepten beruhen.

Viele solcher Bilder zeigen die hufeisenförmige Struktur, die das Kennzeichen des oben diskutierten Streckens und Faltens ist. Man kann sie als Momentaufnahme während einer Faltung betrachten, wie sie beispielsweise ein Querschnitt durch den Rössler-Attraktor (Bild 5) zeigt. Andere Zeitreihen sind offenbar komplizierter; sie könnten Querschnitte durch höherdimensionale Attraktoren sein. Über die geometrische Struktur von Attraktoren in mehr als drei Dimensionen ist allerdings zur Zeit fast nichts bekannt.

Bestimmung von Entropie und Dimension

Wenn nun ein System chaotisch ist (Bild 10), wie chaotisch ist es? Ein Maß für das Chaos in einem System ist die Entropie der Bewegung. Man kann sie als die mittlere Streck- und Faltrate interpretieren — oder als Maß für die mittlere Rate, mit der Information produziert wird.

Eine weitere statistische Größe ist die Dimension des Attraktors. Wenn ein System einfach ist, so sollte sein Verhalten durch einen niedrigdimensionalen Attraktor charakterisiert sein, genau wie in den Beispielen in diesem Artikel. Für die Beschreibung komplizierter Systeme werden voraussichtlich mehr Komponenten erforderlich sein, und die zugehörigen Attraktoren wären von höherer Dimension.

Die Methoden der Rekonstruktion zusammen mit Bestimmungen der Entropie und der Dimension ermöglichen es, das Experiment von Gollub und Swinney erneut zu untersuchen. Mitarbeiter Swinneys und zwei von uns (Crutchfield und Farmer) haben es nochmals durchgeführt. Mit dem Rekonstruktionsverfahren läßt sich der Attraktor sichtbar machen.

Die Bilder zeigen nicht ganz so eindrucksvoll wie in anderen Systemen (etwa dem tropfenden Wasserhahn), daß der Attraktor niedrigdimensional ist. Die Entropie- und die Dimensionsbestimmung belegen aber, daß sich die irreguläre Strömung im Couette-System durch einen chaotischen Attraktor beschreiben läßt. Mit wachsender Drehgeschwindigkeit werden die Entropie und die Dimension eines derartigen Attraktors größer.

In den letzten Jahren hat man für immer mehr Systeme zeigen können, daß chaotische Attraktoren das zufällige Verhalten hervorrufen. Dazu gehören das Konvektionsmuster einer von unten geheizten Flüssigkeit in einem kleinen Behälter, oszillierende Konzentrationen in chemischen Reaktionen, das Pulsieren von Hühner-Herzzellen und eine große Zahl elektrischer und mechanischer Oszillatoren. Weiterhin hat man gezeigt, daß diese Form zufälligen Verhaltens auch in Computermodellen für die verschiedensten Phänomene — von Epidemien über Aktivierungspotentiale von Nerven bis zu Stern-Oszillationen — entsteht. Man sucht sogar in so weit auseinanderliegenden Forschungsgebieten wie Gehirnströmen und Wirtschaft auf experimentellem Wege nach chaotischem Verhalten.

Chaos erklärt jedoch keineswegs jedes Zufallsverhalten. Hat ein System viele Freiheitsgrade, so können komplizierte Bewegungen entstehen, die im eigentlichen Sinne zufällig sind — ihnen liegt kein chaotisches Verhalten zugrunde. Und auch wenn man weiß, daß ein System chaotisch ist, so hilft das allein nicht weiter. Ein gutes Beispiel sind die Zusammenstöße zwischen Molekülen in einem Gas: Obwohl man weiß, daß dieses System chaotisch ist, macht dies allein die Vorhersage der Systementwicklung noch nicht einfacher. Hier

spielen so viele Teilchen eine Rolle, daß man bestenfalls auf statistische Aussagen hoffen kann — und die wesentlichen statistischen Größen kann man berechnen, auch ohne Chaos in Betracht zu ziehen.

Es gibt weitere noch nicht näher untersuchte Probleme, bei denen der Einfluß von Chaos bisher nicht bekannt ist. Wie steht es beispielsweise um räumliche Muster, die sich — wie die Dünen in der Sahara — kontinuierlich ändern, und um vollständig entwickelte Turbulenz? Es ist unklar, ob sich komplexe räumliche Strukturen durch einen einzigen Attraktor in einem einzigen Zustandsraum sinnvoll beschreiben lassen. Aber vielleicht kann die Erfahrung mit einfachen Attraktoren neue erweiterte Modelle nahelegen, die aus mehreren zusammenhängenden, räumlich beweglichen deterministischen Teilen bestehen, die chaotischen Attraktoren nicht unähnlich sind.

Einfluß auf die wissenschaftliche Methode

Die Existenz von Chaos beeinflußt auch die wissenschaftliche Methode selbst. Will man eine Theorie gemäß der klassischen Methode verifizieren, so prüft man theoretische Vorhersagen anhand experimenteller Daten. Bei chaotischen Phänomenen sind langfristige Vorhersagen jedoch prinzipiell unmöglich — das ist zu berücksichtigen, wenn man die Theorie beurteilt. Die Verifikation einer Theorie wird deshalb ein sehr viel differenzierterer Vorgang, bei dem man bedeutend mehr Gewicht auf statistische und geometrische Eigenschaften als auf präzise Detailinformationen legt.

Chaos stellt auch den reduktionistischen Standpunkt in Frage, nach dem man ein System verstehen sollte, indem man es zerlegt und die einzelnen Teile studiert. Dieser Standpunkt ist in den Naturwissenschaften unter anderem deshalb vorherrschend gewesen, weil es soviele Systeme gibt, für die das Verhalten des Ganzen durch die Summe seiner Teile bestimmt wird. Chaos zeigt jedoch, daß ein System als Folge von einfachen, nichtlinearen Kopplungen zwischen nur wenigen seiner Teile kompliziertes Verhalten zeigen kann.

In einer Vielzahl wissenschaftlicher Gebiete von der Beschreibung mikroskopischer Physik bis zur Behandlung makroskopischen Verhaltens biologischer Systeme ist dies ein akutes Problem geworden. Es hat in den letzten Jahren einen gewaltigen Fortschritt in den Methoden zur detaillierten Bestimmung der Systemstruktur gegeben, aber die Integration all diesen Wissens hat dadurch gelitten, daß es bisher wenig theoretische Konzepte zur Beschreibung qualitativen Verhaltens gibt.

So kann man heute selbst bei vollständiger Kenntnis des Nervensystems einfacher Organismen — wie beispielsweise der Nematoden, die Sidney Brenner an der Universität Cambridge studiert hat — das Verhalten des Gesamtsystems noch nicht herleiten. In ähnlicher Weise ist auch die Hoffnung unbegründet, die Physik wäre mit fortschreitender Kenntnis fundamentaler Wechselwirkungen und Elementarteilchen vollständig verstanden. Die Wechselwirkung zwischen Komponenten eines Systems kann komplexes Verhalten des Gesamtsystems zur Folge haben, das sich im allgemeinen nicht aus der Kenntnis der einzelnen Komponenten herleiten läßt.

Man beurteilt Chaos oft nach Einschränkungen, die es bewirkt — beispielsweise nach der Unvorhersagbarkeit. Die Natur kann Chaos allerdings auch konstruktiv einsetzen. Durch Verstärkung kleiner Fluktuationen entstehen ganz neue Möglichkeiten in natürlichen Systemen. Ein gejagtes Beutetier zum Beispiel kann mit chaotischen Flugmanövern dem Verfolger zu entkommen suchen. Biologische Evolution

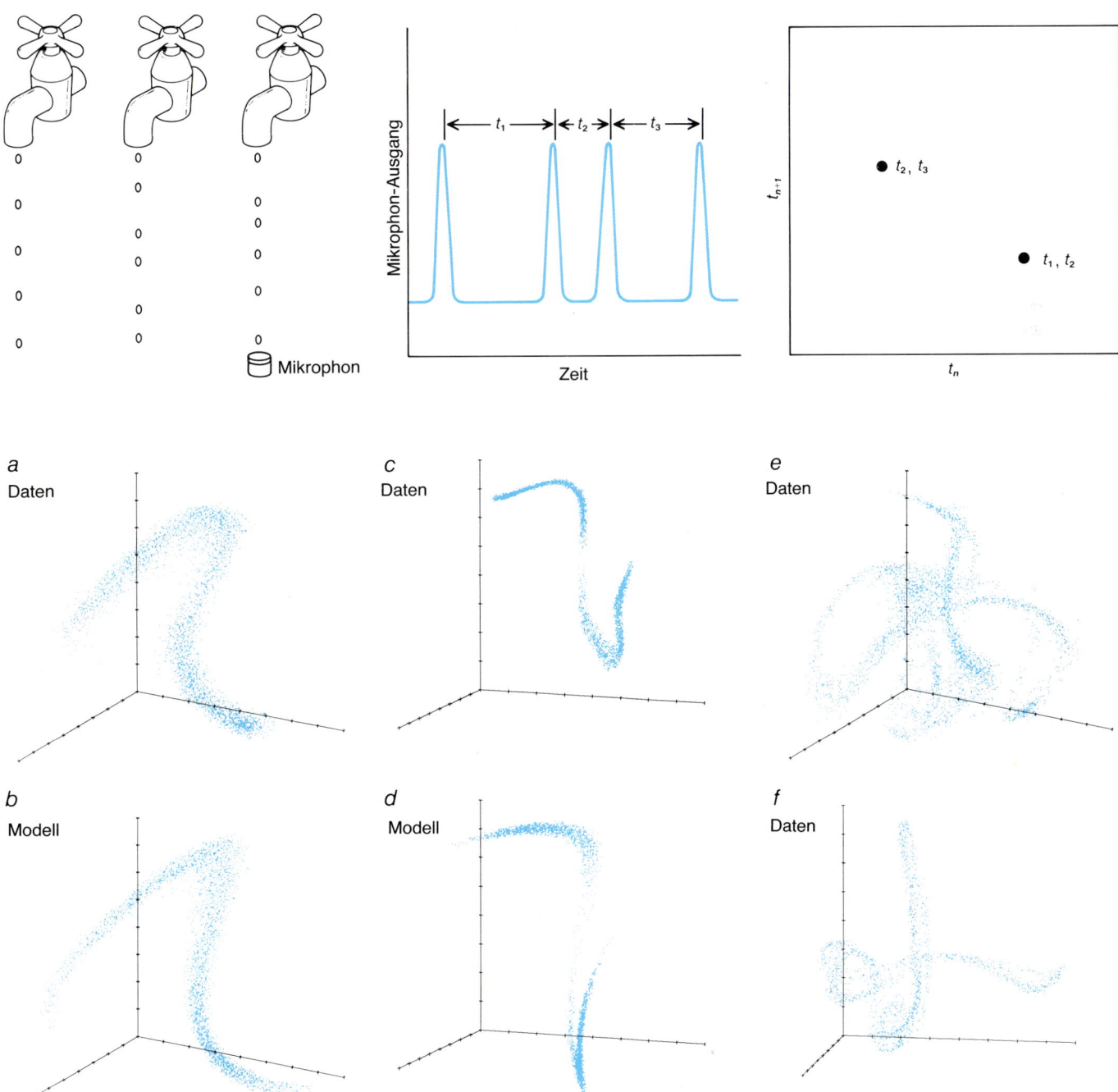

Bild 9: Der tropfende Wasserhahn ist ein Beispiel für ein allgemein bekanntes System, das einen Übergang zum Chaos zeigen kann. Der Attraktor wurde rekonstruiert, indem man Zeitintervalle zwischen aufeinanderfolgenden Tropfenpaaren gegeneinander auftrug (oberer Bildteil). Die vom tropfenden Wasserhahn rekonstruierten Attraktoren (a, c) sehen ziemlich ähnlich aus wie Attraktoren aus einer modifizierten Version der Hénon-Abbildung (b, d). (Der ganze Hénon-Attraktor ist in Bild 7 gezeigt.) Die Felder e und f wurden aus dem Tropfen des Wasserhahns bei höherem Durchfluß rekonstruiert und sind wahrscheinlich Beispiele für bisher unbekannte Attraktoren. Zeitverzögerungskoordinaten wurden in jedem der Bilder benutzt. Die horinzontale Koordinate ist t_n, das Zeitintervall zwischen den Tropfen n und $n-1$. Die vertikale Koordinate ist das nächste Zeitintervall, t_{n+1}, und die dritte Koordinate, die aus der Ebene herausragt, ist t_{n+2}. Zu jedem der in diesem Diagramm dargestellten 4094 Datenpunkte gehört also ein Triplet von Zahlen (t_n, t_{n+1}, t_{n+2}). Simuliertes Rauschen wurde bei der Erzeugung von b und d überlagert.

verlangt genetische Vielfalt; Chaos bietet eine Möglichkeit, zufällige Änderungen zu strukturieren und damit auch Vielfalt unter die Kontrolle der Evolution zu bringen.

Selbst der Vorgang intellektuellen Fortschritts braucht neue Ideen und neue Wege, alte Ideen miteinander zu verbinden. Es kann sein, daß die Ursprünge der Kreativität chaotische Prozesse sind, die selektiv zufällige Fluktuationen verstärken und sie in einem makroskopisch kohärenten Zustand, den wir als Gedanken erfahren, zum Ausdruck bringen. In einigen Fällen können diese Gedanken Entscheidungen sein oder das, was wir als Ausdruck des freien Willens ansehen. In diesem Sinne enthält Chaos wieder einen Mechanismus, der freien Willen in einer deterministischen Welt zuläßt.

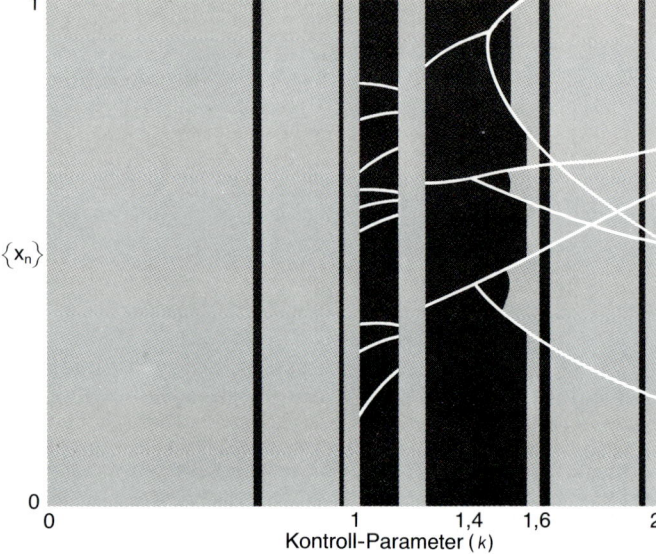

Bild 10: Der Übergang zum Chaos ist hier schematisch als ein Bifurkationsdiagramm dargestellt: Aufgetragen ist eine Familie von Attraktoren (vertikale Achse) gegenüber einem Kontrollparameter (horizontale Achse). Das Diagramm wurde für ein einfaches dynamisches System erstellt, das eine Zahl auf eine andere abbildet. Das hier benutzte dynamische System ist als Kreisabbildung (circle map) bekannt und wird durch die iterative Vorschrift $x_{n+1} = \omega + x_n + k/2\pi \times \sin(2\pi x_n)$ beschrieben. Für jeden gewählten Wert des Kontrollparameters k hat ein Computer den zugehörigen Attraktor bestimmt. Die Farben stehen für die Wahrscheinlichkeit, Punkte auf dem Attraktor zu finden: Rote Gebiete werden oft besucht, grüne weniger oft und blaue selten. Wenn man k von 0 auf 2 erhöht (links), sieht man zwei Wege zum Chaos: einen über quasiperiodische Bewegung ($k = 0$ bis $k = 1$, entsprechend dem grünen Gebiet oben) und einen über Periodenverdopplungen (von $k = 1,4$ bis $k = 2$). Mathematisch entspricht der quasiperiodische Weg dem Übergang durch einen Torus-Attraktor. In der Periodenverdopplungskaskade, die auf dem Grenzzyklus-Attraktor aufbaut, entstehen Verzweigungen immer paarweise – entsprechend der geometrischen Reihe 2, 4, 8, 16, 32 und so weiter. Die Iterierten wechseln zwischen den einzelnen Zweigen hin und her (so beispielsweise für $k = 1,4$ zwischen drei Werten; bei größerem k zwischen sechs Werten, dann zwischen zwölf Werten, und so fort). Schließlich wird die Verzweigungstruktur so dicht, daß ein kontinuierliches Intervall auftritt: Jenseits dieses Schwellenwertes zeigt sich Chaos.

Wege zum Chaos

Von Georg Wolschin

Der vorangehende Artikel von James P. Crutchfield, J. Doyne Farmer, Norman H. Packard und Robert S. Shaw zeigt, daß deterministisches Chaos eine wichtige dynamische Eigenschaft bestimmter physikalischer, chemischer und auch belebter Systeme ist. Die Adjektive „deterministisch" und „chaotisch" sind nur scheinbar widersprüchlich — selbst einfache deterministische Systeme aus wenigen Teilen können derartiges Zufallsverhalten erzeugen.

Bei der Beschreibung des Übergangs in den chaotischen Zustand — also beispielsweise des Entstehens von Wirbeln aus einer gleichmäßig strömenden Flüssigkeit — haben theoretische Physiker in Europa und den USA in den letzten Jahren große Fortschritte erzielt. Dem amerikanischen Meteorologen Edward N. Lorenz war es 1963 gelungen, die komplizierten Gleichungen der Hydrodynamik näherungsweise auf ein einfaches System von nur drei gewöhnlichen Differentialgleichungen zu reduzieren und so bestimmte Aspekte turbulenter Strömung zu beschreiben — das Konzept des chaotischen oder seltsamen Attraktors war geboren, der turbulentes Langzeitverhalten von Strömungen bestimmen kann.

Hier wie in vielen anderen Systemen, die deterministisches Chaos zeigen, ergeben sich aus kleinsten Unterschieden in den Anfangsbedingungen krasse Divergenzen im späteren Verlauf. Verfolgen wir einen Punkt im System, so steht er immer wieder zwischen der Entscheidung zwischen zwei Möglichkeiten (wie ein Stein auf einem First, der nach links oder rechts kippen kann) — und stets beeinflussen Kleinigkeiten die Entscheidung. Lorenz bezeichnete diese empfindliche Abhängigkeit von den Anfangsbedingungen als Schmetterlings-Effekt: Die Entwicklung des Wetters kann im Prinzip davon abhängen, ob ein Schmetterling mit den Flügeln schlägt (Wettervorhersagen werden also grundsätzlich ungenau bleiben).

In Bild 10 auf der gegenüberliegenden Seite ist bereits angedeutet, daß es verschiedene Wege zum deterministischen Chaos gibt, denen bestimmte mathematische Modelle entsprechen. Experimente mit makroskopischen und mikroskopischen, physikalischen und nichtphysikalischen Systemen haben diese Modelle weitgehend bestätigt. Das gilt sowohl für dissipative Systeme, also solche mit Energieabsorption fern vom thermischen Gleichgewicht (die Schwingungen des nichtlinearen elektrischen Oszillators, offene chemische Reaktionssysteme, Rayleigh-Bénard-Konvektion durch eine Flüssigkeitsschicht), als auch für konservative Systeme wie das Dreikörperproblem, dessen chaotische Entwicklungsmöglichkeit bereits Henri Poincaré (1854 bis 1912) und dem amerikanischen Mathematiker George David Birkhoff (1884 bis 1944) bekannt war.

Für das Verständnis der Wege zum deterministischen Chaos sind drei Verzweigungs- oder Bifurkationsszenarien fundamental, die im Laufe der letzten zehn Jahre überall auf der Welt untersucht worden sind. Der Weg zum Chaos führt über Sequenzen von meist gleichem Bifurkationstyp; am besten untersucht sind die Periodenverdopplungskaskaden (Bild). Bei der Iteration (mathematischen Rückkopplung) bestimmter nichtlinearer Funktionen (hier: $x_{n+1} = k x_n \times (1 - x_n)$) zeigen die Attraktoren x der Iterierten x_1, x_2 und so fort als Funktion eines äußeren Parameters k zunächst sukzessive Verzweigungen: Bei k_1 verliert der attraktive Fixpunkt, gegen den die Funktionswerte streben, seine Stabilität; für etwas größere Parameterwerte gibt es eine Folge von Fixpunkten mit der Periode zwei, dann mit der Periode vier.

Bei genügend großen Kontrollparameter-Werten wird das Verhalten chaotisch. Derartige Differenzengleichungen beschreiben beispielsweise zeitabhängige Populationen in der Biologie,

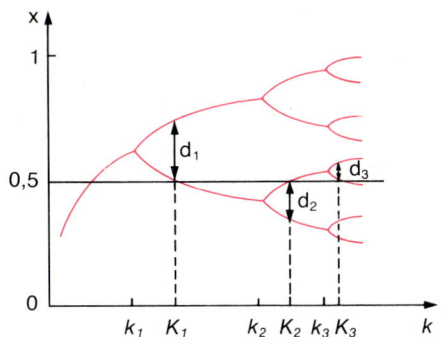

Bifurkationskaskade für die Iteration einer einfachen nichtlinearen Differenzengleichung als Funktion des Kontrollparameters k.

die zwischen stabilen Werten (Fixpunkten) oszillieren; die Anzahl der Fixpunkte verdoppelt sich bei bestimmten Werten eines äußeren Parameters.

Der Marburger Physiker Siegfried Großmann und sein damaliger Mitarbeiter Stefan Thomae (jetzt Forschungsanlage Jülich) haben 1977 ein detailliertes Bifurkationsmodell veröffentlicht; es enthält eine Kaskade, die sich in Form einer geometrischen Reihe verkürzt, und auch bereits die heute manchmal „Feigenbaumzahl" genannte Konstante $\delta \approx 4,6692$: den Grenzwert aus den Quotienten der Kontrollparameter-Abstände sukzessiver Verzweigungen. Diese Zahl beschreibt die Verkürzung der Intervalle zwischen periodenverdoppelnden Bifurkationen bei zunehmendem Kontrollparameter k. Die große Bedeutung dieser Konstanten in der nichtlinearen Physik erkannten in unabhängigen Arbeiten der amerikanischen Physiker Mitchell J. Feigenbaum und die französischen Kollegen P. Coullet und C. Tresser: Für den Übergang zum Chaos kommt es nicht auf die Details des jeweils untersuchten Systems an — sofern es nur dem Bifurkationsschema genügt; δ ist von universeller Bedeutung.

Bisher hat man in nichtlinearen Systemen noch zwei andere mögliche Wege zum Chaos identifizieren können. P. Manneville und Y. Pomeau haben 1979 die sogenannte Intermittenz-Route entdeckt: Zeitlich regelmäßige Signale wechseln mit statistisch verteilten Perioden irregulären Verhaltens ab, die mit wachsendem Kontrollparameter häufiger werden; schließlich entsteht vollständig chaotisches Verhalten. Dieser Weg zeigt ebenfalls universelle Eigenschaften.

Eine dritte Route für das Einsetzen von Turbulenz haben D. Ruelle und F. Takens bereits 1971 vorgeschlagen; demnach kann es in der zeitlichen Folge von Instabilitäten schon im dritten Schritt chaotisches Verhalten geben. Auch dieser Weg ließ sich — wie die beiden anderen — experimentell in verschiedenen Systemen verifizieren, beispielsweise bei der Erzeugung chaotischen Laserlichts: Wird die Leistungszufuhr im Laser sehr hoch, kann sich bei einem Resonator mit Lichtverlusten die kohärente Lichtwelle destabilisieren; die Lichtemission entspricht dann — je nach Randbedingungen — den geschilderten Chaos-Szenarien.

Ohne Chaos gäbe es keine komplexen Systeme, keine Evolution und kein Leben. In Teilbereichen hat man chaotisches Verhalten jetzt verstanden — die Entwicklung des wissenschaftlichen Verständnisses derartiger Phänomene ist jedoch keineswegs abgeschlossen.

Klimamodelle

Wird der Treibhauseffekt neue Dürregebiete hervorbringen?
Bedeutet ein Nuklearkrieg den nuklearen Winter? Computermodelle des Klimas unserer
Erde geben Aufschluß über die Zukunft des Klimas wie auch über
seine wechselvolle Vergangenheit.

Von Stephen H. Schneider

Das Klima der Erde ist wechselvoll. Es ist jetzt ganz und gar anders als vor 100 Millionen Jahren, als die Dinosaurier den Planeten bewohnten und tropische Pflanzen in hohen Breiten gedeihen konnten. Es ist auch verschieden vom Klima vor 18 000 Jahren, als Eismassen viel größere Teile der Nordhalbkugel bedeckten. In der Zukunft wird das Klima sich gewiß weiterentwickeln. Teilweise wird diese Entwicklung von natürlichen Ursachen herrühren, etwa von Schwankungen der Umlaufbahn der Erde um die Sonne. Aber anders als in der Vergangenheit werden künftige Klimaänderungen wahrscheinlich noch eine andere Urache haben: menschliches Handeln. Vielleicht erleben wir bereits klimatische Auswirkungen der Luftverschmutzung durch Gase wie Kohlendioxid. Die Folgen eines Nuklearkriegs wären noch viel dramatischer (Bild 1).

Wie kann sich die Menschheit auf eine derart ungewisse Zukunft des Klimas vorbereiten? Sicher wäre es eine Hilfe, wenn man diese Zukunft einigermaßen genau vorhersagen könnte, aber da beginnen die Schwierigkeiten: Die Prozesse, aus denen das globale Klima hervorgeht, sind für physikalische Nachbildungen im Laborexperiment viel zu weiträumig und komplex. Zum Glück lassen sie sich mit Hilfe von Computern mathematisch simulieren. Anstatt also ein physisches Modell des Systems Festland-Ozean-Atmosphäre zu bauen, kann man die physikalischen Gesetze, denen das System gehorcht, etwa die Energieerhaltung und die Newtonschen Bewegungsgesetze, in mathematische Ausdrücke fassen; dann berechnet der Computer, wie das Klima sich den Gesetzen entsprechend entwickeln wird. Mathematische Klimamodelle können die Wirklichkeit nicht in ihrer ganzen Vielfalt simulieren. Sie können

aber die logischen Konsequenzen von plausiblen Annahmen über das Klima aufzeigen. Auf jeden Fall sind sie ein großer Fortschritt gegenüber bloßem Spekulieren.

Bisher sind mathematische Modelle vor allem benutzt worden, um das gegenwärtige Klima zu simulieren. Man hat damit zum Beispiel die Auswirkungen großer Vulkanausbrüche wie des El Chichón auf die Atmospäre untersucht. Aber auch vergangene Klimate lassen sich damit besser verstehen, etwa die der Eiszeiten und der Kreidezeit, der letzten Epoche der Dinosaurier.

Durch die Genauigkeit von Simulationen des Paläoklimas scheinen ande-

rerseits auch Prognosen gerechtfertigt, die mit den gleichen Modellen künftige Klimate simulieren und insbesondere versuchen, die möglichen Auswirkungen der Luftverschmutzung und eines Nuklearkriegs abzuschätzen. So sind Klimamodelle von mehr als nur akademischem Interesse: Sie werden zu wichtigen Entscheidungshilfen der Politik.

Grundlagen

Zwar bestehen alle Klimamodelle aus mathematischen Formeln für physikalische Prozesse, aber der genaue Aufbau und die Komplexität eines Modells hän-

Bild 1: Ein Nuklearkrieg im Juli würde auf der Nordhalbkugel großräumige, aber vorübergehende Temperaturstürze auslösen. Das folgt aus Simulationsrechnungen, die der Autor zusammen mit Starley L. Thompson vom amerikanischen National Center for Atmospheric Research angestellt hat. Die Karten zeigen die berechneten Bodentemperaturen (in Grad Celsius) an einem normalen Julitag (links) und am letzten Tag eines zehntägigen Nuklearkriegs (rechts). Die Simulation geht davon aus, daß Bomben mit einer Gesamtsprengkraft von

gen von dem Problem ab, das zu lösen ist. Vor allem die Länge der vergangenen oder künftigen Periode, die simuliert werden soll, macht einen Unterschied.

Einige Prozesse, die das Klima beeinflussen, sind sehr langsam: zum Beispiel das Wachsen und Schwinden von Gletschern und Wäldern, die Bewegungen der Erdkruste oder die Wärmeübertragung von der Meeresoberfläche zu tieferen Wasserschichten. Ein Modell, das bloß das Wetter der nächsten Woche vorhersagen soll, vernachlässigt diese Variablen; es betrachtet ihre gegenwärtigen Werte, zum Beispiel das Ausmaß der Eisbedeckung, als äußere, konstante Randbedingungen. Solche Modelle simulieren nur die Veränderungen der Atmosphäre. Hingegen muß ein Modell, das die rund ein Dutzend Eiszeiten und Zwischeneiszeiten in den vergangenen Millionen Jahren simulieren soll, all die genannten Prozesse und noch viele andere umfassen.

Die Klimamodelle unterscheiden sich auch in ihrer räumlichen Auflösung, das heißt in der Zahl der simulierten Dimensionen und in den räumlichen Details, die sie enthalten. Ein ganz einfaches Modell berechnet zum Beispiel nur die mittlere Temperatur der Erde, unabhängig von der Zeit, als Energiegleichgewicht zwischen dem durchschnittlichen Reflexionsvermögen der Erde und den gemittelten „Treibhaus"-Eigenschaften der Atmosphäre. Ein solches Modell ist nulldimensional: Es zieht die

wirkliche Temperaturverteilung der Erde auf einen einzigen Punkt zusammen, den globalen Mittelwert.

Hingegen stellen dreidimensionale Klimamodelle die Temperaturverteilung in Abhängigkeit von der geographischen Länge und Breite sowie von der Höhe dar. Die aufwendigsten sind die globalen Zirkulationsmodelle. Sie sagen die zeitliche Entwicklung nicht nur für die Temperatur voraus, sondern auch für Luftfeuchtigkeit, Windgeschwindigkeit und -richtung, Bodenfeuchte und noch verschiedene andere Klimavariable.

Globale Zirkulationsmodelle sind gewöhnlich naturgetreuer als einfachere Modelle, aber auch viel teurer in der Entwicklung und im Betrieb. Die optimale Verfeinerung eines Modells hängt nicht nur von der Aufgabenstellung ab, sondern auch von den verfügbaren Forschungsmitteln; mehr ist nicht unbedingt auch besser. Oft ist es sinnvoll, ein Problem zunächst mit einem einfachen Modell anzugehen, dessen Ergebnisse dann der detaillierteren Forschung die Richtung weisen. Wie kompliziert ein Modell sein soll, das heißt bis zu welchem Grad man Vollständigkeit und Genauigkeit zugunsten von Wirtschaftlichkeit und Handlichkeit preisgibt, läuft eher auf eine Werteabwägung als auf eine rein wissenschaftliche Entscheidung hinaus.

Selbst das komplizierteste Zirkulationsmodell ist in seiner räumlichen Auflösung stark eingeschränkt. Kein

Computer kann die Klimavariablen an allen Punkten der Erde und der Atmosphäre in annehmbarer Zeit berechnen. Statt dessen werden die Rechnungen für weit auseinander liegende Punkte ausgeführt, die über der Erde ein dreidimensionales Gitter aufspannen. Am amerikanischen Zentrum für Atmosphärenforschung (National Center for Atmospheric Research, NCAR) verwenden meine Kollegen und ich ein Gitter aus neun Schichten, das bis in 30 Kilometer Höhe reicht. Die horizontalen Abstände der Gitterpunkte betragen dabei ungefähr 4,5 Breitengrade und 7 Längengrade.

Die großen Gitterabstände schaffen ein Problem: Viele wichtige Klimaphänomene sind kleiner als ein Gitterelement. Wolken sind dafür ein gutes Beispiel. Da sie einen großen Teil des einfallenden Sonnenlichts in den Weltraum reflektieren, sind sie entscheidend für die Temperatur auf der Erde. Die Vorhersage der Bewölkung ist deshalb für jede zuverlässige Klimasimulation nötig. Dennoch hat keines der jetzt oder in den nächsten Jahrzehnten verfügbaren globalen Klimamodelle ein genügend feines Gitter, um einzelne Wolken zu berücksichtigen, denn Wolken sind eher einige Kilometer als einige hundert Kilometer groß.

Das Problem wird gelöst, indem man Phänomene unterhalb der Gitterauflösung nicht individuell, sondern kollektiv darstellt. Diese Methode wird Parametrisierung genannt. Man sucht in den klimatologischen Daten nach statistischen Beziehungen zwischen Variablen, die vom Gitter erfaßt werden, und solchen, die durch die Maschenweite fallen. Zum Beispiel können die mittlere Temperatur und die Feuchte in einem großen Gebiet (etwa so groß wie ein Gitterelement) in Beziehung zur mittleren Bewölkung in diesem Gebiet gesetzt werden. Um eine Gleichung zu erhalten, muß man einen Proportionalitätsfaktor, einen Parameter, einführen, der empirisch aus den Temperatur- und Feuchtedaten gewonnen worden ist. Da das Modell die Temperatur und die Feuchte für ein Gitterelement aus physikalischen Gesetzen berechnen kann, kann es die mittlere Bewölkung im Gitterquadrat vorhersagen, obwohl es nicht imstande ist, einzelne Wolken darzustellen.

Um ein Klima vollständig zu simulieren, muß das Modell den Einfluß komplizierter Rückkopplungsmechanismen berücksichtigen. Zum Beispiel wirkt Schnee durch einen positiven Rückkopplungseffekt destabilisierend auf die Temperatur: Wenn ein Kälteeinbruch Schneefall bringt, sinkt die Temperatur noch weiter ab, denn der stark reflektierende Schnee absorbiert weniger Son-

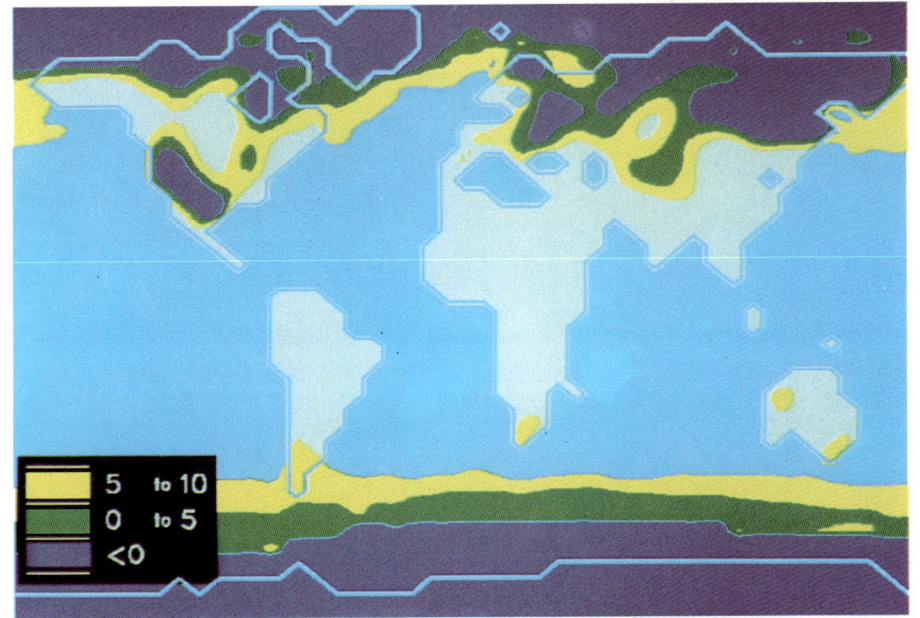

6500 Megatonnen durch Großbrände 180 Millionen Tonnen an Rauch erzeugen, der das Sonnenlicht abschirmt. Die Kälteeinbrüche sind begrenzt, da sie vom örtlichen Wetter abhängen und da die Rauchdecke lückenhaft ist. Eine einzelne Simulationsrechnung kann nicht die Temperatur zu einer bestimmten Zeit und an einem bestimmten Ort vorhersagen; sie kann nur ein Gesamtbild von den Klimaänderungen im Gefolge eines Nuklearkriegs geben. Dieses Modell berücksichtigt Wind- und Meeresströmungen sowie den Einfluß der Jahreszeiten.

nenenergie als der unbedeckte Boden. Dieser Prozeß ist in Klimamodellen ziemlich gut parametrisiert worden. Leider versteht man andere Rückkopplungsschleifen noch nicht so gut. Hier sind wieder die Wolken ein gutes Beispiel. Sie bilden sich oft über warmen und feuchten Gebieten der Erde, aber je nach den Umständen wirken sie entweder durch negative Rückkopplung stabilisierend (indem sie die Erdoberfläche durch Abschirmung des Sonnenlichts abkühlen), oder sie erzeugen eine positive Rückkopplung (indem sie die Oberflächentemperatur durch Wärmeeinfang weiter erhöhen).

Die Empfindlichkeit des Klimas

Mangel an Wissen über wichtige Rückkopplungsmechanismen ist einer der Gründe, warum das Fernziel der Klimamodellierung noch nicht zu verwirklichen ist, nämlich die zuverlässige Vorhersage etwa der Temperatur- und Niederschlagsverteilung. Eine andere Quelle der Ungewißheit, die nicht durch die Modelle selbst bedingt ist, ist das menschliche Verhalten. Um zum Beispiel den Einfluß der Kohlendioxid-Emissionen auf das Klima vorhersagen zu können, müßte man wissen, wieviel Kohlendioxid emittiert werden wird.

Die Modelle können aber immerhin die Empfindlichkeit des Klimas gegen-über verschiedenen ungenau bekannten oder nicht vorhersagbaren Variablen untersuchen. Im Fall des Kohlendioxidproblems könnte man eine Reihe von denkbaren Szenarien der Wirtschafts-, Technologie- und Bevölkerungsentwicklung konstruieren und mit einem Modell die klimatischen Folgen für jedes Szenarium abschätzen.

Klimafaktoren, deren wirkliche Werte ungewiß sind, etwa der Rückkopplungsparameter der Bewölkung, könnten über einen realistischen Wertebereich variiert werden. Die Ergebnisse gäben dann einen Hinweis, welcher unter den ungenauen Faktoren das Klima am empfindlichsten auf ein Anwachsen des Kohlendioxidgehalts reagieren läßt; die Forschung könnte sich dann auf einen solchen Faktor konzentrieren. Die Ergebnisse gäben auch eine Vorstellung von der Vielfalt künftiger Klimate, auf die sich die Menschheit vielleicht wird einstellen müssen. Wie man auf solche Informationen reagiert ist natürlich ein politisches Problem.

Wohl am meisten umstritten ist die Frage, ob die Zuverlässigkeit von Klimamodellen jemals ausreicht, politische Eingriffe zu begründen, etwa Maßnahmen zur Senkung der Kohlendioxid-Emission. Wie können Modelle, die so voller Unwägbarkeiten sind, verifiziert werden? Es gibt in der Tat mehrere Verfahren; keines genügt allein, aber gemeinsam liefern sie wichti-

ge Indizien für die Glaubwürdigkeit eines Modells. Das erste Verfahren prüft die Fähigkeit des Modells, das gegenwärtige Klima zu simulieren. Der Wechsel der Jahreszeiten ist ein guter Test, denn dabei treten große Temperaturänderungen auf; sie sind im Mittel mehrfach so groß wie beim Übergang von einer Eiszeit zu einer Zwischeneiszeit. Globale Zirkulationsmodelle geben den Jahreszeiten-Zyklus bemerkenswert gut wieder, und das spricht sehr für ihre Zuverlässigkeit (Bild 2). Der Jahreszeiten-Test zeigt aber nicht an, wie gut das Modell langsame Prozesse simuliert, etwa folgenreiche Veränderungen der Eisbedeckung.

In einem zweiten Prüfverfahren greift man einen einzelnen Bestandteil des Modells heraus, zum Beispiel einen Parameter, und vergleicht ihn mit den meteorologischen Daten. Geprüft wird etwa, ob der Bewölkungsparameter in einem bestimmten Gitterelement die tatsächliche Bewölkung ergibt. Mit diesem Test läßt sich allerdings nicht nachweisen, daß die komplizierten Wechselwirkungen zwischen den vielen einzelnen Komponenten richtig erfaßt sind. Das Modell kann vielleicht die durchschnittliche Bewölkung gut voraussagen, stellt aber dafür deren Rückkopplungseffekte falsch dar. In diesem Fall ist etwa die Simulation einer globalen Klimaänderung durch erhöhten Kohlendioxidgehalt wahrscheinlich ungenau.

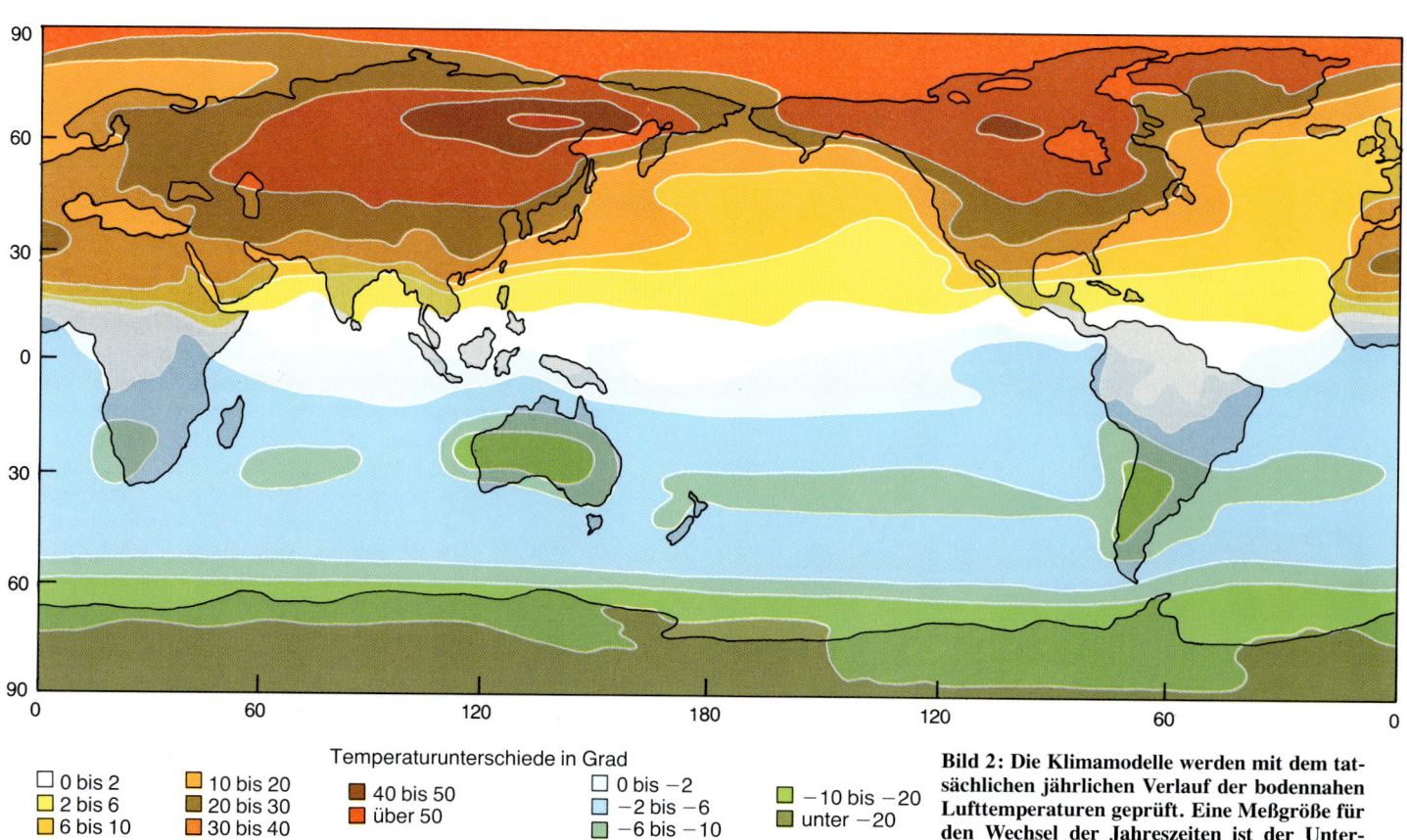

Temperaturunterschiede in Grad

☐ 0 bis 2	10 bis 20	40 bis 50	☐ 0 bis −2	−10 bis −20
2 bis 6	20 bis 30	über 50	−2 bis −6	unter −20
6 bis 10	30 bis 40		−6 bis −10	

Bild 2: Die Klimamodelle werden mit dem tatsächlichen jährlichen Verlauf der bodennahen Lufttemperaturen geprüft. Eine Meßgröße für den Wechsel der Jahreszeiten ist der Unter-

Um zu bestimmen, wie gut die Simulation insgesamt und für lange Zeiten ist, gibt es ein drittes Verfahren: Man prüft, ob das Modell die ganz unterschiedlichen Klimate früherer Erdepochen oder sogar anderer Planeten darstellen kann. Die paläoklimatischen Simulationen sind als Versuche, die Erdgeschichte zu verstehen, unmittelbar interessant; als Tests für die Klimamodelle entscheiden sie aber auch über den Wert von Vorhersagen.

Die jüngste Vergangenheit

Eine der bis heute erfolgreichsten paläoklimatischen Simulationen führten John E. Kutzbach und seine Mitarbeiter an der Universität von Wisconsin in Madison durch. Kutzbach versuchte, die wärmste Periode der jüngsten Klimageschichte zu erklären, das sogenannte Klimaoptimum zwischen 7000 und 3000 Jahren vor unserer Zeitrechnung. Den fossilen und geologischen Zeugnissen zufolge waren damals die Sommer auf den Kontinenten der Nordhalbkugel um einige Grad wärmer als heute, und in Afrika und Asien war der Monsun heftiger.

Kutzbachs Simulation zeigte, daß die Klimaunterschiede sich aus zwei kleinen Abweichungen der Erdbahn erklären lassen: Die Erdachse war demnach damals etwas stärker geneigt, und die

Erde kam der Sonne im Juni am nächsten statt wie heute im Januar. Beides vergrößerte die jahreszeitlichen Klimaschwankungen auf der Nordhalbkugel. Vor 9000 Jahren empfing die Nordhalbkugel im Sommer etwa 5 Prozent mehr Sonnenstrahlung als heute und im Winter etwa 5 Prozent weniger. Da im Sommer die Temperaturunterschiede zwischen Festland und Meer größer waren, traten andere Windsysteme und heftigere Monsunregen auf.

Besonders ermutigend war Kutzbachs Erfolg für meine Kollegen und mich im NCAR, da er auf dem gleichen dreidimensionalen Modell aufbaute wie wir. Starley L. Thompson und ich verwendeten das Modell zur Erklärung eines Klimas, das nur zwei Jahrtausende vor dem Klimaoptimum geherrscht hat und sich von ihm verblüffend unterscheidet. Vor etwa 11 000 Jahren war auf der Erde die letzte Eiszeit zu Ende gegangen. Viele Tiere und Pflanzen der wärmeren Zonen waren in die höheren Breiten zurückgekehrt, vor allem in Westeuropa. Doch plötzlich traf diesen Teil der Erde erneut eine drastische Abkühlung von fast eiszeitlicher Härte. Die Kälteperiode dauerte fast 1000 Jahre. Sie wird Jüngere Dryaszeit oder auch Jüngere Tundrenzeit genannt.

Die stärkste Abkühlung trat in der Jüngeren Dryaszeit am nördlichen Atlantik auf, besonders an der Westküste Europas und in England. Das läßt die

Ursache im Meer vermuten. Eine Reihe von Paläoklimatologen, darunter William F. Ruddiman und Andrew McIntyre vom Geologischen Lamont-Doherty-Observatorium der New Yorker Columbia-Universität, haben die Auffassung vertreten, die tiefere Ursache für die Jüngere Dryaszeit sei paradoxerweise das schnelle Aufbrechen der europäischen und nordamerikanischen Eisdecken vor 12 000 bis 10 000 Jahren gewesen: Dadurch sei auf einmal eine ungeheure Menge Süßwasser in den Nordatlantik geraten. Da Süßwasser leichter gefriert als Salzwasser, könnte dieser Schmelzwasserschwall eine dicke Eisdecke auf dem Ozean erzeugt haben; das Eis hätte den nördlichen Arm des Golfstroms blockiert, der gewöhnlich den Nordwesten Europas erwärmt.

Um diese Hypothese zu prüfen, haben Thompson und ich in einer Klimasimulation angenommen, die Oberfläche des Nordatlantiks sei bis 45 Grad nördlicher Breite zugefroren — nicht etwa weil wir glauben, genau das wäre in der Dryaszeit eingetreten, sondern um die Empfindlichkeit des Klimas für Meeresvereisung zu bestimmen. Unsere Ergebnisse stützen die Hypothese. Im Sommer wird der Abkühlungseffekt des zugefrorenen Nordatlantiks vor allem entlang der europäischen Küsten deutlich spürbar; im Inland bestimmt die kräftige Sommersonne die Temperaturen. Im Winter wärmt die Sonne hinge-

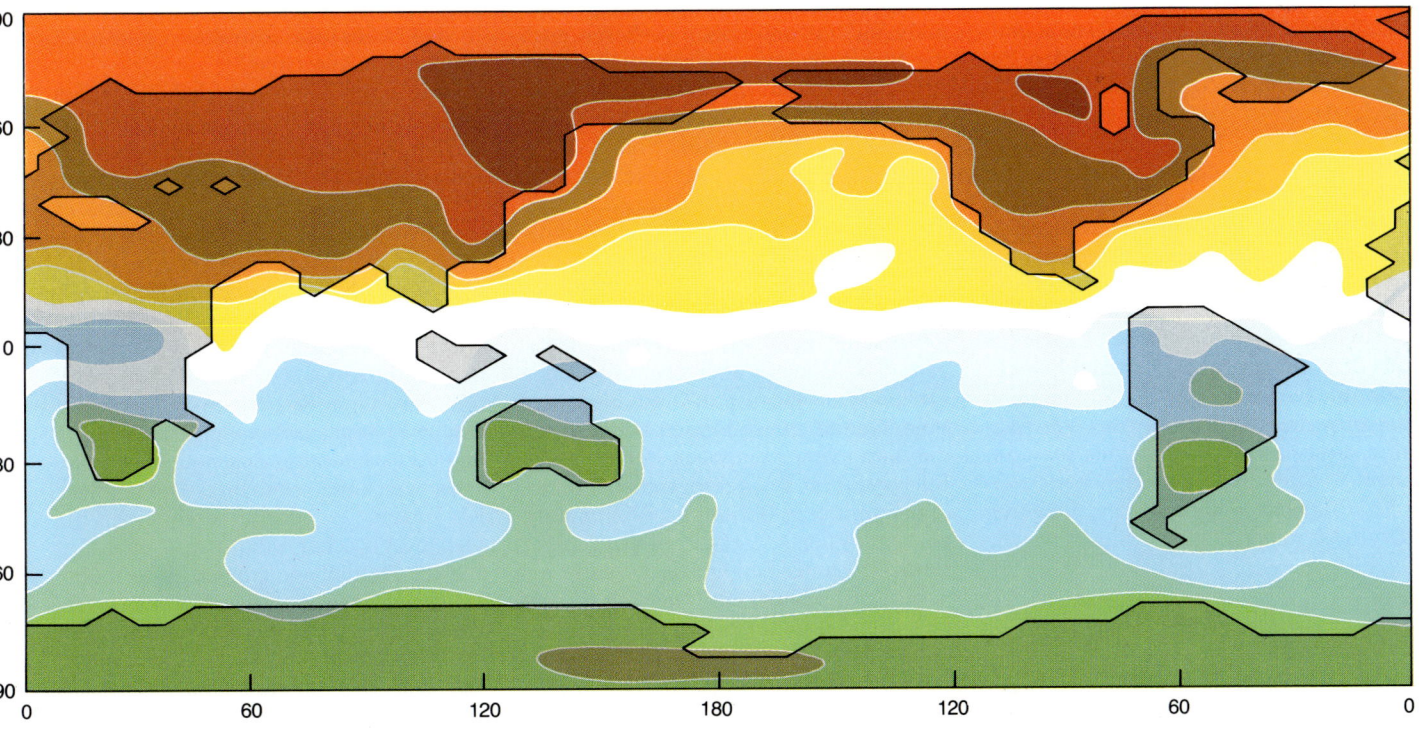

schied zwischen Sommer- und Wintertemperatur. Hier werden die beobachteten Temperaturdifferenzen zwischen August und Februar (links) den Differenzen gegenübergestellt, die

ein dreidimensionales Modell von Syukuro Manabe und Ronald Stouffer vom Geophysical Fluid Dynamics Laboratory berechnet hat (rechts). Das Modell gibt die wirklichen Ver-

hältnisse größtenteils erstaunlich genau wieder. Offen bleibt bei diesem Test allerdings, wie gut das Modell sehr langsame Prozesse simuliert, die wichtige Langzeiteffekte haben können.

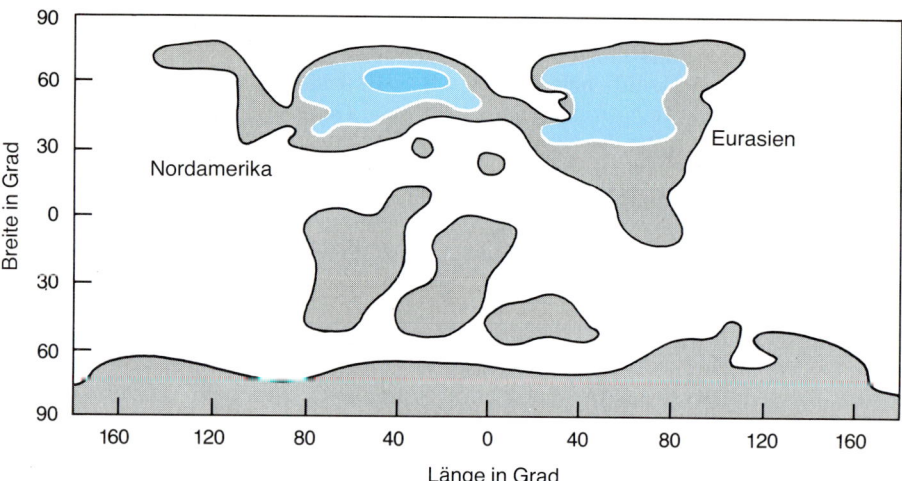

Bild 3: In der Kreidezeit war das Klima viel wärmer als heute. Den Fossilfunden zufolge sank die Temperatur auf den nördlichen Kontinenten selbst im Winter fast nie auf den Gefrierpunkt. Die Kontinente sind in ihrer ungefähren Lage vor 100 Millionen Jahren dargestellt. Die Karte zeigt den Versuch, das warme Klima zu simulieren; im Modell transportieren die Meeresströmungen viel mehr Wärme als heute, so daß die Meeresoberfläche überall wärmer ist als 20 Grad Celsius. Dennoch sinkt in Nordamerika und Eurasien die Lufttemperatur im Januar fast auf den Gefrierpunkt (helle Farbe) oder sogar noch tiefer (dunkle Farbe).

gen schwächer, aber normalerweise würde der Golfstrom warme Seewinde erzeugen und damit in Westeuropa ein ausgeglichenes Klima aufrechterhalten; die Eisdecke auf dem Meer führt deshalb im Winter zu weiträumigerer und strengerer Kälte (Bild 4).

Andere Wissenschaftler, vor allem eine Gruppe am amerikanischen Goddard-Institut für Weltraumstudien, haben mit anderen Modellen ähnliche Ergebnisse erzielt. Die simulierten Temperaturverteilungen stimmen mit den verfügbaren geologischen Daten einigermaßen überein. Sie geben den Paläoklimatologen sogar Hinweise, wo sie nach weiteren Bestätigungen für die Meervereisungs-Hypothese und auch für die Modelle suchen sollen.

Die Modelle sagen zum Beispiel aus, eine Zunahme der Meervereisung hätte im Gebiet der Sowjetunion im Sommer nur einen geringen Abkühlungseffekt. Das Goddard-Modell, das auch die Auswirkungen der restlichen Eisdecken auf dem europäischen Festland berücksichtigt, berechnet für die Sowjetunion sogar wärmere Sommer. Zur Verifikation dieser Ergebnisse könnte man anhand fossiler Pollen untersuchen, welche Pflanzen während der Jüngeren Dryaszeit in der Region heimisch waren.

Die Kreidezeit

In der Mitte der Kreidezeit, vor ungefähr 100 Millionen Jahren, wuchsen breitblättrige tropische Pflanzen in den mittleren Breiten, die heute die gemäßigten Zonen sind. Krokodile lebten nahe dem nördlichen Polarkreis, der

wie die Antarktis wahrscheinlich nicht unter einer permanenten Eisdecke lag. Der Meeresspiegel lag Hunderte von Metern höher als heute. Alle Funde deuten darauf hin, daß die Temperatur im Inneren der Kontinente sogar im Winter meist über Null blieb.

Wie ist eine so warme Epoche zu erklären? Eine Hypothese besagt, die Meeresströmungen hätten die am Äquator aufgenommene Sonnenenergie in der Kreidezeit besser als heute über die Erde verteilt. Die Kontinente lagen damals anders, und daher verliefen auch die Meeresströmungen anders.

Eric J. Barron, der jetzt an der Pennsylvania State University arbeitet, und Warren M. Washington vom NCAR überprüften diese Hypothese erstmals mit einem dreidimensionalen Klimamodell. Sie simulierten den Wärmetransport im Ozean allerdings nicht direkt, sondern nahmen an, die Oberflächentemperatur der Meere müsse überall mindestens zehn Grad Celsius betragen; das bedeutet aber ebenfalls einen großen Wärmetransport in Richtung der Pole. Gemäß ihrem Modell kühlten sich die Kontinente, entgegen der üblichen Interpretation der geologischen Funde, in den mittleren Breiten im Winter stark ab, und in der Antarktis fiel die Temperatur weit unter den Gefrierpunkt.

Barron, Thompson und ich ließen eine Simulation unter einer noch unrealistischeren Annahme laufen: Unser Ozean transportierte die Wärme so perfekt, daß seine Temperatur überall 20 Grad Celsius betrug. Dabei wurde die Diskrepanz zwischen dem Modell und der Beobachtung schlimmer: Das Innere der nördlichen Kontinente wurde im

Winter noch kälter. Eigentlich überrascht das nicht. Indem wir die Temperatur der Meeresoberfläche global auf 20 Grad Celsius festlegten, eliminierten wir den Temperaturgradienten zwischen dem Äquator und den Polen; er ist aber der wichtigste Antrieb für den Kreislauf der Erdatmosphäre. Dadurch wurden die Winde in unserem Modell so schwach, daß sie nicht viel Wärme ins Innere der Kontinente transportieren konnten. Für eine angemessene Überprüfung der Hypothese, ein verstärkter Transport von Meereswärme sei für das warme Klima der Kreidezeit verantwortlich gewesen, benötigten wir ein realistischeres Modell.

Deshalb führten wir zusätzliche Simulationen durch, in denen wir die Oberflächentemperaturen der Ozeane explizit berechneten; die Meere durften aber auch an den Polen nie kälter werden als 20 Grad Celsius. Die tropischen Ozeane hatten jetzt Temperaturen zwischen 25 und 30 Grad Celsius, und das Modell wies einen beträchtlichen Temperaturgradienten auf. Auch die Winde waren nun entsprechend kräftiger. Doch obwohl der Modellplanet insgesamt erheblich wärmer war als die Erde heute, war er noch nicht warm genug. Temperaturen unter dem Gefrierpunkt waren im Inneren der Kontinente noch immer weit verbreitet (Bild 3). Offensichtlich hatten wir die Wärme der Ozeane und den verstärkten Wärmetransport nicht hoch genug angesetzt: Daß die Kontinente im Winter weniger Sonnenlicht empfangen und viel Wärme in den Weltraum abstrahlen, gab noch immer den Ausschlag.

Meine Kollegen und ich kommen zu dem Schluß, daß noch ein anderer Prozeß zum warmen Klima der Kreidezeit beigetragen hat. Uns erscheint am wahrscheinlichsten ein verstärkter Treibhauseffekt, verursacht durch erhöhte Kohlendioxidmengen in der Atmosphäre. Neue geochemische Modelle unterstützen diese Ansicht. Kohlendioxid entweicht mit anderen Gasen aus dem Erdinneren, vor allem an den mittelozeanischen Rücken, wo zwei tektonische Platten auseinanderdriften und in den Zwischenraum geschmolzenes Gestein von unten eindringt. Die mittlere Kreidezeit — darin sind sich die meisten Forscher einig — war eine Zeit starker Plattenbewegungen; also müßte es damals auch hohe Kohlendioxid-Emissionen gegeben haben. Die geochemischen Modelle lassen vermuten, daß die Atmosphäre damals fünf- bis zehnmal mehr Kohlendioxid enthielt als heute. Die Kreidezeit könnte in extremer Weise eine Vorahnung des Klimas geben, das die Menschheit heute zu schaffen beginnt.

Der heutige Treibhauseffekt

Zweifellos ist die Kohlendioxid-Konzentration in der Atmosphäre neuerdings angestiegen; sie ist heute etwa 25 Prozent höher als vor einem Jahrhundert. Unstrittig ist auch, daß mit steigender Kohlendioxid-Konzentration die Temperatur am Erdboden steigen muß. Kohlendioxid ist ziemlich durchlässig für sichtbares Sonnenlicht, absorbiert aber die langwelligere Infrarot-Strahlung, die die Erde abgibt, recht wirksam; so hält es die Wärme nahe der Erdoberfläche zurück (Bild 5). Diesen Treibhauseffekt gibt es ohne Zweifel. Er erklärt die sehr hohen Temperaturen auf der Venus, deren mächtige Atmosphäre fast nur aus Kohlendioxid besteht, sowie das eisige Klima auf dem Mars, dessen Kohlendioxidatmosphäre sehr dünn ist.

Aber das genaue Ausmaß der Erwärmung ist ebenso unbekannt wie die räumliche Verteilung des Klimawandels, der von einer Anreicherung der Erdatmosphäre mit Kohlendioxid und anderen Gasen mit Treibhauseffekt zu erwarten ist. (Die gemeinsame Wirkung von Chlorfluorkohlenstoffen, Stickoxiden, Ozon und anderen Spurengasen könnte im Lauf des nächsten Jahrhunderts dem Kohlendioxid-Effekt gleichkommen.) Doch gerade die regionalen Unterschiede in der Veränderung von Temperatur, Niederschlag und Bodenfeuchte werden über die Auswirkungen des Treibhauseffekts auf die Ökosysteme, die Landwirtschaft und die Wasserversorgung entscheiden.

Viele Wissenschaftler haben die Auswirkungen des Kohlendioxids auf das Klima zu berechnen versucht. Die meisten sind dem gleichen Weg gefolgt: Sie geben dem Modell zu Beginn eine erhöhte (gewöhnlich die doppelte) Kohlendioxid-Konzentration, lassen es laufen, bis es ein neues thermisches Gleichgewicht erreicht hat, und vergleichen das neue Klima mit dem Ausgangsklima. Das am häufigsten zitierte Ergebnis stammt von Syukuro Manabe, Richard T. Wetherald und Ronald Stouffer vom Geophysical Fluid Dynamics Laboratory (GFDL) der Universität von Princeton; demnach würden sowohl die doppelte wie die vierfache Kohlendioxidmenge den nordamerikanischen Weizengürtel in eine sommerliche Trockenzone verwandeln, während in den Monsungürteln die Bodenfeuchtigkeit zunähme (Bild 6). Das GFDL-Modell erreichte sein neues Gleichgewicht nach mehreren Jahrzehnten simulierter Zeit.

In Wirklichkeit würde das neue Gleichgewicht sich wahrscheinlich viel langsamer einstellen. Das GFDL-Modell vernachlässigt sowohl den horizontalen Wärmetransport im Meer als auch den vertikalen Wärmetransport aus der gut durchmischten Oberflächenschicht in die Tiefe des Ozeans. Beide Prozesse verzögern die Annäherung an das thermische Gleichgewicht; der wirkliche Vorgang würde wahrscheinlich mehr als ein Jahrhundert dauern. Selbst wenn die Gase mit Treibhauseffekt nicht wie im Modell auf einen Schlag freigesetzt würden, sondern allmählich zunähmen, würde der Wärmetransport in den Meeren sich auf das Temperaturverhalten auswirken.

Im Jahr 1980 entwickelten Thompson und ich einfache eindimensionale Modelle, die die Bedeutung der Übergangsphase bei der Erwärmung zeigten. In verschiedenen Breiten wird das Gleichgewicht verschieden schnell erreicht, vor allem wegen der unterschiedlichen Festlandanteile: Das Land erwärmt sich schneller als die Ozeane. Während der Übergangsphase kann sich deshalb die globale Verteilung der Erwärmung und anderer Treibhauseffekte ganz erheblich von einer Simulation unter Gleichgewichtbedingungen unterscheiden. Außerdem würden die sozialen Auswirkungen einer Klimaänderung wahrscheinlich schon ziemlich früh ihren Höhepunkt erreichen, lange vor dem thermischen Gleichgewicht und bevor die Menschen eine Chance hätten, sich daran anzupassen.

Für eine angemessene Darstellung der Übergangsphase müßte man ein

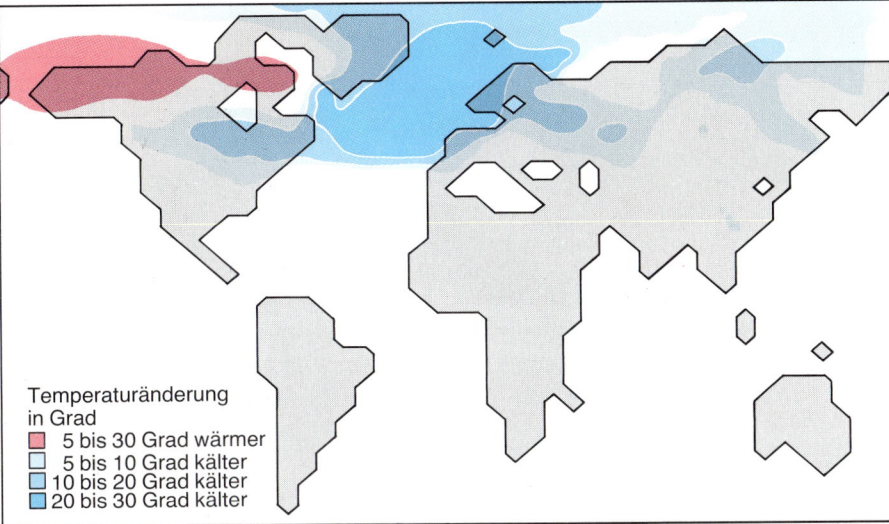

Temperaturänderung
in Grad
- ■ 5 bis 30 Grad wärmer
- □ 5 bis 10 Grad kälter
- ■ 10 bis 20 Grad kälter
- ■ 20 bis 30 Grad kälter

Bild 4: Während der Jüngeren Dryaszeit, gerade als die Erde sich nach der letzten Eiszeit erwärmte, setzte vor 11 000 Jahren plötzlich eine drastische Abkühlung ein. Dieser Rückfall, von dem die nordwestlichen Küsten Europas am stärksten betroffen waren, könnte von der Bildung einer riesigen Eisdecke auf dem Nordatlantik ausgelöst worden sein. Die Karten zeigen, wie sich nach dem NCAR-Klimamodell die Temperaturen verändern, wenn der Nordatlantik vom Nordpol bis zu 45 Grad nördlicher Breite zufriert. Im Sommer (oben) würde die Abkühlung durch die Meervereisung sich vor allem entlang der Küste bemerkbar machen, aber im Winter (unten) wäre die Wirkung, vor allem landeinwärts, großräumiger.

dreidimensionales Modell der Atmosphäre mit einem dreidimensionalen Modell des Ozeans koppeln, das den horizontalen und vertikalen Wärmetransport wiedergibt. Einige gekoppelte Modelle hat man bereits laufen lassen, aber keines lange genug, um das nächste Jahrhundert zu simulieren; sie sind für diese Aufgabe noch viel zu aufwendig und außerdem nicht zuverlässig genug. Erst mit verbesserten Modellen wird man glaubwürdiger vorhersagen können, wie die Wirkung der Treibhausgase sich verteilt. Bis dahin kann man bloß Indizien anführen, die allerdings auf beträchtliche Auswirkungen hinweisen: In den letzten hundert Jahren ist es auf der Erde um mehr als 0,5 Grad wärmer geworden.

Der nukleare Winter

Anders als in den Studien zum Treibhauseffekt erspart man sich bei Versuchen, die vergleichsweise kurzfristigen klimatischen Auswirkungen eines Nuklearkriegs zu berechnen, die Schwierigkeiten der Ozean-Modellierung; aber auch diesmal sind viele Unsicherheitsfaktoren im Spiel. Seit Paul J. Crutzen vom Max-Planck-Institut für Chemie in Mainz und John W. Birks von der Universität von Colorado in Boulder im Jahr 1982 die ersten Modellrechnungen durchgeführt haben, steht fest, daß nach einer Serie von Nuklearexplosionen der Rauch tausender

Brände einen großen Teil der Sonnenstrahlung abschirmen würde.

Der erste und bekannteste Versuch, die daraus folgenden Temperaturänderungen auf der Erdoberfläche darzustellen, war die sogenannte TTAPS-Studie, benannt nach den Initialen der Autoren Richard P. Turco, Owen B. Toon, Thomas P. Ackerman, James B. Pollack und Carl Sagan. Die TTAPS-Studie sagte voraus, nach einem großen, aber vorstellbaren Krieg mit dem Einsatz eines nuklearen Arsenals von 5000 Megatonnen würden die Temperaturen über dem Festland um 20 bis 40 Grad fallen. Da die Abkühlung viele Monate lang anhalten würde, schien die Bezeichnung „nuklearer Winter" aufgrund der ersten Resultate gerechtfertigt.

Die Autoren der TTAPS-Studie waren sich von Anfang an bewußt, daß ihr Modell drei Hauptschwächen hatte. Erstens ignorierte es die Winde: Als eindimensionales Modell stellte es nur die vertikale Struktur der Atmosphäre dar. Zweitens enthielt es keine Ozeane: Die Abkühlung des Festlands wurde für einen reinen Land-Planeten berechnet; die Aufwärmung durch den Transport wärmerer Luft von den Meeren ins Binnenland wurde vernachlässigt. Schließlich ignorierte das Modell die Jahreszeiten und benutzte ein jährliches Mittel für die einfallende Sonnenenergie. Kurz, die TTAPS-Studie war ein erster Versuch, und es war klar, daß ihre Schlußfolgerungen verbessert werden mußten.

Erste Änderungen ergaben sich aus einer Studie, die Curt Covey, Thompson und ich mit dem dreidimensionalen NCAR-Modell rechneten (Bild 1). Wie erwartet fanden wir, daß die Ozeane den Abkühlungseffekt der nuklearen Rauchwolke mildern. In den mittleren Breiten der Nordhalbkugel fiel die Durchschnittstemperatur im Inneren der Kontinente bei unserer Juli-Simulation nur etwa halb so stark wie nach der TTAPS-Studie; an den Westküsten der Kontinente war die Abkühlung sogar zehnfach geringer. Außerdem hatten die Jahreszeiten großen Einfluß auf die Temperaturänderung. Die Abkühlung war nur deutlich ausgeprägt, wenn der Nuklearkrieg im Frühling oder Sommer der Nordhalbkugel ausbrach. Begann er hingegen im Herbst oder Winter, wenn die nördlichen Breiten ohnehin nur wenig Sonnenlicht empfangen, waren die Folgen für das Klima relativ gering.

Doch unser wichtigstes Ergebnis war, daß wir die grundlegende Schlußfolgerung der TTAPS-Studie bestätigen konnten: Die klimatischen Folgen eines Nuklearkriegs können verheerend sein. Obwohl in unserem Modell die mittlere Temperatur viel weniger abnimmt als nach der TTAPS-Studie, sagt es regionale Abkühlungen von drastischem Ausmaß voraus. Selbst innerhalb weniger Tage mit dichtem Rauch in großen Höhen könnte die Binnenlandtemperatur im Hochsommer auf Werte nahe dem Gefrierpunkt fallen. Solche vorübergehenden Temperaturstürze könn-

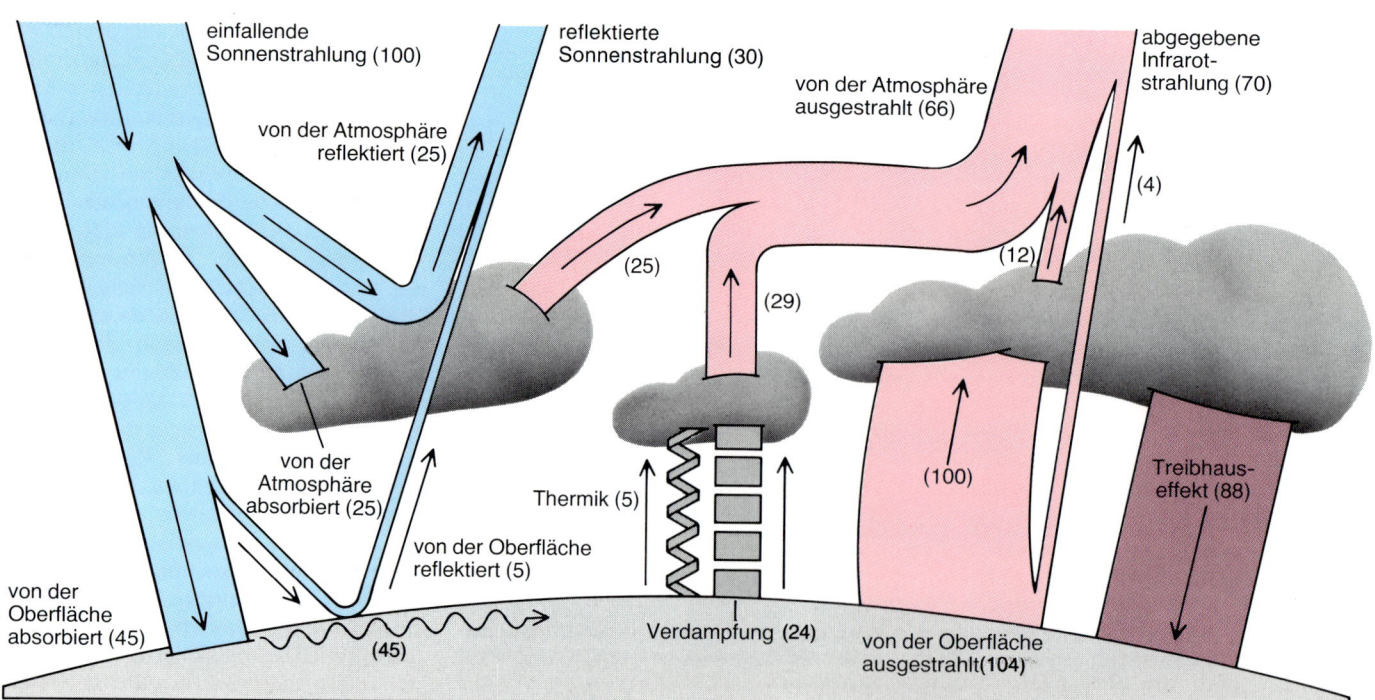

Bild 5: Der Treibhauseffekt entsteht, weil die Lufthülle Wärme über der Erdoberfläche festhält. Kohlendioxid, Wasserdampf und andere Gase sind verhältnismäßig durchlässig für Strahlung im sichtbaren und im kurzwelligeren Infrarot-Bereich (blau), die die meiste Son- nenenergie transportiert. Hingegen absorbieren diese Gase einen großen Teil des langwelligen Infrarot (rot), das die Erde ausstrahlt. Diese Energie kehrt fast vollständig als Strahlung zur Erde zurück (dunkelrot). Dadurch wärmen die Treibhausgase die Erdoberfläche auf.

ten in den Breiten, in denen Krieg herrscht, überall auf der Erde eintreten, selbst wenn die Gesamtausdehnung der nuklearen Rauchwolke um ein Mehrfaches kleiner wäre, als die TTAPS-Gruppe annahm. Der jeweilige Schauplatz der Temperaturstürze hinge von den örtlichen Wetterbedingungen ab; Kälteeinbrüche träten überall auf, wo die Luft nicht feucht genug wäre, Bodennebel zu erzeugen, und die Winde nicht stark genug, die stabilen Luftschichten bodennaher Inversionswetterlagen zu verwirbeln. Die klimatischen Folgen des Krieges würden sich demnach rein zufällig über die Erde verteilen. Noch neuere Studien von Thompson, von Michael C. MacCrackens Gruppe am Lawrence Livermore National Laboratory und von Robert C. Malones Gruppe am Los Alamos National Laboratory haben unsere Ergebnisse grundsätzlich bestätigt. Wir hatten lokale Kälteeinbrüche gefunden, obwohl uns die Grenzen unseres Modells zwangen, die Rauchdecke zu Beginn gleichmäßig zwischen 30 und 70 Grad nördlicher Breite zu verteilen. In den neueren und wirklichkeitsnäheren Simulationen erzeugt der Krieg mächtige, unzusammenhängende Wolkenfelder, die über die nördliche Halbkugel ziehen und unter sich Frost erzeugen.

Die plausibelsten Berechnungen sagen für einen Krieg im Sommer einen mittleren Temperaturabfall über dem Festland von 10 bis 15 Grad voraus. Ich habe an anderer Stelle vorgeschlagen, solche Klimaänderungen besser als einen „nuklearen Herbst" statt als „nuklearen Winter" zu beschreiben; doch wollte ich mit diesem Ausdruck keineswegs angenehme Vorstellungen von buntem Herbstlaub beschwören. Ein nuklearer Herbst im Juli könnte, ähnlich wie der natürliche Herbst, die Vegetationsperiode auf dem größten Teil der Nordhalbkugel beenden. Selbst in Gebieten, wo die Temperatur nicht unter den Gefrierpunkt fiele, könnte die Unterbrechung des Monsunregens katastrophale Folgen für die Nahrungsmittelversorgung haben. Die verbesserten Klimamodelle sagen zwar in der Tat geringere Abkühlungseffekte im Fall eines Nuklearkriegs voraus; dennoch nimmt die Einsicht allgemein zu, daß das Leben auf der Erde auch auf kleine Klimastörungen überaus empfindlich reagiert.

Überdies müssen die Klimaauswirkungen eines Nuklearkriegs nicht auf die ersten Wochen nach seinem Ende beschränkt sein. Vor allem im Sommer würden Teile der unförmigen Rauchwolken in die Stratosphäre aufsteigen und einen dünnen, ziemlich gleichmäßigen Schleier bilden, der die gesamte

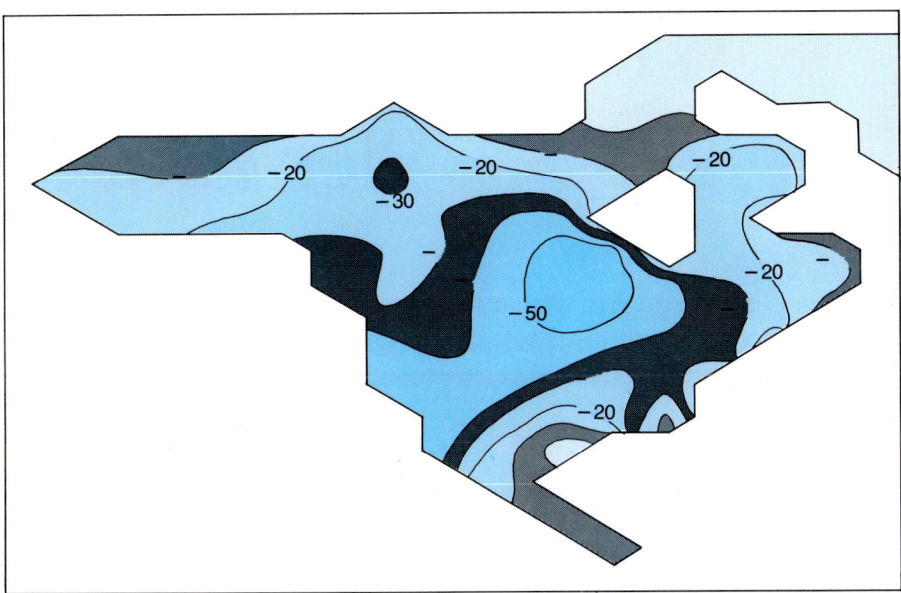

Bild 6: Eine Verdopplung des Kohlendioxidgehalts der Atmosphäre würde, nach einem Modell von Manabe und Stouffer, die Prärien der USA im Sommer in eine Trockenzone verwandeln. Die Karte zeigt die Änderung der Bodenfeuchtigkeit in Prozent für die Zeit von Juni bis August, wenn die Atmosphäre des Modells ihr neues thermisches Gleichgewicht erreicht hat.

Nordkugel vielleicht monatelang einhüllt. Ein Teil des Rauchs würde sich wahrscheinlich auch über den Äquator auf die Südhalbkugel ausbreiten. Der Schleier könnte zu abnormen Frosteinbrüchen und Vegetationsschäden im späten Frühling oder im frühen Herbst führen; er könnte schon durch eine geringfügige Abkühlung der nördlichen Kontinente die lebenspendenden Monsunregen entscheidend vermindern.

Nach dem gegenwärtigen Wissensstand bliebe die Erde nach einem Nuklearkrieg nicht den Insekten überlassen; die Menschheit würde höchstwahrscheinlich nicht aussterben. Aber die klimatischen Auswirkungen wären vermutlich trotzdem katastrophal, und auch weit entfernt von den Explosionszonen hätten Milliarden Menschen unter den Folgen des Kriegs zu leiden.

Damit will ich die Ungewißheit, mit der alle Simulationen des nuklearen Winters behaftet sind, keineswegs herunterspielen. Die Zuverlässigkeit eines Klimamodells kann, wie ich schon erklärt habe, nie schlüssig bewiesen werden; zur Verifikation lassen sich nur Indizien anführen, zum Beispiel die Fähigkeit des Modells, vergangene Klimate oder den Jahreszeitenzyklus zu simulieren. Im Fall des nuklearen Winters steckt die größte Unsicherheit nicht in dem, was die Modelle enthalten, sondern in dem, was sie auslassen müssen.

Zum Beispiel kann kein Klimamodell voraussagen, wieviel Rauch sich am ersten Tag eines Nuklearkrieges entwickeln wird oder wie hoch die Rauchwolken steigen werden. Für solche wichtigen Variablen müssen die Werte von

außen vorgegeben werden. Steigt ein Großteil des Rauchs mehrere Kilometer hoch auf, so wird er oberhalb des meisten Wasserdampfes der Atmosphäre liegen, und der Regen kann ihn nur langsam auswaschen. In diesem Fall sind starke Klimaveränderungen auf der gesamten Nordhalbkugel sehr wahrscheinlich. Würde hingegen der Rauch schneller ausgewaschen, als die meisten Modelle angenommen haben, wäre eine Klimakatastrophe auf der gesamten Nordhalbkugel viel weniger wahrscheinlich.

Aus dem Problem des nuklearen Winters läßt sich eine allgemeine Feststellung ableiten, die ich noch einmal unterstreichen will. Klimamodelle liefern keine eindeutige Vorhersage der Zukunft. Sie gleichen eher einer schlecht polierten Kristallkugel, in der sich mehrere mögliche Schicksale ahnen lassen. Damit stehen wir vor einem Dilemma: Wir müssen entscheiden, wie lange wir die Kugel noch polieren wollen, bevor wir angesichts der in ihr undeutlich sichtbaren Bilder zu handeln beginnen.

Dieses Problem stellt sich vielleicht weniger anläßlich des Nuklearkriegs — mit seinen in jedem Fall katastrophalen Folgen — als bei der Luftverschmutzung. Gegenwärtig verändern wir unsere Umwelt schneller, als wir die dadurch ausgelösten Klimaänderungen verstehen. Wenn das so weitergeht, werden wir am Ende die Klimamodelle entweder bestätigen oder widerlegen — durch ein wirkliches, weltweites Experiment, aus dessen Folgen es für uns kein Entkommen gibt.

Wie entsteht das Magnetfeld der Erde?

Gewaltige Materieströme im Kern der Erde könnten nach dem Prinzip eines
sich selbst erhaltenden Dynamos das Magnetfeld der Erde erzeugen. Die Energie, die diese
Materieströme antreibt, stammt vermutlich aus dem Schwerefeld der Erde.

Von Charles R. Carrigan und David Gubbins

Obwohl man seit dem siebzehnten Jahrhundert weiß, daß sich die Erde wie ein Magnet verhält, ist noch immer nicht ganz klar, wie das Magnetfeld entsteht. Eine permanente Magnetisierung von Mineralien kommt als Ursache nicht in Frage, denn in fast allen Tiefen unseres Planeten herrschen so hohe Temperaturen, daß jedes magnetisierte Material seine Magnetisierung sofort verlieren würde. Außerdem verschieben sich Minerale nicht so leicht, wie das notwendig wäre, um Änderungen des Feldes in Stärke, Richtung und örtlicher Verteilung zu erklären.

Die Analyse von Erdbebenwellen zeigt, daß der äußere Teil des metallischen Erdkerns flüssig ist. Man nimmt heute an, daß diese flüssige Materie strömt und dabei elektrische Ströme erzeugt, die ihrerseits das Magnetfeld hervorrufen. Wie aber strömt die Materie? Welche Energiequelle unterhält die Strömung? Und wie entsteht daraus ein Magnetfeld? Da wir die Vorgänge im Erdkern nicht direkt beobachten und die dort herrschenden Temperaturen und Drücke im Laboratorium nicht leicht erzeugen können, sind die gestellten Fragen bisher weitgehend unbeantwortet geblieben. Neue theoretische und experimentelle Ansätze zeigen jedoch, daß die Strömung möglicherweise dadurch zustandekommt, daß schwere Materie zum Erdmittelpunkt hin absinkt, und gleichzeitig leichtes Material in die oberen Schichten des Erdkerns aufsteigt.

Nur wenige Aussagen über das Erdinnere und das Magnetfeld der Erde sind sicher. Seismologische Daten zeigen, daß der Erdkern aus einer riesigen Metallkugel besteht, die etwa die Größe des Planeten Mars hat. Mit einem mittleren Radius von 3485 Kilometern macht der Kern ungefähr ein Drittel der Masse und etwa ein Sechstel des Volumens der Erde aus (Bild 1). Seine Dichte ist außen etwa neunmal, innen etwa zwölfmal so groß wie die des Wassers. Daraus und aus unseren Vor-

stellungen über die Entstehung des Sonnensystems folgt, daß der Erdkern im Wesentlichen aus Eisen und Nickel mit Spuren von leichteren Elementen wie Kupfer, Schwefel und Sauerstoff bestehen muß.

Im Zentrum des Erdkerns liegt der innere Kern. Er hat einen Radius von 1220 Kilometern und ist damit um ein Drittel kleiner als der Mond. Seismologische Beobachtungen sprechen dafür, daß der innere Kern fest ist. Die dort herrschenden Drücke dürften einige Millionen Atmosphären betragen, und unter diesen Bedingungen liegt der Schmelzpunkt des Eisens zwischen 3000 und 5000 Kelvin.

Stärke und Richtung des Magnetfeldes der Erde lassen sich am einfachsten an einer Kompaßnadel ablesen. Die Stärke des Feldes, gemessen durch die Kraft, die nötig ist, um die Nadel aus der Richtung abzulenken, die sie im Feld einnimmt, ist

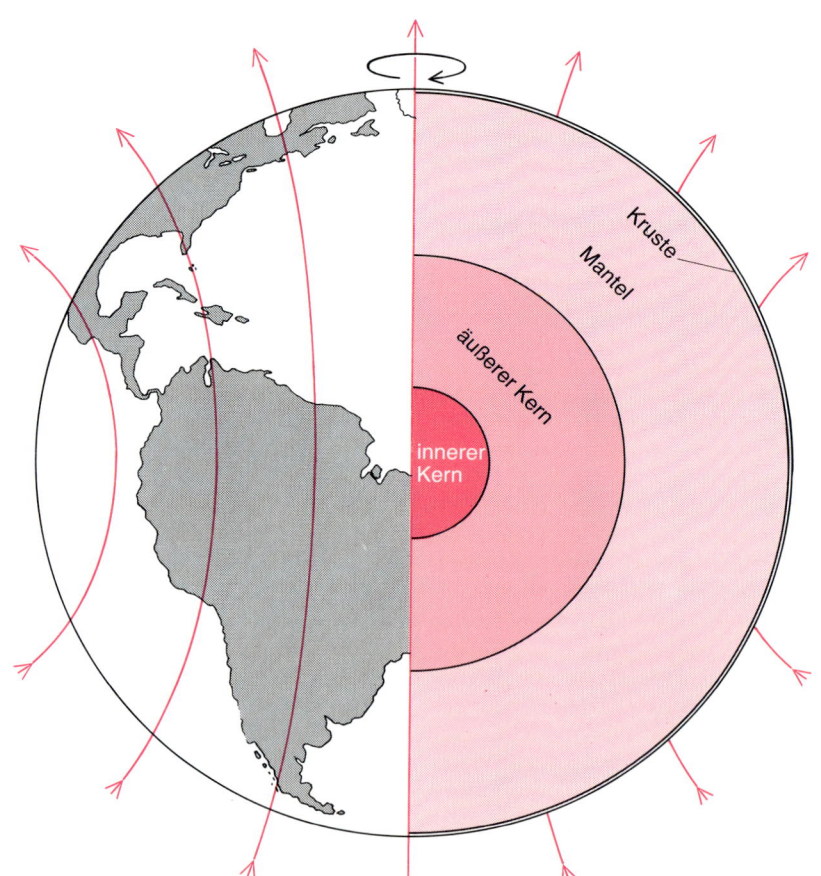

Bild 1: Der Erdkern, der mit einem Radius von 3485 Kilometern etwa so groß wie der Mars ist, macht ein Sechstel des Erdvolumens und ein Drittel der Erdmasse aus. Er besteht aus einem festen inneren Kern, dessen Radius 1220 Kilometer beträgt, und einem flüssigen äußeren Kern. Die Bewegung der geschmolzenen Ma- **terie im äußeren Kern könnte elektrische Ströme erzeugen, die ihrerseits das Magnetfeld der Erde hervorrufen. Die mit Pfeilen versehenen farbigen Linien sind Kraftlinien des Magnetfeldes, das heißt, an allen Orten, die auf einer solchen Linie liegen, hat das Magnetfeld dieselbe Stärke.**

außerordentlich gering. Selbst die maximale Feldstärke von etwa 0,3 Gauß in der Nähe des Nord- und Südpols ist einige hundertmal kleiner als das Feld zwischen den Polen eines kleinen Hufeisenmagneten. Eine Kompaßnadel stellt sich überall auf der Erde in Nord-Süd-Richtung ein. An einigen Punkten zeigt sie exakt zum geographischen Nordpol, dem einen Ende der Rotationsachse der Erde. An allen anderen Stellen weicht sie mehr oder weniger stark von der Nord-Süd-Richtung ab, woraus zu schließen ist, daß das Magnetfeld Wirbel enthält (Bild 3). Im Großen und Ganzen verhält sich das Magnetfeld der Erde aber wie ein Dipolfeld. Es ist heute um elf Grad gegen die Rotationsachse der Erde geneigt.

Seit dem siebzehnten Jahrhundert wurden zu Navigationszwecken detaillierte Karten erstellt, aus denen sich Größe und Richtung des Magnetfeldes ablesen lassen. Diese Karten zeigen, wie sich das Feld in den letzten vier Jahrhunderten verändert hat. Man erkennt eine langsame, gleichmäßige Abnahme der Feldstärke. Würde sie sich fortsetzen, so wäre das Feld in dreitausend Jahren erloschen. Außerdem zeigen die Karten eine langsame Verschiebung der unregelmäßigen Wirbel des Feldes in westlicher Richtung um etwa einen Längengrad in fünf Jahren (Bild 3). Daraus folgt, daß die Schmelze im Erdkern mit einer Geschwindigkeit von etwa einem Millimeter pro Sekunde oder 86 Meter pro Tag fließt. Auch die Gesteine der Erdkruste geben Auskunft über die Vergangenheit des Magnetfeldes, wenn man das Alter eines Gesteins und die Orientierung seiner magnetisierten Einschlüsse bestimmt, die die Richtung des Magnetfeldes zur Zeit der Gesteinsbildung wiedergibt. Solche Messungen zeigen, daß die Erde seit mindestens 2,7 Milliarden Jahren ein Magnetfeld besitzt. Verglichen mit dem Alter der Erde von 4,6 Milliarden Jahren

Bild 2: Eine rotierende, mit Wasser gefüllte Kunststoffkugel, die eine kleinere feste Kugel enthält (rosa), dient hier als Modell des Erdkerns. Das Wasser entspricht dem flüssigen äußeren Erdkern, die rosa Kugel dem festen inneren Erdkern. Ein radiales Temperaturgefälle (die innere Kugel ist kälter als die äußere) erzeugt Auftriebskräfte, die stark genug sind, um das Wasser im Zentrifugalfeld gegen seine innere Reibung von innen nach außen in Bewegung zu setzen. Durch die Einwirkung der Coriolis-Kraft bilden sich parallel zur Drehachse ausgerichtete walzenförmige Strudel, die sich langsam drehen und die hier als helle Streifen zu erkennen sind. Verstärkt man das Temperaturgefälle, so bleiben die walzenförmigen Strömungen nicht mehr auf das Gebiet um die innere Kugel beschränkt (oben), sondern erfüllen die gesamte Flüssigkeit (unten). Um die Strömungen sichtbar zu machen, wurden dem Wasser winzige Plättchen zugesetzt.

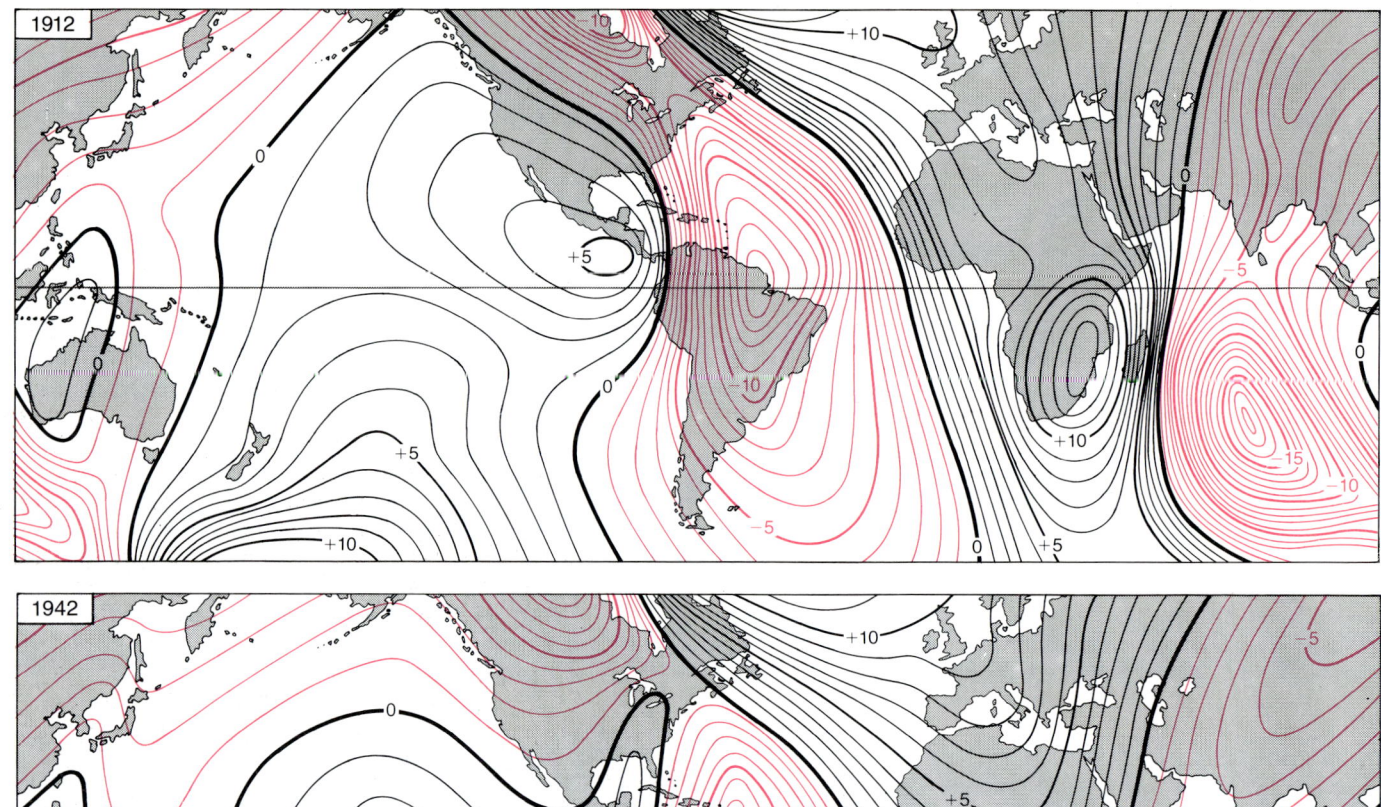

Bild 3: Am unterschiedlichen Verlauf der Linien in diesen Weltkarten kann man die langsame Verlagerung von Wirbeln im Magnetfeld der Erde erkennen. Die Zahlen an den Linien geben an, um wieviele Bogenminuten sich die Abweichung einer Kompaßnadel vom geographischen Nordpol jährlich ändert. Positive Zahlen und schwarze Linien kennzeichnen eine Vergrößerung der Abweichung, negative Zahlen und farbige Linien eine Verkleinerung. Oben sind die Verhältnisse im Jahr 1912, unten die im Jahr 1942 gezeigt. Man erkennt, daß die Abweichung einer Kompaßnadel vom geographischen Nordpol 1942 in Mitteleuropa um neun Bogenminuten zunahm.

ist das eine beträchtliche Zeitspanne. Allerdings hat sich die Stärke des Feldes mehrfach geändert, und etwa einmal in einer Million Jahren kehrte sich seine Richtung um.

Jede Theorie, die den Ursprung des Magnetfeldes erklären will, muß auch seine Dipolform, seine langsame Abschwächung, seine Verschiebung nach Westen und die Umkehrungen seiner Richtung verständlich machen. Es ist nicht einfach, eine solche Theorie zu entwickeln, denn eine rund dreitausend Kilometer dicke Materieschicht trennt uns von der äußersten Zone des Erdkerns und läßt uns nicht erkennen, wie das Feld dort aussieht, wo es entsteht. Wahrscheinlich ist es in der Nähe des Erdkerns zehnmal stärker als an der Erdoberfläche, hat im Erdinneren eine viel komplexere Struktur als die uns zugängliche Dipolform vermu-

ten läßt und ändert sich wesentlich schneller. Wir vermögen solche Änderungen nicht zu registrieren, da sie der elektrisch nicht leitende Erdmantel nicht bis an die Erdoberfläche gelangen läßt. Wir wissen nichts über die Feldstärke im Erdkern und können Felder, deren Kraftlinien auf Kugelflächen verlaufen, nicht nachweisen, obwohl die Theorie für das Vorhandensein solcher Felder spricht und vor allem dafür, daß sie bedeutend stärker sind als das Dipolfeld an der Erdoberfläche. Wesentliche Voraussagen der Theorie lassen sich also nicht überprüfen, und das erschwert die Entwicklung eines Modells.

Das Modell des Erdkerns, das den heute bekannten Tatsachen am besten entspricht, ist das Modell des sich selbst erhaltenden Dynamos von W.M. Elsasser und E.C. Bullard. Ein Dynamo ist eine Maschine, die mechanische Energie in

elektrische Energie verwandelt. Ein einfaches Beispiel ist der von Michael Faraday erfundene Scheibendynamo (Bild 4, oben): unter einer drehbar gelagerten Kupferscheibe steht, parallel zur Drehachse ausgerichtet, ein Stabmagnet. Wird die Scheibe gedreht, so fließt in ihr ein schwacher Strom. Dieser übt eine Kraft aus, die gegen den Drehsinn der Scheibe gerichtet ist und daher als Bremse wirkt. Mechanische Energie wird somit in elektrische Energie umgesetzt.

In einem sich selbst erhaltenden Dynamo verstärkt der elektrische Strom das Magnetfeld, so daß außer dem Startfeld, das den Dynamo anregt, kein weiteres äußeres Feld erforderlich ist. Ein einfaches Beispiel eines sich selbst erhaltenden Dynamos bietet ein Faradayscher Scheibendynamo, in dem der Stabmagnet durch eine Spule ersetzt ist (Bild 4, unten). Fließt Strom durch die Spule, so entsteht ein Magnetfeld, das in der sich drehenden Scheibe einen Strom erzeugt. Leitet man diesen Strom in die Spule zurück, so hält er das Magnetfeld aufrecht. Man muß also nur dafür sorgen, daß die Scheibe nicht aufhört, sich zu drehen.

Existiert ein solcher Dynamo auch im Erdkern, so könnte man sich vorstellen, daß ihn ein schwaches magnetisches Feld, das die Milchstraße durchsetzt, aktiviert hat. Er wird dann auf die geschilderte Weise ein Magnetfeld erzeugen, das viel stärker ist als das Feld, das ihn auslöste. Natürlich ist die Schmelze im Erdinnern keine feste rotierende Scheibe, aber sie könnte im Prinzip doch so fließen, daß ein sich selbst erhaltender Dynamo entsteht. Die entscheidende Frage lautet also: Kann die Schmelze als Dynamo arbeiten? Oder genauer: Wie strömt die Schmelze im Erdkern, und woher kommt die mechanische Energie, die ihre Bewegung aufrechterhält?

Wir wollen annehmen, daß irgendeine Strömung die Schmelze in Bewegung gebracht hat, daß sie wie ein sich selbst erhaltender Dynamo arbeitet und daß die Bewegung dank Schwerkraft, Magnetismus und Rotation nicht zum Stillstand kommt. Sicher spielt die Rotation für die Erhaltung des Magnetfeldes eine fundamentale Rolle, da nicht nur die Erde, sondern auch andere Planeten, die Sonne und andere rotierende Sterne ein Feld besitzen, das mit der Achse ihrer Drehbewegung übereinstimmt oder in Beziehung steht. Der Zusammenhang zwischen Magnetismus und Rotation ist so auffallend, daß zu Beginn dieses Jahrhunderts viele Physiker ein Gesetz zu finden versuchten, demzufolge jede sich drehende Masse ein Magnetfeld haben sollte. Man gab diese Vorstellung auf, als zwei Experimente gegen sie sprachen: Zum einen konnte an einem rotierenden Zylinder aus Gold kein Magnetfeld festgestellt werden, und zum anderen ließ sich die einem solchen Gesetz entsprechende Abhängigkeit der Stärke des Magnetfeldes vom Abstand zur Erdoberfläche bei Messungen in verschiedenen Tiefen eines Bergwerkes nicht belegen.

Heute gilt es als sicher, daß der Zusammenhang zwischen Magnetfeld und Rotation durch die Coriolis-Kraft vermittelt wird, die auf die Schmelze im Erdkern einwirkt. Jeder Körper, der sich in einem rotierenden System bewegt, unterliegt der Coriolis-Kraft (Bild 5). Sie greift senkrecht zur Bewegungsrichtung des Körpers an und ändert somit dessen Richtung. In der Atmosphäre und im Ozean ist die Coriolis-Kraft für große umlaufende Strömungen verantwortlich (Bild 6). Auf der Nordhalbkugel lenkt sie alle Bewegungen nach rechts, auf der Südhalbkugel nach links ab.

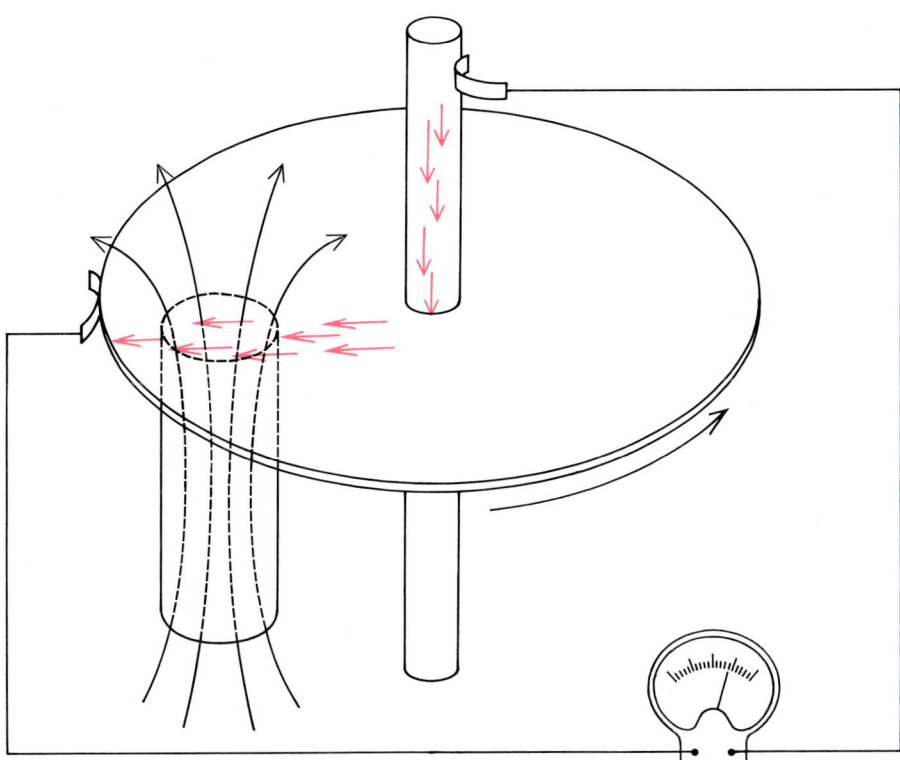

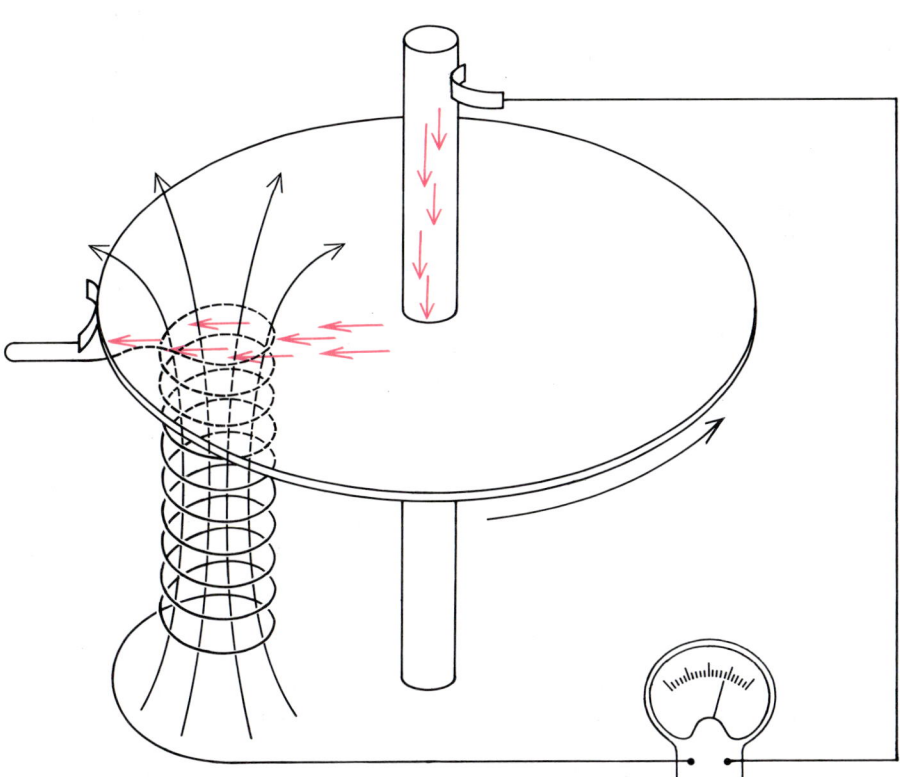

Bild 4: Dreht man eine Kupferscheibe im Magnetfeld eines Stabmagneten (oben) oder einer stromdurchflossenen Spule (unten), so entstehen in der Scheibe elektrische Ströme (farbige Pfeile). Nach ihrem Erfinder bezeichnet man eine solche Anordnung als Faradayschen Scheibendynamo. Das Magnetfeld des im unteren Teilbild skizzierten Dynamos erhält sich selbst, das heißt, die in der Scheibe erzeug- ten elektrischen Ströme werden durch die Windungen der Spule geleitet und erzeugen das zu ihrer Aufrechterhaltung erforderliche Magnetfeld, so daß außer dem Startfeld kein zusätzliches Magnetfeld erforderlich ist. Man nimmt an, daß sich die Schmelze im Erdkern so bewegt, daß nach dem Prinzip des sich selbst erhaltenden Dynamos das Magnetfeld der Erde entsteht.

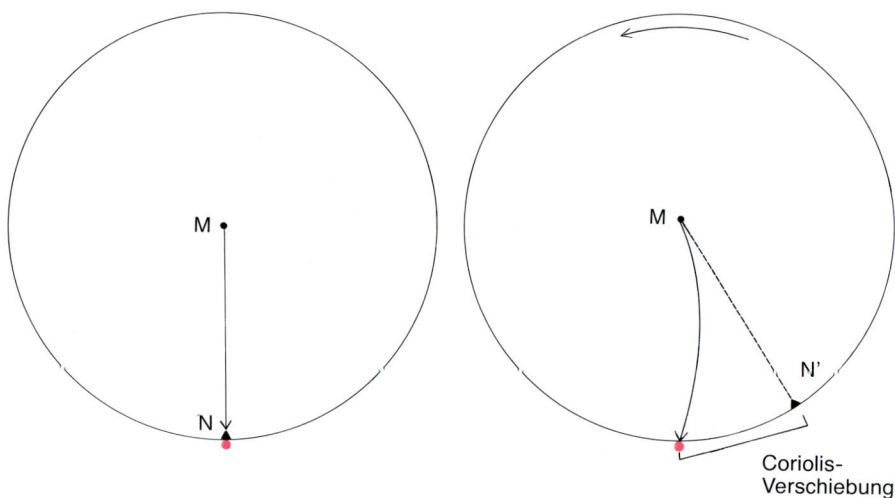

Coriolis-Verschiebung

Bild 5: Coriolis-Kräfte treten auf, wenn sich ein Körper relativ zu einem rotierenden System bewegt. Als Beispiel stelle man sich ein Karussell vor, in dessen Mitte ein Mann (M) steht, der einem zweiten, am Rand stehenden Mann (N) einen Ball zuwirft. Der Ball fliegt von M nach N, wenn das Karussell ruht (links). Dreht sich das Karussell, so sehen die Dinge anders aus (rechts): M wirft den Ball in dem Augenblick ab, in dem N den außerhalb des Karussells befindlichen farbigen Punkt passiert. Während der Ball in Richtung auf den farbigen Punkt fliegt, bewegt sich N auf dem Karussell weiter und erreicht die Position N', wenn der Ball am farbigen Punkt eintrifft. Aus der Sicht eines auf dem Karussell mitfahrenden Beobachters beschreibt der Ball eine gekrümmte Bahn (von M ausgehender Pfeil im rechten Teilbild). Auf den Ball muß demnach – aus der Sicht des mitfahrenden Beobachters – eine Kraft einwirken, die ihn von seiner radialen Bahn ablenkt. Diese Kraft bezeichnet man nach ihrem Entdecker, dem französischen Physiker C. G. de Coriolis, als Coriolis-Kraft.

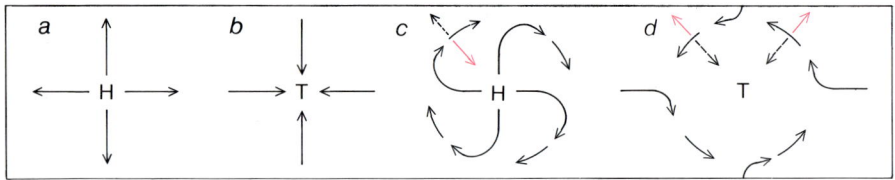

Bild 6: In einem System, das sich nicht dreht, gibt es keine Coriolis-Kraft. Ein strömendes Medium verläßt ein Gebiet hohen Drucks (H) in radialer Richtung nach außen (a) und bewegt sich in radialer Richtung in ein Tiefdruckgebiet (T) hinein (b). Auf der sich drehenden Erde lenkt die Coriolis-Kraft jede Bewegung auf der nördlichen Halbkugel nach rechts ab (c), auf der südlichen Halbkugel nach links. Wenn die Coriolis-Kraft (farbige Pfeile) die Druckkräfte (gestrichelte Pfeile) kompensiert, umläuft das strömende Medium ein Gebiet hohen Druckes im Uhrzeigersinn oder antizyklonisch (c) und ein Tiefdruckgebiet gegen den Uhrzeigersinn oder zyklonisch (d). Auf diese Weise entstehen die walzenförmigen Strudel in der mit Wasser gefüllten rotierenden Kugel, die in Bild 2 gezeigt ist.

Der eigentliche Antrieb der Strömung im Erdkern dürfte der Auftrieb im Schwerefeld sein. Wie warme, leichte Luft in kälterer Umgebung aufsteigt, bewirkt der Auftrieb auch das Aufsteigen von weniger dichtem Material in einer dichteren Flüssigkeit. Die Auftriebskraft hängt nur von den Dichteunterschieden in der Flüssigkeit ab, die beispielsweise durch Temperaturunterschiede oder durch Unterschiede der chemischen Zusammensetzung verursacht sein können. Auftriebskräfte spielen eine maßgebliche Rolle in der Bewegung der Atmosphäre, der Ozeane, ja sogar der Kontinente. Insbesondere können sie auch jene radialen, das heißt vom Zentrum zum Rand gerichteten Bewegungen in der Schmelze im Erdkern hervorrufen, die man auf Grund theoretischer Überlegungen für das Zustandekommen des Magnetfeldes der Erde fordern muß. Die vom Auftrieb verursachte Strömung gleicht jedoch den Dichteunterschied nach einiger Zeit aus und kommt zum Stillstand, wenn es keine dauerhafte Wärmezufuhr oder keinen dauerhaften Nachschub an leichtem Material gibt. Mit anderen Worten: der Auftrieb muß durch einen nicht versiegenden Zustrom von Energie aufrechterhalten werden.

Berechnungen zeigen, daß ein ausreichend großes radiales Temperaturgefälle in einer schnell rotierenden, mit Flüssigkeit gefüllten Kugel eine Auftriebsströmung erzeugt, die durch die Drehung so ausgerichtet wird, wie es das Dynamoprinzip verlangt. Man kann das auch in einem Modellversuch zeigen (Bild 2 und Bild 7): man füllt eine Kunststoffkugel, in deren Zentrum eine kleine feste Kugel sitzt, mit Wasser. Dann erzeugt man ein radiales Temperaturgefälle und versetzt die Kunststoffkugel in schnelle Drehung. Unter dem Einfluß der Zentrifugalkraft entwickeln sich Auftriebskräfte, die im Wasser eine zirkulierende Strömung zur Folge haben. Diese Strömung „spürt" die Coriolis-Kraft, und es bilden sich kleine, langsam rotierende, zylindrische Strudel (Bild 8), deren Achsen parallel zur Drehachse der Kugel liegen.

Natürlich ist die Schwerkraft in der mit Wasser gefüllten Kunststoffkugel vernachlässigbar klein, die Zentrifugalkraft hingegen sehr groß. Im Erdkern herrschen die entgegengesetzten Verhältnisse: hier ist die Schwerkraft groß und im Vergleich dazu die Zentrifugalkraft klein. Die Rechnung zeigt aber, daß bei genügend schneller Drehung die Zentrifugalkraft im Modell durchaus in der Lage sein sollte, die Schwerkraft im Erdkern zu simulieren.

Wie gut das Modell der Realität entspricht, hängt davon ab, ob es gelingt, die entscheidenden Kräfte in den kleineren Maßstab zu übertragen, ohne die Größenverhältnisse zwischen den Kräften zu verändern. Gelingt das, so kann sich das Wasser in der Kunststoffkugel bei schneller Drehung durchaus verhalten wie das geschmolzene Eisen im Erdkern. In der Theorie der bewegten Flüssigkeiten bezeichnet man das Verhältnis zwischen den Kräften der inneren Reibung (der Viskosität) und der Coriolis-Kraft als Ekman-Zahl. Sie ist dimensionslos und hat für die Schmelze im Erdkern der Wert 10^{-15} (ein Billiardstel). Da Wasser und die Schmelze im Erdkern vergleichbare Viskositäten haben, muß man die mit Wasser gefüllte Kunststoffkugel mit etwa fünfhundert Umdrehungen pro Minute rotieren lassen, um zu einer vergleichbaren Ekman-Zahl zu kommen. Die Kugel dreht sich dann fast eine millionmal so schnell wie die Erde.

Daß unter diesen Bedingungen und bei einem radialen Temperaturgefälle von einem Kelvin das in Bild 1 und Bild 8 gezeigte Strömungsmuster mit parallel zur Drehachse ausgerichteten walzenförmigen Strudeln entsteht, wird durch einen Satz aus der Theorie der strömenden Flüssigkeiten erklärt. Er gilt für rotierende Flüssigkeiten, bei denen die Coriolis-Kräfte viel größer sind als beispielsweise die Auftriebs-, Reibungs- oder Trägheitskräfte. In solchen Fällen werden nur Kräfte, die aus Druckunterschieden in der Flüssigkeit resultieren, groß genug, um der Coriolis-Kraft entgegenzuwirken. Diese Kräfte haben aber auf Flüssigkeitsbewegungen parallel zur Drehachse keinen Einfluß. In einem rotierenden Flüs-

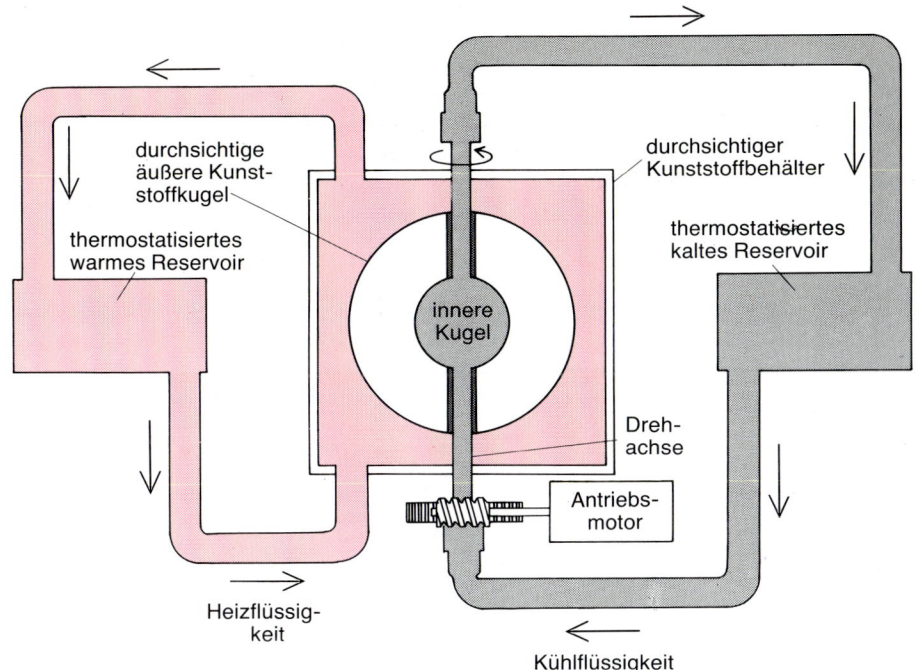

durchsichtige
äußere Kunst-
stoffkugel

thermostatisiertes
warmes Reservoir

durchsichtiger
Kunststoffbehälter

thermostatisiertes
kaltes Reservoir

innere
Kugel

Dreh-
achse

Antriebs-
motor

Heizflüssig-
keit

Kühlflüssigkeit

Bild 7: Schema des Versuchsaufbaus mit der in Bild 2 gezeigten rotierenden, mit Wasser gefüllten Kunststoffkugel. Ein Heizungs- und Kühlungssystem erhält ein Temperaturgefälle zwischen innerer und äußerer Kugel aufrecht.

Während die Temperatur im Erdkern von außen nach innen zunimmt, hat das Temperaturgefälle im Modell die entgegengesetzte Richtung. Es simuliert die im Erdkern dominierende, nach innen gerichtete Schwerkraft.

sigkeitszylinder, auf den die genannten Voraussetzungen zutreffen, müssen daher die Stromlinien in allen zur Drehachse senkrecht stehenden Schichten der Flüssigkeit denselben Verlauf haben. Ist der rotierende Körper kein Zylinder, sondern – wie im Fall unseres Modells oder der Schmelze im Erdkern – eine Kugel, so können die Stromlinien nicht in allen Schichten denselben Verlauf haben. Vielmehr sind die parallel zur Drehachse ausgerichteten walzenförmigen Strudel an ihren oberen und unteren Enden in entgegengesetzten Richtungen abgeschrägt (Bild 8), so daß die an den Walzenenden von der Drehachse zur Kugeloberfläche strömende Flüssigkeit in der oberen Halbkugel nach unten und in der unteren Halbkugel nach oben gedrückt wird. Nur in der Äquatorebene verlaufen die Stromlinien vollkommen horizontal.

Der Durchmesser der walzenförmigen Strudel hängt von der Viskosität der Flüssigkeit ab. In der mit Wasser gefüllten Kugel beträgt er ungefähr zehn Prozent vom Radius der Kugel, und er wird größer, wenn man die Kugel mit einem viskoseren Medium füllt. In der Schmelze im Erdkern hat die Viskosität einen geringeren Einfluß. Möglicherweise ist es hier das Magnetfeld, das zur Bildung walzenförmiger Strudel führt. Unser Modell gibt darüber keine Auskunft, denn es enthält kein Magnetfeld. Ließe sich das ändern, wenn wir das Wasser in der Kunststoffkugel durch ein flüssiges Metall (Quecksilber oder geschmolzenes Natrium) ersetz-

ten? Leider nein, denn jeder in die Kugel geschickte elektrische Stromstoß klingt in Bruchteilen einer Sekunde ab, und diese Zeit ist zu kurz, um den Dynamo „anspringen" zu lassen. In der Schmelze im Erdkern dagegen bleibt ein elektrischer Strom etwa zehntausend Jahre lang erhalten (10^{17}- oder hundert billiardenmal länger als in unserem Modell), ohne daß man ihn regenerieren muß, und diese Zeit reicht aus, um aus den Bewegungen der Schmelze einen Dynamo entstehen zu lassen. Die Lebensdauer eines elektrischen Stromes in einem kugelförmigen Körper ist proportional zum Quadrat des Kugelradius multipliziert mit der elektrischen Leitfähigkeit des Körpers. Unser Modell müßte also entweder die Größe des Erdkerns oder – bei seiner jetzigen Größe – eine nahezu unendlich große elektrische Leitfähigkeit haben, um Auskunft über die Vorgänge im Erdinneren geben zu können. Beides aber ist unmöglich, so daß den Geophysikern nur die Möglichkeit bleibt, die Theorie weiterzuentwickeln.

Theoretische Arbeiten haben gezeigt, daß strömende Flüssigkeiten ein Magnetfeld erzeugen können, wenn sie eine Netto-Helizität besitzen. Die Helizität gibt an, daß und wie stark die Stromlinien im Uhrzeigersinn (rechtsgängig) oder gegen den Uhrzeigersinn (linksgängig) schraubenartig gewunden sind (Bild 9). Überwiegen die Stromlinien eines Schraubensinns, so hat die Strömung eine Netto-Helizität. In unserem Modell haben die Strömungen in den walzenförmigen Stru-

deln eine Netto-Helizität, die durch die abgeschrägten Endflächen hervorgerufen wird (Bild 8). Berechnungen zeigen, daß solche Strömungen in der Lage sein sollten, ein dipolares Magnetfeld zu erzeugen und daß ein anfänglich kleines Magnetfeld durch den Dynamoeffekt beträchtlich an Stärke gewinnen kann.

Stellen wir uns ein Experiment vor, bei dem ein anfänglich kleines Magnetfeld langsam anwächst. Sein Einfluß auf die Bewegung der Dynamoscheibe ist zunächst verschwindend klein, nimmt aber in dem Maße zu, in dem es an Stärke gewinnt. Wäre der Erddynamo also ein einfacher Scheibendynamo, der mit einer an der Drehachse der Scheibe sitzenden Kurbel angetrieben wird, so müßte man zunehmend mehr Kraft zum Drehen aufwenden, da das Magnetfeld der Bewegung einen immer größeren Widerstand entgegensetzen würde. Das Magnetfeld wäre solange bestrebt, die Drehung der Scheibe zu verlangsamen, bis der Dynamo einen Gleichgewichtszustand erreicht hat, in dem die Stärke des Magnetfeldes nicht mehr wächst. In einem flüssigen Leiter, wie ihn die Schmelze im Erdkern darstellt, kann das Magnetfeld aber auch die Richtung der Strömung ändern und damit deren Dynamowirkung schwächen, ohne daß die Strömung langsamer wird. Da sich dieses Experiment im Laboratorium nicht ausführen läßt, wissen wir nicht, wie ein allmählich anwachsendes Feld die Strömung ändert. Mehrere Arbeitsgruppen versuchen, den Effekt zu berechnen. Sind die magnetischen Kräfte sehr groß, so sollten die walzenförmigen Strudel weniger und dafür größer werden. Sobald die magnetische Feldstärke einen kritischen Wert erreicht, sollte die Strömung in eine großräumige, vorwiegend horizontal verlaufende Kreisbewegung übergehen. Das müßte ein starkes und ringförmiges Magnetfeld ergeben (Bild 10). Was im Erdkern wirklich passiert, hängt von der Stärke des Feldes im Gleichgewichtszustand und von anderen bisher nicht untersuchten Faktoren ab.

Aus der Existenz eines starken ringförmigen Magnetfeldes lassen sich Schwankungen der Feldstärke und die Verschiebung des Feldes nach Westen berechnen. Es scheint, daß in der Schmelze im Erdkern unter dem Einfluß des Magnetfeldes und der Rotation Wellen mit Perioden von einigen Tausend Jahren entstehen können, und daß die Verschiebung des Feldes nach Westen dadurch ebenso vorgetäuscht werden kann, wie eine Welle im Meer eine Vorwärtsbewegung des Wassers vortäuscht.

Eine erfolgreiche Theorie des Erdmagnetismus muß die mehrfache Umkehrung der Feldrichtung im Lauf der Erdgeschichte erklären können. Aus paläomagnetischen Untersuchungen weiß man, daß etwa zehntausend Jahre vor einer Änderung der Feldrichtung eine langsame Abnahme der Feldstärke einsetzt. Nach der Richtungsänderung steigt die Feldstärke allmählich wieder an. Bei der Umkehrung der Feldrichtung muß sich die Strömung im Erdkern nicht ändern, denn die mathematischen Gleichungen, die die Strömung beschreiben, gelten für beide Orientierungen des Feldes. Auch beim Scheibendynamo können unter bestimmten Bedingungen Umkehrungen der Feldrichtung stattfinden. Sie haben ihre Ursache in der Koppelung verschiedener Teilströme in der Scheibe. Man kann diese Teilströme mit drei Pendeln vergleichen, die in geringer Entfernung voneinander an einem horizontal gespannten Faden hängen. Stößt man eines dieser Pendel an, so geraten die anderen ebenfalls in Schwingungen. Da die im System steckende Energie hin- und herwandert, kommt zu bestimmten Zeiten jeweils eins der Pendel vorübergehend zur Ruhe. Obwohl man das Verhalten der Pendel aus den Anfangsbedingungen und den Bewegungsgesetzen vorausberechnen kann, scheinen sich die Pendel für einen Betrachter unsystematisch zu verhalten. Ähnliches gilt für den Scheibendynamo: Die Umkehrung der Feldrichtung scheint zufällig einzutreten und ist dennoch berechenbar. In der mathematischen Beschreibung sind Scheibendynamos und Dynamos, die aus einer strömenden Flüssigkeit bestehen, sehr ähnlich, so daß auch die scheinbar zufälligen Umkehrungen des Magnetfeldes der Erde berechenbar sein sollten. Die Gleichungen dafür sind allerdings so abschreckend schwierig, daß sich bis heute niemand ernsthaft an eine Theorie der Feldumkehrung herangewagt hat.

Man hat versucht, die Umkehrung der Feldrichtung mit der Annahme zu erklären, daß der Dynamo im Erdkern für eine Weile „abgeschaltet" wird, so daß das Feld abklingt. Nach erneutem „Einschalten" soll sich das Magnetfeld dann in entgegengesetzter Richtung wieder aufbauen. Zwar widerspricht diese Vorstellung nicht den gemessenen Daten, aber sie erscheint auch nicht sonderlich plausibel. Warum sollte der Erddynamo einige Millionen Jahre „angeschaltet" bleiben und dann nur wenige Tausend Jahre „ausgeschaltet" sein? Es ist viel naheliegender, die Umkehrung der Feldrichtung wie beim Scheibendynamo als normale Erscheinung eines ständig arbeitenden Dynamos anzusehen.

Betrachtet man sehr lange geologische Zeiträume, so stellt man auch Änderungen in der Häufigkeit fest, mit der das Erdfeld seine Richtung ändert. Beispielsweise fand in der Kreidezeit, die vor 135 Millionen Jahren begann und vor 65 Millionen Jahren endete, zwanzig Millio-

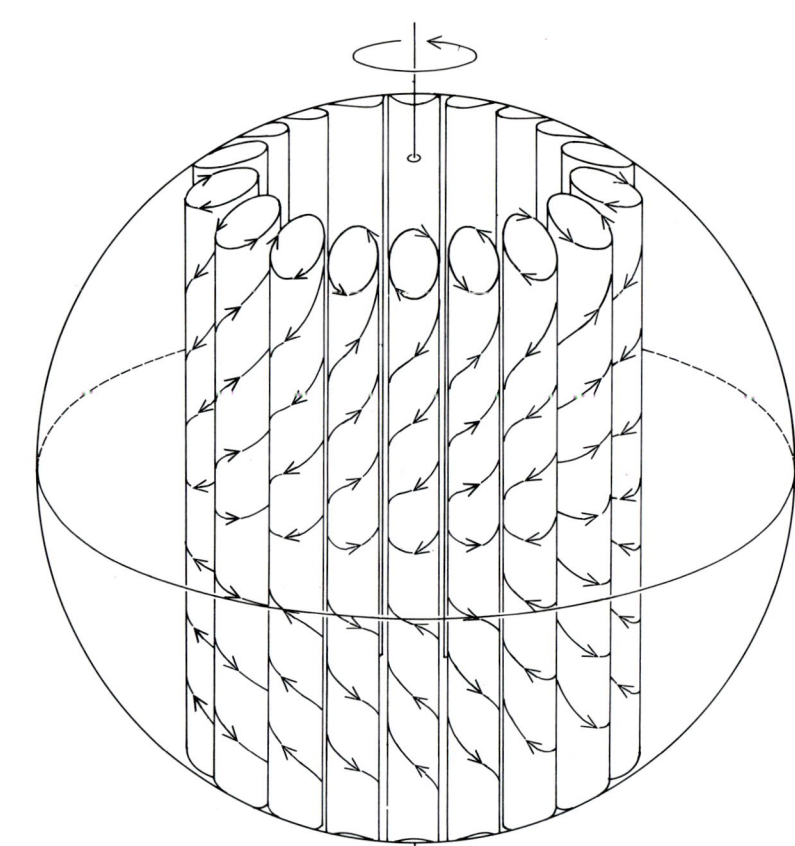

Bild 8: Schema der in Bild 1 sichtbaren walzenförmigen Strudel. Die Achsen der Walzen stehen parallel zur Drehachse der mit Wasser gefüllten Kunststoffkugel. Die Stirnflächen der Walzen folgen der Neigung der Kugelinnenfläche. Sie sind daher oben und unten entgegengesetzt abgeschrägt. Wasser, das in der oberen Halbkugel unter dem Einfluß der Zentrifugalkraft von der kälteren Drehachse zur wärmeren Außenkugel strömt, drückt die Strömung in den Walzen nach unten, sobald es die Innenfläche der äußeren Kugel erreicht. In der unteren Halbkugel drückt es die Strömung in den Walzen nach oben. In der Äquatorfläche strömt das Wasser horizontal. Strömungen dieser Art in der Schmelze, die den äußeren Erdkern bildet, könnten das Magnetfeld der Erde erzeugen.

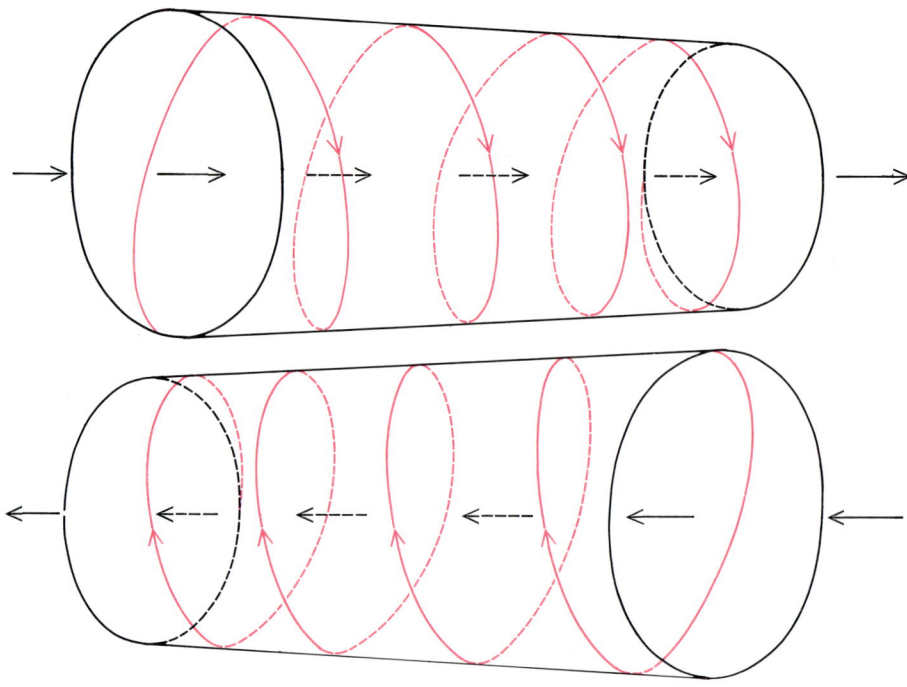

Bild 9: Die Helizität ist ein Maß für die Spiralstruktur der Stromlinien einer Flüssigkeit (farbige Linien). In beiden hier gezeigten Walzen bewegt sich die Flüssigkeit wie eine Schraube mit Rechtsgewinde. Die schwarzen Pfeile kennzeichnen die Strömungsrichtung. Auch in den walzenförmigen Strudeln, die am Modell (Bild 2) in der Schmelze zu vermuten sind, die den äußeren Erdkern bildet, treten Strömungen auf, die eine Helizität haben (Bild 8).

nen Jahre lang überhaupt keine Umkehrung des Feldes statt. Vorgänge, die sich über solche Zeiträume erstrecken, müssen mit fundamentalen Änderungen im Antrieb des Dynamos oder in der Grenzfläche zwischen Kern und Mantel in Zusammenhang gebracht werden.

Wir müssen uns jetzt mit den Energiequellen für die Bewegung der Schmelze im Erdkern befassen. Die Auftriebskräfte können nur dann gegen die Kräfte der Reibung und des magnetischen Feldes eine Strömung unterhalten, wenn die verbrauchte Energie ständig nachgeliefert wird. In unserem Experiment mit der rotierenden Kugel haben wir dauernd Wärmeenergie zur Aufrechterhaltung des Temperaturgefälles zugeführt (Bild 7). Im Erdinneren muß der Energiestrom seit einigen Milliarden Jahren mit ungefähr gleicher Ergiebigkeit geflossen sein. Als seine Quellen kommen das Schwerefeld der Erde oder Vorräte an Wärmeenergie oder chemischer Energie in Frage. „Verbraucht" wird diese Energie, indem sie in Wärme umgewandelt und an den Erdmantel abgegeben wird. Dabei darf der Erdmantel nicht schmelzen, und die Erdoberfläche darf nicht wärmer werden als sie wirklich ist. Bisher gibt es kein Modell, das diese Bedingungen erfüllt.

Enthielte der Erdkern genügend radioaktives Material, so könnte ein durch Temperaturunterschiede verursachter Auftrieb seine Energie aus dieser Quelle beziehen. Die energiereichsten Elemente, die hierfür in Frage kommen, sind Uran, Thorium und Kalium. Man nimmt an, daß Uran und Thorium bei der Bildung des Erdkerns in den Erdmantel und die Kruste gewandert sind und im Kern selbst nur noch in geringen Mengen vorkommen. Möglicherweise aber enthält der Kern reichlich Kalium und damit auch eine erhebliche Menge des radioaktiven Isotops Kalium-40. Die freigesetzte Energie muß den Kern letztlich als Wärme verlassen und durch den Mantel an die Erdoberfläche gelangen. Messungen an der Erdoberfläche ergeben für den Wärmestrom eine obere Grenze von 40 Billionen (4 × 10¹³) Watt. Etwa drei Viertel dieses Wärmestroms stammt aus radioaktiven Zerfällen in der Kruste, so daß dem Kern nur etwa 10 Billionen Watt zugeschrieben werden können. Käme die ganze Wärme des Erdkerns aus dem Zerfall des Kalium-40, so müßte die Kalium-Konzentration im Erdkern ungefähr 0,08 Prozent betragen.

Es ist wahrscheinlicher, daß sich der Erdkern in den letzten drei Milliarden Jahren um ungefähr einhundert Kelvin abgekühlt hat. Dann hätte zur Aufrechterhaltung der Strömung im Erdkern die dabei freigewordene Wärme zur Verfügung gestanden. Dieser ist die Kristallisationswärme hinzuzurechnen, die bei der

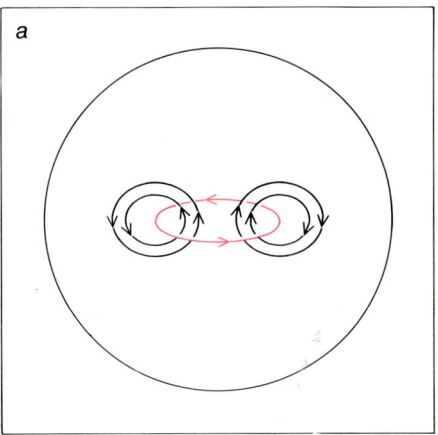

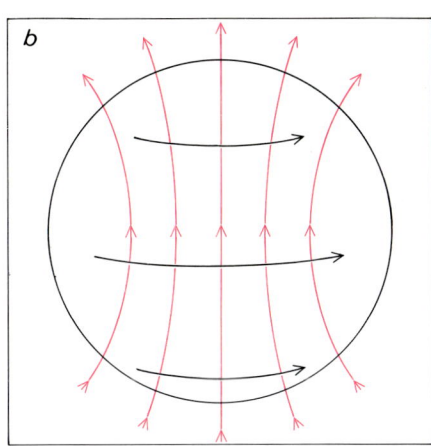

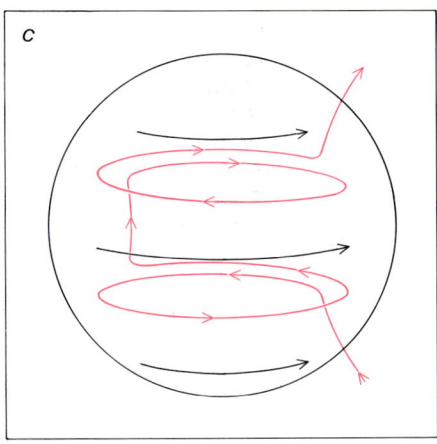

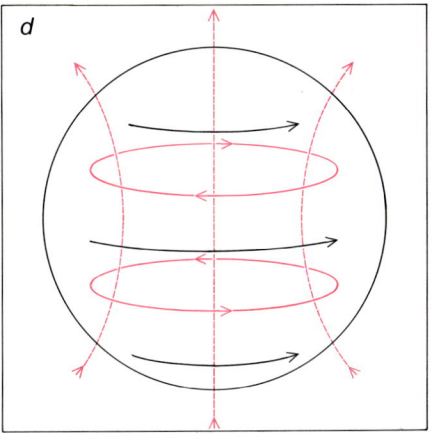

Bild 10: Im Erdkern haben die Kraftlinien des Magnetfeldes vermutlich Ringform. Die elektrischen Ströme (schwarze Pfeile), die das Ringfeld (farbig) im Teilbild a erzeugen, bleiben auf den flüssigen äußeren Erdkern beschränkt, da der Erdmantel den elektrischen Strom nicht leitet. Die ringförmigen Magnetfelder lassen sich daher an der Erdoberfläche nicht nachweisen. In den anderen drei Teilbildern ist gezeigt, wie die Strömung im Erdkern aus einem Dipolfeld ringförmige Magnetfelder erzeugen kann. Teilbild b zeigt ein Dipolfeld (farbig), in dem die Flüssigkeit mit einer von Punkt zu Punkt verschiedenen Geschwindigkeit (schwarze Linien) rotiert. Sie formt das Dipolfeld zu einem spiraligen Feld um (c), aus dem sich ein von einem ringförmigen Feld überlagertes Dipolfeld entwickelt (d).

Verfestigung des inneren Erdkerns freigesetzt wurde. Und schließlich schrumpft eine sich abkühlende Erde, was dazu führt, daß Gravitationsenergie frei wird.

Worin nun aber der Wärmestrom aus dem Erdkern auch seine Ursache haben mag, die entscheidene Frage ist, ob er ausreicht, um das Magnetfeld der Erde aufrechtzuerhalten. Die Antwort lautet nein! Für einen Magneten von der Größe der Erde ist dieser Energiefluß zu gering.

Man hat daher das Schwerefeld der Erde als Energiequelle des Magnetfeldes in Betracht gezogen. Aus seismologischen Messungen läßt sich abschätzen, daß der feste innere Erdkern eine ungefähr fünfmal so große Dichte hat wie der flüssige äußere Erdkern. Man vermutet, daß dieser Unterschied durch einen höheren Gehalt des inneren Kerns an Eisen und Nickel zustandekommt. Mit anderen Worten: in dem Maße, in dem sich der innere Kern verfestigt, nimmt er aus dem äußeren Kern Eisen auf. Das zurückbleibende leichtere Material unterliegt im Schwerefeld der Erde Auftriebskräften. Es entstehen Strömungen in der Schmelze, die die Dichteunterschiede in der Schmelze auszugleichen suchen. Hier wird also Energie des Schwerefeldes auf dem Umweg über Bewegungsenergie in Wärmeenergie umgewandelt. Der größte Teil der Wärmeerzeugung dürfte auf elektrische Ströme zurückzuführen sein, die durch die Strömungsbewegungen in der Schmelze entstehen.

Ein durch das Schwerefeld der Erde angetriebener Dynamo kann unter günstigen Umständen einen Wirkungsgrad von nahezu hundert Prozent erreichen, während der Wirkungsgrad eines wärmegetriebenen Dynamos im Erdinnern wahrscheinlich nur bei fünf Prozent läge. Der Schwerefeld-Dynamo könnte ein Magnetfeld von einigen hundert Gauß erzeugen, ohne ein Übermaß an Wärme an den Erdmantel abzugeben. Er dürfte daher gute Aussichten haben, in künftigen Theorien vom Erdkern eine entscheidende Rolle zu spielen.

Konvektion

Konvektionsströmungen entstehen in Gasen oder Flüssigkeiten,
wenn sich Dichte- oder Temperaturunterschiede ausgleichen. Die Passatwinde beruhen auf
diesem Prinzip ebenso wie Strömungen in den Ozeanen oder die Schlieren,
die man beim Erwärmen einer Flüssigkeit beobachtet.

Von Manuel G. Velarde und Christiane Normand

Die Erscheinung der Konvektion ist jedem vertraut, der eine kochende Suppe beobachtet hat, die Luft über einem Feuer aufsteigen fühlte oder an einem heißen Tag das Flimmern der Luft über einer asphaltierten Straße bemerkte. Die großen ozeanischen Strömungen, die Luftbewegungen in der Atmosphäre und die noch großräumigeren Strömungsbewegungen in der Sonnenatmosphäre sind Konvektionsströmungen. Konvektionswolken entstehen, wenn warme, feuchte Luft aufsteigt, und die Unterbrechung der normalen Konvektion bei einer Inversionswetterlage führt dazu, daß sich über Städten wie Los Angeles oder Madrid der Smog sammelt. Auch beim Trocknen einer Lackschicht spielt die Konvektion eine Rolle, und sie sorgt dafür, daß sich die Atemluft in den Lungen gleichmäßig verteilt. Konvektionsströmungen im Erdmantel erzeugen die Kräfte, die die Kontinente auseinanderschieben.

Die einfachsten Formen der Konvektion lassen sich mit der Formel „Wärme steigt auf" erklären: Konvektionsströmungen kommen zustande, wenn eine Flüssigkeit (oder ein Gas) von unten erhitzt wird. Die untere Schicht der Flüssigkeit dehnt sich in diesem Fall aus, so daß sich ihre Dichte verringert. Infolgedessen kann die untere Schicht nach oben steigen, während die oberen, kälteren Schichten sinken. Diese Zusammenhänge waren bereits im achtzehnten Jahrhundert bekannt. Daher mag es überraschen, daß die Konvektion für die theoretische Physik auch heute noch eine Herausforderung ist. Selbst einfache Systeme mit einer starken Konvektionsbewegung lassen sich noch nicht mathematisch exakt beschreiben.

Welcher Art die Schwierigkeiten sind, läßt sich wieder am Beispiel einer von unten erhitzten Flüssigkeit verdeutlichen. Die Kraft, die die Konvektion in diesem Fall verursacht, ist der Auftrieb. Seine Stärke hängt vom Temperaturunterschied zwischen der oberen und unteren Begrenzungsfläche der Flüssigkeit ab. Die Verhältnisse werden kompliziert, weil sich das Temperaturgefälle in der Flüssigkeit durch die Konvektionsbewegung ändert: Diese transportiert Wärme von unten nach oben und modifiziert damit die Kraft, von der sie angetrieben wird.

Auch wenn sich Systeme dieser Art heute noch nicht mathematisch exakt beschreiben lassen, ist man einer allgemeinen Theorie der Konvektion in den letzten zwanzig Jahren doch nähergekommen. Die Fortschritte beruhen vor allem auf Ideen und mathematischen Methoden, die in anderen Bereichen der Physik, insbesondere bei der Untersuchung von Phasenübergängen, ferromagnetischen Stoffen und Supraleitern entwickelt wurden. Mit diesen Methoden lassen sich die Stabilitäten von Strömungsbewegungen in Flüssigkeiten und Gasen berechnen, so daß man vorhersagen kann, welche Art der Bewegung man beobachten wird. Zwar sind die Resultate nur Näherungen, aber in vielen Fällen handelt es sich um sehr gute Näherungen.

Die Konvektion, die wir hier beschreiben wollen, heißt natürliche oder freie Konvektion, weil ihre Strömungen durch Kräfte hervorgerufen werden, die in der Flüssigkeit wirken. Zu diesen Kräften gehört vor allem der Auftrieb; aber auch die Oberflächenspannung oder ein elektromagnetisches Feld kann die entscheidende Rolle spielen. Die freie Konvektion unterscheidet sich von der erzwungenen Konvektion, bei der die Bewegung in der Flüssigkeit durch äußere Kräfte, beispielsweise durch eine Pumpe oder einen Ventilator erzwungen wird.

Eine der ersten Beschreibungen der freien Konvektion stammt aus der Zeit um 1790. Ihr Autor war Sir Benjamin Thompson, Graf von Rumford, und sein Problem bestand darin, den Wärmetransport in einer Apfeltorte zu erklären. Schon früher hatte man die Konvektion für Luftbewegungen in der Atmosphäre verantwortlich gemacht, aber erst nach 1900 begann man, die Erscheinung systematisch zu untersuchen. Die wichtigsten experimentellen Beiträge lieferte damals der französische Forscher Henri Bénard. Er entdeckte, daß sich beim Erhitzen einer dünnen Flüssigkeitsschicht Zellen bilden, die die Form regelmäßiger Sechsecke haben (Bild 1). Die Vorgänge, die Bénard untersuchte, sind um vie-

Bild 1: Konvektionszellen entstehen, wenn eine dünne Flüssigkeitsschicht gleichmäßig von unten erwärmt wird. Zunächst bilden sich lange walzenförmige Zellen, die der Gestalt des Gefäßes folgen und im hier gezeigten Beispiel ringförmige Strukturen bilden (oben links). Im Verlauf einiger Stunden weichen die „Walzen" einem Muster aus überwiegend sechseckigen Zellen (oben rechts), die schließlich die gesamte Schicht erfüllen (unten). In diesen Zellen steigt die Flüssigkeit in der Mitte auf, kühlt dabei ab und sinkt am Rand wieder nach unten. Die Strömung wird von Unterschieden in der Oberflächenspannung der Flüssigkeit angetrieben. Die meisten Flüssigkeiten entwickeln ein derartiges Zellenmuster nur dann, wenn sie mit ihrer Oberfläche an Luft grenzen. Die Photographien zeigen eine Schicht von Siliconöl, der Aluminiumspäne zugesetzt worden waren, um das Muster sichtbar zu machen.

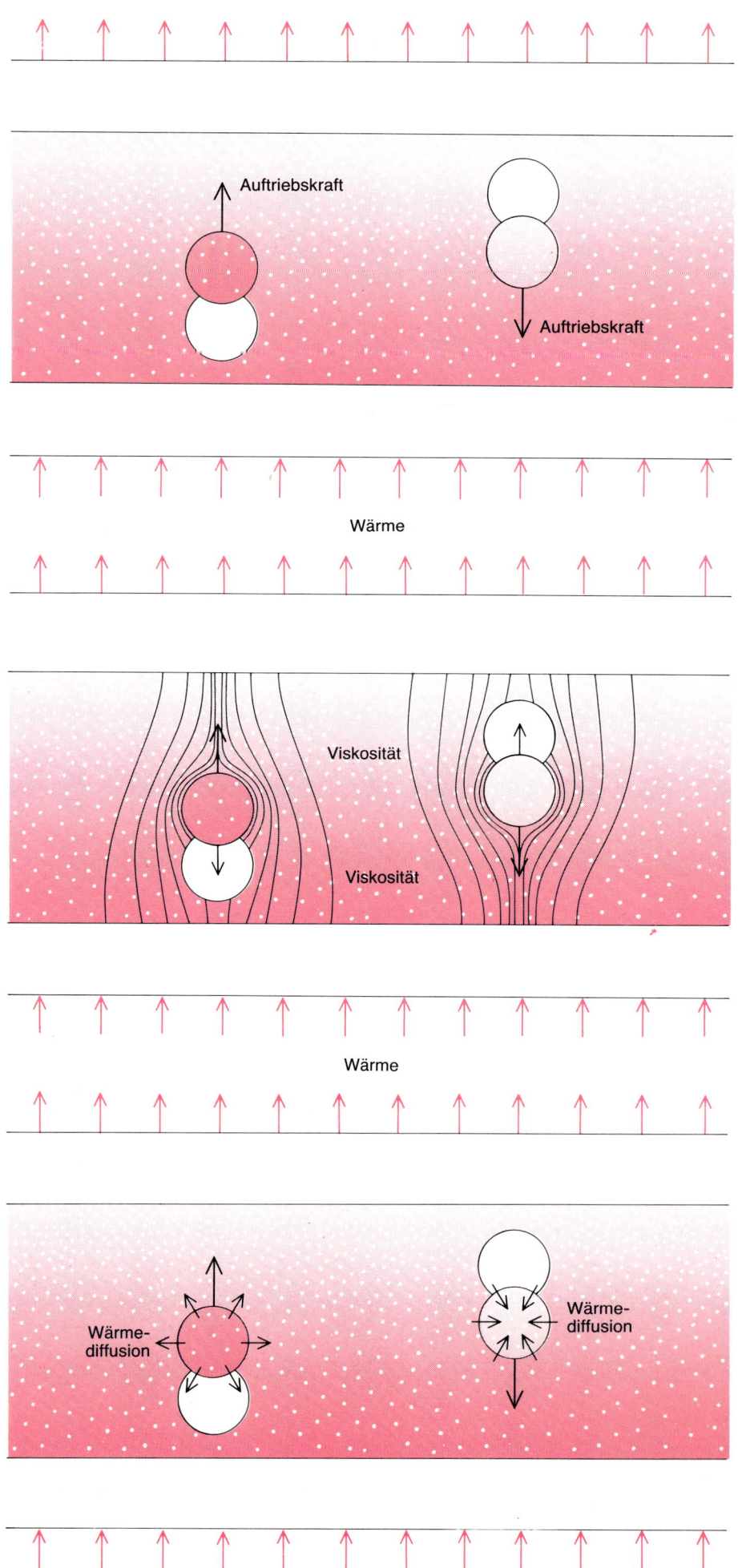

les komplizierter als er vermutete. Erst vor kurzem gelang es, die Struktur der Bénardschen Zellen zu erklären. Wir kommen darauf zurück.

Konvektion in einer dünnen Flüssigkeitsschicht

Zu Beginn des zwanzigsten Jahrhunderts entwickelte John William Strutt, der spätere Lord Rayleigh, eine Theorie der Konvektion. Eine seiner letzten Schriften war eine 1916 veröffentlichte Arbeit, in der er versuchte, die Beobachtungen Bénards zu erklären. Zwar wissen wir heute, daß sich Rayleighs Theorie auf das Bénardsche Experiment nicht anwenden läßt, aber fast alle modernen Theorien der Konvektion gehen auf die Ideen von Lord Rayleigh zurück.

Anhand eines Gedankenexperimentes läßt sich Rayleighs Theorie erklären: Man stellt sich dazu eine Flüssigkeit vor, die etwas einfachere Eigenschaften hat als jede reale Flüssigkeit. Eine dünne Schicht dieser einfachen Flüssigkeit wird durch zwei flache, unelastische, waagerecht liegende Platten begrenzt und füllt den Raum zwischen den Platten vollständig aus, so daß es keine freie Oberfläche gibt (Bild 2). Die Schicht gilt als dünn, wenn ihre horizontale Ausdehnung um vieles größer ist als ihre Höhe, das heißt als der Abstand zwischen den beiden Platten. Eine dünne Schicht hat den Vorteil, daß die Verhältnisse an den Rädern der Platten die Vorgänge in der Mitte praktisch nicht beeinflussen und daher in der theoretischen Beschreibung nicht ex-

Bild 2: In einer dünnen Flüssigkeitsschicht, die von zwei waagerechten, ebenen Platten begrenzt ist und von unten erwärmt wird (farbige Pfeile) führen Auftriebskräfte zu Konvektionsströmungen. Mit zunehmender Höhe sinkt die Temperatur in der Schicht, während die Dichte der Flüssigkeit zunimmt. Temperatur- und Dichtegradient sind durch die Farbstärke beziehungsweise durch die Zahl der weißen Punkte gekennzeichnet. Wird eine Parzelle warmer Flüssigkeit durch irgendeine Störung aus dem unteren Teil der Schicht ein wenig nach oben verschoben, so gelangt sie in eine Umgebung mit größerer Dichte und erfährt daher eine Auftriebskraft (linke Darstellung im oberen Teilbild). Umgekehrt ist eine kalte Flüssigkeitsparzelle, die sich nach unten verschoben hat, schwerer als ihre Umgebung, so daß sie sinkt. Den Auftriebskräften wirkt die Viskosität (die Zähigkeit) der Flüssigkeit und die Wärmediffusion entgegen. Die Viskosität bedingt eine Art Reibung (Mitte), die die Strömung verlangsamt, während die Wärmediffusion den Temperaturunterschied zwischen einer verschobenen Parzelle und ihrer Umgebung ausgleicht (unten). Konvektion kann nur dann einsetzen, wenn die Auftriebskräfte größer sind als die ihnen entgegengerichteten, durch Viskosität und Wärmediffusion verursachten Kräfte.

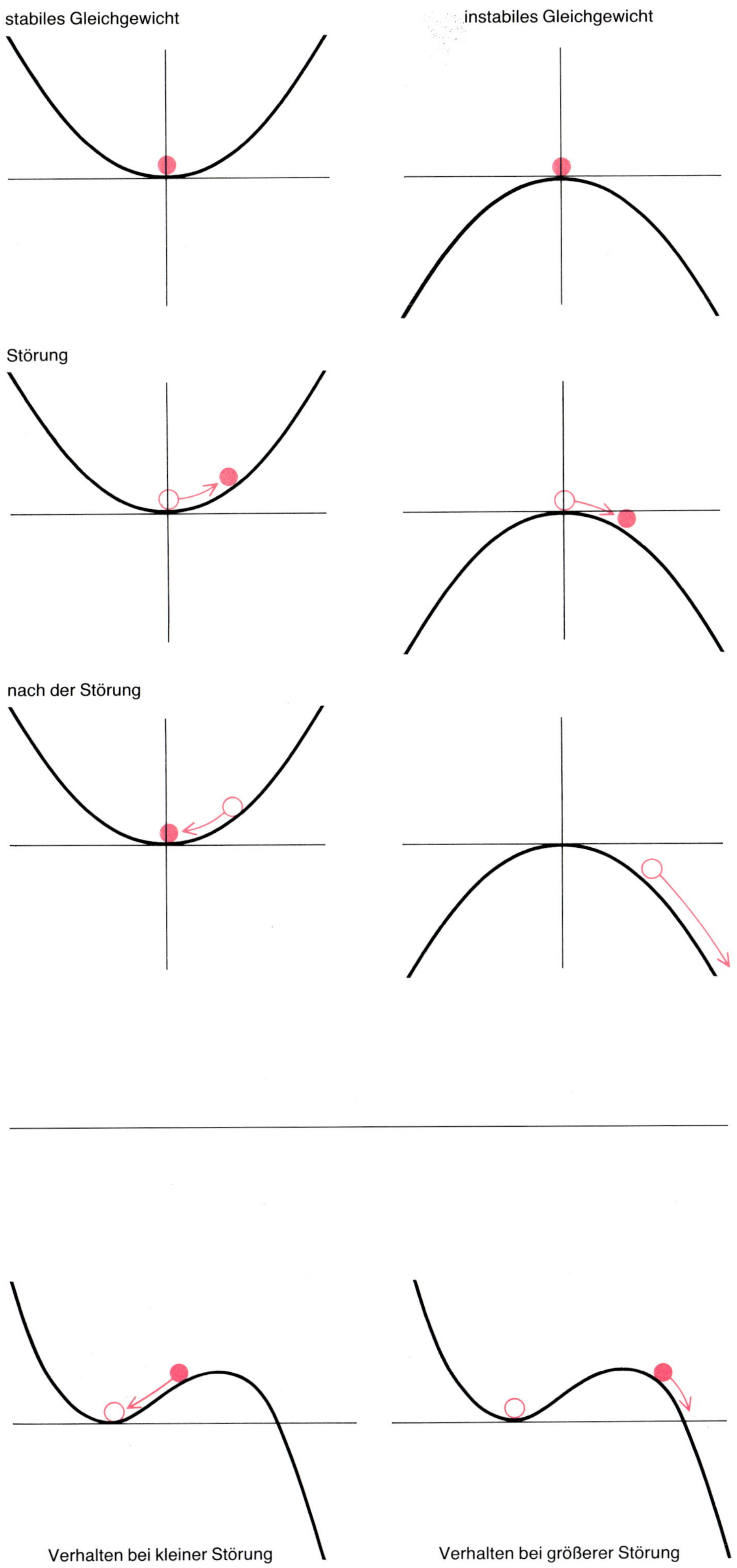

stabiles Gleichgewicht

instabiles Gleichgewicht

indifferentes Gleichgewicht

Störung

nach der Störung

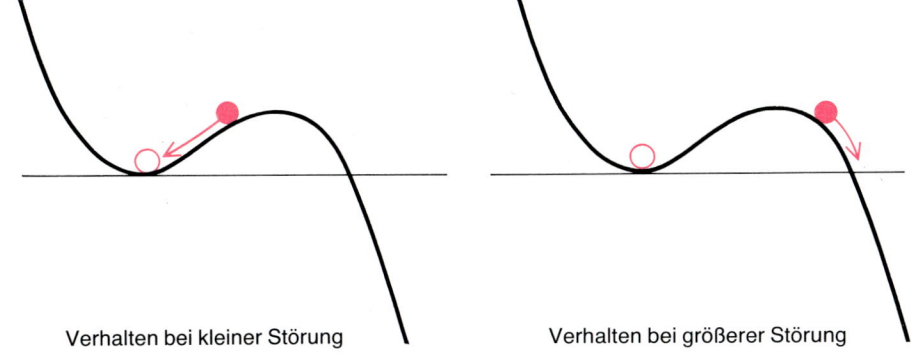

Verhalten bei kleiner Störung

Verhalten bei größerer Störung

Bild 3: Die Stabilität eines physikalischen Systems gibt sich an der Reaktion des Systems auf eine zufällige Störung zu erkennen. Beispielsweise befindet sich eine Murmel, die am tiefsten Punkt einer Schale ruht, im stabilen Gleichgewicht (oben links). Eine kleine Verschiebung führt dazu, daß die Murmel kurze Zeit hin und her rollt und schließlich wieder in ihre Gleichgewichtslage zurückkehrt. Liegt die Murmel auf dem Scheitelpunkt einer konvexen Fläche, so ist das Gleichgewicht instabil (Mitte): Die kleinste Störung bewirkt, daß die Murmel abwärts rollt und nicht wieder in ihre ursprüngliche Lage zurückkehrt. Eine Murmel, die auf einer horizontalen Fläche liegt (oben rechts), kehrt zwar auch nicht in ihre ursprüngliche Lage zurück, wenn man sie an eine andere Stelle rollt, aber sie befindet sich auch in ihrer neuen Position im Gleichgewicht. Man sagt, das Gleichgewicht ist indifferent. Hat eine Fläche konkave und konvexe Bereiche, so kann die Murmel in Bezug auf kleine Störungen im stabilen Gleichgewicht sein (unten links), sich gegenüber größeren Störungen dagegen im instabilen Gleichgewicht befinden (unten Mitte). Die Murmel verhält sich wie jedes physikalische System: sie geht bei einer Störung in den Zustand mit der kleinstmöglichen Energie über.

plizit aufzutauchen brauchen. Im Idealfall wäre eine dünne Schicht horizontal unendlich ausgedehnt. Praktisch genügt aber eine Schicht, die sich über eine Fläche von einigen Quadratzentimetern erstreckt und nur wenige Millimeter dick ist.

In unserem Gedankenexperiment erwärmen wir die Flüssigkeit zwischen den Platten von unten her gleichmäßig, so daß der untere Teil der Schicht überall die gleiche Temperatur hat. Diese Temperatur halten wir konstant. An der Oberseite der Schicht wird Wärme abgeführt, so daß die Temperatur dort niedriger ist als an der Unterseite, aber ebenfalls überall den gleichen konstanten Wert hat. Natürlich ist unter diesen Bedingungen auch die Temperaturdifferenz zwischen Ober- und Unterseite konstant und überall gleich. Außerdem soll das Temperaturgefälle (das heißt die Änderung der Temperatur mit der Höhe) linear sein, so daß sich eine Gerade ergibt, wenn man die Temperatur gegen die Höhe aufträgt.

Um das Problem zu vereinfachen, machen wir noch die folgenden Annahmen: Die einzige Kraft, die in der Flüssigkeit wirkt, sei die Schwerkraft, und das Gravitationsfeld sei im gesamten Flüssigkeitsvolumen homogen. Außerdem soll sich die Flüssigkeit nicht zusammendrücken lassen (sie soll inkompressibel sein), und bei Änderungen der Temperatur soll sich einzig die Dichte der Flüssigkeit ändern, und zwar in normaler Weise, das heißt so, daß die Dichte abnimmt und die Flüssigkeit sich ausdehnt, wenn man die Temperatur erhöht.

Um die Wirkung des Temperaturgefälles in dieser Flüssigkeit zu untersuchen, betrachten wir eine kugelförmige Flüssigkeitsparzelle, die aus ihrer ursprünglichen Position nach oben oder nach unten versetzt worden ist (Bild 2), und fragen nach den Kräften, die auf diese Parzelle wirken, denn sie bestimmen alle weiteren Bewegungen in der Flüssigkeit. Die Flüssigkeitsparzelle darf eine beliebige Form und Größe haben, aber ihre räumliche Verschiebung muß klein sein. Dann lassen sich die Kräfte mit der Theorie von Rayleigh berechnen (die streng genommen nur für infinitesimale, das heißt verschwindend kleine Verschiebungen gilt). Die ursprüngliche Verschiebung braucht ihre Ursache nicht in einer von außen wirkenden Kraft zu haben, denn die Moleküle der Flüssigkeit befinden sich in ständiger Bewegung, und ihre Positionen ändern sich in zufälliger Weise. Dabei kann jede beliebige kleine Verschiebung eintreten, sofern man lange genug wartet.

Unsere kleine Parzelle befindet sich nahe dem Boden der Flüssigkeitsschicht. Da dort eine erhöhte Temperatur herrscht, ist die Dichte der Parzelle etwas kleiner als die mittlere Dichte der gesamten Schicht. Solange die Parzelle aber an ihrem ursprünglichen Ort bleibt, ist sie von Flüssigkeit der gleichen Dichte umgeben, und es wirken keine Auftriebskräfte. Alle Kräfte, die an der Parzelle angreifen, sind im Gleichgewicht: die Parzelle sinkt und steigt nicht.

Wir nehmen nun an, die Flüssigkeitsparzelle erfahre durch eine zufällige Störung eine kleine Kraft, die eine Aufwärtsbewegung hervorruft. Wie wirkt sich diese Verschiebung auf das Gleichgewicht der Kräfte aus? Die Parzelle ist jetzt von kälterer und dichterer Flüssigkeit umgeben, und das hat eine nach oben gerichtete Auftriebskraft zur Folge, so daß die Parzelle weiter steigt. Die Auftriebskraft ist zum Dichteunterschied zwischen der Parzelle und der sie umgebenden Flüssigkeit und zum Volumen der Parzelle proportional. Die zunächst zufällige Aufwärtsbewegung der Parzelle wird also durch den Dichtegradienten verstärkt, und je weiter die Parzelle steigt, um so größer werden die Kräfte, die eine weitere Aufwärtsbewegung bedingen.

Ähnliches gilt, wenn eine Parzelle aus dem oberen Teil der Flüssigkeitsschicht aufgrund einer Störung anfängt zu sinken. Sie gelangt in eine Umgebung mit kleinerer mittlerer Dichte und ist dort schwerer als ihre Umgebung. Sie sinkt also weiter, und die ursprüngliche Störung verstärkt sich. Diese Aufwärts- und Abwärtsbewegungen sind die Grundlage der natürlichen Konvektion, die schließlich die gesamte Flüssigkeitsschicht erfaßt.

In einer Flüssigkeit sollte — der Theorie zufolge — immer dann Konvektion herrschen, wenn ein Temperaturgefälle existiert, einerlei wie klein dieses ist. Selbst bei einem infinitesimal (unendlich) kleinen Gradienten müßten das zufällige Aufsteigen warmer und das Absinken kalter Flüssigkeit eine dauerhafte Strömung hervorrufen. In Wirklichkeit ist eine Flüssigkeitsschicht jedoch nicht derart anfällig gegen zufällige Störungen. Der Temperaturgradient muß vielmehr einen Schwellenwert erreichen, bevor Konvektion einsetzt. Lord Rayleigh gelang es zu erklären, warum das so ist.

Auftrieb, Viskosität und Wärmetransport

Lord Rayleigh zeigte, daß eine Theorie der Konvektion neben dem Temperaturgefälle und dem damit zusammenhängenden Dichteunterschied mindestens zwei weitere Faktoren berücksichtigen muß, die die Bewegung der Teilchen beeinflussen: Der eine Faktor ist die Zähigkeit oder Viskosität der Flüssigkeit, die auf eine Art Reibung zwischen den Flüssigkeitsmolekülen zurückzuführen ist und sich in einem Widerstand gegen Bewegungen in der Flüssigkeit bemerkbar macht: Wenn sich zwei aneinandergrenzende Flüssigkeitsschichten gegeneinander verschieben, sorgt die Viskosität für einen Widerstand (Bild 2). Bei einer kugelförmigen Flüssigkeitsparzelle, die sich verhältnismäßig langsam bewegt, ist die Widerstandskraft proportional zum Produkt aus der Viskosität der Flüssigkeit sowie dem Radius und der Geschwindigkeit der Parzelle. Solange diese Widerstandskraft mindestens gleich der Auftriebskraft ist, gerät die Parzelle nicht in Bewegung.

Der zweite Faktor, der in Rechnung gestellt werden muß, ist die Tatsache, daß es neben der Konvektion noch andere Formen des Wärmetransportes in Flüssigkeiten gibt: Wärmestrahlung, Wärmeleitung und Wärmediffusion (Thermodiffusion). Bei den meisten Konvektionsexperimenten sind die Temperaturen vergleichsweise niedrig, und der Einfluß der Strahlung ist so gering, daß man ihn nicht zu berücksichtigen braucht. Dagegen kann die Wärmediffusion nicht immer vernachlässigt werden. Sie verringert den Temperaturgradienten, der die Konvektion antreibt.

Um uns die Wärmediffusion zu veranschaulichen, betrachten wir eine warme Flüssigkeitsparzelle, die in eine kühlere Umgebung aufgestiegen ist (Bild 2). Da die Wärme von der Geschwindigkeit abhängt, mit der sich die Moleküle der Flüssigkeit im Mittel bewegen, müssen die Moleküle in der warmen Parzelle eine größere mittlere Geschwindigkeit haben als die in der kühleren Umgebung. Moleküle können die Grenze zwischen der Parzelle und ihrer Umgebung ungehindert überschreiten, und der Austausch vieler Moleküle in beiden Richtungen hat zur Folge, daß sich die mittleren Geschwindigkeiten der Moleküle innerhalb und außerhalb der Parzelle ausgleichen. Wärme strömt also aus der Parzelle nach außen, so daß die Parzelle auskühlt und ihre Umgebung aufgewärmt wird, bis sich ein Gleichgewicht einstellt und überall die gleiche Temperatur herrscht. Ist eine kalte Flüssigkeitsparzelle in eine wärmere Umgebung gesunken, so fließt der Wärmestrom aus der Umgebung in die Parzelle. In beiden Fällen verschwinden die Auftriebskräfte im gleichen Maß, in dem sich die Temperaturunterschiede ausgleichen.

Die Zeit, die eine Flüssigkeitsparzelle braucht, um mit ihrer Umgebung ins thermische Gleichgewicht zu kommen, ist umgekehrt proportional zur Diffusionskonstanten für die Wärmediffusion der Flüssigkeit und direkt proportional zur Oberfläche der Parzelle. Damit die

Auftriebskräfte verschwinden, muß diese Zeit kleiner sein als die Zeit, die die Parzelle braucht, um eine Strecke von der Größe ihres eigenen Durchmessers zurückzulegen. Mit anderen Worten: Wenn die Konvektionsströmung langsamer ist als der Wärmeaustausch durch Diffusion, kommt die Konvektion schließlich zum Stillstand. Die der Flüssigkeit von unten her zugeführte Wärme breitet sich dann allein durch Wärmediffusion aus.

Lord Rayleighs Analyse hat also gezeigt, daß die bloße Existenz eines Temperaturgradienten nicht ausreicht, um die Konvektion in Gang zu bringen. Die Auftriebskräfte müssen größer sein als die ihnen entgegengerichteten Kräfte, die durch die Viskosität und die Wärmediffusion hervorgerufen werden. Der Quotient aus den Auftriebskräften einerseits und dem Produkt aus dem Viskositätswiderstand und dem Wärmefluß andererseits ergibt eine dimensionslose Zahl, die man als Rayleigh-Zahl bezeichnet. Konvektion beginnt, wenn die Rayleigh-Zahl einen kritischen Wert überschreitet.

Bild 4: Die Stabilität einer Flüssigkeit gegen eine durch Auftriebskräfte verursachte Konvektionsströmung hängt von der Größe der Rayleigh-Zahl und dem Ausmaß der Störung ab. Die Rayleigh-Zahl ist der Quotient aus den Auftriebskräften und den ihnen entgegengerichteten Kräften, die durch Viskosität und Wärmediffusion hervorgerufen werden. Das Ausmaß einer Störung charakterisiert man durch eine Wellenzahl, die die Dimension einer reziproken Länge hat. Einer weitreichenden Störung entspricht also eine kleine Wellenzahl. Bei einer gegebenen Rayleigh-Zahl ist eine Flüssigkeitsschicht gegen Störungen einer bestimmten Wellenzahl besonders empfindlich. Das obere Teilbild zeigt diesen Zusammenhang. Ist die Rayleigh-Zahl kleiner als ein kritischer Wert, so ist die Flüssigkeit stabil, und es gibt keine Konvektion. Beim kritischen Wert werden Störungen, die die kritische Wellenzahl haben, verstärkt. Die kritische Wellenzahl entspricht der doppelten Dicke der Flüssigkeitsschicht. Damit auch Störungen anderer Wellenzahlen verstärkt werden, muß die Rayleigh-Zahl den kritischen Wert überschreiten. Die Geschwindigkeit der Konvektionsströmung, die durch eine Störung erzeugt wird, hängt exponentiell von einem Parameter λ ab, der seinerseits durch die Differenz ΔR zwischen der Rayleigh-Zahl und der kritischen Rayleigh-Zahl festgelegt ist. Ist ΔR negativ, so ist auch λ negativ (<0). In diesem Fall wird jede Störung gedämpft (obere Kurve im unteren Bildteil). Wenn die Rayleigh-Zahl den kritischen Wert erreicht, ist λ = 0, und eine Störung wird weder verstärkt noch gedämpft. Ist die Flüssigkeit instabil (λ>0), so sagt die Rayleigh-Theorie ein exponentielles Wachstum der Strömungsgeschwindigkeit voraus und steht damit im Widerspruch zu den Beobachtungen. Wenn λ imaginär ist (also das Produkt aus einer reellen Zahl und der Quadratwurzel von −1 enthält), so schwankt die Geschwindigkeit sinusförmig um einen mittleren Wert (unterste Kurve). Man bezeichnet die Erscheinung als Überstabilität.

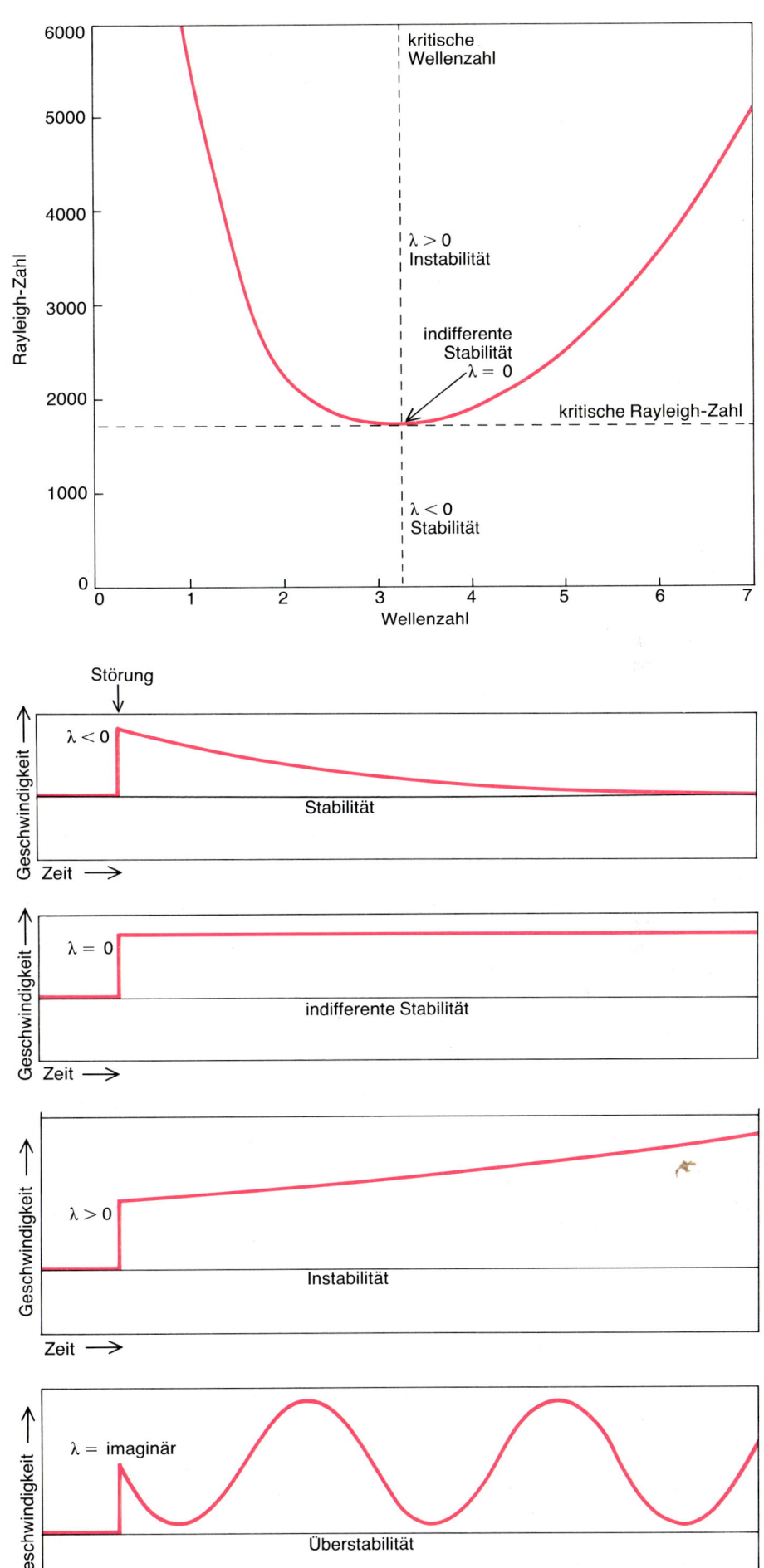

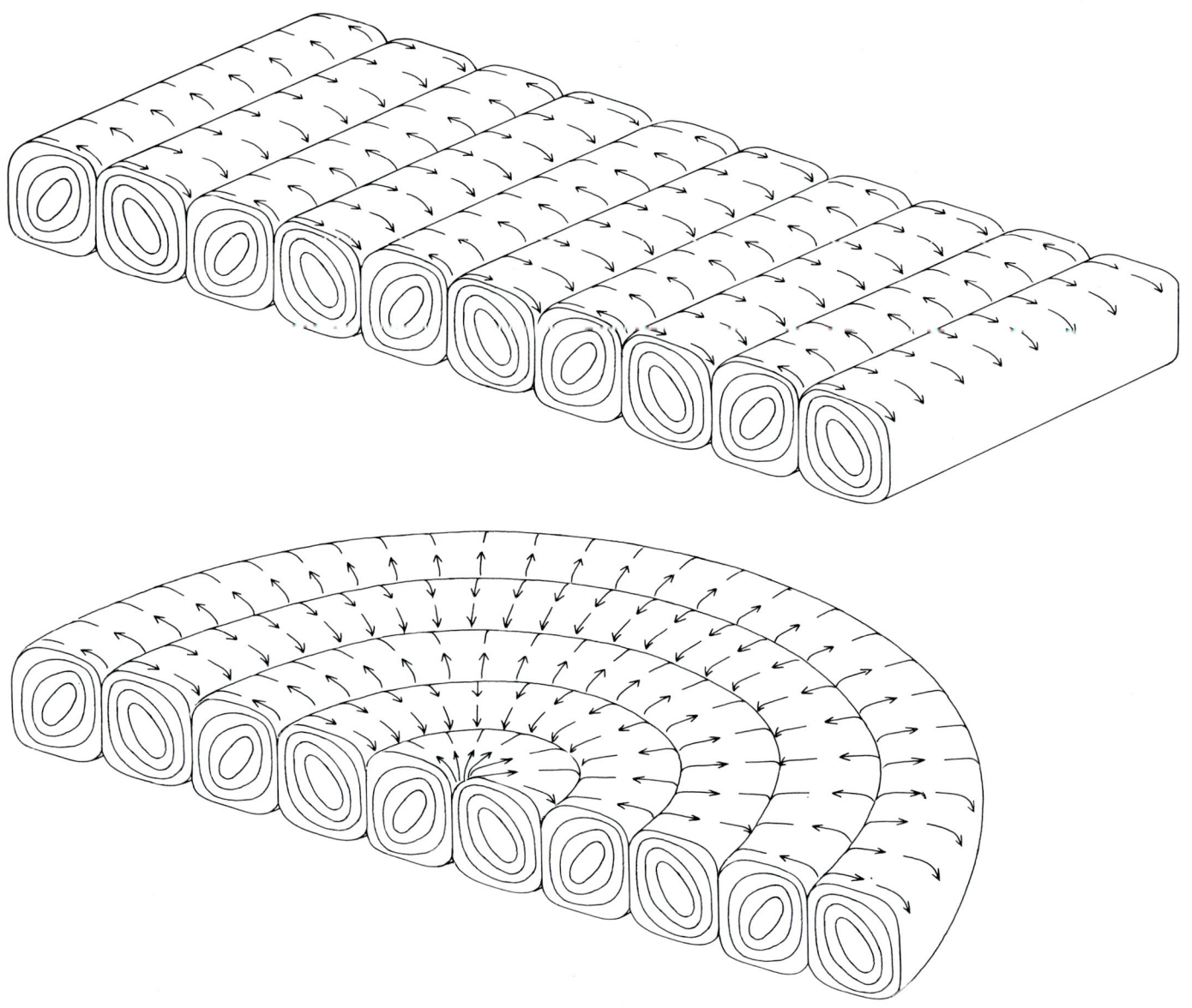

Bild 5: Walzenförmige Zellen entstehen, wenn die Konvektion durch Auftriebskräfte angetrieben wird. Die Einheit dieses Musters besteht aus zwei Walzen, in denen die Flüssigkeit in entgegengesetzten Richtungen zirkuliert. Die Breite zweier Walzen entspricht der doppelten Höhe der Flüssigkeitsschicht. Das Muster, das die Walzen bilden, hängt von der Form des Behälters ab. In einem rechteckigen Behälter orientieren sich die Walzen parallel zur kürzeren Rechteckseite und in einem runden Behälter bilden sie konzentrische Ringe. Die Walzen bleiben gewöhnlich nur dann erhalten, wenn zwei waagerechte, ebene Platten die Flüssigkeitsschicht nach oben und unten begrenzen. Ist die Flüssigkeitsschicht nach oben offen, so gehen die Walzen in Bénardsche Zellen über (siehe Bild 1).

Stabilität und Instabilität

Die Bedeutung der Rayleigh-Zahl wird deutlich, wenn man die Stabilitäten verschiedener Bewegungen untersucht, die in Flüssigkeiten auftreten können. Gewöhnlich definiert man Stabilitäten anhand von Potentialkurven oder Potentialflächen, die die Energie eines Systems als Funktion mehrerer Variablen angeben. Befindet sich ein System im Zustand geringstmöglicher Energie, so entspricht ihm der tiefste Punkt auf der Potentialfläche.

Ein einfaches Modell einer Potentialfläche ist eine halbkugelförmige Schale mit einer Murmel, deren Position in der Schale die Zustände veranschaulicht, in denen sich ein System befinden kann

(Bild 3). Die Murmel ist im Gleichgewicht, wenn sie am Boden der Schale ruht. Sie hat dann den Zustand minimaler Energie. Wird die Murmel aus dieser Position verschoben, so rollt sie anschließend in die Gleichgewichtslage zurück und schwingt dabei etwas um ihre Ruhestellung, ehe sie aufgrund der Reibung zum Stillstand kommt. Weil die Murmel nach einer Störung immer wieder zum tiefsten Punkt der Schale zurückkehrt, sagt man, sie sei dort im stabilen Gleichgewicht.

Dreht man die Schale um und setzt die Murmel sorgsam auf den äußeren Scheitelpunkt der Schale, so befindet sie sich dort wiederum in einem Gleichgewichtszustand, doch unterscheidet sich dieser vom vorherigen. Alle Kräfte, die auf die

Murmel wirken, sind im Gleichgewicht, und sofern keine Störung auftritt, wird die Murmel bewegungslos liegenbleiben. In der Praxis wird es allerdings — wenn man lange genug wartet — immer äußere Einflüsse geben (etwa einen Luftzug oder eine Erschütterung), die das Gleichgewicht stören. Danach kehrt die Murmel nicht in die Ausgangsposition zurück, sondern entfernt sich immer mehr von ihr. Den Gleichgewichtszustand, in dem sich die Murmel im Scheitelpunkt befindet, bezeichnet man daher als instabil.

Liegt die Murmel nicht in oder außen auf einer Schale, sondern auf einer waagerechten ebenen Fläche, so kehrt sie weder an ihren Ausgangspunkt zurück, noch entfernt sie sich von ihm immer

Bild 6: Die Oberflächenspannung beeinflußt das Konvektionsmuster, das in einer Flüssigkeitsschicht mit einer an Luft grenzenden Oberfläche entsteht. Die Oberflächenspannung ist um so größer, je kälter die Flüssigkeit ist. Temperaturunterschiede (die hier durch unterschiedliche Farbstärken angedeutet sind) an der Oberfläche verursachen daher einen Gradienten der Oberflächenspannung (Dichte der kurzen schwarzen Striche): In Bereichen, in denen warme Flüssigkeit aufsteigt, ist die Oberflächenspannung klein, und sie ist dort am größten, wo die kalte Flüssigkeit absinkt. Die Flüssigkeitsschicht wird instabil, wenn der Gradient der Oberflächenspannung ausreicht, um die Kräfte zu überwinden, die von Viskosität und Wärmediffusion hervorgerufen werden. Eine zufällige Schwankung der Oberflächenspannung hat dann zur Folge, daß die aufsteigende warme Flüssigkeit in Bereiche mit größerer Oberflächenspannung „gezogen" wird, so daß sich die Oberfläche der Flüssigkeit eindellt (unteres Teilbild).

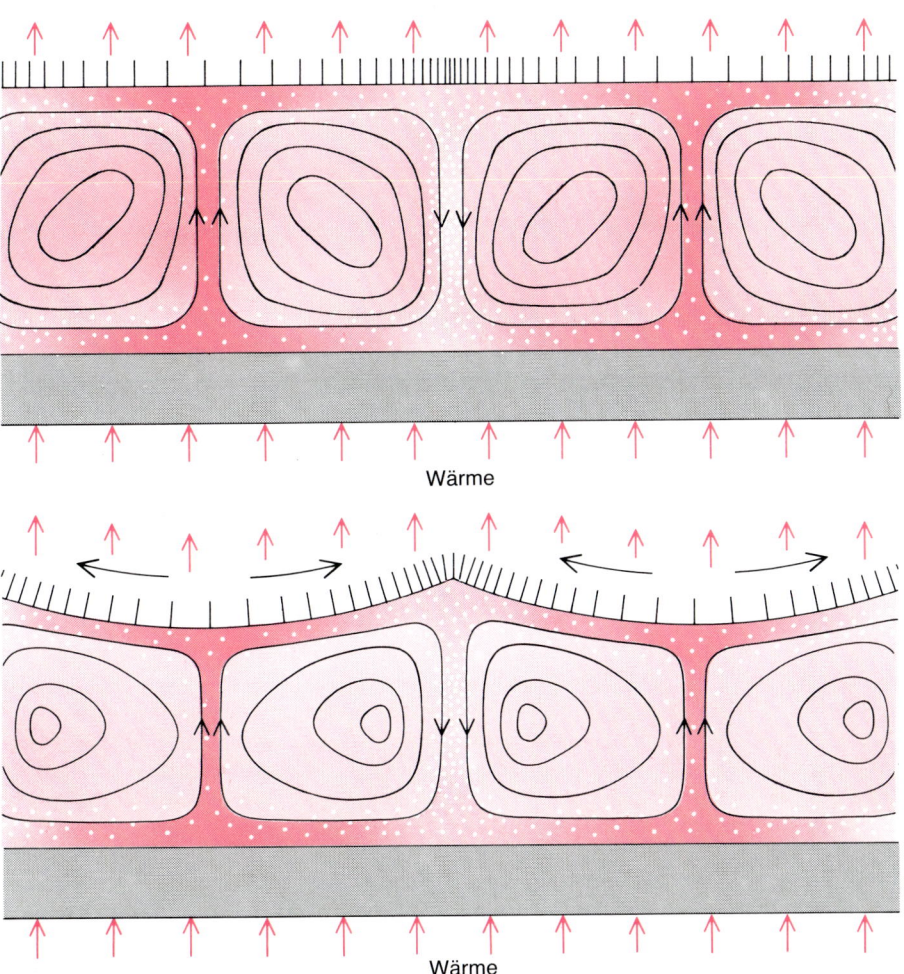

Wärme

Wärme

weiter, wenn man sie an eine andere Stelle bringt. Sie bleibt vielmehr in der neuen Position liegen. Jeder Punkt auf einer waagerechten, ebenen Potentialfläche entspricht daher einem indifferenten Gleichgewicht.

Diese Erörterung zeigt, daß man über die Stabilität eines Systems nur dann eine Aussage machen kann, wenn man sein Verhalten bei allen möglichen Störungen prüft. Beispielsweise wird die Murmel in der Schale nur dann zum Zentrum der Schale zurückkehren, wenn die Störung nicht so groß ist, daß sie die Murmel aus der Schale heraustreibt. Daraus folgt, daß es schwierig sein kann zu beweisen, daß ein Gleichgewichtszustand stabil ist. Andererseits braucht man nur eine Störung zu finden, die „von allein" anwächst, um die Instabilität eines Systems zu beweisen.

Auch eine ruhende Flüssigkeitsschicht, die von unten erwärmt wird, befindet sich in einem Gleichgewichtszustand. Zwar liegen kältere und daher dichtere Schichten über wärmeren und daher leichteren, und die potentielle Energie des Systems nähme beim Austausch dieser Schichten ab. Dennoch geht die Flüssigkeitsschicht nicht in den Zustand mit der niedrigsten Energie über, solange keine Störungen auftreten, denn alle Kräfte, die auf eine Flüssigkeitsparzelle wirken, sind im Gleichgewicht. Die Theorie der Konvektion muß die Frage beantworten, ob dieses Gleichgewicht stabil, instabil oder indifferent ist, das heißt, sie muß eine Aussage über die Gestalt der Potentialfläche machen, die der Flüssigkeitsschicht entspricht.

Die Krümmung der Potentialfläche hängt vom Wert der Rayleigh-Zahl ab. Wenn der Temperaturgradient und damit die Auftriebskräfte verschwinden, ist die Rayleigh-Zahl Null, und der Zustand

der ruhenden Flüssigkeitsschicht ist stabil. Die Potentialfläche ist wie die Innenseite einer Schale konkav gekrümmt, und man muß Energie aufwenden, um die Flüssigkeit in Bewegung zu setzen.

Ist die Rayleigh-Zahl sehr groß, so heißt das, daß der Auftrieb die beherrschende Kraft ist. Die Flüssigkeit kann ihre Gesamtenergie durch Konvektion verringern. Jede Störung verstärkt sich, das Gleichgewicht der ruhenden Flüssigkeit ist instabil, und die Potentialfläche ist konvex (wie die Innenseite einer auf dem Kopf stehenden Schale).

Zwischen diesen beiden Extremen gibt es einen kritischen Wert der Rayleigh-Zahl, bei dem der Auftrieb und die ihm entgegenwirkenden Kräfte von gleicher Größe sind. Die kritische Rayleigh-Zahl kennzeichnet eine ebene Potentialfläche. Wenn eine kleine Rayleigh-Zahl wächst (beispielsweise bei einer Vergrößerung des Temperaturgradienten), flacht sich die ihr entsprechende konkave Potentialfläche ab und hat die Gestalt einer waagerechten Ebene, wenn die kritische Rayleigh-Zahl erreicht ist. Wächst sie weiter, so wird die Potentialfläche konvex und gleichzeitig wird das Gleichgewicht instabil (Bild 9). Für die dünne idealisierte Flüssigkeitsschicht unseres Gedankenexperimentes errechnet man

für die kritische Rayleigh-Zahl den Wert von 1708. Bei einer wenige Millimeter dicken Schicht aus Siliconöl erreicht die Rayleigh-Zahl den kritischen Wert bereits bei einem Temperaturgradienten von wenigen Grad Celsius.

Das Gedankenexperiment, auf das sich die Rayleigh-Theorie gründet, beruht auf vielen vereinfachenden Annahmen, von denen einige den Tatsachen nicht entsprechen. Gleichwohl kommt man damit zu erstaunlich genauen Voraussagen über die Bedingungen, unter denen in realen Flüssigkeiten die Konvektion beginnt. So ergaben Experimente von Peter L. Silveston und von Ernest E. Koschmieder für die kritische Rayleigh-Zahl den Wert 1700 ± 50, der mit dem aufgrund der Rayleigh-Theorie berechneten Wert von 1708 gut übereinstimmt.

Walzenförmige Konvektionszellen

Was beobachtet man, wenn die Konvektionsströmung eingesetzt hat? Die Rayleigh-Theorie gibt darüber keine Auskunft. Auch mit fortgeschritteneren Theorien kann man nicht alle Eigenschaften der Konvektionsströmungen berechnen, doch lassen sie sich zumindest qualitativ beschreiben.

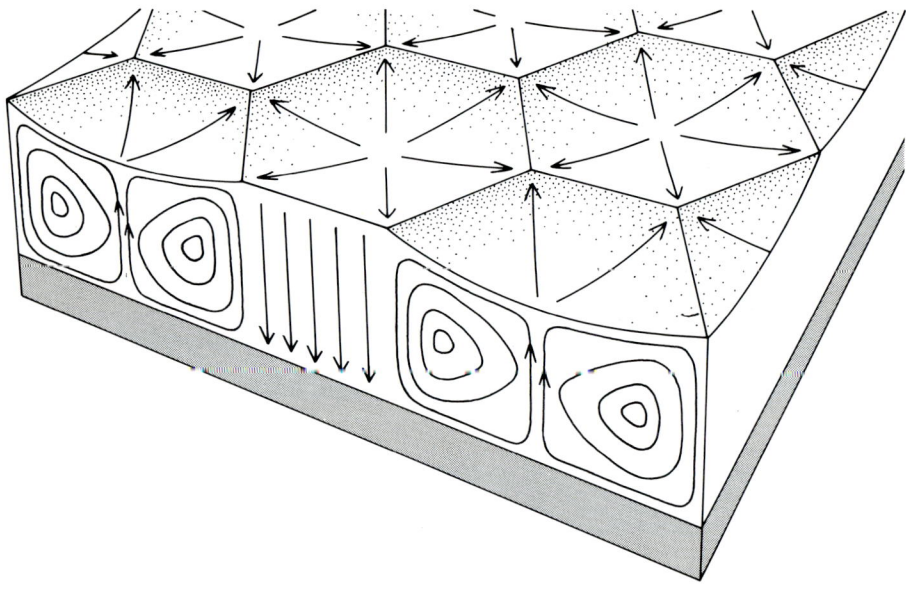

Bild 7: Das Muster der sechseckigen Bénardschen Zellen (siehe Bild 1) ist charakteristisch für eine Flüssigkeitsschicht, in der eine Konvektionsströmung durch die Oberflächenspannung angetrieben wird. In Bereichen mit großer Oberflächenspannung wölbt sich die Oberfläche der Flüssigkeit auf, während sie sich im Zentrum einer jeden Zelle eindellt.

In einer Flüssigkeitsschicht, die gleichmäßig von unten erwärmt wird, sollte der Temperaturgradient unabhängig davon sein, welche Stelle der Schicht man betrachtet, solange die Schichtdicke unverändert bleibt. Gleiches gilt für die Auftriebskräfte. Wenn die kritische Rayleigh-Zahl erreicht ist und das Gleichgewicht instabil wird, beginnt die warme Flüssigkeit aufzusteigen, und die kalte Flüssigkeit beginnt zu sinken. Beides kann nicht am gleichen Ort gleichzeitig geschehen, denn die Flüssigkeit kann sich nicht an derselben Stelle in zwei entgegengesetzten Richtungen bewegen. Vielmehr teilt sich die Flüssigkeitsschicht spontan in Konvektionszellen, die ein charakteristisches Muster bilden (Bild 5). In jeder Zelle zirkuliert die Flüssigkeit in einem geschlossenen Kreislauf.

Die Theorie gibt Hinweise auf die Größe der Konvektionszellen. Eine entscheidende Rolle spielt dabei die Tatsache, daß die Anfälligkeit des instabilen Gleichgewichtes einer Flüssigkeit gegen Störungen vom Ausmaß der Störung abhängt. In diesem Zusammenhang muß man die Amplitude der Störung (sie ist gleich der vertikalen Verschiebung einer Flüssigkeitsparzelle) von ihrem Ausmaß unterscheiden, das der Größe der Parzelle entspricht. Damit die Rayleigh-Theorie zu vernünftigen Resultaten führt, muß die Amplitude der Störung infinitesimal sein. Ihr Ausmaß dagegen darf so groß werden, wie es das Gefäß gestattet, das die Flüssigkeitsschicht enthält.

Es ist üblich, das Ausmaß einer Störung in Wellenzahlen auszudrücken, deren Dimension dem Kehrwert einer Länge entspricht. Je größer die Wellenzahl ist, um so kleiner ist das Ausmaß der Störung. Eine Störung ist im allgemeinen so kompliziert, daß man sie nicht mit nur

einer Wellenzahl beschreiben kann. Jede Störung läßt sich aber als Überlagerung einfacher Störungen auffassen, deren jede sich durch eine Wellenzahl charakterisieren läßt.

Eine Flüssigkeit, die sich im instabilen Gleichgewicht befindet, in der es also gerade noch keine Konvektionsströmung gibt, ist besonders anfällig gegen Störungen einer bestimmten Wellenzahl. Wir denken uns eine Flüssigkeit, deren Rayleigh-Zahl den kritischen Wert hat und in der nur Störungen der gleichen Wellenzahl auftreten. In dieser Flüssigkeit würde Konvektion einsetzen, sobald die Wellenzahl der Störungen in horizontaler Richtung etwa dem Doppelten der Dicke der Flüssigkeitsschicht entspricht. Man bezeichnet diese Wellenzahl als kritische Wellenzahl. Bei Wellenzahlen, die größer oder kleiner sind, tritt Konvektion nur dann auf, wenn die Rayleigh-Zahl den kritischen Wert überschreitet (Bild 4).

Die besondere Anfälligkeit der Flüssigkeit gegen Störungen mit der kritischen Wellenzahl bedeutet, daß diese Störungen schneller verstärkt werden als andere. Das beim Einsetzen der Konvektion entstehende Muster sollte daher etwa die gleiche Größenordnung haben, wie die bevorzugte Störung. Es bleibt über den Beginn der Konvektion hinaus erhalten, sofern die Rayleigh-Zahl der Flüssigkeitsschicht den kritischen Wert nur wenig überschreitet.

Die Wellenzahl bestimmt zwar die Größenordnung des Musters, nicht aber die Form der einzelnen Konvektionszellen. Für eine vorgegebene Wellenzahl kann man Zellen von unterschiedlichen Gestalten konstruieren. Das beobachtete Muster hängt stark von der Größe und Gestalt des Gefäßes ab, in dem sich die

Flüssigkeit befindet. Es läßt sich nicht aus theoretischen Prinzipien ableiten, aber es gibt empirische Regeln, die qualitative Voraussagen erlauben.

In Experimenten, bei denen die obere und die untere Grenzfläche der Flüssigkeit durch feste Platten gebildet werden, ist das Grundmuster eine „Walze" (Bild 5). Warme Flüssigkeit steigt an einer Seite auf, überquert die obere Grenzfläche, verliert dabei ihre Wärme, sinkt auf der anderen Seite ab und wird von der Zirkulation längs der unteren Grenzfläche transportiert, so daß ihre Temperatur wieder steigt. In aneinandergrenzenden Walzen haben die Kreisströme entgegengesetzten Drehsinn. Der Querschnitt jeder Walze ist nahezu quadratisch, und die Länge einer Quadratseite entspricht der Dicke der Flüssigkeitsschicht. Zwei Walzen bilden das Grundelement des Konvektionsmusters, das heißt, die Breite des Grundelementes entspricht der doppelten Dicke der Flüssigkeitsschicht. Das stimmt mit der Angabe überein, die wir über das Ausmaß der bevorzugten Störung in horizontaler Richtung gemacht haben.

Welches Bild das Muster ergibt, wenn man es von oben betrachtet, hängt von der Form des Gefäßes ab. Hat das Gefäß eine rechteckige Grundfläche, so neigen die Walzen dazu, sich parallel zur kürzeren Seite des Rechteckes auszurichten. In einem runden Gefäß bilden die Walzen konzentrische Ringe (Bild 1).

Die hexagonalen Bénardschen Zellen

Wir haben erwähnt, daß Lord Rayleigh vor allem durch die Beobachtungen von Bénard zu seinen Arbeiten über die Konvektion angeregt worden ist. Allerdings befand sich die Flüssigkeitsschicht, die Bénard von unten erwärmte, nicht zwischen zwei waagerechten Platten, sondern grenzte oben an Luft. Dieser Unterschied hat zur Folge, daß Walzen nur vorübergehend erscheinen. Sie entstehen, wenn die Strömung beginnt, werden aber schon bald durch ein komplizierteres Muster verdrängt (Bild 1): durch ein Mosaik aus Vielecken, das die gesamte Flüssigkeitsoberfläche überzieht. Zu Beginn sind die Vielecke unregelmäßig und haben zwischen vier und sieben Seiten, doch sind die meisten von ihnen Sechsecke. Wenn das Muster vollständig entwickelt ist, besteht es in nahe-

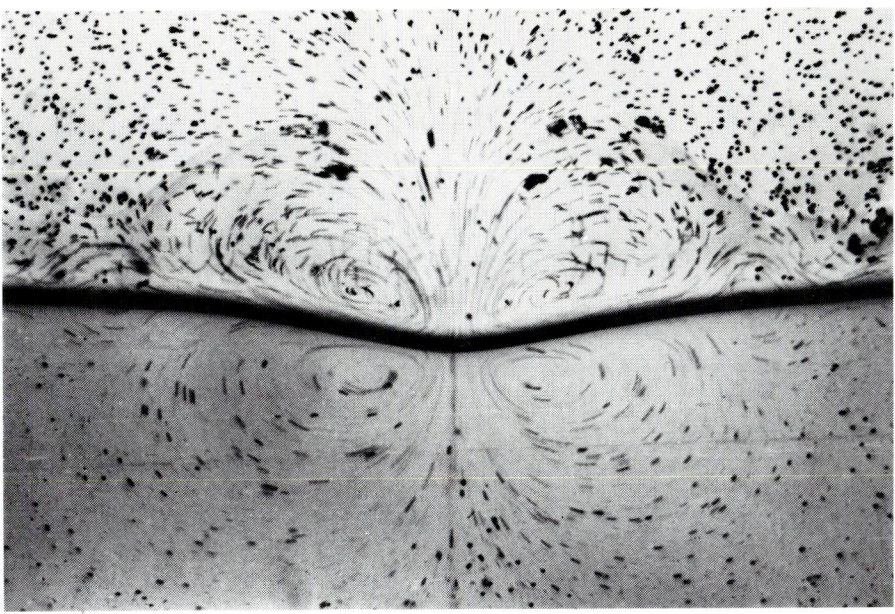

zu perfekter Weise aus regelmäßigen Sechsecken, die wie die Zellen einer Honigwabe angeordnet sind. Warme Flüssigkeit steigt in der Mitte jeder Zelle nach oben, verteilt sich über die sechseckige Oberfläche und sinkt am Rand der Zelle wieder ab (Bild 7).

Die Bildung der sechseckigen Zellen ist eine Folge der Tatsache, daß die Oberfläche der Flüssigkeit an Luft grenzt und die Strömung daher dort von der Oberflächenspannung beeinflußt wird. Deren Wirkung ist stärker als die des Auftriebs. Daher überrascht es nicht, daß die Rayleigh-Theorie diese Art der Konvektion nicht erklären kann, denn sie setzt ja voraus, daß keine anderen Kräfte wirken als der Auftrieb. Sogar für eine so grundlegende Größe wie den Temperaturgradienten, der für das Einsetzen der Strömung nötig ist, liefert die Rayleigh-Theorie im Fall des Bénardschen Experimentes eine falsche Voraussage. Erst 1958 entwickelte J. R. A. Pearson eine Theorie, die auf die Bénardsche Konvektion anwendbar ist.

Die Oberflächenspannung bewirkt, daß die Oberfläche einer Flüssigkeit so klein wie möglich wird. Sie sorgt beispielsweise dafür, daß ein Flüssigkeitstropfen eine kugelförmige Gestalt annimmt, weil bei einem vorgegebenen Volumen die Kugel die kleinstmögliche Oberfläche hat. Die Oberflächenspannung wirkt gleichsam wie ein Netz elastischer Bänder, die in allen Richtungen über die freie Oberfläche einer Flüssigkeit gespannt sind. Sind die Kräfte an irgendeiner Stelle in diesem Netz nicht im Gleichgewicht, so wird sich die Flüssigkeit solange verformen, bis das Gleichgewicht erreicht worden ist. Dank der Viskosität erfassen die Strömungen von der Oberfläche ausgehend auch das Innere der Flüssigkeit.

Die Oberflächenspannung kann eine Konvektionsströmung antreiben, weil sich ihre Größe mit der Temperatur ändert: Wie die Dichte nimmt die Oberflächenspannung mit steigender Temperatur ab. Mit einem Temperaturgradienten längs der Oberfläche der Flüssigkeit verbindet sich daher ein Gradient der Oberflächenspannung. Führt dieser zu einem Ungleichgewicht der Kräfte, die auf die Oberfläche wirken, so setzt eine Strömung ein.

In dem von Bénard unternommenen Experiment führen Instabilitäten in der Flüssigkeitsoberfläche zu Konvektionsströmungen, deren Einsetzen auf die gleiche Weise erklärt werden kann wie das Zustandekommen einer Strömung, die durch Auftriebskräfte hervorgerufen wird. Man nehme an, daß eine warme Flüssigkeitsparzelle durch eine zufällige Störung nach oben verschoben wird. Dort, wo sie die Flüssigkeitsoberfläche erreicht, wird sich die Temperatur ein wenig erhöhen, und die Oberflächenspannung wird entsprechend abnehmen. Dennoch bleiben die Kräfte an der Oberfläche im Gleichgewicht, weil die an das wärmere Gebiet grenzende Oberfläche gleichmäßig in alle Richtungen „zieht". Um eine Strömung in Gang zu setzen, muß eine weitere Störung ein kleines Oberflächenstück aus dem wärmeren Bereich in horizontaler Richtung verschieben. Dann geraten die Kräfte, die auf dieses Oberflächenstück wirken, aus dem Gleichgewicht, und falls der Gradient der Oberflächenspannung groß genug ist, vergrößert sich die Verschiebung. Das Oberflächenstück gelangt dann in ein kälteres Gebiet mit größerer Oberflächenspannung und nimmt dabei die unter ihm befindliche Flüssigkeit mit (Bild 6). Daraufhin strömt mehr Flüssigkeit aus einer warmen, tieferliegenden Schicht nach und vergrößert die Gradienten der Oberflächentemperatur und der Oberflächenspannung. Gleichzeitig beginnt der Teil der Flüssigkeit, der sich auf seinem Weg längs der Oberfläche abgekühlt hat, zu sinken. Es entsteht ein Kreislauf, der das Muster der Bénardschen Zellen ergibt.

Wie bei der durch Auftrieb verursachten Konvektion garantiert die Existenz eines Temperaturgradienten in der Flüssigkeitsoberfläche noch nicht, daß die Konvektionsströmung erhalten bleibt.

Der Gradient muß groß genug sein, um die von der Viskosität und der Wärmediffusion verursachten Kräfte zu überwinden. Auch hier läßt sich das Verhältnis der Kräfte durch eine dimensionslose Zahl ausdrücken, die nach dem italienischen Forscher C. G. M. Marangoni benannt wird. Die Formel für die Marangoni-Zahl entspricht der Formel für die Rayleigh-Zahl, doch werden die Auftriebskräfte durch die Kräfte ersetzt, die mit der Oberflächenspannung zusammenhängen. Konvektion setzt ein, wenn die Marangoni-Zahl einen kritischen Wert übersteigt.

Eine Besonderheit der Konvektion, die durch einen Gradienten der Oberflächenspannung hervorgerufen wird, besteht darin, daß sich die Kontur der Oberfläche ändert. In Bereichen mit erhöhter Oberflächenspannung hat die Oberfläche die Tendenz, sich zusammenzuziehen. Infolgedessen wölbt sie sich in der Mitte einer Bénardschen Zelle (also dort, wo Flüssigkeit nach oben steigt) nach unten, während sie am Zellenrand (an dem die Flüssigkeit absinkt) höhersteht (Bilder 7 und 8). Die Schwerkraft sorgt dafür, daß die Unterschiede nicht zu kraß werden, denn die gravitationsbedingte potentielle Energie ist bei einer ebenen Oberfläche am kleinsten. Das Zusammenspiel von Gravitation und Oberflächenspannung ist sehr komplex. 1964 formulierte D. H. Nield eine Theorie, die Auftrieb und Oberflächenspannung berücksichtigt.

Die Bedeutung der Oberflächenspannung für die Entstehung der Bénardschen Zellen wird deutlich, wenn man eine Flüssigkeitsschicht von oben statt von unten erwärmt. In diesem Fall verhindert der Dichtegradient eine vom Auftrieb verursachte Konvektionsströmung. Dennoch bilden sich Bénardsche Zellen, das heißt, die Oberflächenspannung muß groß genug sein, um den Einfluß des Dichtegradienten zu überwinden. Auch bei Experimenten im Verlauf zweier Apollo-Raumflüge beobachtete man Konvektionsströmungen, deren Ursache Gradienten der Oberflächenspannung sein mußten, da Gravitation und Auftrieb in einer Weltraumkapsel vernachlässigbar klein sind.

Die Grenzen der Rayleigh-Theorie

Die Rayleigh-Theorie und andere nach ihrem Vorbild konstruierte Theorien geben näherungsweise an, welche Bedingungen erfüllt sein müssen, damit Konvektion einsetzt, aber sie eignen sich kaum zur Beschreibung voll entwickelter Konvektionsströmungen. In der Rayleigh-Theorie wird die Geschwindigkeit der Strömung durch eine Exponentialfunktion beschrieben: Die Geschwindigkeit ist proportional zu $e^{\lambda t}$. Dabei ist e ($\approx 2,7$) die Eulersche Zahl, und der Exponent ist gleich dem Produkt aus der Zeit t und einem Koeffizienten λ, der von der Rayleigh-Zahl abhängt.

Liegt die Rayleigh-Zahl unter dem kritischen Wert, so ist λ negativ. Der Wert der Exponentialfunktion strebt in diesem Fall für große Zeiten t gegen Null (Bild 4), das heißt, jede zufällige Bewegung in der Flüssigkeit wird gedämpft. Hat die Rayleigh-Zahl genau den kritischen Wert, dann ist λ gleich Null, und der Exponent λt verschwindet für alle Zeiten t. Da jede Zahl mit Null potenziert den Wert Eins ergibt, bleibt die Strömungsgeschwindigkeit in diesem Fall konstant. Eine Störung wird also weder verstärkt noch gedämpft.

Diese Vorhersagen stimmen mit dem überein, was man bei der Untersuchung der Stabilität von Flüssigkeitsschichten beobachtet: Ein negativer Wert von λ entspricht einem stabilen Zustand, und der Wert $\lambda = 0$ charakterisiert ein indifferentes Gleichgewicht. Wenn die Rayleigh-Zahl größer ist als der kritische Wert, wird λ positiv. Das ist die Bedingung, unter der eine Konvektionsströmung einsetzen und sich erhalten kann. In diesem Fall liefert die Rayleigh-Theorie unsinnige Voraussagen: Wenn λ größer als Null ist, nimmt der Exponent t kontinuierlich mit der Zeit zu, und der Ausdruck $e^{\lambda t}$ wächst exponentiell. Ist beispielsweise $\lambda = 1$ und beträgt die anfängliche Strömungsgeschwindigkeit einen Zentimeter pro Sekunde, so sollte sich die Konvektionsströmung nach einer Sekunde auf 2,7 Zentimeter pro Sekunde, nach einer weiteren Sekunde auf 7,4 Zentimeter pro Sekunde und in weniger als einer halben Minute auf Lichtgeschwindigkeit beschleunigt haben.

Wir haben hier den Zusammenhang zwischen der Strömungsgeschwindigkeit und dem Koeffizienten λ insofern vereinfacht dargestellt, als λ im allgemeinen eine komplexe Zahl ist, das heißt aus einem Realteil und einem Imaginärteil besteht. Der Realteil entspricht einer reellen Zahl und der Imaginärteil dem Produkt einer reellen Zahl mit der Quadratwurzel von -1. Wir haben nur die Veränderungen des Realteils von λ betrachtet. Ist der Imaginärteil nicht gleich Null, so bedeutet das, daß oszillierende Strömungen auftreten können (Bild 4), eine Erscheinung, die man als Überstabilität bezeichnet und die man bei realen Flüssigkeiten beobachten kann. Im Rahmen der Rayleigh-Theorie verschwindet der Imaginärteil von λ jedoch, und man bleibt mit dem Problem des exponentiellen Wachstums der Strömungsgeschwindigkeit konfrontiert.

Natürlich kann die Zunahme der Geschwindigkeit der exponentiellen Kurve nicht sehr weit folgen. Die Vorhersagen der Rayleigh-Theorie sind daher nur dann wirklichkeitsnah, wenn die Rayleigh-Zahl nur wenig vom kritischen Wert abweicht und λ sehr klein ist, oder wenn die Konvektion gerade erst eingesetzt hat und t klein ist.

Diese Beschränkung hängt mit den vereinfachenden Annahmen zusammen, mit denen die Theorie abgeleitet wurde. Insbesondere wurde vorausgesetzt, daß der Temperaturgradient konstant ist und von der Konvektion nicht beeinflußt wird. Diese Annahme widerspricht den Tatsachen: Wenn warme Flüssigkeit in den kälteren oberen Teil der Schicht aufsteigt, verringert sich die Temperaturdifferenz zwischen den oberen und unteren Grenzflächen der Schicht. Entsprechend nehmen die Auftriebskräfte ab, so daß die Strömung sich selbst begrenzt. Diese Selbstbegrenzung geht aber nicht in die Rayleigh-Theorie ein: Der Temperaturgradient wird als unabhängig von der Geschwindigkeit der Konvektionsströmung betrachtet, und die Auftriebskräfte erzeugen eine konstante Beschleunigung, die unbegrenzt wirksam bleibt.

Angesichts dieses Mangels der Theorie mag es überraschen, daß sie das Einsetzen der Konvektion angemessen voraussagt. Das hängt mit der weiteren Annahme zusammen, daß sich eine Flüssigkeitsparzelle nur um infinitesimal kleine Strecken verschiebt. Sofern diese Bedingung erfüllt ist, läßt sich die Annahme eines gleichbleibenden Temperaturgradienten durchaus begründen: Eine endliche, aber kleine Verschiebung einer Flüssigkeitsparzelle kann nur eine kleine Störung der Temperaturverteilung verursachen, so daß die Vorhersagen der Rayleigh-Theorie näherungsweise gültig sind. Im Fall einer vollständig entwickel-

ten Konvektionsströmung sind die Änderungen des Temperaturgradienten dagegen nicht mehr vernachlässigbar.

Eine bessere Theorie der Konvektion muß die Rückkoppelung berücksichtigen, die zwischen der Konvektionsströmung und den Kräften besteht, die die Strömung antreiben. Keine der bekannten Methoden löst dieses Problem exakt, aber es gibt Näherungen, die passendere Resultate liefern als die Rayleigh-Theorie. Die Methode, die wir hier beschreiben wollen, basiert auf einer Theorie, die der russische Physiker L. B. Landau 1937 einführte, um Phasenübergänge, beispielsweise den Beginn der Magnetisierung bei ferromagnetischem Eisen, zu beschreiben. Gemeinsam mit V. L. Ginzburg wendete er seine Theorie später auch auf die Supraleitfähigkeit von Metallen an, das heißt auf die Erscheinung, daß viele Metalle bei Temperaturen in der Nähe des absoluten Nullpunktes ihren elektrischen Widerstand verlieren und den elektrischen Strom nahezu verlustfrei leiten. Diese Vorgänge haben Ähnlichkeit mit der Konvektion insofern, als strukturelle Störungen verschiedener Größenordnungen zusammenwirken. Überträgt man die Landausche Theorie auf die Konvektion, so erhält man als erste Näherung die Rayleigh-Theorie.

Die Potentialfläche

Um die Konvektionsströmung beschreiben zu können, braucht man eine Bewegungsgleichung, mit der sich die Geschwindigkeit und die Beschleunigung einer Flüssigkeitsparzelle für beliebig gewählte äußere Bedingungen berechnen lassen. Eine solche Gleichung gibt das Gefälle an, das eine Potentialfläche an beliebigen Punkten aufweist.

Man kann sich eine Potentialfläche als eine hügelige Landschaft vorstellen, in der die Höhe der Berge und die Tiefe der Täler ein Maß für die Energie einer Flüssigkeitsschicht sind (Bilder 9 und 10). Die Neigung dieses Systems, jeweils in den Zustand der kleinstmöglichen Energie überzugehen, bedeutet, daß eine Kugel, deren Position auf der Potentialfläche den Zustand des Systems repräsentiert, bergab rollt, wann immer dies möglich ist. Man legt eine Bezugsebene fest, um für jeden Punkt der Potentialfläche eine absolute Höhe angeben zu können. In dieser Ebene verläuft die Linie, längs deren die Strömungsgeschwindigkeit V in der Flüssigkeitsschicht Null ist. Punkte, die rechts oder links von dieser Linie liegen, entsprechen Zuständen der Flüssigkeit, in denen Flüssigkeitsparzellen aufsteigen (positive Geschwindigkeiten V) beziehungsweise absinken (negative Geschwindigkeiten). Ist die Strömungs-

Bild 9: Diese Potentialfläche ergibt sich aus der Rayleigh-Theorie. Sie zeigt die Energie einer Flüssigkeit für alle möglichen Kombinationen von Rayleigh-Zahlen und Strömungsgeschwindigkeiten V. Die Oberfläche wird durch die oben rechts angegebene quadratische Gleichung beschrieben, in der ΔR, die Differenz zwischen der jeweiligen Rayleigh-Zahl und der kritischen Rayleigh-Zahl ist. Für negative ΔR-Werte kennzeichnet die durch $V = 0$ gehende ΔR-Achse den Gleichgewichtszustand minimaler Energie. Eine Konvektionsströmung kann nur einsetzen, wenn die Energie des Systems zunimmt. Ist ΔR positiv, so definiert die durch $V = 0$ gehende ΔR-Achse den Zustand des instabilen Gleichgewichtes. Die Flüssigkeit kann ihre Energie verringern, indem sie eine Konvektionsströmung bildet. Der größte Mangel der Rayleigh-Theorie besteht in der Voraussage, daß eine Strömung bei positiven ΔR-Werten immer schneller werden müßte (die Potentialfläche fällt für positive ΔR-Werte unbegrenzt ab). Diese Voraussage entspricht nicht der Realität.

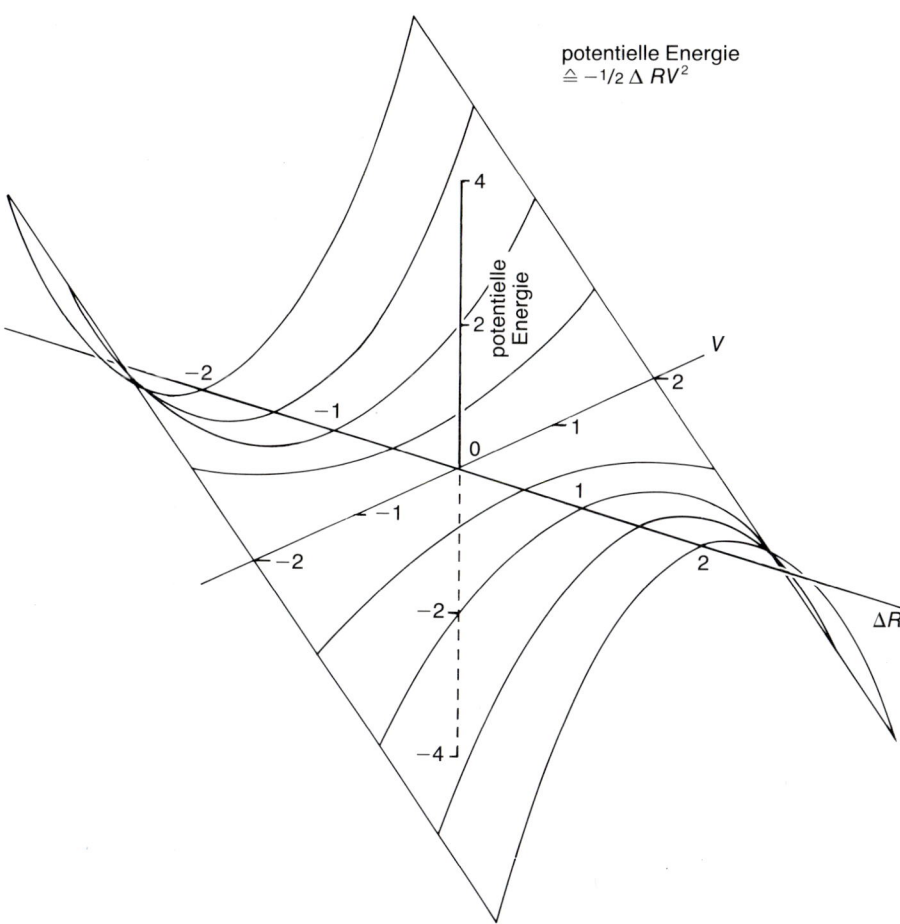

potentielle Energie
$\widehat{=} -1/2\, \Delta\, RV^2$

geschwindigkeit in der Flüssigkeit Null, so unterscheiden sich die Zustände der Flüssigkeit nur durch ihre Rayleigh-Zahlen. In Bild 9 ist das anhand der Differenz zwischen dem jeweiligen Wert der Rayleigh-Zahl und ihrem kritischen Wert dargestellt. Diese Differenz (ΔR) und die Geschwindigkeit V der Flüssigkeitsparzellen legen gemeinsam jeden Punkt auf der Bezugsebene fest. Die Höhe der Potentialfläche über oder unter diesem Punkt entspricht der Energie des Systems im zugehörigen Zustand.

Die Form der Potentialoberfläche ist durch eine Gleichung festgelegt, die als Summe einer unendlichen Reihe von Termen geschrieben werden kann. Jeder Term ist proportional zu einer Potenz der Geschwindigkeit V, mit der die Flüssigkeit strömt. Der erste Term ist quadratisch: $-1/2\ \Delta R\ V^2$. Im nächsten Term steht die dritte Potenz der Geschwindigkeit, also V^3, im dritten erscheint V^4 und so weiter. Jede dieser Potenzen wird mit einem Koeffizienten multipliziert, der angibt, wie stark der Term zur Form der Fläche beiträgt. Diese Koeffizienten lassen sich nicht für alle Terme der unendlichen Reihe bestimmen. Es ist jedoch zu erwarten, daß sie in dem Maße kleiner werden, in dem die Potenzen der Geschwindigkeit wachsen, so daß man für die Summe eine gute Näherung erhält, wenn man die Reihe an einer geeigneten Stelle abbricht, das heißt, wenn man alle Terme jenseits einer bestimmten Potenz von V vernachlässigt. Falls die Geschwindigkeit V nicht zu groß ist, sollte der Beitrag der Terme mit höheren Potenzen von V sehr klein sein. Insbesondere, wenn V kleiner als Eins ist, streben die höheren Potenzen von V gegen Null, und die Näherung ist gut.

Man erhält die Näherung der Rayleigh-Theorie, wenn man die Reihe be-

reits nach dem ersten Term ($-1/2\ \Delta R\ V^2$) abbricht. Die Potentialfläche, die sich so ergibt, besitzt ein „Tal" und einen „Hügel", die beide einen parabolischen Querschnitt haben (Bild 9). Aus der Gleichung läßt sich ablesen, daß mit verschwindender Geschwindigkeit ($V = 0$) auch die Energie (die Höhe der Punkte auf der Potentialfläche) Null wird. Falls die Rayleigh-Zahl kleiner ist als ihr kritischer Wert, wird die Differenz ΔR negativ, und die Energie wächst, wenn immer die Geschwindigkeit größer als Null ist (Bild 9). Mit anderen Worten: Für negative ΔR-Werte entspricht der bewegungslose Zustand dem Minimum auf der Potentialfläche und ist der Zustand des stabilen Gleichgewichtes. Übersteigt die Rayleigh-Zahl den kritischen Wert, so daß ΔR positiv wird, so entspricht die Achse der Bewegungslosigkeit dem Zustand maximaler Energie, das heißt, einem instabilen Gleichgewicht.

Diese Eigenschaften der Potentialfläche zeigen die Stärken und die Schwächen der Rayleigh-Theorie. In der unmittelbaren Nachbarschaft des Nullpunktes, wo ΔR und V klein sind, läßt sich das Verhalten einer Flüssigkeit aus der Krümmung der Potentialfläche zuverlässig ableiten. Hat ΔR einen kleinen negativen Wert, so kehrt die Flüssigkeit nach einer geringfügigen Störung in den Gleichgewichtszustand zurück. Ist ΔR

dagegen eine kleine positive Zahl, so wird jede Störung verstärkt, und es setzt Konvektion ein. Wenn die Rayleigh-Zahl gerade den kritischen Wert hat, wenn also $\Delta R = 0$ ist, befindet man sich an einer ebenen Stelle der Potentialfläche, und eine Störung wird weder gedämpft noch verstärkt. Bei großen Werten von ΔR und V begegnet uns erneut das Problem der unendlichen Strömungsgeschwindigkeiten.

In der Landau-Theorie beseitigt man diesen Mangel, indem man weitere Terme der unendlichen Reihe berücksichtigt. Man geht auf das Gedankenexperiment mit einer Flüssigkeitsschicht zwischen zwei Platten zurück, auf dem die Rayleigh-Theorie beruht, und überlegt, daß sich am Ergebnis dieses Experimentes nichts ändern würde, falls man die Schicht nicht von unten erwärmen, sondern von oben kühlen. Auch wenn alle Bewegungen ihre Richtung umkehren, bliebe das Resultat das gleiche. Das bedeutet, daß die Potentialfläche dieses Systems symmetrisch zur ΔR-Achse sein muß (Bilder 9 und 10). Dann aber darf die Gleichung der Potentialfläche nur geradzahlige Potenzen von V enthalten (V^2, V^4 und so weiter), denn nur wenn der Exponent geradzahlig ist, haben gleiche Potenzen von V und $-V$ den gleichen Wert. Gleiche Potenzen von V und $-V$ mit ungeradzahligen Exponenten haben entgegengesetzte Vorzeichen und würden die Symmetrie zerstören. Die Koeffizienten der ungeradzahligen Potenzen (V^3, V^5 und so weiter) müssen daher den Wert Null haben.

Bild 10 zeigt die Potentialfläche, die sich ergibt, wenn man eine Reihe, in der alle ungeradzahligen Potenzen den Koeffizienten Null haben, erst nach dem Glied mit V^4 abbricht. Die Form der Potentialfläche wird dann durch die Summe

$$-1/2 \, \Delta R \, V^2 + 1/4 \, V^4$$

bestimmt. Ist hier ΔR negativ, so ähnelt die Fläche der einfacheren in Bild 9, doch nimmt die Energie jetzt stärker zu, wenn die Geschwindigkeit von Null abweicht. Ist ΔR negativ, so hat die Fläche eine ganz andere Gestalt: Zwar fällt die Energie auch jetzt zu beiden Seiten der ΔR-Achse ab, doch nimmt sie nicht unbegrenzt ab, sondern erreicht ein Minimum, von dem aus sie mit weiter zu- oder abnehmenden Geschwindigkeiten wieder wächst. Die „Tiefe" des Energieminimums und der Betrag der Geschwindigkeit, bei der dieses Minimum erreicht wird, nehmen mit ΔR zu.

Sofern die Rayleigh-Zahlen und die Strömungsgeschwindigkeiten nicht zu groß werden, ergibt diese vergleichsweise einfache Version der Landau-Theorie realistische Voraussagen. Wie zuvor wird jede zufällige Fluktuation der Geschwindigkeit gedämpft, wenn die Rayleigh-Zahl kleiner ist als der kritische Wert. Das System befindet sich dann im Zustand minimaler Energie, also im stabilen Gleichgewicht. Bei Werten oberhalb der kritischen Rayleigh-Zahl wächst eine Störung rasch an, aber dieses Wachstum setzt sich nicht unbegrenzt fort: Wenn die Strömung die Geschwindigkeit erreicht, die dem Minimum in der Potentialfläche entspricht, entsteht ein stabiles Gleichgewicht.

Die Landau-Theorie, die neben dem V^2-Term auch den V^4-Term berücksichtigt, vermeidet zwar die krassen Fehler der Rayleigh-Theorie, aber auch sie ist nur eine Näherung und gilt nur dann, wenn der Betrag der Geschwindigkeit nicht zu groß ist. Andernfalls tragen auch die Terme mit höheren Potenzen von V nennenswert zur Energie bei, und zwar selbst dann, wenn sie kleine Koeffizienten haben. Daher kann eine Theorie, in der alle hohen Potenzen von V vernachlässigt werden, die Form der Potentialfläche für große Geschwindigkeiten nicht genau wiedergeben. Hinzu kommt, daß in vielen Fällen Konvektionsströmungen mit einer bestimmten Richtung bevorzugt auftreten, so daß die Symmetrie der Potentialfläche verlorengeht und auch die ungeradzahligen Potenzen von V berücksichtigt werden müssen.

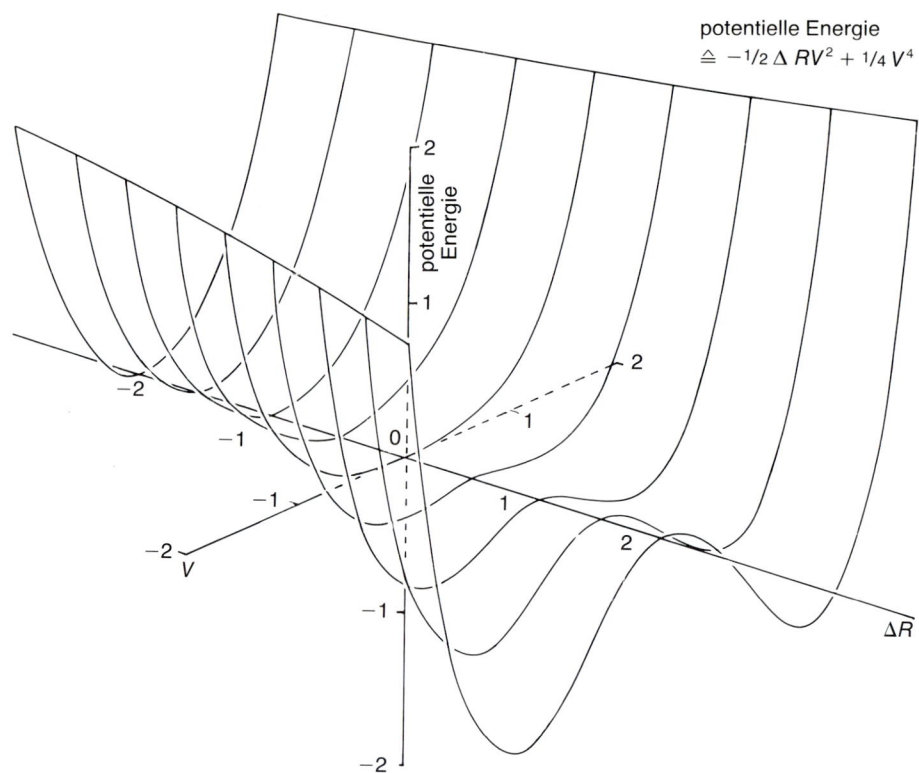

potentielle Energie
$\triangleq -1/2 \, \Delta R V^2 + 1/4 \, V^4$

Bild 10: Die Landau-Theorie liefert eine realistischere Potentialfläche als die Rayleigh-Theorie. Die hier gezeigte Potentialfläche entspricht einer besonders einfachen Näherung: neben dem quadratischen Term der Rayleigh-Theorie wird ein Term vierter Ordnung berücksichtigt (Gleichung oben rechts). Wie bei der Fläche in **Bild 9** fällt die Energie bei positiven Werten von ΔR für kleine Strömungsgeschwindigkeiten V ab, erreicht aber jetzt nur ein Minimum und steigt dann wieder an. Die Geschwindigkeiten nehmen also nicht grenzenlos zu, sondern bei endlichen Geschwindigkeiten stellt sich ein Gleichgewicht ein.

Konvektion in der Erdatmosphäre, im Ozean und in trocknenden Lackfilmen

Die Rayleigh-Theorie und die Landau-Theorie beruhen auf Gedankenexperimenten, bei denen man voraussetzt, daß möglichst viele Eigenschaften der betrachteten Flüssigkeit konstant bleiben. In Wirklichkeit sind Flüssigkeiten selten so einfach, und das Wechselspiel ihrer Eigenschaften kann sehr verwickelt sein. Beispielsweise haben wir bisher angenommen, daß sich nur die Dichte als Funktion der Temperatur ändert. In Wirklichkeit hängen bei den meisten Flüssigkeiten auch die Viskosität und die Wärmediffusion von der Temperatur ab. Da diese Größen in die Rayleigh-Zahl eingehen, können sie einen entscheidenden Einfluß darauf haben, wann Konvektion einsetzt und wie sie sich entwickelt. Wir haben außerdem angenommen, daß die betrachtete Flüssigkeit inkompressibel sei. Für viele reale Flüssigkeiten gilt das jedoch nicht. Hier beeinflußt der Druck die Dichte und viele andere Eigenschaften.

Eine Theorie, die alle diese Zusammenhänge berücksichtigen würde, wäre nicht mehr praktikabel. Man muß also einen Kompromiß zwischen der Komplexität der Flüssigkeit und der Komplexität der Theorie suchen. Das gilt besonders bei der Analyse von Konvektionsvorgängen in der Natur.

In der Erdatmosphäre beobachtet man Konvektionsströmungen verschiedener Größenordnungen. Das Temperaturgefälle zwischen den Tropen und den Polen treibt eine globale Luftzirkulation an, die auf jeder Erdhalbkugel aus wenigstens drei Konvektionszellen besteht. Verzerrungen dieses Musters durch die Erdrotation verursachen die Passatwinde in den Tropen und das Vorherrschen westlicher Winde in den gemäßigten Zonen.

Wenn sich die Luft über der Erdoberfläche lokal erwärmt, entstehen Konvektionsströme kleineren Ausmaßes. Viele Stürme sind Beispiele dafür. Wenn warme Luft aufsteigt und sich dabei abkühlt, bis sie an Feuchtigkeit übersättigt ist, bilden sich Kumulus-Wolken.

Bei der Untersuchung der Konvektion in der Atmosphäre muß man die große Kompressibilität der Luft berücksichtigen, die selbst dann einen Dichtegradienten zur Folge hätte, wenn sich die Temperatur mit der Höhe nicht ändern würde. Außerdem erwärmt sich die Luft bei der Kompression, wenn sie in ein Gebiet mit höherem Druck absinkt. Auch ihre Viskosität ändert sich bei Druck- und Temperaturschwankungen. Und schließlich macht der Wasserdampf, der Wärme abgibt, wenn er zu Wasser kondensiert, die Dinge kompliziert.

Wolken, die durch Konvektion entstehen, können ihrerseits Konvektionsströmungen aufweisen. Eine Wolke kühlt sich oben ab, weil sie Wärme abgibt, während sie unten die vom Erdboden abgestrahlte Wärme absorbiert. Wird der Temperaturunterschied groß genug, so können in der Wolke Konvektionsströmungen einsetzen.

Oft bilden sich durch Konvektion in der Erdatmosphäre auch die gleichen Muster, die man bei einfachen Experimenten im Laboratorium beobachtet. Streifenförmige Wolkenformationen (Wolkenstraßen) entsprechen Konvektionszellen vom „Walzentyp". Auf Satellitenaufnahmen erkennt man gelegentlich Wolkenformationen, die über Tausende von Quadratkilometern ein Muster aus vieleckigen Zellen bilden. Allerdings lassen sich die Ergebnisse von Experimenten im Laboratorium nicht einfach auf die Konvektion in der Atmosphäre übertragen. Im Experiment sind die Konvektionszellen immer ebenso breit wie hoch, während Konvektionszellen in der Atmosphäre bis zu fünfzigmal breiter als hoch sein können. Außerdem hat die Strömung in den verhältnismäßig kleinen Zellen, die man im Laboratorium erzeugt, immer den gleichen Drehsinn: Gase strömen in der Mitte der Zelle nach unten. In der Atmosphäre kann das Gas dagegen in der Mitte einer Konvektionszelle nach oben oder nach unten strömen.

Auch die Konvektionsströmungen in den Ozeanen können Größen zwischen einem Meter und dem Durchmesser eines ozeanischen Beckens haben. Die einfachsten Strömungen entstehen, indem das Sonnenlicht das Meerwasser bis in beträchtliche Tiefen erwärmt. Andererseits kühlt sich die Meeresoberfläche ab, weil Wasser verdunstet und Wärme an die Atmosphäre abgegeben wird. Das entstehende Temperaturgefälle kann eine Konvektionsströmung hervorrufen.

Die Kompressibilität von Seewasser ist klein und beeinflußt eine Konvektionsbewegung nur in sehr tief liegenden Schichten. Dagegen hat der Salzgehalt des Meerwassers einen beträchtlichen Einfluß, weil die Dichte des Wassers mit zunehmender Salzkonzentration steigt. Da sie auch von der Temperatur abhängt, hat man es hier mit neuartigen Verhältnissen zu tun: Ist die Temperatur im unteren Teil einer Meerwasserschicht größer und der Salzgehalt kleiner als im oberen Teil, so wirken die beiden Dichtegradienten in die gleiche Richtung und begünstigen die Konvektion. Sind die

Gradienten einander entgegengerichtet, so kommen andere Einflüsse ins Spiel: Liegt warmes, salzhaltiges Wasser über kaltem Süßwasser, so wird die Stabilität dieser Schichtung vom Temperaturgefälle begünstigt und vom Gradienten der Salzkonzentration beeinträchtigt. Selbst wenn beide Gradienten zusammen überall in der Schicht eine einheitliche Dichte des Wassers erzeugen, kann Konvektion einsetzen, weil sich die Gradienten auf verschiedene Weise ausgleichen: Der Temperaturgradient verschwindet vor allem durch Wärmediffusion, während der Gradient der Salzkonzentration im wesentlichen durch die Diffusion der Wassermoleküle und der Salz-Ionen ausgeglichen wird. Die Wärmediffusion zerstört das Temperaturgefälle wesentlich schneller (bisweilen hundertmal schneller) als die molekulare Diffusion den Konzentrationsgradienten.

Sinkt in einer Wasserschicht, in der Temperatur- und Konzentrationsgradienten überall zur gleichen Dichte führen, eine warme, salzreiche Flüssigkeitsparzelle in eine tieferliegende Schicht aus kaltem Süßwasser, so verliert sie ihre Wärme, lange bevor sich durch molekulare Diffusion die Salzkonzentration verringert. Das hat zur Folge, daß sich die Flüssigkeit in der sinkenden Parzelle verdichtet und die Bewegung verstärkt wird.

Liegt eine kalte Süßwasserschicht über einer Schicht aus warmem, salzreichem Wasser, so kann die anhand von Bild 4 schon erwähnte Überstabilität auftreten, die sich in einer Schwingungsbewegung äußert. Eine Flüssigkeitsparzelle mit warmem, salzigem Wasser, die langsam aufsteigt, kühlt aus, behält aber ihre anfängliche Salzkonzentration. Sie wird dichter, als sie es ursprünglich war, sinkt daher wieder ab und bewegt sich dabei ein Stück über ihren ursprünglichen Ort hinaus, bis sie nach erneuter Erwärmung wieder aufsteigt und so um ihre Ausgangsposition schwingt. Diese Oszillation kann verstärkt oder gedämpft werden, je nachdem, wie groß die beiden Gradienten sind.

Besonders kompliziert sind die Konvektionsbewegungen, die zur Bildung von Riffketten auf dem Meeresboden führen und die Kontinente auseinanderschieben. Die Wärme, die diese Strömungen antreibt, bildet sich im Erdmantel vor allem durch den Zerfall radioaktiver Elemente. Da die Wärme nur nach oben abgegeben werden kann, entsteht ein Temperaturgefälle, das ohne Zweifel groß genug ist, um Konvektion zu verursachen. Über die Gestalt und die Größe der Konvektionsmuster weiß man allerdings nur wenig, denn der Erdmantel ist für Messungen so gut wie unzugänglich.

Von wesentlich kleinerer Größenordnung ist die Konvektion, die beim Trock-

nen einer dünnen Lackschicht auftritt. Die treibende Kraft ist hier wie beim Bénardschen Experiment die Oberflächenspannung (Bild 6): Die Strömung kommt zustande, weil das Lösungsmittel auf der freien Oberfläche des Lackfilms verdunstet und dabei Wärme abführt. Geht die Verdunstung an einer Stelle besonders schnell vor sich, so kühlt sich die Oberfläche dort stärker ab als in der Umgebung und die Oberflächenspannung ist entsprechend größer. Außerdem hat der Farbstoff in einem Lack gewöhnlich eine größere Oberflächenspannung als das Lösungsmittel, so daß die Oberflächenspannung beim Verdunsten des Lösungsmittels in jedem Fall zunimmt. Da sich die Konzentration des Lösungsmittels ständig verringert, steigt die Viskosität der Lackschicht, so daß die Marangoni-Zahl schließlich unter den kritischen Wert fällt und die Konvektion aufhört.

Konvektionszellen in Lackfilmen haben oft die Gestalt eines nahezu regelmäßigen Sechsecks. Die Strömung kann ein „Fließen" des Farbstoffs verursachen, das im getrockneten Film als Unregelmäßigkeit in der Färbung erscheint. Manchmal bleibt das Muster der Konvektionszellen im trockenen Film gleichsam eingefroren. Auf diese Weise entsteht das bekannte Hammerschlagmuster einer Farbschicht.

Mischen zäher Flüssigkeiten

Zähe Flüssigkeiten, die einfache periodische Bewegungen in einer
Ebene ausführen, lassen sich durch wiederholtes Dehnen und Falten wirkungsvoll mischen.
Modellversuche und Rechnersimulationen klären im Detail die solchen
Mischprozessen zugrundeliegenden Vorgänge.

Von Julio M. Ottino

Was haben Streifenbasalt, die Herstellung von Blätterteig und die Helligkeit von Sternen gemein? In allen Fällen spielen Mischvorgänge eine Rolle: Das interessant gemusterte Gestein ist durch Vermengen verschiedener Magmen entstanden; durch wiederholtes Ausziehen und Überschlagen des Teigfladens — eine kunstvolle Variante einer archetypischen Art des Mischens, nämlich des Knetens — bereitet man Blätterteig zu, und Mischvorgänge im Inneren eines Sterns bestimmen die chemische Zusammensetzung und damit die Helligkeit der Sternoberfläche.

Beispiele für Mischvorgänge finden sich im gesamten Universum; ihre Dauer und das einbezogene Raumgebiet schwanken um riesige Größenordnungen. Ausströmende Gase mischen sich mit der Umgebungsluft innerhalb weniger Sekunden, während die Mischvorgänge im Erdmantel mehrere hundert Millionen Jahre oder länger dauern können. Mischvorgänge spielen auch bei modernen Technologien eine entscheidende Rolle. Industriechemiker vermischen Substanzen, damit sie wie vorgesehen reagieren; desgleichen sind beim Herstellen von Polymermischungen mit besonderen Eigenschaften oder beim Verteilen von Substanzen zum Veringern des Strömungswiderstandes in Pipelines Mischvorgänge wesentlich.

Trotz ihrer Allgegenwart in Natur und Industrie sind jedoch die Prozesse beim Mischen noch nicht völlig verstanden. Die Forscher können sich nicht einmal auf eine gemeinsame Terminologie einigen; mitunter benutzen Meereskundler, Geophysiker und Verfahrenstechniker jeweils unterschiedliche Begriffe. Gleichwohl besteht wenig Zweifel darüber, daß Mischprozesse außerordentlich komplex sind und in

einer großen Vielfalt von Systemen vorkommen. Bei der Entwicklung einer Theorie über Mischvorgänge bei Flüssigkeiten muß man beispielsweise mischbare und teilweise mischbare, reaktionsfreudige und reaktionsträge Flüssigkeiten sowie langsame geordnete und schnelle turbulente Strömungen berücksichtigen. Es ist daher nicht überraschend, daß keine Theorie alle Aspekte der Mischvorgänge in Flüssigkeiten erklären kann und daß einfache Computermodelle in der Regel wichtige Einzelheiten nicht erfassen.

Dennoch können sowohl physikalische Experimente als auch Computersimulationen Aufschlüsse geben. In den vergangenen Jahren haben meine Kollegen und ich beide Ansätze verfolgt — insbesondere bei Mischprozessen in langsamen Strömungen und von zähflüssigen Stoffen wie etwa Ölen.

Das Verrühren von zwei Ölfarben ist ein gutes Beispiel für das Mischen von zähen Flüssigkeiten. Schon in wenigen Sekunden kann dabei ein verwirrendes Muster von gedehnten und gefalteten Streifen entstehen. (Buchbinder erzeugen so die Marmorierung von Kleisterpapieren, die zuweilen noch die Deckel oder Vorsatzblätter von Büchern schmücken.) Rührt man jedoch nicht sorgsam, wird man möglicherweise Inseln unvermischter Farbe finden. Obwohl das Mischen zäher Flüssigkeiten oft unübersehbar komplexe Strukturen hervorbringt, kann es auch recht regelmäßige und zusammenhängende Muster erzeugen.

Meine Studenten und ich haben an der Universität von Massachusetts in Amherst versucht, die Fließvorgänge, die derartige Muster hervorbringen, aufgrund von Experimenten und Computersimulationen zu beschreiben; und zwar haben wir uns meist auf zwei Far-

ben beschränkt. In einigen unserer Versuche füllen wir einen tiefen Behälter mit farblosem Glycerin, in das wir Tropfen gefärbten Glycerins einspritzen (Bild 1). Bewegt man die Seitenwände des Behälters periodisch, können die auf die zähe Flüssigkeit wirkenden Scherkräfte den farbigen Tropfen auf recht komplizierte Weise dehnen und falten; der gesamte Behälter zeigt bald ein feines Muster von Falten innerhalb von Falten. Es kommt aber vor, daß ein ähnlicher Tropfen in demselben Behälter nur wenig oder gar nicht gedehnt wird; er wandert und dreht sich vielleicht, kehrt aber regelmäßig an seinen Ausgangsort zurück (Bild 2). Wie entstehen solche bemerkenswert unterschiedlichen Muster?

Grundlagen der Flüssigkeitsmechanik

Der Schlüssel zum Verständnis der Grundlagen derartiger Mischvorgänge liegt in der Strömungslehre, die der im 18. Jahrhundert lebende Schweizer Mathematiker Leonhard Euler entwickelt hat. Gemäß seiner Theorie geben die Lösungen allgemeiner Bewegungsgleichungen an, wo sich jedes Element einer (reibungsfreien) Flüssigkeit zu jedem beliebigen künftigen Zeitpunkt befinden wird. Könnte man die Bewegungsgleichungen für eine bestimmte Strömungskomponente exakt lösen, wüßte man auch nahezu alles über die durch sie hervorgerufenen Mischvorgänge. Man könnte beispielsweise die Kräfte und die Gesamtenergie berechnen, die erforderlich sind, um einen bestimmten Mischungsgrad im System zu erreichen.

Was im Prinzip gilt, erweist sich in der Praxis allerdings als kaum je durchführbar. Im Laufe des vergangenen

52

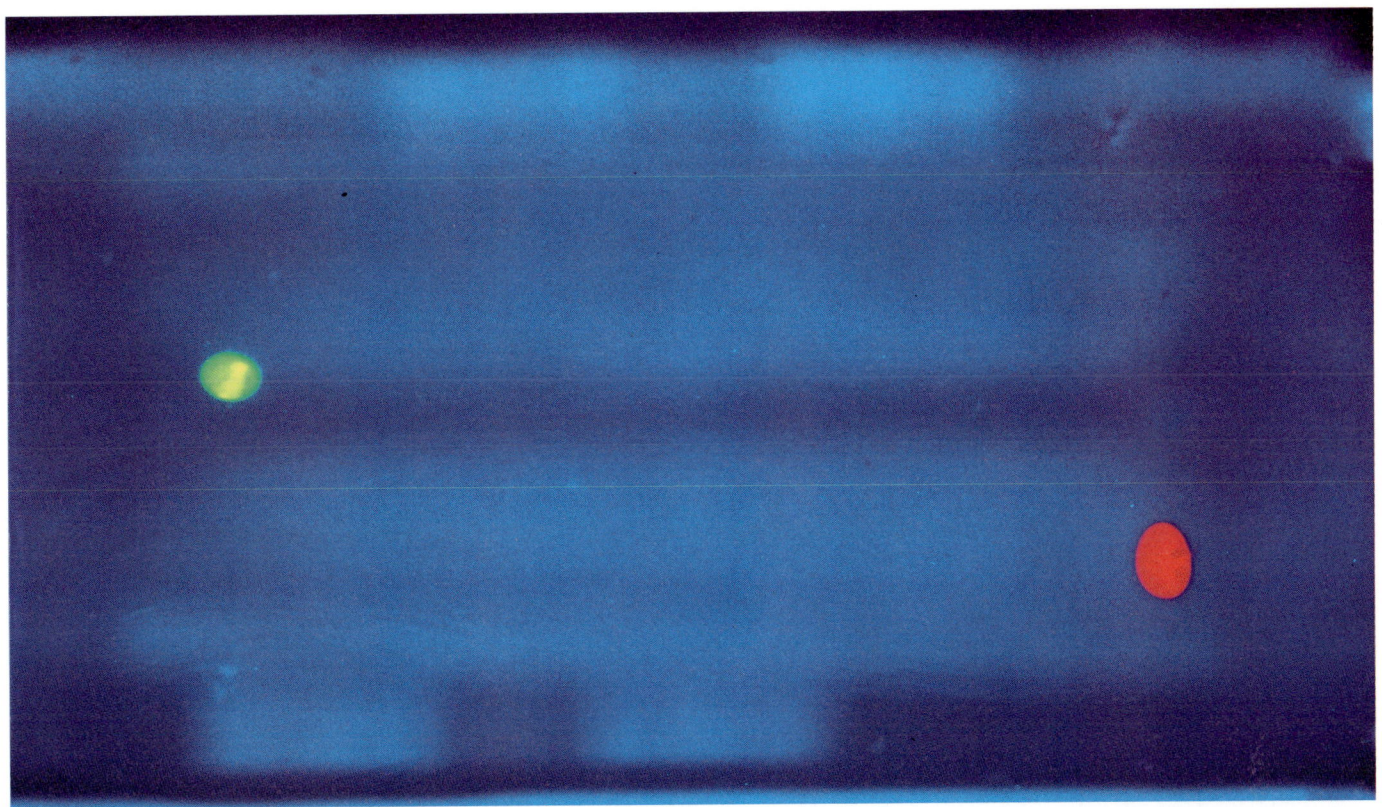

Bild 1: Chaotische und nichtchaotische Strömungen zeigen sich in einem Versuch, den Kenny Leong und der Autor in ihrem Labor an der Universität von Massachusetts in Amherst durchgeführt haben. Ein rechteckiger Behälter wird mit Glycerin gefüllt, und zwei Tropfen einer grün beziehungsweise rot fluoreszierenden Markierungsflüssigkeit werden direkt unter die Oberfläche eingespritzt (oben). Jede Behälterwand kann, unabhängig von den anderen, parallelverschoben werden. Im gezeigten Versuch wurden die obere und untere Seite periodisch, jedoch mit Unterbrechungen bewegt. Die Experimentatoren schoben die obere Seite einmal von links nach rechts und stoppten sie, dann die untere Seite mit derselben Geschwindigkeit und ebenso weit von rechts nach links; dieses Bewegungspaar ist eine Periode. Nach zehn solcher Perioden (unten) war der rote Tropfen mehrfach gedehnt und gefaltet worden: Er befand sich also anfangs in einem Gebiet, in dem dann chaotische Mischung stattfand. Der grüne Tropfen wurde im Gegensatz dazu nur wenig gedehnt: Er war anfangs in einer Insel nichtchaotischer Mischung.

Jahrhunderts trat dieser Ansatz deshalb weitgehend zugunsten einer Beschreibung von Strömungen auf der Grundlage des Geschwindigkeitsfeldes zurück. Dieses gibt die Geschwindigkeit der Flüssigkeit an jedem Punkt zu jeder beliebigen Zeit an. Kennt man die Lösung der Bewegungsgleichungen, kann man das Geschwindigkeitsfeld leicht berechnen — das Umgekehrte gilt jedoch nicht. Die Eulerschen Gleichungen liefern demnach eine grundlegendere Beschreibung des Strömungsverhaltens einer Flüssigkeit; meine Mitarbeiter und ich ziehen deshalb dieses Modell vor, obwohl es in den Augen vieler anderer als veraltet erscheinen mag.

Eine derartige dynamische Beschreibung des Strömungsverhaltens entspricht einer sogenannten Punkttransformation: einem mathematischen Rechenvorgang, der es ermöglicht, ein Flüssigkeitsteilchen zu identifizieren und seine Lage zu einem künftigen Zeitpunkt zu bestimmen. Jedes Element wird durch Anwenden der Transformation gewissermaßen auf seine neue Position abgebildet. Zwei anfangs als getrennt identifizierte Teilchen können freilich nicht gleichzeitig denselben Ort einnehmen, und ein Teilchen kann sich nicht teilen.

Obwohl es theoretisch zu allen Mischungsströmungen eine derartige Punkttransformation gibt, kann man sie nur in den einfachsten Fällen genau berechnen. Daher ist vieles von dem, was wir über Mischvorgänge wissen, auf relativ einfache Fließvorgänge begrenzt, insbesondere auf lineare Strömungen (punktuell in der Strömung eingebrachte Markiersubstanzen werden hier zu einfachen geraden Linien ausgezogen). Derartige lineare Strömungen können natürlich keine wirksame Vermischung — die von Natur aus durch nichtlineare Prozesse entsteht — zur Folge haben. Um wenigstens eine Vorstellung davon zu bekommen, was bei solchen Mischvorgängen vor sich geht, muß man stationäre Strömungen in zwei Dimensionen betrachten.

Zweidimensionale Strömungen

Alle zweidimensionalen Strömungen bestehen aus denselben Bausteinen: hyperbolischen Punkten (Sattelpunkten) und elliptischen Punkten (Bild 4). Beim hyperbolischen Punkt bewegt sich die Flüssigkeit aus einer Richtung auf ihn zu und in einer anderen von ihm weg; um einen elliptischen Punkt bewegt sie

sich herum. (Es gibt übrigens noch eine dritte Art von Punkten, die parabolischen, in denen die Flüssigkeitsbewegung geschert oder tangential ist. Solche Punkte findet man zum Beispiel in einer Flüssigkeit, die an einer festen Wand entlangfließt. Bei der Beschreibung der Mischvorgänge in zweidimensionalen Strömungen können sie jedoch vernachlässigt werden.)

Erwartungsgemäß ist das Mischen in einer stationären zweidimensionalen Strömung im Vergleich zu dem in dreidimensionalen Strömungen wenig wirksam — insbesondere im Vergleich zu solchen, die sich ununterbrochen mit der Zeit ändern. Tatsächlich gibt es in einer stationären und begrenzten Strömung im wesentlichen nur zwei Möglichkeiten: Entweder folgen die Flüssigkeitsteilchen immer wieder denselben Wegen (genannt Stromlinien), oder sie bewegen sich überhaupt nicht.

In stationären Strömungen liegen die Stromlinien fest, und die Bahnen der Flüssigkeitsteilchen können sich nie kreuzen. Die Teilchen kommen also nicht in Kontakt miteinander und werden somit auch nicht durchmischt. Eine Möglichkeit, die festen Stromlinien aufzuheben, so daß die Flüssigkeitsteilchen nicht immer derselben Stromlinie

1 Periode

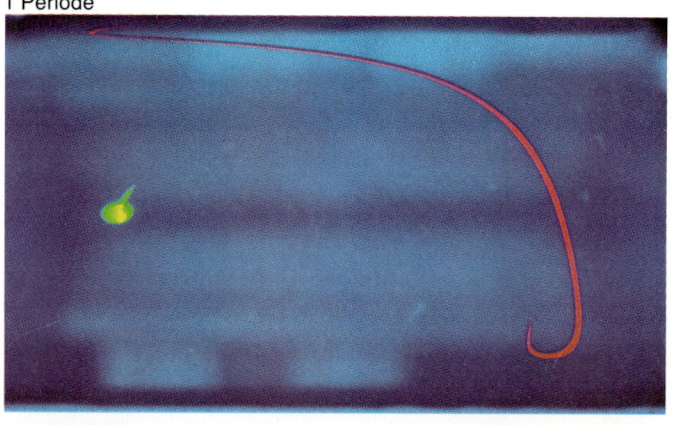

3 Perioden

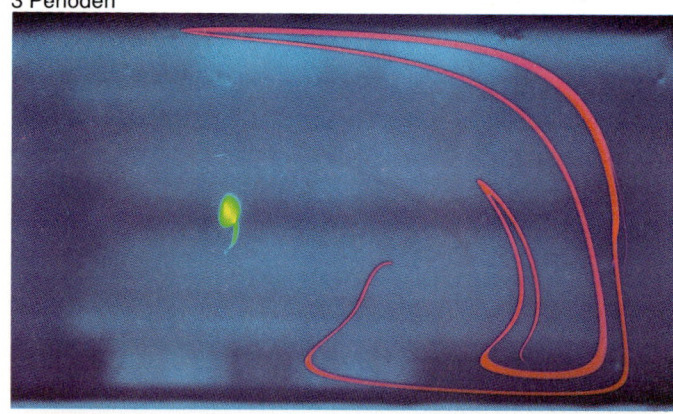

8 ¼ Perioden

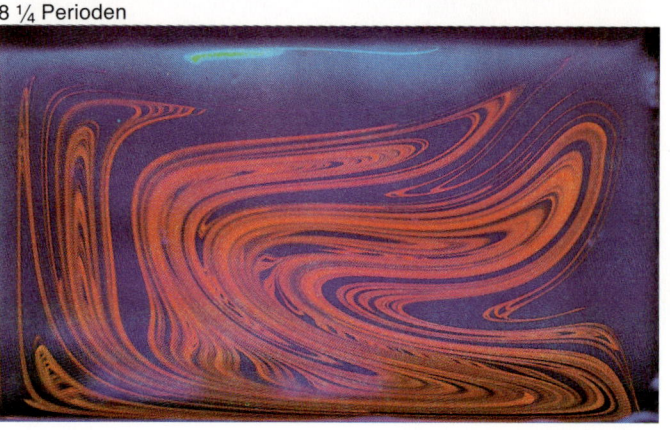

8 ½ Perioden

Bild 2: Das für chaotisches Mischen kennzeichnende Dehnen und Falten wird in dieser Photoserie von dem in Bild 1 beschriebenen Versuch durch den roten Tropfen nachgezeichnet. Nach nur drei Perioden ist das grundlegende Dehn-und-Faltmuster klar erkennbar. Die grüne Insel, die ein Gebiet vornehmlich nichtchaotischer Mischung markiert, sowie die Falten, die einen Bereich chaotischer Mischung anzeigen, bewegen sich — wie die Serie der Bilder von den Stadien zwischen den Perioden 8 und 9 deutlich erkennen läßt — im Behälter umher, kehren jedoch nach

folgen müssen, bietet ein zeitlich veränderlicher Fluß, in dem eine Stromlinie des einen Strömungsmusters eine andere in einem späteren kreuzt.

Der einfachste Weg, dies zu erreichen (und der am leichtesten zu untersuchende), besteht darin, der Strömung eine periodische zeitliche Änderung aufzuzwingen. Soll dabei eine wirkungsvolle Durchmischung entstehen, muß ein bestimmter Flüssigkeitsbereich gedehnt und gefaltet werden und wieder seinen Ausgangsort erreichen (Bild 5). Der Vorgang des Dehnens und Faltens entspricht einer sogenannten Hufeisen-Karte, wie Stephen Smale von der Universität von Kalifornien in Berkeley sie beschrieben hat.

Die Tatsache, daß man zum wirkungsvollen Mischen einen Teil des Stoffes an seinen Ausgangsort zurückbringen muß, widerspricht eigentlich der Intuition. Spielt sich der Mischvorgang jedoch in einem begrenzten System ab, gibt es keine andere Möglichkeit: Wenn man immer wieder einen Pfeil auf eine Zielscheibe wirft, werden einige Treffer schließlich sehr nahe beieinander liegen, da die Zielscheibe eine begrenzte Fläche hat; ebenso wird wiederholtes Dehnen und Falten in einem abgeschlossenen Behälter die Flüssig-

keitsteilchen unweigerlich zu bestimmten Zeitpunkten sehr nahe an ihre Ausgangspositionen zurückbringen.

Wenn ein Flüssigkeitsteilchen in einer periodischen Strömung genau an seinen Ausgangsort zurückkehrt, legt dieses Teilchen damit einen sogenannten periodischen Punkt fest. Je nach Zahl der Perioden, die das Teilchen für die Rückkehr zu seinem Ausgangsort benötigt, heißt er periodischer Punkt der Periode eins, der Periode zwei und so weiter. Ein periodischer Punkt kann zusätzlich hyperbolisch oder elliptisch sein, entsprechend der Fließrichtung in seiner unmittelbaren Nachbarschaft.

Wenn ein periodischer elliptischer Punkt seine zyklische Bahn durchläuft, bewegt sich das Material, das den Punkt umgibt, nicht nur um ihn herum (wie im Falle eines festen elliptischen Punktes), sondern auch mit ihm mit. Dieser Bereich gibt jedoch trotz Drehung und Vorwärtsbewegung nur wenig Material an den Rest der Strömung ab. Solche Gebiete heißen Flüssigkeitsinseln, und die Durchmischung innerhalb solcher Inseln vollzieht sich in der Regel langsam. Da auch Material weder aus der Nachbarschaft eines periodischen elliptischen Punktes austreten noch in sie eintreten kann, behindern

solche Punkte eine wirkungsvolle Durchmischung.

Ähnliches gilt für einen periodischen hyperbolischen Punkt. Während er seine Bahn durchläuft, wird das sich mitbewegende Umgebungsmaterial in der einen Richtung gestaucht und in der anderen gestreckt. Hierbei hinterläßt der Punkt ausgedehnte Flüssigkeitsfäden in der einen Richtung und zieht Material aus einer anderen an. (Unter der Annahme, daß Flüssigkeiten inkompressibel sind, müssen Dehnen und Kontrahieren sich die Waage halten.)

Wo bleibt das von einem periodischen hyperbolischen Punkt wegfließende Material? Von woher kommt das vom Punkt aufgenommene? Eine Möglichkeit ist, daß sich Zu- und Abfluß verbinden - daß also das von einem hyperbolischen Punkt abgegebene Material vom selben oder von einem anderen hyperbolischen Punkt angezogen wird. Genau dies geschieht in einer stationären Strömung (obwohl in diesem Fall die hyperbolischen Punkte feststehend und nicht periodisch sind), so daß die Strömung das Material nicht wirkungsvoll dehnt und faltet.

Zeitabhängige zweidimensionale Strömungen können jedoch wirkungsvolle Dehn-und-Falt-Mechanismen ausbil-

5 Perioden

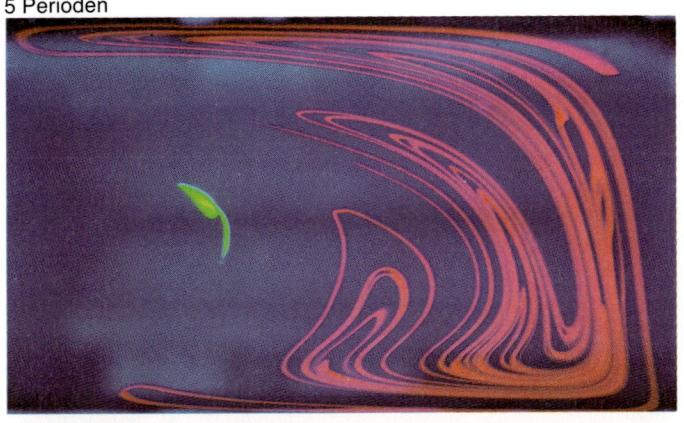

8 Perioden

8 ¾ Perioden

9 Perioden

jeder Periode (allerdings etwas verformt) an dieselben Stellen zurück. Die feine vom grünen Tropfen ausgehende Strähne zeigt, daß der Tropfen etwa alle zwei Perioden eine vollständige Drehung ausführt. Ließe man den Versuch rückwärts laufen, würde der grüne Tropfen annä-

hernd in seine Ausgangsgestalt und -lage zurückkehren, da der Fehler beim Rückwärtslauf seiner Bewegungen nur linear wächst. Dagegen ist die Entmischung des roten Tropfens aus der Trägerflüssigkeit praktisch unmöglich: Der Fehler beim Rückwärtslauf wächst exponentiell.

den, da in derartigen Strömungen der zu einem hyperbolischen periodischen Punkt gehörende Abflußbereich einen Zuflußbereich desselben oder eines anderen hyperbolischen Punktes kreuzen kann. Ein Punkt, an dem sich Zu- und Abfluß desselben hyperbolischen Punktes überschneiden, heißt homokliner Querpunkt. Überschneiden sich die Strömungen zweier verschiedener hyperbolischer Punkte, heißt der Schnittpunkt heterokliner Querpunkt.

Die Merkmale des Chaos

Homokline und heterokline Überschneidungen sind Merkmale des Chaos: Vom mathematischen Standpunkt aus wird ein System, welches Hufeisen-Karten beziehungsweise homokline oder heterokline Querpunkte erzeugen kann, als chaotisch klassifiziert. Es zeigt sich, daß es bei einer Hufeisen-Karte homokline Querpunkte geben muß. Umgekehrt gilt: Findet man einen einzigen solchen Punkt, so gibt es eine Hufeisen-Karte.

Die Tatsache, daß es bereits bei einer einzigen Überschneidung von Zu- und Abfluß homokline Querpunkte geben muß, und daß ein solches Überschneiden sogar in physikalischen Systemen auftreten kann, die sich mit den Newtonschen Bewegungsgesetzen beschreiben lassen, hat zuerst der französische Mathematiker Henri Poincaré im 19. Jahrhundert entdeckt. Er war jedoch durch das überaus komplexe Systemverhalten bei solchen Überschneidungen — man bezeichnet es heute als Chaos — derart überwältigt, daß er beschloß, die Sache nicht weiter zu verfolgen.

Solange sich ein Mischvorgang durch eine deterministische Punkttransformation darstellen läßt, sollte er in seinen Bewegungen umkehrbar sein. Man müßte also Flüssigkeiten wieder entmischen können — zumindest dann, wenn man die Diffusion der Moleküle außer acht lassen dürfte. Die Alltagserfahrung legt jedoch nahe, daß Mischen ein nicht umkehrbarer Vorgang ist (Bild 4): Obwohl das System theoretisch deterministisch ist, lassen sich die Bewegungen, die wiederholtes Dehnen und Falten bewirken, nicht rückgängig machen.

Eine ähnliche Situation liegt beispielsweise auch in den von Poincaré untersuchten physikalischen Systemen vor. Sie bestehen aus vielen Teilchen, deren jeweilige Bewegungen durch deterministische Gleichungen beschrieben werden; man bezeichnet sie — nach dem irischen Mathematiker und Physiker William Rowan Hamilton — als Hamiltonsche Systeme. Einer der bekanntesten amerikanischen Physiker des 19.

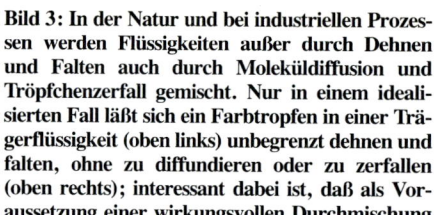

Bild 3: In der Natur und bei industriellen Prozessen werden Flüssigkeiten außer durch Dehnen und Falten auch durch Moleküldiffusion und Tröpfchenzerfall gemischt. Nur in einem idealisierten Fall läßt sich ein Farbtropfen in einer Trägerflüssigkeit (oben links) unbegrenzt dehnen und falten, ohne zu diffundieren oder zu zerfallen (oben rechts); interessant dabei ist, daß als Voraussetzung einer wirkungsvollen Durchmischung ein Teil des Tropfens in seine Anfangslage zurückkehren muß (hellgrün gestrichelte Markierung). Die Moleküldiffusion (ohne die völlige Durchmischung unmöglich ist) verwischt in der Regel die Grenzen zwischen mischbaren Flüssigkeiten (unten links). Im Falle nichtmischbarer Flüssigkeiten kann der Tropfen durch Dehnung in Tröpfchen zerfallen, die sich anschließend wieder zu mehreren Tropfen vereinen können (unten rechts).

Jahrhunderts, J. Willard Gibbs, erkannte, daß sogar Hamiltonsche Systeme von Natur aus unumkehrbar und unvorhersagbar sein können; in diesem Zusammenhang erdachte er bereits ein Gedankenexperiment. Offensichtlich blieben seine Beobachtungen jedoch ohne Resonanz, bis der schwedische Meereskundler Pierre Wellander im Jahre 1955 in einem scharfsinnigen Zeitschriftenartikel auf sie aufmerksam machte.

Chaos in Strömungen

Die Tatsache, daß Dehnen und Falten eine wichtige Rolle bei Mischvorgängen spielen, ist bei Verfahrenstechnikern in der Chemie seit den fünfziger Jahren bekannt. Die bahnbrechenden Arbeiten gelangen Robert S. Spencer und Ralph M. Wiley von der Firma Dow Chemical sowie William D. Mohr und seinen Mitarbeitern von E. I. du Pont de Nemours. Die daraus folgende Existenz der Hufeisen-Karten sowie der homoklinen und heteroklinen Punkte hat man jedoch erst kürzlich erkannt.

Der russische Mathematiker Wladimir I. Arnold hat offenbar als erster Chaos und Fließbewegungen in direkte Beziehung gebracht — darauf wies Michel Hénon hin, ein an der Sternwarte von Nizza beschäftigter französischer Astronom. Demnach deutete Arnold im Jahre 1965 die Möglichkeit an, daß es in flüssigkeitsmechanischen Systemen chaotische Teilchenbahnen geben könne. Hénon ging Arnolds Vermutung nach; in einer dreiseitigen Veröffentlichung mit nur einer einzigen Abbildung zeigte er, daß eine dreidimensionale stetige Strömung einer nichtzähen Flüssigkeit in der Tat chaotische Stromlinien erzeugen kann.

Im Jahre 1984 bemerkte Hassan Aref, der damals an der Brown-Universität in Providence (Rhode Island) arbeitete, daß die Gleichungen, welche die Bahnen von Flüssigkeitsteilchen in zweidimensionalen Strömungen beschreiben, der Form nach mit den Gleichungen eines Hamiltonschen Systems identisch sind. Aref arbeitete seine Beobachtung aus und bewies mit Hilfe eines Computerbeispiels, daß ein Hamiltonsches System unter dem Einfluß periodisch wirkender Kräfte tatsächlich eine wirkungsvolle Durchmischung erzeugen kann.

In drei Dimensionen funktioniert die Analogie zwischen Mischvorgängen und Hamiltonschen Systemen nicht, in der Fläche dagegen ist sie genau: Die Durchmischung von Flüssigkeiten kann als sichtbares Beispiel für das Verhalten eines chaotischen Hamiltonschen Systems angesehen werden. Die Arbeit von Aref sowie die Tatsache, daß flächige Fließvorgänge im Labor wesentlich leichter zu untersuchen sind als räumliche, veranlaßten mich, in einem experimentellen Hohlraum-Strömungsmodell nach Anzeichen für Chaos zu suchen. Das dazu erforderliche System haben meine Studenten und ich im Jahre 1983 in Amherst gebaut.

Photos von Strömungen

Kenny Leong, einer meiner Studenten, und ich konnten die ungefähren Orte von einigen der periodischen Punkte und größeren Muster in zweidimensionalen Strömungen bestimmen. Wir photographierten dazu das System in Bewegung mit Hilfe eines Stroboskops. Da wir uns für schnelle Mischvorgänge interessierten, beschränkten wir uns auf das Verhalten von periodischen Punkten niedriger Ordnung, beispielsweise der Perioden eins, zwei oder drei; Punkte höherer Ordnung sind nicht so häufig wie Punkte niedriger Ordnung beteiligt.

In einem typischen Versuch geben wir Tropfen eines fluoreszierenden Farbstoffes an bestimmte Stellen in den rechteckigen Behälter, beleuchten diesen mit ultraviolettem Licht, bewegen seine Seitenwände nach einem bestimmten Bewegungsmuster und halten Lage und Verzerrungen des Tropfens photographisch fest. Ist der Mischvorgang wirkungsvoll, verteilen sich die Farbstoffteilchen über ein großes Gebiet. Ist die Durchmischung dagegen gering, geben die Tropfen nur langsam Farbstoff an den Rest der Flüssigkeit ab oder bleiben nahe an elliptischen periodischen Punkten.

In anderen Versuchen beschäftigten sich Paul D. Swanson (ebenfalls einer meiner Studenten) und ich insbesondere mit Strömungen, deren Bewegungsgleichungen analytisch lösbar sind. Auf diese Weise können wir am besten die Ergebnisse unserer Versuche mit den durch die Theorie vorhergesagten vergleichen. Leider ist jedoch die Zahl der analytisch lösbaren Systeme recht klein, und viele erfordern bestimmte ideale Versuchsbedingungen, die im Labor nicht realisierbar sind.

Eines der exakt lösbaren und im Labor darstellbaren Systeme ist die Strömung zwischen zwei sich drehenden exzentrischen Zylindern. Ein solches System haben auch Aref (der heute an der Universität von Kalifornien in San Diego ist), sowie Michael Tabor und René Chevray von der Columbia-Universität in New York untersucht.

Umfassende Versuche in zweidimensionalen chaotischen Strömungen zeigen, daß die groben Strukturen in einer Flüssigkeit (wie Lage und Form von Inseln oder große Falten) beim Mischen recht gut reproduzierbar sind; die kleinsten Einzelheiten der Dehn-und-Falt-Struktur sind es nicht. Der Grund liegt darin, daß kleine Abweichungen in der Ausgangslage der Farbtropfen in den chaotischen Gebieten der Strömung vergrößert werden. Genauso sollte es

aber auch sein: Keiner unserer Mischungsversuche soll nachvollziehbar sein; beim Mischen will man ja zufällige Verteilungen erzielen. Diese Nichtreproduzierbarkeit wird durch die Dehn- und Faltvorgänge in unseren Versuchen tatsächlich erreicht.

Interessant ist auch die Beobachtung, daß es in der Strömung neben dem Chaos gleichzeitig eine gewisse Symmetrie, beispielsweise in Form der periodischen Punkte, geben kann. Meine

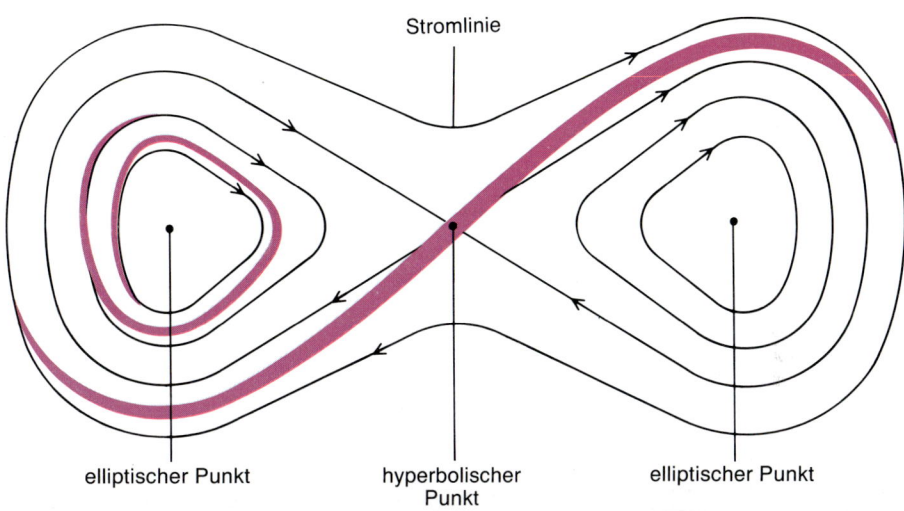

Bild 4: Sogenannte elliptische und hyperbolische Punkte sind typische Erscheinungen langsamer flächiger Strömungen. Das von Leong und dem Autor aufgenommene Photo (unten) zeigt eine solche Strömung. Sie stellte sich ein, als man die gegenüberliegenden Seitenwände eines mit Glycerin gefüllten rechteckigen Behälters mit gleichbleibender Geschwindigkeit in entgegengesetzte Richtungen bewegte. Die orangefarbenen Streifen (erzeugt durch eine Markierungsflüssigkeit, die zu Beginn entlang der Diagonalen von links unten nach rechts oben eingespritzt wurde — sind fast genau an den Stromlinien ausgerichtet. (Stromlinien sind die Linien, denen die Flüssigkeitsteilchen in stationären Strömungen folgen.) Das Strömungsmuster enthält drei feste Punkte: in der

Mitte einen hyperbolischen sowie an jeder Seite einen elliptischen Punkt. Die Strömung in der Nähe jedes elliptischen Punktes (oben) erzeugt einen sich im Uhrzeigersinn drehenden Wirbel; dadurch vergrößert sich die Länge des Markierungstropfens linear mit der Zeit. Die Strömung in der Nähe eines hyperbolischen Punktes nähert sich dem Punkt in einer Richtung und fließt in einer anderen ab. Da die Flüssigkeitsteilchen die Stromlinien nicht kreuzen können, bewirkt eine solche stationäre flächige Strömung kaum Mischung. Ändert sich die Strömung jedoch zeitlich, haben die gedehnten Markierungsstreifen nicht genug Zeit, sich an neuen Stromlinien der Flüssigkeit auszurichten, und werden durch eine Richtungsänderung der Strömung schnell gefaltet.

Mitarbeiter und ich konnten die Wirksamkeit eines Mischvorganges dadurch verbessern, daß wir Symmetrien in einer chaotischen Strömung nacheinander zerstörten.

Computersimulationen

Ist ein Versuchsmodell verhältnismäßig einfach (so daß ein mathematischer Ausdruck für das Geschwindigkeitsfeld abgeleitet werden kann), läßt es sich leicht auf einem Rechner simulieren. In einem typischen Programm setzt man eine Anzahl von Test-„Teilchen" an günstige Stellen in ein simuliertes Bewegungs- oder Geschwindigkeitsfeld ein; die vom Computer errechneten Orte der Teilchen nach beispielsweise 1000 Perioden ergeben ein gutes Bild vom Verhalten des Gesamtsystems nach langer Laufzeit. Das Bild, das von einer Simulation dieser Art erzeugt wird, heißt Poincaré-Schnitt. Insbesondere wird ein kompliziert aussehender Poincaré-Schnitt oft als rechnerischer Beweis für Chaos angesehen (Bild 6 oben).

Rechnersimulationen von Mischvorgängen zeigen ebenfalls eine Form von Nichtumkehrbarkeit der Bewegungen, die in diesem Falle jedoch auf die exponentielle Vergrößerung von Rechenfehlern im Computer zurückzuführen sind, der nur mit Zahlen aus endlich vielen Ziffern arbeiten kann.

Wenn es Rechnersimulationen von Mischvorgängen gibt, warum plagt

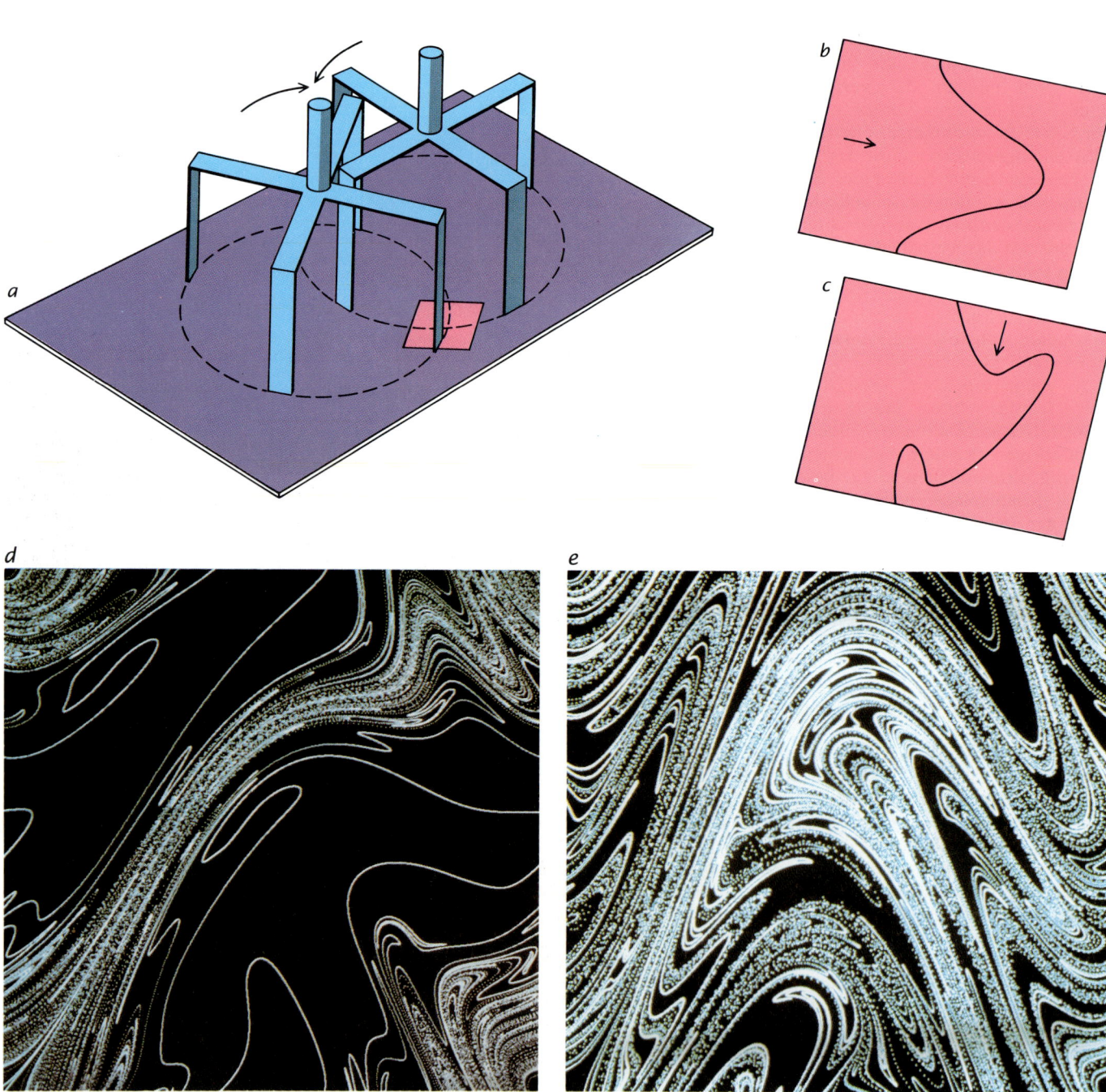

Bild 5: Das von John G. Franjione und dem Autor entwickelte Schneebesen-Modell verdeutlicht den grundlegenden Dehn-und-Falt-Vorgang bei Mischprozessen (a). Eine auf die Oberfläche einer Flüssigkeitszelle gezeichnete Linie wird gedehnt und gefaltet, wenn eine Klinge zunächst senkrecht zur Linie (b) und dann die nächste parallel dazu (c) durch die Flüssigkeit zieht. Die Linie wird gedehnt, ohne zu zerfallen: für Teile, die sich nach oben über die Zelle hinaus erstrecken, treten am Boden der Zelle wieder welche in diese ein; dasselbe gilt für die seitlichen Begrenzungen. Der Prozeß läßt sich mittels Computer auch simulieren. In den gezeigten Bildern hat man eine einzelne, aus 100 000 Punkten bestehende Ausgangslinie 16mal unter zwei verschiedenen Mischungsbedingungen gedehnt und gefaltet. Die Mischung kann auf verschiedene Gebiete der Zelle beschränkt sein (d) oder sich über die gesamte Zelle erstrecken (e), je nachdem, wie energisch die Klingen durch die Flüssigkeit gezogen wurden.

man sich dann mit physikalischen Versuchen herum? Zum einen sollte man bedenken, daß die Auflösung des Geschwindigkeitsfeldes für die Simulation von Mischvorgängen sehr viel höher sein muß als für die Simulation der meisten anderen Probleme in der Flüssigkeitsmechanik. Schon recht einfache Geschwindigkeitsfelder können äußerst komplizierte Strukturen erzeugen (Bild 2); bei einigen Mischungsproblemen möchte man auch einige der feineren Einzelheiten auflösen können.

Bei der Simulation der Strömung in einem rechteckigen Behälter beispielsweise wäre ein nach dem üblichen Verfahren berechnetes Geschwindigkeitsfeld wahrscheinlich zu grob, um die Einzelheiten der gedehnten und gefalteten Streifen wiedergeben zu können. Ebenso wäre es so gut wie nutzlos für die genaue Lagebestimmung der periodischen Punkte, von denen das komplexe Verhalten chaotischer Strömungen abhängt. Und während man sich bei den meisten flüssigkeitsmechanischen Problemen um genäherte Lösungen für das Geschwindigkeitsfeld bemüht, ist im Falle von Mischvorgängen die Bestimmung des Geschwindigkeitsfeldes erst Ausgangspunkt der Bemühungen.

Deshalb haben sich Untersuchungen von Mischvorgängen bisher weitgehend eher auf idealisierte Strömungen beschränkt (die durch teilweise exakt lösbare Gleichungen beschrieben werden) als auf wirklichkeitsnahe Probleme (deren Lösung sich nur annähern läßt). Die numerischen Verfahren für die Näherung von Lösungen für flüssigkeitsmechanische Gleichungen erzeugen sogar oft unerwünschte Nebeneffekte, die in Wirklichkeit gar nicht vorhanden sind.

Häufig entstehen jedoch bereits bei der Simulation der vereinfachten Strömungen unserer Versuche mit Hilfe von Rechnern unüberwindliche Schwierigkeiten. Ein Computer behandelt eine Flüssigkeit so, als bestünde sie aus voneinander unabhängigen Teilchen. Ein einziger Farbtropfen kann bei der Simulation hunderttausende solcher Elemente erfordern, und die Zahl der Rechenoperationen zur Beschreibung seines chaotischen Verhaltens in einer Mischungsströmung wird dann außerordentlich groß.

Um selbst für ein verhältnismäßig einfaches Beispiel (wie das in Bild 2 gezeigte) alle Farbstreifen in Bereichen chaotischer Mischvorgänge zu verfolgen, würde beispielsweise ein Rechner mit einer Leistungsfähigkeit von einer Million Gleitkomma-Operationen pro Sekunde eine reine Rechenzeit von 300 Jahren benötigen.

Natürlich kann man sich auf den Standpunkt stellen, ein genaues Verfol-

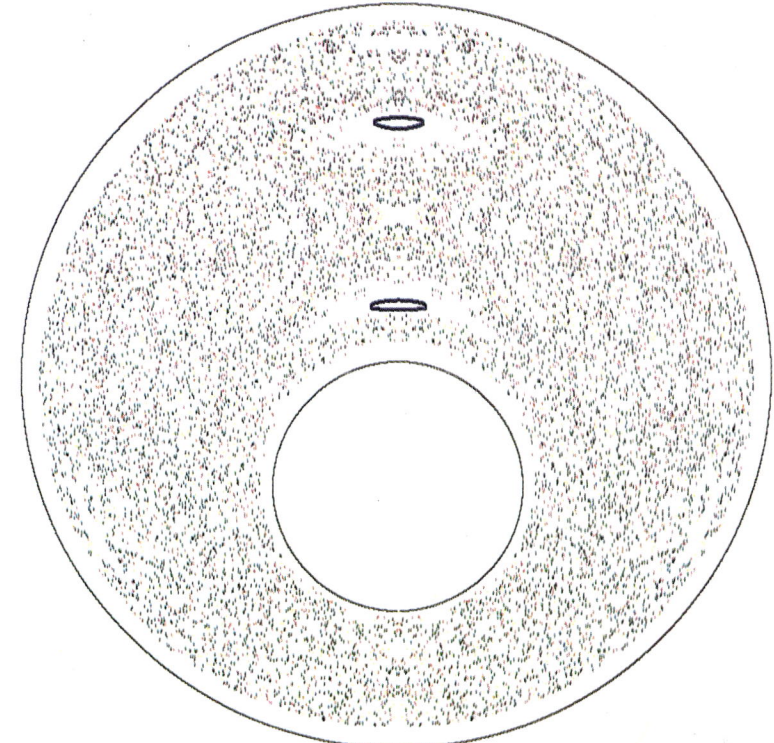

Bild 6: Eine zähe Achslagerströmung, wie sie zwischen zwei sich drehenden exzentrischen Zylindern entsteht, läßt sich auf einem Rechner simulieren. Werden die Zylinder periodisch in entgegengesetzte Richtungen bewegt, bewirkt die Strömung chaotische Vermischung; dies läßt sich im Poincaré-Schnitt des Systems für 1000 Perioden (oben) und in seiner Dehnungskarte für zehn Perioden (unten) darstellen. Man erhält einen Poincaré-Schnitt, indem man eine bestimmte Anzahl von Punkten in der simulierten Strömung eines Mischsystems betrachtet; sie repräsentieren Elemente der jeweiligen Flüssigkeit und sind hier mit verschiedenen Farben dargestellt. Man berechnet dann ihre Bewegung für jede Periode und verlegt sie an ihre neuen Positionen. Eine Dehnungskarte zeigt die Gebiete, in denen die Flüssigkeit in einer simulierten Strömung gedehnt wurde. Die größte Dehnung fand in diesem Falle innerhalb der weißen Gebiete statt, geringe dagegen in den blau markierten Gebieten. Die hier gezeigte Dehnungskarte von Paul D. Swanson und dem Autor ist den in einer wirklichen Strömung erzeugten Mustern auffallend ähnlich (siehe Titelbild dieser Ausgabe).

gen der Streifenbahnen sei unnötig, und es sei besser, die Dehnungen statistisch zu berechnen. Aber würde man damit nicht eine Niederlage eingestehen? Wenn man das Geschwindigkeitsfeld (oder die Lösungen der Bewegungsgleichungen) genau berechnen kann, warum sollte man das Problem statistisch angehen?

Kurzum, neue theoretische Entwicklungen müssen mit sorgfältig ausgearbeiteten Versuchen abgestimmt werden, da der bloße Einsatz immenser Computerkapazität wahrscheinlich nicht bei der Beantwortung vieler Fragen über chaotische Strömungen helfen wird. Welche Bewegungen müssen beispielsweise die Seitenwände eines Behälters ausführen, um die Ausmaße aller Inseln im Behälter (einschließlich jener von vielleicht neu entstehenden Inseln) unter einen bestimmten Wert zu verkleinern? Die Antwort könnte eines Tages die Entwicklung eines vielseitigen Muster-Erkennungssystems ermöglichen, welches Inseln in einem arbeitenden Mischsystem finden und die Strömungen so verändern kann, daß die Inseln mit dem Rest der Flüssigkeit vermischt werden.

Grenzen und Schwierigkeiten

Bevor man allerdings eine solche — sagen wir: intelligente — Mischmaschine bauen kann, muß man noch viel über wirkliche Strömungen lernen. Obwohl die in diesem Artikel beschriebenen Versuche und Rechnersimulationen bestimmte Einblicke in allgemeine Schwierigkeiten bei Mischvorgängen geben (beispielsweise, wie die Berührungsfläche zwischen zwei Flüssigkeiten exponentiell vergrößert werden kann), gelten sie jedoch nur für verhältnismäßig spezielle und idealisierte Fragestellungen. Die beschriebenen Strömungen in Behältern berücksichtigen beispielsweise die Trägheit nicht; die Strömung kommt demnach zum Stillstand, sobald die Bewegung der Behälterwände aufhört. Einige der für turbulente Strömungen charakteristischen Abläufe (Bild 7) sind also durch unsere Versuche und Simulationen noch nicht erfaßt.

Um es etwas technischer auszudrücken: Die Reynoldszahlen (das Verhältnis von Trägheits- zu Zähigkeitskräften in einer Flüssigkeit) der Strömungen, die wir in unseren Versuchen untersucht haben, waren niedrig. Strömungen mit niedrigen Reynoldszahlen (sogenannte laminare oder Schichtenströmungen) sind geordnet und ruhig, während solche mit großen Reynoldszahlen verhältnismäßig komplexe und mit der Zeit stark veränderliche Geschwindigkeitsfelder erzeugen, die schnelles Durchmischen bewirken.

Ein gedachter Beobachter an einer festen Stelle in unserem Versuchsbehälter würde ein sich regelmäßig wiederholendes Geschwindigkeitsfeld anstelle der nichtperiodischen und unberechenbaren Felder in einer turbulenten Strömung sehen. Jedoch ist gerade die Turbulenz der Grund dafür, daß es leichter ist, Milch im Kaffee mit einem Löffel zu verrühren (ein System mit einer verhältnismäßig großen Reynoldszahl), als zwei verschiedene Wandfarben mit einem Spachtel zu mischen (ein System mit einer kleinen Reynoldszahl).

Obwohl ich die wirkungsvollsten (nämlich die turbulenten) Mischvorgänge ausgeschlossen habe, ist zu vermuten, daß einige der in diesem Artikel vorgestellten Konzepte dennoch brauchbare Modelle für die Untersuchung solcher turbulenten Strömungen ergeben könnten. So zeigen beispielsweise leicht verbesserte Versionen chaotischer zweidimensionaler Strömungen ausgedehnte Strukturen, die kennzeichnend für turbulente Strömungen sind. Natürlich muß in Zukunft noch weit mehr Forschungsarbeit geleistet werden, bevor man Turbulenz ebensogut versteht wie heute laminare Strömungen.

In meiner Darstellung habe ich die Tatsachen auch durch die Annahme vereinfacht, daß Diffusion bei Mischvorgängen keine Rolle spiele. Dies ist in Wirklichkeit jedoch nicht der Fall (Bild 3 links).

Um die Wirkung von Diffusion bei Mischvorgängen zu berücksichtigen, kann man ein einfaches Modell anwenden. Es geht davon aus, daß die Diffusionsrate zwischen benachbarten Streifen zweier mischbarer Substanzen davon abhängt, wie schnell die Streifen gequetscht und verschmälert werden; und dies hängt wiederum von der Strömungskomponente senkrecht zu den Streifen ab. Dadurch beschleunigt Durchmischung die Diffusion auf zweifache Weise: Sie vergrößert die Berührungsfläche zwischen den Flüssigkeiten und verringert gleichzeitig die Strecke, durch welche die Flüssigkeiten diffundieren müssen; außerdem vergrößert sich das jeweilige Konzentrationsgefälle. Ein solches Muster läßt sich sogar auf die Wirkung von Durchmischung auf chemische Reaktionen wie die Verbrennung erweitern.

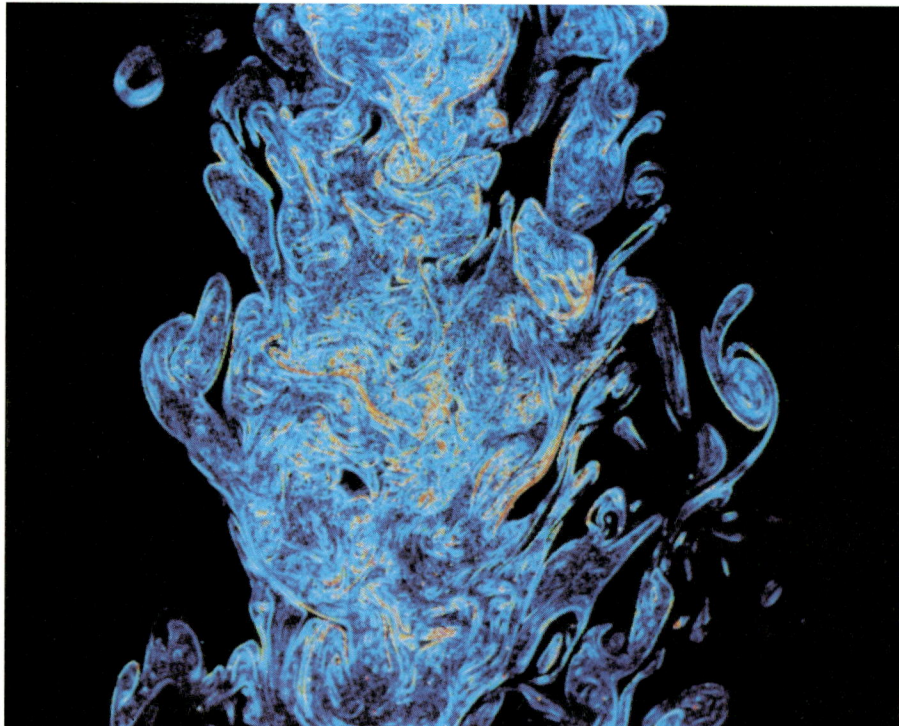

Bild 7: Eine turbulente Strömung kann völlig andere Muster als im Artikel diskutierte langsame zähflüssige Strömungen erzeugen. Das Bild von K. R. Sreenivasan von der Yale-Universität in New Haven (Connecticut) ist die Computernachbildung eines Wasserstrahls, der aus einer runden Düse in ruhiges Wasser fließt. Die Strömungsmuster wurden zunächst photographiert, indem man einen fluoreszierenden Farbstoff in das einströmende Wasser mischte und mit einem Laserstrahl eine Fläche entlang der Düsenachse beleuchtete. Die Stärke der Fluoreszenz ist proportional zum relativen Konzentrationsgefälle des Farbstoffes im Wasser; dies verdeutlichte man schließlich durch die Farbcodierung mittels Computer. Die in dieser Computersimulation gezeigte turbulente Strömung sieht aus, als sei sie aus mehreren überlagerten fraktalen Strukturen einschließlich einiger Wirbel zusammengesetzt.

Bild 8: Die hier gezeigten Streifenmuster in einem Felsblock sind kennzeichnend für Mischungsvorgänge in zähen Strömungen. Es handelt sich um Magmagestein der Inyo-Vulkankette im östlichen Kalifornien, entstanden durch Mischen zweier verschiedener Magmen. Das hellere Magma enthält winzige Blasen flüchtiger Substanzen. Diffusionsprozesse verlaufen in solch zähen Flüssigkeiten wie heißen Magmen außerordentlich langsam: Zur innigen Durchmischung eines nur einen Zentimeter breiten Streifens durch Diffusion wäre mehr Zeit erforderlich, als dem Alter der Erde entspricht. Das Photo haben Ichiro Sugioka und Bradford Sturtevant vom California Institute of Technology in Pasadena aufgenommen.

Ein anderer häufiger und sehr komplexer Vorgang, den ich — zur Vereinfachung — nicht berücksichtigt habe, ist der sehr komplexe Zerfall von Tropfen in nicht mischbaren Flüssigkeiten (Bild 3 rechts). Es gibt zwei Grenzfälle: eine hochviskose (zähe) Flüssigkeit, verteilt in einer niederviskosen Trägerflüssigkeit, und eine dünnflüssige in einer zähen Trägerflüssigkeit.

Beide Fälle sind — allerdings aus unterschiedlichen Gründen — schwierig zu untersuchen. Im ersten Fall unterliegt die Trägerflüssigkeit mit niedriger Viskosität dem Hauptanteil der Scherkräfte, da sie die Spannungen kaum an die Tropfen der zähen Flüssigkeit übertragen kann — gleichbleibende Scherung vermag nicht einen Tropfen zu zerstören, der etwa vierfach so zäh ist wie die Trägerflüssigkeit. In diesem Falle sind Dehnungsströmungen wirkungsvoller als Scherströmungen. Hingegen könnte es sein, daß Dehnungsströmungen im zweiten Fall (in dem niederviskose Tröpfchen in einer zähen Trägerflüssigkeit verteilt werden) nicht besonders wirkungsvoll sind, da die einzelnen Tropfen erheblich gedehnt werden müßten, damit sie zerfallen.

Meine Mitarbeiter in Amherst und ich haben mit unserem experimentellen System das Mischverhalten zweier Flüssigkeiten mit unterschiedlicher Zähigkeit untersucht. Wie erwartet, ist der Mischungsgrad innerhalb von Inseln wesentlich geringer als in chaotischen Bereichen. Andererseits kann zuviel Rühren bewirken, daß die Tropfen sich wieder vereinigen; auf diese Weise können sich die Flüssigkeiten zuweilen entmischen. Mit Hilfe einfacher Computermodelle vermochten wir Bildung und Verhalten solcher Tropfenansammlungen in einfachen chaotischen Strömungen vorherzusagen.

Die wohl offensichtlichste Beschränkung unserer Versuche liegt darin, daß sie sich bis jetzt ausschließlich auf zweidimensionale Strömungen bezogen haben. Die Wirklichkeit jedoch hat drei Dimensionen. Erst kürzlich haben meine Studenten und ich den ersten Versuch aufgebaut, mit dem kontrolliertes Mischen in räumlichen Strömungen erzeugt werden kann. Es gibt viele grundlegende Fragen zu Mischungsvorgängen in langsamen dreidimensionalen Strömungen; nur lassen sich einige der in unseren Untersuchungen an flächigen Strömungen gewonnenen Erkenntnisse leider nicht auf dreidimensionale Strömungen übertragen.

Der erste Schritt einer langen Reise

Die Liste von Problemen des Mischens endet hier noch lange nicht. Das Verhalten viskoelastischer Flüssigkeiten (wie „Silly Putty", eine als Spielzeug angebotene Substanz, die nach Verformen wieder ihre anfängliche Gestalt annimmt) gehört dazu. Darüber ist wenig bekannt — und dies, obwohl solche Prozesse bei der Verarbeitung von Polymeren mit hohem Molekulargewicht eine wichtige Rolle spielen.

Im Bioingenieurwesen ist die Mischung von Flüssigkeiten bedeutsam, die sich bei hohen Scherkräften zersetzen. Was bei der Konvektion außerordentlich zäher Flüssigkeiten vor sich geht, ist wiederum für Geophysiker von Interesse, die Mischungsvorgänge bei Magmen im Erdmantel untersuchen (Bild 8).

Trotz der geradezu entmutigenden Komplexität der Mischungsvorgänge in der Natur und in industriellen Prozessen besteht die Hoffnung, daß man sie verstehen wird und dieses Verständnis dann in der chemischen Industrie und in Laboratorien nutzbringend anwenden kann. Da zudem einfache Versuche als Modelle für Chaos dienen, können sie vielleicht einige grundlegende Eigenschaften chaotischer Systeme erklären. Versuche wie die in diesem Beitrag am Rande erwähnten sind nur ein erster Schritt in diese Richtung; sowohl für die Grundlagenforschung als auch für anwendungsorientierte Untersuchungen bleibt noch ein weites Tätigkeitsfeld.

Turbulenzen in Supraflüssigkeiten

Bei Temperaturen unterhalb von 2,172 Grad über dem absoluten Nullpunkt verliert flüssiges Helium alle Viskosität; es strömt dann zwar reibungslos, selten aber wirbelfrei. Die merkwürdige Turbulenz in Supraflüssigkeiten beruht auf quantenmechanischen Effekten.

Von Russell J. Donnelly

Der britische Mathematiker und Physiker Sir Horace Lamb soll 1932 bemerkt haben: „Ich bin jetzt ein alter Mann, und wenn ich sterbe und in den Himmel komme, so gibt es zwei Dinge, auf deren Aufklärung ich hoffe. Das eine ist die Quantenelektrodynamik, das andere die turbulente Bewegung von Fluiden. Und was das erste angeht, bin ich wirklich ziemlich optimistisch." Wie Sydney Goldstein von der Harvard-Universität später schrieb, hatte „Lamb in zweierlei Hinsicht recht – alle, die ihn kannten, stimmten überein, daß er in den Himmel kommen würde; und er war mit Recht optimistischer im Hinblick auf die Quantenelektrodynamik als bezüglich der Turbulenz".

Die Strömung von Fluiden – Flüssigkeiten und komprimierten überkritischen Gasen – ist meistens turbulent. Dies gilt sowohl in der Natur als auch im Bereich der Technik: Wann immer in Maschinen und Geräten Strömungsvorgänge eine Rolle spielen, wird ein großer Teil der Energie für die Überwindung des durch Turbulenzen hervorgerufenen Strömungswiderstands verbraucht. Es besteht deshalb großes praktisches Interesse daran, dieses Phänomen zu verstehen.

Die Erforschung turbulenter Strömungen gehört allerdings mit zu den schwierigsten Problemen in der Physik und in den Ingenieurwissenschaften. Bis heute ist es nicht gelungen, auch nur einen wesentlichen Aspekt dieser Erscheinung vollständig auf grundlegende physikalische Prinzipien zurückzuführen.

Überraschenderweise deutet sich aber an, daß die besondere quantenmechanische Form der Turbulenz in sogenannten Supraflüssigkeiten möglicherweise viel leichter zu verstehen ist als

klassische Turbulenzen in normalen Fluiden, wie beispielsweise in rasch fließenden Strömen oder kochendem Wasser. Insbesondere betrifft dies supraflüssiges Helium – wenn dieses Edelgas also verflüssigt und so weit abgekühlt ist, daß es ohne Reibung oder Viskosität fließt (Bild 1). Dies ist um so überraschender, als noch vor wenigen Jahren dieses Forschungsgebiet als unerhebliches Nebenfach der Physik der kondensierten Materie galt.

Es scheint gegenwärtig so, als könne die Erforschung von Turbulenzen in Supraflüssigkeiten vereinfachte Modellsysteme für die Untersuchung einiger Arten klassischer Turbulenzen liefern. Außerdem gibt es praktische Anreize, sich mit den supraflüssigen Wirbeln zu befassen. Beispielsweise verwendet man supraflüssiges Helium häufig als Kühlmittel in supraleitenden Komponenten; den Wärmetausch bewirken in erster Linie die Turbulenzen dieser Supraflüssigkeit. Ein Verständnis der Turbulenzen könnte daher auch zu einer Verbesserung der Kühlmethoden für supraleitende Bauteile beitragen.

Supraflüssiges Helium

Das Medium, in dem solche Turbulenzen entstehen, zeigt äußerst ungewöhnliche Eigenschaften. Unter Atmosphärendruck verflüssigt sich Helium bei Abkühlung auf eine Temperatur von etwa 4,2 Kelvin. (Null Kelvin – der absolute Nullpunkt – liegt bei ungefähr minus 273 Grad Celsius.)

Die Flüssigkeit läßt sich noch weiter abkühlen, indem man mit Hilfe einer Vakuumpumpe den Druck im Heliumbehälter erniedrigt, so daß der Siedepunkt der Flüssigkeit auf tiefere Temperaturen absinkt. Wärmere Flüssigkeits-

zonen, deren Temperatur oberhalb des neuen Siedepunktes liegt, bilden Blasen, verdampfen und werden als Gas abgepumpt. Der zurückbleibenden Flüssigkeit wird dabei Energie entzogen, sie kühlt sich weiter ab. Während ihre Temperatur von 4,2 auf 2,172 Kelvin absinkt, sprudelt sie heftig. In diesem Temperaturbereich bezeichnet man flüssiges Helium als Helium I; es verhält sich wie eine gewöhnliche Flüssigkeit und leitet die Wärme relativ schlecht.

Bei 2,172 Kelvin verebbt das Sprudeln jedoch schlagartig, und das flüssige Helium nimmt ungewöhnliche Eigenschaften an. Es kann nun beispielsweise ohne Viskosität oder Reibung fließen und durch enge Ritzen sickern, die selbst für Gase undurchdringlich wären. Diese Flüssigkeit, die ihre Eigenschaften bis zu den erreichbaren Temperaturen über dem absoluten Nullpunkt beibehält, nennt man Helium II oder supraflüssiges Helium.

Das Sprudeln des siedenden Heliums hört unterhalb von 2,172 Kelvin aufgrund einer weiteren bemerkenswerten Eigenschaft von Helium II auf: Seine Wärmeleitfähigkeit ist außerordentlich hoch (etwa zehnmillionenmal größer als die von Helium I), so daß sich keine isolierten Wärmetaschen aufbauen und Blasen bilden können. Die Entdecker dieses Phänomens, Willem H. Keesom und seine Tochter Annie Keesom von der Universität Leiden, bezeichneten deshalb Helium II aus gutem Grund als suprawärmeleitend.

Was sind die Ursachen für dieses ungewöhnliche Verhalten von Helium II? Die Anwort ist zu komplex, als daß ich sie hier in allen Einzelheiten wiedergeben könnte. Die entscheidende Tatsache ist jedoch, daß Helium II eine quantenmechanische Flüssigkeit ist: Bei sehr niedrigen Temperaturen muß man die Gesetze der klassischen Strömungsmechanik durch jene der Quantenmechanik ersetzen, um das Verhalten der Supraflüssigkeit zu beschreiben.

Nach der Quantenmechanik muß ein Atom ein Energieniveau aus einer bestimmten Menge von Energiezuständen besetzen. Die Energie eines jeden Zustandes hängt dabei von den Energien der Elektronen des Atoms sowie von Eigenschaften des ganzen Atoms ab,

einschließlich seines Schwingungs- und Bewegungszustands. Während das Atom sich in seiner Umgebung bewegt, kann es Energie aufnehmen (etwa in Stößen) – allerdings nur in festgelegten Beträgen: Bei jedem derartigen Ereignis muß es mindestens soviel Energie erhalten, daß es damit in den nächsthöheren erlaubten Energiezustand gelangen kann.

Aufgrund bestimmter Eigenschaften des Atomkerns von Helium befinden

sich nahe dem absoluten Nullpunkt viele Heliumatome auf dem niedrigsten möglichen Energieniveau. Der nächste Zustand liegt energetisch etwas höher, so daß nur relativ energiereiche Störungen die Flüssigkeit dazu anregen können, in ihn zu gelangen. Niederenergetische Störungen, wie es beispielsweise Reibungseffekte sind, können Helium II nicht beeinflussen; eine Probe supraflüssigen Heliums strömt deshalb als Ganzes reibungsfrei. Das Bild ist damit

Bild 1: Das Einsetzen von Turbulenz in supraflüssigem Helium (einem Zustand von flüssigem Helium, in dem es ohne Reibung und Viskosität fließt) hat Klaus W. Schwarz vom Thomas-J-.Watson-Forschungszentrum der IBM in Yorktown Heights (US-Bundesstaat New York) modelliert. Die dünnen Linien in den computererzeugten Bildern stellen die Kerne von quantisierten Wirbeln dar. Supraflüssiges Helium zirkuliert um derartige Wirbel mit genau definierten Geschwindigkeiten. Zu Beginn der Simulation (oben links) bilden die Wirbelkerne ein geordnetes Muster; jeder Kern ist zu einem einfachen Ring gebogen, und diese Ringe sind symmetrisch angeordnet. Im Verlauf der Simulation (oben rechts und unten links) verdrillen sich die Wirbelkerne und verbiegen sich, bis sie schließlich zu einem komplexen Gewirr verknäult sind (unten rechts).

aber noch nicht ganz vollständig. Bei Temperaturen oberhalb des absoluten Nullpunkts wird die Flüssigkeit durch Wärmeenergie in zufälliger Weise angeregt – beispielsweise in Schwingungszustände; und manche Anregungen sind stark genug, einzelne Atome aus dem niedrigsten Energieniveau hinauszubefördern. Wie sich gezeigt hat, können derartige Anregungen gewissermaßen in der Supraflüssigkeit fließen. So kann etwa eine Schwingung von Atom zu Atom durch die Flüssigkeit weiterwandern. Tatsächlich verhalten sich solche Anregungen in vielerlei Hinsicht wie Atome einer gewöhnlichen Flüssigkeit: Sie können gegen die Wände des Behälters stoßen oder miteinander kollidieren.

Das Zwei-Flüssigkeiten-Modell

Die quantenmechanische Beschreibung der geschilderten Situation ist sehr kompliziert. Aber ein Weg, den Transport dieser Anregungen bildhaft zu beschreiben, besteht darin, sich flüssiges Helium oberhalb von null Kelvin als ein Gemisch von sich gegenseitig durchdringenden Fluiden vorzustellen, einem supra- und einem normalflüssigen (Bild 2). Die Temperatur der supraflüssigen Komponente ist in gewissem Sinne null Kelvin, wohingegen jegliche Wärmeenergie in dem Gemisch von der normalen Flüssigkeitskomponente transportiert wird.

Die relativen Konzentrationen der beiden Anteile hängen von der Temperatur ab. Am absoluten Nullpunkt (die Einschränkung, daß er prinzipiell nicht gänzlich zu erreichen ist, wollen wir stillschweigend immer voraussetzen) liegt eine reine Supraflüssigkeit vor, und gerade oberhalb von 2,172 Kelvin besteht flüssiges Helium ausschließlich aus der normalen Komponente. Die beiden Flüssigkeitskomponenten können wegen der speziellen Eigenschaften der Supraflüssigkeit ohne Reibung gegeneinander strömen.

Dieses Modell erklärt, warum Supraflüssigkeiten eine so enorm hohe Wärmeleitfähigkeit aufweisen. Nehmen wir an, wir haben einen mit Helium II gefüllten Zylinder, dessen eines Ende elektrisch beheizt wird, während das andere mit einer gekühlten Platte abgeschlossen ist. Von der Heizplatte strömt dann normale Flüssigkeit in Richtung der gekühlten Platte. Gleichzeitig fließt Supraflüssigkeit in die entgegengesetzte Richtung und gleicht die Strömung der normalen Komponente aus. Die beiden Strömungsgeschwindigkeiten hängen von der Temperaturdifferenz zwischen heißer und kalter Platte sowie von den

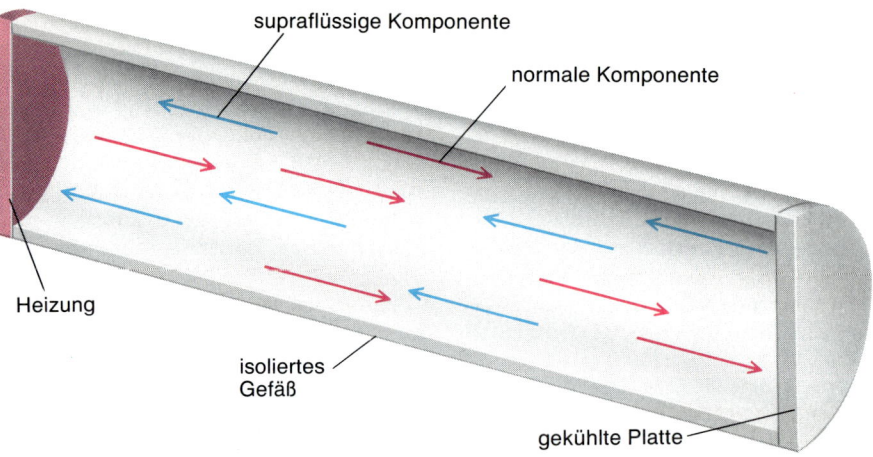

Bild 2: Das hier schematisch dargestellte Zwei-Flüssigkeiten-Modell erklärt viele Eigenschaften von supraflüssigem Helium. Demnach besteht supraflüssiges Helium aus zwei sich gegenseitig durchdringenden Flüssigkeiten: einer Supraflüssigkeit (blau), die reibungsfrei fließt und deren Temperatur – in bestimmter Hinsicht – null Kelvin ist, und einer normalen Flüssigkeit (rot), die unter normaler Reibung fließt und die gesamte Wärme in der Probe transportiert. Eine Heizung am einen Ende eines Kanals mit supraflüssigem Helium bewirkt die Gegenströmung: Normale Flüssigkeit, die an der Heizung sozusagen erzeugt wird, strömt zum kalten Ende des Kanals, die Supraflüssigkeit in der entgegengesetzten Richtung.

relativen Konzentrationen der beiden Anteile ab.

Die normale Flüssigkeit übt auf die Wände des Kanals Zugkräfte aus, während sie Wärme von der Heizplatte wegtransportiert. Die Supraflüssigkeit hingegen gleitet unbehindert an den Wänden entlang. Die beiden Flüssigkeiten strömen auch ohne jede Reibung gegeneinander.

Die enorme Wärmeleitfähigkeit von Helium II beruht also nicht auf dem gewöhnlichen Mechanismus der Atombewegung, bei dem die Wärmeenergie in Stößen zwischen den Atomen übertragen wird, sondern auf der starken Gegenströmung von normalem Fluid in der einen und Suprafluid in der entgegengesetzten Richtung. Die Wärmeenergie strömt auf diese Weise direkt und schnell von der heißen Platte zur gekühlten, anstatt sich durch einen – wesentlich langsameren – Diffusionsprozeß auszubreiten.

Das Zwei-Flüssigkeiten-Modell wirft freilich eine Schlüsselfrage auf: Wie verhält sich diese komplexe Flüssigkeit unter anderen Bedingungen, etwa bei Rotationen? Man könnte annehmen, daß die beiden Komponenten von Helium II sich in einem rotierenden Behälter unterschiedlich verhalten: Die normale Flüssigkeit würde sich aufgrund der Reibung mit den Wänden mitdrehen, während die Supraflüssigkeit in Ruhe bleiben sollte. Für äußerst langsame Drehungen stimmt das auch – etwa für ein Gefäß mit einem Zentimeter Radius bei einer Drehzahl von weniger als 0,03 Umdrehungen pro Minute, das sind etwa vierzig Umdrehungen pro Tag. Bei höheren Drehzahlen rotieren

die beiden Flüssigkeitsanteile jedoch offenbar gemeinsam.

Anfang der fünfziger Jahre schlugen Lars Onsager von der Yale-Universität in New Haven (Connecticut) und Richard P. Feynman vom California Institute of Technology in Pasadena aufgrund vorwiegend theoretischer Überlegungen als Erklärung vor, daß die supraflüssige Komponente auf weitaus kompliziertere Weise rotiere, als es bei gewöhnlichen Flüssigkeiten der Fall ist. Sie meinten, daß es in dem rotierenden Gefäß eine Anzahl quantisierter Wirbelzustände geben müsse (Bild 3).

Aus quantisierten Wirbeln entstehen supraflüssige Turbulenzen – ganz ähnlich, wie in der klassischen Strömungsmechanik sich Turbulenzen aus Strudeln und Wirbeln aufbauen. Es handelt sich um bemerkenswerte Erscheinungen: Der Kern jedes Wirbels hat einen Durchmesser von nur ungefähr 0,1 Nanometern (millionstel Millimetern); das entspricht etwa einem Viertel der mittleren Entfernung zwischen zwei Atomen der Flüssigkeit. Ähnlich wie der Wirbelkern über dem Badewannenabfluß kein Wasser enthält, gibt es im Kern eines quantisierten Wirbels keine Atome. Er stellt also – quantenmechanisch ausgedrückt – einen Knoten der Wellenfunktion dar, welche die Supraflüssigkeit beschreibt: Die Wahrscheinlichkeit dafür, dort ein Heliumatom zu finden, ist Null.

Auch die Art und Weise, wie die Atome um den Wirbelkern kreisen, ist durch die Gesetze der Quantenmechanik bestimmt. Danach läßt sich jedes Heliumatom der Supraflüssigkeit in bestimmter Hinsicht als Welle auffassen, dessen Wellenlänge von der Geschwindigkeit seiner Drehbewegung abhängt. Ein ganzzahliges Vielfaches der Wellenlänge muß gerade in die Bahn passen, die das Atom auf seinem Weg um den Wirbelkern beschreibt. Daraus ergibt sich eine Quantisierungsbedingung für die Geschwindigkeit des Atoms: Ein Atom, das sich in einem bestimmten Abstand vom Wirbelkern bewegt, kann das nur mit einer einzigen aus einer bestimmten Anzahl vorgegebener Geschwindigkeiten tun.

Normalerweise umkreisen die Heliumatome den Wirbelkern mit der niedrigsten erlaubten Geschwindigkeit. Dann ist die tangentiale Geschwindigkeitskomponente jedes Atoms gleich dem Planckschen Wirkungsquantum (der fundamentalen Konstanten der Quantenmechanik) geteilt durch das Produkt aus dem Bahnradius der Atombewegung, der Masse des Atoms und 2π. Die Formel, aus der diese Geschwindigkeit abgeleitet wurde, ist fast identisch zu jener, die der dänische Physiker Niels Bohr in seinem Atommodell verwendete, als er die Elektronenbahnen um die Kerne bestimmte.

Die Wirbelkerne erstrecken sich von der Flüssigkeitsoberfläche bis auf den Boden des Gefäßes. Für den Fall, daß mehrere Wirbelkerne in einem rotierenden Gefäß entstehen, dreht sich das gesamte Wirbelmuster mit genau der gleichen Winkelgeschwindigkeit wie die Gefäßwände.

Die normale Flüssigkeitskomponente zirkuliert nicht um die Kerne der Quantenwirbel, wird aber von ihnen beeinflußt. Fließt ein normaler Flüssigkeitsstrom in der Nähe eines Wirbelkerns vorbei, so wird er gestreut oder abgelenkt. Wirbelkerne behindern deshalb den Wärmetransport durch die Supraflüssigkeit. Umgekehrt hat auch die Strömung der normalen Flüssigkeit Einfluß auf die Wirbelkerne: Lenkt ein solcher Kern einen normalen Flüssigkeitsstrom um, so wird er dabei leicht zur Seite gedrückt und verbogen.

Es dauerte viele Jahre, bis sich die Ideen von Onsager und Feynman durch experimentelles Nachprüfen als richtig erwiesen hatten. Das ist nicht allzu überraschend, wenn man bedenkt, daß das gesamte Volumen der Wirbelkerne in einem Gefäß, das mit zehn Umdrehungen pro Minute rotiert, nur etwa ein Billionstel des gesamten Gefäßvolumens ausmacht.

Nachweis von Wirbelkernen

Wie lassen sich solch winzige Objekte überhaupt nachweisen? Eine Methode beruht auf einem wellenähnlichen

Effekt, den man als zweiten Schall bezeichnet (Bild 4). Er läßt sich am besten im Vergleich zur gewöhnlichen Schallwelle veranschaulichen.

Ein Lautsprecher besteht im wesentlichen aus einer Platte, die man in Schwingungen versetzt. Während sie schwingt, stößt sie Luft vor und zurück, so daß abwechselnd Bereiche verdichteter und verdünnter Luft entstehen – eine Dichtewelle. Eben dies ist eine Schallwelle.

Angenommen, eine Platte mit vielen winzigen Bohrungen verschließe ein Ende eines mit Helium-II gefüllten Kanals. Sind die Löcher klein genug, kann die normalflüssige Komponente sie nicht passieren – wohl aber der supraflüssige Anteil, da er nicht viskos ist. Läßt man die Platte schwingen, so wird die normale Flüssigkeit hin- und hergedrückt, während auf die Supraflüssigkeit keine direkten Kräfte wirken. Dadurch entstehen abwechselnd Bereiche hoher und niedriger Dichte in der normalen Flüssigkeit: eine Schallwelle zweiter Art.

Pflanzt sich eine solche Schallwelle in dem Kanal fort, so ruft dies in der supraflüssigen Komponente exakt die gleichen Schwingungen hervor, nur in

genau entgegengesetztem Rhythmus wie bei dem normalen Anteil. Die beiden Flüssigkeiten durchströmen einander in entgegengesetzten Richtungen. Damit bleibt die Gesamtdichte von Helium II überall im Kanal konstant (anders als die eines Mediums, in dem sich eine gewöhnliche Schallwelle ausbreitet). Eine Schallwelle zweiter Art ist also eine Welle sich ändernder relativer Konzentrationen der beiden Flüssigkeitskomponenten im Kanal. Bereiche mit hohem Anteil an supraflüssiger und geringem an normaler Komponente wechseln sich mit solchen hoher Konzentration an normalem und niedriger an supraflüssigem Fluid ab.

Unter anderem Aspekt betrachtet ist zweiter Schall aber auch eine Temperaturwelle, in der Zonen relativ hoher Temperatur (hoher Anteil normaler Komponente) sich mit Zonen niedriger Temperatur (hoher Anteil supraflüssiger Komponente) abwechseln. Darauf beruht ein anderes Verfahren, zweiten Schall zu erzeugen: Schaltet man eine Heizung schnell an und aus, wird der von der Wärmeenergie angetriebene Gegenfluß von normalem und supraflüssigem Helium periodisch in Gang gesetzt und angehalten. Bei hohen

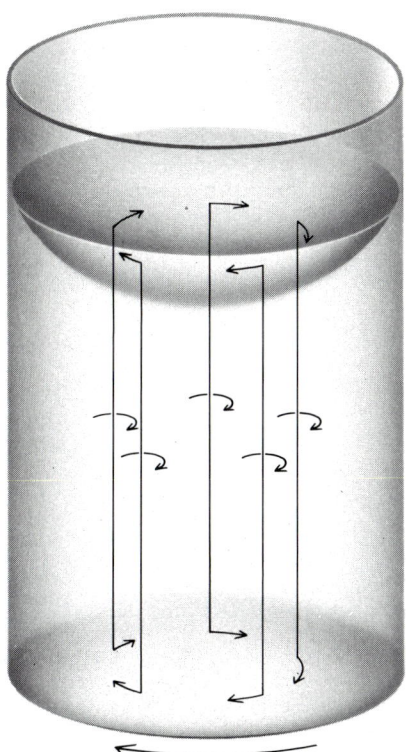

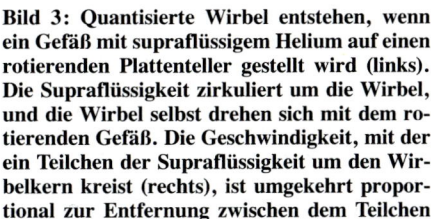

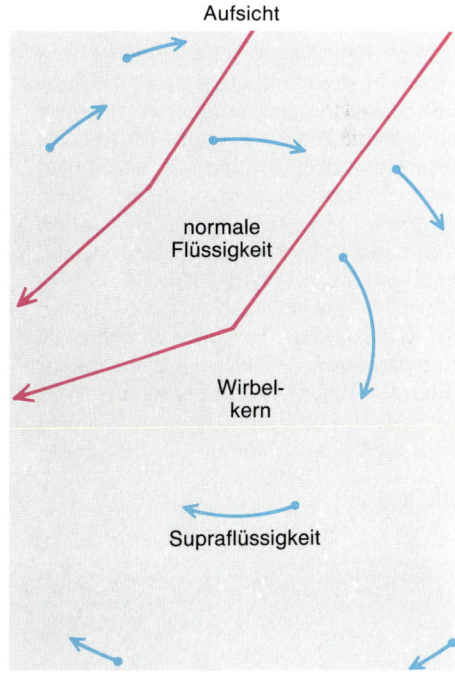

Bild 3: Quantisierte Wirbel entstehen, wenn ein Gefäß mit supraflüssigem Helium auf einen rotierenden Plattenteller gestellt wird (links). Die Supraflüssigkeit zirkuliert um die Wirbel, und die Wirbel selbst drehen sich mit dem rotierenden Gefäß. Die Geschwindigkeit, mit der ein Teilchen der Supraflüssigkeit um den Wirbelkern kreist (rechts), ist umgekehrt proportional zur Entfernung zwischen dem Teilchen und dem Kern: Näher am Kern kreisende Teilchen bewegen sich schneller. Der Wirbelkern selbst enthält keine Supraflüssigkeit. Wenn normale Flüssigkeit (rot) in die Nähe eines Kerns strömt, wird die Strömung abgelenkt und der Kern zur Seite gedrückt – ein Prozeß sogenannter gegenseitiger Reibung. Quantenwirbel unterbrechen so den Wärmefluß und die Ausbreitung des zweiten Schalls.

Schaltfrequenzen entsteht daraus eine Schallwelle zweiter Art.

Wie lassen sich nun mit Hilfe des zweiten Schalls die Quantenwirbel nachweisen? Erinnern wir uns zunächst daran, daß die quantisierten Wirbel den Fluß des normalflüssigen Heliums unterbrechen. Sie stören so die Schwingungen dieser normalen Komponente bei der Ausbreitung des zweiten Schalls. Die Wirbel schwächen so das Schallsignal zweiter Art im Helium-II-Kanal, ähnlich wie Schalldämpfer eine gewöhnliche Schallwelle abschwächen. William F. Vinen and Henry Hall von der Universität Cambridge in England benutzten im Jahre 1956 die Abschwächung von zweitem Schall, um erstmals ein Wirbelmuster in einem rotierenden Helium II-Behälter zu beobachten.

Dieses Meßverfahren ist außerordentlich empfindlich. In unserem Labor an der Universität von Oregon in Eugene können wir in einem Kubikzentimeter Helium II noch Längenänderungen von Wirbellinien nachweisen, die nicht größer als 20 Zentimeter sind (Bild 6). Bei einem derartigen Experiment beträgt das Verhältnis von Gesamtvolumen zusätzlicher Wirbelkerne zu Gesamtvolumen an flüssigem Helium weniger als eins zu 10^{14}.

Supraflüssige Turbulenz

Die Anordnung aus quantisierten Wirbeln, die in dem mit Helium II gefüllten rotierenden Behälter entsteht, ist noch nicht das Phänomen, das ich als supraflüssige Turbulenz bezeichnet habe — dazu ist es zu geordnet. Wenn Strömungsphysiker von klassischer Turbulenz sprechen, so meinen sie damit komplexe Muster, wie sie sich in schnellen Strömungen bilden — etwa bei der von Luft in einem Windkanal. Entsprechend verstehe ich unter supraflüssiger Turbulenz ein komplexes Wirbelfeld, das in einem Helium-II-Kanal entstehen kann, wenn die Relativge-schwindigkeit der in entgegengesetzten Richtungen strömenden normalen und supraflüssigen Komponenten hoch ist (Bild 5).

Mißt man beispielsweise die Temperatur an beiden Enden des Helium-II-Kanals, während man gleichzeitig die Heizleistung an einem Ende erhöht, so wird die Temperaturdifferenz wegen der hohen Wärmeleitfähigkeit von Helium II zunächst recht klein sein. Bei einer kritischen Heizleistung steigt sie jedoch plötzlich steil an; wenn also eine bestimmte Wärmemenge im Kanal transportiert wird und die Relativgeschwindigkeit dementsprechend einen gewissen kritischen Punkt erreicht hat, nimmt die Wärmeleitfähigkeit der Flüssigkeit ab.

Messungen der Abschwächung von Schallwellen zweiter Art haben gezeigt, worauf diese abrupte Abnahme der Wärmeleitfähigkeit zurückzuführen ist: Es bilden sich quantisierte Wirbel, die den Gegenfluß der beiden Fluid-Anteile behindern.

Die Absorption des Schalls zweiter Art ist im übrigen in fast allen Richtungen gleich stark. Daraus kann man schließen, daß die Wirbel — im Gegensatz zur Situation im rotierenden Behälter — nicht alle gleich ausgerichtet sind. Vielmehr sind die Wirbelkerne verdrillt, verbogen und zu einem komplexen Gewirr gebündelt; einige bilden geschlossene Kreise, andere erstrecken sich auf langen, gewundenen Pfaden von Wand zu Wand.

Ähnlich wie die schnelle Wasserströmung in einem Flußbett unregelmäßige Strudel und Wirbel entstehen lassen kann, verursacht also die rapide Gegenströmung von normaler und supraflüssiger Komponente in Helium II die Bildung irregulärer Anordnungen von quantisierten Wirbelkernen. Feynman hatte diesen Effekt tatsächlich aufgrund theoretischer Überlegungen vorhergesehen, bevor Vinen seine ersten Beobachtungen von Quantenwirbeln veröffentlichte.

Dieses komplexe Gewirr von Wirbelkernen, das die schnelle Gegenströmung verursacht, nenne ich supraflüssige Turbulenz. Man findet dafür auch die Bezeichnung Quantenturbulenz. Es handelt sich dabei um eine der erstaunlichsten Erscheinungen der Suprafluidität: Obwohl der Wirbelkern eine fast masselose, supraflüssigkeitsfreie Zone ist, die nur einen verschwindend geringen Bruchteil des Flüssigkeitsvolumens einnimmt, hat er einen deutlichen Effekt auf die Wärmeleitung in Helium II.

Supraflüssige Turbulenzen kann man durch Beobachtung von Temperaturdifferenzen und der Abschwächung von Schallwellen zweiter Art untersuchen, aber auch mit Hilfe einer anderen Methode, dem Ionen-Einfang (Bild 7). Dabei schickt man einen Strom aus Heliumionen (elektrisch geladenen Heliumatomen) durch einen Helium-II-Kanal. Einige Ionen werden in die Wirbelkerne gesogen und dort eingefangen, weil der Druck im Kern eines Wirbels am geringsten ist. Man kann dann die Lage der eingefangenen Ionen bestimmen, ihre Bewegung verfolgen und sie beeinflussen (und damit auch die Wirbelkerne, in denen sie gefangen sind), indem man externe elektrische Felder anlegt.

Keine der skizzierten Beobachtungsmethoden ist jedoch völlig zufriedenstellend. So ist es heute noch nicht möglich, die Position von eingefangenen Ionen in turbulenten Strömungen zu bestimmen; die Messungen der Temperaturdifferenzen und der Abschwächung von zweitem Schall haben ein so geringes räumliches Auflösungsvermögen, daß der mittlere Abstand zwischen zwei Wirbeln damit noch nicht zu erfassen ist. Die Experimente liefern deshalb nur Aussagen über gemittelte Eigenschaften des Wirbelgewirrs, wie etwa seine Dichte (die Wirbelkernlänge pro Volumeneinheit). Bei klassischen Turbulenzen lassen sich demgegenüber lokale Geschwindigkeiten und Druckschwankungen häufig in einem einzelnen Wirbel messen.

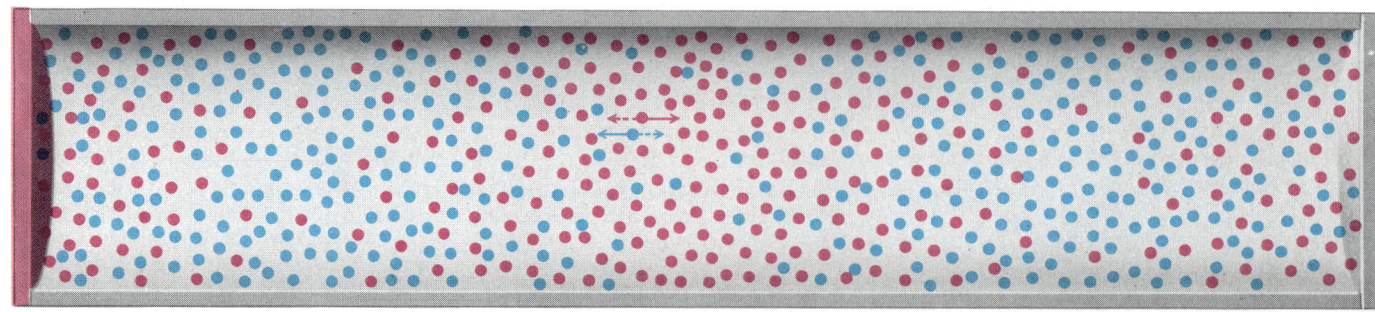

Bild 4: Der sogenannte zweite Schall ist ein zum gewöhnlichen Schall in mancher Hinsicht analoges Phänomen. Er entsteht in einem Kanal mit supraflüssigem Helium, indem eine Heizplatte an einem Ende schnell an- und abgeschaltet wird. In einer Schallwelle zweiter Art wechseln Bezirke hoher Konzentration an normaler Flüssigkeit mit solchen hoher Konzentration an Supraflüssigkeit; die Flüssigkeiten oszillieren gegeneinander.

Klassische und
quantenmechanische Turbulenzen

Woher wissen wir dann, daß es sich bei supraflüssigen Wirbeln wirklich um Turbulenzen handelt? Wir können diese Frage beantworten, indem wir einige Charakteristika der klassischen Turbulenz mit denjenigen der Quantenturbulenz vergleichen.

Ganz offensichtlich ist das Gewirr von Wirbeln in Helium II ebenso irregulär wie klassische turbulente Strömungen. In diesen Strömungen beobachtet man, wie lokale Wirbel und Strudel scheinbar zufällig entstehen, umherwandern und sich wieder auflösen. In supraflüssigen Turbulenzen scheinen sich die Wirbelkerne auf ähnlich unvorhersehbare Weise zu verdrillen, zu krümmen und zu drehen.

Klassische Turbulenzen gehen bekanntlich einher mit hohen Energieverlusten. Bei den Quantenturbulenzen kann zwar die in den Wirbeln zirkulierende supraflüssige Komponente selbst keine Energie abführen, weil sie frei von Viskosität strömt, aber Reibungseffekte zwischen den Wirbelkernen und der normalflüssigen Komponente bewirken ebenfalls hohe Energieverluste: In der turbulenten Gegenströmung entsteht Reibungswärme, weil die geordnete Bewegung der Normalflüssigkeit unterbrochen wird.

Andererseits gibt es große Unterschiede zwischen der klassischen Turbulenz und der Quantenturbulenz. In supraflüssigem Helium scheinen die Wirbel lokal überall in der Strömung zu entstehen, und die Turbulenz ist wirklich homogen. In klassischen Strömungen bilden sich Wirbel dagegen oft an Hindernissen und klingen dann stromabwärts wieder ab.

Man beobachtet hier auch häufig, daß sich ein Wirbel verlängert oder streckt, während sich sein Kerndurchmesser verringert. Einzelne Quantenwirbel können sich demgegenüber zwar ausdehnen, aber ihr Kerndurchmesser kann nicht weiter schrumpfen: Sein — durch die Quantenmechanik bestimmter — Wert ist bereits minimal. Wirbelbündel hingegen können sich verengen, indem sie enger zusammenrücken, während die einzelnen Wirbel sich weiter ausdehnen.

Im klassischen Fall variiert die Wirbelgröße kontinuierlich von den Kanalausmaßen bis zu so kleinen Dimensionen, daß die Wirbel sich schließlich infolge der inneren Reibung auflösen. Quantenwirbel hingegen können Strukturen bilden, die sich über den ganzen Kanal erstrecken — oder winzige atomare Ausmaße haben; im dazwischenliegenden Bereich gibt es jedoch be-

Bild 5: Supraflüssige Turbulenz, ein Gewirr quantisierter Wirbel, entsteht, wenn eine Heizung an einem Ende des Kanals mehr als eine bestimmte kritische Wärmemenge durch den Kanal pumpt: Der sich bildende Gegenstrom von normaler Flüssigkeit (rot) und Supraflüssigkeit (blau) verbiegt und verdrillt die Wirbel.

stimmte Einschränkungen hinsichtlich der Größe und der Struktur des Wirbelgewirrs, die sich aus der streng quantisierten Zirkulationsgeschwindigkeit um jeden Wirbelkern ergeben.

Die Untersuchung supraflüssiger Turbulenzen ist überraschend einfach: Sie lassen sich leicht und in kompaktem Maßstab in einer Flüssigkeit erzeugen, deren Eigenschaften im wesentlichen einfach und wohlbekannt sind. Bei den Versuchen kann man Kanäle im Durchmesser von einem Mikrometer (einem tausendstel Millimeter) bis zu einigen Zentimetern verwenden. Andere Schlüsselparameter lassen sich gleichermaßen über weite Bereiche variieren. Die Wirbellänge pro Volumeneinheit im Kanal kann fünf Größenordnungen umfassen; läßt sich also um einen Faktor 100000 verändern. Schließlich kann das Konzentrationsverhältnis von normaler zu supraflüssiger Komponente um mehr als zwei Größenordnungen (einen Faktor 100) variieren.

Die Normalflüssigkeit selbst scheint in den meisten Experimenten zur Quantenturbulenz nicht oder nur sehr schwach turbulent zu fließen, so daß

sich die Versuche dadurch nicht unübersichtlicher gestalteten. Außerdem verstehen wir die Bewegungsgesetze der Wirbelkerne auf mikroskopischer Ebene sehr gut (Bild 8): Sie verhalten sich in vielerlei Hinsicht so, als wären sie unter beträchtlicher Spannung stehende, extrem dünne Fäden. (In bestimmten Experimenten mit eingefangenen Ionen hat man sogar die Möglichkeit nachweisen können, an den Wirbelkernen gleichsam wie an einer Gitarrensaite zu zupfen, so daß sich Schwingungen in beiden Richtungen ausbreiten.) Unter dem Einfluß dieser inneren Spannung bewirken die Strömungen von normaler Flüssigkeit und Supraflüssigkeit um die Kerne, daß sich die fadenförmigen Wirbelkerne bewegen, verdrillen und verbiegen.

Entstehen und Auflösen
von Turbulenzen

William Vinen — einer der Entdecker der Quantenwirbel — unternahm auch die erste ernsthafte Untersuchung der supraflüssigen Turbulenz. Mit der Absorption von zweitem Schall als Nachweismethode konnte er zeigen, daß eine bestimmte kritische Gegenstromgeschwindigkeit (relative Geschwindigkeit von normaler und supraflüssiger Komponente) erforderlich ist, um eine nachweisbare Wirbellinienstruktur zu erzeugen.

Vinen deckte auch eine Reihe von weiteren grundlegenden Zusammenhängen bei der supraflüssigen Turbulenz auf. Ist beispielsweise der Wärmefluß (die von der Heizung in den Kanal abgegebene Heizleistung pro Flächeneinheit) weit über dem Schwellenwert für das Einsetzen der Turbulenz, so hängt die Wirbelliniendichte quadratisch von der Gegenstromgeschwindigkeit und die Temperaturdifferenz zwischen den beiden Kanalendplatten kubisch vom Wärmefluß ab. Vinen gab Gleichungen an, mit denen er die Entstehung und Auflösung supraflüssiger Turbulenzen beschreiben konnte, und schlug hypothetische physikalische Mechanismen zur Erklärung einiger der von ihm gefundenen Beziehungen vor.

Seitdem ist die Forschung zu einem weitaus detaillierteren Verständnis der Eigenschaften der supraflüssigen Turbulenz gelangt. So hat man beispielsweise herausgefunden, daß die Wirbelliniendichte von der Richtung abhängen kann, in der man sie mißt. Im Jahre 1983 schickte ich mit meinen Doktoranden Carlo Barenghi und Charles E. Swanson Schallwellen zweiter Art gleichzeitig entlang eines Kanals und quer dazu. Wir maßen die Abschwä-

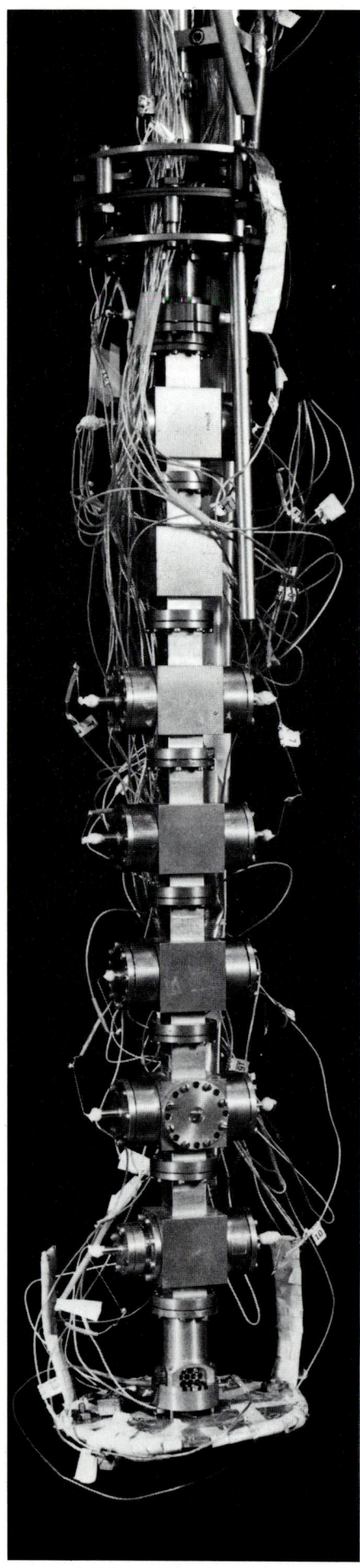

chung beider Signale sowie die Temperaturdifferenz zwischen den beiden Kanalendplatten. Damit konnten wir zeigen, daß sich auf diese Weise die Anisotropie des Wirbelkerngewirrs studieren ließ — das Ausmaß, in dem es sich je nach Beobachtungsrichtung unterschiedlich darstellt. Wir konnten außerdem feststellen, ob das Gebilde als Ganzes den Kanal entlang driftete.

Genaue Ergebnisse erhielten wir dann zwischen 1984 und 1986 in den Doktorarbeiten von Swanson und Rabi Wang. Sie fanden heraus, daß die Wirbelstruktur entlang des Kanals dichter zu sein scheint als quer dazu. Bei den niedrigsten Temperaturen ist sie fast isotrop, bei der höchsten — nahe am Umwandlungspunkt zu Helium I — beinahe zweimal so dicht entlang des Kanals wie quer dazu. In Experimenten ähnlicher Art zeigte Wang, daß die Struktur als Ganzes mit etwa der gleichen Geschwindigkeit in Richtung auf die Heizplatte driftet wie die supraflüssige Komponente von Helium II.

Abhängigkeit von der Kanalgestalt

In mehreren Forschungslabors hat man auch die Abhängigkeit der Quantenturbulenz von der Gestalt und Größe des Kanals untersucht. Die Ergebnisse beseitigten eine Vielzahl von Ungereimtheiten, die unter den Forschern in diesem Gebiet für einige Verwirrung gesorgt hatten: Viele Jahre lang schienen die experimentellen Ergebnisse aus verschiedenen Labors sich zu widersprechen, und das Ausmaß der Widersprüche nahm mit jedem neuen Meßergebnis zu. Zwei relativ neue Entwicklungen — die Klassifizierung turbulenter Zustände und eine Verbesserung des Skalierungskonzepts — trugen dann zur Klärung der Situation bei.

James T. Tough von der Ohio State University in Columbus machte 1982 in

einem umfassenden Übersichtsartikel über Forschung im Bereich supraflüssiger Turbulenz darauf aufmerksam, daß sich bei Unterschieden in der Kanalgeometrie mehrere verschiedenartige Turbulenzzustände bilden, und entwarf eine Methode, nach der sie sich klassifizieren ließen. Die wesentlichen Unterschiede dieser Zustände hängen damit zusammen, wie sich die pro Zeiteinheit im Kanal übertragene Wärmemenge mit der Temperaturdifferenz zwischen den beiden Kanalenden ändert.

Tough erkannte, daß insbesondere eine Eigenschaft des Kanalquerschnitts die Art der entstehenden Turbulenz entscheidend bestimmt: das Verhältnis von Kanalbreite zu Kanalhöhe. In nahezu quadratischen oder kreisförmigen Kanälen (Seitenverhältnis fast 1) gibt es zwei Arten turbulenter Zustände; in rechteckigen Kanälen mit großem Seitenverhältnis (etwa 10 zu 1) entsteht nur ein Typus. Tough arbeitete die unterschiedlichen Eigenschaften jedes dieser Turbulenzzustände heraus.

Der andere in jüngster Zeit erzielte Fortschritt beim Verständnis turbulenter supraflüssiger Strömungen betrifft die sogenannte Skalierung. Mit ihrer Hilfe lassen sich Experimente in Systemen gleicher Geometrie, aber unterschiedlicher Größenordnung miteinander vergleichen (sie ermöglicht es beispielsweise, in Vorversuchen an kleinen Labormodellen gewonnene Ergebnisse auf — in entsprechendem Maßstab vergrößerte — Industrieanlagen zu übertragen). In der klassischen Strömungsmechanik werden zwei geometrisch gleich ausgelegte Rohre die gleichen Strömungseigenschaften aufweisen, wenn ihre Reynoldszahlen gleich sind: die Strömungsgeschwindigkeit mal dem Rohrdurchmesser, geteilt durch die kinematische Viskosität der Flüssigkeit (das ist die Viskosität geteilt durch die Dichte der Flüssigkeit).

Dieses klassische Skalieren gilt auch noch für turbulente Strömungen. Versuche, diese Methode auf Experimente zur Quantenturbulenz zu übertragen, waren indes nicht besonders erfolgreich. Deshalb griffen Swanson und ich 1984 auf einen Vorschlag von Klaus W. Schwarz (der jetzt am Thomas-J.-Watson-Forschungszentrum der IBM in Yorktown Heights im US-Bundesstaat New York tätig ist) zurück: Wir fragten uns, welches denn die Hauptunterschiede zwischen klassischer Turbulenz und Quantenturbulenz seien.

Die grundlegende Schwierigkeit besteht offenbar darin, daß der Quantenwirbel — abhängig von Temperatur und Druck — immer den gleichen Kernradius haben muß, unabhängig vom Ausmaß der Strömung: Die Kerngröße

Bild 6: Die von der Forschungsgruppe des Autors an der Universität von Oregon in Eugene aufgebaute Apparatur erzeugt supraflüssige Turbulenzen und mißt die Dichte des Wirbelgewirrs. Der Supraflüssigkeitskanal selbst (quadratische Säule in der Mitte) ist 38 Zentimeter lang und hat einen Durchmesser von einem Zentimeter. Eine Heizung am oberen Ende bewirkt eine Gegenströmung von normalem und supraflüssigem Helium. Sender und Empfänger für Schallwellen zweiter Art (horizontale Zylinder) messen die Dichte der Wirbelstruktur quer zum Kanal daran, in welchem Maße die Wirbel die Schallausbreitung behindern. Ein anderer Sender am Boden mißt die Wirbeldichte in Längsrichtung; er sendet eine Schallwelle zweiter Art den Kanal entlang nach oben, wo sie reflektiert wird und dann nach unten zu einem Empfänger zurückläuft.

wird von den Gesetzen der Quantenmechanik festgelegt und verringert sich nicht mit dem Rohrdurchmesser. Wir haben uns deshalb ein Analogon zur klassischen Reynoldszahl überlegt. Eine Schlüsselgröße in dieser neuen Kennzahl ist der Logarithmus des Verhältnisses von mittlerem Abstand zwischen den Wirbelkernen zur Wirbelkerngröße. Ein weiterer Term enthält das Plancksche Wirkungsquantum geteilt durch die Masse des Heliumatoms. Dieser neue Skalierungsfaktor hat sich bisher als äußerst erfolgreich erwiesen.

Anwendung des Modells: Rotation und Turbulenz

Aufgrund ihrer kompakten Ausmaße ist die Quantenturbulenz ein Modellsystem für die Untersuchung verschiedener Aspekte klassischer turbulenter Strömungen. So sind beispielsweise Turbulenzen in rotierenden Systemen von Bedeutung für Probleme der Geophysik. Bisher gibt es jedoch nur wenige Experimente mit derartigen Systemen, wahrscheinlich wegen der Größe und Kosten der dazu erforderlichen Windkanäle. Supraflüssige Turbulenzen kann man dagegen ohne weiteres auf einem rotierenden Plattenteller untersuchen.

Der Einfluß der Rotation auf turbulente Strömungen ist kompliziert und ziemlich abschreckend für den Forscher. Es handelt sich nicht um ein Gebiet, in dem intuitives Denken besonders hilfreich wäre, weil wir in einer Umgebung leben, die lokal beinahe in Ruhe ist. Swanson, Barenghi und ich haben gleichwohl herausgefunden, daß die Eigenschaften der Quantenturbulenz bei Rotation in bestimmten Grenzfällen überraschend einfach sind: bei starkem Wärmefluß und langsamer Rotation sowie bei geringem Wärmefluß und schneller Rotation.

Für den ersten Grenzfall entdeckten wir beispielsweise, daß die totale Dichte der Wirbellinien geringer als der vorhergesagte Wert ist, den man aus der Addition des reinen Rotationsanteils (wie in einem rotierenden Gefäß) und des Turbulenzanteils von den irregulären Quantenwirbelstrukturen erhält. Wir schlossen daraus, daß einige Wirbellinien eine doppelte Aufgabe erfüllen: Einige der wärme-induzierten Wirbellinien müssen vorzugsweise parallel zur Rotationsachse orientiert sein.

Diese Ausrichtung wird ausgeprägter, wenn man die Rotationsgeschwindigkeit erhöht — ähnlich wie ein Gas magnetischer Dipole sich durch ein externes Magnetfeld ansteigender Stärke zunehmend ausrichten läßt. Tatsächlich ist die mathematische Beschreibung beider Effekte ähnlich: Die Gleichung, die Rotationsgeschwindigkeit und Ausrichtung der Wirbel verknüpft, stimmt fast mit der für die magnetische Polarisation des Dipolgases als Funktion der externen Magnetfeldstärke überein.

Die Analogie läßt sich noch weiter treiben: Die zunehmende Verstrickung der Wirbel infolge des Wärmeflusses reduziert ihre Ausrichtung auf fast die gleiche Weise, wie die mit der Temperatur zunehmende Wärmebewegung die Polarisation der Dipole im Gas aufhebt. Die Untersuchung der Quantenturbulenz in rotierenden Systemen hat die Physiker somit unerwartet auf eine der wenigen bekannten Analogien zur thermisch induzierten Unordnung geführt.

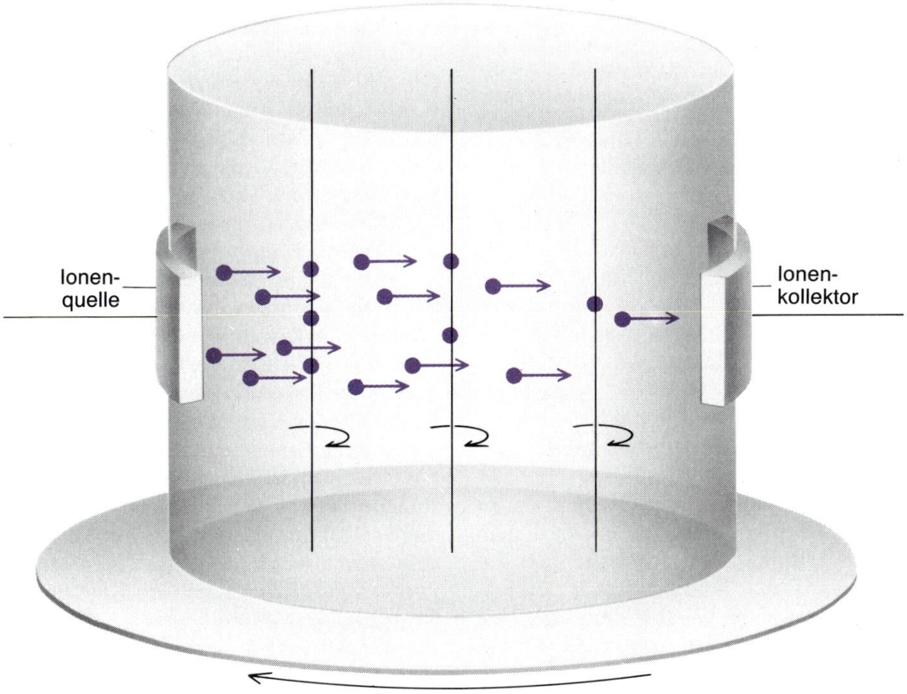

Numerische Verfahren

Ein weiteres fruchtbares Forschungsgebiet ist der Einsatz leistungsfähiger, schneller Rechner zur Simulation des Verhaltens von Wirbeln mittels numerischer Verfahren. Weil man die Bewegung einzelner Wirbel nicht direkt verfolgen kann, sind Computersimulationen gegenwärtig die einzige Methode, um die Quantenturbulenz im mikroskopischen Bereich zu untersuchen.

Eines der Ziele dabei ist es, die zeitliche Entwicklung und die Bewegung eines derartigen Wirbelgewirrs durch numerische Lösung bestimmter grundlegender Bewegungsgleichungen zu bestimmen. Die Kräfte, die von den Strömungen der normalen und der supraflüssigen Komponente auf den Wirbel ausgeübt werden, versteht man recht gut; und da der Wirbelkernradius extrem klein ist, kann man den Wirbel als dünnen Faden modellieren.

In Computersimulationen klassischer Turbulenzen muß man die gesamte Flüssigkeit als dreidimensionale Punktmenge modellieren, die sich im Raum bewegt. Im Fall der Quantenturbulenz ist die Lage wesentlich einfacher — wenn man annimmt, daß der normale Flüssigkeitsanteil nicht turbulent strömt. Man braucht nur eine eindimensionale Punktmenge — den Wirbelfaden — bei der Bewegung im dreidimensionalen Raum zu verfolgen. Trotzdem hat nur Schwarz bisher nennenswerte numerische Simulationen der Quantenturbulenz durchgeführt und in den letzten acht Jahren gute Fortschritte bei mehreren Spezialfällen gemacht.

Einer von ihnen ist die homogene Turbulenz, die manchmal bei Temperaturen oberhalb von einem Kelvin entsteht. Schwarz hat einige Regeln herausgearbeitet, mit denen die Eigenschaften des Wirbelhaufens sich rasch berechnen lassen. Er hat außerdem entdeckt, daß es in vielen Fällen erlaubt ist, die komplizierten quantenmechanischen Effekte zu vernachlässigen und

Bild 7: Mit der Ionen-Einfangtechnik mißt man die Wirbeldichte in einer Probe supraflüssigen Heliums. Heliumionen (elektrisch geladene Heliumatome) werden von einer radioaktiven Quelle auf der einen Seite der Probe emittiert (links) und auf der anderen Seite gesammelt (rechts). Auf dem Weg werden einige der Ionen in den Zentren der Wirbelkerne eingefangen. Die Anzahl der so eingefangenen Ionen ist dann ein Maß für die Wirbeldichte.

Ionenquelle

Ionenkollektor

a

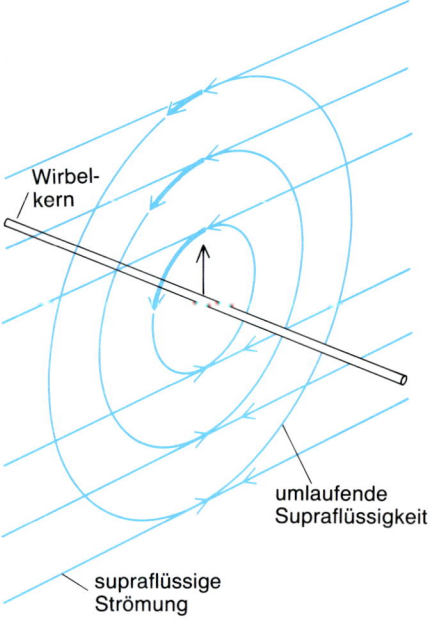

Wirbel-
kern

umlaufende
Supraflüssigkeit

supraflüssige
Strömung

b

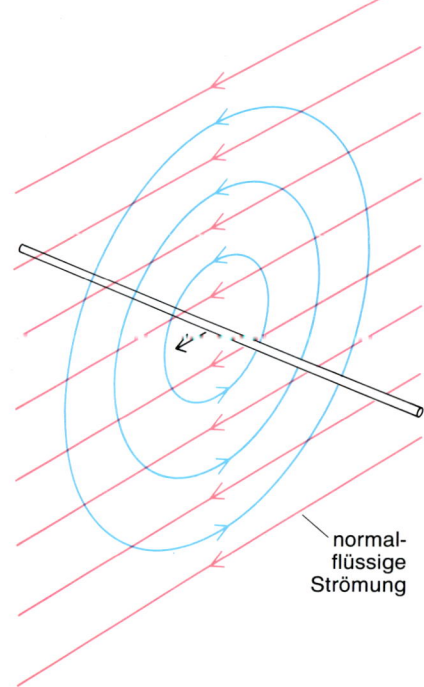

normal-
flüssige
Strömung

c

gebogene Wirbelkerne

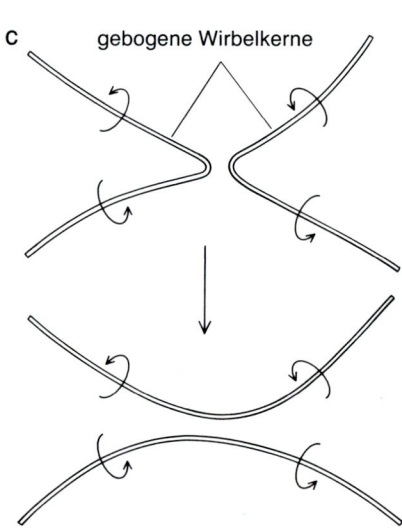

Bild 8: Die Bewegung der Wirbel in einer Supraflüssigkeit – insbesondere Helium II – wird von einer Reihe von Kräften beeinflußt, die man recht gut versteht. Wenn eine supraflüssige Strömung einen Wirbelkern passiert (*a*), beschleunigt sie die Zirkulation auf der einen Seite des Kerns und bremst sie auf der anderen. Nach den Grundlagen der Strömungsmechanik ist der Druck in einer schnellen Strömung niedriger als in einer langsamen, so daß eine nach oben treibende Kraft (wie die Kraft auf einen luftumströmten Flugzeugtragflügel) den Wirbelkern senkrecht zur supraflüssigen Strömung wegdrückt. Passiert eine normalflüssige Strömung den Wirbel (*b*), so übt sie eine Zugkraft aus, die den Wirbelkern parallel zur Strömung drückt. Ein drittes Prinzip der Wirbelbewegung (*c*) versteht man noch nicht so gut: Wenn zwei Wirbelkerne einander nahe kommen, können sie auseinanderbrechen und die Enden sich dann wechselseitig verbinden.

sich nur auf die Gesetze der klassischen Hydrodynamik zu beschränken.

Fällt die Gegenstromgeschwindigkeit unter einen bestimmten Schwellenwert, so zieht die innere Spannung der Wirbelfäden die Wirbelkerne zu geraden Linien auseinander, die an den Rand des Kanals wandern. Möglicherweise ist dieser Mechanismus für den experimentellen Befund verantwortlich, daß die Turbulenz abrupt verschwindet, wenn der Wärmefluß im Kanal unter einen kritischen Wert absinkt.

Andere kürzlich gewonnene Resultate deuten darauf hin, daß die Wechselwirkungen zwischen den Wirbeln und der mikroskopischen Rauhigkeit der Kanalwand auch ein Grund für das Auftreten und Verschwinden von Quantenturbulenzen bei bestimmten Gegen-

stromgeschwindigkeiten sind. Oberflächenrauhigkeiten spielen bekanntlich eine große Rolle beim Entstehen von Turbulenzen in klassischen Systemen.

Spalten von Wirbellinien

In einigen Phasen der Simulation, so hat Schwarz herausgefunden, darf man sich allerdings nicht ausschließlich auf die klassische Hydrodynamik verlassen. Wenn zwei Wirbellinien sich beispielsweise zu nahe kommen, versagt die klassische Theorie, und die Quantenmechanik muß herangezogen werden. Für diesen Fall hat Schwarz sich eine Regel zu eigen gemacht, die Feynman vor vielen Jahren aufgestellt hat: Jede Wirbellinie spaltet sich dort, wo

sich die beiden am nächsten kommen, in zwei Linien auf, deren Enden sich dann wechselseitig verbinden (Bild 8*c*). Baut man solche Neuverknüpfungen in die Simulation ein, entwickelt sich fast jede Anfangsverteilung von Wirbeln schnell zu einem komplexen Gewirr.

Welcher physikalische Mechanismus könnte hinter dieser Regel stecken? In der klassischen Hydrodynamik kann ein Wirbel nicht einfach in der Mitte durchbrechen. Einen Hinweis, wo man ansetzen könnte, liefern vielleicht die Arbeiten aus jüngster Zeit von Christopher Jones von der Universität Newcastle upon Tyne in Großbritannien und Paul Roberts von der Universität von Kalifornien in Los Angeles.

Jones und Roberts haben die mathematische Beschreibung eines Wirbelrings untersucht – einer zu einem Kreis zusammengebogenen Wirbellinie –, der so lange schrumpft, bis er fast die Größe eines Wirbelkerns erreicht hat. Dabei kam heraus, daß bei einer bestimmten Größe die quantisierte Zirkulation um die Wirbellinie vollkommen verschwindet. Vielleicht liegt eine ähnliche Abfolge von Ereignissen dem zugrunde, was geschieht, wenn Abschnitte zweier Wirbellinien sich sehr nahekommen: Möglicherweise endet aus quantenphysikalischen Gründen die Zirkulation in einem begrenzten Bereich, so daß sich die Linien wechselseitig verbinden können, ohne daß die Gesetze der klassischen Hydrodynamik verletzt würden.

Ein Blick in die Zukunft verspricht weiteren stetigen Fortschritt bei der Erforschung supraflüssiger Turbulenzen. Obwohl es kein experimentelles Nachweisverfahren gibt, mit dem sich die Strömung in der Nähe eines einzelnen Quantenwirbelkerns untersuchen ließe, scheint es doch jetzt möglich zu sein, die Strömung numerisch zuverlässig zu simulieren. Einige Fragen lassen sich nach wie vor nur theoretisch angehen – etwa die nach dem Mechanismus der Wiederverknüpfung; aber auch hier sind Fortschritte zu verzeichnen.

Wenn alles einigermaßen gut vorangeht, können wir vielleicht schon in nicht allzuferner Zukunft sagen, daß wir die supraflüssige Turbulenz verstanden haben. Die Resultate von noch nicht durchgeführten Experimenten sollten sich dann durch Berechnungen vorhersagen lassen (teilweise vielleicht aufgrund von Simulationen), die sich nur auf die grundlegenden Gesetze der Wirbeldynamik stützen. Die Turbulenz von Supraflüssigkeiten wird damit möglicherweise das erste Gebiet in der Forschung zu turbulenten Strömungen sein, auf dem man ein solch tiefgreifendes Verständnis erreicht.

Oszillierende chemische Reaktionen

Unmöglich, hieß es einst: im Widerspruch zu den Naturgesetzen.
Heute aber werden chemische Reaktionen, bei denen die Konzentrationen maßgeblicher
Reaktionspartner periodisch steigen und fallen, gezielt entworfen. Mit ihrer Hilfe hofft
man, etwa das Geheimnis der biologischen Uhr zu ergründen.

Von Irving R. Epstein, Kenneth Kustin, Patrick De Kepper und Miklós Orbán

Oszillierende oder periodische Vorgänge sind in Physik, Astronomie und Biologie alltägliche Erscheinungen. Ihr Spektrum reicht von der vertrauten Pendelbewegung über die Bahnen der Planeten bis hin zu den komplexen biologischen Uhren, die den Tages- und Jahresrhythmus der Lebewesen steuern. Bis vor nicht allzu langer Zeit aber meinten die Chemiker, die Reaktionen in ihren Reagenz- und Bechergläsern seien in einzigartiger Weise gefeit gegen jenes periodische Verhalten, das in anderen Zweigen der Wissenschaft gang und gäbe ist. Ja die meisten der vor 1950 ausgebildeten Chemiker hätten wahrscheinlich behauptet, eine Reaktion zwischen einfachen anorganischen Substanzen, die sichtbar oszilliert, verstoße gegen unabänderliche Naturgesetze.

Selbst heute noch gelten chemische Reaktionen weithin als Einbahnstraßen: Von der Umsetzung zweier Substanzen erwartet man, daß sie so lange stetig wei-

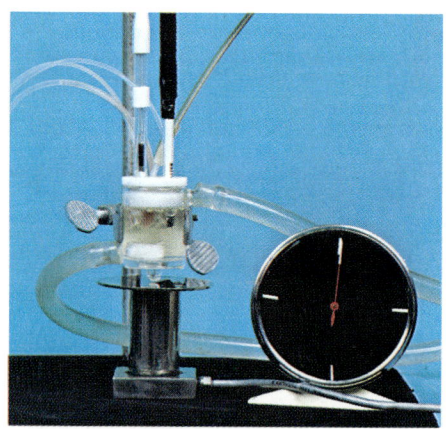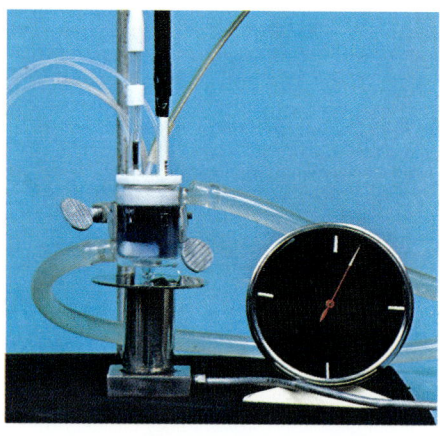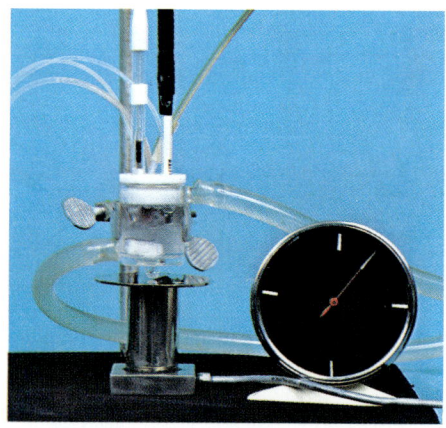
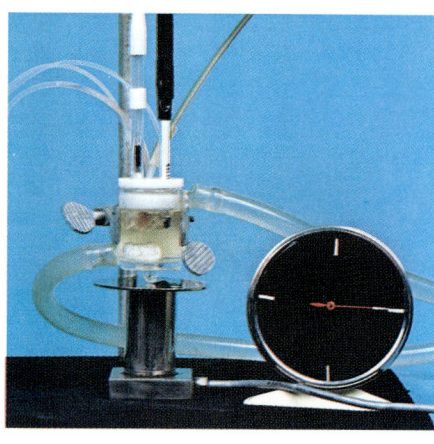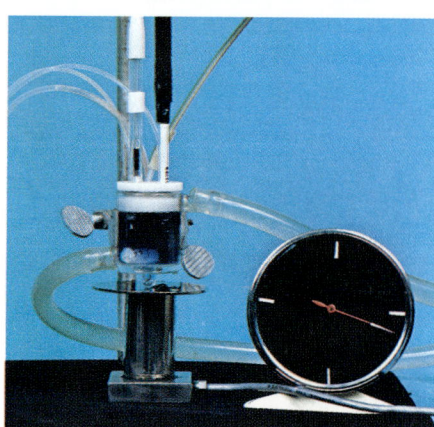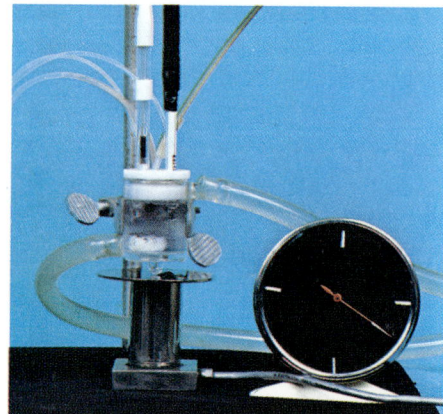

Bild 1: Zeitverlauf einer oszillierenden chemischen Reaktion in einem Durchfluß-Rührkessel-Reaktor. Als Reaktor dient ein Gefäß, in das mit konstanter Geschwindigkeit drei Lösungen gepumpt werden: die eine enthält Kaliumiodat, die zweite Wasserstoffperoxid in verdünnter Perchlorsäure und die dritte Malonsäure und Mangansulfat. Stärke, die mit Iod einen dunkelblauen Komplex bildet, dient als Indikator. Die Bilder

terläuft, bis die Reaktanten verbraucht sind oder sich ein Gleichgewichtszustand eingestellt hat. Niemand käme im Normalfall auf die Idee anzunehmen, die Zwischenprodukte der Reaktionen könnten zunächst bis zu einem bestimmten Pegel ansteigen, dann auf ein niedrigeres Niveau abfallen, erneut ansteigen, fallen und so weiter, bis nach vielen solchen Zyklen schließlich stabile Produkte entstanden sind, die sich nicht mehr an diesem Wechselspiel beteiligen.

Obwohl Berichte über ebensolche Reaktionen sporadisch in der chemischen Literatur des späten neunzehnten und frühen zwanzigsten Jahrhunderts auftauchten, wurden diese Erscheinungen von der großen Mehrheit der Chemiker als nichtreproduzierbar verworfen. Man schrieb sie externen Prozessen im Verlauf der Reaktion zu. In den letzten 25 Jahren freilich wurden die oszillierenden Reaktionen nicht nur rehabilitiert, sondern sind in den Mittelpunkt eines der am rasantesten wachsenden Zweige der Chemie gerückt. Ihr Studium verspricht neue Einsichten sowohl in das chemische Kräftespiel allgemein als auch in die Mechanismen der Katalyse; vielleicht trägt es sogar zur Aufklärung der verwirrenden periodischen Vorgänge in Biologie und Geologie bei. Während das ursprüngliche Häuflein oszillierender chemischer Reaktionen nur per Zufall entdeckt wurde, ist es heute möglich, die Bedingungen anzugeben, unter denen Oszillationen auftreten, und gezielt und systematisch nach neuen oszillierenden Systemen zu suchen – erfolgreich, wie erste Fahndungserfolge beweisen.

Ein chemisches Perpetuum mobile?

Das Widerstreben der Chemiker, die Existenz oszillierender Reaktionen anzuerkennen, hat seine Ursache im zweiten Hauptsatz der Thermodynamik. In seiner bekanntesten Formulierung, geprägt von dem deutschen Physiker Rudolf Clausius, besagt dieser Satz, daß die Entropie oder Unordnung des Universums ständig zunehme. Chemische Reaktionen müßten mithin, solange weder Energie noch Materie von außen zugeführt wird, kontinuierlich auf einen Gleichgewichtszustand zustreben. Geht also A nach B über, so muß es das stetig tun, das heißt ohne zwischenzeitliche Kehrtwendungen zurück nach A. Wenn Reaktionen diese Regel scheinbar verletzten, mußten, so nahm man an, schlecht kontrollierte experimentelle Bedingungen oder sogar bewußte Täuschung dahinterstecken; solche Reaktionen, hätte es sie gegeben, wären schließlich eine Art chemisches Perpetuum mobile gewesen.

Man kann sich daher vorstellen, auf welches Desinteresse der Bericht über eine oszillierende Reaktion stieß, den William C. Bray von der Universität von Kalifornien in Berkeley 1921 veröffentlichte. Bray hatte untersucht, welche Rolle Iodat (IO_3^-), das Anion der Iodsäure, bei der katalytischen Zersetzung von Wasserstoffperoxid zu Wasser und Sauerstoff spielt. Dabei hatte er beobachtet, daß die Geschwindigkeit der Sauerstoffproduktion und die Iod-Konzentration in der Lösung periodisch schwankten. Brays Beobachtung blieb ein halbes Jahrhundert lang nahezu unbeachtet. Anstatt dem Phänomen auf den Grund zu gehen, versuchten die wenigen Abhandlungen, die überhaupt zu diesem Bericht erschienen, es hinwegzudiskutieren – als von Staubpartikeln und anderen Verunreinigungen verursachtes Artefakt.

Wie wir sehen werden, spielen Iod, das Iodid-Ion (I^-) und das Iodat-Ion eine Schlüsselrolle bei mehreren der neuen, planvoll entworfenen oszillierenden Systeme. Den Startschuß zur modernen Ära in der Erforschung oszillierender

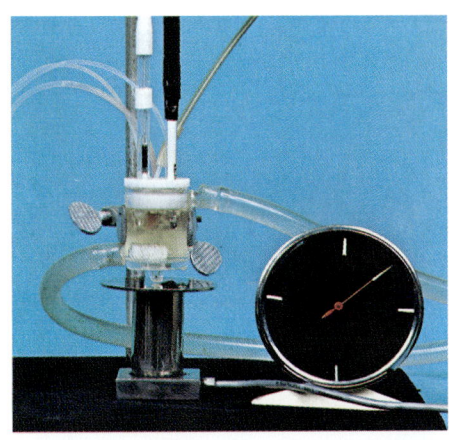
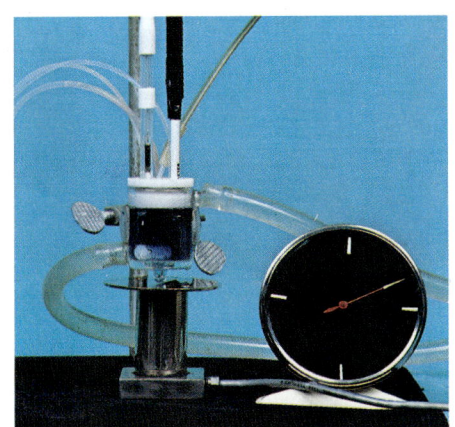
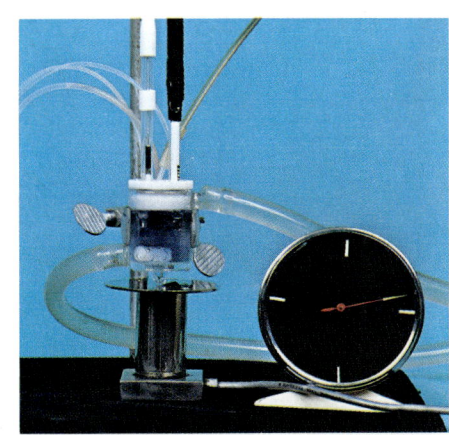
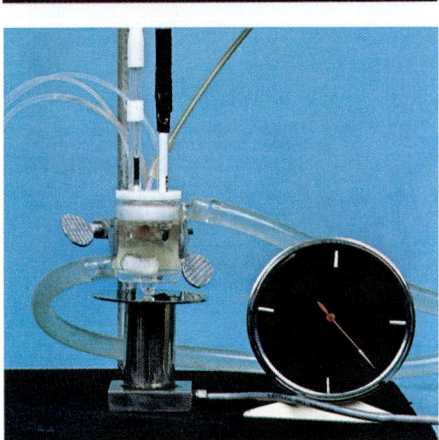
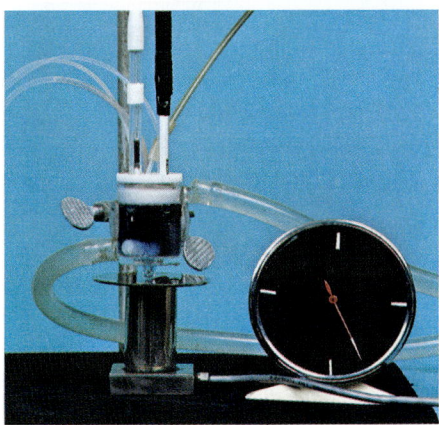
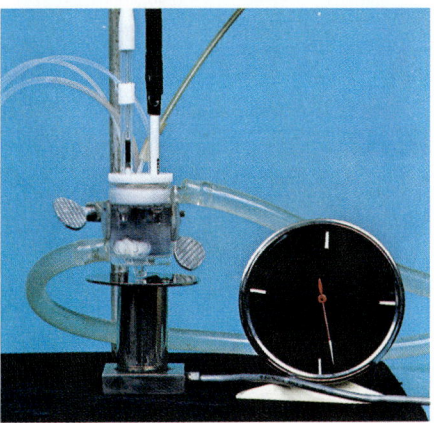

laufen von links nach ganz rechts und von oben nach unten. Das Intervall zwischen zwei Aufnahmen beträgt, wie die mit abgebildete Stoppuhr zeigt, jeweils zwei bis drei Sekunden. Diese optisch besonders eindrucksvolle oszillierende Reaktion wurde von Thomas S. Briggs und Warren C. Rauscher, zwei kalifornischen Lehrern, entwickelt. Sie läuft auch dann ab, wenn man die Lösungen nur einfach zusammenkippt.

chemischer Reaktionen gab eine zufällige Entdeckung des russischen Chemikers B. P. Belousov im Jahre 1958. Als er Citronensäure und Schwefelsäure zusammen mit Kaliumbromat und einem Cer-Salz in Wasser löste, beobachtete er einen periodischen Farbumschlag der Lösung zwischen gelb und farblos. Jetzt, anno 1958, waren einige Physikochemiker zumindest bereit, seinen Bericht ernst zu nehmen. Ein Grund dafür war, daß sich die Belousov-Reaktion leicht reproduzieren ließ; hinzu aber kam, daß auch die aus dem neunzehnten Jahrhundert überlieferten Ideen der Thermodynamik in den Jahren nach dem Zweiten Weltkrieg beträchtlich erweitert und verfeinert worden waren.

Federführend bei dieser Fortentwicklung war Ilya Prigogine von der Freien Universität Brüssel. Prigogine erkannte, daß die klassische Thermodynamik von Clausius nur für Systeme gilt, die sowohl von ihrer Umgebung isoliert (man sagt: abgeschlossen) als auch nahe an ihrem Gleichgewichtszustand sind. Für Systeme weit weg vom Gleichgewicht — sei es, daß es sich um Reaktionen im Anfangsstadium handelt oder um „offene" Systeme, die sowohl Energie als auch Materie mit ihrer Umgebung austauschen — entwickelte Prigogine mit seinen Kollegen das Konzept der irreversiblen Thermodynamik. Für diese Leistung wurde er 1977 mit dem Nobelpreis für Chemie ausgezeichnet.

In Systemen, die sich weit weg vom Gleichgewicht befinden, können eine Reihe neuer Erscheinungen, sogenannte dissipative Strukturen, auftreten. Dazu gehören auch periodische Konzentrationsschwankungen bei Zwischenpro-dukten chemischer Reaktionen; die Ausgangsstoffe und Endprodukte sind jedoch nicht von solchen Oszillationen betroffen. Die interessantesten und vielfältigsten Beispiele für offene, gleichgewichtsferne Oszillatoren bieten lebende Systeme. Sie werden durch die Aufnahme von Reaktanten (Nährstoffen) aus der externen Umgebung und die Abgabe von Produkten (Abfallstoffen) an die Umgebung im Zustand des Nicht-Gleichgewichts gehalten. Kommt einer der beiden Prozesse zum Erliegen, gehen die Organismen zugrunde und die Oszillationen mit ihnen.

Belousovs oszillierende Reaktion hatte ein paar entscheidende Vorzüge gegenüber der von Bray. Sie lief bei Zimmertemperatur ab und erzeugte keine gesundheitsschädlichen Produkte. Zudem waren die Oszillationen, bei denen

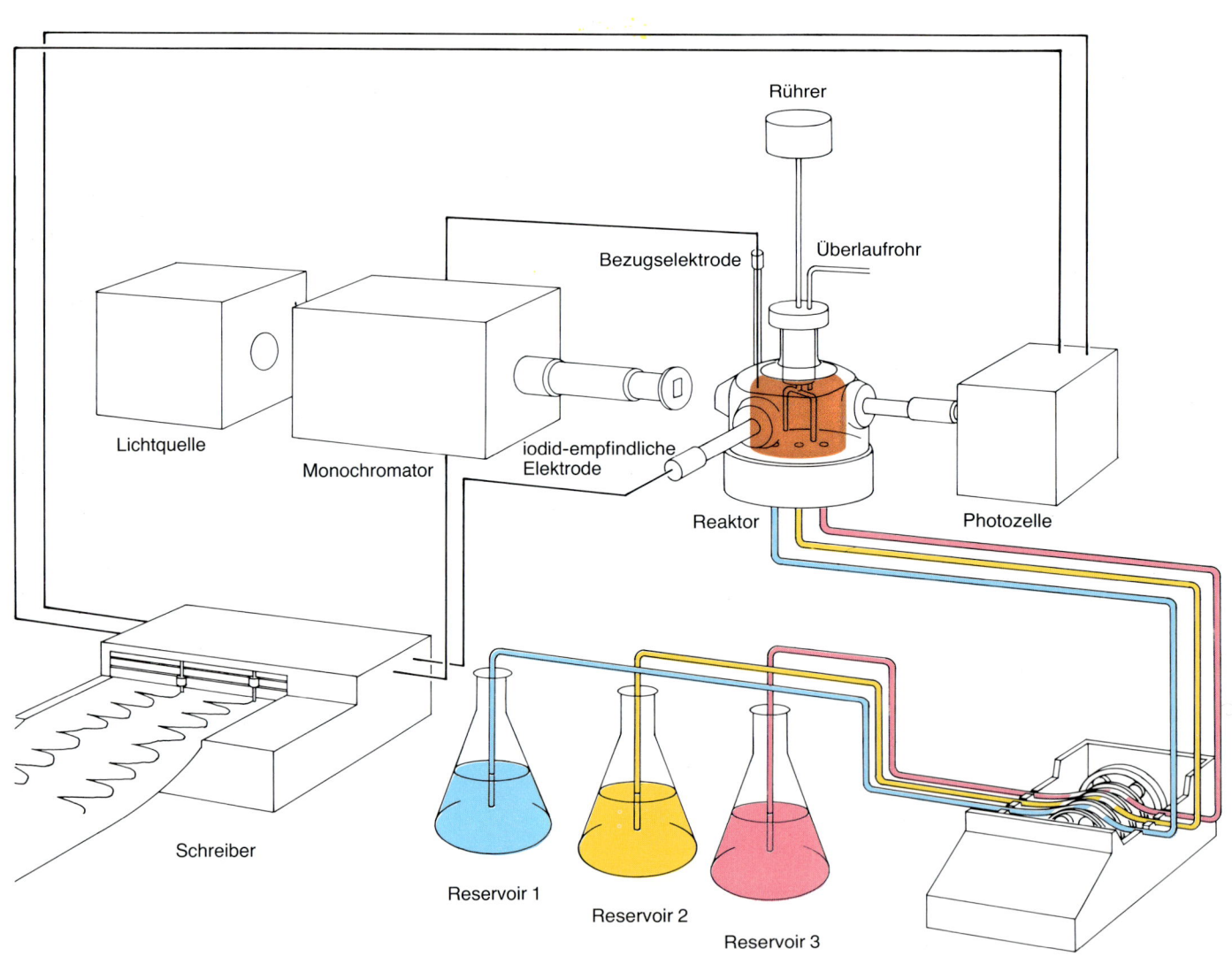

Bild 2: Der Durchfluß-Rührkessel-Reaktor spielt eine entscheidende Rolle bei der Suche nach oszillierenden chemischen Reaktionen, da er das für solche Umsetzungen erforderliche Ungleichgewicht aufrechterhält. Die Skizze zeigt die experimentelle Anordnung, mit der die Autoren dieses Artikels ihr erstes oszillierendes System entdeckten. Ausgangsmaterial waren drei Lösungen, die Salze von Chlorit, Iodat und Arsenit enthielten. Aus Vorratsgefäßen wurden sie mit einer Rollkolbenpumpe kontinuierlich in den Reaktor befördert. Eine iodid-empfindliche Elektrode diente dazu, die bei der Reaktion auftretenden Schwankungen in der Konzentration des als Zwischenprodukt gebildeten Iodid-Ions zu registrieren. Dasselbe leistete eine Photozelle für das gleichfalls intermediär auftretende Iod, indem sie die von ihm bewirkte Färbung der Lösung maß.

Cer zwischen seiner gelben vierwertigen und der farblosen dreiwertigen Form hin und her pendelt, deutlich sichtbar. Wenn die Reaktion dennoch zunächst kaum Beachtung fand, dann weil sie in einer abseitigen russischen Sammlung von Kurzmitteilungen über Strahlungsmedizin erschienen war und weil 1958 wohl nur einige wenige Chemiker Prigogines irreversible Thermodynamik in ihrer vollen Bedeutung verstanden.

Ein paar Jahre später freilich weckte Belousovs Reaktion das Interesse von A. M. Zhabotinsky vom Institut für biologische Physik bei Moskau. Zhabotinsky wandelte Belousovs Rezept leicht ab (indem er beispielsweise die Cer- durch eine Eisenverbindung ersetzte, die einen spektakuläreren Farbumschlag zwischen rot und blau ergab) und begann, die heute üblicherweise nach Belousov und Zhabotinsky als BZ-Reaktion bezeichnete Umsetzung systematisch zu untersuchen.

In den frühen sechziger Jahren veröffentlichte er eine Flut experimenteller Ergebnisse, darunter auch die Beobachtung, daß sich in einer dünnen Schicht einheitlich roter BZ-Lösung, wenn man sie völlig in Ruhe läßt, nach einer Weile blaue Punkte bilden, die sich im Laufe der Zeit zu einem faszinierenden Ringmuster entwickeln.

Mehr als nur ein Kuriosum

Die Kunde von der BZ-Reaktion (und von Prigogines irreversibler Thermodynamik) breitete sich Ende der sechziger und Anfang der siebziger Jahre rasch aus. Obwohl Chemiker in aller Welt fasziniert waren von dem neuen Phänomen, hielt es die große Mehrzahl weiterhin nur für eine Kuriosität, die zwar gut für Überraschungseffekte in Vorlesungen sein mochte, aber nicht als Gegenstand seriöser Forschung taugte.

In kurzer Zeit wurden viele Varianten der BZ-Reaktion entwickelt. Indem man die eine oder andere Komponente durch eng verwandte Substanzen ersetzte, erhielt man langsamere, schnellere oder anders gefärbte Oszillatoren. Die optisch eindrucksvollste Variante erfanden 1973 die beiden Lehrer Thomas S. Briggs und Warren C. Rauscher aus San Franzisko, indem sie die BZ-Reaktion und die Reaktion von Bray kombinierten (diese Reaktion ist in Bild 1 gezeigt). Die Farbe ihres Oszillators, der Wasserstoffperoxid, Kaliumiodat, Perchlorsäure, Malonsäure, Mangansulfat und Stärke enthält, schlägt periodisch von farblos über goldgelb nach blau um.

Obwohl die BZ-Reaktion und ihre Abkömmlinge Ende der sechziger Jahre als Vorlesungsversuche Furore machten,

1	$2H^+ + Br^- + BrO_3^- \rightleftharpoons HOBr + HBrO_2$
2	$H^+ + HBrO_2 + Br^- \rightleftharpoons 2HOBr$
3	$HOBr + Br^- + H^+ \rightleftharpoons Br_2 + H_2O$
4	$CH_2(COOH)_2 \rightleftharpoons (OH)_2C=CHCOOH$
5	$Br_2 + (OH)_2C=CHCOOH \rightleftharpoons H^+ + Br^- + BrCH(COOH)_2$
6	$HBrO_2 + BrO_3^- + H^+ \rightleftharpoons 2BrO_2 + H_2O$
7	$BrO_2 + Ce^{3+} + H^+ \rightleftharpoons Ce^{4+} + HBrO_2$
8	$Ce^{4+} + BrO_2 + H_2O \rightleftharpoons BrO_3^- + 2H^+ + Ce^{3+}$
9	$2HBrO_2 \rightleftharpoons HOBr + BrO_3^- + H^+$
10	$Ce^{4+} + CH_2(COOH)_2 \rightleftharpoons CH(COOH)_2 + Ce^{3+} + H^+$
11	$CH(COOH)_2 + BrCH(COOH)_2 + H_2O \rightleftharpoons Br^- + CH_2(COOH)_2 + HOC(COOH)_2 + H^+$
12	$Ce^{4+} + BrCH(COOH)_2 + H_2O \rightleftharpoons Br^- + HOC(COOH)_2 + Ce^{3+} + 2H^+$
13	$2HOC(COOH)_2 \rightleftharpoons HOCH(COOH)_2 + O=CHCOOH + CO_2$
14	$Ce^{4+} + HOCH(COOH)_2 \rightleftharpoons HOC(COOH)_2 + Ce^{3+} + H^+$
15	$Ce^{4+} + O=CHCOOH \rightleftharpoons O=CCOOH + Ce^{3+} + H^+$
16	$2O=CCOOH + H_2O \rightleftharpoons O=CHCOOH + HCOOH + CO_2$
17	$Br_2 + HCOOH \rightarrow 2Br^- + CO_2 + 2H^+$
18	$2CH(COOH)_2 + H_2O \rightleftharpoons CH_2(COOH)_2 + HOCH(COOH)_2$

Bild 3: Die Belousov-Zhabotinsky-Reaktion war die erste weithin bekannte oszillierende chemische Reaktion und ist noch immer die einzige, deren Mechanismus aufgeklärt und durch Computersimulation bestätigt wurde. Sie besteht aus 18 Elementarreaktionen, an denen 21 verschiedene Partner teilnehmen. Ausgangssubstanzen sind Malonsäure ($CH_2(COOH)_2$), Bromat (BrO_3^-), Bromid (Br^-) und dreiwertiges Cer (Ce^{3+}). Das schwefelsaure Medium steuert Wasserstoff-Ionen (H^+) bei. Reaktionsprodukte sind Kohlendioxid (CO_2), Ameisensäure ($HCOOH$) und Brommalonsäure ($BrCH(COOH)_2$). Im Reaktionsverlauf pendelt das Cer zwischen dem farblosen dreiwertigen (Ce^{3+}) und dem gelben vierwertigen Zustand (Ce^{4+}) hin und her, so daß die Lösung abwechselnd farblos und gelb ist. Die farbig gedruckten Reaktionsschritte enthalten nur anorganische Substanzen und sind besser verstanden als die schwarz gedruckten. Die Belousov-Zhabotinsky-Reaktion führt ihren Namen nach zwei russischen Chemikern: B. P. Belousov, der sie entdeckte, und A. M. Zhabotinsky, der sie verbesserte. Ihren Mechanismus klärten Richard M. Noyes, Richard J. Field und Endre Körös auf.

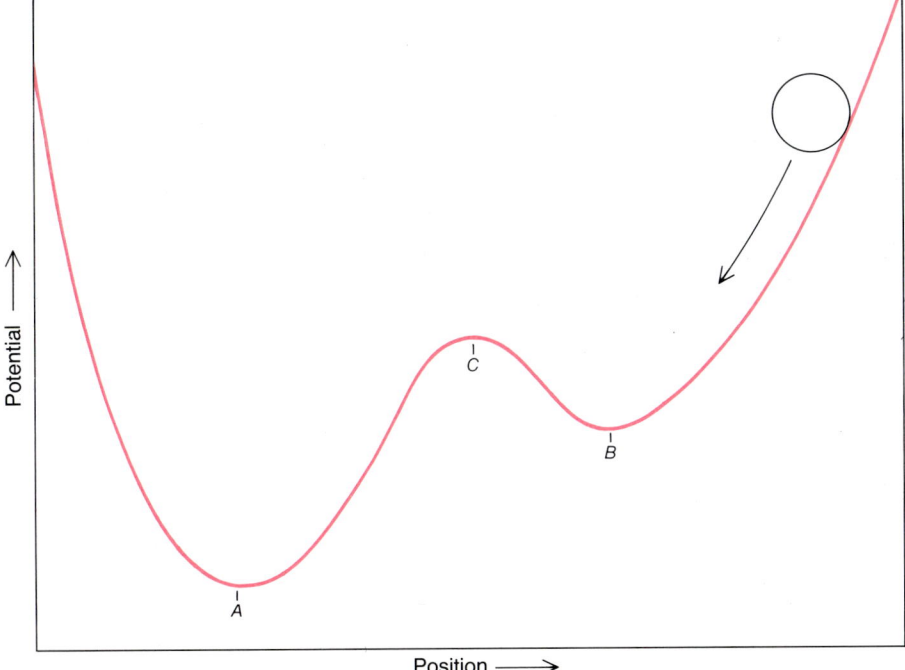

Bild 4: Ein bistabiles chemisches System gleicht einer Kugel in einer Potentialmulde mit zwei Talsohlen, *A* und *B*. Da die Kugel in *A* wie *B* zur Ruhe kommen kann, sind *A* und *B* stabile stationäre Zustände des Systems. Dagegen ist *C* ein instabiler stationärer Zustand; denn obwohl die Kugel im Prinzip auch dort anhalten könnte, würde sie bei der kleinsten Störung nach *A* oder *B* hinunterrollen. Bei diesem bistabilen mechanischen System ist die Variable die Position der Kugel, während die Form der Potentialmulde die äußeren Bedingungen wiedergibt.

blieb das Wesen der Oszillation selbst ein Rätsel. Ein Chemiker versteht eine Reaktion erst dann richtig, wenn er ihren Mechanismus angeben kann, das heißt den Satz sämtlicher Teil- oder Elementarreaktionen kennt, die an der Gesamtreaktion beteiligt sind; jede solche Elementarreaktion steht dabei für ein tatsächliches Zusammentreffen von Molekülen.

Die bekannten „stöchiometrischen" Gleichungen, mit denen Chemiker ihre Reaktionen zu beschreiben pflegen, zeigen nur das Endergebnis, sagen aber nichts darüber aus, wie die Reaktion im molekularen Bereich im einzelnen abläuft. Wenn zum Beispiel Acetylen (C_2H_2) und Sauerstoff (O_2) in einem Schweißbrenner zu Kohlendioxid (CO_2) und Wasser (H_2O) reagieren, lautet die Gleichung für die Brutto-Reaktion: $2C_2H_2 + 5O_2 \rightarrow 4CO_2 + 2H_2O$.

Es ist natürlich extrem unwahrscheinlich, daß zwei Acetylen- und fünf Sauerstoff-Moleküle je gleichzeitig zusammenstoßen und nach blitzschnellem Partnertausch als vier Kohlendioxid- und zwei Wasser-Moleküle davonfliegen. In Wirklichkeit zerfällt die Umsetzung in eine Folge von Elementarreaktionen, deren jede dem Zusammenprall zweier Moleküle oder dem Zerbrechen eines einzelnen Moleküls entspricht; dabei werden oft Zwischenprodukte gebildet oder zerstört, die in der Bruttogleichung gar nicht auftauchen. Einen solchen Mechanismus aufzuklären ist ein höchst schwieriges Geschäft; es verlangt Einfallsreichtum ebenso wie die geduldige Auswertung einer Unzahl von Daten und dazu oft genug noch langwierige Computer-Simulationen.

An die gewaltige Aufgabe, einen Mechanismus für die BZ-Reaktion aufzustellen, machten sich in den frühen siebziger Jahren Richard M. Noyes von der Universität von Oregon, sein Mitarbeiter Richard J. Field (mittlerweile an der Universität von Montana) und Endre Körös, ein Gastwissenschaftler von der Eötvös-Universität in Budapest. 1972 hatten sie ein Schema entworfen, mit dem es möglich schien, die Oszillation zu erklären; es bestand aus achtzehn Elementarreaktionen, an denen zwanzig unterschiedliche Moleküle beteiligt waren (Bild 3). Zwei Jahre danach bestätigte eine umfassende Computer-Simulation, die Noyes, Field und David Edelson von den Bell-Laboratorien durchführten, daß der gefundene Mechanismus in der Tat zu Oszillationen führen sollte. Weitere Untersuchungen zeigten, daß er auch die Bildung räumlicher Strukturen erklärt. Noyes verglich das Vorgehen bei der Aufklärung dieses Mechanismus einmal mit der „Methode von [Sherlock] Holmes: ‚Wenn alle anderen Möglich-

keiten ausgeschieden sind, muß das, was bleibt, wie unwahrscheinlich es auch sein mag, die Wahrheit sein.' "

Mit der Aufklärung des BZ-Mechanismus wurden oszillierende chemische Reaktionen ein achtbares und aufregendes Forschungsgebiet für all jene, die an Reaktionsmechanismen und der chemischen Kinetik interessiert waren. Man stellte Hypothesen auf über die Bedingungen, die zu chemischen Oszillationen führen, und gab sich optimistisch, daß ein Verständnis der chemischen Oszillationen auch helfen könnte, periodische Vorgänge in der belebten Natur zu klären. Doch niemandem gelang es, einen Satz notwendiger und hinreichender Bedingungen für chemische Oszillationen anzugeben. Und als sich die siebziger Jahre ihrem Ende zuneigten, war die Zahl bekannter, wirklich verschiedener oszillierender Systeme noch immer beschämend klein; alle waren sie per Zufall entdeckt worden; nur eines konnte als aufgeklärt gelten, und niemand wußte, wo suchen, um neue zu finden.

Obwohl biologische Systeme als ergiebige Quellen chemischer Oszillatoren bekannt waren, trotzen sie jener Art mechanischer Analyse, die allein generalisierbare Aussagen erlaubt. Oszillatoren dieses Typs erhält man zum Beispiel, indem man von Hefezellen die Zellwände und andere äußere Strukturen entfernt und die aus dem Zellinhalt bestehende Suppe mit Nährstoffen füttert. Dabei treten Schwankungen in den Konzentrationen der Wasserstoffionen sowie des Nicotinamid-adenindinucleotids auf, das in seiner reduzierten Form (NADH) beim normalen Energiestoffwechsel der Zelle für den Elektronentransport sorgt. Britton Chance und seine Mitarbeiter von der Johnson Research Foundation haben gezeigt, daß an vielen solchen biologischen Oszillatoren die Glykose beteiligt ist, das heißt jener Prozeß, über den die Zellen in Abwesenheit von Sauerstoff durch Spaltung von Glucose (Traubenzucker) Energie gewinnen. Da solche Stoffwechselreaktionen von einer stattlichen Anzahl Enzyme gesteuert werden, sind sie abschreckend in ihrer Komplexität.

Durchbruch im Handstreich

1979 entschieden zwei von uns (Epstein und Kustin), die Zeit sei reif für den Versuch, ein systematisches Verfahren zum Auffinden chemischer Oszillatoren zu entwickeln. Aber wo anfangen? Als erstes ermittelten wir drei Bedingungen, von denen man wußte, daß sie entweder notwendig oder zumindest günstig waren für das Auftreten chemischer Oszillationen. Die erste ist, daß chemische Syste-

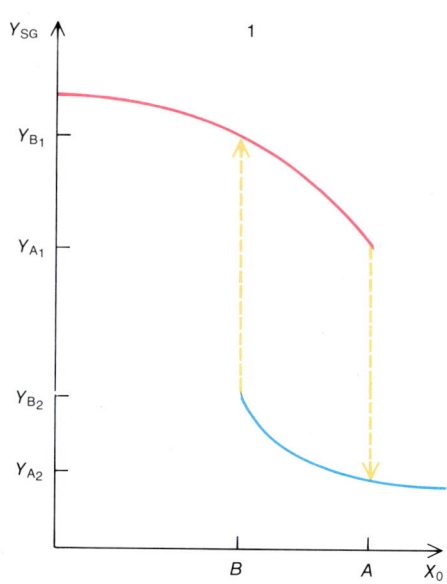

Bild 5: Hysterese-Schleife eines bistabilen chemischen Systems im Durchfluß-Rührkessel-Reaktor. Erhöht man die Konzentration X_0 von Substanz X in der in den Reaktor eingespeisten Lösung, geht die im stationären Gleichgewicht vorliegende Konzentration Y_{SG} der Substanz Y zunächst nur langsam entlang der roten Kurve zurück; beim kritischen Punkt A jedoch sackt sie plötzlich von Y_{A_1} nach Y_{A_2} ab. Eine weitere Erhöhung von X_0 bewirkt dann wieder nur eine allmähliche Abnahme von Y_{SG} längs der blauen Kurve. Wird X_0 nun umgekehrt gesenkt, folgt Y_{SG} weiterhin der blauen Kurve rückwärts vorbei an A und springt erst bei einem zweiten kritischen Punkt B von Y_{B_2} nach Y_{B_1}. Zwischen A und B kann das System somit in zwei verschiedenen stationären Zuständen vorliegen.

me nur dann oszillieren können, wenn sie fern vom Gleichgewicht sind. Als zweites muß eine Rückkopplung existieren dergestalt, daß irgendein Produkt eines beliebigen Schrittes in der Reaktionsfolge seine eigene Bildungsgeschwindigkeit beeinflußt. Die dritte Bedingung schließlich ist, daß das System eine als Bistabilität bezeichnete Eigenschaft aufweist: Unter den gleichen äußeren Bedingungen muß es in zwei unterschiedlichen stabilen stationären Zuständen vorliegen können.

Die Voraussetzung der Gleichgewichtsferne läßt sich erfüllen, indem man die Reaktion in einem Chemie-Ingenieuren wohlbekannten Apparat ablaufen läßt: dem Durchfluß-Rührkessel-Reaktor (Bild 2). Mitte der siebziger Jahre hatten Adolphe Pacault und seine Mitarbeiter am Forschungszentrum Paul Pascal in Bordeaux den Durchfluß-Rührkessel-Reaktor bereits zum Studium oszillierender chemischer Reaktionen herangezogen. Als einer von uns (De Kepper) 1980 von Bordeaux zu unserer Gruppe an der Brandeis-Universität überwechselte, brachte er die Anregung zum Bau eines solchen Reaktors mit. Wenig später stieß auch der vierte von

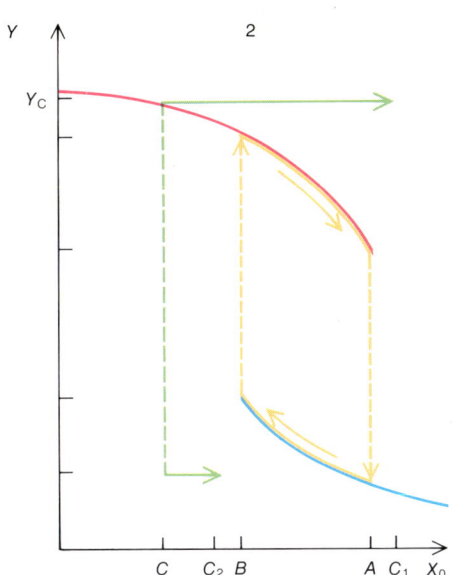

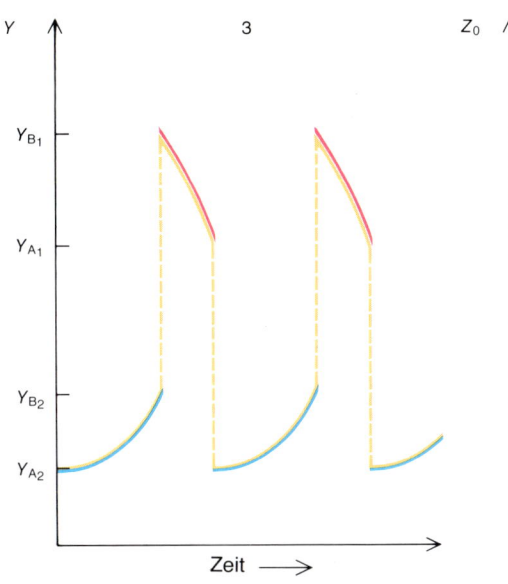

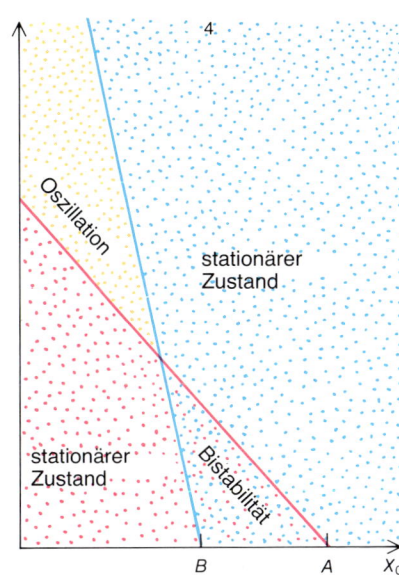

Bild 6: Zu Oszillationen kann es kommen, wenn einem bistabilen chemischen System mit Hysterese-Verhalten eine geeignete Substanz hinzugefügt wird. Reagiert Substanz Z beispielsweise langsam mit Substanz Y unter Bildung von Substanz X, so verschiebt sich die effektive Konzentration von X dergestalt, daß das System einen höheren Gehalt an X „sieht", als dem von außen zugeführten Wert X_0 entspricht (links). Der Einfluß einer bestimmten Menge Z auf X_0 (grüne Pfeile) ist dabei auf dem roten Ast der Hysterese-Schleife (bei höherer Konzentration von Y) größer als auf dem blauen. Angenommen, die Reaktion beginnt an der Stelle, wo die eingespeiste Konzentration von X gleich C ist. Nun fügt man eine solche Menge Z_0 von Z hinzu, daß die effektive Konzentra-

tion von X auf C_1 steigt, wenn sich das System auf der roten Kurve befindet, aber nur auf C_2, wenn es auf der blauen ist. In Abwesenheit von Z ergäbe ein Einstrom $X_0 = C$ den stationären Gleichgewichtswert Y_c für die Konzentration von Y; nach Zugabe von Z folgt das System jedoch langsam der roten Kurve, da die Reaktion zwischen Z und Y die effektive Konzentration von X allmählich erhöht. Das System versucht die Stelle zu erreichen, an der die Konzentration von X gleich C_1 ist. An Punkt A fällt es jedoch abrupt ab auf den blauen Kurvenast. Dort „sieht" das System plötzlich nur mehr eine Konzentration $X_0 = C_2$. Und so wandert es zurück auf dem blauen Kurvenast, um nun diese Konzentration zu erreichen. Bevor ihm das jedoch gelingt, springt es bei $X_0 = B$ zurück auf

den roten Ast, und der Kreislauf (gelbe Pfeile) beginnt von vorn. Da X_0 wieder den effektiven Wert C_1 hat, bewegt sich das System erneut nach rechts. Wiederholtes Durchlaufen dieses Zyklus ergibt eine periodische Oszillation in der Konzentration von Y (Mitte). Das kreuzförmige Zustandsdiagramm (rechts) zeigt, wie sich das System durch Erhöhung der Konzentration Z_0 aus der bistabilen Zone in jenen Bereich überführen läßt, in dem Oszillationen auftreten. In Abwesenheit von Z besitzt das System zwei stabile stationäre Zustände: den „roten" für kleines und den „blauen" für großes X_0. Liegt X_0 zwischen A und B, ist das System bistabil. Mit steigendem Z_0 verengt sich der bistabile Bereich jedoch, bis oberhalb eines kritischen Wertes schließlich Oszillationen einsetzen.

uns (Orbán), der ausgedehnte Erfahrung mit Bromat-Oszillatoren besaß, aus Ungarn zu unserer Gruppe und machte das Team komplett.

Eine verbreitete Art der Rückkopplung in lebenden Systemen ist die Autokatalyse. Dabei nimmt die Geschwindigkeit, mit der eine Substanz gebildet wird, mit ihrer eigenen Konzentration zu. Ähnliches gilt auch für Populationen von Lebewesen: Die Zahl der Individuen, um die sich eine Population in einem festen Zeitraum vermehrt, ist fast stets proportional zur Zahl der schon vorhandenen Mitglieder. (Diese Feststellung liegt der berühmten Prognose von Thomas Malthus aus dem Jahre 1798 zugrunde, wonach die Menschheit schneller wachse als ihre Nahrungsmittelquellen.) In der Chemie sind autokatalytische Systeme rar, aber keineswegs ungewöhnlich. Schon 1920 zeigte Alfred J. Lotka von der Johns-Hopkins-Universität, daß ein simples Schema aus zwei gekoppelten autokatalytischen Reaktionen Oszillationen auslösen sollte. Obwohl sich der Lotka-Mechanismus auf kein reales chemisches System übertragen ließ, hat er die Vorstellung vieler Chemiker beeinflußt und sich auf einem anderen Feld als

sehr nützlich erwiesen: bei der Beschreibung der Schwankungen in den Populationen von Raub- und Beutetieren.

Als dritte Bedingung für das Auftreten chemischer Oszillationen hatten wir die Bistabilität genannt, also die Existenz zweier verschiedener stabiler stationärer Zustände (Bild 4). Als stationär bezeichnet man den Zustand eines Systems, wenn sich alle Variablen, insbesondere die Konzentrationen der verschiedenen Stoffe, bei konstanten Werten eingependelt haben. Man spricht auch anschaulich vom Fließgleichgewicht. Stabil ist ein stationärer Zustand, wenn er eine kleine Änderung einer Variablen ohne weiteres verträgt und nicht beispielsweise von einem Tropfen Säure bereits in einen anderen Zustand überführt wird. Bewirkt schon die kleinste Verschiebung den Übergang in einen anderen Zustand des Systems, so spricht man von einem instabilen Zustand. Zum Beispiel ist ein Ball am Boden einer Schüssel in einem stabilen, auf dem Rand der Schüssel dagegen in einem instabilen Zustand. In einem Durchfluß-Rührkessel-Reaktor sind die äußeren Bedingungen, die die stationären Werte der Variablen im Reaktionssystem kontrollieren, die Temperatur

des Wasserbads sowie die Konzentrationen und Fließgeschwindigkeiten der Chemikalien in den Behältern, aus denen der Reaktor gespeist wird.

Werden die äußeren Bedingungen eines bistabilen chemischen Systems geändert, kann eine höchst sonderbare Erscheinung, Hysterese genannt, auftreten. Bekannt ist sie vor allem bei Magneten, wo die Magnetisierung gewöhnlich eine Hysterese-Schleife zeigt. Wird ein Stück Eisen einem Magnetfeld zunehmender Stärke ausgesetzt, erreicht seine Magnetisierung irgendwann den Sättigungswert. Wenn man anschließend das Magnetfeld auf null reduziert, bleibt eine Restmagnetisierung im Eisen zurück. Um diese Magnetisierung auf null zurückzubringen, muß man ein Magnetfeld in entgegengesetzter Richtung anlegen. Der vollständige Kreislauf von Magnetisierung und Entmagnetisierung ergibt eine S-förmige Schleife, die in der Mitte breit ist und an den Enden spitz zuläuft.

Etwas Ähnliches kann auch in bistabilen chemischen Systemen auftreten (Bild 5). Eine 1979 von Jacques Boissonade und einem von uns (De Kepper) am Forschungszentrum Paul Pascal durchgeführte Rechnung legte nahe, daß es beim

Einbringen einer weiteren Substanz in ein hysterese-fähiges System zu Oszillationen kommen könne. Das Verhalten eines solchen Systems läßt sich in einem kreuzförmigen Zustandsdiagramm darstellen, welches zeigt, daß sich stets dann sehr wahrscheinlich Oszillationen entwickeln, wenn die zugefügte Substanz auf die beiden stationären Zustände des Systems unterschiedlich wirkt (Bild 6).

Unser Marschplan zur Herstellung eines chemischen Oszillators sah demnach vier Etappen vor: Finde ein autokatalytisches System; führe die Reaktion in einem Durchflußreaktor durch; variiere die Bedingungen, bis ein bistabiler Be-

reich gefunden ist; gib eine weitere Substanz zu, die auf die beiden Zweige der Bistabilität unterschiedlich wirkt und so Oszillationen auslöst.

Die Durchsicht der chemischen Literatur nach autokatalytischen Reaktionen förderte mehrere aussichtsreiche Kandidaten zutage. Zwei davon erschienen besonders attraktiv, weil in beiden Iod als Zwischenprodukt auftaucht. Die erste geht von Iodat-Ionen und Arsenit aus, die zweite von Iodid-Ionen und Chlorit. Es war gut denkbar, daß die eine den gewünschten Störeffekt auf die andere ausüben würde. Die Reaktion zwischen Iodat und Arsenit erwies sich bald als bi-

stabil. Und als wir Chlorit zugaben, begann das System praktisch sofort zu oszillieren. Der erste systematische Versuch, einen neuen chemischen Oszillator zu finden, hatte sich als Volltreffer erwiesen.

Stammbaum der chemischen Oszillatoren

Mit neuen Komponenten ist es uns seither gelungen, den ursprünglichen Iodat-Arsenit-Chlorit-Oszillator um ein Dutzend neuer Systeme zu erweitern — alle mit dem Chlorit-Ion als gemeinsamem

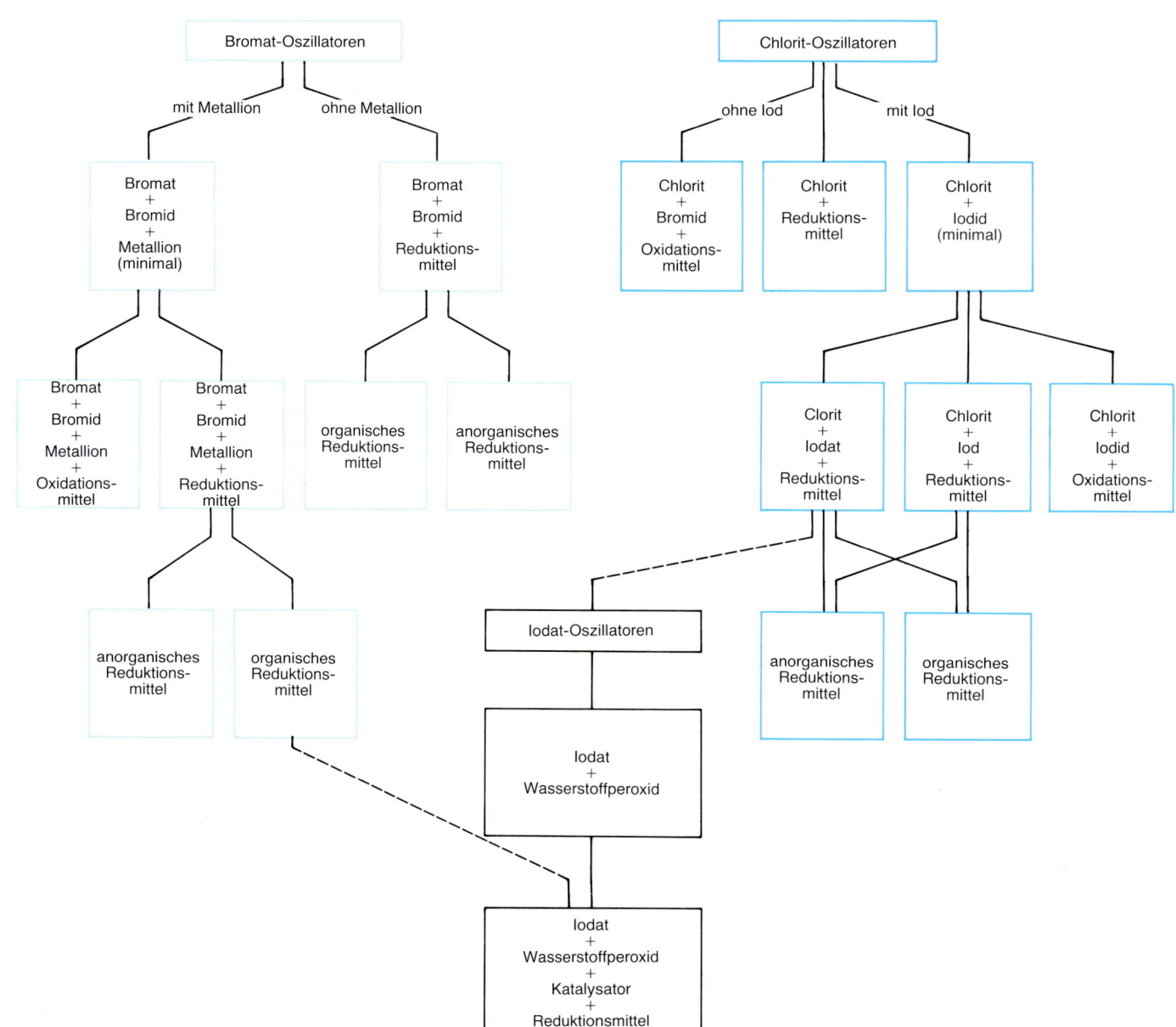

Bild 7: Der Stammbaum der wichtigsten Typen chemischer Oszillatoren umfaßt drei Familien. Die Belousov-Zhabotinsky-Reaktion und ihre zahlreichen Abkömmlinge fallen in den Ast der Bromat-Familie, der Systeme mit Metallionen repräsentiert. Den metallionen-freien Ast dieser Familie haben Körös und einer der Autoren (Orbán) an der Eötvös-Universität entdeckt. Sämtliche Chlorit-Oszillatoren sind das Resultat der Untersuchungen, die die Autoren an der Brandeis-Universität durchführten, wo im Durchflußreaktor auch alle Bromat-Systeme mit anorgani- **schen Reduktionsmitteln entwickelt wurden. Die Iodat-Familie hat die wenigsten Mitglieder. Der zuoberst aufgeführte Vertreter wurde bereits 1921 von William C. Bray an der Universität von Kalifornien in Berkeley entdeckt, aber fünfzig Jahre lang praktisch ignoriert. Der zweite Iodat-Oszillator ist eine Kreuzung zwischen dem System von Bray und der Belousov-Zhabotinsky-Reaktion. Gestrichelte Linien verknüpfen Oszillatoren mit gemeinsamen Reaktionspartnern. Ein Reduktionsmittel ist eine Substanz, die Elektronen abgibt; Oxidationsmittel nehmen Elektronen auf.**

Element (Bild 7). Wir können inzwischen die Chlorit-Oszillatoren in einem Stammbaum ordnen und beginnen allmählich auch, ihre Beziehung zu den Oszillatoren der Bromat- und Iodat-Familie zu begreifen.

Obwohl die Bromat-Oszillatoren mit als erste entdeckt wurden und mechanistisch weit besser verstanden werden als ihre Chlorit-Vettern, erwies sich das Spektrum der Chlorit-Systeme, die unsere systematische Suche ans Licht brachte, als wesentlich breiter. Es gibt zwei Gründe, einen chemischen und einen historischen, für diesen scheinbaren Widerspruch.

Chemisch betrachtet, hat jede Familie von Oszillatoren ein minimales oder einfachstes Mitglied, von dem sich die anderen durch Zugabe weiterer Substanzen ableiten lassen. Der minimale Chlorit-Oszillator (Chlorit plus Iodid) oszilliert in einem weiten Bereich äußerer Bedingungen. Der minimale Bromat-Oszillator (Bromat plus Bromid plus ein Metallion) funktioniert dagegen nur unter äußerst scharf definierten Bedingungen. Selbst nachdem Kedma Bar-Eli von der Universität Tel-Aviv die Existenz des minimalen Bromat-Oszillators vorausgesagt hatte, blieb die Suche danach erfolglos, bis ihn zwei von uns (Orbán und Epstein) mit unserem, auf dem kreuzförmigen Zustandsdiagramm basierenden Verfahren doch noch dingfest machten.

Historisch gesehen wurden die ersten Bromat-Oszillatoren vor dem Aufkommen von Durchflußreaktoren entdeckt. Die Bromat-Systeme oszillieren auch bei chargenweisem Ansatz (ohne Zu- und Abstrom der Reaktionspartner beziehungsweise -produkte). Chlorit-Oszillatoren zeigen wie die überwältigende Mehrzahl der neuen Systeme periodisches Verhalten dagegen nur unter den Bedingungen eines stetigen Flusses von Substanzen durch den Reaktor; ein solcher Fluß ist erforderlich, um die Oszillatoren weit genug vom Gleichgewicht entfernt zu halten. Ein System, das bei chargenweisem Ansatz oszilliert, tut dies fast immer auch bei Aufrechterhaltung eines Stroms von Substanzen durch das System, während das Umgekehrte nur sehr selten gilt. Die meisten Bromat-Oszillatoren wurden zunächst gesucht, indem man die verschiedensten Substanzen einfach zusammenkippte; bei der Suche nach Chlorit-Oszillatoren kam dagegen von vornherein der Durchflußreaktor zum Einsatz. Infolgedessen ließen die Chlorit- die Bromat-Oszillatoren an Zahl bald weit hinter sich. (Im nachhinein entdeckten wir allerdings auch mehrere Chlorit-Systeme, die bei chargenweisem Ansatz oszillieren.)

Man könnte also sagen, daß gerade die Leichtigkeit, mit der die ersten Bromat-

Oszillatoren gefunden wurden, der Suche nach weiteren Vertretern dieser Familie im Wege stand. Erst in allerjüngster Zeit hat man bei der Fahndung nach neuen Bromat-Oszillatoren auch ausgiebig vom Durchflußreaktor Gebrauch gemacht. Dasselbe gilt für die dritte (und bislang kleinste) Familie von Oszillatoren: die Iodat-Systeme.

Eines der Ziele unserer Arbeit bestand darin, ein System zu finden, dessen Mechanismus sich enträtseln und mit dem der BZ-Reaktion vergleichen ließ. Die Analyse der Chlorit-Familie ist derzeit in vollem Gange. Die Geschwindigkeiten mehrerer Elementarreaktionen

sind bestimmt, so daß eine Reihe grundlegender Mosaiksteine bereits vorliegen. Für eine vollständige Beschreibung des Oszillationsschemas müssen, wie uns scheint, die einzelnen Steine nur noch so lange verschoben werden, bis sie zusammenpassen.

Bereits jetzt läßt sich schematisch angeben, wie das erste von uns entdeckte oszillierende System aus Chlorit, Iodat und Arsenit funktioniert (Bild 8). Nur vier grundlegende Bruttoreaktionen sind daran beteiligt (wobei jede von ihnen ihrerseits in mehrere Elementarprozesse zerfällt). Bei zweien reagiert Chlorit mit Iodid oder Iod zu Iod beziehungsweise

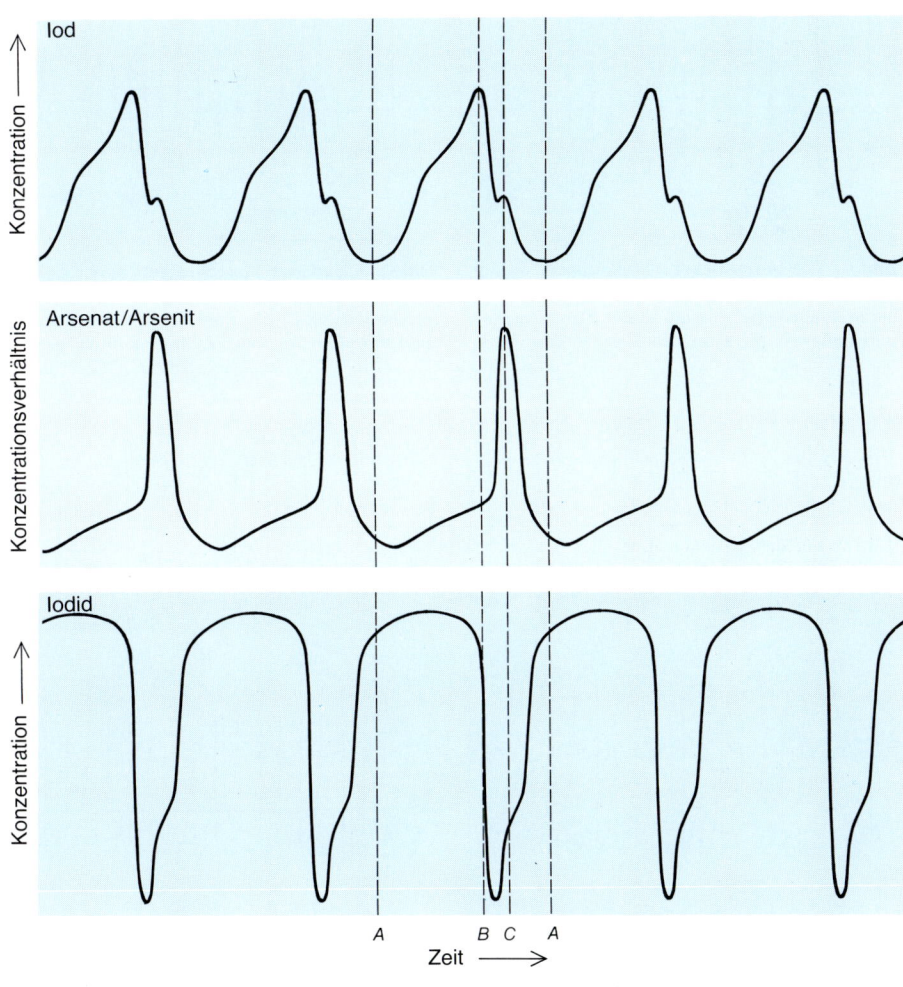

1 Chlorit + Iodid → Chlorid + Iod   3 Iodat + Iodid   → Iod
2 Chlorit + Iod   → Chlorid + Iodat   4 Iod + Arsenit   → Iodid + Arsenat

Bild 8: Das Oszillationsmuster des ersten von den Autoren konzipierten oszillierenden Systems läßt sich anhand des Wechselspiels der vier wichtigsten daran beteiligten Reaktionen qualitativ erklären. Das System wird mit einem gleichmäßigen, ausgewogenen Strom dreier Salzlösungen versorgt: Die eine enthält Chlorit-, die andere Arsenit- und die dritte Iodat-Ionen. Die drei Kurven zeigen, wie die Konzentrationen von Iod und Iodid sowie das Mengenverhältnis von Arsenat zu Arsenit im Durchflußreaktor oszillieren. An Punkt A ist das System reich an Iodid und Arsenit, aber arm an Iod und Arsenat. Daher laufen bevorzugt die Reaktionen 1 und 3 ab. Der dadurch bedingte

steile Anstieg der Konzentration an Iod, begleitet von einem Abfall des Iodid-Gehaltes, bringt das System an Punkt B und die Reaktionen 1 und 3 zum Erliegen. Stattdessen setzen die Reaktionen 2 und 4 ein, durch die Iod und Arsenit verbraucht und Arsenat und Iodid gebildet werden. Das System erreicht Punkt C, an dem fast alles Arsenit in Arsenat umgewandelt und die Konzentration an Iod bereits wieder deutlich gefallen, die an Iodid aber etwas gestiegen ist. Das Arsenat wird weggeführt und mit der zuströmenden Lösung durch neues Arsenit ersetzt. Damit kann sich über Reaktion 4 auch das verbliebene Iod in Iodid zurückverwandeln, und das System kehrt zu Punkt A zurück.

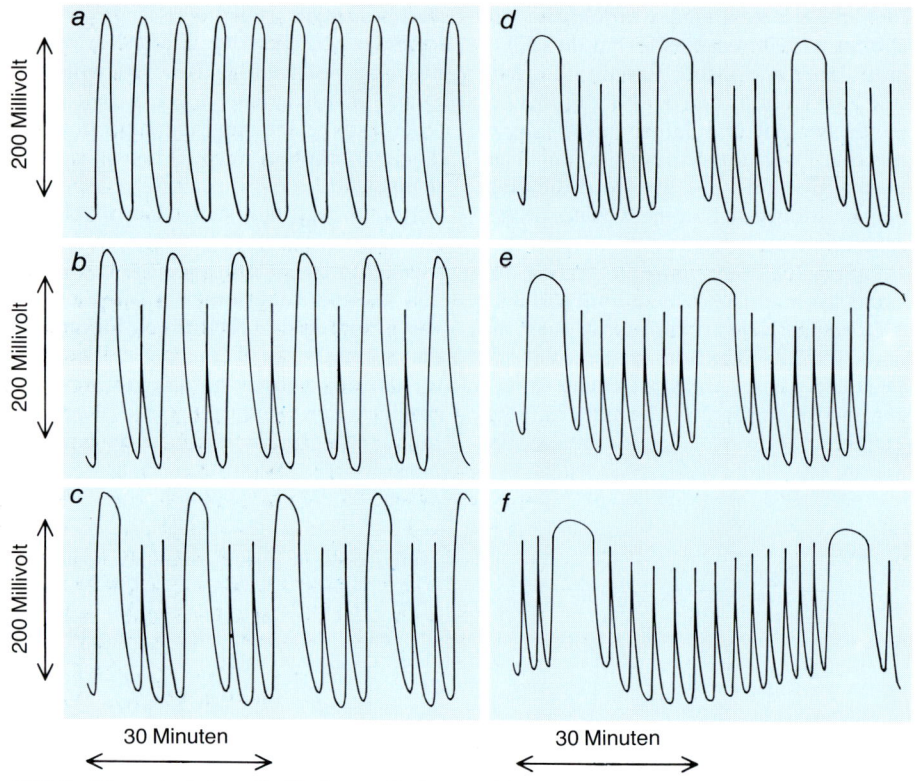

Bild 9: Die periodischen Oszillationen, die im Chlorit-Thiosulfat-System auftreten, können bei systematischer Variation der Strömungsgeschwindigkeit im Durchflußreaktor eine Vielzahl verschiedener Muster zeigen. Jeder Zyklus umfaßt eine große und zwischen 0 und 16 kleine Oszillationen; die Zahl der kleinen Oszillationen bleibt für alle Zyklen jedoch gleich.

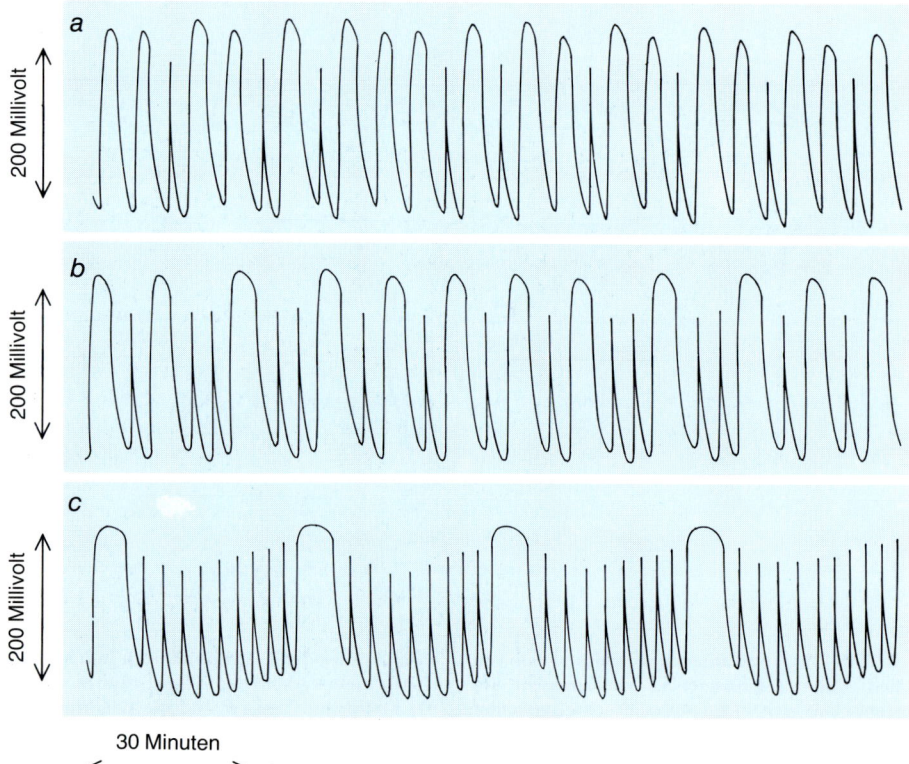

Bild 10: Chaotische Oszillationen treten bisweilen bei Strömungsgeschwindigkeiten auf, die in einem engen Bereich zwischen den Flußraten liegen, bei denen es zu komplizierten periodischen Oszillationsmustern wie in Bild 9 kommt. Eine Form des Chaos besteht in einem scheinbar wahllosen Wechsel zwischen zwei Arten periodischer Oszillationen, wobei einmal n und das andere Mal $n + 1$ Nebenoszillationen pro Hauptoszillation auftreten. Eine Erklärung wäre, daß winzige Schwankungen in der Strömungsgeschwindigkeit das System unkontrolliert zwischen den beiden Zyklen mit n und $n + 1$ kleinen Oszillationen hin und her pendeln lassen. Die Autoren halten chaotische Oszillationen dagegen für ein intrinsisches Charakteristikum der Reaktionsdynamik solcher Systeme bei bestimmten Strömungsgeschwindigkeiten.

Iodat. Bei der dritten verbinden sich Iodat und Iodid zu Iod. Bei der vierten schließlich bilden Iod und Arsenit Iodid und Arsenat. Variationen in den Geschwindigkeiten dieser vier Reaktionen erzeugen periodische Schwankungen in den Konzentrationen von Iod und Iodid und im Mengenverhältnis von Arsenat zu Arsenit (Bild 8).

Räumliche Muster und chemisches Chaos

Chemische Oszillationen, so faszinierend sie für sich allein schon sein mögen, sind überdies eng mit anderen, nicht weniger interessanten Erscheinungen verquickt. Eine ist die Bildung räumlicher Strukturen in ursprünglich homogenen Medien. Solche Strukturen entwickeln sich auch in einem der von uns entdeckten Oszillatoren (Bild 11). Seine Bestandteile sind Chlorit, Iodid und Malonsäure. Gibt man Stärke als Indikator zu, so zeigt die Lösung zunächst eine purpurrote Farbe, die von einem Komplex aus Iodid, Iod und Stärke herrührt. Im Verlauf der Reaktion erscheinen jedoch weiße Punkte, aus denen konzentrische Ringe herauswachsen. Treffen zwei dieser expandierenden Ringsysteme aufeinander, löschen sie sich aus.

Ein Beobachter verglich das Erscheinen weißer Punkte vor einem purpurroten Hintergrund einmal mit dem Aufleuchten der Sterne am Abendhimmel. Das Auftreten solcher geometrischen Formen in einer gleichförmigen, einheitlichen Lösung erinnert stark an jenen Prozeß, bei dem sich embryonale Zellen in tierischen Organismen zu individuellen Zelltypen differenzieren, deren Bestimmung es ist, dereinst zu Blut, Gehirn oder Knochen zu werden.

Ein verwandtes Phänomen, das in Chemikerkreisen ebenso heftige Kontroversen entfacht hat wie die ersten oszillierenden Reaktionen vor einem Vierteljahrhundert, ist das „chemische Chaos". Der Ausdruck charakterisiert eine Reaktion, bei der die Konzentrationen der Zwischenprodukte weder konstant bleiben noch periodisch schwanken, sondern in scheinbar zufälliger und unvorhersehbarer Weise steigen und fallen. Wir haben solche Fluktuationen im BZ-System sowie bei einem unserer neuen Oszillatoren beobachtet, wenn wir beide im Durchflußreaktor unter sorgfältiger Kontrolle ablaufen ließen (Bild 10). Chaotisches Verhalten ist für Mathematiker besonders interessant, denn wenn es chemische Systeme mit derartiger Reaktionsdynamik gäbe, würden sie mathematische Objekte verkörpern, die als „seltsame Attraktoren" bekannt sind. Seltsame Attraktoren können auftau-

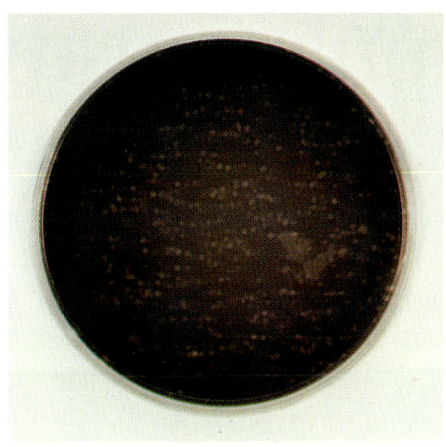
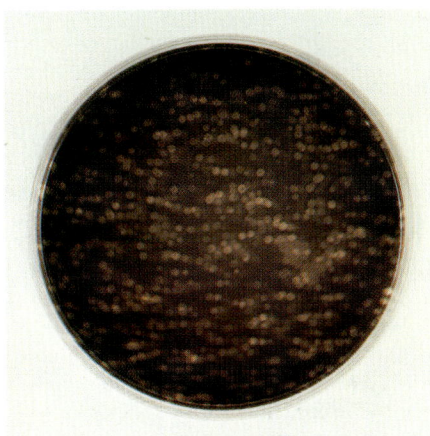

Bild 11: Räumliche Strukturen entwickeln sich in einem Oszillator, der Chlorit, Iodid und Malonsäure als Ausgangssubstanzen enthält. Die in einem flachen Glasschälchen angesetzte Lösung ist zunächst durch einen Komplex aus Iod, Iodid und Stärke einheitlich purpurrot gefärbt (oben links). Im Verlauf der Reaktion erscheinen jedoch weiße Punkte, die sich zu Ringen und Systemen konzentrischer Ringe erweitern. Treffen Ringe aufeinander, löschen sie sich aus. Die letzte Aufnahme (unten rechts) wurde rund neunzig Sekunden nach der ersten gemacht.

chen, wenn bestimmte Gleichungen iteriert, das heißt wiederholt gelöst werden, wobei das Ergebnis einer Iteration die Eingabe für die nächste bildet. In einem Gleichungssystem mit einem seltsamen Attraktor scheint der von den aufeinanderfolgenden Lösungen beschriebene Pfad unvorhersagbar von einem Zyklus zum nächsten zu springen.

Skeptische Chemiker haben eingewandt, chemisches Chaos sei möglicherweise nichts weiter als die Folge unkontrollierbarer experimenteller Schwankungen etwa der Temperatur oder Fließgeschwindigkeit, durch die ein System wahllos von einem Typ komplexer chemischer Oszillationen zu einem anderen geschubst werde. Der Schiedsspruch steht zwar noch aus; aber sorgfältige experimentelle und theoretische Untersuchungen, die Harry L. Swinney und Jack Turner an der Universität von Texas in Austin, Jean Claude Roux, Christian Vidal und Mitarbeiter am Forschungszentrum Paul Pascal sowie J. L. Hudson an der Universität von Virginia kürzlich durchgeführt haben, deuten alle stark darauf hin, daß das chemische Chaos ein echter Bestandteil des Verhaltensrepertoires zumindest einiger chemischer Oszillatoren ist. Die Folgerungen aus seiner Existenz liegen noch völlig im dunkeln. Könnte es sein, daß, wie Henry Adams einst feststellte, „das Chaos das Leben zeugt, die Ordnung dagegen die Lebensweise"?

Nun, da sich gezeigt hat, daß chemische Oszillatoren nicht nur im Einklang mit den Naturgesetzen stehen, sondern sich auch systematisch planen und beschreiben lassen, erringen sie auf verschiedenen Feldern der Wissenschaft stetig steigende Bedeutung. Das Umkippen von einem Zustand in einen anderen, das typisch für derartige Reaktionen ist, birgt vielleicht den Schlüssel zum Verständnis von Regulationsvorgängen in lebenden Zellen, etwa des An- und Abschaltens von Genen oder der Muskelkontraktion. Ein ähnliches Zusammenwirken von Kräften, wie sie die farbigen Ringe und Schichten in nicht gerührten chemischen Oszillatoren erzeugen, könnte auch für die Lücken zwischen den Ringen des Saturn oder für das periodische Streifenmuster bestimmter Gesteinsformationen verantwortlich sein, für das die herkömmliche Geologie keine rechte Erklärung hat.

Es erscheint zudem plausibel, daß viele, wenn nicht alle katalytischen Reaktionen, die von fundamentaler Bedeutung für die chemische Industrie sind, gleichfalls oszillatorisch ablaufen, wobei der Wechsel zwischen den beiden Zuständen nur zu schnell erfolgt, als daß er mit analytischen Standardmethoden zu erkennen wäre. Das Studium chemischer Reaktionen könnte ein Prüfstein sein, an dem sich Theorien nicht nur über die Katalyse, sondern über die Dynamik chemischer Reaktionen allgemein zu bewähren hätten.

Jedes Modell, mit dem sich das komplizierte Verhalten oszillierender Systeme vorhersagen läßt, sollte auch die einfacheren Verhältnisse bei weniger exotischen Reaktionen korrekt beschreiben können. In dem Maße, wie neue chemische Oszillatoren gefunden oder gezielt erdacht werden, steigt die Hoffnung, bahnbrechende Einsichten in eine Vielzahl verwirrender Erscheinungen zu gewinnen und so am Ende auch zu erfahren, wie die biologische Uhr funktioniert, die in uns allen tickt.

Die Populationsdynamik von Räuber und Beute

Auf Neufundland mit seiner artenarmen Säugerfauna
jagen die Luchse vor allem Schneeschuhhasen, bekannt für ihre zyklischen
Bestandsschwankungen. Sobald die Hasenpopulation zusammenbricht, wechseln die
Luchse auf Karibu-Kälber über. Dadurch sind die Zyklen beider Beutepopulationen
auf dieser kanadischen Insel eng miteinander gekoppelt.

Von Arthur T. Bergerud

In den meisten Regionen unserer Welt ist die Nahrungskette ein verwickelt komplexes Gefüge, ein Nahrungsnetz, über das Stoffe und Energie von den einfachen Photosynthese treibenden Organismen über die Pflanzenfresser bis zu den fleischfressenden Säugern gelangen. An jedem beliebigen Fleck der Erde leben im allgemeinen viele Räuber- und Beutearten zusammen: Jeder Räuber frißt mehrere Beutearten, und jede Beuteart wird wiederum von mehreren räuberischen Arten gefressen.

In einigen Regionen jedoch haben sich – besonderer geographischer Bedingungen wegen – relativ einfache artenarme Ökosysteme entwickelt. Solch überschaubare Ökosysteme sind gewissermaßen Freiland-Labors, in denen sich Faktoren, die Größe und Dynamik einer Tierpopulation steuern, gut untersuchen lassen. Eines davon liegt auf Neufundland mit seinen nur vierzehn heimischen Säugerarten.

Die Säugergemeinschaft dort ist nicht allein klein, sondern auch unausgewogen: Neun der vierzehn Arten sind Fleischfresser. Mit so wenig Pflanzenfressern als Beute kann sich – anders als in komplexeren Ökosystemen – jegliche Veränderung bei ihnen stark und ungedämpft auswirken. Dies wurde um die Jahrhundertwende auf Neufundland dramatisch deutlich, als der Bestand von zwei der dort wichtigsten Beutetiere, Karibu und Arktischer Schneehase, sich zu vermindern begann. Erst in einer langwierigen, eingehenden Untersuchung ließ sich der Grund dafür herausfinden: Die Zahl der Luchse hatte rasch zugenommen – aber das wiederum hatte eigene Ursachen.

Jahrhundertelang war der Luchs auf Neufundland selten gewesen. In den sechziger Jahren des vorigen Jahrhunderts jedoch wurde der Schneeschuhhase auf der Insel eingebürgert. Er vermehrte sich kräftig, und mit dieser neuen Nahrungsgrundlage vergrößerte sich auch rasch die Population der Luchse. Zu Beginn unseres Jahrhunderts hatten dann die Schneeschuhhasen ihre ökologischen Grenzen erreicht. Ihre Population brach zusammen. Dem Luchs war damit seine Hauptnahrung entzogen. Als wendiger, anpassungsfähiger Jäger begann er nun, Karibu-Kälbern und der ursprünglich hier heimischen Hasenart, dem Arktischen Schneehasen, nachzustellen. Als sich die Population der Schneeschuhhasen erholte, stellte sich der Luchs wieder auf seine gewohnte Beute um.

Dieser Zyklus hat sich inzwischen viele Male wiederholt. So besteht seit einigen Jahrzehnten zwischen Luchs, Schneeschuhhase und Karibu eine Dreierbeziehung, bei der die Populationen der beiden Beutearten zyklisch schwanken. Außerdem begrenzt der Luchs auch die Zahl der einst auf Neufundland häufigen und nun seltenen Schneehasen.

Die Einführung einer einzigen neuen Art hat also das Gleichgewicht des einfachen Ökosystems in einer langen, verwickelten Kettenreaktion entscheidend verändert. Das Aufdecken dieser Zusammenhänge könnte auch die Dynamik von Populationen in feiner geknüpften Nahrungsnetzen erhellen helfen.

Das Ökosystem Neufundlands unterscheidet sich beträchtlich von den nahegelegenen Festlandsgebieten Kanadas. Dafür gibt es mehrere Gründe.

Die Säugergesellschaft Neufundlands

Als die Vergletscherung während der letzten Eiszeit (in Nordamerika Wisconsin-Eiszeit genannt) vor etwa 18 000 Jahren ihren Höhepunkt erreichte, war einigen Anzeichen nach nicht ganz Neufundland von Eis bedeckt. Daher könnte es hier Refugien gegeben haben, in denen einheimische Säugetiere zu überleben vermochten. So blieben einige Arten erhalten, die sich dann nach dem Rückzug der Gletscher unabhängig von denen des Festlands weiterentwickelten. Immerhin unterscheiden sich neun der vierzehn neufundländischen Säuger so stark von ihren festländischen Artgenossen, daß sie als Unterarten anzusehen sind. Auch das spricht für eine Jahrtausende währende genetische Isolation.

Einige Arten, vor allem räuberische, haben die Insel möglicherweise während der Nacheiszeit über driftende Eisschollen oder feste Eisbrücken erreicht. Ansonsten hat das Meer jedoch einen vollen biologischen Austausch zwischen der Insel und dem kanadischen Festland verhindert. Auf der Halbinsel Labrador, die von Neufundland durch die nur 18 Kilometer breite Belle-Isle-Straße getrennt ist, leben immerhin 34 Säuger-Arten (Bild 2). Und sogar 38 Arten sind es auf Kap Breton, einer 112 Kilometer südwestlich von Neufundland gelegenen Halbinsel mit einer schmalen Landbrücke.

Das Meer um Neufundland hat aber nicht nur als Arten-Barriere, sondern auch als Filter gewirkt, der bestimmte Säuger-Typen durchließ, andere aber von der Insel abhielt. So hatten die agileren Raubtiere größere Chancen als ihre Beutetiere, die Insel zu kolonisieren.

Ursprünglich beherbergte Neufundland – neben zwei Arten von Fledermäusen – sieben weitere fleischfressende Säuger: den dort 1911 ausgerotteten Waldwolf (*Canis lupus*), den Nordamerikanischen Rotfuchs (*Vulpes vulpes*), den Luchs (*Lynx lynx*), den Nordamerikanischen Fischotter (*Lutra canadensis*), den Schwarzbär (*Ursus americanus*), das Hermelin (*Mustela erminea*) und den Fichtenmarder (*Martes americana*).

Dem standen vor der Einbürgerung des Schneeschuhhasen (*Lepus americanus*) ganze fünf pflanzenfressende Säuger gegenüber: der Kanadische Biber (*Castor canadensis*), die Wiesenwühlmaus (*Microtus pennsylvanicus*), das Karibu (die kanadische Unterart des Rentiers, *Rangifer tarandus*), der Arktische Schneehase (*Lepus arcticus*) und die Bisamratte (*Ondatra zibethica*). In dieser

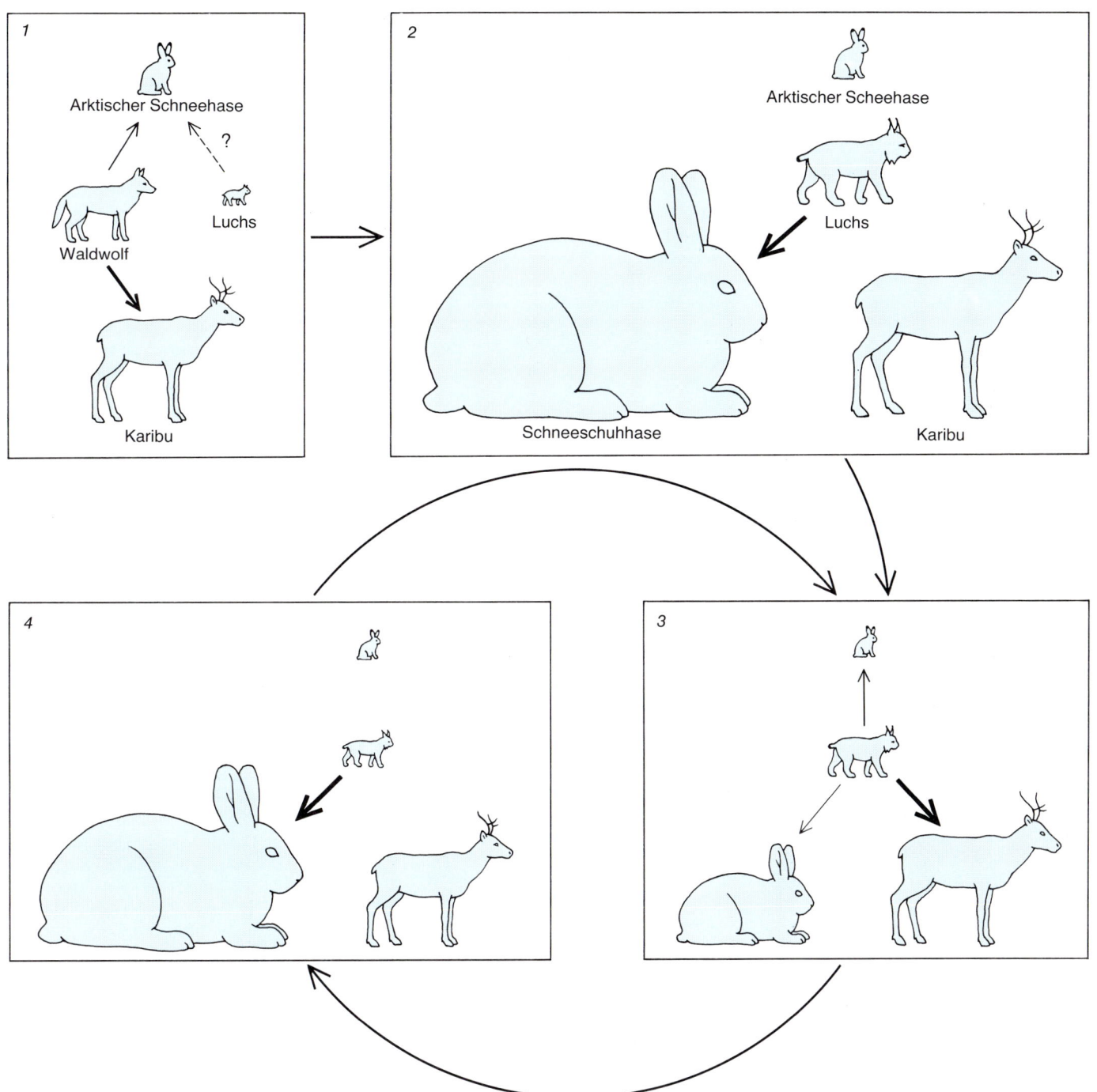

Bild 1: Das Diagramm zeigt schematisch, wie sich der zyklische Beutewechsel des Luchses auf Neufundland entwickelt hat. Bis Mitte des 19. Jahrhunderts war der Waldwolf der Hauptfeind der Karibus; Luchse gab es nur vereinzelt (1), sie lebten hauptsächlich von den dort heimischen Arktischen Schneehasen (*Lepus arcticus*). Im Jahre 1864 wurden Schneeschuhhasen (*Lepus americanus*) auf der Insel ausgesetzt, um den Bewohnern eine neue Nahrungsquelle zu erschließen. Diese Tiere vermehrten sich rasch, und um die Jahrhundertwende hatte die Population dann ihren Höchststand erreicht (2). Die Luchse, die sich nun von diesen Hasen ernährten, vermehrten sich in der Folgezeit ebenfalls stark. Der Wolf hingegen wurde etwa 1911 ausgerottet. Als die Population der Schneeschuhhasen um 1915 zusammenbrach, wechselten die Luchse auf Karibu-Kälber und wieder auf Arktische Schneehasen über und dezimierten die beiden Beutearten beträchtlich (3). Inzwischen hatten bei den Schneeschuhhasen periodische Bestandsschwankungen eingesetzt, die einem dieser Art eigenen Zehn-Jahres-Zyklus folgten. Bei jedem „Hasengipfel" schalteten die Luchse wieder auf diese Beute um (4), so daß sich die Karibu-Population jedesmal erholen konnte. Seit Jahrzehnten wechselt nun der Luchs im Zehn-Jahres-Rhythmus zwischen Karibu und Schneeschuhhase. Die Arktischen Schneehasen sind auf Neufundland seit langem sehr selten geworden; sie kommen fast nur noch in Gebirgsregionen vor. Ihre Population fluktuiert auch weniger als die der anderen.

Konstellation ist die übliche Artenpyramide mit ihrer schmalen Spitze aus Fleischfressern genau umgekehrt.

Biologische Systeme arbeiten, genau wie technische, bei der Energieübertragung mit Verlusten – mit sehr hohen sogar. Da der Wirkungsgrad, die Ausnutzung der „gefressenen" Energie, schlecht ist, stellen die Räuber insgesamt weit weniger Biomasse als ihre Beute. Aus demselben Grund ist die Zahl der räuberischen Arten auch im allgemeinen kleiner als die der Beutearten.

Einfache umgekehrte Fauen-Pyramiden wie die neufundländische sind ausgesprochen störanfällig, nicht zuletzt deshalb, weil sie eine Ausnahme von den Regeln machen, die normalerweise für Nahrungsketten gelten. Wie empfindlich ein solches System reagieren kann, zeigen meine Erfahrungen auf Neufundland. Dort habe ich elf Jahre lang, von 1956 bis 1967, als Biologe für die New-foundland Division of Wildlife gearbeitet, um die Ursache für den drastischen Rückgang der Karibus zu ergründen. Was ich schließlich herausbekam, war auch für andere Arten bedeutsam.

Karibu und Schneehase

Noch um 1900, als lediglich der kleine Stamm der Micmac-Indianer das Innere Neufundlands bewohnte, waren die Karibu-Herden recht groß. Die beiden Naturforscher A. A. Radclyffe Dugmore und J. G. Millais schätzten den Gesamtbestand am Ende des vorigen Jahrhunderts auf 150 000 bis 200 000 Tiere. Das konnte allerdings kaum mehr als eine auf Erfahrungen gründende Annahme sein, denn Dugmore und Millais hatten nicht versucht, die Herden systematisch zu zählen oder Stichproben vorzunehmen. Aus Befragungen älterer Jäger, aus Auf-zeichnungen über die insgesamt erlegten Karibus und nach dem verfügbaren Lebensraum schätze ich den damaligen Bestand auf 40 000 Tiere – für eine Insel von rund 110 000 Quadratkilometer Fläche immer noch ganz beträchtlich.

Nur ein Vierteljahrhundert später war das Karibu schon fast ausgestorben. Um 1925 schätzte Dugmore den Restbestand auf lediglich 200 Tiere. Dieser Rückgang ist um so bemerkenswerter, als der Waldwolf, seit Jahrtausenden der Hauptfeind der Karibus, gerade um 1911 ausgerottet worden war.

Ungefähr um die Jahrhundertwende ging auf Neufundland auch die Population der Arktischen Schneehasen zurück. Ihre ursprüngliche Stärke und der Verlauf der Abnahme sind allerdings weniger gut belegt als beim Karibu. Wie viele Schneehasen vor dem Ansturm der Siedler auf der Insel lebten, läßt sich nur grob abschätzen. Doch ist man sich ziemlich einig, daß sich ihr Verbreitungsgebiet einst weit über die Insel erstreckte: von der Nordhalbinsel bis zum Buchans-Plateau und den südlichen Long Range Mountains und von dort entlang der Südküste ostwärts bis zur Burin- und zur Avalon-Halbinsel (Bild 2).

Daß dieses Verbreitungsgebiet nach der Jahrhundertwende stark schrumpfte, ist das deutlichste Zeichen für einen drastischen Rückgang der Schneehasen-Population. Outram Bang, der sieben der vierzehn auf Neufundland heimischen Säugerarten beschrieben hat, notierte 1913: „Der Arktische Schneehase ist sehr selten geworden und tritt gerade noch lokal auf den Gipfeln der hohen Berge auf." In den fünfziger Jahren kam diese Art nur mehr in wenigen Bereichen vor: in den Höhenlagen der nördlichen und südlichen Long Range Mountains sowie auf der Hochfläche des Buchans-Plateaus und weiter entlang der Südküste bis zur Bai d'Espoir. Aber selbst da waren sie selten. In den vergangenen Jahrzehnten bestand die gesamte neufundländische Population wahrscheinlich aus nicht einmal 1000 Individuen.

Als ich auf die Insel kam, gab es weit mehr Beweismaterial über den Rückgang der Karibus als über den der Schneehasen. Bei den Karibus konzentrierten sich die Forschungen anfangs auf jene Faktoren, die die Sterblichkeit der Kälber beeinflussen. Denn bei vielen Säugern bilden die jüngsten Altersstufen das schwächste Glied. Tatsächlich schien das Schrumpfen der Karibu-Population großenteils auf einer erhöhten Sterblichkeit der Jungtiere zu beruhen.

Die geschlechtsreifen Männchen einer Herde ziehen fast das ganze Jahr über getrennt von den Weibchen umher. Nur zur Brunftzeit Mitte Oktober schließen sich beide für etwa zehn Tage zusam-

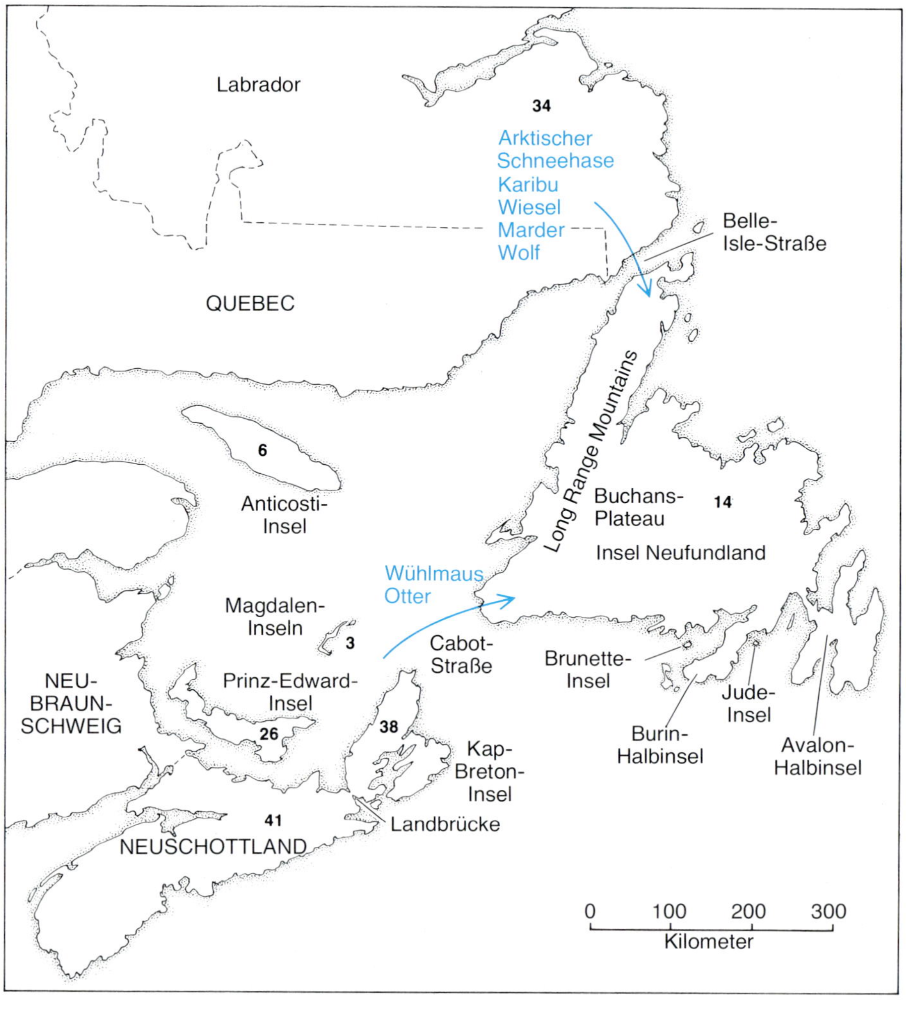

Bild 2: Die ursprünglich auf Neufundland heimische Säugerfauna umfaßte lediglich vierzehn Arten. In nahegelegenen Regionen auf dem kanadischen Festland ist sie wesentlich artenreicher. Fünf der neufundländischen Säuger sind möglicherweise über Eisschollen oder feste Eisbrücken von Labrador her eingewandert, zwei weitere aus den kanadischen Küstenprovinzen im Südwesten. Das Meer um Neufundland hat sich als Artenbarriere und Filter erwiesen, der nur bestimmte Säuger-Typen, insbesondere räuberische, die Insel erreichen ließ. Daher steht die neufundländische Nahrungspyramide gewissermaßen kopf: Neun der vierzehn Säuger sind Fleisch- und nur fünf Pflanzenfresser. Eine solch umgekehrte Pyramide ist sehr störanfällig.

men. In dieser Zeit werden ungefähr 80 Prozent der Kühe erfolgreich gedeckt. Die restlichen Kühe sind rund zehn Tage später nochmals, wenn auch weniger lange, paarungsbereit, so daß auch einige davon noch gedeckt werden.

Die Tragzeit der Karibus dauert durchschnittlich 229 Tage. Infolge der synchronisierten Brunft kommen fast alle Kälber innerhalb von zwei Wochen, die ersten um den 24. Mai, zur Welt. Die Kühe kalben in großen Gruppen und suchen dafür im allgemeinen jedes Jahr dieselben Plätze auf. Auf Neufundland sind die meisten dieser „Kalbegründe" offene, von Strauchbestand umgebene Moorflächen. Nach der Wurfzeit zerstreuen sich manche Herden, um in den Wäldern der Mückenplage zu entgehen.

In der Zeit von 1957 bis 1964 fanden die nachforschenden Biologen alljährlich viele Kälber tot in den Kalbegründen. Die Kadaver ließen sich leicht entdecken, da das Muttertier noch tagelang bei seinem toten Kalb bleibt. Viele hatten Abszesse am Hals, die von einer Infektion mit einem weitverbreiteten bakteriellen Krankheitserreger herrührten: dem mukoiden Typ A von *Pasteurella multocida*. Die unmittelbare Todesursache war eine infektionsbedingte Blutvergiftung.

Dank dem gut synchronisierten Fortpflanzungszyklus und dem von Jahr zu Jahr ziemlich konstanten Prozentsatz kalbender Weibchen läßt sich der theoretisch mögliche Neuzuwachs einer Karibu-Herde leicht berechnen. Ein Vergleich mit dem tatsächlichen Zuwachs zeigte, daß die Sterblichkeit der Karibu-Kälber recht hoch war und daß die aufgefundenen Überreste nur einem Bruchteil der verendeten Tiere entsprachen.

Im Zeitraum zwischen 1958 und 1967 verschwanden durchschnittlich 27 Prozent aller Kälber innerhalb ihrer ersten beiden Lebenswochen. Aus den Zahlen führender und nichtführender Weibchen

ein Meter

Bild 3: Die Zeichnung zeigt die vier neufundländischen Säugerarten, die in den Beutewechsel-Zyklus einbezogen sind. Das Karibu hat einen synchronisierten Fortpflanzungszyklus, daher werden sämtliche Kälber innerhalb von zwei Wochen — etwa Ende Mai bis Anfang Juni — geboren. Die Kühe versammeln sich dazu Jahr für Jahr in sogenannten Kalbegründen. In den fünfziger und sechziger Jahren fand man dort viele verendete Kälber. Die Abszesse an ihrem Hals rührten, wie sich herausstellte, von Bißwunden her, die der Luchs ihnen bei einem mißglückten Angriff zugefügt hatte. Im Schutz des Muttertieres droht dem Kalb nur wenig Gefahr. An Kälber, die sich zu weit fort wagen, schleicht sich der Luchs gewöhnlich Deckung nehmend heran und packt sie an Hals oder Nacken. Seinen beiden anderen Beutetieren, dem Arktischen Hasen (unten Mitte) und dem Schneeschuhhasen (links unten), bleibt zur Verteidigung nur höchste Wachsamkeit und rasante Flucht. Die Schneeschuhhasen — hier im Winterkleid — bewohnen die Region des nördlichen Nadelwalds, wo im Winter lockerer Schnee vorherrscht. Ihre breiten, stark behaarten Pfoten verhindern ein Einsinken. Die Arktischen Schneehasen sind hingegen in der windgepeitschten Tundra mit ihrer festen Schneedecke zu Hause.

Bild 4: Die Ursache für die Abszesse am Hals der toten Karibu-Kälber wurde 1964 entdeckt. Damals stieß man auf ein verendetes Tier ohne Abszesse, in dessen Hals ein Raubtier seine vier Eckzähne eingeschlagen hatte. Ein herbeigeschaffter Luchsschädel zeigte, daß die großen Eckzähne genau in die vier Wundmale paßten. In Kulturen aus Luchsspeichel entwickelte sich das gleiche krankheitserregende Bakterium, das man zuvor in den Abszessen nachgewiesen hatte. Offenbar war also der Luchs für die hohe Sterblichkeit der Karibu-Kälber verantwortlich.

ließ sich abschätzen, daß jeweils bis zum Oktober 70 Prozent aller Muttertiere ihren Nachwuchs verloren hatten. Später im Jahr sank die Sterblichkeit jedoch drastisch: Kälber, die bis dahin überlebt hatten, überstanden meist auch den Winter. Es war also die hohe Sterblichkeit in den ersten vier Lebensmonaten, die die Größe der Herden begrenzte.

Wo die fehlenden Kälber geblieben waren und warum sich die Todesfälle gerade im Frühjahr häuften, waren allerdings nicht die einzigen ungeklärten Fragen. So kehrte sich das Geschlechterverhältnis, das bei der Geburt 52 zu 48 zugunsten der männlichen Kälber betrug, bis zum Herbst auf 62 zu 38 zugunsten der weiblichen Kälber um. Ferner war die Gesamtsterblichkeit in tiefergelegenen Kalbegründen am höchsten, obgleich gerade dort die Tiere am wenigsten unter Wind und Kälte zu leiden hatten. In den gebirgigen Zonen mit ihrem bedeutend rauheren Klima gab es weniger Ausfälle. Was aber am meisten verblüffte war, daß sich bei den langfristigen jährlichen Zählungen zyklische Schwankungen in der Sterblichkeit abzeichneten. So stieg 1958 und 1959 der Anteil überlebender Kälber und nahm dann von 1960 bis 1963 stetig ab (Bild 5).

Die Teile des Puzzles begannen sich zu einem sinnvollen Ganzen zu ordnen, als 1964 die Ursache der Abszesse entdeckt

wurde. In jenem Frühjahr war man auf ein totes Kalb mit vier Stichwunden am Hals gestoßen, wie die Eckzähne eines Raubtieres sie hinterlassen. Möglicherweise hatten auch die anderen toten Kälber solche, allerdings von Abszessen überdeckte Wunden gehabt.

Ursache des Kälbersterbens: der Luchs

Die artenarme Fauna Neufundlands machte die Suche nach dem Täter einfach. Unter den einheimischen Raubtieren kam nur der Luchs in Frage, da allein seine Eckzähne die richtige Größe und Anordnung haben, um die vier gleichmäßig angeordneten Wunden zu schlagen. Die Vermutung bestätigte sich, als wir die Zähne eines herbeigeschafften Luchsschädels genau in die vier Wundmale am Hals des toten Karibu-Kalbes einpassen konnten (Bild 4).

Als man von Speichelproben eines Luchses Kulturen anlegte, fand sich darin auch der Erreger *Pasteurella multocida*. Als nächstes wurden drei Karibu-Kälber zusammen mit einem Luchs in ein Gehege gesperrt. Der Luchs packte alle am Hals, doch die wissenschaftlichen Beobachter hinderten ihn jedesmal daran, seine Beute zu töten. An den Wunden entwickelten sich rasch die bekann-

ten *Pasteurella*-infizierten Abszesse. Die Kälber gingen dann vier, fünf beziehungsweise 15 Tage nach dem Biß ein.

Diese detektivische Kleinarbeit hatte also Indizien dafür erbracht, daß die Verluste der Karibu-Herden auf das Konto der jagenden Luchse gingen. Die tot aufgefundenen Kälber waren von Luchsen gebissen worden, doch entkommen — aber nur, um bald darauf an Blutvergiftung zu sterben. Als Biologen die Waldstreifen am Rande der Kalbegründe durchsuchten, stießen sie dort auf Überreste weiterer Kälber.

Wie andere katzenartige Raubtiere auch ergreift der Luchs seine Beute häufig am Hals und schleift sie dann unter schützendes Buschwerk oder in ähnliche Verstecke. Offenbar lauert er zunächst im Unterholz am Rande der Kalbegründe, bis sich ein unvorsichtiges Kalb nähert. Dann schießt er hervor, packt sein Opfer am Hals und schleift es zurück in die Dickung. Daß männliche Karibu-Kälber hierbei stärker gefährdet sind als weibliche, liegt daran, daß sie sich — als das erkundungsfreudigere Geschlecht — oft weit vom Muttertier entfernen, um den Waldsaum zu inspizieren. Eine ausgewachsene neufundländische Karibu-Kuh bringt es auf eine Schulterhöhe von etwa 1,20 Meter und ein Gewicht von rund 100 Kilogramm — also mehr als genug, um einen angreifenden, nur etwa 10 Kilogramm schweren Luchs abzuwehren (Bild 3).

Der Luchs: ein limitierender Faktor

Daß der Luchs den Rückgang der Karibus verursacht, war bis dahin nur Hypothese. Um sie zu prüfen, wurden im Bereich zweier Kalbegründe alle Luchse in Fallen gefangen und entfernt. Danach stieg der Anteil überlebender Kälber statistisch signifikant an.

Dann wurden Karibus auf einigen kleinen, vom Luchs unbewohnten Inseln vor der Küste Neufundlands ausgesetzt — und zur Kontrolle auch in Gebieten auf dem Festland, wo die ursprünglichen Karibu-Populationen ausgestorben, Luchse aber noch vorhanden waren. Auf den kleinen Inseln wuchs die Karibu-Population mit nahezu der Rate, die als Maximum errechnet worden war. In den vom Luchs bewohnten Festland-Habitaten vergrößerte sie sich etwa halb so schnell. Im gleichen Zeitraum veränderte sich der Bestand der neufundländischen Hauptherde nur wenig: 1961 zählte sie 6100 Tiere, 1966 dann 6200.

Sämtliche Tiere waren vom Newfoundland Wildlife Service unter der Leitung von Eugene Mercer ausgesetzt worden. Er selbst arbeitete dann vor al-

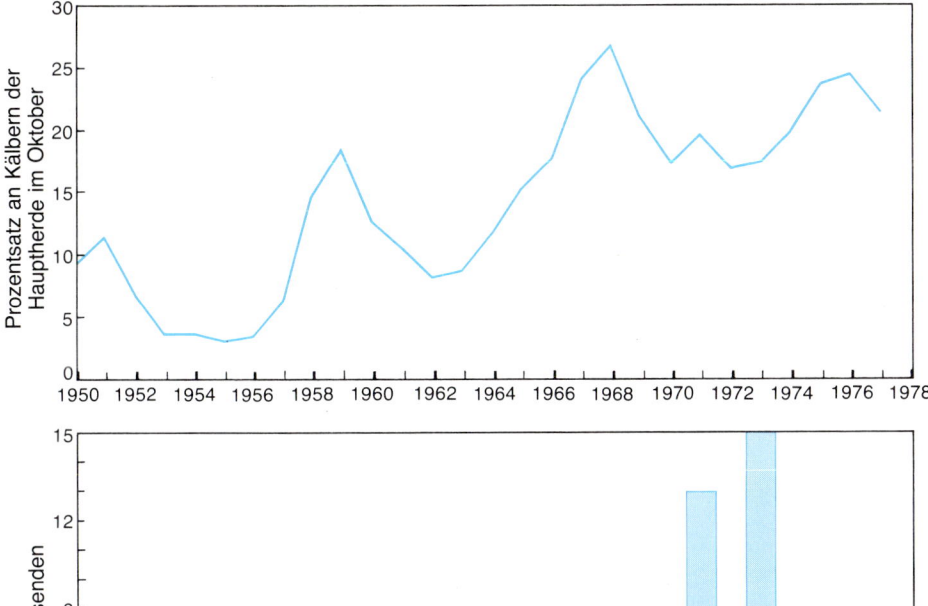

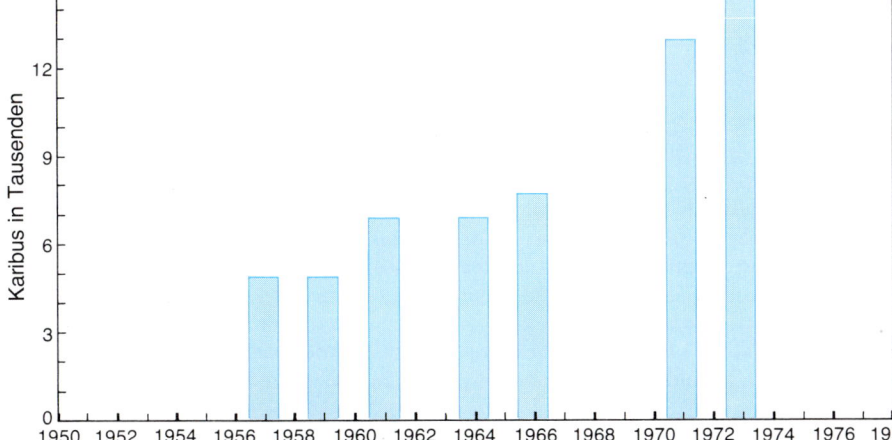

Bild 5: Die Überlebensrate der Karibu-Kälber bestimmte in den fünfziger und sechziger Jahren die Größe der Hauptherde auf Neufundland. Die Kurve oben gibt an, wie hoch der Anteil an Kälbern jeweils im Oktober war. Die Spitzenwerte in den Jahren 1951, 1959, 1968 und 1976 fielen gerade mit den Maxima im Bestand der Schneeschuhhasen zusammen. Wenn deren Population wieder zusammenbrach, sank auch die Überlebensrate der Kälber. Die Balken im unteren Diagramm zeigen, wie sich der Hauptbestand an Karibus im Inneren Neufundlands änderte. Zahlenangaben sind nicht für alle Jahre vorhanden. Als der Beutewechsel-Zyklus am stärksten ausgeprägt war, wurde die Bestandsgröße von der Überlebensrate der Kälber bestimmt. In letzter Zeit hat sich der Zyklus allerdings abgeschwächt, weil die Zahl der Luchse zurückgegangen ist und einige neue Beutearten auf der Insel eingebürgert wurden.

lem auf Jude mit, eine der Inseln, auf denen sich die Karibus schnell vermehrt hatten. Dort wurden zwei mit Radiosendern versehene Luchse ausgesetzt, so daß verfolgt werden konnte, wie sich diese Räuber auf die bislang von natürlichen Feinden unbehelligte Herde auswirkten. In der ersten Saison rissen sie 65 Prozent der Kälber, während im Vorjahr alle überlebt hatten. Als später die beiden Luchse wieder von der Insel entfernt wurden, stieg die Überlebensrate der Karibu-Kälber sofort wieder auf ihren ursprünglichen Wert.

Die Untersuchungen auf der Insel Jude lieferten auch eine Erklärung dafür, warum die Karibu-Kühe noch mehrere Tage bei ihren toten Kälbern bleiben. Die Ortung der Radiosender zeigte, daß sich die Luchse, wenn die Kuh sie von ihrer Beute vertrieben hatte, häufig nur ins nahe Unterholz zurückzogen, um dort auf das Abwandern der Kuh zu lauern. Die Anwesenheit des Räubers veranlaßt

offenbar das verteidigende Muttertier, länger am Kadaver auszuharren.

Die Experimente auf Jude überzeugten schließlich auch die skeptischsten Beobachter davon, daß der Luchs, der auf dem kanadischen Festland nie als bedeutsamer Karibu-Jäger in Erscheinung getreten war, nun auf Neufundland die Karibu-Population kontrolliert. Als der Waldwolf — einst der wichtigste begrenzende Faktor für die Population — von der Insel verschwand, übernahm der Luchs in diesem einfachen Ökosystem seine Stelle (Bild 1).

Wenn der Luchs die Karibu-Population zu regulieren vermag, könnte er womöglich auch den Bestand der Arktischen Schneehasen kontrollieren. Dafür sprach, daß diese Hasenart gerade in jenen Hochlandregionen noch ab und zu anzutreffen war, wo auch die Karibu-Kalbegründe mit den höchsten Überlebensraten lagen. Andererseits war es aber auch möglich, daß die Schneeschuh-

hasen die Population der alteingesessenen Schneehasen zum Schrumpfen gebracht hatten, weil sie um die gleiche Nahrung konkurrieren. Und schließlich war auch denkbar, daß sich die Flora der Insel veränderte und das den Schneehasen ihre Nahrungsgrundlage entzogen hatte.

Um nun herauszufinden, ob die verfügbare Nahrungsmenge das Wachstum der Schneehasen-Population begrenzt, wurden zwei Pärchen auf Brunette ausgesetzt. Die Insel, 16 Kilometer südlich von Neufundland in der Fortune Bay gelegen, ist weder von räuberischen Säugern noch vom Schneeschuhhasen besiedelt. Sie bietet, genau wie weite Teile Neufundlands, dem Schneehasen einen geeigneten Lebensraum; die Landschaft hat großenteils subalpinen bis alpinen Charakter, und die Erhebungen der Tundra sind auf den Kuppen mit Moosen und zwergstrauchreichen Heiden bewachsen. Nach nur sechs Fortpflanzungsperioden lebten auf der Insel bereits 1000 Schneehasen. Ohne den Freßfeind Luchs hatten sie sich — wie die Karibus auf der Insel Jude — mit fast maximaler Geschwindigkeit vermehrt.

Offensichtlich — das hatte der Aussetzungsversuch auf Brunette gezeigt — ist es nicht die Nahrung, die das Wachstum der Schneehasen-Population begrenzt. Um die anderen Hypothesen zu prüfen, wurden Hasen von Brunette auf Inseln verfrachtet, wo zwar Schneeschuhhasen, aber keine Luchse leben. Zur Kontrolle wurden auch einige in Gebieten Neufundlands freigelassen, wo Schneeschuhhasen sowie Luchse vorkommen.

Während sich die Schneehasen auf den entlegenen Inseln vermehrten (wenn auch langsamer als auf Brunette), mißglückte die Ansiedlung in den vom Luchs bewohnten Habitaten Neufundlands völlig. Ganz offensichtlich kann der Schneehase zwar der Konkurrenz des Schneeschuhhasen standhalten, nicht aber dem Feinddruck durch den Luchs — zumindest in den Niederungen Neufundlands gelingt ihm das nicht.

Die Abhängigkeiten im Räuber-Beute-System

Die Freilandversuche bestätigten also, daß der Luchs auf Neufundland die Häufigkeit des Karibus und des alteingesessenen Schneehasen begrenzt. Aus diesen Befunden und der Auswertung der historischen Aufzeichnungen über die neufundländische Fauna begann sich ein ungewöhnliches dynamisches Räuber-Beute-System abzuzeichnen, in dem Luchs, Karibu und die beiden Hasenarten eng miteinander verquickt sind.

Jahrtausendelang hatten Schneehasen, Wölfe und Karibus auf den windgepeitschten baumlosen Tundren und Gebirgsstöcken Neufundlands nebeneinander bestanden – bis zur Besiedlung durch den Weißen Mann. Der Luchs war zu jener Zeit so selten, daß sich Experten darüber streiten, ob er überhaupt zur ursprünglichen Fauna der Insel gehörte.

Ohne Zweifel fluktuierten auch damals die Populationen der Luchse, Karibus und Schneehasen. Stabilisierende Mechanismen sorgten jedoch dafür, daß diese kleinen Schwankungen nicht im Aussterben einer der vier Arten kulminierten. Dann aber, im Jahre 1864, brachte man Schneeschuhhasen nach Neufundland, um den isoliert lebenden Fischern an der Westküste der Insel eine neue Nahrungsquelle zu verschaffen – und damit kam das fein abgestimmte populationsdynamische Gleichgewicht zwischen den heimischen Arten ins Wanken.

Wenn ein Tier wie der Schneeschuhhase eine neue Umgebung besiedelt, vermehrt es sich häufig rapide, bis seine Population nach einigen Jahrzehnten den Höchststand erreicht. Die Neufundländer bekamen diesen Gipfel um 1890 zu spüren (Bild 6). Damals hatte die Population auf der ganzen Insel eine solche Dichte erreicht, daß einige Fallensteller in einer einzigen Saison 1000 Tiere fingen.

Dem anfänglichen Gipfel folgt gewöhnlich ein Abfall, wenn die Grenzen der besetzten ökologischen Nischen erreicht werden. So hatte in der Population der Schneeschuhhasen um 1915 ein rapider Rückgang eingesetzt.

Gegen Ende des 19. Jahrhunderts, als sich der Bestand so rasch vergrößerte, wuchs auch – allerdings mit gewisser Verzögerung – die Population der Luchse. Eine solche nachhinkende Entwicklung ist typisch für Gebiete, wo – wie in weiten Teilen Kanadas – Luchs und Schneeschuhhase ein festes Räuber-Beute-Paar bilden. Räuber und Beute haben phasisch gegeneinander verschobene Häufigkeitskurven, die sinusförmig um einen Mittelwert schwanken. Die Population der Schneeschuhhasen wächst, bis Nahrungsmangel oder ein selbstregulierender Mechanismus den Anstieg stoppen. Danach schrumpft sie, weil die Fortpflanzungsrate gesunken ist. Sind weniger Hasen als Beute vorhanden, sinkt schließlich auch die Fortpflanzungsrate und damit der Bestand der Luchse. Daraufhin erholt sich wieder die Hasenpopulation, und der ganze Zyklus beginnt von vorn. Ohne Störungen von außen dauert ein solcher Zyklus neun bis elf Jahre.

Dank der reichen Beute hatte sich der Luchs bis Anfang unseres Jahrhunderts von der Westküste aus über ganz Neufundland ausgebreitet. Sogar in der Hauptstadt St. John's trieben sich Berichten zufolge Luchse herum; und im Parlament der Insel wurde 1904 ein Gesetzesentwurf zur Ausrottung der Luchse eingebracht. Auch das gibt eine Vorstellung davon, wie rasch der Luchs überhandgenommen hatte. Doch nicht der Mensch, sondern ökologische Faktoren haben schließlich seinen Bestand reguliert.

Die Population der Schneeschuhhasen hielt ihren hohen Stand von 1896 bis 1915 bei. (Damals hatten sich die zyklischen Schwankungen in den Beständen des Räuber-Beute-Paares noch nicht eingestellt.) Als sie dann schließlich zusammenbrach, war den zahlreichen Luchsen ihre wichtigste Nahrungsquelle entzogen. Als anpassungsfähige und nicht wählerische Raubtiere können sich erwachsene Luchse bei extremer Nahrungsknappheit zwar nicht mehr fortpflanzen. Doch verhungern sie nur selten, da sie sich auf andere Wildtiere, auf Haustiere oder sogar auf totes angeschwemmtes Meeresgetier umstellen.

Der Wildbestand Neufundlands bot lediglich Mäuse, Schneehasen und Karibu-Kälber als Ersatz. Vermutlich begannen die Luchse, den Kälbern und den wenigen Schneehasen nachzustellen (Bild 1). Die neuen Beutetiere waren zwar nicht so zahlreich und regelmäßig greifbar, daß der Luchs seinen Bestand hätte aufrechterhalten oder gar vergrößern können. Doch milderten sie wenigstens den Verlust seiner Hauptnahrung.

Störfaktor Mensch

Ungefähr zu der Zeit, als die Luchse große Mengen von Karibu-Kälbern zu reißen begannen, erhöhte sich auch die Sterblichkeit der erwachsenen Karibus – allerdings aus ganz anderen Gründen. Um die Jahrhundertwende war die Neufundland-Eisenbahn fertiggestellt worden, und sie kreuzte den Weg, auf dem die größte Karibu-Herde der Insel jeden Herbst nach Süden wanderte. Mit der Eisenbahn aber kamen Jäger, die zwischen 1911 und 1925 die Herde gewaltig dezimierten. Allein in den Jahren 1911, 1912, 1914 und 1915 wurden jeweils mehr als 5000 Karibus erlegt.

Da viele ausgewachsene Karibus abgeschossen wurden, als die Luchse sich gerade auf die Kälber zu verlegen begannen, konnten die Verluste kaum ausgeglichen werden. In wenigen Jahren war die um 1900 noch 40 000 Tiere zählende Population so gut wie ausgerottet.

In den zwei Jahrzehnten des katastrophalen Niedergangs dieser Karibu-

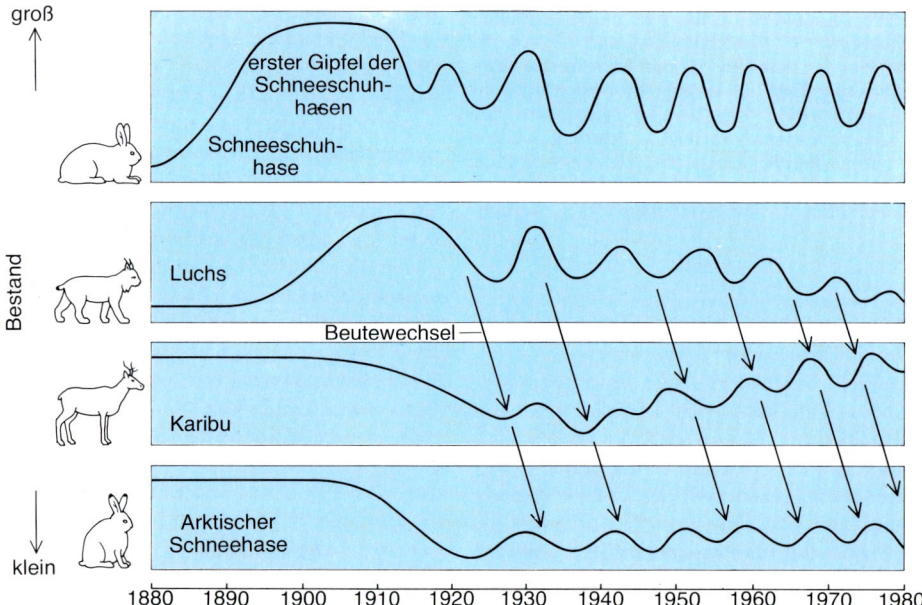

Bild 6: Die Populationsdynamik von Schneeschuhhasen, Luchsen, Karibus und Arktischen Schneehasen auf Neufundland deutet darauf hin, daß der natürliche Zehn-Jahres-Zyklus des Schneeschuhhasen die treibende Kraft in diesem Beutewechsel-System ist. Das erste Maximum im Bestand des Schneeschuhhasen war zugleich das stärkste. Vor der Einbürgerung dieser Art war der Luchs so selten, daß es strittig ist, ob er überhaupt zur ursprünglichen heimischen Fauna zählte. Als sich die Population der Schneeschuhhasen vergrößerte, begann auch die der Luchse rasch zu wachsen. Die verstärkte Verfolgung durch Luchs und Mensch ließ den um 1900 noch rund 40 000 Tiere zäh- lenden Karibu-Bestand bis 1925 auf 1000 Tiere oder sogar noch weniger zusammenschrumpfen. Die periodischen Schwankungen in der Population der Schneeschuhhasen veranlassen die Luchse zu einem Beutewechsel. In „Hasenjahren" verschont er die Karibus, ihr Bestand kann sich erholen. Die Population des Arktischen Schneehasen sitzt auf Neufundland gewissermaßen in der Falle. Sie kommt aus der vom Räuber geschaffenen Senke nicht heraus. Die Art überlebt nur, weil sie so selten ist. Nimmt ihre Zahl und damit ihre Dichte zu, wird sie vom Luchs rasch wieder reduziert, wenn ihn das nächste „Tief" bei den Schneeschuhhasen zum Beutewechsel veranlaßt.

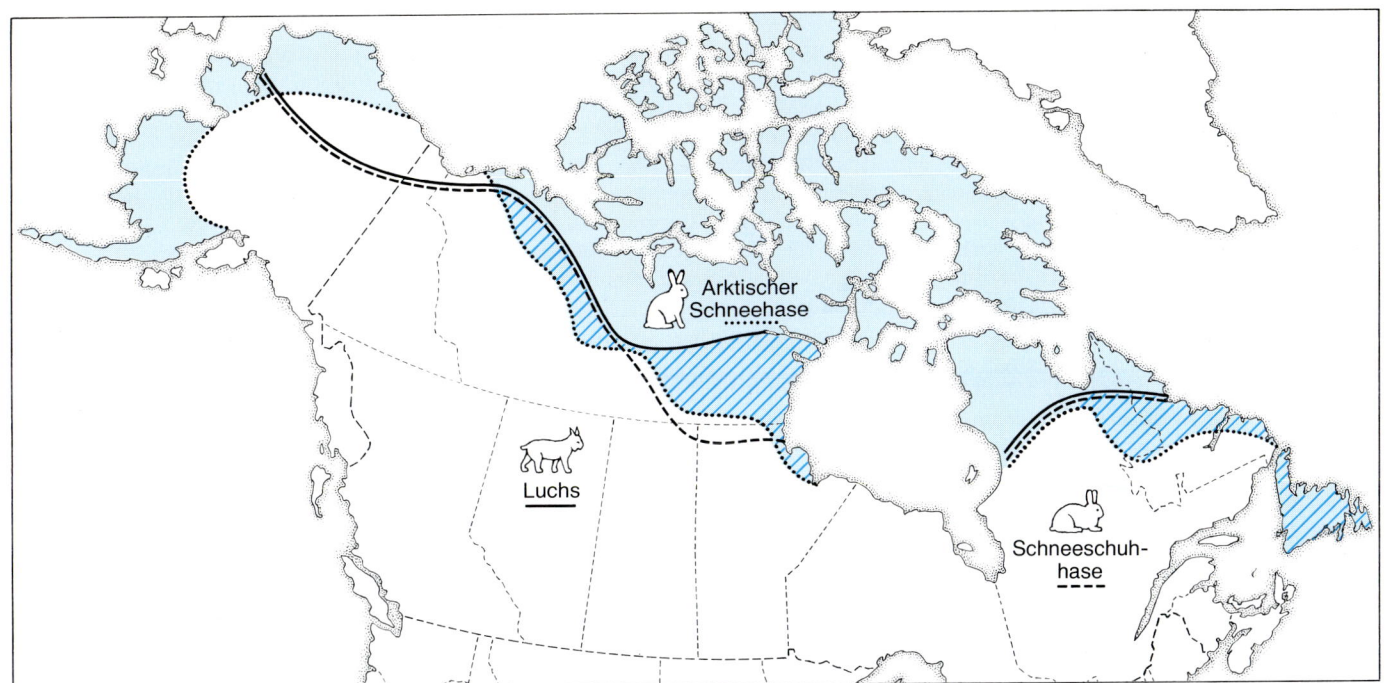

Bild 7: Das Verbreitungsgebiet des Arktischen Schneehasen (farbig abgehobene Fläche) könnte teilweise durch die Räuber-Beute-Beziehung begrenzt sein. Sein Südrand fällt mit der nördlichen Verbreitungsgrenze des Luchses zusammen . Das Verbreitungsgebiet des Arktischen Schneehasen überschneidet sich daher nur wenig mit dem des Luchses (schraffierte Fläche). Umgekehrt ist es bei Luchs und Schneeschuhhase. Beide leben in der nördlichen Nadelwaldzone. Dank ihrer breiten, behaarten Pfoten üben beide beim Laufen nur wenig Druck auf den Untergrund aus, wodurch sie hervorragend an den weichen Schnee der Nadelwaldzone angepaßt sind. Der Arktische Schneehase, der in der Tundra mit ihrer festen Schneedecke lebt, setzt mit über doppelt so hohem Druck auf. In lockerem Schnee kommt er nur schlecht voran und wird dort dem Luchs eine leichte Beute. Sein Verbreitungsgebiet würde sich vielleicht weiter südlich erstrecken, wenn ihm nicht der Luchs im Wege stünde.

Herde hatten sich in der Population der Schneeschuhhasen die von anderen Teilen Kanadas bekannten zyklischen Bestandsschwankungen entwickelt. Spitzenwerte wurden in den Jahren 1920, 1931, 1940 bis 1943, 1951 und 1952, 1959 und 1960, 1969 sowie 1976 registriert (Bild 6).

In diesen „Hasenjahren" wechselten die Luchse wieder zu ihrer Hauptbeute zurück, so daß die Überlebensrate der nun weniger bedrohten Karibu-Kälber zu steigen begann. Aufzeichnungen zeigen, daß die Karibu-Herden um 1940, 1950 und 1960 rasch anwuchsen. Während des Hasen-Maximums von 1960 vermehrten sich die größten erfaßten Herden von 4800 Tieren im Jahre 1959 auf 6100 im Jahre 1961. Die Anpassung des Luchses an seine Beute hatte also zur Folge, daß die Populationen von Karibu und Schneehase mit der des Schneeschuhhasen gekoppelt wurden (Bild 6).

In den letzten Jahrzehnten ist das zyklische Auf und Ab in der Überlebensrate der Karibu-Kälber schwächer geworden; selbst an den Tiefpunkten des Zyklus überlebt ein höherer Prozentsatz als früher zu Zeiten seiner deutlichsten Ausprägung (Bild 5). Diese Dämpfung rührt teilweise von einem Rückgang im Luchsbestand her, verursacht von einem anderen zyklischen Phänomen − der Damenmode. Langhaarige Tierpelze sind, nach-

dem sie vorübergehend nicht mehr gefragt waren, einmal mehr en vogue. Daher lohnt sich auch wieder die Fallenstellerei, und das hat den Bestand der Luchse gelichtet. Außerdem ist die Nahrungskette auf Neufundland komplexer geworden, weil man einige neue Beutearten wie das Kragen- und das Tannenwaldhuhn eingebürgert hat. Und das wiederum hat die Schwankungen in den Populationen der Räuber gedämpft.

Evolutionäre Aspekte

Daß sich der Luchs auf Neufundland so stark auf den Karibu-Bestand auswirken konnte, rührt großenteils daher, daß sich die Karibus im Laufe der Zeit an ihren ursprünglichen Feind, den Wolf, angepaßt hatten. Die Strategien, die sich gegen den Wolf bewährten, waren gegenüber neuen Freßfeinden mit anderen Jagdgewohnheiten aber von Nachteil.

Ein Beispiel dafür sind die „Kinderstuben" der Karibus. Die großen Verbände, die die Kühe mit ihren im Frühjahr geworfenen Kälbern bilden, können den Nachwuchs wirkungsvoll vor Wölfen schützen. Wölfe jagen häufig am Tage und in offenem Gelände. Sobald die Karibu-Herde einen Wolf entdeckt, stürmt sie in rasender Flucht davon. Das ist ihre wichtigste Verteidigungsstrategie.

Mit der Größe der Herde wächst auch die Wachsamkeit: Mehr Augen sehen eben mehr. Die Chancen stehen günstiger, daß ein sich nähernder Wolf rechtzeitig erspäht wird. Die Augen der Karibus sind zudem gut an das Bewegungssehen bei Tag angepaßt, eine wertvolle Hilfe gegen einen tagaktiven, im offenen Gelände jagenden Räuber. Auch die freie unverstellte Sicht der Kalbegründe erleichtert es den Karibus, einen heranpirschenden Wolf auszumachen.

Diese kombinierten Anpassungen in Verhalten und Physiologie sind jedoch gegenüber dem Luchs fast wertlos. Denn der jagt meist nachts. Auch bringt er nicht wie der Wolf seine Beute in schneller Hatz zur Strecke, sondern greift aus dem Hinterhalt an.

Beim Anschleichen kauern sich Luchse oft zusammen und erstarren regelrecht. Damit unterlaufen sie die Abwehr der Karibus, deren Gesichtssinn viel besser Bewegung als Form wahrnimmt. Gewöhnlich beunruhigt ein still stehender Mensch die Karibus nicht, und so reagieren sie möglicherweise auch nicht auf einen zusammengekauerten Luchs.

Wenn sich ein Raubtier an eine Herde von Pflanzenfressern heranpirscht, sucht es sich häufig ein Tier zum Opfer, das irgendwie von den anderen abweicht. Wölfe etwa wählen junge, alte, kranke oder verkrüppelte Karibus; fast jeder auffällige Unterschied kann sie anlokken. Luchse hingegen konzentrieren sich ausschließlich auf Jungtiere. Ein neugieriges Kalb, das am Rande des offenen Kalbegrunds umherstreift, lenkt die Aufmerksamkeit der Luchse am stärksten auf sich. Dort bietet das Buschwerk dem pirschenden Jäger gute Deckung.

Daß jetzt der Luchs und nicht mehr der Wolf den neufundländischen Karibus nachstellt, gibt ihrer Evolution möglicherweise eine neue Richtung. Die natürliche Selektion mag derzeit ein Verteilen der Kälber begünstigen statt ihre gewohnte Konzentration in den offenen Kalbegründen, wo sie dem Luchs so leicht ins Auge fallen. Vielleicht verstärkt sich auch die Bindung zum Muttertier. Ein Kalb, das sich ständig im Schutz der Mutter aufhält, wird dem Luchs eher entgehen als eines, das schnell laufen kann. Geschwindigkeit ist nur die bessere Taktik, wenn es darum geht, einem Wolf zu entkommen.

Eine solche Anpassung könnte die Überlebensrate rasch steigen lassen, denn einer entgegengerichteten Anpassung des Luchses sind enge Grenzen gesetzt. Der Luchs kann nicht allein mit Kälbern seinen Fortbestand sichern; er ist in erster Linie auf den Schneeschuhhasen angewiesen. Keine Änderung seiner Jagdtaktik darf die Verhaltensmuster stören, die ihn zu einem so erfolgreichen Hasenjäger machen. Eine neue evolutionäre Beziehung zwischen Karibu und Luchs sollte daher die Beute und nicht den Jäger begünstigen.

Ähnlich wie die Räuber-Beute-Beziehung zwischen Luchs und Karibu beruht auch die zwischen Luchs und Arktischem Schneehasen noch nicht auf einer langen engen Koevolution. Die Lebensräume beider Arten überschneiden sich kaum. In Kanada fällt die südliche Verbreitungsgrenze des Schneehasen praktisch mit der nördlichen Grenze des Luchses zusammen (Bild 7). Dagegen überschneiden sich die Verbreitungsgebiete von Luchs und Schneeschuhhase weitgehend: Ihre nördlichen Grenzen decken sich ungefähr.

Die meisten Ökologen würden diese Verteilung mit den Biomen, den typischen Lebensgemeinschaften der großen Klima- und Vegetationsgürtel unserer Erde, erklären. Danach ist der Arktische Schneehase ein Tier des Tundra-Bioms, während Luchs und Schneeschuhhase im Gürtel des nördlichen Nadelwaldes leben. Dennoch könnten auch Räuber-Beute-Beziehungen die Verbreitung des Arktischen Schneehasen beeinflussen. Vielleicht würde er in Kanada etwas weiter südlich vordringen, wenn ihm der Luchs nicht im Wege stünde.

Wie erfolgreich der Luchs den beiden Hasenarten nachstellen kann, hängt unter anderem von der Vegetation und den Schneeverhältnissen ab. In Waldgebieten pirscht er sich heran und fällt aus dem Hinterhalt über seine Beute her. Der Schneeschuhhase verharrt, wenn er sichert, bewegungslos. Wie eine Begegnung der beiden ausgeht, hängt hauptsächlich von der Entfernung ab, aus der der Hase die Gefahr erkennt und flüchtet.

Im lockeren Schnee des nördlichen Nadelwaldes sind sich Luchs und Schneeschuhhase, wie Mercer betont hat, in einem kritischen Merkmal ebenbürtig: Der eine hat breite, stark behaarte Pranken, der andere breite, stark behaarte Pfoten – beide sinken auch bei schnellem Lauf nicht im weichen Schnee ein. Die große Fläche verringert wie Schneeschuhe den Auflagedruck.

Der Arktische Schneehase hingegen ist an den festen Schnee der nördlichen Tundra angepaßt. Er übt beim Rennen einen mehr als doppelt so hohen Druck auf den Untergrund aus wie der Schneeschuhhase. In weichem Schnee kommt er nur mühsam voran, so daß er einem Luchs schwerlich entkommen kann. Das bedeutet allerdings nicht, daß die Schneeverhältnisse allein die Verbreitung des Schneehasen begrenzen. Verhängnisvoll wird ihm erst die Kombination aus lockerem Schnee und Räubern mit „Schneeschuheffekt".

Populationen in der Falle

Die Umschaltreaktion, also der Wechsel räuberischer Tiere von einer Beuteart zur anderen, ist gegenwärtig ein besonders vielversprechendes Feld der ökologischen Forschung. Die Untersuchung solcher Veränderungen hilft die Frage klären, wie kleine, anfällige Ökosysteme stabil bleiben können.

Ein in der Ernährung nicht wählerischer Räuber kann sich, wenn seine bevorzugte Beute schwindet, auf die nächste Art verlegen. Dank dieser Flexibilität behauptet er seinen Platz in einem Nahrungsnetz, das sonst zusammenbräche. Der Beutewechsel nimmt auch den Feinddruck von der schrumpfenden Beutepopulation und ermöglicht ihr so zu überleben – allerdings manchmal nur in sehr geringer Bestandsdichte. Das ist beim Arktischen Schneehasen auf Neufundland der Fall. Wegen der hohen Dichte der Luchse, die der Schneeschuhhase erhält, bleibt die Dichte der Schneehasen gering.

In einem solchen System sitzt der Arktische Schneehase gewissermaßen in der Falle: Seine Population kommt aus der vom Räuber geschaffenen Senke nicht heraus.

Dem Karibu in den kanadischen Provinzen Ontario und British Columbia ergeht es ähnlich. Dort steht es heute mit Wolf und Elch in einer Dreiecksbeziehung. Früher, als der Elch dort noch nicht heimisch war, bildeten Wolf und Karibu ein Räuber-Beute-Paar. Sie haben sich in ihrer Koevolution aneinander angepaßt. Als dann im 19. Jahrhundert die Elche von Süden und Osten in diese Gebiete vordrangen, verbreitete sich die Nahrungsgrundlage des Wolfes, und seine Population wuchs. Karibus sind allerdings für Wölfe leichter zu erbeuten, und so reißen die grauen Räuber diese Beute, wann immer sie können.

In manchen Gegenden von Ontario und British Columbia sitzen heute die Karibus in der Falle. Ihre Art besteht weiter, weil sie so selten sind. Sobald aber ihre Zahl zunimmt, schalten die Wölfe auf diese bequemere Beute um, und der Bestand schrumpft wieder. Solange die Elchpopulation hier eine hohe Wolfsdichte aufrechterhält, können die Karibus aus ihrer Populationssenke nicht heraus.

In manchen Fällen dürfte die klein gehaltene Beuteart nicht allein wegen ihrer geringen Individuenzahl, sondern auch wegen ihrer geringen Dichte überleben. Die Tiere leben so weit verstreut, daß es für einen Räuber energetisch unrentabel wäre, sie zu jagen. Beispielsweise ist gegenwärtig auf Neufundland nur ein Bestand an Arktischen Schneehasen von Dauer, der die pro Tier verfügbare Fläche mindestens so groß läßt, daß Begegnungen mit Luchsen recht selten werden. Die Wahrscheinlichkeit dafür darf nicht steigen, damit wenigstens so viele Junghasen überleben, wie ausgewachsene sterben. Wenn die Zahl und damit die Dichte der Schneehasen wächst, ist diese Bedingung nicht mehr erfüllt. Die Zahl der Feindbegegnungen steigt, und der Luchs wird schnell wieder das alte Gleichgewicht herstellen. Wenn dem so ist, könnten sich die Raumfaktoren als höchst bedeutsam für die Dynamik von Räuber-Beute-Systemen erweisen.

Die wohl wichtigste Erkenntnis aus den Untersuchungen der neufundländischen Fauna aber ist, welche beträchtlichen und unvorhersehbaren Folgen die Einführung einer einzigen neuen Art in ein einfaches Ökosystem mit sich bringt. Welcher Neufundländer hätte sich 1864 vorstellen können, daß das Aussetzen von einer paar Schneeschuhhasen, die doch nur hungernden Fischern Nahrung bieten sollten, 100 Jahre später die Dynamik ganzer Populationen entscheidend bestimmt und bewirkt, daß die Überlebensrate der Karibu-Kälber zyklisch schwankt und daß der Bestand an Arktischen Schneehasen gering bleibt. Wenn der Mensch in isolierte und störanfällige Ökosysteme eingreift, sollte er äußerst vorsichtig zu Werke gehen.

Sekundenherztod: Hilfe von der Topologie?

Kammerflimmern, das chaotische Zucken der einzelnen Herzmuskelfasern, ist häufig Ursache des plötzlichen Herztods. Die Topologie, die mathematische Lehre von Lage und Anordnung geometrischer Gebilde im Raum, bietet nun völlig neue Ansätze, das Entstehen solcher Katastrophen verstehen zu lernen.

Von Arthur T. Winfree

Es war am 7. November 1914. Ein sonnig kühler Morgen lag über dem Gelände der McGill-Universität in Montreal, ein Samstagmorgen. So waren auch nur wenige Professoren und Studenten unterwegs, die George Ralph Mines hätten beobachten können, wie er sein Labor betrat, um das Wochenende für einige Experimente auszunutzen.

Mines, ein 28jähriger Physiologe, arbeitete an einem medizinischen Problem: dem Kammerflimmern, einem plötzlichen, völlig ungeordneten Zusammenziehen der Herzmuskelfasern. Normalerweise zieht sich das Herz als Ganzes zusammen; beim Kammerflimmern hingegen kontrahiert sich jeder kleine Bereich des Herzmuskels in rascher Folge und ohne ersichtliche Koordination mit dem benachbarten Gewebe.

Mines versuchte herauszufinden, ob sich das Kammerflimmern durch relativ schwache Stromstöße auslösen läßt. Zu diesem Zweck hatte er ein Gerät konstruiert, das elektrische Impulse in einer genau kontrollierbaren Stärke und Zeitfolge auf das Herz übertragen konnte. Die Apparatur war von ihm bereits im Tierversuch eingesetzt worden, und nun fand es Mines an der Zeit, sie auch am Menschen zu erproben. Dazu wählte er die am leichtesten zugängliche Versuchsperson: sich selbst.

Gegen sechs Uhr abends schaute ein Hausmeister in das Labor, weil es ihm so ungewöhnlich still vorkam. Mines lag unter dem Labortisch, in einen Wust von Elektrokabeln verwickelt. Auf seiner Brust in Herzhöhe war ein zerbrochener Gegenstand befestigt, und neben ihm zeichnete ein Schreiber noch immer den offenbar immer schwächer werdenden Herzschlag auf.

George Mines starb, ohne das Bewußtsein wiederzuerlangen. Sein Tod wäre vielleicht eine persönliche Tragödie von geringem wissenschaftlichem Interesse geblieben, wäre Mines nicht um seiner letzten Arbeit willen gestorben.

Der Sekundenherztod

Kammerflimmern ist eine der Hauptursachen des sogenannten Sekundenherztodes. Ihm erliegen allein in den Vereinigten Staaten alljährlich mehrere Hunderttausend Menschen. Kammerflimmern ist aber auch eine der rätselhaftesten Ursachen des Sekundenherztodes. Ohne große Warnung kann es bei offenbar gesunden Personen auftreten. In vielen Fällen läßt sich dann nicht einmal bei einer Autopsie erkennen, warum die normale Koordination des Herzens auf so folgenschwere Weise unterbrochen wurde.

Mines hat zumindest einen Teil des Problems erhellt. Denn er bewies als erster, daß ein relativ kleiner elektrischer Impuls Kammerflimmern hervorrufen kann, sofern er das Herz zum richtigen Zeitpunkt trifft. Aber obwohl seit 1914 viel über Sekundenherztod und Kammerflimmern geforscht wurde, ist noch immer nicht schlüssig geklärt, wie ein kleiner Reiz eine solch folgenschwere Reaktion des Herzens auslösen kann.

Faszinierenderweise kann eine Disziplin der Mathematik, die Topologie, das Problem erhellen helfen. Das Herzgewebe ist wie gewisse andere physiologische Systeme auch zu einer rhythmischen elektrischen Entladung fähig. Wird nun ein Stück Herzgewebe einem kurzen Stromstoß ausgesetzt, so verschiebt sich dadurch meist nur der normale Rhythmus zeitlich vor oder zurück, ohne daß sich das Intervall zwischen den folgenden Impulsen ändert. Mit Hilfe eines topologischen Lehrsatzes läßt sich jedoch zeigen, daß es einen relativ kleinen Stromreiz geben muß, der keine derartige Verschiebung bewirkt, sofern er im richtigen Moment des Schlagzyklus gesetzt wird. Tatsächlich beweisen Experimente, daß nach einem einzigen solchen Reiz der normale Herzschlag aussetzen kann.

Wenn sich ein kleiner Bereich des Herzmuskels nicht mehr kontrahiert, so ist das aber noch kein Kammerflimmern. Es läßt sich topologisch zeigen, daß um einen nicht mehr normal arbeitenden Gewebebereich Bedingungen herrschen, die das Entstehen einer kreisenden Welle aus elektrischen Impulsen begünstigen. Eine solche Welle könnte durch das ganze Herz zirkulieren und dabei die Arbeit des natürlichen Schrittmacher-Systems zunichte machen. Auf ihrem Weg könnte sie zudem viele kleinere Wellen induzieren, die ihrerseits umschriebene Bereiche zu schnellen, unkoordinierten Zuckungen anregen. Das derzeit beste Modell geht davon aus, daß beim Kammerflimmern ein besonderes Muster zirkulierender Wellen auftritt.

Die Überlegungen, die ich hier anstellen werde, um zu beschreiben, wie ein einzelner Reiz Kammerflimmern verursachen kann, sind keineswegs bewiesen. Es sind in erster Linie mathematische Argumente. Sie auch biologisch zu bestätigen, wird noch beträchtliche Forschungsarbeit der Physiologen erfordern. Aber selbst wenn sich diese Überlegungen als richtig herausstellen sollten, ist ihre klinische Bedeutung noch lange nicht klar. Trotz alledem hat die Topologie inzwischen bedeutende neue Einblikke in das Problem des Sekundenherztodes ermöglicht.

Die normale Herztätigkeit

Bevor wir die zeitliche Abfolge des Herzschlags topologisch untersuchen können, müssen wir kurz die normale Struktur und Funktion des Säugetierherzens betrachten. Das Herz ist ein außergewöhnlich komplexes Organ, so daß es sich hier unmöglich vollständig beschreiben läßt. Die folgende, sehr vereinfachte Darstellung konzentriert sich deshalb auf die Teile und Eigenschaften des Herzens, die für die topologischen Überlegungen wichtig sind.

Das Herz besteht aus vier Kammern: den beiden Vorhöfen als „Einspritz"-Kammern sowie den beiden darunterliegenden größeren Ventrikeln für die Hauptpumparbeit (Bild 2). Auf den ersten Blick zieht sich das normal arbeitende Herz mehr oder weniger als Ganzes zusammen. Bei genauerem Hinsehen läßt sich jedoch erkennen, daß die Kontraktion in den Vorhöfen beginnt und erst kurze Zeit später auf die Ventrikel übergreift.

Die Koordination zwischen den vier Kammern wird durch eine Welle elektrischer Impulse aufrechterhalten, die das Herzgewebe schnell von Zelle zu Zelle durchläuft. Bei diesen Zellen handelt es sich im wesentlichen um verschiedene Arten von spezialisierten, zu langen Fasern ausgezogenen Muskelzellen. Befindet sich eine solche Faser in Ruhe, dann ist das elektrische Potential an der Innenseite der Zellmembran etwas niedriger, das heißt, sie ist dort stärker negativ geladen als an der Außenseite. Ein schneller Anstieg des Innenpotentials, der das Zellinnere sogar kurzfristig positiv gegenüber der Umgebung werden läßt, ist der Reiz, auf den hin sich die Faser kontrahiert. Danach fällt das Potential wieder auf den Ruhewert ab.

Das elektrische Potential ändert sich, weil verschiedene Ionen, genauer elektrisch geladene Atome, durch die Zellmembran wandern. Den raschen Anstieg bezeichnet man als Depolarisation, und diese kann sich als Aktionspotential ent-

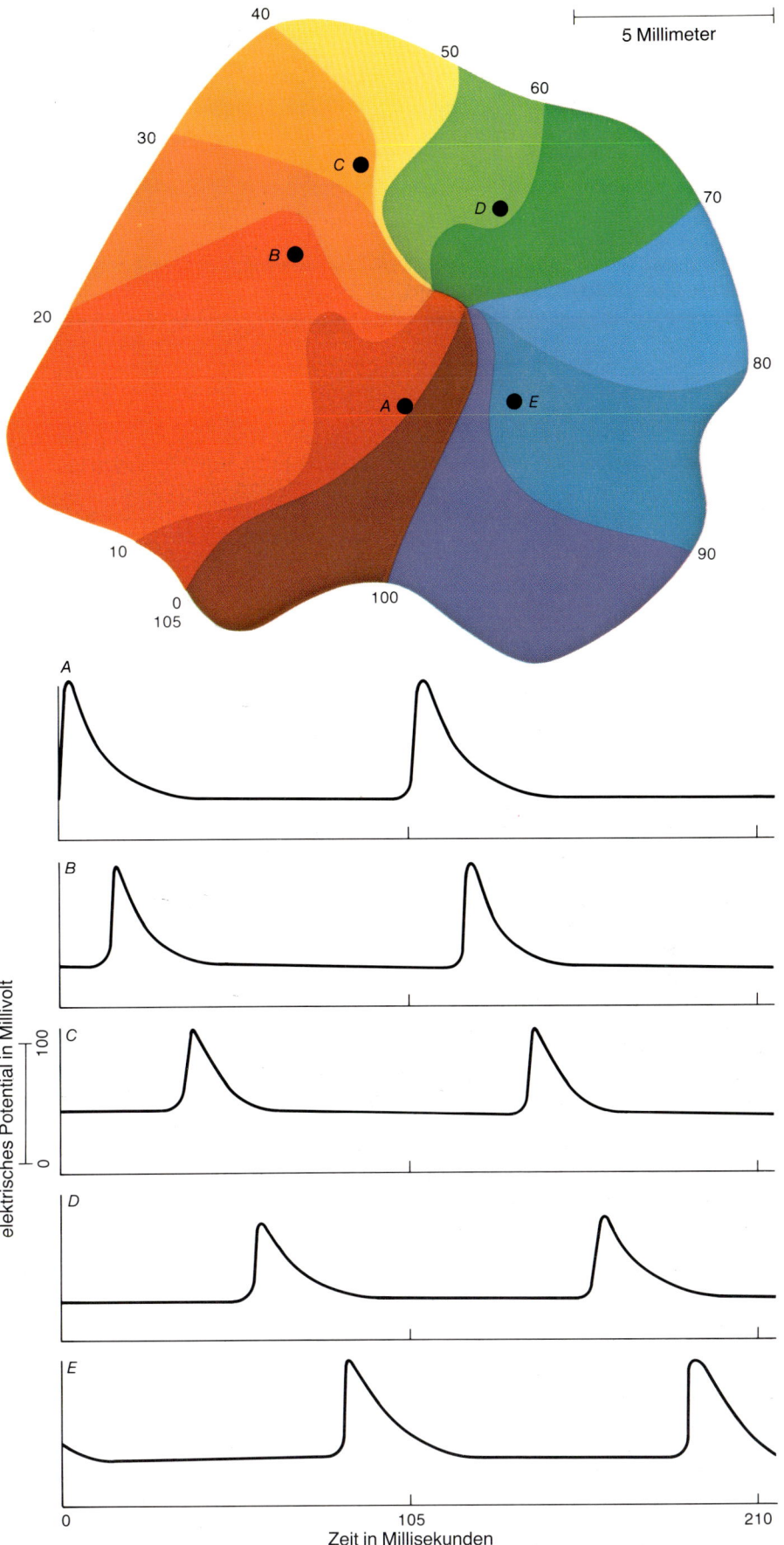

Bild 1: Eine unablässig im Herzen kreisende Welle elektrischer Impulse könnte dem lebensbedrohenden Kammerflimmern zugrunde liegen. Das Farbdiagramm zeigt den Weg einer experimentell an Kaninchen-Herzmuskelgewebe erzeugten Welle in 10-Millisekunden-Schritten; der gesamte Umlauf dauert 105 Millisekunden. Die unteren Kurven geben an, wie sich das elektrische Potential an den fünf markierten Punkten A bis E im Gewebe ändert. Der periodische scharfe Anstieg des Potentials kennzeichnet den Durchgang der kreisenden Wellenfront.

lang der Muselfaser fortpflanzen, ganz ähnlich wie die Signale in Nervenzellen. Nach einem Aktionspotential muß sich die Zelle für einige Zehntelsekunden erholen. Während dieser Refraktärphase kann ein normaler Reiz kein Aktionspotential auslösen.

Im Herzen liegen die Fasern sehr dicht beieinander. Außerdem schaffen spezielle Organellen in ihrer Zellmembran Bereiche mit geringem elektrischen Widerstand. Sie ermöglichen es dem auslösenden elektrochemischen Impuls, von Zelle zu Zelle zu springen. Deshalb vermag eine Erregung, die von irgendeinem Teil des Herzens ausgeht, sich rasch über das gesamte Organ fortzupflanzen.

Bestimmte Gewebe im Herzen können überdies von sich aus in regelmäßigen Abständen Impulse erzeugen. Diese Automatiezentren werden Schrittmacher genannt. Die höchste Eigenfrequenz hat dabei der Sinusknoten, ein kleiner Gewebebezirk dicht am oberen Rand der Vorhöfe (Bild 2). Er veranlaßt die Vorhöfe direkt zur Kontraktion. Sein Erregungssimpuls pflanzt sich auch zum Atrioventrikular-Knoten fort, einem zweiten Schrittmacher zwischen rechtem Vorhof und rechtem Ventrikel. Von diesem Knoten wird der Impuls schließlich über die Purkinje-Fasern auf die muskuläre Wand des Ventrikels übertragen. Die Purkinje-Fasern, ein weitverzweigtes nervöses Netzwerk, sind an eine besonders schnelle Leitung elektrischer Impulse angepaßt. Wie das Wurzelgeflecht eines Baumes durchziehen sie die gesamten Ventrikel. Sobald der Schrittmacher-Impuls von ihnen auf den ventrikulären Muskel übergreift, läuft in Millisekunden eine Kontraktionswelle über die Kammern hinweg.

In Ruhe kontrahiert sich das menschliche Herz etwa einmal in jeder Sekunde. Die Eigenfrequenz des Sinusknotens, die normalerweise den Ruheschlag bestimmt, kann durch Nervenimpulse aus dem Gehirn, aus verschiedenen Ganglien und inneren Organen beschleunigt oder verlangsamt werden. Diese Nerven durchdringen zwar das gesamte Herz, aber ihre Endigungen liegen im Schrittmacher-System besonders dicht beieinander. Auf diese Weise beeinflußt etwa der Nervus vagus erheblich die Automatiezentren und damit die Koordination des gesamten Herzens.

Beschleunigung und Verlangsamung der Herzkontraktion sind gewöhnlich gut synchronisiert. Dieser Mechanismus kann jedoch versagen: wenn der Blutstrom − wie bei einem Infarkt − zu einem Teil des Herzens unterbrochen ist oder wenn das Herz ungewöhnlich hohen Hormon- oder Ionenkonzentrationen ausgesetzt wird. Aber auch ohne physischen Schaden oder chemischen

Streß kann die Synchronisation ausfallen, wenn das Herz von starken elektrischen Reizen, etwa von einem Stromschlag, getroffen wird. Das gilt sogar für einen kleinen Reiz, sofern er zum ungünstigsten Zeitpunkt auftritt. Wir werden sehen, wie solche kleinen Reize zum Sekundenherztod führen können.

Kammerflimmern

Der Begriff Sekundenherztod wurde 1887 von John A. McWilliam an der Universität Aberdeen geprägt, allerdings war die Erscheinung schon lange vorher bekannt. McWilliam erkannte, daß das Herz in einigen Fällen von plötzlichem Herztod nicht einfach zu schlagen aufhörte, sondern heftig, aber völlig unkoordiniert aktiv wurde. Im neunzehnten Jahrhundert bezeichnete man eine solche heftige Aktivität als *delirium cordis*, Verrücktheit des Herzens.

Der moderne Name Kammerflimmern wurde in den siebziger Jahren des vergangenen Jahrhunderts eingeführt. Willis A. Tacker junior und Leslie A. Geddes von der Purdue-Universität beschrieben es folgendermaßen: „Wenn man ein flimmerndes Herz in Händen hält, fühlt es sich an wie ein Haufen sich windender Würmer. In vielen Fällen ist die Geschwindigkeit dieses ziellosen, ungeordneten Vorgangs so hoch, daß die Oberfläche des Herzens zu schimmern scheint. In anderen Fällen lassen sich unterschiedliche Kontraktions- und Erschlaffungswellen klar erkennen." Hält das Kammerflimmern länger als fünf Minuten an, so bedeutet das fast immer den sicheren Tod. Nach einigen schnappenden Atemzügen setzt die Atmung aus, und das Opfer verfärbt sich, manchmal unter Krämpfen und Stöhnen, aus Sauerstoffmangel blau.

Über den Mechanismus des Kammerflimmerns sind die Physiologen ziemlich uneins. Untersuchungen an der Membran einzelner Zellen haben zwar sehr viele Erkenntnisse darüber gebracht, wie elektrische Impulse in physiologischen

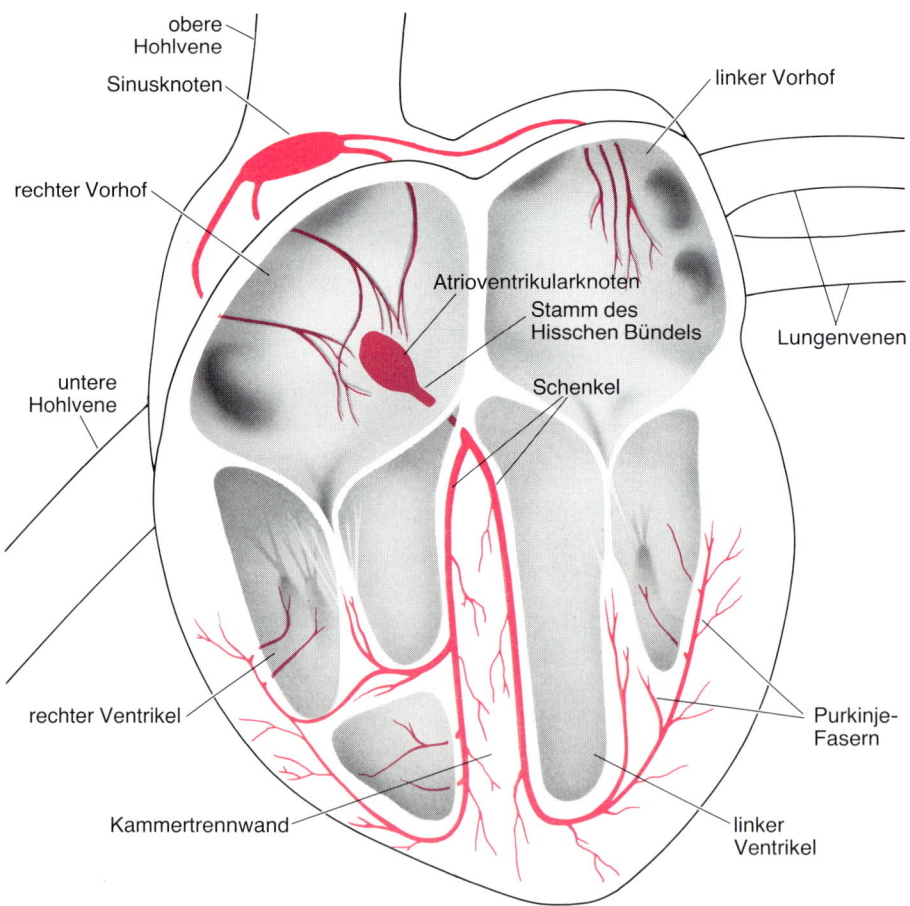

Bild 2: Das menschliche Herz ist eine vierkammerige Pumpe. Die beiden Vorhöfe arbeiten als „Einspritz"-Kammern, die beiden Ventrikel als eigentliche Pumpen-Kammern. Die Kontraktionen des Herzens werden durch elektrische Impulse synchronisiert, die im Sinusknoten entstehen. Dieser primäre Schrittmacher gibt den Schlagrhythmus des Herzens vor; seine Impulse lösen direkt die Kontraktionen der Vorhöfe aus. Sie werden auch an den Vorhofsknoten (Atrioventrikular-Knoten) weitergeleitet und von dort aus über spezialisierte leitende Strukturen und schließlich über die Purkinje-Fasern zur Muskulatur der Hauptkammern. Unter normalen Bedingungen kontrahiert sich das Herz nahezu wie eine einzige Masse.

Systemen, vor allem in Nervenzellen, weitergeleitet werden. Doch die Arbeit mit einzelnen Zellen hilft nur bedingt, das Kammerflimmern zu verstehen. Kammerflimmern ist nämlich eine Störung des koordinierten Herzschlags und nicht die einer einzelnen Faser; sie betrifft die zeitliche Abstimmung der schlagenden Herzfasern untereinander. Wahrscheinlich reagiert sogar im flimmernden Herz jede Faser wie gewöhnlich, aber das Muster der elektrischen Erregung ist gestört, so daß die Synchronisation verlorengeht.

Was könnte die Abertausende von Fasern in einem menschlichen Herzen veranlassen, plötzlich ihre exakte Koordination aufzugeben, die sie ein Leben lang aufrechterhalten haben? Maurits Allessie vom Zentrum für Biomedizin in Maastricht wies mich darauf hin, daß George R. Mines in einem Artikel, den er kurz vor seinem Tode einer Fachzeitschrift übersandt hatte, die Hypothese vorschlug, eine elektrische, im Herzen zirkulierende Welle könne das Kammerflimmern verursachen.

Mines hatte das Herz von Tieren zwischen zwei Kontraktionen mit elektrischen Impulsen gereizt, wobei er den Zeitpunkt systematisch in einem solchen Intervall variierte. Die meisten Reize hatten keine bleibende Wirkung, und kein einziger löste eine Welle aus, die eindeutig im Herzgewebe kreise. Mines schrieb jedoch, daß „unter gewissen Bedingungen ein sehr kurzer Reiz Kammerflimmern auszulösen vermag . . . , wenn er zeitlich exakt abgestimmt ist . . . Er wird hingegen niemals Kammerflimmern hervorrufen, wenn der Zeitpunkt nicht genau stimmt." Erst viele Jahre nach Mines Tod wurde der genaue Zeitpunkt zwischen zwei Herzschlägen wiederentdeckt, an dem ein kleiner Reiz Kammerflimmern verursachen kann. Er ist heute als vulnerable Phase der Herzaktion bekannt.

Systeme mit eigenem Rhythmus

Mein eigenes Interesse an dieser vulnerablen Phase geht zum Teil darauf zurück, daß ich zweimal hilflos zusehen mußte, wie Menschen den Sekundenherztod starben. Zu dieser Zeit beschäftigte ich mich mit den biologischen Grundlagen der inneren Uhr, also den circadianen Rhythmen, denen viele Organismen unterliegen. Gewisse topologische Eigenschaften der circadianen Zeitgeber-Systeme ließen mich voraussagen, daß ein einziger, kurzer, zum richtigen Zeitpunkt gesetzter Reiz bewirken kann, daß Organismen ihren regelmäßigen Rhythmus verlieren. Ich hatte solche Reize damals auch gefunden und ihre

Wirkung bewiesen, was seither weiteren Wissenschaftlern ebenfalls gelungen ist.

Es zeigte sich, daß auch andere physiologische Systeme, die zu regelmäßigen elektrischen Entladungen fähig sind (also Nervenzellen, Herzmuskelfasern und sogar das Herz als Ganzes), die gleichen topologischen und für einen einzelnen Störreiz anfälligen Eigenschaften besitzen wie eine innere Uhr. Als topologische Eigenschaften bezeichnet man jene Eigenschaften einer geometrischen Figur, die auch dann erhalten bleiben, wenn die Figur verbogen, verdrillt, gestreckt oder sonstwie stetig deformiert wird. Ein Bild, das durch eine verzerrende Linse betrachtet wird, ist topologisch dem unverzerrten Bild äquivalent.

Topologie läßt sich als die Lehre von Eigenschaften definieren, die trotz quantitativer (aber nicht qualitativer) Veränderungen unverändert bleiben. Folgerungen, die auf den topologischen Eigenschaften eines physikalischen Systems basieren, können sehr aussagekräftig sein, wenn es darum geht, Voraussagen ohne Bezug auf die genauen quantitativen Aspekte des Systems zu machen. Topologische Überlegungen erwiesen sich bei meiner Arbeit über circadiane Rhythmen deshalb als so wertvoll, weil nur wenig über den Mechanismus bekannt war und die quantitativen Modelle daher weitgehend auf Vermutungen beruhten.

Im Gegensatz dazu sind über die Koordination des Herzschlags so viele Informationen zusammengetragen worden, daß die Datenfülle geradezu überwältigt. Wenn man seine Aufmerksamkeit jedoch auf gewisse topologische Eigenschaften im zeitlichen Ablauf des Herzschlags beschränkt, so ist es vielleicht möglich, die Unmasse von Daten zu durchpflügen und verstehen zu lernen, wie Kammerflimmern einsetzt. Die

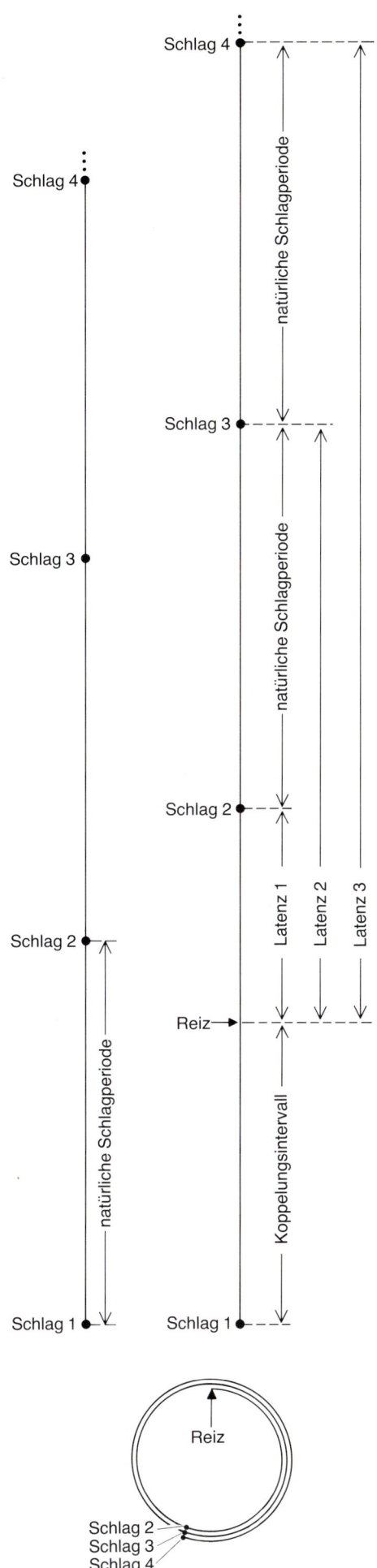

Bild 3: Ein künstlicher elektrischer Reiz kann den nächsten Schlag des Herzens verzögern oder verfrühen. Das Schlagintervall in einem ungestörten Zyklus nennt man natürliche Periode (senkrechte Linie links). Wird das Herz einem künstlichen Reiz ausgesetzt, so ergeben sich zwei charakteristische Zeitspannen: einmal das Kopplungsintervall, die Zeit zwischen dem Reiz und dem Schlag davor; zum anderen die Latenzzeit, die Phase zwischen Reiz und einem Schlag danach (senkrechte Linie rechts). Da einem Reiz viele Schläge folgen, gibt es auch viele Latenzzeiten. Die darin enthaltenen vollen natürlichen Schlagperioden lassen sich graphisch subtrahieren, indem man die der Zeit entsprechende Strecke um einen Ring vom Umfang einer natürlichen Periode wickelt (Kreis unten). Danach liegen alle auf den Reiz folgenden Schlagpunkte übereinander. Der Reiz bewirkt hauptsächlich, daß sich die normale Schlagfolge zeitlich vor oder zurück verschiebt. Der natürliche Rhythmus wird also beibehalten.

topologischen Eigenschaften des Herzschlags, die hier von Interesse sind, zeigten sich erstmals in Beobachtungen, die J. C. Eccles von der Universität Oxford um das Jahr 1930 gemacht hatte. Wie Mines untersuchte auch Eccles, wie sich der Zeitpunkt, zu dem ein äußerer Reiz gesetzt wird, auf die nachfolgenden Kontraktionen des Herzens auswirkt. Ihn interessierte dabei allerdings nur der zeitliche Ablauf der nächsten paar Schläge und nicht etwa das Phänomen zirkulierender Wellen oder das Kammerflimmern. Eccles stimulierte das Herz von Hunden, indem er den Nervus vagus, also einen der Regulatoren für die Schlagfrequenz, reizte. Nach einem solchen Reiz war der Herzschlag gestört, fand aber rasch zu seinem normalen Rhythmus zurück. In vielen Fällen erholte sich das Herz so schnell, daß jeder dem Reiz folgende Vollzyklus die normale Länge hatte; der Reiz verschob also lediglich den normalen Rhythmus.

Weiche und harte Wiederanpassung

Seit 1930 wurde ein ganzes Vokabular entwickelt, um solche zeitlichen Veränderungen zu beschreiben. Die Spanne zwischen dem vorhergehenden Schlag und dem Einsetzen des Reizes wird Kopplungsintervall genannt, während die Spanne zwischen dem Reiz und einem nachfolgenden Schlag Latenzzeit heißt (Bild 3). Da auf einen Reiz viele Schläge folgen, gibt es auch viele Latenzzeiten, vom Reiz bis zu jedem neuen Schlag.

Ich sollte hier erwähnen, daß sich die diskutierten topologischen Gesetzmäßigkeiten auf verschiedene biologische Systeme anwenden lassen. So gesehen bedeutet das Wort „Schlag" nicht notwendigerweise eine Herzkontraktion, sondern einfach ein Ereignis, das Anfang und Ende eines jeden Zyklus in dem beobachteten System markiert.

Abhängig von der Länge des Kopplungsintervalls und der Stärke des Reizes kann der erste Schlag danach entweder verzögert oder beschleunigt erfolgen. Sowohl Mines als auch Eccles untersuchten, wie sich gleichstarke Reize auswirken, wenn sie zu immer späteren Zeiten im Zyklus einsetzen. Wird das Kopplungsintervall auf diese Weise vergrößert, so kann es zur Latenzzeit auf zweierlei Weise in Beziehung stehen. Welche Beziehung auftritt, hängt von der Stärke des Reizes ab. Die eine wird weiche Wiederanpassung (englisch *weak rescheduling*) genannt.

Um diesen Begriff zu verstehen, ist es recht zweckmäßig zu überlegen, was passiert, wenn die Reizstärke zu gering ist, um den Zeitablauf der folgenden Schläge

zu beeinflussen. Dann muß die Summe aus Kopplungsintervall und erster Latenzzeit gleich der natürlichen Schlagperiode sein (Bild 3). Folglich müssen sich Kopplungsintervall und Latenzzeit umgekehrt proportional zueinander verhalten: Je später der Reiz gesetzt wird, desto kürzer die Latenzzeit.

In einem Schaubild, in dem die Latenzzeit gegen das Kopplungsintervall aufgetragen ist, liegen dann alle Schläge auf einer nach rechts abfallenden Diagonalen (Bild 4). Wächst das Kopplungsintervall langsam von Null auf die Länge der natürlichen Periode, so fällt die Latenzzeit gleichzeitig allmählich ab. Damit taucht bei ihr jeder mögliche Wert zwischen einer ganzen Periode und Null ein einziges Mal auf. Kennzeichnend für die weiche Wiederanpassung ist also, daß jeder Latenzwert mit einer ungeraden Häufigkeit erscheint, wenn das Kopplungsintervall über seine gesamte Spanne variiert.

Das Schlagmuster, das sich aus einem vernachlässigbaren Reiz ergibt, stellt lediglich den unteren Grenzbereich der weichen Wiederanpassung dar. Nimmt die Stärke des Reizes zu, so kann der folgende Schlag entweder beschleunigt oder verzögert einsetzen, je nach Zeitpunkt des Reizes. Solange die Reizstärke jedoch einen bestimmten Wert nicht überschreitet, nimmt die Latenzzeit auch weiterhin sanft, aber stetig ab, wenn sich das Kopplungsintervall auf die volle Periode steigert. Die beiden Größen sind allerdings nicht länger umgekehrt proportional: Mit zunehmendem Kopplungsintervall kann die Kurve der Latenzwerte nach oben oder nach unten von der Diagonalen abweichen. Trotzdem erscheint jeder Wert der Latenzzeit nur mit einer ungeraden Häufigkeit.

Wird die Reizstärke über einen bestimmten Wert angehoben, zeigt sich das zweite Verhaltensmuster, die harte Wiederanpassung (englisch *strong rescheduling*). Dabei kommt es zu einer Nettozu- oder -abnahme der Latenzzeit, wenn das Kopplungsintervall die Schlagperiode überstreicht. Die Latenzzeit kann zwar um jeden Betrag zu- oder abnehmen, kehrt aber stets zu ihrem Ausgangswert zurück, wenn das Kopplungsintervall die volle natürliche Periodenlänge erreicht.

Ist dieses Intervall beispielsweise Null (was bedeutet, daß der Reiz mit dem natürlichen Schlag zusammenfällt), dann könnte die Latenzzeit etwa das Anderthalbfache der natürlichen Periode betragen. Wird das Intervall vergrößert, das heißt, der Reiz zunehmend später im Zyklus gesetzt, so geht die Latenzzeit auf ein Minimum zurück, steigt danach auf ein Maximum an und fällt schließlich auf den Ausgangswert zurück, sobald das Kopplungsintervall die natürliche Perio-

denlänge erreicht (Bild 4). Dabei müssen für die Latenzzeit nicht notwendigerweise alle möglichen Werte auftreten; doch die auftretenden erscheinen gleich zweimal: einmal, wenn die Latenzzeit abnimmt, und nochmals, wenn sie zunimmt.

Die eben beschriebene Kurve ist nur ein Beispiel, wie die harte Wiederanpassung aussehen kann. Viele andere Kurven sind ebenso möglich. Für alle gilt, daß jeder auftretende Latenzwert mit einer geradzahligen Häufigkeit erscheint.

Dabei tauchen jedoch die meisten Werte erst gar nicht auf; die auftretenden aber können mit einer beliebigen geradzahligen Häufigkeit erscheinen. Die Spanne nicht auftretender Latenzwerte erweitert sich mit zunehmender Reizstärke. An der Obergrenze der harten Wiederanpassung erscheint nur noch ein einziger Latenzwert. Dies geschieht auf einen Reiz hin, der so stark ist, daß der Zeitpunkt im Zyklus keine Rolle mehr spielt – der nächste Schlag kommt immer, sagen wir, eine halbe Sekunde nach dem Reiz.

Sowohl bei der weichen wie auch bei der harten Wiederanpassung nimmt der Schrittmacher seinen normalen Rhythmus nach dem vorgezogenen oder verspäteten zweiten Schlag wieder auf. Die weiche Wiederanpassung ist schon lange bekannt. Fast jeder rhythmische biologische Prozeß zeigt sie, sofern der Reiz genügend klein ist. Die davon topologisch zu unterscheidende harte Wiederanpassung wurde dagegen erst vor fünf Jahren bei neuralen Schrittmachern erkannt. Daten dazu wurden zwar schon geraume Zeit früher veröffentlicht; doch dauerte es beinahe ein Jahrzehnt, bis darin Gesetzmäßigkeiten erkannt wurden.

Latenzzeiten im Farbring-Modell

Daß neurale Schrittmacher auch mittels harter Wiederanpassung ihren Rhythmus wiederfinden, ist mittlerweile von vielen Wissenschaftlern bestätigt worden, zuletzt von Jose Jalife und seinem Schüler Joseph J. Salata am Upstate Medical Center der New York State University in Syracuse. Jalife und Salata fanden sowohl eine weiche als auch harte Wiederanpassung, als sie den Sinusknoten von Kaninchenherzen reizten und die nachfolgenden Impulse des Schrittmachers untersuchten (Bild 4).

Wie wir noch sehen werden, liefert die Tatsache, daß der Schrittmacher des Herzens zur harten Wiederanpassung fähig ist, ein entscheidendes Glied in der Argumentationskette, wie ein kleiner Einzelreiz zum Kammerflimmern führt. Um dies zu verstehen, müssen wir die Latenzzeit noch genauer betrachten.

Wie bereits erwähnt, gibt es zu jedem Reiz viele Latenzzeiten; für jeden der nachfolgenden Schläge eine. Für die topologische Analyse ist es zweckmäßig, von jeder Latenzzeit alle in ihr enthaltenen vollen Schlagperioden abzuziehen. Das Ergebnis läßt sich anhand einer besonderen Darstellungsweise verdeutlichen, die uns direkt zu topologischen Argumenten führt.

Man denke sich einen Ring, dessen Umfang der Länge einer normalen Schlagperiode entsprechen soll. Er wird mit Farben markiert, und zwar in der Reihenfolge des natürlichen Spektrums: von Rot über Gelb und Grün nach Blau. Da der Umfang des Ringes einer normalen Schlagperiode entspricht, steht jede Farbe für einen bestimmten Zeitabschnitt. Wenn Rot beispielsweise eine vernachlässigbar kurze Latenzzeit bedeutet, steht Gelb für eine Latenz von etwa einer Drittel-Periode, Blau für eine Zweidrittel-Periode und Rot wieder für eine volle natürliche Periode.

Die Latenzzeit nach einem bestimmten Reiz soll durch eine lange, unendlich dünne Schnur dargestellt sein. Ihr Anfang markiert den Zeitpunkt, an dem der Reiz gegeben wird. In einiger Entfernung davon liegt dann der Punkt, der dem ersten Schlag danach entspricht. Die folgenden Schläge erscheinen in regelmäßigen Abständen als Punkte auf dem Band (Bild 3, rechts). Der Anfang der Schnur wird nun auf den roten Teil des Ringes gelegt, und die Schnur so oft es geht um den Ring gewickelt.

Nach dieser Prozedur liegen die den Schlägen entsprechenden Punkte alle übereinander (Bild 3, unten). Ihre Position auf dem Ring gibt die Basislatenz an, das heißt, die Zeit zwischen Reiz und jedem nachfolgenden Schlag vermindert um die Anzahl der darin enthaltenen vollen Normalperioden. Liegen die Punkte nun im roten Teil des Rings, dann ist die Basislatenz gleich Null oder gerade so lang wie die natürliche Periode des Systems; liegen die Punkte hingegen im gelben Teil, so beträgt sie ungefähr ein Drittel der natürlichen Periode. Da die Farben des Rings einzelnen Abschnitten der normalen Periode entsprechen, ist der Latenzzeit mithin jeweils eine ihrer Dauer entsprechende Farbe zugeordnet.

Ein zweites Modell — das Rechteck-Diagramm

Jeder Reiz, der mit harter oder weicher Wiederanpassung beantwortet wird, verschiebt lediglich den normalen Zyklus des Schrittmachers. Folglich gehört zu jedem dieser Reize eine Basislatenz und somit auch eine Farbe auf dem „Latenz-

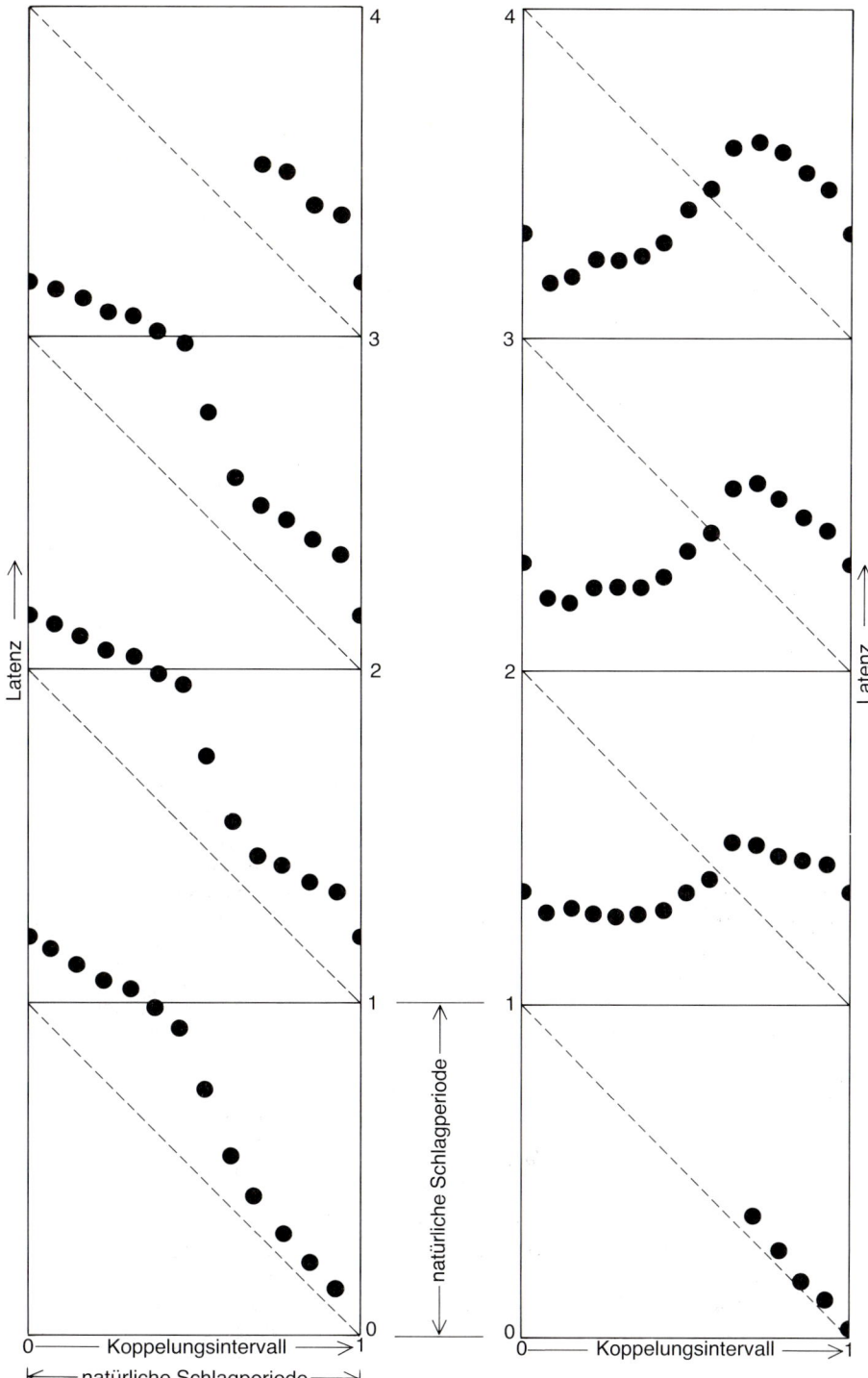

Bild 4: Auf einen äußeren Reiz kann das Herz mit weicher oder harter Wiederanpassung reagieren. Die Daten stammen aus Untersuchungen, die Jose Jalife und Joseph J. Salata vom Upstate Medical Center der State University of New York in Syracuse an Kaninchenherzen durchgeführt haben. Die Punkte in den Diagrammen stehen für die Herzschläge, wie sie jeweils auf einen Reiz bestimmter Stärke folgen, wenn dessen Kopplungsintervall zwischen Null und einer ganzen Periode variiert wird. Ist der Reiz zu klein, um den nächsten Schlag vorzuziehen oder zu verzögern, so verhalten sich Kopplungsintervall und Latenzzeit umgekehrt proportional — entsprechend fallen dann die Punkte entlang der Diagonalen eines jeden Quadrates. Ist der Reiz stark genug, so erfolgt der nächste Schlag verfrüht oder verspätet, und die Punkte liegen nicht mehr entlang der Diagonalen. Solange die Reizstärke jedoch einen

bestimmten Wert nicht überschreitet, nimmt die Latenz mit zunehmendem Kopplungsintervall noch immer gleichmäßig über eine natürliche Periode ab. Dieses Reaktionsmuster wird weiche Wiederanpassung genannt (links). Überschreitet die Reizstärke den kritischen Wert, so zeigt die Latenz weder eine Nettozunoch -abnahme, wenn das Kopplungsintervall eine Periode überstreicht. Denn sie kann zwar dabei um jeden beliebigen Betrag variieren, kehrt aber stets am Ende auf den Ausgangswert zurück. Dieses Reaktionsmuster wird harte Wiederanpassung genannt (rechts). Daß die beiden Muster tatsächlich topologisch verschieden sind, läßt sich zeigen, wenn man die Diagramme zur Röhre rollt, so daß sich rechter und linker Rand treffen. Die Punkte im linken Diagramm folgen dann einer kontinuierlichen Schraubenlinie, einer Helix, während sich im rechten drei getrennte Ringe bilden.

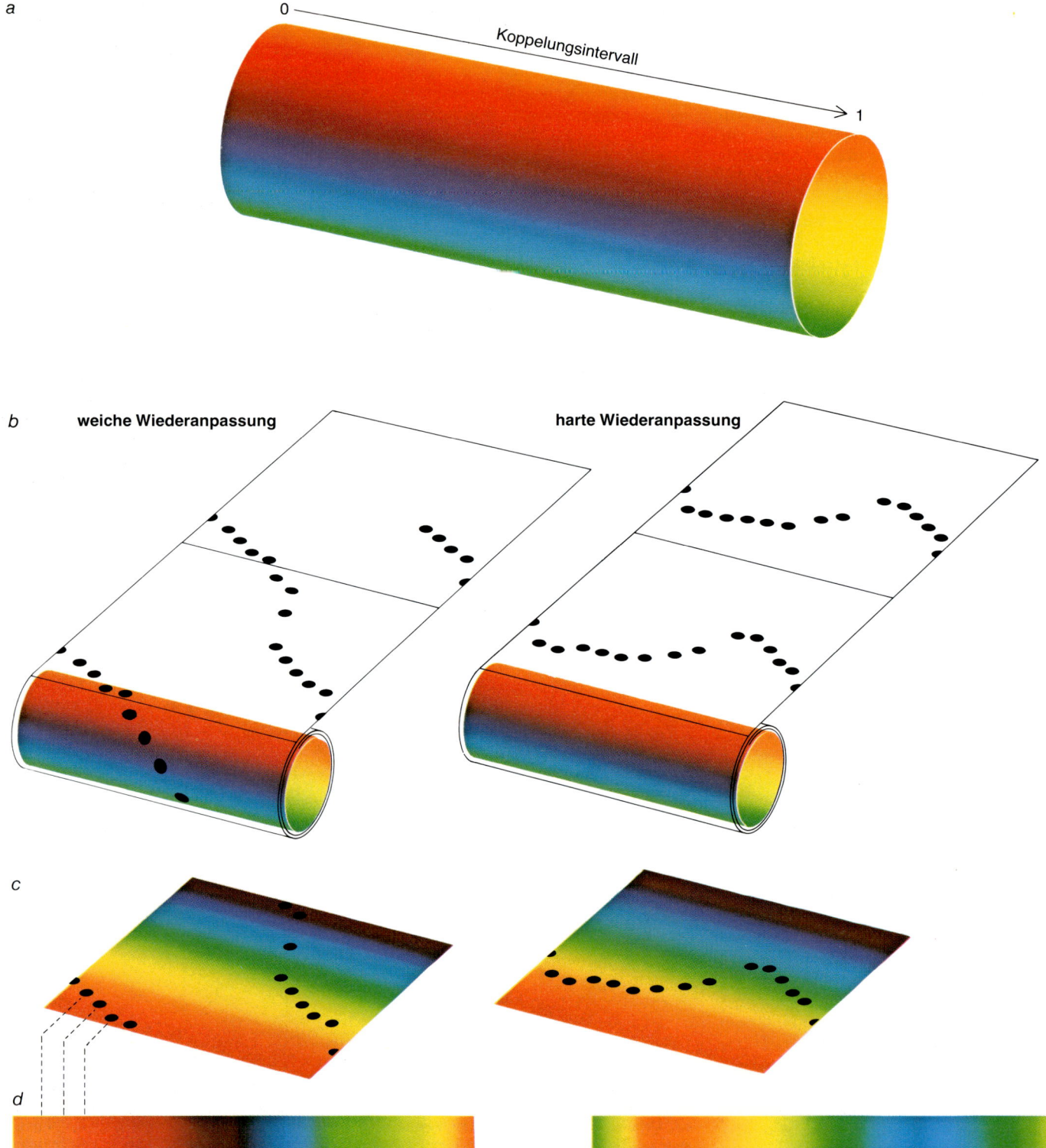

a

Koppelungsintervall

0

1

b   weiche Wiederanpassung   harte Wiederanpassung

c

d   0 ——— Koppelungsintervall ———> 1   0 ——— Koppelungsintervall ———> 1

Bild 5: Den unterschiedlichen Latenzzeiten von Bild 4 lassen sich auf ein-fache Weise Spektralfarben zuordnen, indem man einen Zylinder mit den Farben des Regenbogens umlegt (a). Der Umfang des Zylinders ent-spricht einer natürlichen Periode, so daß jeder ihrer Teilabschnitte durch einen bestimmten Farbton repräsentiert ist. Rot bedeutet dabei eine La-tenz von Null oder einer ganzen Periode. Die Diagramme für weiche und harte Wiederanpassung aus Bild 4 werden mit ihrer unteren Kante (die einer Latenzzeit von Null entspricht) bei Rot angelegt und dann um den Zylinder gewickelt; jedes Quadrat hat exakt eine Kantenlänge vom Um-fang der Zylinder (b). Sowohl bei weicher wie bei harter Wiederanpas-sung beträgt der Abstand zwischen zwei dem Reiz folgenden Schläge eine Periode. Folglich liegen diese Schläge nach der Umwicklung wie am Hilfsmodell des Ringes in Bild 3 beschrieben alle übereinander. Auf diese
Weise werden von den Latenzzeiten die in ihnen enthaltenen vollen na-türlichen Schlagperioden subtrahiert. Der Zylinder mit dem Diagramm wird nun entlang dem roten Band aufgeschlitzt und ausgebreitet, so daß ein quadratisches Feld mit einer Reihe von Punkten entsteht (c). Diese Punkte entsprechen den Latenzzeiten, die sich aus einem bestimmten Reiz ergeben, wenn das Kopplungsintervall nacheinander auf eine natür-liche Periode gesteigert wird. Die Farben, auf denen die Punkte zu liegen kommen, lassen sich nun horizontal entsprechend dem Kopplungsinter-vall anordnen (d). Die linke Farbfolge zeigt dann eine weiche Wiederan-passung, die rechte eine harte Wiederanpassung. Sind die Reize zu schwach, um den Zeitpunkt des nächsten Schlags zu verlegen, würde das Umwickeln zu einer horizontalen Farbfolge führen, die mit Rot beginnt und gleichmäßig das gesamte Spektrum bis zurück nach Rot durchläuft.

98

ring". Sehen wir uns nun einmal an, was passiert, wenn man die für die Latenzzeiten stehenden Farben sinngemäß in ein Rechteckdiagramm mit dem Kopplungsintervall und der Reizstärke als Koordinaten überträgt (Bild 6). Die untere horizontale Achse zeigt das Kopplungsintervall: Null links und eine volle Schlagperiode rechts. Die vertikale Achse mit ihrem Nullpunkt im Ursprung zeigt die Reizstärke.

Die Punkte entlang dem unteren Rand des so entstandenen Rechtecks repräsentieren jeweils die Reaktion auf einen vernachlässigbaren Reiz, wenn das Kopplungsintervall eine volle Periode überstreicht. Wie bereits erläutert, bewirken derartige Reize eine weiche Wiederanpassung und Latenzzeiten, die langsam über eine natürliche Periode abnehmen. Wenn man also jedem Punkt die seiner Basislatenz entsprechenden Farben zuordnet, so erscheint am unteren Rand des Rechtecks ein vollständiges Farbenspektrum in der richtigen Sequenz.

Am oberen Rand liegen die Punkte für die Reaktionen auf einen sehr starken Reiz, wenn das Kopplungsintervall wiederum eine volle Periode überstreicht. Wie wir gesehen haben, können dann unter dieser harten Wiederanpassung Latenzen auftreten, die etwa bei einer anderthalbfachen natürlichen Periode beginnen, auf ein Minimum fallen und dann ein Maximum durchlaufen, ehe sie auf den Ausgangswert zurückgehen. Folglich kann der obere Rand des Rechtecks mit einer farbigen Punktfolge belegt werden, die links mit Grün beginnend über Orange, Grün und Blau in der Mitte wieder zu Grün rechts führt.

Die Farben am linken und am rechten Rand veranschaulichen die Wirkung eines zunehmend stärker werdenden Reizes bei einem Kopplungsintervall von Null (links) beziehungsweise einer vollen Schlagperiode (rechts). An den Seitenkanten sind zwar viele Farbsequenzen denkbar; aber wie wir noch sehen werden, ist es aus topologischer Sicht belanglos, wie sie nun im einzelnen aussehen. Allerdings muß die Farbfolge an beiden Seiten gleich sein, denn die Kopplungsintervalle von Null und einer ganzen Periode sind einander gleich – das heißt, die zu diesen Zeiten gesetzten Reize müssen jeweils dasselbe Latenzmuster erzeugen.

Die Kanten des Rechtecks sind jetzt „eingefärbt". Wir wollen nun unsere kleine visuelle Übung fortsetzen und uns ein Rad vorstellen, das auf seiner Lauffläche – ganz ähnlich dem Latenzring – ein vollständiges Farbenspektrum trägt. Dieses Rad wird in der linken unteren Ecke aufgesetzt und dann die gesamte Umrandung des Rechtecks entgegen dem Uhrzeigersinn abgefahren. Dabei

wird das Rad jeweils so vor- oder zurückgedreht, daß die Farben auf seiner Lauffläche mit denen im Schaubild darunter übereinstimmen.

Welche Netto-Vorwärtsumdrehungen hat das Rad nach einer vollen Rechteck-Umrundung ausgeführt? Am unteren Rand macht es eine vollständige Vorwärtsumdrehung, während es die zu einem vernachlässigbaren Reiz gehörende Latenzzeit überquert. Während des Aufstiegs an der rechten Seitenkante rotiert das Rad von Rot nach Grün, am oberen Rand dann von Grün über Blau nach Grün und über Orange erneut zurück nach Grün. Das heißt, an der Oberkante ist die Netto-Vorwärtsumdrehung gleich Null. Während des Abstiegs an der linken Seitenkante wiederholt sich das Farbmuster der rechten Seite, nur in umgekehrter Reihenfolge. Also, wie auch immer sich die Aufwärtsbewegung am rechten Rand auswirkt, sie wird durch

den Abstieg am linken Rand wieder ausgeglichen.

Damit ist nun klar, daß Ober- und Seitenkanten letztlich nichts zur Drehung des Rades beitragen, denn ihre Drehkommandos heben sich gegenseitig auf. Wenn das Rad wieder bei Rot in der linken unteren Ecke anlangt, ist der einzige nicht rückgängig gemachte Beitrag der von der unteren Kante. Damit macht das Rad, während es das Rechteck-Diagramm der Latenzzeiten umrundet, nur eine einzige vollständige Vorwärtsumdrehung.

Wie aber sieht es mit den Punkten im Innern des Rechtecks aus? Man würde wohl erwarten, daß zu jeder möglichen Kombination von Kopplungsintervall und Reizstärke irgendeine bestimmte Basislatenz gehört. Dann müßte sich freilich jedem Punkt im Rechteck eine Farbe zuordnen lassen. Auch würde man erwarten, daß sich die Latenzzeit stetig

Reizstärke →

0

0 ——————— Koppelungsintervall ——————→ 1

Bild 6: Ein Rechteck-Diagramm läßt sich teilweise mit den Farben füllen, wie sie in Bild 5 den Latenzzeiten zugeordnet wurden. Jeder Punkt steht für eine bestimmte Kombination von Kopplungsintervall und Reizstärke. Seine Farbe gibt die dazugehörige Basislatenz als die Latenzzeit abzüglich aller vollen Perioden an. Der untere Rand des Diagramms zeigt das vollständige Farbspektrum, wie es sich für einen vernachlässigbaren Reiz ergibt, wenn sein Kopplungsintervall von Null auf eine volle Periode steigt. Die linke und rechte Seitenkante zeigen, was ein zunehmend stärker werdender Reiz mit einem Kopplungsintervall von Null (links) oder 1 (rechts) bewirkt. Der obere Rand repräsentiert die harte Wiederanpassung. Fährt man die Ränder des Rechtecks, wie im Artikel beschrieben, mit einem Farbrad ab, das sich entsprechend den durchlaufenen Farben vor- oder zurückdreht, so wird es letztlich insgesamt nur eine einzige Vorwärtsumdrehung ausführen. Es durchläuft also einen vollen Spektralzyklus. Unter diesen Bedingungen läßt sich ein Kreis irgendwo in das Rechteck legen, auf dem alle Farben einmal und in der richtigen Reihenfolge erscheinen. Ein topologischer Lehrsatz besagt nun, daß es unmöglich ist, jedem Punkt im Innern des Kreises einen Punkt auf dem Umfang zuzuordnen und gleichzeitig die ursprünglichen Zusammenhangsverhältnisse der Punkte beizubehalten. Folglich muß es mindestens einen Punkt im Inneren des Rechteck-Diagramms geben, dem sich keine Farbe zuordnen läßt. Das aber bedeutet: Eine bestimmte Kombination von Reizstärke und Kopplungsintervall liefert keine genau definierte Latenzzeit. Ein solcher Reiz stellt eine mathematische Singularität dar. Wie sich singuläre Reize auf den normalen Herzschlag-Rhythmus auswirken, läßt sich nicht voraussagen; aber sie werden nicht nur wie die anderen Reize lediglich den natürlichen Zyklus verschieben.

mit jedem kleinsten Wechsel in Kopplungsintervall oder Reizstärke ändert, so daß die Farben im Innern des Rechtecks sanft und ohne scharfe Abstufungen ineinanderflössen. Überraschenderweise sagt die Topologie jedoch voraus, daß ein solcher weicher Übergang nicht für jeden Punkt möglich ist.

Etwas Topologie

So besagt ein topologischer Lehrsatz, daß es nicht möglich ist, alle Punkte auf einer ebenen Kreisfläche auf den Umfang zurückzuziehen und dabei gleichzeitig zu gewährleisten, daß zwei Punkte, die ursprünglich auf der Oberfläche benachbart waren, in ihrer neuen randständigen Lage noch immer beieinanderliegen. Nur wenn mindestens ein Punkt nicht zurückgezogen wird, lassen sich die übrigen so auf dem Rand unterbringen, daß die ursprünglichen Zusammenhangsverhältnisse erhalten bleiben.

Welche praktischen Folgen dieser Lehrsatz hat, mag ein handfestes Beispiel verdeutlichen. So kann sich der dünne Seifenfilm in einer runden Seifenblasen-Öse nicht auf den Rand dieser Öse zurückziehen, solange er nicht angestochen wird. Topologisch bedeutet das Anstechen nichts anderes, als einen Punkt aus der Fläche zu entfernen. Das erlaubt dann allen übrigen Punkten, passende Plätze am Rand zu finden und ihre ursprünglichen Zusammenhangsverhältnisse zu bewahren. Sobald dieser einzige Punkt entfernt ist, kann sich der Rest des Films kontinuierlich auf den Rand der Öse zurückziehen.

Wie wir bei der gedanklichen Übung mit dem Rad gesehen haben, enthält der Umfang des Rechteck-Diagramms einen vollständigen Farbenzyklus. Einige Farben jedoch erscheinen dort mehr als einmal. Grün etwa tritt mindestens viermal auf: einmal am unteren und dreimal am oberen Rand. Man kann nun zeigen, daß sich in das Rechteck ein Kreis einzeichnen läßt, auf dem die Farben des Spektrums einmal und in der richtigen Reihenfolge erscheinen — vorausgesetzt, bei der Umrundung des Rechtecks mit dem Farbrad wurde eine volle Vorwärtsumdrehung beschrieben.

Und die Anwendung

Der erwähnte Lehrsatz besagt, daß es nicht möglich ist, alle Punkte im Innern des Kreises auf den Umfang zu verschieben und dabei die ursprünglichen Zusammenhangsverhältnisse zu bewahren. Man kann sich gut vorstellen, wie die innen gelegenen Punkte langsam auf den Kreisumfang zuströmen, vielleicht so,

daß ein jeder dem ihm nächstliegenden Punkt am Rand zustrebt. Es muß jedoch — unabhängig davon, wie diese Bewegung abläuft — irgendeinen Punkt geben, dessen Nachbarn auseinanderstreben; dieser Punkt kann dann selbst keinen Platz auf dem Umfang finden.

Wenn sich aber irgendeinem inneren Punkt kein Gegenstück am Rand zuordnen läßt, so muß es zwangsläufig einen Punkt im Kreis und damit auch im Rechteck geben, dem man keine Farbe zuschreiben kann. Da jeder Punkt im Rechteck-Diagramm für eine bestimmte

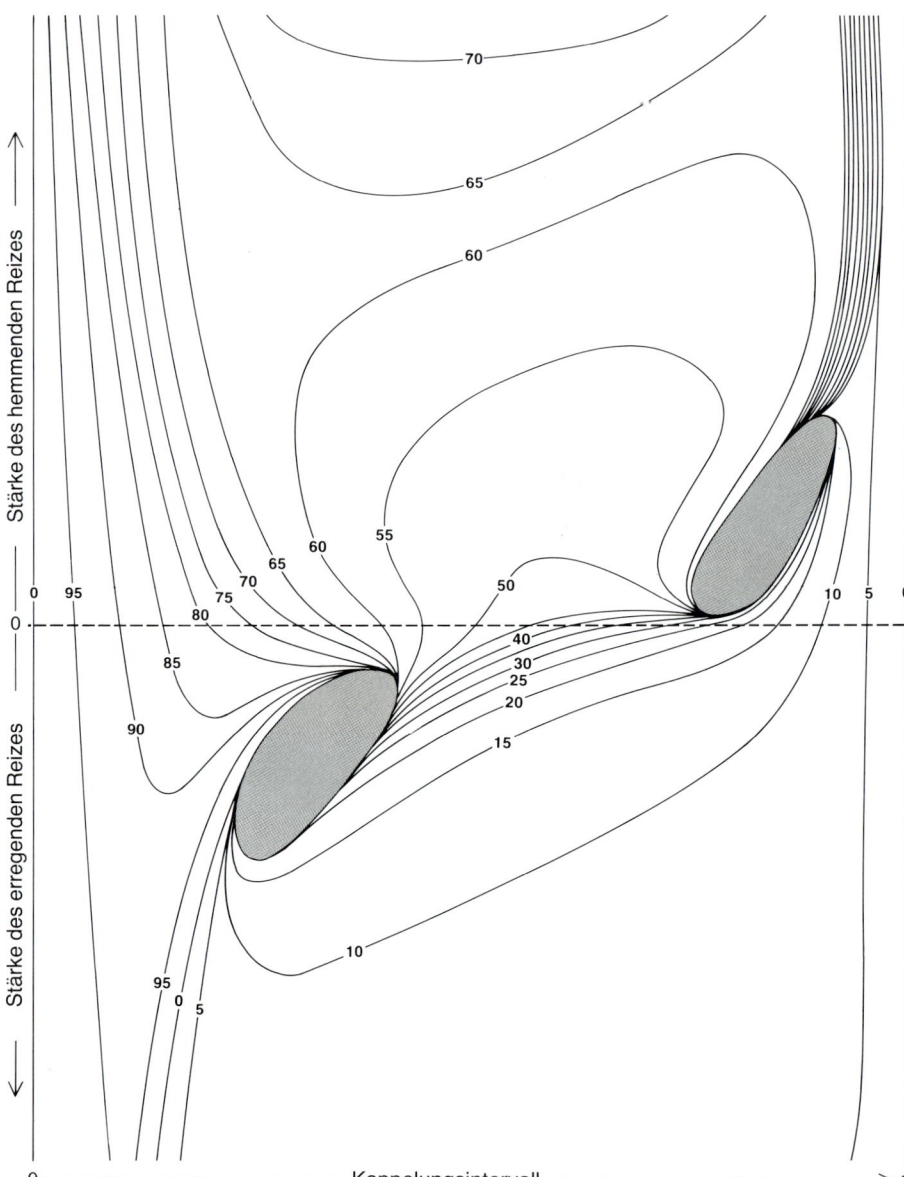

Bild 7: Bei einer Computersimulation wurden „Schwarze Löcher" entdeckt, die singulären Reizen (Bild 6) entsprechen, also Reizen, die keine genaue Latenzzeit ergeben. Eric Best, ein Schüler des Autors, simulierte dazu die Tätigkeit einer besonderen Nervenfaser, dem Riesenaxon des Tintenfischs. Das Axon kann rhythmisch feuern. Best konstruierte ein mathematisches Modell und spielte daran durch, wie das Axon auf verschiedene Reize reagiert. Er veränderte Reizstärke wie Kopplungsintervall und ordnete den sich ergebenden Latenzzeiten die entsprechenden Farben zu. Das Tintenfisch-Axon reagiert sowohl auf erregende als auch auf hemmende Reize. Die Simulation ergab folglich zwei Rechtecke, jedes ähnlich dem von Bild 6. Beide lassen sich entlang der Kante verbinden, die die Punkte für vernachlässigbar kleine Reize umfaßt (rechts). Die schwarzen Flächen in jedem Rechteck stehen für Reize, nach denen das Axon seine rhythmische Entladung nicht wieder aufnimmt. Sie sind von einem vollständigen und richtig angeordneten Farbspektrum umgeben, das sich aus der Dauer der Latenzzeit ergibt. Die Farben strömen geordnet von einem schwarzen Loch zum anderen. Wenn man im Schaubild alle Punkte mit gleichen Latenzzeiten verbindet, erhält man eine Schar von Linien, ganz ähnlich den Höhenlinien einer Landkarte (oben). Man bezeichnet sie als Isochronen. Die Zahl an jeder Isochrone gibt den Bruchteil der natürlichen Periode in Prozent an. Die Topologie des Diagramms würde sich nicht ändern, wenn man es auf einen Gewebebezirk des Herzens abbildet. In diesem Fall würden die Isochronen die Latenzzeiten der Zellen in dem Gewebestück darstellen, also die Zeitspanne, nach der jede Zelle feuert.

Kombination von Reizstärke und Kopplungsintervall steht und jede Farbe für eine Basislatenz, muß dem topologischen Lehrsatz zufolge irgendein Reiz existieren, der keine Basislatenz ergibt, wenn er zu einem bestimmten Zeitpunkt des Zyklus gesetzt wird.

Der Punkt im Rechteck, dem sich keine Farbe zuordnen läßt, wird singulärer Punkt genannt, die dazugehörige Kombination aus Reizstärke und Kopplungsintervall singulärer Reiz. Dieser kann nicht extrem stark sein, da er irgendwo inmitten des Rechtecks liegt. Der obere Rand entspricht Reizen, die mit harter Wiederanpassung, der untere solchen, die mit weicher Wiederanpassung beantwortet werden. Der singuläre Reiz muß daher in Stärke und Anpassungsform irgendwo dazwischen liegen.

Wenn ein Reiz eine Basislatenz zur Folge hat, bedeutet das, wie schon erwähnt, daß er den normalen Rhythmus des Schrittmachers verschiebt, ohne die natürliche Periodizität des Systems aufzuheben. Der topologische Lehrsatz fordert, daß es mindestens einen Reiz gibt, der diese Periode nicht verschiebt. Was aber auch immer die Wirkung eines solchen Reizes sein mag — sie stört den normalen Rhythmus des Schrittmachers.

Der Lehrsatz gibt keinerlei Hinweise, wie ein physiologisches System auf einen solchen Reiz nun wirklich reagiert. Die nachfolgenden Schläge könnten in unvorhersagbarer Folge auftreten oder ganz ausfallen. Die entsprechende Kombination aus Kopplungsintervall und Reizstärke, die so etwas bewirkt, stellt eine mathematische Singularität dar: gleichsam ein „Loch" im Muster der zeitlichen Abfolge.

Man sollte hier betonen, daß diese Singularität nur zu entdecken ist, wenn eine harte Wiederanpassung existiert. Würde der Schrittmacher lediglich weiche Wiederanpassung zeigen, dann durchliefen auch die Farben am oberen Rand des Rechtecks ein vollständiges Spektrum. Unser Rad würde, wenn es jetzt den oberen Rand abrollt, seine Bewegungen am unteren Rand ausgleichen und überhaupt keine Netto-Umdrehung ausführen. Dann kann auch der topologische Lehrsatz nicht mehr angewendet werden.

Computer-Simulation

Die topologischen Muster der weichen und harten Wiederanpassung lassen sich sowohl auf einfache als auch auf so komplexe Systeme wie das menschliche Herz anwenden. Um festzustellen, ob die vorhergesagte Singularität tatsächlich in einem physiologischen System existiert, benutzte mein Schüler Eric Best einen

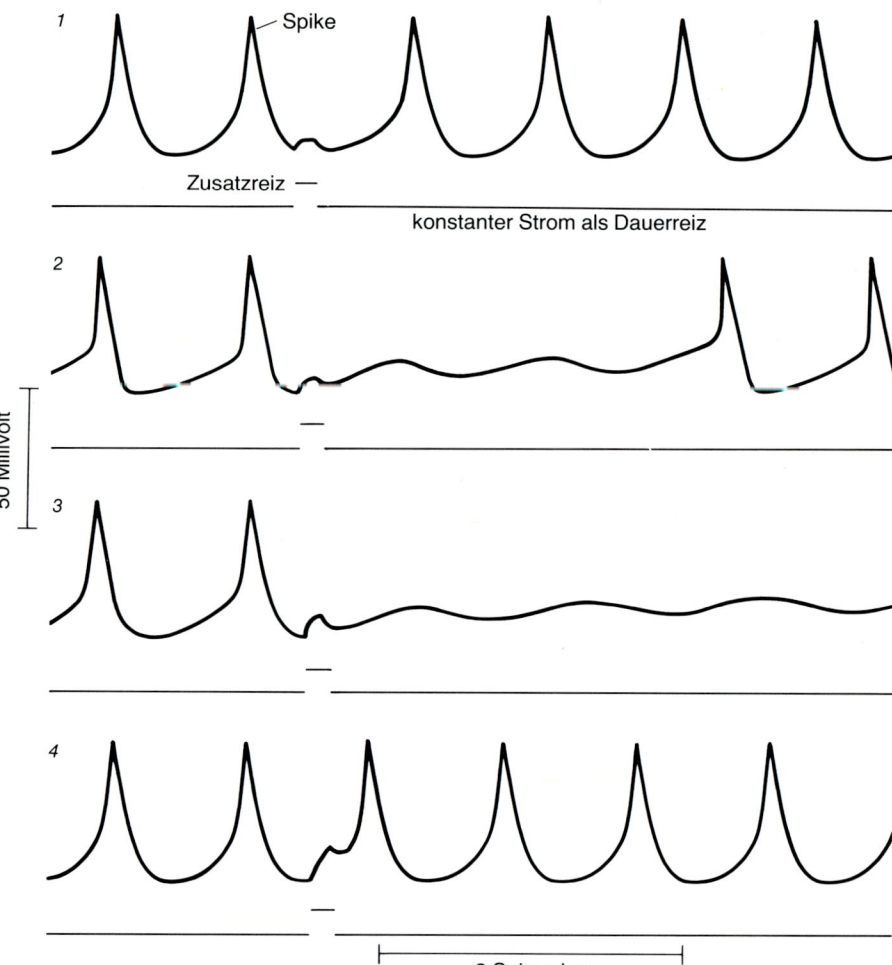

Bild 8: Im Schrittmachergewebe des Herzens existieren tatsächlich die nach dem topologischen Modell zu erwartenden singulären Reize. Jalife und Charle Antzelevitch konnten sie an Purkinje-Fasern von Hunden nachweisen. Die jeweils oberen Kurven zeigen, wie sich das elektrische Potential der Faser ändert, wenn ein schwacher konstanter Strom angelegt ist. Der Dauerreiz veranlaßt die Faser, regelmäßig zu feuern. Zu verschiedenen Zeiten der Schlagperiode wurde ein kleiner zusätzlicher Reiz von 200 Millisekunden Dauer gegeben (kurzer angehobener Strich). Erfolgt der Reiz kurz nach einem Schlag, so verzögert sich lediglich der nächste Schlag(1). Wird etwas später gereizt, so hören die Fasern auf zu feuern, nehmen jedoch nach etwa 3 Sekunden ihren alten Rhythmus wieder auf (2). Bei noch etwas späterer Reizung hören die rhythmischen Entladungen endgültig auf (3). Dieser Periodenabschnitt wird als vulnerable Phase bezeichnet. Reize passender Stärke, die in der vulnerablen Phase gesetzt werden, entsprechen den Schwarzen Löchern in der vorangegangenen Abbildung. Erfolgt der Reiz erst nach der vulnerablen Phase, so setzt der nächste Schlag etwas früher als normal ein (4).

Computer. Er simulierte damit die Tätigkeit einer einzelnen Nervenzelle, also ein sehr einfaches System, das periodisch „schlagen", sprich feuern kann. Dabei stützte er sich auf einige allgemein bekannte Differentialgleichungen, die Alan L. Hodgkin von der Universität Cambridge und Andrew F. Huxley vom University College in London aufgestellt hatten. Beide beschrieben damit mathematisch, wie sich das Aktionspotential in einer außergewöhnlich dicken Nervenfaser im Riesenaxon des Tintenfisches als Signal fortpflanzt.

Best benutzte die Hodgkin-Huxley-Gleichung, um zunächst ein Modell für die rhythmischen Entladungen des Tintenfisch-Axons zu konstruieren. Dann simulierte er eine Anzahl von Reizen mit

verschiedenen Kopplungsintervallen. Die sich ergebenden Latenzzeiten wurden aufgezeichnet.

Das Riesenaxon des Tintenfisches spricht sowohl auf erregende als auch auf hemmende Reize an. Aus diesem Grund lieferte die Simulation zwei Rechteck-Diagramme, eines für jeden Reiztyp. Beide lassen sich entlang ihrer horizontalen Achse, die den vernachlässigbar kleinen Reizen entspricht, miteinander verbinden (Bild 7). Die „gemessenen" Latenzzeiten wurden in die beiden Schaubilder eingetragen und Punkte gleicher Latenz durch eine Linie — ähnlich der Höhenlinie einer Landkarte — miteinander verbunden. Solche „Höhenlinien" für Latenzzeiten bezeichnet man als Isochrone, Linien gleicher Zeiten. Sie

wurden schließlich mit den entsprechenden Farben ausgefüllt, die die Teilabschnitte der natürlichen Periode kenn-
zeichneten.

Die Ergebnisse dieses Vorgehens waren ziemlich aufregend. In beiden Recht-
eck-Diagrammen laufen die Isochrone
auf ein „Schwarzes Loch" zu: eine Singularität, an der die Dauer der Latenzzeit undefiniert ist. Vom Rand beider
Löcher strahlt ein vollständiges Spektrum von Isochronen aus, was im Zusammenhang mit dem Kammerflimmern
sehr bedeutsam ist. Werden die beiden
Rechtecke an ihrer horizontalen Achse
miteinander verbunden, so strömen die
Isochrone wohlgeordnet von einer Singularität zur anderen.

Obwohl der topologische Lehrsatz nur
das Vorkommen eines singulären Punktes sichert, nehmen die Schwarzen Löcher eine beträchtliche Fläche ein. Die
Simulationsbedingungen waren allerdings bewußt so gewählt, um die Schwierigkeiten bei der Auffindung eines einzelnen Punktes zu umgehen. Wie wir
noch sehen werden, bedingen die Verhältnisse im Herzen ebenfalls, daß sich
die Singularität auf einen beträchtlichen
Bezirk ausweitet.

Bestätigung im Bio-System

Bestes Ergebnisse sind inzwischen von
anderen Wissenschaftlern in wirklichen
biologischen Systemen bestätigt worden.
So haben John M. Rinzel vom National
Insitute of Arthritis, Metabolism and Di-
gestive Deseases und Rita Guttman
vom meeresbiologischen Laboratorium
Woods Hole sowohl erregende als auch
hemmende Singularitäten im Riesenaxon des Tintenfisches gefunden. Jalife
und Charles Antzelevitch vom Masonic
Medical Research Laboratory entdeckten solche Sigularitäten, die in den Purkinje-Fasern von Hunden und im Sinusknoten von Katzen die spontanen Entladungen unterbrechen (Bild 8).

Anscheinend läßt sich die rhythmische
Aktivität jedes Schrittmachers durch einen kurzen Reiz zur rechten Zeit und in
richtiger Stärke ausschalten, vorausgesetzt, der Schrittmacher ist sowohl zu
weicher als auch zu harter Wiederanpassung fähig. Die Kontraktion des menschlichen Herzens hat jedoch ein räumliches
Verteilungsmuster. Abweichungen vom
normalen Herz-Rhythmus, also Ar-
rhythmien, äußern sich oft als schnell zirkulierende Wellen und weniger darin,
daß die Schläge unkontrolliert auftreten
oder die Entladungen aussetzen.

Vor allem das Kammerflimmern ist eine räumliche Desorganisation der normalen Kontraktion. Könnten die singulären topologischen Punkte, so aufre-

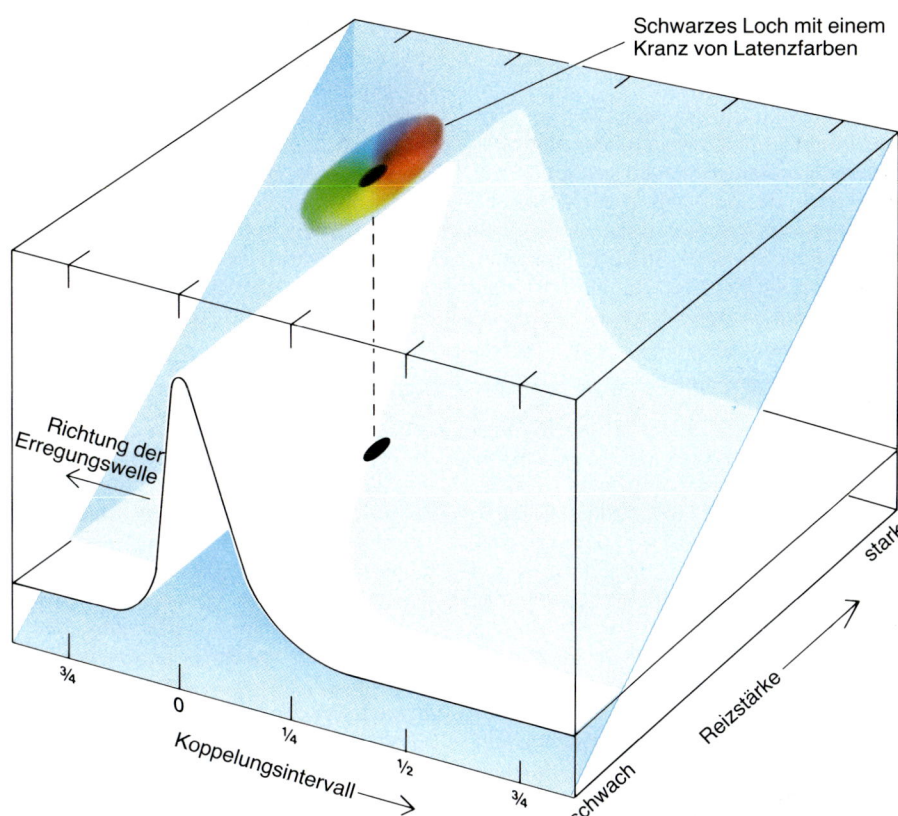

Schwarzes Loch mit einem Kranz von Latenzfarben

Richtung der Erregungswelle

Koppelungsintervall →

¾ 0 ¼ ½ ¾

schwach Reizstärke stark

Bild 9: Das Blockdiagramm zeigt, wie das
Kammerflimmern entstehen könnte. Die Hypothese des Autors geht von zwei Gradienten
aus: einem für die Reizstärke und einem für das
Kopplungsintervall, also für den relativen Zeitpunkt des Reizes. Beide liegen quer zueinander
und führen zu einer mathematischen Singularität im Herzen. Die Abbildung zeigt schematisch
ein kleines rechteckiges Stück Herzgewebe,
über das von rechts nach links eine Impulswelle
des Schrittmachers läuft. Die jeweils unter dem
Wellenberg liegenden Fasern feuern dann. Die
letzte Entladung der Fasern links vor diesem
Berg liegt fast eine volle Periode zurück. Die
Fasern knapp rechts vom Berg haben gerade
gefeuert. Auf diese Weise sind alle Werte des
Kopplungsintervalls zwischen Null und einer
vollen Periode an der Vorderseite des Rechtecks aufgetragen. Das Herzgewebe ist ungleichmäßig mit Endigungen von Nerven durchsetzt,

die die Tätigkeit des Herzens modulieren. Angenommen, im rückwärtigen Teil des Rechtecks liegen die Endigungen eines solchen Nervs
dichter beieinander. Dann wird der Nervenreiz
an der Hinterkante des Rechtecks am stärksten
sein und zur Vorderkante hin abnehmen (ge-
neigte Fläche). Das Latenz-Diagramm mit den
Koordinaten für Reizstärke und Kopplungsintervall wird auf diese Weise auf dem rechteckigen Gewebestückchen abgebildet. Folglich muß
es im Gewebereichteck eine Kombination aus
Reizstärke und Kopplungsintervallen geben,
die keine genaue Latenzzeit ergibt. Von dieser
Singularität strahlt eine vollständige Sequenz
von Isochronen aus. Wenn der Nerven-
impuls im Rechteck einläuft, beginnen die Fasern um die Singularität in der Reihenfolge ihrer Latenzzeiten (gemäß den Isochronen) zu
feuern. Das ist die ideale Ausgangssituation
für das Entstehen einer kreisenden Welle.

gend ihre Entdeckung bereits ist, auch irgendwie die Ursache des Kammerflimmerns erhellen?

Zirkulierende Wellen

Die zirkulierenden Wellen hängen mit
den Singularitäten zusammen. Aber um
das zu verstehen, müssen wir uns klar
machen, wie sich die Wellen elektrischer
Impulse im Herzen fortpflanzen. Im
Herzmuskel werden nämlich die elektrochemischen Impulse, die dort jeweils eine Kontraktion auslösen, ohne jegliche
Abschwächung weitergeleitet. Jede Faser stellt das Signal in voller Stärke wieder her, bevor sie es der Nachbarzelle
übermittelt. Wenn sich also das Signal

auf eine Kreisbahn bringen ließe, könnte
es endlos im Herz zirkulieren. Dies wird
in der modernen medizinischen Terminologie als Wiedereintritt der Erregung
(englisch *reentry*) bezeichnet.

Eine Welle kann nur dann ununterbrochen im Herzen kreisen, wenn sie für
einen Umlauf länger braucht als die Fasern zur Erholung. Wäre die Umlaufzeit
kürzer als die Refraktärphase, die jedem
Aktionspotential folgt, so würde die
Welle nach einer einzigen Runde erlöschen. Denn sie trifft dann auf Fasern, die
noch nicht wieder feuern können. Man
weiß heute, daß Wellen auf einem geeigneten Weg im Herzen zu zirkulieren vermögen; und es ist sogar erwiesen, daß gewissen Formen der Arrhythmie Wellen
zugrunde liegen, die um ein Hindernis

kreisen, etwa um die Mündung eines Blutgefäßes oder einen abgestorbenen Gewebebezirk.

Lange Zeit glaubte man, solche Wellen könnten in Geweben ohne Öffnungen nicht zirkulieren, weil sie den Gewebebereich im Zentrum ihrer Kreisbahn durchqueren und sich dann rasch selbst auslöschen würden. Neuere Arbeiten, bei denen die Tätigkeit des Herzgewebes im Computer simuliert wurde, haben jedoch gezeigt, daß eine Welle sogar in kompaktem Gewebe, wie dem gesunden Ventrikelmuskel, kreisen kann.

Gordon K. Moe vom Masonic Medical Research Laboratory, J. A. Abildskov vom medizinischen Zentrum der Universität von Utah in Salt Lake City und Werner C. Rheinboldt von der Universität von Maryland in College Park waren dabei die ersten, die ein erregbares Medium wie den Herzmuskel simulierten und zeigten, daß dort kreisende Wellen vorkommen können. V. I. Krinskij und seine Kollegen am Institut für Biophysik der sowjetischen Akademie der Wissenschaften stellten schließlich fest, daß sich eine einzelne kreisende Welle vervielfachen, aufteilen und ausbreiten kann, sofern das Gewebe stellenweise inhomogen ist. Solche Bezirke entstehen häufig, wenn die Blutzufuhr zum Herzmuskel unterbrochen war. Kreisende Wellen dieser Art können wesentlich schneller und in einem viel kleineren Gebiet zirkulieren, als man es bis dahin für möglich gehalten hatte. Krinskijs Untersuchungen ergaben zugleich das beste theoretische Modell des Kammerflimmerns.

Maurits Allessie und seine Kollegen Felix I. M. Bonke und F. J. G. Schopman am Zentrum für Biomedizin in Maastricht waren dann die ersten, die tatsächlich kreisende Wellen im Herzgewebe beobachteten. Die holländischen Wissenschaftler konnten in einem undurchlöcherten Stück Kaninchen-Herzgewebe eine Welle erzeugen, die mit einer Frequenz von etwa 10 Hertz kreise (Bild 1). Sie benutzten eine Reihe beweglicher Elektroden, um die Impulse im Gewebe zu registrieren. Die Position der Wellenfront wurde als eine Folge von Isochronen in ein Diagramm eingezeichnet. Während die Welle kreist, beschreibt der innere Endpunkt der Isochronen einen unregelmäßigen Ring von weniger als einem Zentimeter Durchmesser. Ähnliche Isochronen-Karten haben M. J. Janse und F. J. van Capelle von der Universitätsklinik Amsterdam für das Kammerflimmern erhalten.

Wie ich bereits erwähnt habe, läßt der topologische Lehrsatz nicht erkennen, welche Art von Arrhythmie von einem singulären Reiz hervorgerufen werden könnte. Er sagt lediglich voraus, daß es einen solchen Reiz gibt. Allerdings ge-

statten die topologischen Gesetze eine allgemeinere Auslegung, als ich sie bisher gegeben habe.

Die erläuterten Gesetzmäßigkeiten im zeitlichen Verhalten des Schrittmachers lassen sich ebensogut auf ein System mit räumlich verteiltem Kontraktionsmuster anwenden wie auf eine einzelne, sich als Ganzes kontrahierende Masse. Bei einem solchen System könnten die Isochronen der Rechteck-Diagramme auf eine Region des Gewebes abgebildet werden. Sie würden dann die elektrische Aktivität widerspiegeln, wie sie zu einem angegebenen Zeitpunkt über das Gewebe verteilt ist. Vorher hingegen stellten sie eine Serie von Einzelergebnissen dar, die an einer einzelnen Faser oder einem einzelnen Schrittmacher in vielen verschiedenen Durchgängen und zu verschiedenen Zeiten gewonnen wurden. Von einer solchen Übertragung bliebe die Logik der topologischen Beweisführung unberührt. Jeder Punkt im Rechteck entspräche noch immer einer Kombination aus Reizstärke und Kopplungsintervall, aber er würde außerdem den Ort im System und mit seiner Farbe die Latenzzeit an dieser Stelle angeben.

Nehmen wir nun noch an, daß die räumlich verteilten Wiederanpassungsvorgänge im menschlichen Herzen denen des Tintenfisch-Axons gleichen, so wie sie durch die Hodgkin-Huxley-Gleichung beschrieben und von Best simuliert wurden. Entscheidend für die Ähnlichkeit der beiden Systeme wäre, daß um jede Singularität ein volles Spektrum von Isochronen, also um jedes Schwarze Loch ein „Regenbogen" erscheint.

Regenbogen im Herzen

Wie könnte sich ein solcher Regenbogen auf der Oberfläche des menschlichen Herzens bilden, und was wären die Folgen? Stellen wir uns einen kleinen rechteckigen Gewebeblock der ventrikulären Muskelwand vor. Die aufeinanderfolgenden elektrischen Wellen des Schrittmachers laufen fortwährend darüber hinweg. Um die Sache leichter veranschaulichen zu können, sollen die Wellenfronten von rechts nach links über das flachliegende Rechteck ziehen (Bild 9).

Nehmen wir jetzt an, daß seine Kantenlänge etwa der Wellenlänge des Impulses entspricht. Dann wird nur ein Wellenberg im Rechteck liegen. Die Fasern „unter" diesem Berg entladen sich gerade. Die Fasern vor der Wellenfront, ein wenig links vom Berg, werden gleich feuern, denn ihre letzte Entladung liegt fast eine volle Schlagperiode zurück. Die Fasern hinter der Front, also rechts davon, haben kurz zuvor gefeuert, als die Welle über sie hinweglief; sie sind jetzt

in der Refraktärphase. Insgesamt werden so alle möglichen Kopplungsintervalle zwischen Null und einer natürlichen Periode an der Vorderkante des rechteckigen Gewebestücks dargestellt.

Über das ganze Gewebe verteilt liegen die Endigungen mehrerer größerer Nerven, allerdings nicht gleichmäßig. Die Stärke eines Nervenimpulses ist aber der Dichte der Endigungen proportional. Angenommen, das Gebiet an der hinteren Kante des Rechtecks ist dichter bestückt als das an der vorderen Kante. Dann wird ein Impuls, der von einem der Nerven einläuft, von hinten nach vorne an Stärke abnehmen.

So ergibt sich für die Reizstärke ein Gradient, der quer zum Weg der Schrittmacherwelle und damit quer zum Gradienten der Kopplungsintervalle verläuft. Auf diese Weise wird das Rechteck-Diagramm für Kopplungsintervall und Reizstärke systematisch auf das Rechteck des Herzgewebes übertragen. Wenn alle diese Bedingungen zutreffen, muß es irgendwo in dem Block ein Schwarzes Loch geben – einen Punkt, an dem sich für das Kopplungsintervall und den einwirkenden Reiz keine genaue Latenzzeit ergibt.

Wenn sich, wie ich als Hypothese annehme, die Wiederanpassung von Herz und Tintenfisch-Axon im wesentlichen gleichen, dann müssen die Farben der Isochrone das Schwarze Loch wie einen Regenbogen umspannen, also eine vollständige Folge von Latenzzeiten umfassen. Jede Isochrone läuft dabei durch Herzmuskelfasern, die auf den Reiz mit derselben Verzögerung antworten. Daher könnte der Reiz eine Folge von Entladungen auslösen, die um einen der Singularität entsprechenden Punkt kreisen.

So wie hier dargestellt, bliebe der Regenbogen der Isochronen auf etwa einen Quadratzentimeter Fläche beschränkt. So viel Platz haben auch ungefähr die im Herzen beobachteten kreisenden Einzelwellen beansprucht. Man kann sich kaum bessere Startbedingungen für eine kreisende Erregung vorstellen als ein solches Schwarzes, vom Regenbogen der Latenzzeiten umgebenes Loch. Wenn das Herzgewebe zudem viele inhomogene Stellen besitzt, würde sich die Einzelwelle in viele kleinere aufspalten. Dadurch könnte sie letztlich in die katastrophale Arrhythmie des Kammerflimmerns münden.

Topologie und Kammerflimmern

Die beschriebenen Reizgradienten kommen überall im Herzen vor und könnten das Einsetzen des Kammerflimmerns begünstigen. Wir wollen uns das folgendermaßen klarmachen. Die topologische

Beweisführung sichert nur einen singulären Punkt ab, eine ganz bestimmte Kombination von Kopplungsintervall und Reizstärke. Wenn das Herz aus einem idealen Gewebe bestünde, in dem alle Impulse sofort weitergeleitet und sich alle Fasern gleichzeitig kontrahieren würden, müßte man genau diese Kombination kopieren, um Kammerflimmern auszulösen. Das Schwarze Loch wäre dann ein unendlich kleiner Punkt.

Das Herz von großen Säugetieren verhält sich aber keineswegs in dieser idealen Weise; selbst über kurze Entfernungen variieren der Zeitpunkt der Entladungen und die Reizstärke erheblich. Das heißt, daß viele Kombinationen aus Reizstärke und Kopplungsintervall eine kreisende Einzelwelle entstehen lassen können. Wenn etwa ein bestimmter Reiz dort, wo er eintritt, zu stark ist, um eine solche Welle zu erzeugen, dann mag er doch etwas weiter die richtige Stärke haben. Und genauso kann die Zeitfolge an der Eintrittsstelle falsch, ein kleines Stück weiter aber richtig sein.

Wir wollen uns wieder ein Rechteckdiagramm mit dem Kopplungsintervall auf der horizontalen Achse und der Reizstärke auf der vertikalen Achse vorstellen. In dieses Achsenkreuz werden alle Reize eingetragen, die Kammerflimmern verursachen können. Die so entstandene „Zielscheibe" besteht für ein Herz aus idealem Gewebe lediglich aus einem einzelnen Punkt. Für das reale Herz ist sie dagegen wesentlich größer und damit natürlich einfacher zu treffen (siehe Bild 10).

Tierversuche zeigen, daß es tatsächlich einen beachtlichen Bereich im Schaubild gibt, in dem Kammerflimmern auftreten kann. Reize außerhalb dieses Zielgebietes verursachen kein Kammerflimmern. Beispiele dafür geben tödliche Unfälle durch Stromschlag. In der Medizin nutzt man diesen Effekt, um bei schwierigen Operationen am offenen Herzen einen künstlichen reversiblen Herzstillstand herbeizuführen.

In seiner letzten Veröffentlichung hatte George Mines drei allgemeingültige Aussagen über das Kammerflimmern gemacht, die sich seither in der klinischen Praxis vielfach bestätigt haben.

Erstens: Kammerflimmern läßt sich durch einen elektrischen Impuls auslösen, sofern dieser in einem ungünstigen Zeitpunkt, das heißt in der vulnerablen Phase, auftritt.

Zweitens: Kammerflimmern geht häufig mit dem sogenannten Wiedereintritt von zirkulierenden Impulsen einher.

Drittens: Kammerflimmern wird durch fast jede die räumliche Gleichmäßigkeit störende Abweichung begünstigt, sei es im Zielgewebe oder in den Reizen, die von den das Gewebe durchsetzenden Nerven ausgehen.

Die hier angeführte topologische Beweisführung erhellt die Zusammenhänge zwischen diesen drei empirischen Verallgemeinerungen.

Weiter kann uns zum gegenwärtigen Zeitpunkt weder die klinische Beobachtung noch die Topologie führen. Wenn der vorgeschlagene topologische Mechanismus richtig sein sollte, könnten die klinischen Konsequenzen allerdings recht unerfreulich sein.

Ständig wird das Herz von den unterschiedlichsten elektrischen Impulsen bombardiert. Die Gefahr, daß aus solchen Impulsen eine Singularität entsteht, läßt sich nicht beseitigen, ohne die Fähigkeit der Schrittmacher-Membran zur harten Wiederanpassung zu tilgen. Ist dies nicht möglich oder nicht wünschenswert, so bleibt nur die Herausforderung an die Präventivmedizin, die Schwarzen Löcher so klein und unerreichbar zu machen, wie es nur geht.

Einige der noch unbeantworteten, aber durch die topologische Analyse aufgeworfenen Fragen könnten durchaus zu den klinisch interessantesten Ergebnissen führen. Anscheinend ist jedes menschliche Herz einem Bombardement elektrischer Impulse ausgesetzt, aber nur bei einigen kommt es zum Kammerflimmern. Unter welchen Umständen entsteht aus einer Wiederanpassungs-Singularität eine kreisende Einzelwelle? Wann wird eine solche Welle in viele kleinere zerlegt? Wann verebbt sie einfach in einer harmlosen synchronisierten Aktivität? Können die Bedingungen erkannt werden, unter denen aus der Singularität ein Kammerflimmern entsteht, und lassen sie sich womöglich durch Medikamente kontrollieren, die gezielt die elektrischen Eigenschaften des Herzgewebes verändern?

Seit langem schon beschäftigen diese Fragen die Herzspezialisten. Indem nun die Topologie auf einen mathematischen Zusammenhang aufmerksam macht, leistet sie vielleicht zu guter Letzt doch einen wesentlichen Beitrag dazu, den Sekundenherztod zu überwinden.

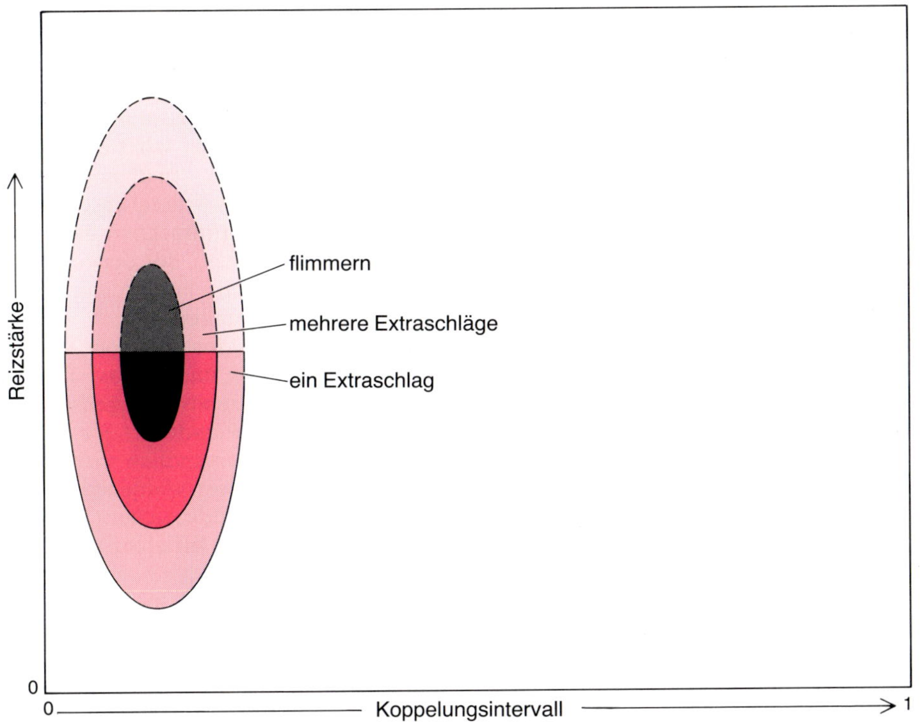

Bild 10: Eine „Zielscheibe" markiert die Reize, die am gesunden Herzen Kammerflimmern verursachen können. Der obere Teil des Diagramms stützt sich auf qualitative klinische Daten, der untere Teil überdies auf genauere Informationen aus Tierversuchen. Im äußeren Kreis liegen Reize, die einen zusätzlichen Schlag, eine Extrasystole, auslösen. Im mittleren Ring finden sich Reize, die mehrere solcher Extraschläge verursachen. Die Reize im Zentrum schließlich führen zu Kammerflimmern. Die hier erläuterte topologische Überlegung sichert nur eine einzige Singularität ab: eine einzige Kombination aus Reizstärke und Kopplungsintervall, die eine kreisende Welle an einem bestimmten Punkt im Herz auslösen könnte. Am lebenden Herzen gibt es jedoch überall und zu jeder Zeit zahlreiche Gradienten für Reizstärke und Kopplungsintervall. Diese Gradienten vergrößern die Anzahl der möglichen Reize, die irgendwo im Herzen eine kreisende Erregungswelle verursachen könnten. Ist der Reiz an einer Stelle zu stark, hat er vielleicht daneben gerade die richtige Stärke. Kommt er zum falschen Zeitpunkt, kann er trotzdem ein wenig weiter gerade passen. Die zahlreichen Kombinationen von Reizstärke und Kopplungsintervall, die in einem gesunden menschlichen Herzen eine kreisende Welle auszulösen vermögen, liegen alle im Zentrum der Zielscheibe.

Fraktale — eine neue Sprache für komplexe Strukturen

Die fraktale Geometrie ist Beschreibung und zugleich mathematisches Modell für vielfältige Formen in Wissenschaften und Natur. Diese neue Sprache für komplexe Strukturen verwendet viele Dialekte, darunter einen affin-linearen und einen nichtlinearen quadratischen Dialekt, sowie die sogenannten L-Systeme. Sie alle können nur mit Hilfe eines Computers gesprochen werden.

Von Hartmut Jürgens, Heinz-Otto Peitgen und Dietmar Saupe

Die fraktale Geometrie wird Ihre Sicht der Dinge grundlegend verändern. Es ist gefährlich weiterzulesen. Sie werden es riskieren, Ihre kindliche Auffassung von Wolken, Wäldern, Galaxien, Blättern, Federn, Blumen, Felsen, Gebirgen, Teppichen und vielen anderen Dingen zu verlieren. Niemals werden Sie zu den Ihnen vertrauten Interpretationen dieser Dinge zurückkönnen."

Mit diesen Sätzen charakterisiert Michael Barnsley, ein bekannter Mathematiker und einer der führenden Forscher auf dem Gebiet der fraktalen Geometrie, unser Thema. (Wir wollen gleich anmerken, daß seine Darstellung unsere Beschreibung beeinflußt hat.) Tatsächlich hat Benoît B. Mandelbrot vom Thomas-J.-Watson-Forschungszentrum der IBM in Yorktown Heights (New York) mit seinem Konzept der Fraktale, ausführlich beschrieben in seinem 1987 auf Deutsch erschienenen Buch „Die fraktale Geometrie der Natur", in Mathematik und Naturwissenschaften ein neues Denken in Gang gebracht — eine Welle, die in ihrer Kraft, Kreativität und Weiträumigkeit längst ein interdisziplinäres Ereignis ersten Ranges geworden ist.

Fraktale Geometrie ist in erster Linie eine neue Sprache. Ihre Elemente entziehen sich aber einer direkten Anschauung und unterscheiden sich darin grundlegend von den Elementen der vertrauten euklidischen Geometrie wie etwa Linie, Kreis und Kugel.

Die fraktale Sprache drückt sich in Algorithmen aus, das heißt in Verfahrensregeln und -anweisungen, die sich erst mit Hilfe eines Computers in Formen und Strukturen verwandeln. Zudem ist der Vorrat dieser Elemente unerschöpflich groß. Beherrscht man aber die neue Sprache, so vermag man die Form einer Wolke ebenso präzise und einfach zu beschreiben, wie ein Architekt den Plan eines Hauses in der Sprache der traditionellen Geometrie vollständig darstellen kann.

Die Essenz der Mandelbrotschen Botschaft ist, daß viele natürliche Strukturen wie zum Beispiel Wolken, Gebirge, Küsten- oder tektonische Bruchlinien, Blutgefäßsysteme oder Bruchflächen von Materialien und vergleichbare Strukturen scheinbar uneingeschränkter Komplexität tatsächlich eine geometrische Regelmäßigkeit haben — die sogenannte Skaleninvarianz. Das bedeutet: Analysiert man diese Strukturen bei unterschiedlichen Größenmaßstäben, so stößt man immer wieder auf dieselben Grundelemente. Ihr Zusammenspiel in verschiedenen Maßstäben findet im Begriff der fraktalen Dimension eine angemessene mathematische Beschreibung.

Die Bedeutung der Skaleninvarianz hat eine bemerkenswerte Parallele in der ebenfalls höchst aktuellen Chaos-Theorie, die Naturwissenschaftler und Mathematiker mit der Überraschung konfrontiert hat, daß zahlreiche Phänomene trotz strengem Determinismus prinzipiell nicht berechenbar sind. Diese Entsprechung ist nicht zufällig; sie ist vielmehr Zeugnis einer tiefen Verwandtschaft.

Besonders eindrucksvoll kann dies an einem mathematischen Konstrukt diskutiert werden, das Mandelbrot 1980 entdeckt hat und das seitdem als Mandelbrot-Menge bezeichnet wird. Dieses überaus komplexe und vielleicht schönste Objekt, das die Mathematik je zugänglich und sichtbar gemacht hat, birgt einen bizarren Reichtum an Formen und Strukturen; es wirft aber zugleich grundlegende mathematische Probleme auf, die in scheinbar groteskem Gegensatz zur Einfachheit der Erzeugungsregeln stehen, mit denen sich diese Menge eindeutig beschreiben und geometrisch konstruieren läßt.

Die Mandelbrot-Menge ist ein Paradigma für Ordnung und Chaos. Doch ihre wohl faszinierendste Eigenschaft wurde erst kürzlich entdeckt: Sie kann als Bildlexikon für unendlich viele Algorithmen interpretiert werden und ist damit ein fraktaler Bildspeicher (Bild 1) von schier unfaßbarer Effizienz und Organisation.

Eine weitere Parallele zwischen der fraktalen Geometrie und der modernen Chaos-Theorie besteht darin, daß die schrittmachenden Entdeckungen erst durch Computerexperimente möglich und gemacht wurden. Dies ist für das traditionelle Mathematikverständnis eine Herausforderung, die von manchen als kraftvolle Erneuerung und Befreiung, von anderen aber auch als Abkehr von der wahren Mathematik empfunden wird.

Die Metapher Sprache scheint uns am besten geeignet zu sein, in die fraktale Geometrie einzuführen und einige ihrer wesentlichen Eigenschaften zu diskutieren. Während westliche Sprachen in einem endlichen Alphabet geschrieben

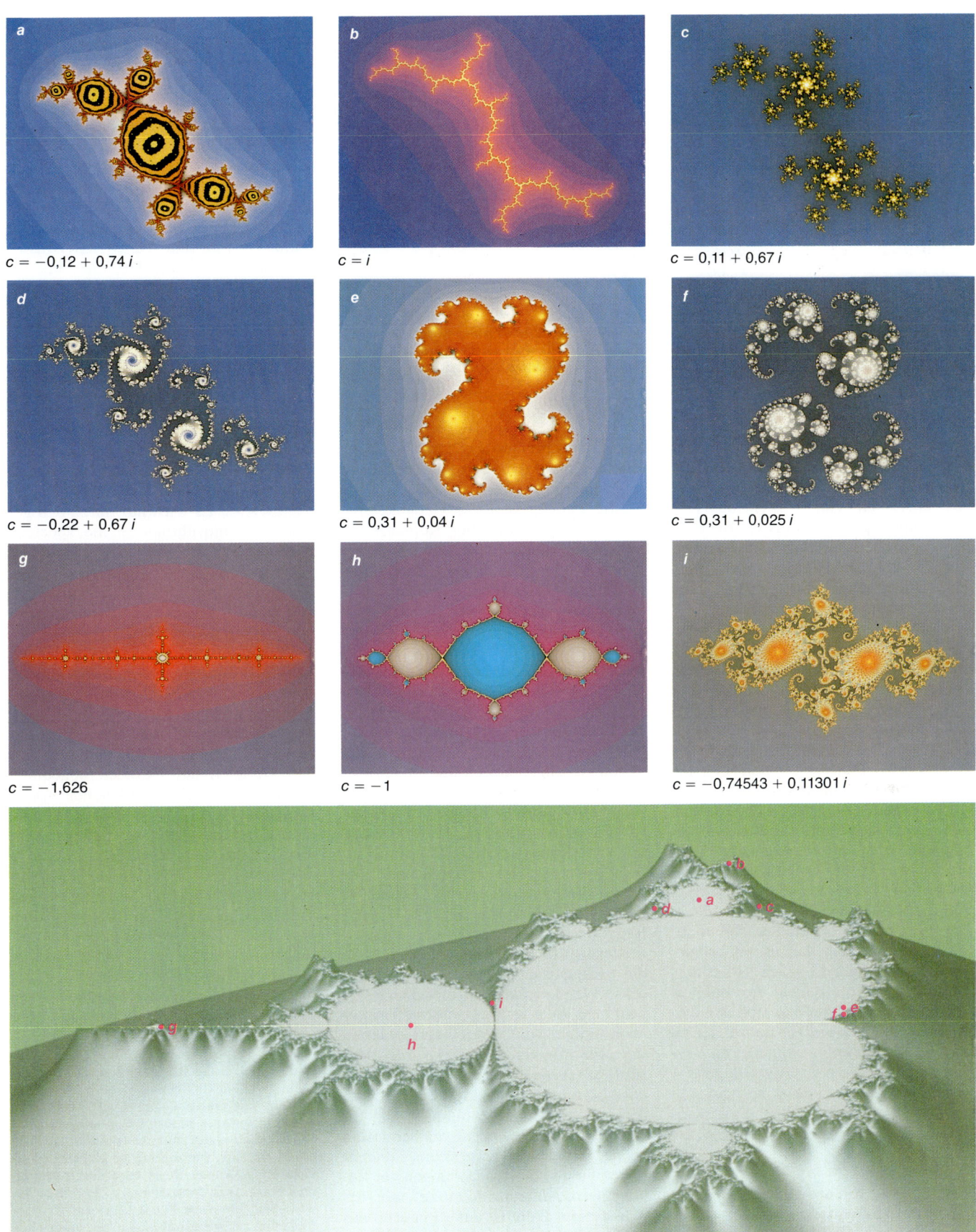

a
$c = -0,12 + 0,74\,i$

b
$c = i$

c
$c = 0,11 + 0,67\,i$

d
$c = -0,22 + 0,67\,i$

e
$c = 0,31 + 0,04\,i$

f
$c = 0,31 + 0,025\,i$

g
$c = -1,626$

h
$c = -1$

i
$c = -0,74543 + 0,11301\,i$

Bild 1: Die unendliche Vielfalt der Julia-Mengen, der phantastischen Objekte des quadratischen Dialekts der fraktalen Geometrie, wird durch die Mandelbrot-Menge geordnet und strukturiert, vergleichbar einer Sprache durch ihre Grammatik. Die Mandelbrot-Menge, hier als Plateau (unten) dargestellt, ist eine Teilmenge der komplexen Zahlenebene. Zu jedem Punkt c dieser Ebene gehört eine Julia-Menge; Julia-Mengen zu ausgewählten Punkten sind in den kleinen Bildern darge- stellt. Julia-Mengen zu Punkten außerhalb der Mandelbrot-Menge sehen wie Staub oder eine völlig unzusammenhängende Wolke von Punkten aus (c); Punkte der Mandelbrot-Menge dagegen gehören zu zusammenhän- genden (aus einem Stück bestehenden) Julia-Mengen. So sehen die Julia- Mengen des herzförmigen Hauptkörpers der Mandelbrot-Menge wie zer- knautschte Kreiskurven aus (e). Blitzförmige Julia-Mengen (b) findet man für die Punkte der peripheren Verästelungen der Mandelbrot-Menge.

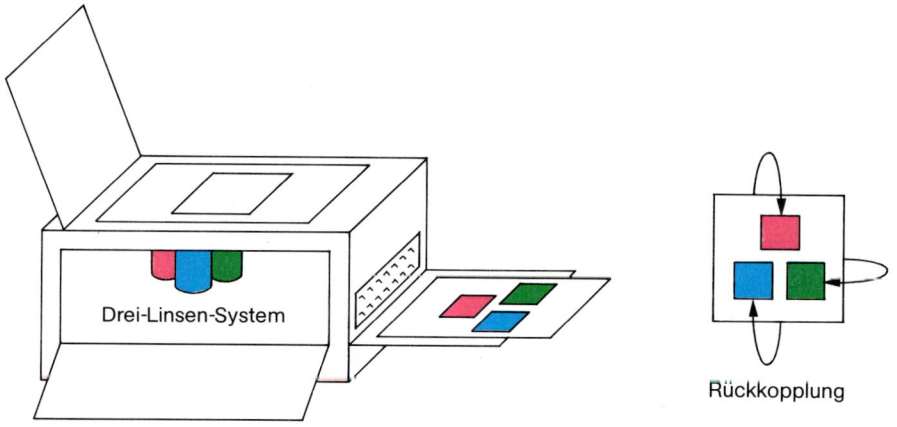

Bild 2: Die Mehrfach-Verkleinerungs-Kopier-Maschine als Bestandteil einer Rückkopplungsschleife: Eine beliebige Vorlage (Input) wird mit einem Mehrlinsensystem kopiert, die Kopie (Output) wird als neue Vorlage (Rückkopplung zum Input) benutzt, und so weiter.

werden, verfügen östliche Sprachen wie Chinesisch über so viele Zeichen, daß man sagen könnte, sie bestünden aus unendlich vielen Elementen. In westlichen Sprachen müssen Buchstaben zu Wörtern zusammengesetzt werden, die dann Bedeutung tragen, während chinesische Schriftzeichen selbst die Bedeutung beinhalten.

Die traditionelle euklidische Geometrie kennt — analog dem recht begrenzten Zeichensatz westlicher Sprachen, etwa dem lateinischen Alphabet — nur wenige Elemente wie die gerade Linie, den Kreis und so fort. Aus diesen wenigen Elementen lassen sich konstruktiv komplexere Objekte bilden — die gleichsam erst eine Bedeutung tragen. (In gewissem Sinne läßt sich das auch für andere moderne Geometrien behaupten, etwa die Riemannsche Geometrie, welche die Grundlage der Einsteinschen Relativitätstheorie bildet.) Die fraktale Geometrie entspricht dagegen eher der östlichen Sprachfamilie. Sie konstituiert sich aus unendlich vielen Elementen, die sich allerdings grundlegend von denen der euklidischen unterscheiden. Was sind nun diese Elemente? Die einfachste Art, sie zu beschreiben, besteht darin, sie mit Verfahrensregeln — oder Algorithmen — zu identifizieren. Diese Algorithmen lassen sich direkt als Bedeutungseinheiten der fraktalen Sprache verstehen.

Der lineare Dialekt
in der fraktalen Sprache

Der wichtigste Dialekt der fraktalen Sprache ist die lineare fraktale Geometrie. Sie ist einfach zu verstehen und führt auch in die Grundidee der anderen Varianten sehr schön ein. Wie alle fraktalen Dialekte wird sie mit unendlich vielen Algorithmen gesprochen. Ihre

Regeln beschreiben wir zunächst durch eine weitere Metapher: die Mehrfach-Verkleinerungs-Kopier-Maschine (Bild 2). Im Prinzip ist diese Gedankenmaschine ein gewöhnlicher Kopierer mit Verkleinerungsoption. Allerdings hat unser Kopierer mehrere Verkleinerungslinsen, die ein aufgelegtes Bild unabhängig voneinander verkleinern (mit möglicherweise verschiedenen Faktoren) und die Verkleinerung jeweils an einen bestimmten Ort plazieren.

In einer Rückkopplungsschleife definiert jede solche Maschine eine Regel des linearen fraktalen Dialekts, und für jede Wahl der Linsen — das heißt der Verkleinerungsfaktoren und Positionierungen — eine andere. Bild 3 (links) zeigt ein konkretes Beispiel für einen rekursiven Algorithmus. Man beobachtet, wie sich aus dem Anfangsbild, einem Rechteck, im ersten Schritt eine Dreierkonfiguration ergibt. Damit ist die Mehrfach-Verkleinerungs-Kopier-Regel beschrieben: Setze drei Verkleinerungen um jeweils den Faktor ½ in die Ecken eines gleichseitigen Dreiecks. Wendet man nun dieselbe Regel nochmals an, so ergibt sich eine Dreieranordnung aus drei verkleinerten Dreieranordnungen und so fort, bis man schon nach sechs Anwendungen oder Iterationen ein endgültiges Bild zu sehen beginnt. Wir wollen es das Limesbild nennen, weil es mathematisch als der Grenzwert (Limes) einer unendlichen Folge von Anwendungen der Regel auf ein Anfangsbild aufzufassen ist.

In diesem Falle ist das Limesbild das in der Mathematik seit 1916 bekannte Sierpiński-Dreieck, benannt nach dem polnischen Mathematiker Wacław Sierpiński (1882 bis 1969), der sich mit Grundlagenfragen der Mengentheorie sowie mit der Theorie der reellen Funktionen und der Zahlentheorie beschäftigt hat. Dieses Objekt ist ein Musterex-

emplar aus der Klasse der im strengen Sinne selbstähnlichen Objekte, die sich durch folgendes Merkmal auszeichnen: Nimmt man ein noch so kleines Teil heraus, dann ist darin immer eine Figur — hier ein Dreieck — enthalten, die unter genügend starker Vergrößerung wieder das gesamte Bild ergibt.

Wie hängt nun das Limesbild von der Wahl des Anfangsbildes ab? Darüber gibt das nächste Experiment Auskunft (Bild 3, Mitte und rechts). Hier haben wir zwei neue, verschiedene Anfangsbilder gewählt: einmal ein Dreieck und dann den Schriftzug SPEKTRUM. Wieder erzeugt die Mehrfach-Verkleinerungs-Kopier-Regel als Rückkopplungsschleife schon nach sechs Iterationen praktisch genau das gleiche Bild. Natürlich weichen die Bilder dieser Stufe in den kleinsten Details — Rechtecken, Dreiecken beziehungsweise SPEKTRUMs — nach wie vor voneinander ab, aber das Limesbild ist immer das gleiche. Es wird nur durch den gewählten Algorithmus — die spezielle Mehrfach-Verkleinerungs-Kopier-Regel — festgelegt. Dieses Ergebnis läßt sich nach einer Idee des Mathematikers J. Hutchinson recht einfach allgemeiner beschreiben und ableiten.

Verkleinerungen und Verschiebungen (sowie Drehungen, Spiegelungen, Scherungen und deren Kombinationen) faßt man unter dem Begriff affin-lineare Transformationen der Ebene zusammen. Sie zeichnen sich dadurch aus, daß Geraden auf Geraden abgebildet werden. Anhand von n solchen Transformationen $f_1, \ldots, f_n$ läßt sich dann eine Regel des linearen fraktalen Dialekts eindeutig beschreiben. In Bild 4 zeigen wir eine Auswahl der Möglichkeiten zusammen mit den zugehörigen Transformationen. Das Limesverhalten garantiert, daß unabhängig vom Anfangsbild jeweils genau ein Limesbild erreicht wird.

Ein derart komplexes Gebilde wie ein Farnblatt (Bild 4 Mitte) läßt sich über

Bild 3: Durch die Rückkopplungsschleife der Mehrfach-Verkleinerungs-Kopier-Maschine entsteht aus einem Quadrat oder beliebigen anderen Vorlagen immer das gleiche endgültige Bild (Limesbild), hier das gleichseitige Sierpiński-Dreieck. Die zugehörige Mehrfach-Verkleinerungs-Kopier-Regel wird durch drei affin-lineare Transformationen f der Ebene beschrieben, die einen Punkt (x, y) auf $f(x, y) = (0{,}5x + b_1, 0{,}5y + b_2)$ abbilden. Sie unterscheiden sich durch ihre b-Wert-Paare: $b_1 = 0$, $b_2 = 0$; $b_1 = 0{,}5$, $b_2 = 0$ und $b_1 = 0{,}25$, $b_2 = 0{,}43301$. Man sieht von oben nach unten jeweils das Ausgangsbild und das Ergebnis von ein, zwei, vier und sechs Iterationen. Jede Linse mischt ihrer Kopie ihren Farbton (rot, blau oder grün) bei; durch additive Farbmischung entstehen die Farben der Bildteile. Aus technischen Gründen sind die Bilder geringfügig gestaucht.

  SPEKTRUM

  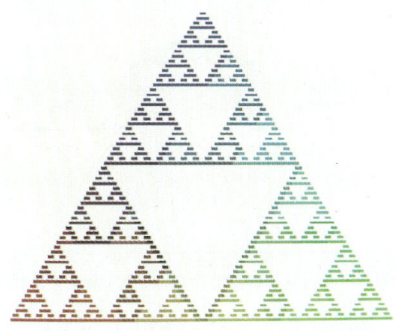

Koch-Kurve							Farn							Blatt					
a_{11}	a_{12}	a_{21}	a_{22}	b_1	b_2		a_{11}	a_{12}	a_{21}	a_{22}	b_1	b_2		a_{11}	a_{12}	a_{21}	a_{22}	b_1	b_2
0,33333	0,0	0,0	0,33333	0,0	0,0		0,0	0,0	0,0	0,17	0,0	0,0		0,64987	-0,013	0,013	0,64987	0,175	0,0
0,33333	0,0	0,0	0,33333	0,66666	0,0		0,84962	0,0255	-0,0255	0,84962	0,0	3,0		0,64948	-0,026	0,026	0,64948	0,165	0,325
0,16667	-0,28867	0,28867	0,16667	0,33333	0,0		-0,1554	0,235	0,19583	0,18648	0,0	1,2		0,3182	-0,3182	0,3182	0,3182	0,2	0,0
-0,16667	0,28867	0,28867	0,16667	0,66666	0,0		0,1554	-0,235	0,19583	0,18648	0,0	3,0		-0,3182	-0,3182	0,3182	0,3182	0,8	0,0

Bild 4: Verschiedene Elemente des linearen Dialekts: die Kochsche Schneeflockenkurve, ein Farnblatt (nach Michael Barnsley) und ein Blütenpflanzenblatt. Die zugehörigen affinen Transformationen sind in der Form $f(x, y) = (a_{11}x + a_{12}y + b_1, a_{21}x + a_{22}y + b_2)$ darstellbar; die Parameter a_{ij} und b_i sind jeweils über den Bildfolgen angegeben. Von oben nach unten: Ausgangsbild, erste, zweite und vierte Iterierte, Limesbild.

den Algorithmus mit nur 24 Zahlen vollständig beschreiben. Dagegen benötigt man einige Hunderttausend Zahlenwerte, um das Bild des Farnblatts auch nur in Fernsehbildqualität Punkt für Punkt darzustellen. Die Beschreibung eines geeigneten Objekts im linearen fraktalen Dialekt kann also die Menge der zu übermittelnden oder zu speichernden Information enorm reduzieren.

Darin liegt ein praktisches Potential der fraktalen Geometrie: Beispielsweise ließe sich der Übermittlungsaufwand für ein Satellitenbild drastisch verringern. Darin liegt aber auch ein weitgehend ungelöstes Problem: Wie findet man zu einem durch ein Punktraster gegebenen Bild eine möglichst kleine Familie $f_1, \ldots, f_n$ von Transformationen, die dieses Bild mit einer verlangten Genauigkeit darstellen? An diesen Fragen wird zur Zeit intensiv gearbeitet, insbesondere von Barnsley.

Das Problem ist zwar immer auf triviale Weise lösbar, indem man zu jedem schwarzen Punkt P_k des gegebenen Bildes (Punktrasters) eine Transformation f_k so wählt, daß f_k alles auf diesen Punkt zusammenzieht; die Kollektion dieser f_k hat das gegebene Schwarzweißbild als Limesbild. Offensichtlich ist diese Kodierung aber wenig attraktiv. Sie benötigt genauso viele Transformationen f_k, wie das Bild schwarze Punkte hat.

Die interessante und für die fraktale Geometrie zentrale Aufgabe ist, diese große Anzahl von f_k auf eine möglichst geringe zu reduzieren. Sie hat mehrere Verallgemeinerungen, zum Beispiel wenn man von Schwarzweißbildern zu Halbtonbildern oder gar Farbbildern übergeht. Wir wollen wenigstens andeuten, wie sich aus Schwarzweißbildern eine Kodierung für Farbbilder ableiten läßt.

Das Chaos-Spiel und ein Kodierungsrezept

Betrachten wir noch einmal den (mathematischen) Farn in Bild 4. Man erkennt, daß die zweite der vier zugehörigen Transformationen nur sehr wenig verkleinernd wirkt (a_{11} und a_{22} sind nur geringfügig kleiner als 1). Wenn man mit einem Rechteck beginnt, müssen nun bei jeder Anwendung der Transformationen von jedem schon vorhandenen Rechteck vier Verkleinerungen gezeichnet werden; die Zahl der Rechtecke wächst also von Kopie zu Kopie um das Vierfache bis auf 4^m, wenn die Transformation m-mal angewendet wird.

Um zu erreichen, daß die Rechtecke, die im vierten Schritt noch sehr deutlich

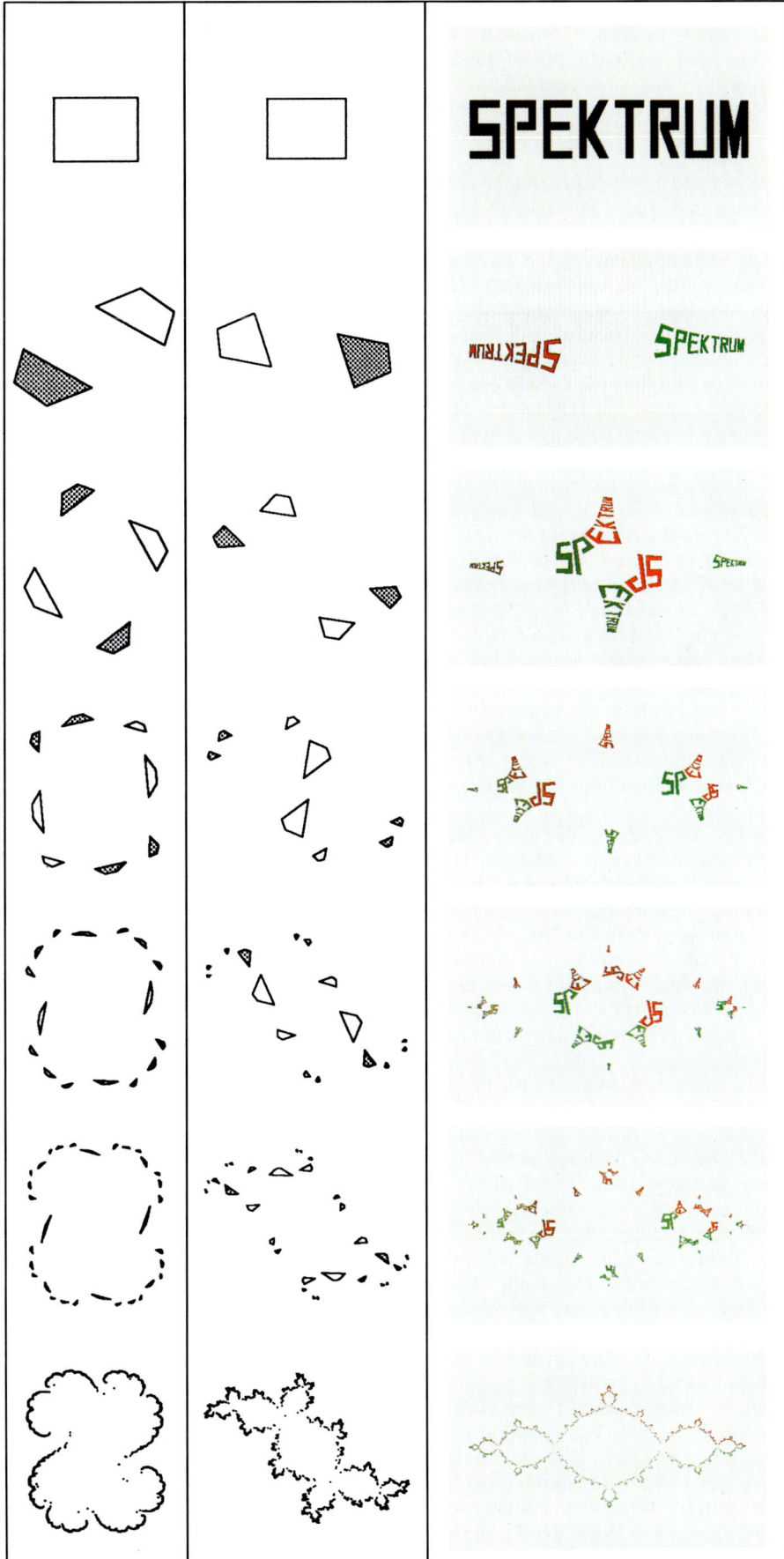

Bild 5: Ausgangsbild, fünf Iterierte und Limesbild für drei Elemente des quadratischen Dialekts. Jedes besteht aus einem Paar von Transformationen der komplexen Ebene und wird durch einen komplexen Parameter c bestimmt. Die nichtlineare Wirkung der Transformationen ist an den Verzerrungen im Schriftzug zu beobachten. Die Limesbilder sind Julia-Mengen; ihre c-Werte entsprechen ungefähr Bild 1 e (links), a (Mitte) und h (rechts).

sind, so klein werden, daß das Limesbild (unten in Bild 4) sichtbar wird, müßte man vielleicht 50mal iterieren und 4^{50} – das sind ungefähr 10^{30} – Rechtecke berechnen und zeichnen. Diese Aufgabe würde jeden Rechner überfordern.

Wie also sind die Limesbilder in Bild 4 (Farn und Blatt) entstanden? Mit einem Algorithmus, den wir das Chaos-Spiel nennen wollen.

Dazu stelle man sich einen Würfel vor, mit dem – entsprechend der Anzahl der Transformationen in Bild 4 – die Zahlen 1 bis 4 ausgewürfelt werden (der Würfel müßte die Gestalt eines Tetraeders haben). Zu Beginn des Spiels wählen wir einen beliebigen Punkt der Ebene und markieren ihn. Nun würfeln wir, ziehen also zufällig eine der Transformationen $f_1, \ldots, f_4$ und wenden sie auf den markierten Punkt an. Das Resultat ist ein neuer Punkt der Ebene. Wir würfeln erneut und wenden die zugehörige Transformation auf den zuvor erhaltenen Punkt an und so fort.

Man kann nun zeigen, daß (mit Wahrscheinlichkeit 1) die so erzeugte Folge von Punkten das Limesbild dicht ausfüllt und daß das zustande kommende (Schwarzweiß-)Bild weder von der konkreten Reihenfolge der Würfe noch vom jeweils verwendeten Würfel, also den für die Ziehung der f_k gewählten Wahrscheinlichkeiten, abhängt. (Freilich muß sich das Spiel erst auf das Limesbild einpendeln; deshalb läßt man die ersten – vielleicht 100 – Punkte der Folge einfach weg.) Allerdings kann man das Limesbild schneller erhalten, wenn man die f_k nicht zufällig mit gleichen Wahrscheinlichkeiten auswählt.

Mit anderen Worten, man kann jeder Verkleinerungstransformation – oder Kontraktion – f_k eine Wahrscheinlichkeit P_k zuordnen, mit der sie im Chaos-Spiel gezogen wird. Durch diese Erweiterung läßt sich erreichen, daß die Folge von Punkten des Chaos-Spiels jeden Punkt des Limesbilds im Mittel gleich häufig trifft. Das heißt, die Erzeugung des Bildes wird erheblich beschleunigt, wenn man den weniger kontrahierenden f_k eine größere Wahrscheinlichkeit P_k zuordnet.

Dieser Ansatz erlaubt aber auch die Beschreibung von Halbtonbildern, indem die Häufigkeit, mit der ein Bildpunkt getroffen wird, durch einen entsprechenden Grauwert kodiert wird. Durch geeignete Wahl der P_k läßt sich tatsächlich für jeden Bildpunkt ein gewünschter Grauwert, daß heißt die gewünschte Häufigkeit, einstellen. Indem man diese Technik für Grundfarben (Rot, Grün, Blau) anwendet, kann man Farbbilder kodieren.

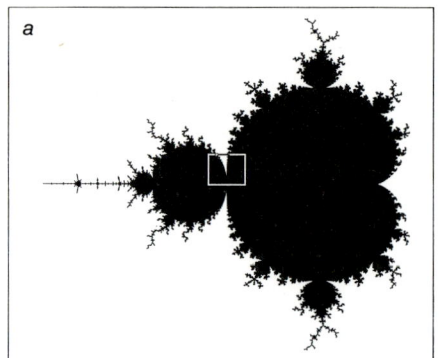 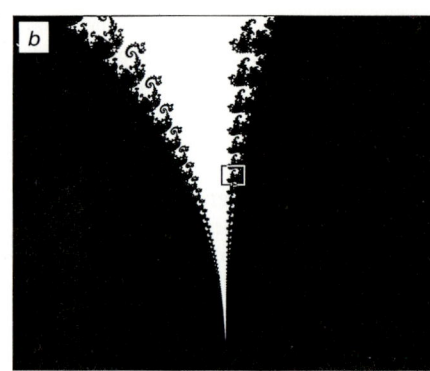

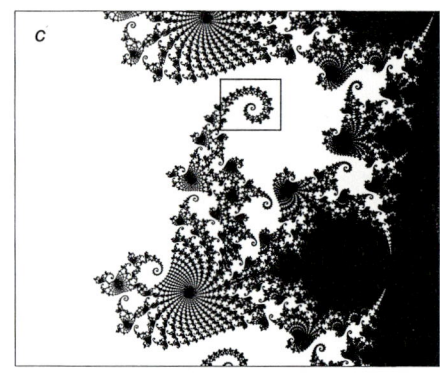 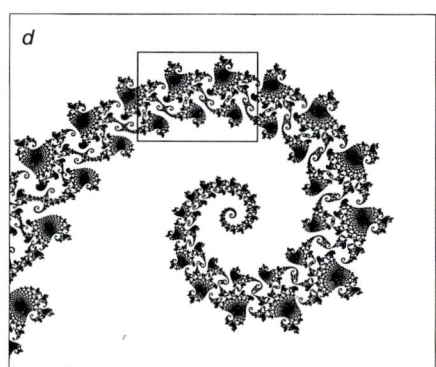

 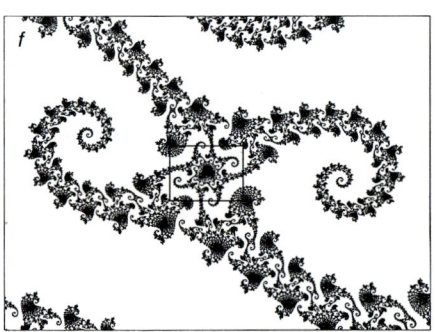

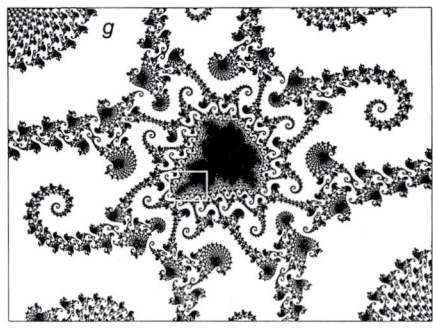 

Bild 6: Vergrößerungsserie am Rande der Mandelbrot-Menge. Bei dieser Reise ins Seepferdchental – so benannt, weil immer wieder Strukturen auftauchen, die an einen Seepferdchenschwanz erinnern – kommt, außer Strukturen von faszinierender Vielfalt und Regelmäßigkeit, schließlich auch eine verkleinerte Kopie der Mandelbrot-Menge zutage (*g*).

Ist es nun reiner Zufall, wenn Limesbilder wie in den Bildern 4 und 5 so gut gelingen, oder gibt es ein Rezept, mit dem sich ein vorgegebenes Bild mit Hilfe eines geeignet gewählten Satzes von Transformationen f_k kodieren läßt?

Tatsächlich gibt es ein solches Rezept, das für einfache (nahezu selbstähnliche) Strukturen eine weitgehend befriedigende Lösung des Kodierungsproblems liefert, wenngleich sich daraus kein automatischer Computeralgorithmus entwickeln läßt. Die Idee des Rezeptes: Gegeben sei ein Bild, das kodiert werden soll. Gesucht wird eine Mehrfach-Verkleinerungs-Kopier-Maschine, die ein Limesbild liefert, welches möglichst gut mit der gegebenen Bildvorlage übereinstimmt. Wählt man nun (zum Beispiel durch interaktives

Probieren auf einem Graphikbildschirm) die Transformationen $f_1, \ldots, f_n$ derart, daß einmaliges Anwenden der Mehrfach-Verkleinerungs-Kopier-Maschine auf die Vorlage diese nur geringfügig verändert, dann wird auch das zu $f_1, \ldots, f_n$ gehörige Limesbild gut mit der Vorlage übereinstimmen. Das so ermittelte Rezept läßt sich nun (wie wir ja bereits wissen) mit demselben Resultat auf jedes beliebige Anfangsbild anwenden. Wenn man zum Beispiel eine quadratische, rechteckige, L-förmige — oder eine beliebige andere — Fläche mit ihren eigenen Verkleinerungen beliebig genau und beliebig dicht auffüllen kann, indem man die Iterationen wiederholt, weiß man, daß diese Iterationen ein akzeptables Kodierungsrezept sind.

Nichtlineare fraktale Dialekte: Julia-Mengen und Mandelbrot-Menge

Gibt es im wesentlichen nur einen linearen Dialekt unserer Sprache für komplexe Strukturen, so ist die Zahl der nichtlinearen Dialekte selbst unendlich groß. Einer davon ist allerdings besonders prominent und auf besondere Weise mathematisch ausgezeichnet. Wir wollen ihn den quadratischen Dialekt nennen. Dieser Dialekt hängt sehr eng mit der aktuellen Chaos-Theorie zusammen, und seine Elemente lassen sich aus einer einfachen mathematischen Gleichung gewinnen.

Die Wurzeln der zugehörigen mathematischen Theorie reichen zurück bis zu einem neuerdings vielbeachteten Meisterwerk des französischen Mathematikers Gaston Julia (1893 bis 1978), das er 1918 als Kriegsverletzter in einem Lazarett geschrieben hat. Seine und auch die zeitparallelen Arbeiten seines heftigsten Konkurrenten Pierre Fatou (1878 bis 1929) gerieten jedoch bald in Vergessenheit und wurden erst durch das Werk Mandelbrots wieder populär. Die geistige Leistung Julias und Fatous ist um so höher einzuschätzen, als sie noch nicht den Computer als Darstellungsmittel für ihre Objekte zur Verfügung hatten, sondern sich allein auf ihr Vorstellungsvermögen stützen mußten.

Julia und Fatou befaßten sich mit der Frage, was mit einem Punkt z in der komplexen Zahlenebene geschieht, auf den man wiederholt (iterativ) die Transformation $g(z) = z^2 + c$ anwendet. Die komplexe Zahl c ist dabei ein Kontrollparameter (c soll an das englische *control* erinnern), über den man noch verfügen kann. In einfachen Fällen streben Punkte in der Nähe des Nullpunkts unter der Iteration von g gegen einen bestimmten Punkt — einen Fixpunkt der

Abbildung g —, während weiter außerhalb gelegene Punkte ins Unendliche streben. Beide Sorten von Punkten bilden je ein Gebiet; dazwischen liegt ein unendlich schmaler Rand, der heute als Julia-Menge bezeichnet wird. Unter der Iteration von g streben die Punkte beider Gebiete — nach innen oder nach außen — von der Julia-Menge weg.

Um die Julia-Menge zu finden, kann man versuchen, den Prozeß des Wegstrebens umzukehren und sich auf diese Weise der Julia-Menge zu nähern. Dazu

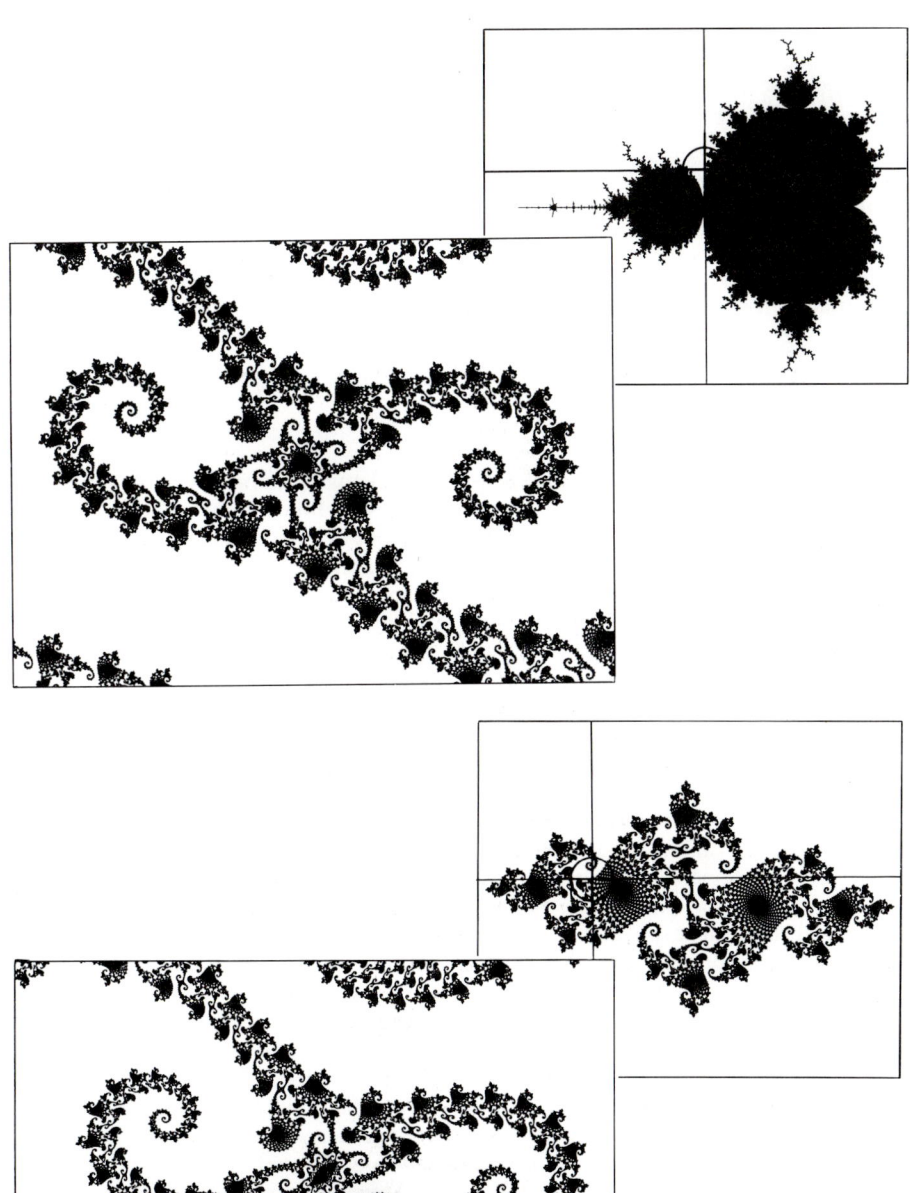

bietet es sich an, eine Transformation zu verwenden, die den Effekt von g gerade umkehrt (invertiert): Unter der inversen Iteration nämlich werden beliebig gewählte Punkte von innen oder außen auf die Julia-Menge zustreben.

Das gilt selbst in dem allgemeinen Fall, daß die Julia-Menge nicht immer als Grenzlinie zweier Gebiete verschiedenen Iterationsverhaltens beschreibbar ist. Mehr noch: So ergibt sich die Grundlage für die inverse Iterationsmethode (IIM), die sich als die quadrati-

Bild 7: Die Mandelbrot-Menge als Inhaltsverzeichnis. Um den Punkt c der Mandelbrot-Menge ist das Bild der zugehörigen Julia-Menge sozusagen abgespeichert. Vergrößern wir um diesen Punkt die Mandelbrot-Menge und die Julia-Menge um etwa den gleichen Faktor, so ergeben sich zwei fast identische Bilder. Dies gilt für jeden Punkt der Mandelbrot-Menge.

113

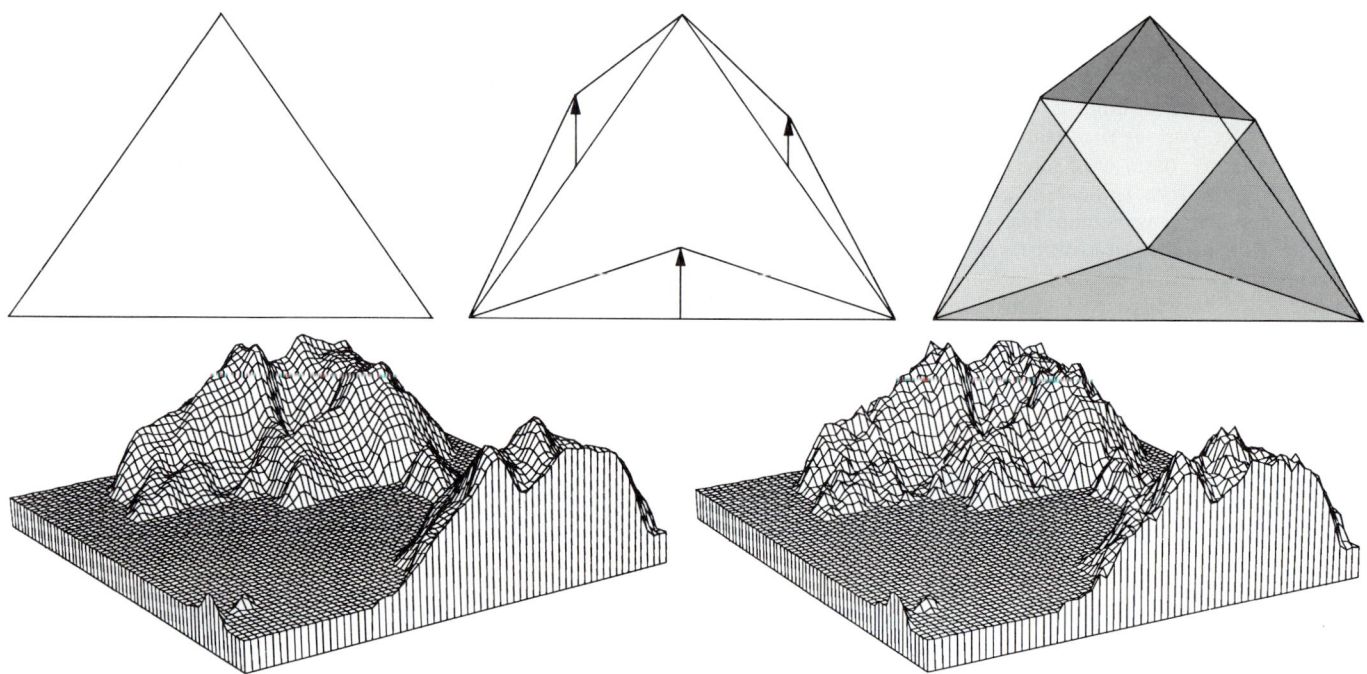

Bild 8: Zufällige Fraktale lassen sich durch Mittelpunktverschiebung konstruieren. In dem gezeigten Beispiel werden die Mittelpunkte von Dreieckseiten senkrecht zur Dreieckebene nach oben oder unten verschoben. Für den Betrag dieser Verschiebung können verschiedene Verteilungsgesetze vorgegeben werden, je nachdem, wie rauh die Oberflächenstruktur sein soll. Dies ist in den Computerdiagrammen deutlich zu erkennen. (Die Darstellung der Oberflächen erfordert zusätzlich ein Graphikverfahren, das alle durch Verschiebungen erzeugten Punkte geeignet verbindet, um eine Fläche sichtbar zu machen. In den gezeigten Beispielen ist die Oberfläche durch ein Rechtecknetz modelliert.)

sche Sprache unserer fraktalen Sprachfamilie entpuppt.

Die Umkehrung von $g(z) = z^2 + c$ besteht (da es für komplexe wie für reelle Zahlen zwei Quadratwurzeln mit entgegengesetzten Vorzeichen gibt) aus den zwei Abbildungen $f_1(u) = +\sqrt{u-c}$ und $f_2(u) = -\sqrt{u-c}$. Diese nichtlinearen Transformationen bauen wir in unsere Mehrfach-Verkleinerungs-Kopier-Maschine ein. Bild 5 zeigt ihre Wirkung für drei verschiedene Parameter c. Wegen der Nichtlinearität werden im allgemeinen gerade Linien auf krumme abgebildet. Aus einem Anfangsbild entstehen zunächst zwei kleinere Bilder, dann vier, dann acht, bis allmählich ein Limesbild Gestalt annimmt. Wie im linearen Fall hängt das Limesbild nicht vom Anfangsbild ab, sondern ist durch f_1 und f_2 beziehungsweise den Parameter c vollständig bestimmt.

Bis hierher haben wir gewissermaßen gelernt, in zwei fraktalen Dialekten zu sprechen: einem linearen und einem quadratischen. Wir kommen nun zu einer der schwierigsten und gleichzeitig faszinierendsten Fragen der fraktalen Geometrie. In der Metapher von Sprachen können wir sie so formulieren: Gibt es für die fraktalen Dialekte allgemeine Beziehungen zwischen den Grammatikregeln? Und wie sehen diese Beziehungen aus?

Mathematisch genauer lautet die Frage: Gibt es ein Ordnungsprinzip in der unendlichen Vielfalt der Julia-Mengen?

Die Antwort führt uns zu einer der schönsten Entdeckungen der Mathematik. Der Ansatz zur Lösung liegt in der im Prinzip schon Julia und Fatou bekannten Tatsache, daß für jeden Kontrollparameter c das resultierende Bild durch einen der beiden folgenden Fälle erfaßt ist:

— Die Julia-Menge ist zusammenhängend, das heißt buchstäblich in einem Stück.

— Die Julia-Menge ist gleichsam eine Staubwolke aus unendlich vielen Punkten (eine sogenannte Cantor-Menge).

Damit können wir die Mandelbrot-Menge einführen. Sie ist definiert als die Menge aller Punkte c in der komplexen Ebene, die (als Kontrollparameter) zu einer zusammenhängenden Julia-Menge gehören. Das heißt, man erhält ein computergraphisches Bild der Mandelbrot-Menge, wenn man für jeden c-Wert, für den die zugehörige Julia-Menge zusammenhängend ist, einen schwarzen Punkt setzt.

Wie aber entscheidet man, ob die erste oder zweite Alternative gilt? Die Antwort ist wieder dem Meisterwerk Julias zu verdanken. Es reicht nämlich, das Limesverhalten der Iterationsfolge von $g(z) = z^2 + c$ für einen einzigen Anfangswert, den kritischen Punkt $z = 0$, zu prüfen. Das Limesbild zu c ist genau dann zusammenhängend, wenn die Iterationsfolge dieser Punkte 0, c, $c^2 + c$, $(c^2 + c)^2 + c$ und so weiter nicht über alle Schranken wächst.

In Bild 1 läßt sich schon erkennen, daß die Mandelbrot-Menge ein kompliziertes Gebilde ist, aber ihren unendlichen Reichtum von Formen und Strukturen kann man erst ermessen, wenn man sie im Detail inspiziert. Bild 6 zeigt sieben fortgesetzte Vergrößerungen vom Rand der Mandelbrot-Menge, wobei der Vergrößerungsfaktor des letztes Bildes in dieser Serie gegenüber der Totalen im ersten Bild ungefähr 10^7 beträgt.

Jeder Teil der Mandelbrot-Menge kennzeichnet eine Verwandtschaftsbeziehung. Zum Beispiel kennzeichnet der herzförmige zentrale Hauptkörper der Mandelbrot-Menge lauter Julia-Mengen, die aussehen wie leicht deformierte (bis stark verkrumpelte) Kreise. Obwohl die Mandelbrot-Menge nicht exakt selbstähnlich ist wie die vorne gezeigten Farne und Koch-Kurven, hat sie eine analoge Eigenschaft: Bei genügend starker Vergrößerung kann man am Rand der Mandelbrot-Menge unendlich viele winzige Kopien der Menge selbst entdecken.

Die sicherlich faszinierendste Eigenschaft der Mandelbrot-Menge ist, daß man sie als unendlich effizienten Bildspeicher auffassen kann. Denn die Mandelbrot-Menge klassifiziert Julia-Mengen nicht nur in zusammenhängende und unzusammenhängende — sie ist auch ein direktes bildhaftes Inhaltsverzeichnis unendlich vieler verschiedener Julia-Mengen.

Die mathematische Präzisierung dieses Befundes ist noch nicht völlig abgeschlossen; aber schon jetzt weiß man dank der bemerkenswerten Arbeit der jungen chinesischen Mathematikerin Tan Lei ziemlich erschöpfend darüber Bescheid. Dieser Sachverhalt ist in Bild 7 für wenigstens einen Punkt des Inhaltsverzeichnisses angedeutet.

Zufällige Fraktale

Alle bisher diskutierten Fraktale können als deterministisch angesehen werden, da der Zufall bei ihrer Erzeugung keine Rolle spielte. Auch die Fraktale, die mit dem Chaos-Spiel erzeugt werden, sind deterministisch. Die zufällige Wahl der Verkleinerungen ist nur ein technisches Hilfsmittel, um das Bild möglichst effizient zu erzeugen; das Limesbild selbst ist von der Wahl der Wahrscheinlichkeiten unabhängig. Bei den sogenannten zufälligen Fraktalen, die wir noch streifen möchten, ist das ganz anders.

Wir wollen uns im folgenden damit begnügen, kurz eine beispielhafte Konstruktion aus einem großen Ensemble vorzustellen (Bild 8). Man beginnt mit einem Dreieck in einer waagerechten Ebene und markiert die Mittelpunkte seiner Seiten. Diese Mittelpunkte werden nun senkrecht zur Dreieckfläche um einen zufällig gewählten Betrag nach oben oder unten verschoben. Die so erhaltenen Punkte bilden mit den alten Eckpunkten des Dreiecks vier kleinere Dreiecke, auf die man nun die gleiche Modifikation anwendet, und so weiter.

Bei diesem Mittelpunktverschiebungsverfahren (*midpoint displacement method*) hängen die Beträge, um die angehoben beziehungsweise abgesenkt wird, von einem Verteilungsgesetz ab, das je nach der zu modellierenden Fläche für eine gute Näherung des Limesbildes angepaßt wird. Soll die Fläche beispielsweise relativ glatt erscheinen, so wird man für die Transformationen ein Gesetz annehmen, bei dem die Beträge der Mittelpunktverschiebungen nach wenigen Iterationen bereits sehr klein werden (Bild 8 unten links), während es etwa für die Darstellung eines jungen Gebirges sinnvoll scheint, die Beträge mit jedem Iterationsschritt relativ langsam abfallen zu lassen (rechts). Offenkundig bleibt die Wahl des Zufallsgesetzes bei dieser Konstruktion sichtbar; es prägt die Gestalt der Fläche.

Dieses Prinzip läßt sich vielfältig variieren. Inzwischen hat man es unter anderem angewandt, um Erosionsgesetze für Gebirge zu modellieren oder Daten von Erdbeben im Hinblick auf die Ver-

änderungen in Bruchzonen zu untersuchen. Richard F. Voss, ein Kollege Mandelbrots am IBM-Forschungszentrum, hat mit diesen Ideen Modelle von Planeten, Monden, Wolken und Gebirgen erzeugt, die der Wirklichkeit täuschend nahekommen.

L-Systeme

Eine mit diesem Ansatz verwandte Methode mit einer deterministischen Variante hat der Biologe Aristid Lindenmayer 1968 für die Beschreibung von Pflanzenformen entwickelt. Sie

Bild 9: Die ersten Stufen zur Erzeugung der Koch-Kurve mit einem L-System. Dieses System ist durch ein Axiom F und Ersetzungsregeln $F \rightarrow F-F++F-F$ mit $+ \rightarrow +$ und $- \rightarrow -$ gegeben. Dabei wurde F geometrisch als Strecke interpretiert und $+$ beziehungsweise $-$ als Drehung im Uhrzeigersinn beziehungsweise im entgegengesetzten Uhrzeigersinn aufgefaßt. Die Graphen wurden dabei nach jedem Schritt um den Faktor 3 verkleinert.

Bild 10: Ein einfacher Strauch (links), generiert durch das Axiom F und die Ersetzungsregeln $F \rightarrow F[+F]F[-F]F$ mit $+ \rightarrow +$ und $- \rightarrow -$ sowie $[\rightarrow [$ und $] \rightarrow]$. Bei der graphischen Interpretation erfolgen die Drehungen nach links ($-$) und rechts ($+$) um jeweils 28,58 Grad (ein Siebtel von 180 Grad). Das Symbol [kennzeichnet den Beginn eines neuen Zweigs,

der mit] abgeschlossen wird. Auch die wilde Karottenpflanze (rechts), ein Werk von Przemyslaw Prusinkiewicz, ist durch ein L-System erzeugt. Im Modell ist der Prozeß der Bildung von Blüten enthalten. Hier ist die oberste Blüte die älteste und zugleich ausgeprägteste Blüte. In den Blättern sind deutlich die natürlichen selbstähnlichen Strukturen zu erkennen.

führt uns auf eine besondere Klasse von Fraktalen, die nach Lindenmayer benannten L-Systeme.

Unter den fraktalen Sprachen legen die L-Systeme die Analogie zu den natürlichen Sprachen besonders nahe. Auch sie arbeiten mit Folgen, die aus Symbolen wie den Buchstaben des Alphabets und Sonderzeichen wie $+$ oder $-$ bestehen, sowie mit Ersetzungsregeln. So wie die Mehrfach-Verkleinerungs-Kopier-Maschine aus jedem Bild nach bestimmten Regeln n neue macht, definieren diese Regeln eine Transformation einer Symbolfolge in eine neue Folge, indem sie jedes in der Folge vorkommende Symbol durch eine Kette von Symbolen (aus dem gleichen Vorrat) ersetzen.

Erst in einem zweiten Schritt erfahren die Symbolfolgen eine geometrische Interpretation: Nach dem Vorbild von Seymour Paperts Schildkrötengeometrie wird jedes Symbol in eine Bewegungsanweisung an eine über den Bildschirm wandernde gedachte Schildkröte umgesetzt. Es könnte etwa F ein Stück geradliniger Bewegung nach vorne, $+$ eine Wendung um 60 Grad nach rechts

und $-$ eine gleich große Wendung nach links bezeichnen.

Als Beispiel sei zu Beginn das Ausgangssymbol A zusammen mit den beiden Ersetzungsregeln

$$A \rightarrow B \text{ und } B \rightarrow AB$$

gegeben; das heißt, in diesem L-System werden Symbole A durch B ersetzt und Symbole B durch AB. Verfolgen wir nun die Aktion des L-Systems: In der ersten Stufe wird das Ausgangssymbol A, auch Axiom genannt, nach der ersten Ersetzungsregel durch B ersetzt. Bei der zweiten Anwendung des System erhalten wir gemäß der zweiten Ersetzungsregel AB, also eine Folge von zwei Symbolen. Als die ersten Symbolfolgen ergeben sich

A,
B,
AB,
BAB,
$ABBAB$,
$BABABBAB$,
$ABBABBABABBAB$,
$BABABBABABBABBABABBAB$

und so weiter. Die Länge der so erzeugten Symbolfolgen wächst schnell, so daß sie schon nach der achten Stufe nicht mehr auf eine Zeile passen. In der Tat ergeben sich die Zahlen 1, 1, 2, 3, 5, 8, 13, 21, 34... als jeweilige Länge der generierten Symbolfolgen. Diese Zahlenfolge ist unter dem Namen Fibonacci-Folge bekannt: Jedes Glied ist gleich der Summe der beiden Vorgängerglieder.

Was hat dies mit Fraktalen zu tun? Die Antwort wird schnell klar, wenn wir das durch das Axiom F und die Ersetzungsregeln

$$F \rightarrow F-F++F-F$$
$$+ \rightarrow +$$
$$- \rightarrow -$$

gegebene L-System studieren und mit der oben angegebenen geometrischen Interpretation versehen: Das Symbol F werde umgesetzt in eine Stück Linie vorwärts, während $+$ und $-$ eine Drehung um 60 Grad im Uhrzeigersinn beziehungsweise gegen den Uhrzeigersinn bedeuten. Dem Axiom F entspricht demnach einfach eine Strecke, während nach der ersten Ersetzung $F-F++F-F$ als ein Streckenzug aus vier Linien interpretiert wird. Die nächste Stufe ist durch

$$F-F++F-F-F-F++F-F+$$
$$+F-F++F-F-F-F++F-F$$

gegeben (Bild 9). Offensichtlich erzeugt das L-System eine Folge von Bildern, die unter geeigneter Skalierung der Linienlänge von F gegen ein Limesbild konvergiert: die Koch-Kurve. Somit ist das L-System, bestehend aus dem Axiom und den drei einfachen Ersetzungsregeln, eine extrem kompakte Kodierung der Kochschen Schneeflockenkurve.

Auch andere selbstähnliche Strukturen lassen sich als L-Systeme kodieren. Zum Beispiel ergibt sich das Sierpiński-Dreieck aus dem Axiom F und den Ersetzungsvorschriften

$$F \rightarrow F--F--F--ff$$
$$f \rightarrow ff$$
$$+ \rightarrow +$$
$$- \rightarrow -$$

Die graphische Interpretation erfolgt wie bei der Koch-Kurve; auf die Anweisung f vollführt die Schildkröte die gleiche Bewegung wie auf die Anweisung F, ohne jedoch eine sichtbare Spur zu hinterlassen.

Die wichtigste Anwendung der L-Systeme sind nicht die klassischen Fraktale, sondern Modellierungen von Blumen, Büschen und Bäumen, allgemein

Pflanzen, bei denen Verzweigungen eine wichtige Rolle spielen. So ist es inzwischen der Forschungsgruppe von Przemyslaw Prusinkiewicz aus Regina in Kanada in Zusammenarbeit mit Lindenmayer gelungen, mit L-Systemen überzeugende Farbgraphiken von blühenden Apfelbäumen, Fliederbüschen und anderen Pflanzen zu erzeugen (Bild 10), wobei insbesondere die Wachstumsprozesse berücksichtigt sind.

Fraktale Dimension

Die zentrale Eigenschaft der Fraktale ist ihre ungewöhnliche Dimension. Unabhängig davon, ob man L-Systeme oder iterierte geometrische Abbildun-

gen betrachtet, lassen sich die fraktalen Limesbilder mit einer natürlichen Verallgemeinerung des vertrauten Begriffs der Raumdimension beschreiben.

Es gibt verschiedene Begriffsdefinitionen zur fraktalen Dimension, die allerdings alle mehr oder weniger auf eine Arbeit von Felix Hausdorff (1868 bis 1942) aus dem Jahre 1919 zurückgehen. Hausdorff war Mathematiker und Schriftsteller, der außer Arbeiten über metrische Räume und deren axiomatische Grundlage unter dem Pseudonym P. Mongré Gedichte und Aphorismen veröffentlichte. Er kam 1942 zusammen mit seiner Frau seiner Deportation durch Selbstmord zuvor — wie viele von den Nationalsozialisten verfolgte Juden. Von ihm stammt der Begriff der

Hausdorff-Dimension, den wir nun — Mandelbrot folgend — in vereinfachter Form vorstellen wollen.

Zunächst betrachten wir vertraute Objekte — Strecke, Quadrat und Würfel — mit den herkömmlichen topologischen Dimensionen 1, 2, und 3. Jedes unterteilen wir regelmäßig und stellen eine Beziehung zwischen der Anzahl a der Einteilungen und dem Skalierungsfaktor s her, der jedes Teil in das Ganze überführt (Bild 11).

Da die Skalierungen für jede Dimension mit dem Skalierungsfaktor $s = 3$ verknüpft sind, ergibt sich ein Potenzgesetz vom Typ $a = s^D$, in dem D als Dimension auftritt. Löst man diese Gleichung (durch Logarithmieren) nach D auf, so ergibt sich die Dimension als Quotient zweier Logarithmen: $D = \log a / \log s$. Interessant an dieser Gleichung ist, daß sich die Dimension nicht nur für n-dimensionale Räume und Elemente der euklidischen Geometrie definieren läßt, sondern auch für alle selbstähnlichen Objekte.

In Bild 12 ist dies für eine spezielle Cantor-Menge, die Koch-Kurve, das Sierpiński-Dreieck und schließlich eine flächenfüllende Kurve vorgeführt, die als Peano-Kurve bezeichnet wird. Wie die Tabelle zeigt, ergibt sich für die Mehrzahl der schon als fraktal bezeichneten Objekte eine gebrochene Dimension. Dies ist der Grund für die Namensgebung, die Mandelbrot in den siebziger Jahren mit Bezug auf das englische Wort für Bruch, *fraction*, und das lateinische Verb für brechen, *frangere*, eingeführt hat.

Klar ist, daß man die einfache Beziehung zwischen a und s in diesen Beispielen nur deshalb so problemlos herzustellen vermag, weil die Objekte alle selbstähnlich sind, das heißt, weil jeder noch so kleine (geeignet gewählte) Teil des Objekts nach richtiger Skalierung wieder das Ganze bilden kann. Damit ist praktisch der Nutzen der Dimension D, die man Selbstähnlichkeits-Dimension nennen könnte, schon erschöpft. Allerdings motiviert die Beziehung $\log a / \log s$ die folgende, sonst recht willkürlich anmutende Definition einer fraktalen Dimension.

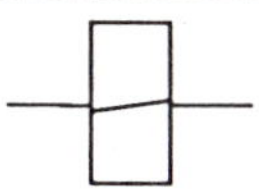

Eine Menge (die wir uns der Einfachheit halber als Teilmenge der Ebene vorstellen, zum Beispiel ein aus Punkten zusammengesetztes Bild) sei zu diesem Zweck mit einem Gitter von Quadraten überdeckt, also etwa auf Karo- oder Millimeterpapier gezeichnet (Bild 13 oben). Wir zählen nun die Quadrate, die einen Teil der Menge enthalten, und ignorieren die leeren. Die Anzahl N der nicht leeren Quadrate hängt natürlich von der vorgegebenen Menge und der Maschenweite ε des Gitters ab. Zwi-

		Anzahl a	Skalierung s	Gesetz
	Strecke	3	3,0	$3,0^1 = 3$
	Quadrat	9	3,0	$3,0^2 = 9$
	Würfel	27	3,0	$3,0^3 = 27$

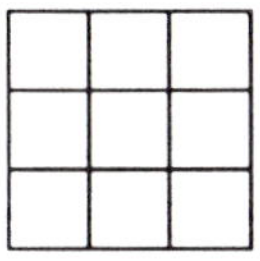

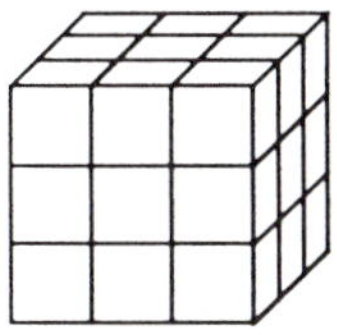

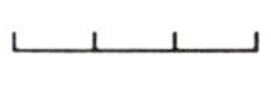

Bild 11: Der intuitive Begriff der Dimension von Objekten läßt sich recht einfach in dem Skalierungsgesetz $a = s^D$ wiederfinden. Teilen wir eine Strecke beispielsweise in 3 gleiche Teile, so ist das Ganze 3mal so lang wie jedes Teil. Teilen wir aber ein Quadrat in gleich große Stücke, wobei die Seitenlänge des Ganzen 3mal so lang ist wie die eines Teilquadrats, so erhalten wir 3^2, also 9 Teile. Und für einen Würfel finden wir $a = 3^3$ gleich große Teilwürfel. Die Dimension der klassischen euklidischen Geometrie als ganzzahliger Exponent findet sich auch bei den gewohnten Längen-Maßeinheiten wieder: Quadratmeter = m², Kubikmeter = m³.

		Anzahl a	Skalierung s	Dimension D
	Cantor-Menge	2	3,0	$\log 2 / \log 3 = 0{,}631$
	Koch-Kurve	4	3,0	$\log 4 / \log 3 = 1{,}262$
	Sierpiński-Dreieck	3	2,0	$\log 3 / \log 2 = 1{,}585$
	Peano-Kurve	2	3,0	$\log 9 / \log 3 = 2{,}0$

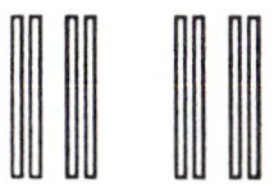

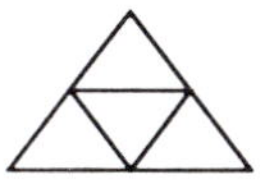

Bild 12: An einigen klassischen Fraktalen sieht man die gebrochene Dimension als Exponent sehr leicht. Wie in Bild 12 teilen wir die Objekte in gleich große Teile und verknüpfen die Anzahl der Teilstücke mit dem Skalierungsfaktor in dem Gesetz $a = s^D$. Nach D aufgelöst erhält man $D = \log a / \log s$. So sehen wir zum Beispiel, daß wir die Koch-Kurve aus vier gleich großen Teilstücken zusammensetzen können, wobei das Ganze dreimal so groß ist wie jedes Teilstück.

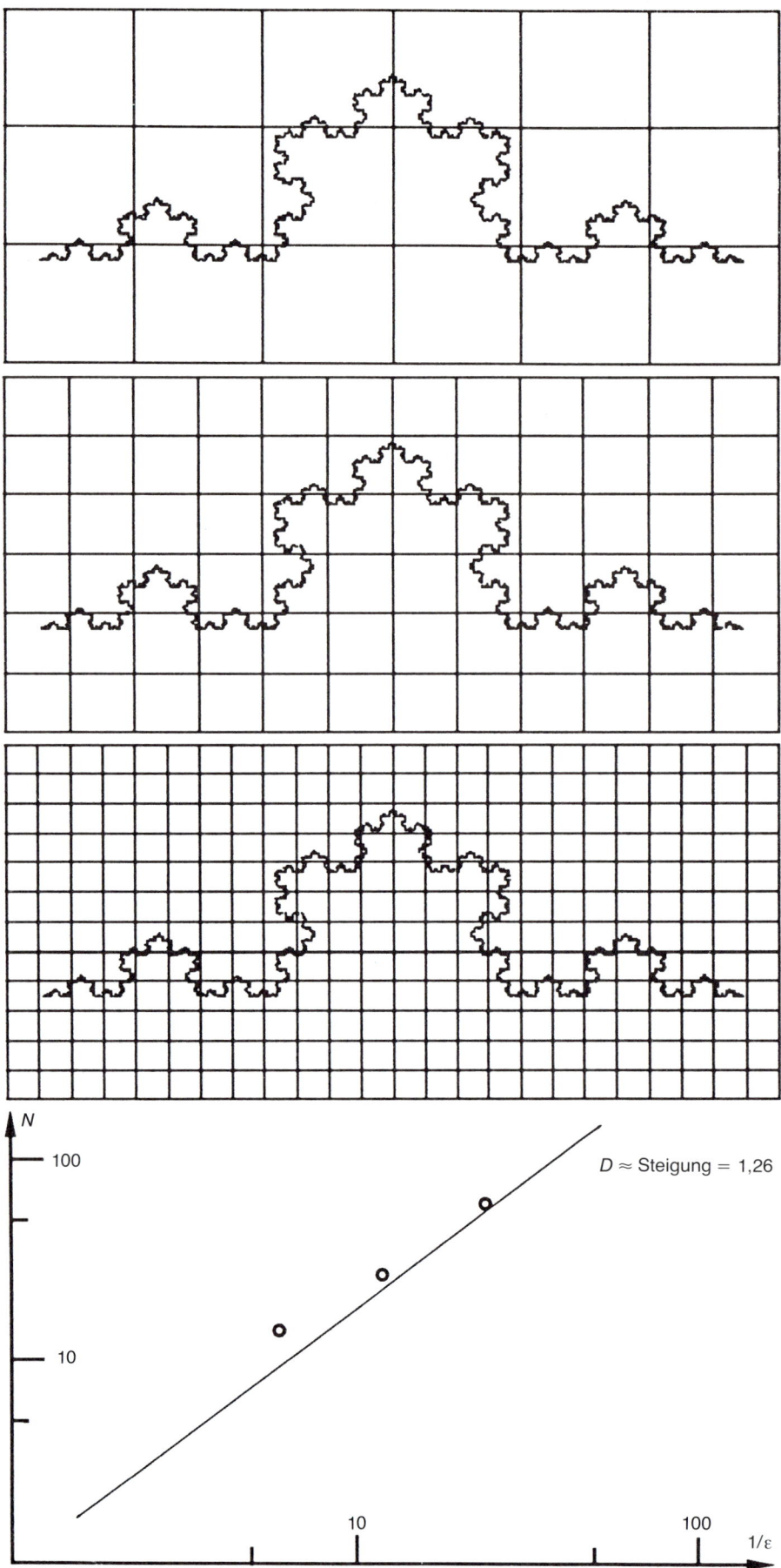

Bild 13: Die fraktale Dimension eines gegebenen geometrischen Objekts – hier der Kochschen Schneeflockenkurve – läßt sich durch Maschenzählen bestimmen. Gezählt wird dabei die Anzahl N der Quadrate, die das Objekt überdecken. Die Beziehung zwischen N und der Maschenweite ε wird im doppeltlogarithmischen Diagramm deutlich: die Werte liegen auf einer Geraden mit Steigung $\log N/\log(1/\varepsilon)$, die gerade der fraktalen Dimension D entspricht.

schen ε und der Überdeckungszahl N setzt man als Beziehung ein Potenzgesetz an:

$$N = C/\varepsilon^{D}.$$

Wenn wir das Auszählen für Gitter mit verschiedenen Maschenweiten durchführen und jedes Ergebnis als Punkt auf doppeltlogarithmischem Papier auftragen, so ergibt sich, daß diese Punkte näherungsweise auf einer Geraden liegen. Dies bestätigt zunächst die Richtigkeit des angesetzten Potenzgesetzes; der darin enthaltene Exponent D läßt sich als die Steigung dieser Geraden ermitteln und wird als fraktale Dimension bezeichnet (Bild 13 unten).

Das Verfahren läßt sich nicht nur auf mathematische Objekte anwenden. Vielmehr kann man damit auch bei höchst realen Objekten wie Flußsystemen, Wolken, Küstenlinien, Bäumen, Farnen, Arterien oder den Zotten der Darmwände die jeweilige fraktale Dimension bestimmen. Zum Beispiel ist der Raum, den die Arterien des Menschen einnehmen, 2,7-dimensional.

Schlußbemerkung

Obwohl wir uns in diesem Artikel mit einer auch für Mathematiker noch ganz neuen und in vielen Fragen höchst komplizierten Materie beschäftigt haben, konnten wir unsere Darstellung auf einige wenige anschauliche Konzepte bauen. Hierin liegt übrigens eine enorme Chance für den Mathematikunterricht an Schulen, zumal die fraktale Geometrie aufgrund ihrer ästhetischen Reize gerade auch Schüler zu motivieren vermag (auf entsprechendes Unterrichtsmaterial – allerdings in englischer Sprache – ist im Literaturverzeichnis verwiesen). Was Mathematiker und Naturwissenschaftler an den Fraktalen faszinieren könnte, beschreibt Mandelbrot in seinem Buch so:

„Die Naturwissenschaftler werden (sicherlich) überrascht und erfreut sein, daß sie zukünftig solche Formen qualitativ streng untersuchen können, die sie bisher faltig, gewunden, körnig, picklig, pockennarbig, polypenförmig, schlängelnd, seltsam, tangartig, verzweigt, wirr, wuschelig genannt haben.

Die Mathematiker werden (hoffentlich) überrascht und erfreut sein, daß Mengen, die bisher als Ausnahmemengen galten, in gewissem Sinne die Regel sind, daß sich scheinbar pathologische Konstruktionen auf natürliche Weise aus sehr konkreten Problemen ergeben und daß das Studium der Natur alte Probleme lösen hilft und so viele neue aufwirft."

Fraktales Wachstum

Wachstum in der Natur kann wuchernde, feingliedrige Muster
erzeugt, die als Fraktale bekannt sind. Eine Form von fraktalem Wachstum erklärt so
verschiedenartige Phänomene wie das Kristallisieren einiger Substanzen
oder die Bewegung von Luftblasen in Flüssigkeiten.

Von Leonard M. Sander

Forscher, die sich mit Festkörpern oder Flüssigkeiten beschäftigen, stehen vor einem Problem verwirrender Komplexität. Jeder makroskopische Teil der Welt besteht aus einer gigantischen Zahl von Atomen und Molekülen, die häufig komplizierte, ungeordnete Muster bilden.

Im Falle eines perfekten Kristalls oder einer laminar strömenden Flüssigkeit ist das Muster auf großen Skalen gleichmäßig. Obwohl man viele Aspekte dieser Systeme verstehen kann, hat sich der größte Teil komplizierter Naturphänomene — wie etwa turbulente Luft- oder Flüssigkeitsströmungen, die Ablagerung metallischer Teilchen in einer elektrolytischen Lösung oder das Entstehen von Gebirgszügen — lange Zeit dem Verständnis entzogen.

In den letzten zehn Jahren haben Naturwissenschaftler und Mathematiker jedoch auch bei der Bewältigung dieser Probleme große Fortschritte gemacht. Vielen dieser neuen Einsichten gemeinsam ist eine revolutionäre Vorstellung: die des Fraktals — ein Begriff, den Benoit B. Mandelbrot vom IBM Thomas J. Watson Research Center in Yorktown Heights (US-Bundesstaat New York) geprägt hat. Ein Fraktal ist ein Objekt mit einem wuchernden, feingliedrigen Muster (Bild 1). Bei Vergrößerung des Musters findet man sich wiederholende Ebenen von Details: In allen Größenordnungen gibt es ähnliche Strukturen. Ein Fraktal sieht also gleich aus, wenn man es beispielsweise auf Skalen von einem Meter, einem Millimeter oder einem Mikrometer (einem Millionstel Meter) betrachtet. Mandelbrot hat darauf hingewiesen, daß viele ungeordnete Objekte in der Natur diese Eigenschaft haben.

Immer mehr Belege deuten darauf hin, daß die Natur eine große Vorliebe für fraktale Formen hat. Als Perkola-tions-Cluster bekannte Fraktale hat man mit dem Muster identifiziert, nach dem eine Flüssigkeit durch eine Festkörpermatrix sickert, etwa Wasser durch Sand oder Kaffeepulver. Ruß, Kolloide und einige Polymere scheinen Fraktale zu sein. Fraktale entstehen auch bei der Bewegung von Luftblasen in Öl, beim Wachsen einiger Kristalle und bei blitzähnlichen elektrischen Entladungen. Die Zufallsmuster von Wolken oder Küstenlinien sind sehr wahrscheinlich ebenfalls Fraktale.

Während sich empirische Befunde für die Existenz von Fraktalen in der Natur häufen, haben Forscher zu untersuchen begonnen, wie sich Fraktale bilden. Im Jahre 1981 haben Thomas A. Witten III von der Exxon Research and Engineering Company und ich einen Mechanismus für fraktales Wachstum vorgeschlagen, den wir als diffusionsbegrenztes Wachstum bezeichnen. Nach unserem Modell kann als Folge eines ungeordneten und irreversiblen Wachstumsprozesses eine bestimmte Art von Fraktalen entstehen. Die Theorie ist aus zwei Gründen attraktiv. Erstens ist sie konzeptionell einfach und leicht auf einem Computer simulierbar. Viel wichtiger aber ist, daß sich damit anscheinend das Entstehen einer Vielzahl realer Fraktale erklären läßt.

Skaleninvarianz

Was sind die Eigenschaften eines Fraktals? Lange vor Mandelbrot hatten andere Mathematiker heute als Fraktale bekannte Objekte untersucht, sie indes als „Monstrositäten" von rein akademischem Interesse abgetan. Aber ein typisches Fraktal erinnert mehr an eine Schneeflocke als an ein Monster. Der Grund findet sich in der Wiederholung eines Musters.

Jeder Teil des unten in Bild 2 gezeigten Fraktals beispielsweise besteht aus fünf identischen Untereinheiten. Fünf der großen Teile lassen sich ihrerseits zu einer noch größeren Einheit zusammensetzen — und so weiter. Jede Generation enthält zudem Löcher, deren Größen der Generation angepaßt sind.

Das Muster ist auch skaleninvariant: In jedem Schritt sieht ein Teil des Musters, das ein Drittel des Durchmessers des Ganzen hat, exakt so aus wie das Ganze. Skaleninvarianz ist eine „Symmetrie" von Fraktalen. Genauso wie runde Objekte invariant unter Rotationen sind, sind Fraktale invariant unter Dilatationen — Veränderungen des Maßstabes.

Es ist nützlich, ein quantitatives Maß für das Skalenverhalten von Fraktalen zu haben. Dies ist durch eine Zahl, die Fraktaldimension, gegeben.

Im Gegensatz zur gewöhnlichen Dimension wird die Fraktaldimension nicht als ganze sondern als rationale Zahl ausgedrückt. Beispielsweise ist die Dimension des eben diskutierten Fraktals 1,46; es ist also ein Zwischending — mehr als eine eindimensionale Gerade und weniger als eine zweidimensionale Ebene. Je besser ein flaches Fraktal eine Ebene ausfüllt, desto näher liegt seine Dimension bei 2. Das computererzeugte Muster in Bild 1 beispielsweise, entstanden aus einem diffusionsbegrenzten Anlagerungsprozeß, hat eine gemessene Fraktaldimension von 1,71.

Dieses Muster ist in einem statistischen Sinne skaleninvariant: Einige seiner Eigenschaften (und auch aller anderen Fraktale) ist, daß die Dichte bei zunehmender Größe abnimmt (Bild 3).

Die Fraktaldimension eines physikalischen Objektes ist eine „universelle" Eigenschaft: Sie ist von vielen Details des Entstehungsprozesses unabhängig. Die Fraktaldimension und andere universelle Eigenschaften hängen mit dem Verhalten in großen Skalenbereichen zusammen; die Details sind dort weggemittelt. Deshalb sollte ein einfaches Modell, das viel von der Komplexität realer Systeme vernachlässigt, die Skaleneigenschaften trotzdem richtig beschreiben.

Die Bedeutung des Modells diffusionsbegrenzter Anlagerung liegt darin, daß es einen Zusammenhang zwischen Fraktalen und Wachstum aufzeigt. In der Natur wachsen Objekte auf viele Arten − beispielsweise wächst ein perfekter Kristall nahezu im Gleichgewicht: Er probiert gleichsam mehrere Konfigurationen, bis er diejenige mit der stabilsten Struktur findet. Kommt

zu einem wachsenden Kristall ein weiteres Molekül hinzu, so muß es im allgemeinen viele mögliche Stellen abwandern, bevor es an einem günstigen Ort hängenbleibt. Ein Gleichgewichtskristall wächst langsam und verändert sich unablässig.

Den meisten realen Wachstumsprozessen steht jedoch soviel Zeit nicht zur Verfügung: Alles biologische Leben beispielsweise ist nicht im Gleichgewicht. Die Fraktale, die ich hier diskutieren will, wachsen fern vom Gleichgewicht. (Einige Fraktale wachsen nahezu beim Gleichgewicht, aber das sprengt den Rahmen dieses Beitrages.)

Stellen wir uns vor, man erzeuge einen Cluster, indem man nacheinander

Teilchen dazunimmt, die dauerhaft hängenbleiben, sobald sie das wachsende Objekt berühren. Dieser Prozeß heißt Anlagerung. Er ist ein extremes Beispiel für einen Nicht-Gleichgewichtsprozeß, weil überhaupt keine Umordnung stattfindet. Nun nehme man an, daß die Teilchen in einer Zufallsbewegung auf den Cluster zudiffundieren: in einer Folge von Schritten mit zufälliger Länge und Richtung. (In einer eindimensionalen Version einer Zufallsbewegung beispielsweise wirft eine Person eine Münze und macht bei „Kopf" einen Schritt vorwärts und bei „Zahl" einen Schritt rückwärts.) Die Anlagerung von Teilchen durch Zufallsbewegung haben Witten und ich diffusions-

Bild 1: Fraktales Muster aus der Computer-Simulation eines Prozesses, der als diffusionsbegrenzte Anlagerung bezeichnet wird. Etwa 50 000 „Teilchen" wurden nacheinander in einem Gebiet außerhalb des Bildes gestartet und bewegten sich dann auf den Ursprung zu. Bei der Anlagerung der Teilchen aneinander bildete sich so ein wachsender Cluster. Die Farbkodierung gibt an, wann sich die Teilchen anlagerten: Weiß steht für die Teilchen, die zuerst, grün für solche, die zuletzt ankamen. Das Bild hat Paul Meakin von der Firma E. I. du Pont de Nemours & Company hergestellt.

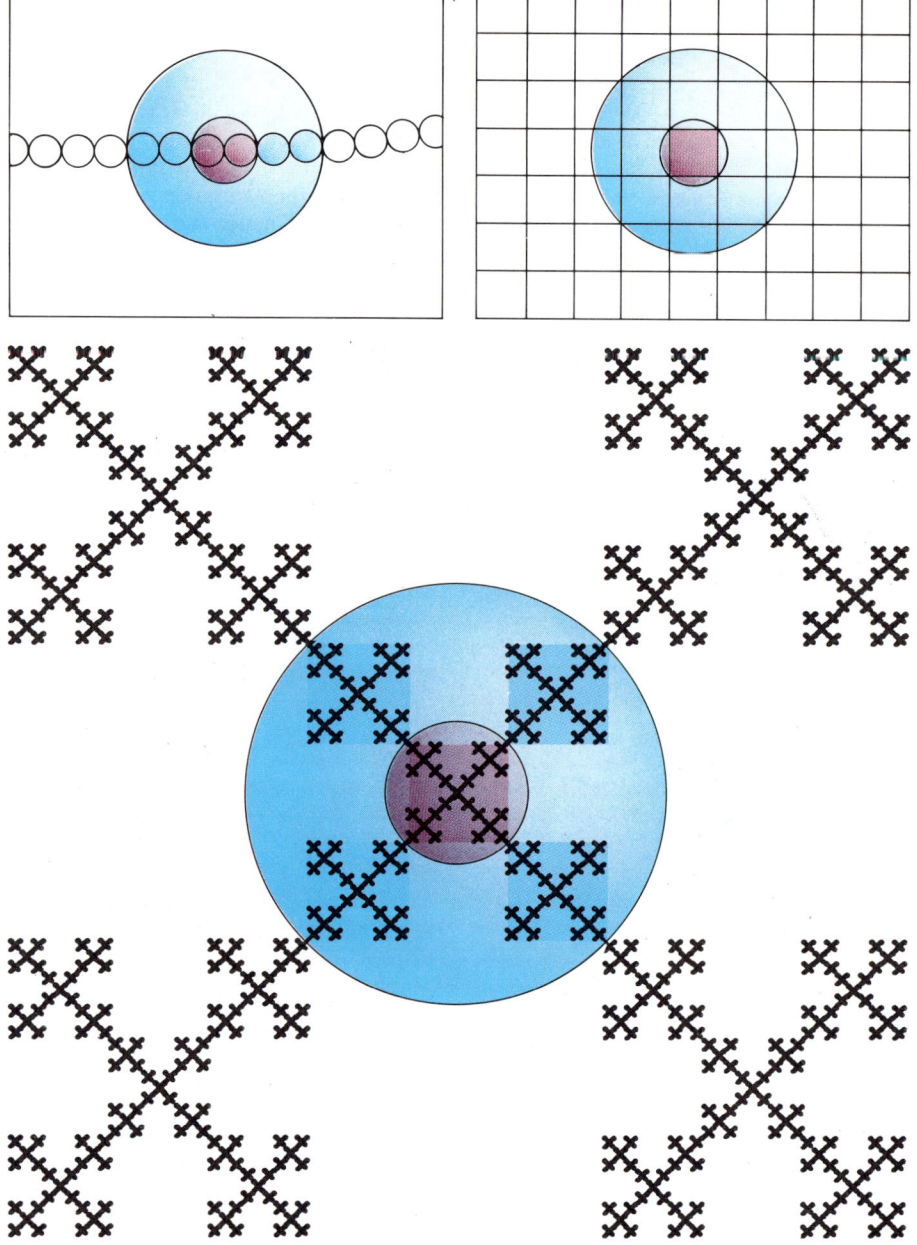

tung nahe, daß Cluster aus diffusionsbegrenzter Anlagerung Fraktale sind.

Obwohl diffusionsbegrenztes Wachstum einfach zu beschreiben und zu simulieren ist, ist der Prozeß noch nicht im tieferen Sinne verständlich. Warum entstehen bei diffusionsbegrenzter Anlagerung Fraktale und nicht beispielsweise amorphe Klumpen, die überhaupt keine Symmetrie haben? Warum verbinden sich die Äste selten zu geschlossenen Kurven? Wie hängt die Fraktaldimension von der Dimension des Raumes ab? Die Antworten zu diesen Fragen sind offen; sie stellen für den theoretischen Physiker ein bemerkenswertes Problem dar, weil keines der gewöhnlichen mathematischen Hilfsmittel bei ihnen zu funktionieren scheint.

Man kann aber einige wichtige Eigenschaften des Prozesses qualitativ verstehen. Nehmen wir an, wir beginnen mit einem glatten Cluster, an den sich diffundierende Teilchen anlagern. Ist der Cluster klein, können zufällig mehrere einlaufende Teilchen auf einem bestimmten Teil der Oberfläche hängenbleiben. Wegen dieses Zufallsverhaltens der Teilchen (des „Rauschens") werden sich auf der Oberfläche kleine Hügel und Mulden bilden (Bild 4).

Sobald die Oberfläche derartige Hügel und Mulden hat, werden die Hügel schneller wachsen als die Mulden. Der Grund ist, daß ein sich zufällig bewegendes Teilchen, das sich von außen hereinschlängelt, sehr wahrscheinlich an der Spitze des Hügels oder in der Nähe davon hängenbleibt; es wird sogar fast sicher an der Seite hängenbleiben, bevor es den Talboden erreicht (Bild 6). Weil die Teilchen nahe der Spitze kleben bleiben, wird der Hügel immer höher und das Füllen des Loches immer unwahrscheinlicher. Mithin wird ein Cluster, der etwas deformiert ist, immer stärker deformiert; man bezeichnet dieses Verhalten als Wachstumsinstabilität.

Desweiteren entstehen aus kleinen Hügeln und Mulden an den Spitzen Aufspaltungen der Spitze; vermutlich ergibt das Wachsen und Teilen der herausragenden Spitzen schließlich ein Fraktal. Obwohl die Details des Prozesses immer noch unbekannt sind, ist klar, daß das Wechselspiel von Rauschen und Wachstum, eben die Komplexität und Formenvielfalt der Cluster aus diffusionsbegrenzter Anlagerung verursacht.

In den letzten fünf Jahren hat man diffusionsbegrenztes Wachstum intensiv untersucht. Ein Großteil der Begeisterung für dieses Forschungsgebiet ergibt sich aus der Beobachtung, daß das Modell anscheinend die reale Welt beschreibt: Häufig bewegen sich reale

Bild 2: Die Fraktaldimension unterscheidet sich von der gewöhnlichen Dimension dadurch, daß sie nicht als ganze Zahl, sondern als Bruch dargestellt wird. Um die genaue Fraktaldimension eines Objektes zu bestimmen, zählt man die mittlere Zahl N der fundamentalen Bildungsblöcke innerhalb einer Kugel von Radius r, die irgendwo auf dem Objekt liegt. Aus der Euklidischen Geometrie folgt nun, daß die Zahl der Blöcke gleich einer Konstanten C multipliziert mit dem Radius hoch der Dimension D ist ($N = C \times r^{D}$). Im Falle einer Linie ist die Dimension selbstverständlich 1; verdreifacht man den Radius des Kreises, so verdreifacht sich die Zahl der Einheiten innerhalb des Kreises (oben links). Für gewöhnliche (nicht fraktale) Materie in zwei Dimensionen ergibt ein verdreifachter Radius die neunfache Zahl der Elementarblöcke (oben rechts). Für ein Fraktal der Dimension 1,46 (unten) ergibt ein verdreifachter Radius die fünffache Zahl der Teile. Die Zahl der Einheiten wächst also schneller als bei einer Linie, aber nicht so schnell wie bei gewöhnlicher Materie. In diesem Sinne liegt das Objekt zwischen Gerade und Ebene. Das hier gezeigte Fraktal hat Tamás Vicsek (Institut für Technische Physik, Akademie der Wissenschaften, Budapest) eingeführt.

begrenztes Wachstum oder diffusionsbegrenzte Anlagerung (*diffusion-limited aggregation*) genannt.

Kleine Cluster kann man leicht auf einem Personal Computer „züchten". Man beginnt, indem man ein Teilchen im Ursprung anbringt. Dann setzt man ein anderes Teilchen in einige Entfernung und läßt es einen zufälligen Schritt nach dem anderen ausführen, bis es dem ersten bis auf einen Teilchendurchmesser nahegekommen ist. Dort bleibt es liegen. Anschließend läßt man an einem zufällig gewählten Ort weit vom Cluster ein drittes Teilchen los und so weiter. Die Simulation legt die Vermu-

Teilchen tatsächlich zu Orten, wo sie hängenbleiben.

So wiesen Robert M. Brady und Robin C. Ball von der Universität Cambridge im Jahre 1984 darauf hin, daß diffusionsbegrenzte Anlagerung ein brauchbares Modell für die Ablagerung eines Metalls aus einer elektrolytischen Lösung diffundierender Ionen darstellt. Zwar unterscheiden sich die Details dessen, was passiert, wenn ein Ion an der Ablagerung hängenbleibt, von einer Computersimulation — sie beeinflussen aber die resultierende Gesamtstruktur und die Fraktaldimension offenbar nur unwesentlich.

Wachstum in der realen Welt

Eine Ablagerung von metallischem Zink in einer elektrolytischen Zelle (Bild 7, oben links) beispielsweise sieht dem computererzeugten Fraktal von Bild 1 erstaunlich ähnlich. Die Zink-Ablagerung hat eine gemessene Dimension von 1,7; innerhalb der experimentellen Meßfehler stimmt das mit der für das computererzeugte Fraktal bestimmten Dimension (1,71) überein. Dies ist ein bemerkenswerter Fall von Universalität und Skaleninvarianz: Die Simulation benutzte ungefähr 50 000 Punkte, während die Zahl der Zinkatome enorm groß ist, fast eine Trillion (10^{18}).

In der Tat zeigen Veränderungen an den Regeln für die Computersimulation verschiedene Formen von Universalität. Beispielsweise kann man zulassen, daß ab und zu Teilchen vom Aggregat abgestoßen werden, anstatt hängenzubleiben. Diese Regel ist eine einfache Darstellung für viele Komplikationen, die in realen physikalischen Situationen auftreten können. Es zeigt sich, daß dadurch dickere Äste entstehen, die Fraktaldimension jedoch nicht geändert wird.

Sicherlich ist es leicht zu glauben, daß man die Ablagerung von Metall an einer Elektrode als diffusionsbegrenzte Anlagerung beschreiben kann. Bemerkenswerterweise scheint das Modell jedoch auch noch eine Reihe weiterer Phänomene darstellen zu können. Dazu gehören Prozesse in einer als Hele-Shaw-Zelle bekannten experimentellen Anordnung; sie entstammt Arbeiten des britischen Schiffsbauingenieurs Henry S. Hele-Shaw aus dem 19. Jahrhundert. Die Zelle besteht aus einer viskosen Flüssigkeit (beispielsweise Glyzerin), die zwischen zwei parallelen Platten eingeschlossen ist. Injiziert man ein weniger viskoses Fluid (beispielsweise Luft) in die Mitte, verdrängt es das Glyzerin. Es formt sich eine Luftblase, aus der mehrere „Finger" oder Äste herausragen (Bild 7 rechts oben). Das Phänomen bezeichnet man anschaulich als

viskoses Verästeln (englisch *viscous fingering*).

Viskoses Verästeln ist von durchaus praktischem Interesse. So tritt das Phänomen beispielsweise auf, wenn man Wasser in die Mitte eines Ölfeldes preßt, um das Öl verstärkt auszutreiben; die Wirksamkeit dieser Methode wird durch das Entstehen der Finger stark beeinträchtigt. Ohne besondere Techniken kann man nur einen kleinen Teil des viskosen Öls zu den Förderpumpen an den Rändern des Feldes verschieben.

Ursachen des viskosen Verästelns

Die Muster aus viskosem Verästeln zeigen eine starke Ähnlichkeit mit computererzeugten Bildern von diffusionsbegrenztem Wachstum. Warum ist das so? Die Antwort hat kürzlich Lincoln Paterson von der Commonwealth Scientific and Industrial Research Organization in Australien gefunden: Die Prozesse bei der diffusionsbegrenzten Anlagerung und beim viskosen Verästeln sind prinzipiell die gleichen.

Im ersten Fall beruht das Wachstum auf einem Einströmen von Teilchen, die sich zufällig bewegen. Die Strömung rührt daher, daß die Teilchen mit größerer Wahrscheinlichkeit aus dichter belegten Gebieten außerhalb des Clusters als aus dünner belegten Gebieten kommen: Der Fluß ist proportional zur Veränderungsrate in der Belegung außerhalb des Aggregates.

Beim viskosen Verästeln entspricht der Flüssigkeitsdruck in Glyzerin der Belegung mit Teilchen. Der Druck ist am größten an der Grenze zwischen der Luftblase und dem Glyzerin; er wird ausgeglichen durch die Strömung des Glyzerins weg von der Blase. Die Strömungsrate ist proportional zur Änderungsrate des Druckes außerhalb der Blase. Die Finger bilden sich, weil die Flüssigkeit von ihnen am leichtesten wegfließt. Weil sich der Rand bewegt, wenn sich die Flüssigkeit bewegt, werden die Spitzen länger. Das Ergebnis ist wieder eine Wachstumsinstabilität wie bei der diffusionsbegrenzten Anlagerung.

Noch ein weiteres System ist auf gleiche Weise untersucht worden. Wenn man an eine Elektrode, die eine photographische Emulsion oder ein feines Pulver auf der Oberfläche eines Isolators berührt, eine Spannung anlegt, so bildet sich ein verzacktes Entladungsmuster aus, das einem Blitz ähnelt (links unten in Bild 7). Das Muster nennt man Lichtenberg-Figur — nach dem deutschen Physiker Georg Chri-

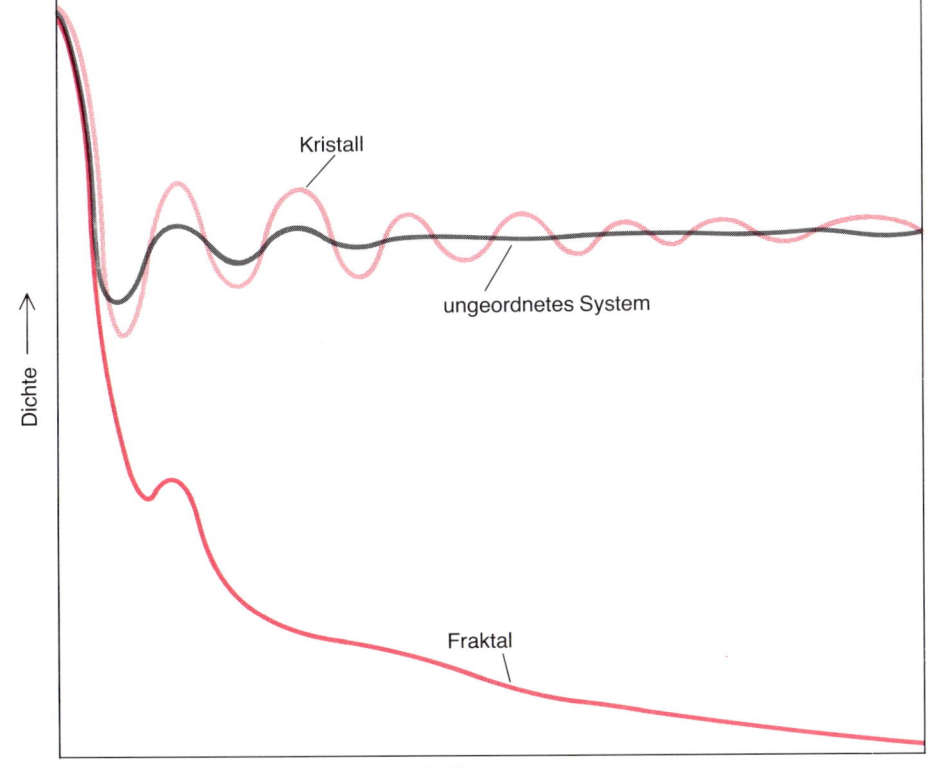

Bild 3: Die Dichte eines Fraktals fällt mit wachsender Größe, wie in diesem Diagramm gezeigt; die Dichten geordneter Kristalle oder amorphen Materials nähern sich festen Werten.

stoph Lichtenberg (1742 bis 1799). Im Jahre 1984 berichtete eine Forschergruppe, die bei Brown, Boveri & Cie (BBC) in der Schweiz arbeitete, daß diffusionsbegrenzte Anlagerung offenbar auch die Wachstumsursache der Lichtenberg-Figuren ist.

Nehmen wir an, die angelegte Spannung sei anfangs hoch genug, um nahe der Elektrode einen Teil der Emulsion zu zerstören und einen elektrisch leitfähigen Kanal zu erzeugen. Dann ist außerhalb des Kanals ein elektrisches Feld; die Änderung der Spannung im Material bestimmt die Stärke dieses Feldes. Die Wissenschaftler bei BBC machten nun die plausible Annahme, daß der Kanal am wahrscheinlichsten dort wächst, wo die Feldstärke am größten ist; es stellt sich heraus, daß dies an den Spitzen der Fall ist. Allmählich werden sie immer länger und teilen sich: Ein weiteres Beispiel für fraktales Wachstum.

Die gemeinsame Theorie, die so unterschiedliche Prozesse wie die Ablagerung von Metall an einer Elektrode, das

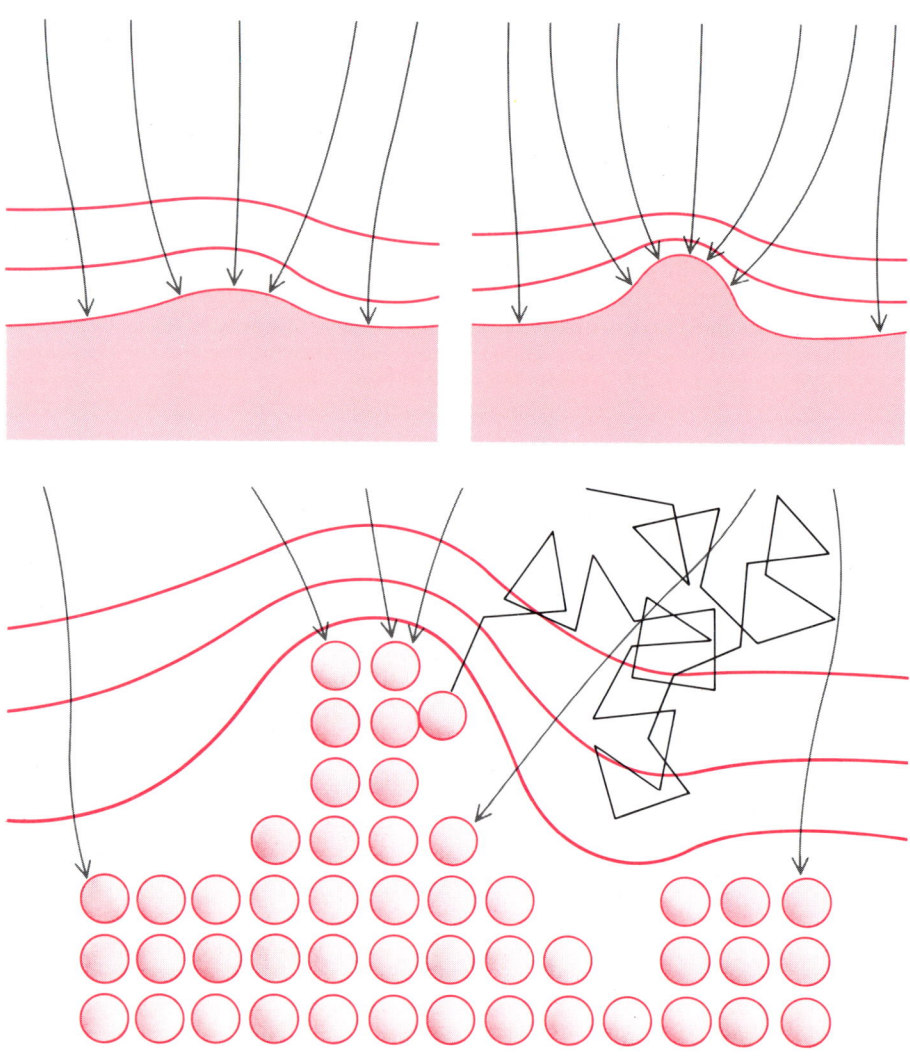

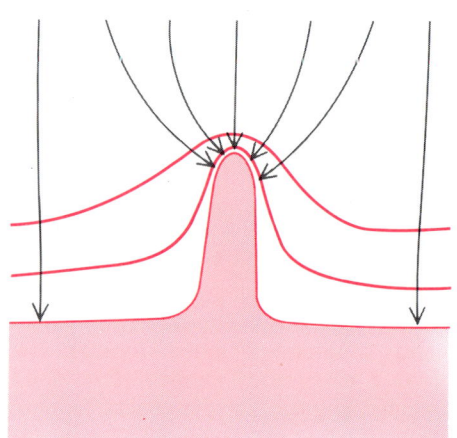

Bild 4: Das Wachstum von Fraktalen durch diffusionsbegrenzte Anlagerung ist hier schematisch dargestellt. Üblicherweise beginnt man mit einem glatten Cluster, an den sich diffundierende Teilchen anlagern. Wegen des „Rauschens" (des Zufallscharakters) der einlaufenden Teilchen bilden sich kleine Hügel und Mulden (links). Die schwarze Zickzacklinie zeigt die zufällige Bahn eines einlaufenden Teilchens, die farbigen Linien sind Linien konstanter mittlerer Dichte, und die grauen Linien sind die Strömungslinien des mittleren Flusses. Sobald sich auf der Oberfläche Hügel und Mulden gebildet haben, werden die Hügel schneller wachsen als die Mulden (oben). Der Grund ist, daß ein einlaufendes Teilchen auf seiner verschlungenen Bahn von außen sehr wahrscheinlich auf einen Hügel treffen wird; bevor es weiter in das Tal eindringen kann, wird es höchstwahrscheinlich an der Seite hängenbleiben. Dadurch wird der Hügel immer höher, und ein Auffüllen des Tales wird noch unwahrscheinlicher: Ein glatter Cluster wird durch neue Teilchen also schnell verformt.

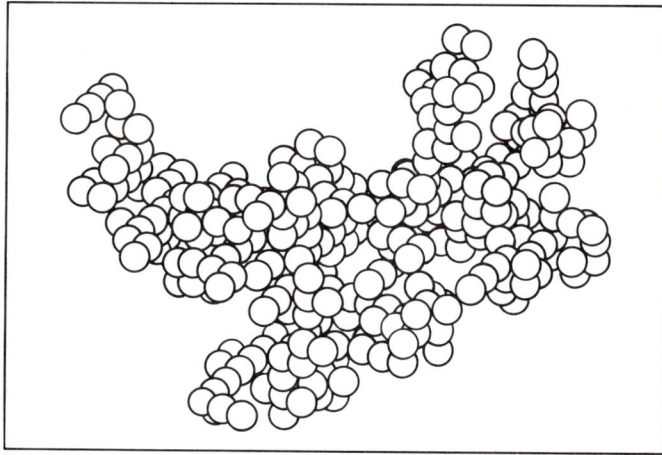

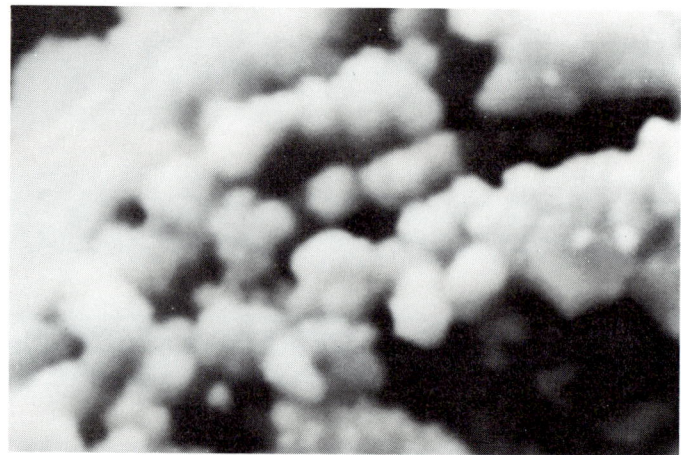

Bild 5: Durch diffusionsbegrenzte Anlagerung (hier mit dem Computer in drei Dimensionen simuliert) entsteht ein Fraktal der Dimension 2,4 (links). Das Muster zeigt eine starke Ähnlichkeit mit einem Kupfer-Cluster gleicher Dimension. Das Computerbild stammt von Roy Richter von den General Motors Research Laboratories; den Kupfer-Cluster haben Nancy Hecker und David G. Grier von der Universität von Michigan präpariert.

Verästeln viskoser Flüssigkeiten und die Bildung von Lichtenberg-Figuren beschreibt, läßt sich am einfachsten in der abstrakten Sprache partieller Differentialgleichungen ausdrücken. Man kann jedoch auch ohne mathematische Formulierung leicht eine Vorstellung des zugrundeliegenden Mechanismus bekommen, wenn man ein einfaches Modell benutzt: eine an allen vier Seiten fest eingespannte elastische Decke, die von einem wachsenden Fraktal in der Mitte niedergedrückt wird (Bild 6).

Funktionen, welche die Wahrscheinlichkeit für die Zufallsbewegung eines Teilchens, den Druck in einer Hele-Shaw Zelle oder die Spannung nahe einem Entladungskanal beschreiben, sind alle Beispiele für harmonische Funktionen, die Lösungen eines bestimmten Satzes von partiellen Differentialgleichungen sind. Eine harmonische Funktion hat insgesamt keine Krümmung: Ist sie in einer Richtung nach oben gekrümmt, so krümmt sie sich in der dazu senkrechten Richtung nach unten (etwa wie ein Sattel). Die elastische Decke hat ebenfalls keine Krümmung; man kann das Höhenprofil als ein Bild der Wahrscheinlichkeit, des Druckes oder der Spannung ansehen, und die Steigung am Rand des Fraktals gibt die Wachstumsrate an. Die größten Steigungen entstehen in der Nähe der scharfen Spitzen, die bevorzugt wachsen. Im nächsten Schritt drücken noch spitzere Äste auf die Decke und so weiter.

Es ist verführerisch zu spekulieren, wie weit man eine solche Argumentation treiben kann. Zum Beispiel erinnern die zufälligen Verzweigungen der Blutgefäße, der Luftwege in der Lunge und der Korallenriffe sicherlich an die fraktalen Muster aus diffusionsbegrenzter Anlagerung. Obwohl einige Forscher versucht haben, dieses Wachstum zu simulieren, hat meines Wissen bisher niemand fraktale Geometrie benutzt. Ob es sinnvoll ist, einige Formen biologischen Wachstums auf ähnliche Weise zu modellieren, muß erst noch abgewartet werden.

Man hat das Modell diffusionsbegrenzter Anlagerung auch benutzt, um andere physikalische Phänomene wie beispielsweise Oberflächenkristallisation amorpher Filme zu beschreiben. Des weiteren konnte man zeigen, daß eine Verallgemeinerung des Modells (die Cluster-Cluster-Anlagerung) Kolloide und Aerosole wie Ruß beschreibt; diesen Prozeß haben Paul Meakin von der Firma E. I. du Pont de Nemours & Company sowie Max Kolb, Rémi Jullien und Robert Botet von der Universität von Paris in Orsay vorgeschlagen. Dabei können sich viele bewegliche Cluster bilden und untereinander kom-

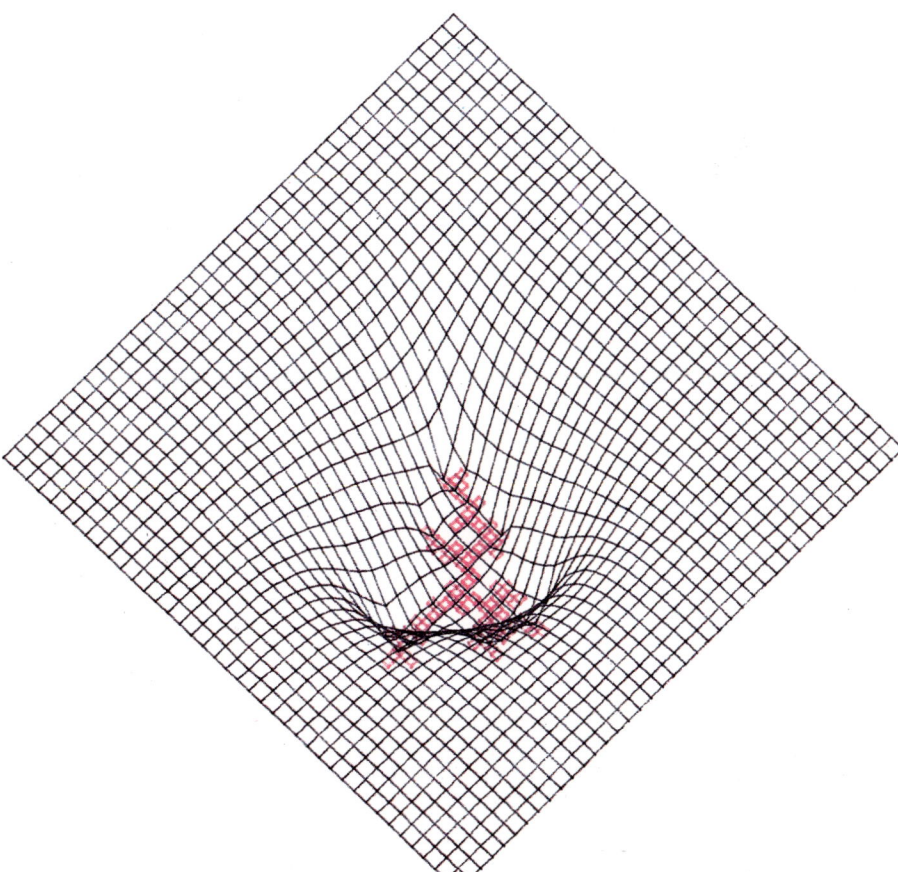

Bild 6: Eine elastische Decke, die man entlang allen vier Seiten einspannt und in der Mitte durch ein wachsendes Fraktal niederdrückt, dient in dem hier gezeigten Diagramm als einfaches Modell für diffusionsbegrenzte Anlage-rung. Das Fraktal wächst am schnellsten an den Stellen, wo die Decke am steilsten eingedrückt ist: an den Spitzen des Fraktals. Im nächsten Schritt werden immer spitzere Äste auf die Decke drücken, und so weiter.

binieren. Anlagerungsmodelle haben sich bei der Beschreibung physikalischer Systeme also generell als extrem nützlich erwiesen.

Zugleich muß ich aber darauf hinweisen, daß man Fraktale sicherlich nicht für alle verzweigten Muster in der Natur heranziehen kann. Schneeflocken beispielsweise sind wahrscheinlich keine Fraktale; sie sind zwar komplex, aber sie haben sehr viel mehr offensichtliche Symmetrie als Cluster aus diffusionsbegrenzter Anlagerung und gehören deshalb zu einer Familie von Kristallen, die man als Dendriten bezeichnet. Die wunderbare makroskopische Struktur einer Schneeflocke spiegelt die mikroskopische Anisotropie des hexagonalen Gitters wieder, in dem seine Atome angeordnet sind.

Man kann sich nun fragen, warum Zink, das ebenfalls hexagonale Form hat, sich in einer elektrolytischen Zelle als Fraktal ablagert (Bild 7, oben links). Die Antwort ist, daß das Wachstum zwar nicht im Gleichgewicht, aber noch so langsam ist, daß die Spaltung der Spitzen die Anisotropie überdeckt. Wenn man die Spannung an der Zelle —

und damit die Wachstumsrate — erhöht, so schlägt interessanterweise die Anisotropie wieder durch, und ein dendritisches, einer Schneeflocke ähnelndes Muster entsteht (Bild 7, unten rechts). Einige Forschergruppen untersuchen derzeit den Übergang von fraktalem zu dendritischem Wachstum.

Bisher habe ich mich mit einem bestimmten Wachstumsprozeß, der diffusionsbegrenzten Anlagerung (Bild 5), beschäftigt und gezeigt, daß er Fraktale erzeugt. Läßt sich dieses Wissen sinnvoll anwenden? Ermöglichen insbesondere die Skaleneigenschaften, die ich beschrieben habe, ein Verständnis anderer physikalischer Eigenschaften von Clustern außer ihrer Geometrie?

Erste Anzeichen deuten darauf hin. In den vergangenen Jahren haben Raoul Kopelman und seine Mitarbeiter an der Universität von Michigan beispielsweise verschiedene chemische Reaktionen untersucht, die auf Perkolationsclustern (das sind Fraktale, die sich im Gleichgewicht bilden) ablaufen. Die Forscher haben gezeigt, daß sich die Reaktion ungewöhnlich verhält, wenn man sie auf den Cluster beschränkt. Anders als

125

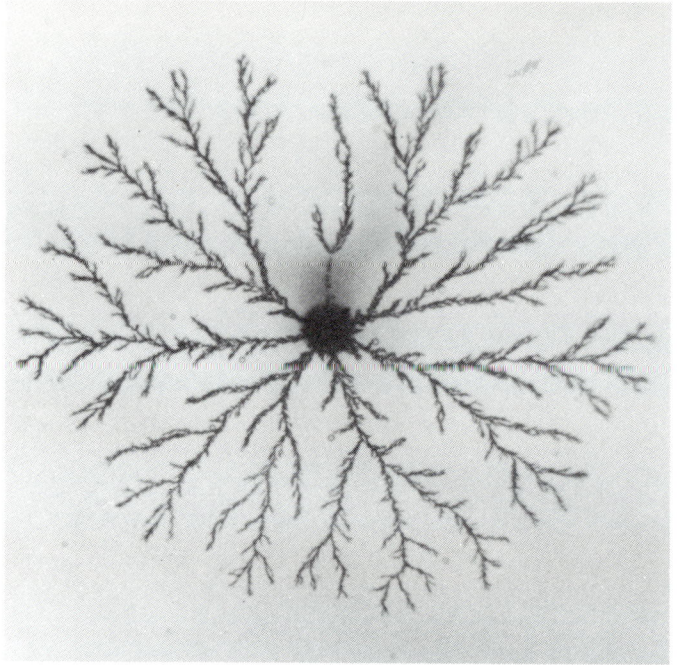
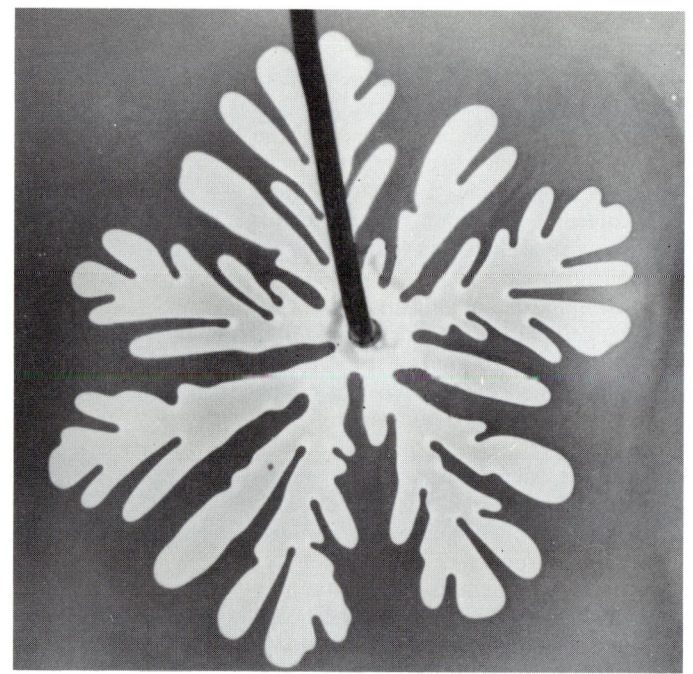
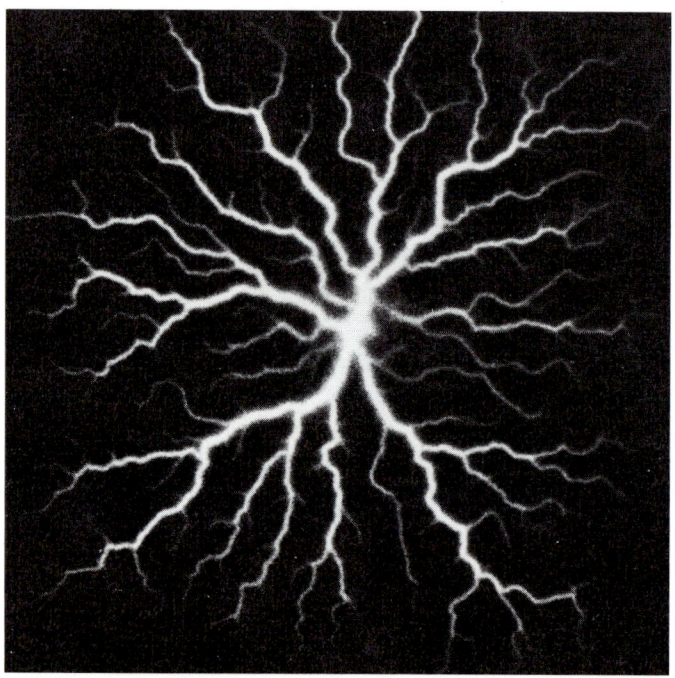

Bild 7: In der Natur wachsen Fraktale offenbar durch diffusionsbegrenzte Anlagerung. Dargestellt sind hier eine Zinkablagerung in einer elektrolytischen Zelle (oben links), ein viskoses Verästelungsmuster einer Luftblase in Glyzerin (oben rechts) und ein als Lichtenberg-Figur bekanntes elektrisches Entladungsmuster (unten links). Die dicke Linie, die im Zentrum der Blase endet, ist eine Luftröhre. Der Zink-Cluster unten rechts zeigt, was passiert, wenn man die Spannung in der elektro- lytischen Zelle erhöht. Das Wachstumsmuster geht dann von einem fraktalen in ein dendritisches Muster über, das einer Schneeflocke ähnelt. Die Zinkablagerungen wurden von Grier, das Hele-Shaw-Muster von Eshel Ben-Jacob (Universität von Michigan) präpariert. Die Lichtenberg-Figur im linken unteren Bildteil stammt von L. Niemayer und H. J. Wiesmann (Brown, Boveri & Cie, Schweiz) und von Luciano Pietronero von der Universität Groningen (Niederlande).

eine gewöhnliche Reaktion, die mit konstanter Rate abläuft, scheint die Reaktionsrate auf dem Perkolationscluster von der Zeit abzuhängen. Der tiefere Grund dafür ist, daß die Diffusion der Reaktionspartner auf einem Fraktal gegenüber der im freien Raum stark behindert ist: Es fällt den Reaktionspartnern schwer, einander zu finden, weil sie in einer Struktur gefangen sind, die viele Sackgassen hat.

Die Reaktionsrate auf einem Fraktal hängt sowohl von der Fraktaldimension ab als auch von der Art und Weise, wie sich die Reaktionspartner auf dem Fraktal bewegen. Die Kombination dieser zwei Faktoren ergibt einen weiteren Parameter, die sogenannte Spektraldimension. Diese Größe haben Shlomo Alexander von der Hebräischen Universität in Jerusalem und Raymond L. Orbach von der Universität von Kali- fornien in Los Angeles zur Beschreibung von Diffusion und Dynamik auf einem Fraktal eingeführt. Obwohl es bis jetzt noch keine experimentelle Bestätigung der Spektraldimension von Nichtgleichgewichtsfraktalen gibt, hat man doch allen Grund zu der Annahme, daß es sie gibt. Man kann also erwarten, daß sich durch die Existenz fraktaler Geometrie weitere aktuelle Forschungsgebiete der Physik eröffnen.

Die Renormierungsgruppe

Physikalische Systeme werden manchmal von Kräften
beherrscht, deren Einflußbereich ganz unterschiedliche Größenordnungen umfaßt.
Für solche Systeme wurde die Renormierungsgruppe entwickelt.

Von Kenneth G. Wilson

Zu den bemerkenswertesten Eigenschaften der Natur gehören die Größenunterschiede ihrer Erscheinungen. Beispielsweise erstrecken sich die Strömungen in den Ozeanen über Tausende von Kilometern, und auch die Gezeiten haben globale Ausmaße. Dagegen liegt die Größe der Wellen zwischen einigen Metern und einigen Millimetern. In noch kleinerem Maßstab betrachtet ist Seewasser eine Ansammlung von Molekülen, deren Durchmesser ungefähr zehn Millionstel eines Millimeters beträgt. Die größten und kleinsten Strukturen der Ozeane unterscheiden sich also um den Faktor 10^{17} (um siebzehn Größenordnungen).

Ereignisse, die sich in sehr verschiedenen Größenordnungen abspielen, beeinflussen sich im allgemeinen kaum, so daß sie unabhängig voneinander betrachtet werden können: Ob sich benachbarte Wasser-Moleküle im Pazifischen Ozean oder in einer Teekanne befinden, spielt für ihre Wechselwirkung untereinander so gut wie keine Rolle, und das Verhalten einer Welle im Meer läßt sich beschreiben, ohne daß man von der molekularen Struktur der Flüssigkeit Notiz zu nehmen hätte. Die meisten physikalischen Theorien sind nur deswegen praktikabel, weil man sich auf Vorgänge gleicher Größenordnung beschränkt.

Allerdings gibt es Phänomene, bei denen man nicht so verfahren kann. Ein Beispiel ist das Verhalten von Wasser bei einem Druck von 217 Atmosphären und einer Temperatur von 647 Kelvin (374 Grad Celsius). Bei dieser Kombination von Druck und Temperatur – dem kritischen Punkt – verschwindet der Unterschied zwischen Flüssigkeit und Dampf. Bei höheren Drücken gibt es nur eine Phase, die den gesamten verfügbaren Raum ausfüllt. In der Nähe des kritischen Punktes treten im Wasser Dichteschwankungen (Fluktuationen) auf. Es

entstehen Flüssigkeitstropfen, die mit Dampfblasen durchsetzt sind. Die kleinsten dieser Tropfen und Blasen haben die Größe einzelner Moleküle, die größten nehmen nahezu das gesamte Volumen ein. Befindet man sich genau am kritischen Punkt, so werden die größten Fluktuationen unendlich, ohne daß die kleineren Fluktuationen verschwänden. Eine Theorie, die das Verhalten des Wassers in der Nähe des kritischen Punktes beschreiben will, muß also Fluktuationen aller Größenordnungen berücksichtigen.

Für Probleme der Physik und anderer Forschungsgebiete, die von dieser Art sind, hat man exakte Lösungen bisher nur in wenigen Fällen gefunden. Oft führt sogar die Anwendung bewährter Näherungsverfahren nicht zu befriedigenden Resultaten. In den letzten zehn Jahren wurde aber eine neue Methode, die diese Situation ändern könnte, entwickelt. Sie beruht auf der Renormierung, und wir wollen sie am Beispiel ferromagnetischer Stoffe erläutern.

Ferromagnete

Ferromagnetische Stoffe sind magnetisch, wenn sie kälter als eine kritische Temperatur sind, die man zu Ehren des französischen Physikers Pierre Curie als Curie-Temperatur bezeichnet. Die Curie-Temperatur des Eisens liegt bei 1044 Kelvin (1317 Grad Celsius). Erhitzt man ein Stück Eisen über diese Temperatur, so verliert es seine Magnetisierung. Läßt man es wieder abkühlen, so bleibt die Magnetisierung Null, bis die Curie-Temperatur erreicht ist. Danach wird das Eisen plötzlich magnetisch, und mit weiter fallender Temperatur nimmt seine Magnetisierung gleichmäßig zu.

Die Magnetisierung ferromagnetischer Stoffe beruht auf der Tatsache, daß die Elektronen dieser Stoffe einen Eigendrehimpuls (einen Spin) haben. Bildlich gesprochen drehen sich die Elektronen ständig um ihre eigene Achse. Da sie elektrisch negativ geladen sind, induzieren sie ein kleines magnetisches Dipolmoment, das heißt, jedes Elektron wirkt

Bild 1: Ferromagnete sind Festkörper, die unterhalb einer bestimmten Temperatur, der Curie-Temperatur T_C, magnetisch sind. Die Magnetisierung beruht auf der Tatsache, daß die elektrisch negativ geladenen Elektronen dieser Stoffe einen Eigendrehimpuls (einen Spin) haben und daher auch ein kleines magnetisches Moment besitzen. Weist die Mehrzahl dieser Momente in dieselbe Richtung, so macht sich das nach außen als Magnetismus bemerkbar. Die wesentlichen Eigenschaften eines Ferromagneten lassen sich mit einem Modell beschreiben, in dem die magnetischen Momente der Elektronen nur in zwei Richtungen weisen können (siehe Bild 2): nach oben oder nach unten. In den drei hier gezeigten Teilbildern wird das durch die kleinen schwarzen und weißen Quadrate symbolisiert: jedes schwarze Quadrat entspricht einem nach oben weisenden, jedes weiße Quadrat einem nach unten weisenden magnetischen Moment. Bei großen Temperaturen, beispielsweise der doppelten Curie-Temperatur

(oberes Bild), weisen die magnetischen Momente etwa ebenso oft in die eine wie in die andere Richtung. Ihre Wirkungen heben sich daher gegenseitig auf. Außerdem findet man nur kleine Gebiete, in denen benachbarte Magnete in die gleiche Richtung zeigen. In der Nähe der Curie-Temperatur (mittleres Bild) treten auch größere Gebiete mit gleichgerichteten magnetischen Momenten auf. Bei der Curie-Temperatur (unteres Bild) setzt dann die Magnetisierung ein. Jetzt haben die magnetischen Momente überwiegend eine der beiden möglichen Orientierungen, und der Festkörper weist große Gebiete auf, in denen die magnetischen Momente gleichartig orientiert sind. Daneben gibt es aber immer noch die kleinen Gebiete gleicher Orientierung, die für höhere Temperaturen charakteristisch sind. Bei der theoretischen Behandlung eines Ferromagneten muß man also Reichweiten sehr unterschiedlicher Größenordnung berücksichtigen. Das gelingt mit Hilfe der Renormierungsgruppen-Methode.

$T = 2T_c$

$T = 1.05T_c$

$T = T_c$

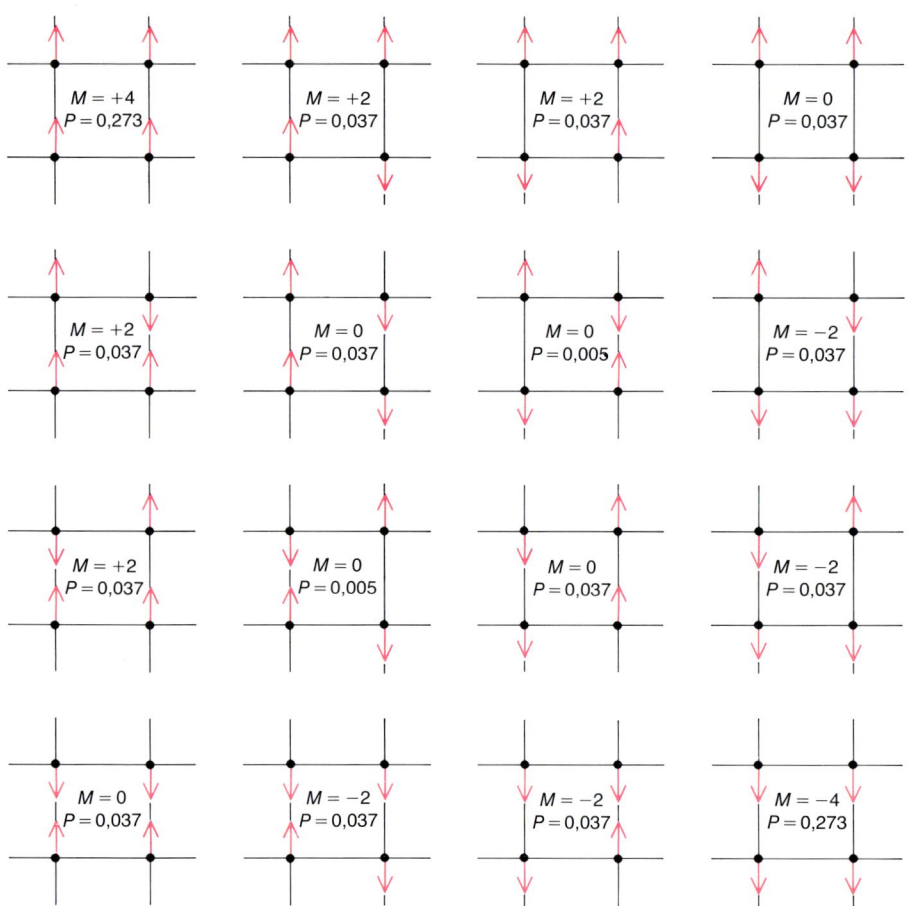

Bild 2: Als Modell eines Ferromagneten eignet sich ein zweidimensionales Gitter von Spin-Vektoren, deren jeder einem magnetischen Moment entspricht. Die an vier benachbarten Punkten des Gitters befindlichen Spins können die sechzehn hier gezeigten Konfigurationen bilden. Zwischen benachbarten Spins besteht eine Kopplung, das heißt, sie haben die Tendenz, sich parallel auszurichten, also in dieselbe Richtung zu weisen. Konfigurationen mit parallel stehenden Spins sind daher häufiger (sie haben eine größere Wahrscheinlichkeit P) als Konfigurationen mit antiparallelen, also in verschiedene Richtungen weisenden Spins. Die Stärke der Kopplung und folglich auch die Wahrscheinlichkeit P ändern sich mit der Temperatur. Die hier angegebenen P-Werte gelten für die Kopplungsstärke 1/2, die einer Temperatur von 2 (in geeignet gewählten Einheiten) entspricht. Die Magnetisierung M einer Spin-Konfiguration ist gleich der Differenz zwischen den Anzahlen der nach oben und nach unten weisenden Spins. Die Magnetisierung des gesamten Systems erhält man, wenn man die Magnetisierungen der einzelnen Konfigurationen mit den zugehörigen Wahrscheinlichkeiten multipliziert und die Produkte addiert.

wie ein winziger Magnet mit einem Nord- und einem Südpol und erzeugt ein Magnetfeld. Den Spin und das magnetische Moment des Elektrons stellt man durch Vektoren dar und symbolisiert sie durch einen Pfeil, der vom Südpol zum Nordpol des Magnetfeldes weist.

Zwar besitzt ein Ferromagnet eine komplexe atomare Struktur, aber seine wesentlichen Eigenschaften lassen sich mit einem Modell beschreiben, in dem weder Atome noch irgendwelche anderen Teilchen, sondern nur Spin-Vektoren auftreten, die sich an den Kreuzungspunkten eines Gitters befinden (Bild 2). Der Einfachheit halber wählt man ein zweidimensionales, rechtwinkliges Gitter, dessen Kreuzungspunkte (Gitterpunkte) alle die gleichen Abstände voneinander haben. An jedem Gitterpunkt charakterisiert ein Spin-Vektor die Richtung eines magnetischen Momentes (Bild 2). Es gibt in diesem Modell nur zwei erlaubte Spin-Richtungen: die Spins können nur nach oben oder nach unten zeigen. Zeigt mehr als die Hälfte der Spin-Vektoren in dieselbe Richtung, so heben sich die magnetischen Momente gegenseitig nicht vollkommen auf, und das System ist magnetisiert. Man kann die Stärke der Magnetisierung also durch die Differenz zwischen den Anzahlen der Spin-Vektoren definieren, die nach oben und nach unten zeigen.

Ein Ferromagnet unterscheidet sich von anderen Materialien dadurch, daß zwischen benachbarten Spins eine Kopplung besteht: die Gesamtenergie zweier benachbarter Spins ist kleiner, wenn ihre Vektoren parallel stehen (in dieselbe Richtung weisen), als wenn sie antiparallel stehen (in entgegengesetzte Richtungen weisen). Benachbarte Spins haben also die Tendenz, sich gleichartig auszurichten. In unserem zweidimensionalen, rechtwinkligen Gitter wird jeder Spin von vier Nachbarn beeinflußt.

Die Kopplung zwischen benachbarten Spins sollte dazu führen, daß alle Spins in die gleiche Richtung weisen und ein Ferromagnet stets maximal magnetisiert ist, weil er sich dann im Zustand niedrigster Energie befindet. Tatsächlich verhindert jedoch die thermische Bewegung der Atome und Elektronen, daß alle Spins in die gleiche Richtung zeigen. Bei Temperaturen oberhalb des absoluten Nullpunktes ändern ständig einige Spins ihre Richtung (sie „klappen um"), und sie tun das selbst dann, wenn der Ferromagnet dadurch in einen Zustand höherer Energie gelangt. Mit steigender Temperatur nimmt die thermische Bewegung zu. Infolgedessen wird die Magnetisierung schwächer, und bei der Curie-Temperatur verschwindet sie ganz (Bild 3).

Der Widerstreit zwischen der Tendenz der Spins, sich parallel auszurichten, und der durch thermische Anregung bedingten Unordnung läßt sich in unserem Modell berücksichtigen, indem man eine Größe K, die Stärke der Kopplung zwischen benachbarten Spins, einführt, die umgekehrt proportional zur Temperatur T ist. Wählt man geeignete Maßeinheiten, so kann K dem Kehrwert der Temperatur gleichgesetzt werden: $K = 1/T$.

Die Stärke der Kopplung ermittelt man aus der Wahrscheinlichkeit, mit der zwei benachbarte Spins parallel stehen (Bild 2). Ist die Temperatur Null, so gibt es keine thermische Anregung, und benachbarte Spins stehen mit Sicherheit parallel. Die Wahrscheinlichkeit ist Eins und die Stärke der Kopplung Unendlich. Bei hohen Temperaturen tritt fast keine Wechselwirkung zwischen den Spins auf. Jeder Spin kann so gut wie unabhängig von seinen Nachbarn nach oben oder nach unten zeigen. Die Wahrscheinlichkeit, daß zwei Spins parallel stehen, ist genau so groß wie die Wahrscheinlichkeit, daß sie antiparallel stehen, und beträgt 1/2. Die Stärke der Kopplung nähert sich dem Wert Null. Bei Temperaturen zwischen diesen beiden Extremen muß die Wahrscheinlichkeit, daß zwei benachbarte Spins parallel stehen, zwischen 1/2 und 1 und die Stärke der Kopplung zwischen Null und Unendlich liegen.

Wir wollen jetzt annehmen, daß in einem großen zweidimensionalen Gitter die Orientierung eines Spins festgehalten wird, so daß dieser Spin immer nach oben zeigt. Die Spins der vier benachbarten Gitterpunkte sind an den festgehaltenen Spin gekoppelt. Die Wahrscheinlichkeit, daß sie nach oben zeigen, ist daher größer als 1/2.

Natürlich beeinflußt der festgehaltene Spin indirekt auch entferntere Spins: Da die unmittelbar benachbarten Spins dazu tendieren, öfter nach oben zu zeigen als nach unten, bewirken sie bei ihren unmittelbaren Nachbarn eine ähnliche Tendenz. Die Spins, deren Richtungen durch den einen festgehaltenen Spin beeinflußt werden, bezeichnen wir als korreliert. Die größte Entfernung, für die eine Korrelation der Spins feststellbar ist, heißt Korrelationslänge. Zwei Spins, deren Abstand voneinander größer ist als die Korrelationslänge, sind in ihrem Verhalten unabhängig. Bei sehr hoher Temperatur gilt das für nahezu alle Spins, das heißt, die Korrelationslänge ist praktisch Null (Bild 1). Fällt die Temperatur, so nimmt die Kopplung zwischen den Spins zu. Es entstehen Korrelationen über größere Entfernungen. Sie bewirken Fluktuationen der Spin-Orientierung, das heißt, sie führen dazu, daß in kleinen Bereichen Spins mit überwiegend gleichen Richtungen auftreten. Zwar heben sich die Magnetisierungen solcher kleinen Bereiche zunächst immer noch gegenseitig auf, aber die Struktur des Gitters unterscheidet sich nennenswert von der Struktur bei sehr hoher Temperatur.

Nähert sich die fallende Temperatur dem Curie-Punkt, so wächst die Korrelationslänge rasch an, und die Spin-Fluktuationen gewinnen an Größe, doch werden kleinere Fluktuationen nicht unterdrückt, sondern bilden eine feinere Struktur innerhalb einer gröberen (Bild 1). Mit anderen Worten: In einer großen Fluktuation stehen nicht alle Spins parallel. Sie umfaßt vielmehr mehrere kleinere Fluktuationen und wird nur dadurch erkennbar, daß insgesamt eine Spinrichtung überwiegt. So kann in einem „Meer" von Spins, die größtenteils nach oben zeigen, eine „Insel" von hauptsächlich nach unten gerichteten Spins liegen, auf der es einen „See" von nach oben gerichteten Spins gibt, mit „Inselchen", deren Spins nach unten zeigen. Die kleinste Fluktuation ist der einzelne Spin.

Ist die Temperatur genau gleich der Curie-Temperatur, wird die Korrelationslänge unendlich, das heißt, beliebig weit voneinander entfernte Spins sind jetzt korreliert. Gleichzeitig bestehen aber weiterhin kleinere Fluktuationen mit Reichweiten in allen Größenordnun-

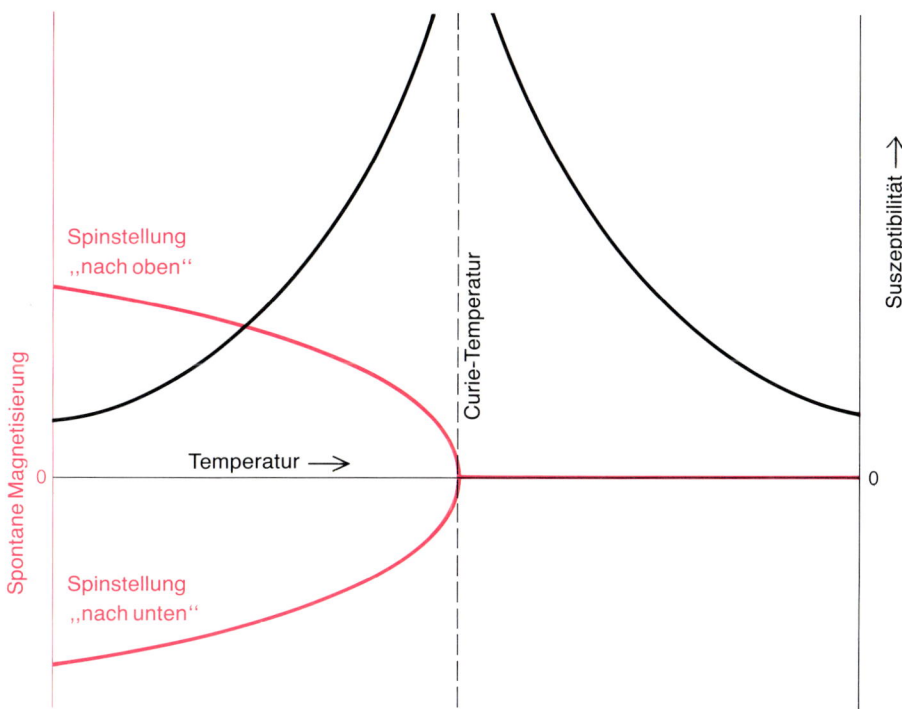

Bild 3: Die Magnetisierung eines Ferromagneten kann unterhalb der Curie-Temperatur zwei Werte annehmen, die entgegengesetzt gleich sind (farbige Kurve). Die Magnetisierungen entsprechen Zuständen, in denen die meisten Spins entweder nach oben oder nach unten zeigen und deren Auftreten in Abwesenheit eines äußeren Magnetfeldes gleich wahrscheinlich ist. Oberhalb der Curie-Temperatur verschwindet die Magnetisierung. Die schwarze Kurve zeigt den Verlauf der magnetischen Suszeptibilität. Diese Größe, die bei der Curie-Temperatur den Wert Unendlich erreicht, gibt an, wie sich die Magnetisierung unter dem Einfluß eines schwachen äußeren Magnetfeldes ändert. In der Nähe der Curie-Temperatur bewirken kleine Änderungen der Temperatur oder des Magnetfeldes große Änderungen der Magnetisierung.

Bild 4: Mit der Größe des Gitters (mit der Anzahl der Gitterpunkte) nimmt die Zahl der möglichen Spin-Konfigurationen exponentiell zu: Für n Spins, deren jeder zwei Werte (Orientierungen) annehmen kann, gibt es 2^n verschiedene Konfigurationen. Ein quadratisches Gitter aus 100×100 Spins hätte $2^{10\,000}$ oder 10^{3000} Konfigurationen. Selbst die schnellsten Rechenmaschinen könnten die Wahrscheinlichkeiten so vieler Konfigurationen nicht bestimmen. Die Aufgabe wäre viel zu umfangreich. Die Grenzen des praktisch Möglichen werden bereits mit einem (6×6)-Gitter erreicht.

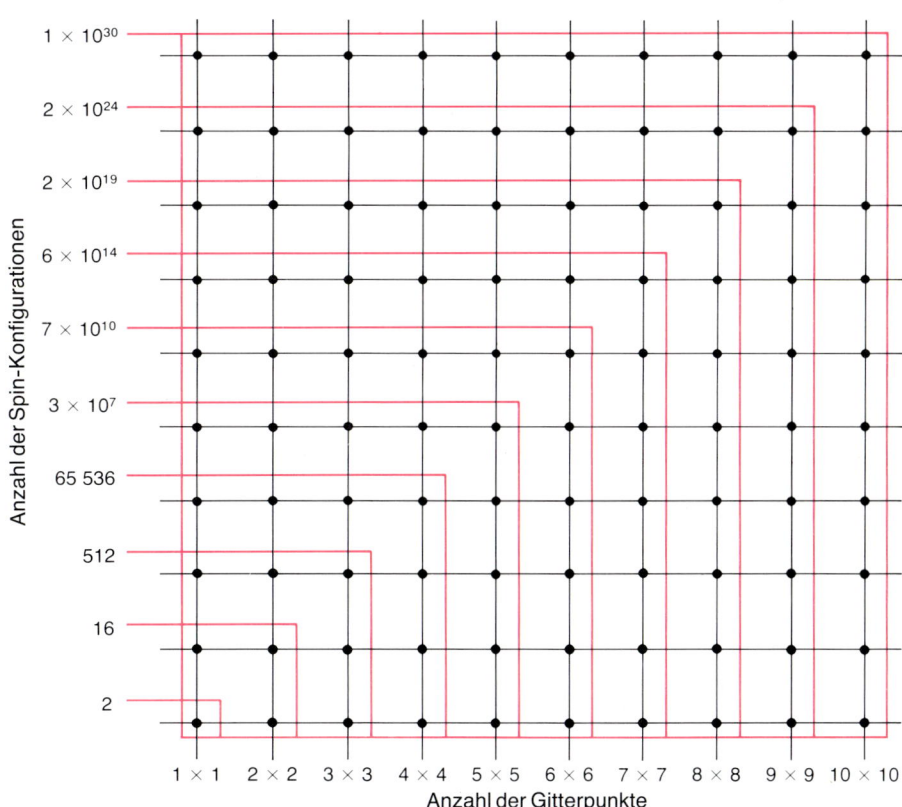

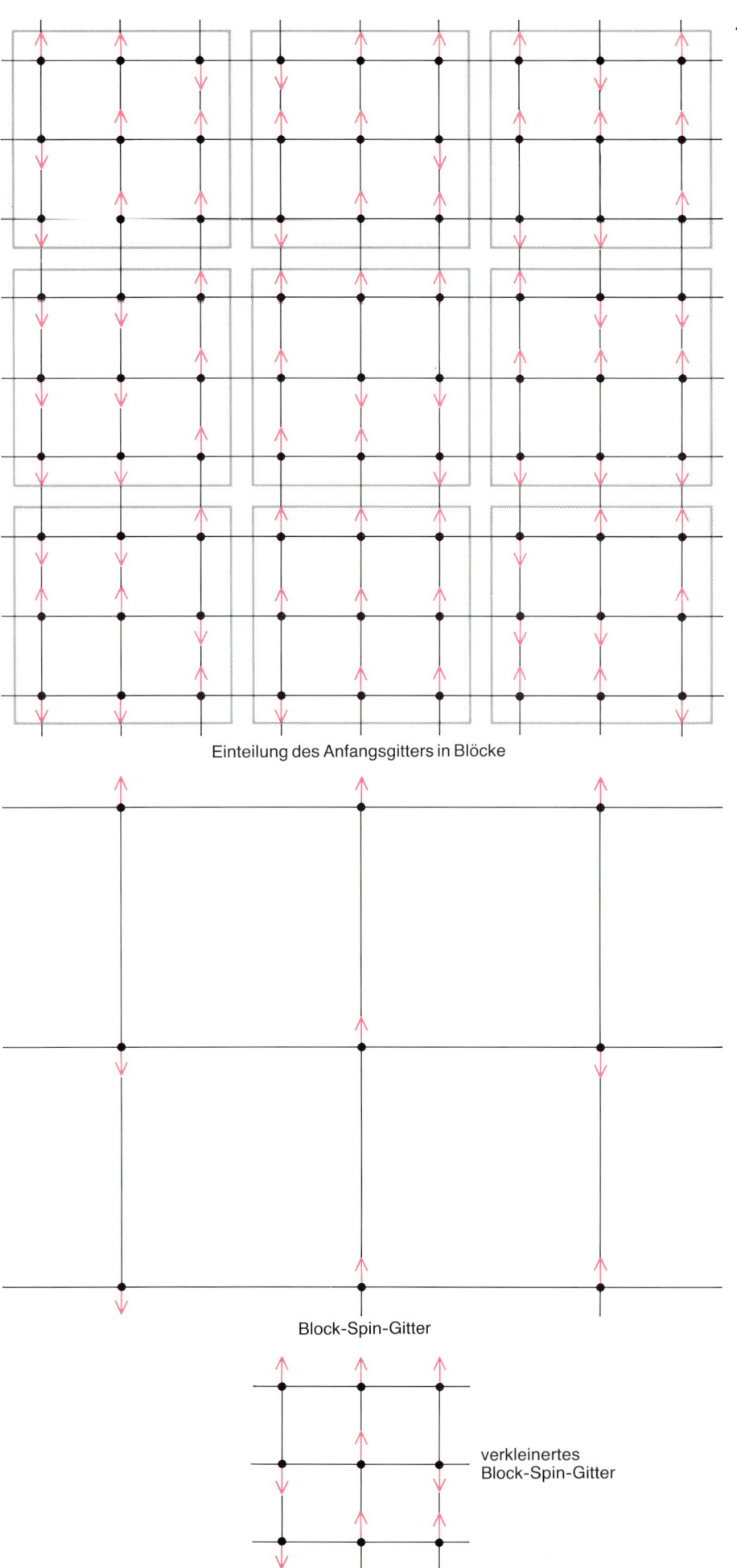

Einteilung des Anfangsgitters in Blöcke

Block-Spin-Gitter

verkleinertes
Block-Spin-Gitter

Bild 5: Ein quadratisches Gitter mit 9×9 Spins läßt sich durch eine Block-Spin-Transformation in ein Gitter aus 3×3 Block-Spins umwandeln. Man bildet im Anfangsgitter (oben) Blöcke aus 3×3 Spins (graue Rahmen) und untersucht für jeden dieser Blöcke, wieviele Spins nach oben und wieviele nach unten zeigen. Ist die Mehrzahl der Spins in einem Block nach oben gerichtet, so ersetzt man den gesamten Block durch einen Block-Spin, der gleichfalls nach oben zeigt. Im Gitter der Block-Spins (Mitte) haben die Gitterpunkte einen dreimal so großen Abstand voneinander wie im Anfangsgitter. Man verkleinert das Gitter, so daß die Abstände zwischen den Block-Spins ebenso groß werden wie die Abstände im Anfangsgitter unten. Danach kann man die Block-Spin-Transformation auf das entstandene Block-Spin-Gitter anwenden und kommt so zu Block-Spins der zweiten Generation (siehe Bild 7).

Bild 6: Um die Wahrscheinlichkeiten P der Spin-Konfigurationen eines Block-Spin-Gitters zu ermitteln, addiert man die Wahrscheinlichkeiten aller Spin-Konfigurationen des Anfangsgitters, die zu einer Spin-Konfiguration des Block-Spin-Gitters beitragen. Die Rechnung wird hier für ein System aus sechs Spins in einem dreieckigen Gitter gezeigt. Man bildet zwei Blöcke zu je drei Spins (graue Rahmen) und ersetzt jeden Block durch einen Block-Spin, dessen Orientierung nach dem Mehrheitsprinzip festgelegt wird (siehe Bild 5). Die sechs Spins der beiden Blöcke können 64 verschiedene Konfigurationen bilden, die im Hauptteil des Bildes so auf die vier Spalten verteilt worden sind, daß alle Konfigurationen einer Spalte die gleiche Block-Spin-Konfiguration (untere Zeile) ergeben. Für die Stärke der Kopplung im Anfangsgitter wird der Wert 1/2 angenommen. Daraus ergeben sich die in der obersten Zeile gezeigten Wahrscheinlichkeiten für die vier möglichen Konfigurationen unmittelbar benachbarter Spins. Mit diesen Werten berechnet man die Wahrscheinlichkeiten aller Konfigurationen des Anfangsgitters. Diese werden addiert und ergeben so die in der untersten Zeile stehenden Wahrscheinlichkeiten der vier Block-Spin-Konfigurationen. Man sieht, daß die Block-Spin-Konfigurationen andere Wahrscheinlichkeiten haben als die vier Konfigurationen unmittelbar benachbarter Spins im Anfangsgitter. Das bedeutet, daß im Block-Spin-Gitter eine andere Stärke der Kopplung zwischen benachbarten Spins besteht oder, anders ausgedrückt, daß das Block-Spin-Gitter einem Zustand bei einer anderen Temperatur entspricht als das Anfangsgitter.

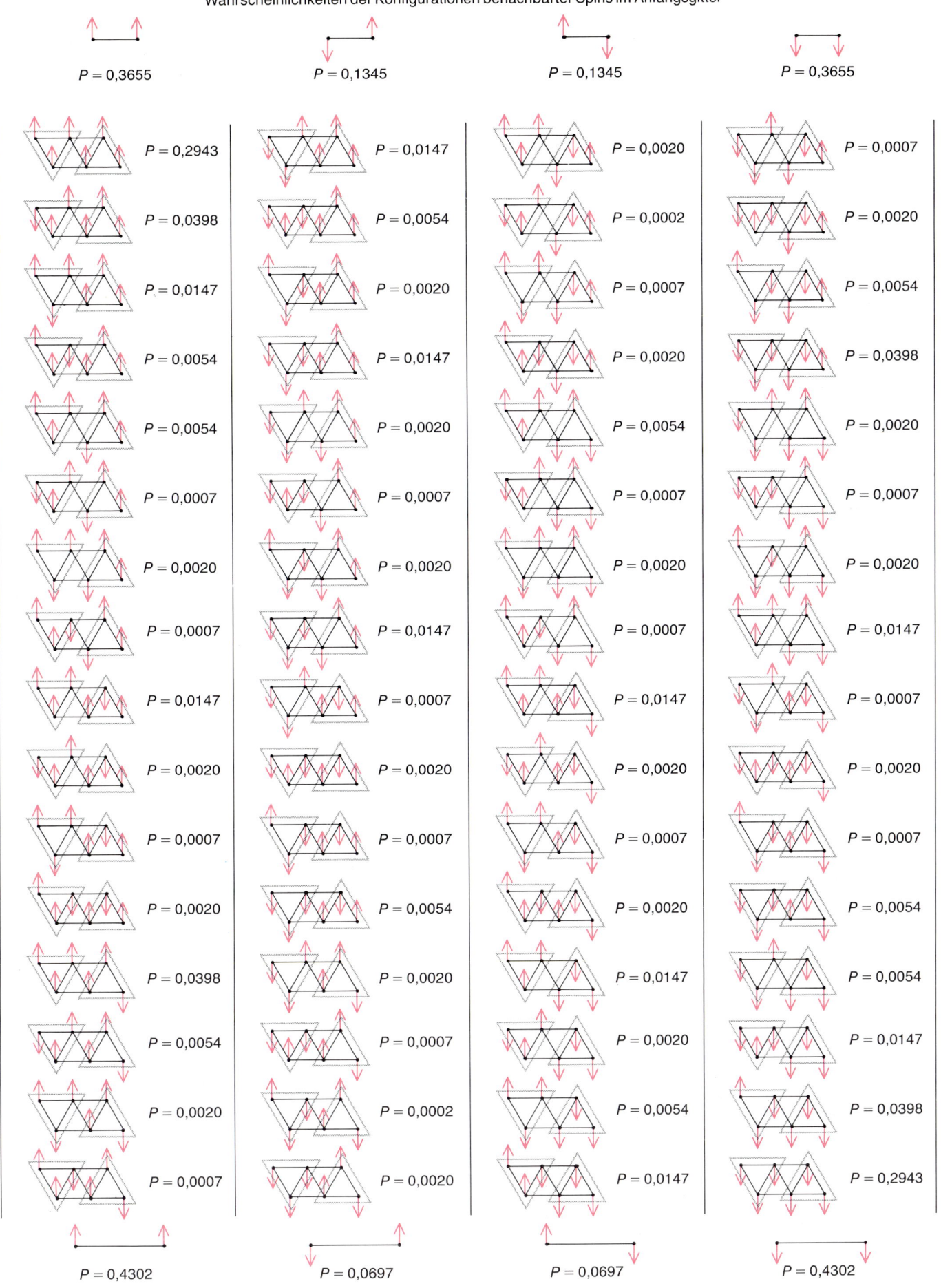

$P = 0,3655$

$P = 0,1345$

$P = 0,1345$

$P = 0,3655$

$P = 0,2943$

$P = 0,0147$

$P = 0,0020$

$P = 0,0007$

$P = 0,0398$

$P = 0,0054$

$P = 0,0002$

$P = 0,0020$

$P = 0,0147$

$P = 0,0020$

$P = 0,0007$

$P = 0,0054$

$P = 0,0054$

$P = 0,0147$

$P = 0,0020$

$P = 0,0398$

$P = 0,0054$

$P = 0,0020$

$P = 0,0054$

$P = 0,0020$

$P = 0,0007$

$P = 0,0007$

$P = 0,0007$

$P = 0,0007$

$P = 0,0020$

$P = 0,0020$

$P = 0,0020$

$P = 0,0020$

$P = 0,0007$

$P = 0,0147$

$P = 0,0007$

$P = 0,0147$

$P = 0,0147$

$P = 0,0007$

$P = 0,0147$

$P = 0,0007$

$P = 0,0020$

$P = 0,0020$

$P = 0,0020$

$P = 0,0020$

$P = 0,0007$

$P = 0,0007$

$P = 0,0007$

$P = 0,0007$

$P = 0,0020$

$P = 0,0054$

$P = 0,0020$

$P = 0,0054$

$P = 0,0398$

$P = 0,0020$

$P = 0,0147$

$P = 0,0054$

$P = 0,0054$

$P = 0,0007$

$P = 0,0020$

$P = 0,0147$

$P = 0,0020$

$P = 0,0002$

$P = 0,0054$

$P = 0,0398$

$P = 0,0007$

$P = 0,0020$

$P = 0,0147$

$P = 0,2943$

$P = 0,4302$

$P = 0,0697$

$P = 0,0697$

$P = 0,4302$

Wahrscheinlichkeiten der Konfigurationen benachbarter Block-Spins

Bild 7: Hier wird die Block-Spin-Transformation viermal nacheinander auf ein Spin-Gitter angewandt, das sich etwas über der Curie-Temperatur T_C (links), etwas darunter (rechts) oder genau bei dieser Temperatur (Mitte) befindet. In jedem Fall besteht das Anfangsgitter aus 236 196 Spins, von denen die oberen Diagramme jeweils nur einen Teil zeigen. Bei jeder Block-Spin-Transformation wird ein Block aus neun Spins durch einen Block-Spin ersetzt. Die zweiten Diagramme von oben sind jeweils Ausschnitte aus Systemen mit 26 244 Block-Spins. Erst die dritten Diagramme von oben zeigen das nach der zweiten Block-Spin-Transformation auf 2916 Block-Spins geschrumpfte System

vollständig. Nach der vierten Block-Spin-Transformation sind nur noch 36 Block-Spins übrig, deren jeder 6561 Spins des Anfangsgitters repräsentiert. Die erste Transformation eliminiert alle Fluktuationen, deren Reichweite kleiner als drei Gittereinheiten ist. Bei der zweiten Transformation verschwinden auch die Fluktuationen mit Reichweiten zwischen drei und 9 Gittereinheiten, nach der dritten Transformation sind nur noch Fluktuationen mit Reichweiten über 27 Gittereinheiten übrig und so weiter. Man sieht, daß sich im linken Bildteil (also oberhalb der Curie-Temperatur) die Verteilung schwarzer und weißer Quadrate mit zunehmender Zahl der Transformationen immer

mehr einer statistischen Verteilung nähert und daß die schließlich übrig bleibenden Fluktuationen klein sind. Die statistische Verteilung der Spin-Orientierungen entspricht der Tatsache, daß das System oberhalb der Curie-Temperatur nicht magnetisch ist. Im rechten Bildteil dagegen wird die Spin-Orientierung immer einheitlicher, das heißt, eine Orientierung überwiegt, das System ist magnetisch. Im mittleren Bildteil ähneln sich die durch Block-Spin-Transformationen auseinander hervorgehenden Diagramme in der Größenverteilung der Fluktuationen. Das zeigt, daß sich das System auf der Temperaturskala an einem Fixpunkt befindet, in diesem Fall der Curie-Temperatur. ▼

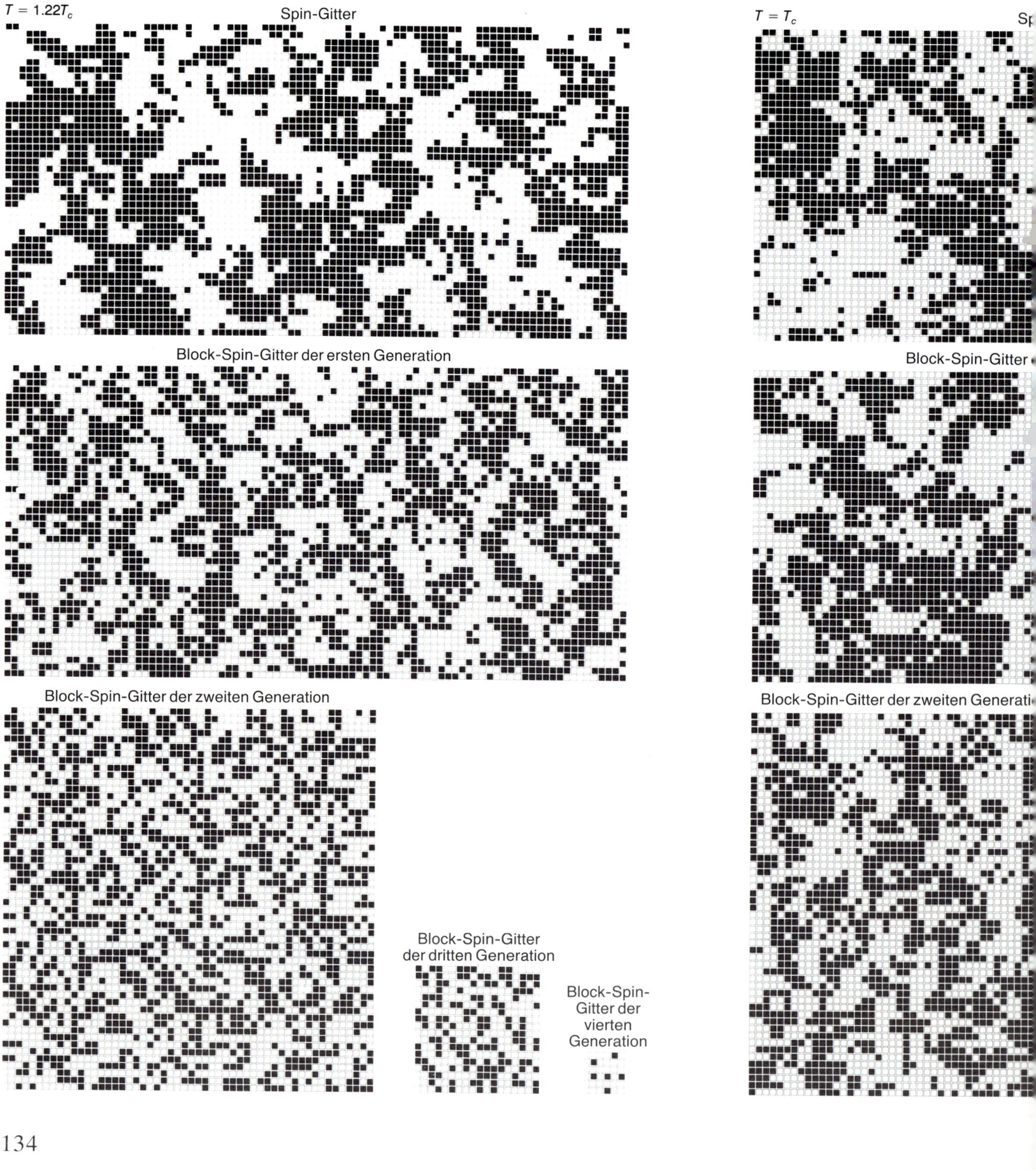

$T = 1.22 T_c$ Spin-Gitter $T = T_c$

Block-Spin-Gitter der ersten Generation   Block-Spin-Gitter

Block-Spin-Gitter der zweiten Generation   Block-Spin-Gitter der zweiten Generati

Block-Spin-Gitter
der dritten Generation

Block-Spin-
Gitter der
vierten
Generation

gen. Das System bleibt nach außen hin unmagnetisiert, ist aber schon gegen kleine Änderungen außerordentlich empfindlich. Wird beispielsweise ein Spin in Aufwärtsrichtung festgehalten, so pflanzt sich diese Störung über das Gitter fort, und das gesamte System wird magnetisiert.

Unterhalb der Curie-Temperatur wird das System sogar ohne eine äußere Störung magnetisch. Man kann die Magnetisierung messen, aber dem Gitter sähe man sie auf den ersten Blick nicht an

(Bild 7), denn weiterhin bestehen Fluktuationen verschiedener Größenordnungen. Erst wenn das System weiter abkühlt und durch die stärkere Kopplung immer mehr Spins in die bevorzugte Richtung zeigen, erkennt man, daß eine bevorzugte Richtung existiert. Beim absoluten Nullpunkt weisen dann alle Spins in diese Richtung.

Dichteschwankungen in Flüssigkeiten, die sich in der Nähe des kritischen Punktes befinden, ähneln den Spin-Fluktuationen im Gitter eines Ferromagneten,

haben aber den Vorteil, daß man sie direkt beobachten kann. Erreicht die Korrelationslänge wenige Tausendstel Millimeter, so beginnen die Fluktuationen Licht zu streuen, und die Flüssigkeit bekommt ein milchiges Aussehen. Man bezeichnet diese Erscheinung als kritische Opaleszenz. Die kritische Opaleszenz verschwindet nicht, wenn sich die Temperatur weiter dem kritischen Punkt nähert und Fluktuationen auftreten, die mehrere Millimeter oder Zentimeter groß sind. Die kleineren Fluktuationen

...ter

...sten Generation

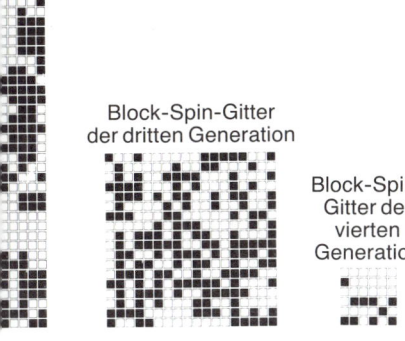

Block-Spin-Gitter der dritten Generation

Block-Spin-Gitter der vierten Generation

$T = .99T_c$

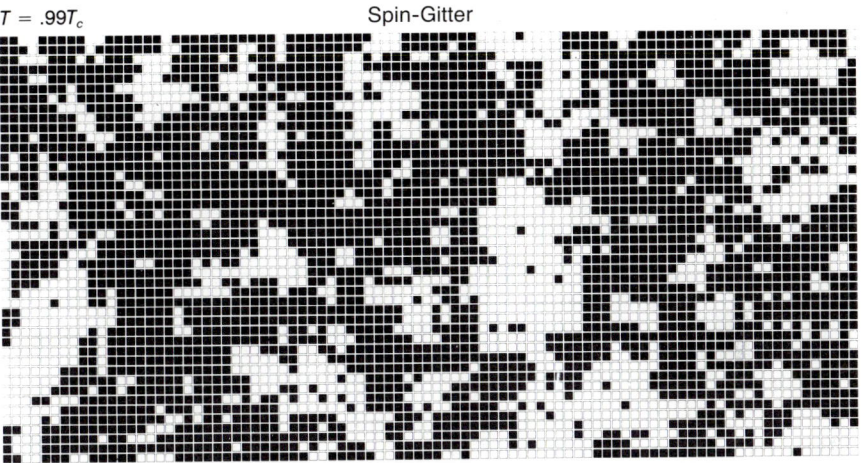

Spin-Gitter

Block-Spin-Gitter der ersten Generation

Block-Spin-Gitter der zweiten Generation

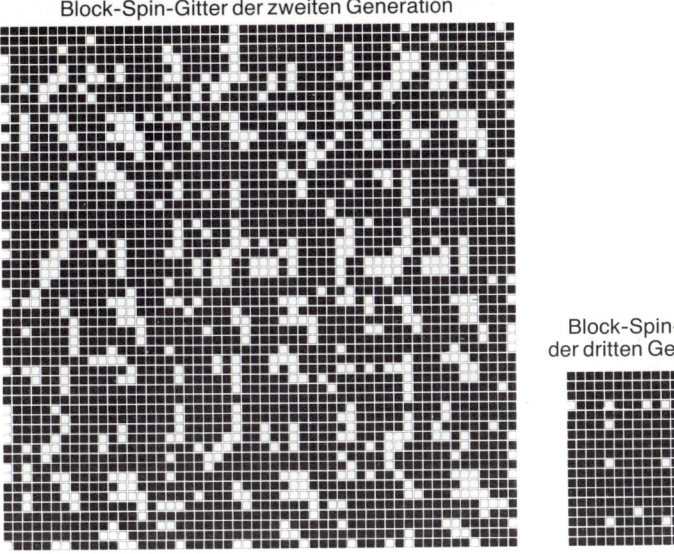

Block-Spin-Gitter der dritten Generation

Block-Spin-Gitter der vierten Generation

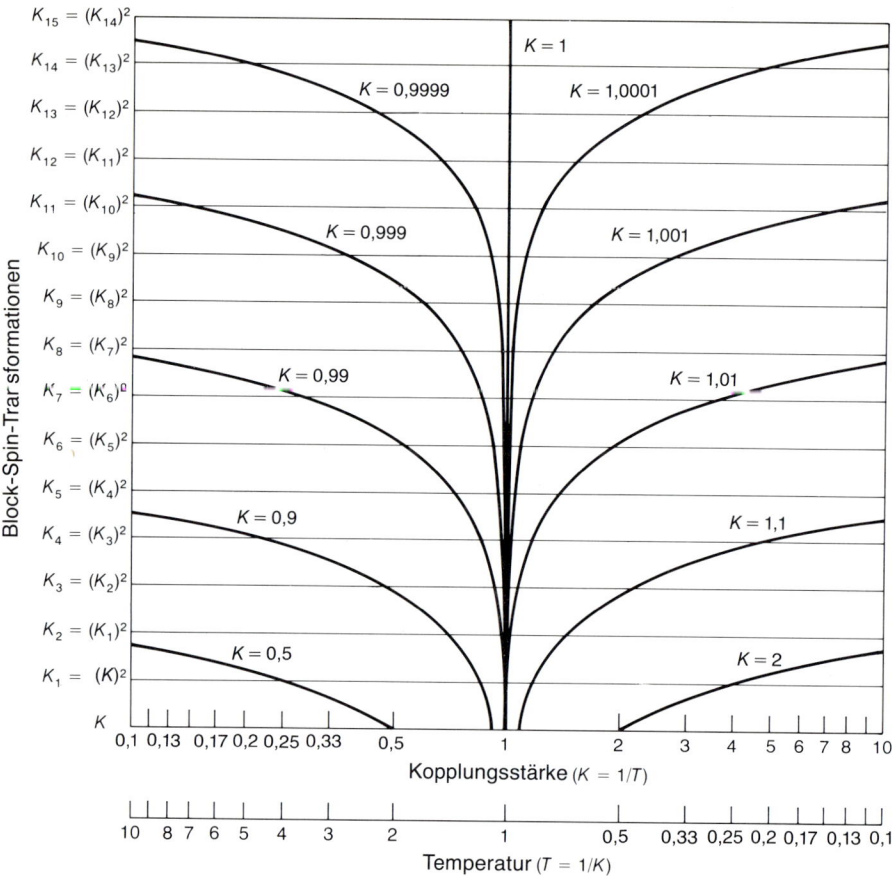

$K_{15} = (K_{14})^2$
$K_{14} = (K_{13})^2$
$K_{13} = (K_{12})^2$
$K_{12} = (K_{11})^2$
$K_{11} = (K_{10})^2$
$K_{10} = (K_9)^2$
$K_9 = (K_8)^2$
$K_8 = (K_7)^2$
$K_7 = (K_6)^2$
$K_6 = (K_5)^2$
$K_5 = (K_4)^2$
$K_4 = (K_3)^2$
$K_3 = (K_2)^2$
$K_2 = (K_1)^2$
$K_1 = (K)^2$
K

Block-Spin-Transformationen

$K = 1$
$K = 0,9999$ $K = 1,0001$
$K = 0,999$ $K = 1,001$
$K = 0,99$ $K = 1,01$
$K = 0,9$ $K = 1,1$
$K = 0,5$ $K = 2$

0,1 0,13 0,17 0,2 0,25 0,33   0,5   1   2   3   4   5 6 7 8 10

Kopplungsstärke ($K = 1/T$)

10   8 7 6   5   4   3   2   1   0,5   0,33 0,25 0,2 0,17 0,13 0,1

Temperatur ($T = 1/K$)

Bild 8: Bei einer Block-Spin-Transformation ändert sich die Kopplungsstärke zwischen den Spins. Die Art der Änderung kann verschieden sein. Wir betrachten hier das einfache Beispiel, daß die Kopplungsstärke K_1 des transformierten Gitters gleich dem Quadrat der ursprünglichen Kopplungsstärke K ist, also $K_1 = K^2$. Ist K größer als 1, so wird die Kopplungsstärke mit jeder Transformation größer und schließlich unendlich. Umgekehrt nähern sich die Kopplungsstärken dem Wert Null, wenn der anfängliche Wert K kleiner als 1 ist. Ist $K = 1$, so bleibt dieser Wert bei allen Transformationen erhalten, und das System befindet sich auf der Temperaturskala an einem Fixpunkt (bei der Curie-Temperatur). Da die Kopplungsstärke bei Wahl geeigneter Einheiten gleich dem Kehrwert der Temperatur ist, entspricht jedes Block-Spin-Gitter einem Zustand des ursprünglichen Systems bei anderer Temperatur. Lediglich mit $K = 1$ bleiben alle Block-Spin-Gitter bei derselben Temperatur wie das Anfangsgitter: bei der Curie-Temperatur.

bestehen also weiter. Auch bei Ferromagneten gibt es eine kritische Opaleszenz, doch macht sie sich nicht im sichtbaren Licht bemerkbar. Man erkennt sie, wenn man den Ferromagneten mit Neutronen durchstrahlt.

Das Ising-Modell

Das Modell des Spin-Gitters, das ich hier beschrieben habe, wurde in den zwanziger Jahren von den deutschen Physikern Wilhelm Lenz und Ernst Ising entwickelt. Man bezeichnet es heute als Ising-Modell. Seine Eigenschaften sind in allen Einzelheiten bekannt, denn 1944 gelang es Lars Onsager in Amerika, das Modell zu „lösen".

Was versteht man unter der „Lösung" des Modells eines physikalischen Systems? Die mikroskopischen Eigenschaften des Ising-Modells wurden bei seiner Konstruktion festgelegt. Die „Lösung" des Modells bestand darin, Gleichungen zu entwickeln, mit denen sich die makroskopischen Eigenschaften des Systems aus seinen mikroskopischen Eigenschaften berechnen lassen.

Wir wollen im folgenden die Renormierungsgruppe benutzen, um das Ising-Modell eines Ferromagneten zu lösen, und wollen dabei zunächst so vorgehen, als gäbe es Onsagers Lösung noch nicht, werden unsere Resultate dann aber mit Onsagers Lösung vergleichen.

Es ist nicht besonders schwierig, die makroskopischen Eigenschaften zu berechnen, die sich aus *einer* Konfiguration der Spins im Ising-Modell ergeben. Beispielsweise erhält man die Magnetisierung, wenn man die Differenz aus den Anzahlen der nach oben und nach unten gerichteten Spins bildet (Bild 2). Die makroskopischen Eigenschaften eines Ferromagneten werden aber nicht nur durch *eine* Spin-Konfiguration bestimmt, sondern *alle* denkbaren Konfigurationen tragen zu den Eigenschaften bei, und zwar im Verhältnis der Wahrscheinlichkeiten ihres Auftretens unter den jeweils gegebenen Bedingungen. Es sollte also möglich sein, die Magnetisierung eines Ferromagneten zu berechnen, indem man sie zunächst für jede denkbare Spin-Konfiguration ermittelt, die erhaltenen Werte mit den Wahrscheinlichkeiten des Auftretens der Konfigurationen multipliziert und die Produkte addiert. Voraussetzung dafür ist, daß man die Wahrscheinlichkeiten aller denkbaren Spin-Konfigurationen kennt.

Bezeichnet man die Wahrscheinlichkeit, daß zwei benachbarte Spins parallel stehen, mit p, so muß die Wahrscheinlichkeit, daß sie antiparallel stehen, $1-p$ sein. Mit diesen Werten läßt sich die relative Wahrscheinlichkeit jeder Spin-Konfiguration im zweidimensionalen Gitter berechnen. Man braucht nur die Wahrscheinlichkeiten der einzelnen Paa-

re benachbarter Spins miteinander zu multiplizieren und dabei für parallele Spins den Faktor p, für antiparallele Spins den Faktor $(1-p)$ zu verwenden.

Betrachten wir ein System, das nur aus vier an den Ecken eines Quadrates angeordneten Spins besteht (Bild 2). Sind alle vier Spins nach oben gerichtet, so ergibt sich die relative Wahrscheinlichkeit für diese Konfiguration zu

$$p \times p \times p \times p.$$

Stehen drei Spins nach oben und einer nach unten, so ist die relative Wahrscheinlichkeit

$$p \times p \times p \times (1-p).$$

Diese Rechnung muß für jede Spin-Konfiguration ausgeführt werden, das heißt bei einem System von vier Spins für sechzehn Konfigurationen. Die Summe der sechzehn relativen Wahrscheinlichkeiten ist nicht unbedingt Eins, da wir p unabhängig von der Zahl der Konfigurationen eingeführt haben. Man kann die relativen Wahrscheinlichkeiten so umrechnen (normieren), daß ihre Summe Eins wird, und erhält damit die absoluten Wahrscheinlichkeiten für die sechzehn Konfigurationen.

Praktisch läßt sich das Ising-Modell auf diese Weise allerdings nicht lösen, denn die Anzahl der denkbaren Spin-Konfigurationen ist riesig. Besteht ein System aus n Spins, deren jeder zwei Werte annehmen (das heißt nach oben oder nach unten weisen) kann, so gibt es 2^n mögliche Konfigurationen. Der Wert von 2^n wächst mit zunehmendem n sehr rasch an (Bild 4). Vier Spins ergeben $2^4 = 16$ Konfigurationen, bei neun Spins hat man $2^9 = 512$ Konfigurationen, und sechzehn Spins können in $2^{16} = 65536$ Kombinationen auftreten. Schon bei einem Block von 36 Spins, für den es näherungsweise 7×10^{10} Konfigurationen gibt, stieße der Rechenaufwand, den das skizzierte Lösungsverfahren verlangt, an die Grenzen des Möglichen.

Wie groß müßte das Gitter sein, um die Eigenschaften des zweidimensionalen Ising-Modells bei einer kritischen Temperatur zu berechnen? Es müßte mindestens so groß sein wie die größte Fluktuation, die bei dieser Temperatur auftreten kann. Nimmt man an, daß die Korrelationslänge eines Ferromagneten in der Nähe des Curie-Punktes hundertmal so groß ist wie der Abstand zwischen zwei Gitterpunkten, so würde sich die größte Fluktuation über $100^2 = 10\,000$ Gitterpunkte erstrecken. In einem Block dieser Größe gibt es $2^{10\,000}$ mögliche Spin-Konfigurationen. Das sind mehr als 10^{3000}. Selbst der größte und schnellste Computer, den man sich vorstellen kann, wäre damit überfordert: Hätte er seit der Entstehung des Universums ununterbrochen gerechnet, so stünde er heute immer noch am Anfang seiner Aufgabe.

In zwei Fällen läßt sich das Ising-Modell auf die beschriebene Weise lösen, ohne daß man eine nahezu unbegrenzte Zahl von Spin-Konfigurationen bewerten muß: beim absoluten Nullpunkt der Temperatur und bei der Temperatur Unendlich. Beim absoluten Nullpunkt treten nur zwei Konfigurationen auf, denn die Spins sind vollständig gekoppelt, und die Wahrscheinlichkeit, daß benachbarte Spins entgegengesetzt gerichtet sind, ist Null. Konfigurationen, in denen antiparallele Spins vorkommen, sind ausgeschlossen, das heißt, es gibt nur die

beiden Konfigurationen mit parallelen Spins: alle Spins weisen entweder nach oben oder nach unten.

Bei unendlicher Temperatur ist die Stärke der Kopplung praktisch Null. Jeder Spin ist von seinen Nachbarn unabhängig und kann seine Richtung zu jedem Zeitpunkt beliebig ändern. Jede denkbare Konfiguration ist also gleich wahrscheinlich.

Am absoluten Nullpunkt und bei der Temperatur Unendlich kann man die makroskopischen Eigenschaften des Ising-Modells ohne Schwierigkeiten berechnen. Außerdem gibt es Näherungsmethoden für Temperaturen, die in der Nähe des absoluten Nullpunktes liegen oder so hoch sind, daß man sie als so gut wie unendlich bezeichnen kann. Für den in der Praxis wichtigen Bereich zwischen diesen Extremen gab es bis vor kurzem keine praktikable Methode zur direkten Berechnung der Eigenschaften eines Spin-Systems. Die Anwendung der Renormierungsgruppe hat diese Situation geändert.

Die Block-Spin-Transformation

Die Methode der Renormierungsgruppe unterscheidet sich von herkömmlichen Methoden im wesentlichen darin, daß sie ein umfangreiches Problem in eine Folge überschaubarer Probleme zerlegt. Um das Verfahren zu illustrieren, beschreibe ich hier die Block-Spin-Technik. Leo P. Kadanoff an der Universität Chicago hat sie ersonnen, und Th. Niemeijer und J. M. J. van Leeuwen an der

Technischen Universität Delft haben sie zu einer praktisch brauchbaren Methode entwickelt.

Die Block-Spin-Technik besteht darin, das Gitter in drei Schritten, die mehrmals wiederholt werden (Bild 5), in eine andere Form zu transformieren. Im ersten Schritt zerlegt man das Spin-Gitter in Blöcke, die nur wenige Spins enthalten, beispielsweise in quadratische Blöcke mit $3 \times 3 = 9$ Spins. Im zweiten Schritt bildet man den Mittelwert aller Spins eines Blocks und ersetzt den gesamten Block durch einen Spin (den Block-Spin), der dem Mittelwert entspricht. Den Mittelwert kann man beispielsweise nach dem Mehrheitsprinzip bilden: Zeigen fünf oder mehr Spins eines Blocks nach oben, so weist der neue Spin ebenfalls nach oben, anderenfalls nach unten. Man erhält auf diese Weise ein neues Gitter, in dem der Abstand zwischen zwei Gitterpunkten dreimal so groß ist wie im ursprünglichen Gitter. Im dritten Schritt vergrößert man den Maßstab um den Faktor 3 und erhält so wieder den alten Abstand zwischen zwei Gitterpunkten.

Zusammen bilden diese drei Schritte eine Block-Spin-Transformation. Sie eliminieren alle Spin-Fluktuationen, die kleiner sind als die gewählte Blockgröße. In unserem Beispiel sind das alle Spin-Fluktuationen, deren Reichweite kleiner ist als der dreifache Abstand zwischen zwei Gitterpunkten.

Hat man für jede Spin-Konfiguration des ursprünglichen Gitters eine Block-Spin-Transformation ausgeführt, so muß

Bild 9: Die durch Block-Spin-Transformationen hervorgerufenen Änderungen der Kopplungsstärken lassen sich als Kurven (farbige Linien) auf einer sattelförmigen Fläche darstellen, die sich ergibt, wenn man alle denkbaren Zustände eines zweidimensionalen Spin-Systems im Parameterraum darstellt: Man faßt die Größen, von denen die Eigenschaften des Systems abhängen, als Koordinaten eines hypothetischen Raumes auf und beschreibt jeden Zustand durch diese Größen als einen Punkt im Raum. Alle Punkte zusammen ergeben die (graue) Parameterfläche. Ein Punkt, der einem Spin-Gitter mit einer bestimmten Kopplungsstärke entspricht, verschiebt sich bei Block-Spin-Transformationen längs einer Kurve, deren Verlauf durch die Lage des Anfangspunktes und die Gestalt der Fläche vollständig bestimmt ist. Man erhielte die gleiche Bahn, wenn man eine Murmel über die Fläche rollen ließe. Für ein System bei der Curie-Temperatur, also mit der Kopplungsstärke 1, bleibt die Kopplungsstärke unverändert. Ihm entspricht die Kurve, die auf der Gratlinie durch den Sattelpunkt der Fläche läuft. Unterscheidet sich die Kopplungsstärke K des Anfangsgitters nur wenig von 1, so nähern sich die Kurven zwar dem Sattelpunkt, erreichen ihn aber nicht und streben schließlich zu K_n gleich Null oder Unendlich. Die Gestalt der Fläche in der Umgebung des Sattelpunktes legt fest, wie sich das System in der Nähe der Curie-Temperatur verhält.

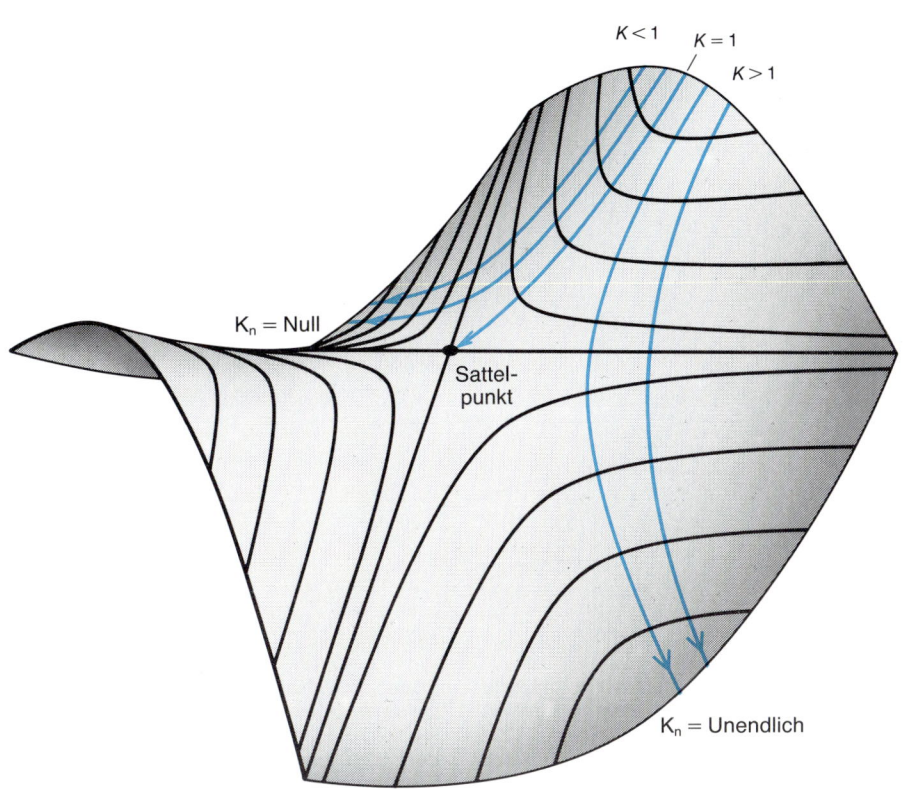

man die Wahrscheinlichkeiten der neuen Konfigurationen bestimmen. Wir wollen einen kleinen Bereich des ursprünglichen Gitters betrachten, der aus 36 Spins besteht. Hier gibt es 2^{36} oder etwa siebzig Millionen Spin-Konfigurationen. Zerlegt man den Block aus 36 Spins in vier Blöcke mit je neun Spins, so erhält man nach der Block-Spin-Transformation vier Block-Spins, für die insgesamt nur noch 16 Konfigurationen möglich sind. Nun könnte man die Wahrscheinlichkeiten dieser 16 Konfigurationen ermitteln, indem man die Wahrscheinlichkeiten der 2^{36} Konfigurationen der 36 ursprünglichen Spins bestimmt. Das läge rechnerisch zwar im Bereich des Möglichen, würde aber bedeuten, daß uns die Block-Spin-Transformation gar keinen Vorteil bringt.

Es gibt jedoch noch eine andere Möglichkeit. Sie besteht darin, das Gitter der Block-Spins wie ein eigenständiges Spin-Gitter, das heißt ebenso wie das ursprüngliche Spin-System zu behandeln: Man macht die Annahme, daß auch zwischen benachbarten Block-Spins Kopplungen bestehen, die von der Temperatur abhängen und die Wahrscheinlichkeiten der einzelnen Spin-Konfigurationen bestimmen. Möglicherweise unterscheiden sich diese Kopplungen nicht einmal von denen des ursprünglichen Spin-Systems und sind gleichfalls durch den Kehrwert der Temperatur gegeben? Diese Vermutung trifft nicht zu. Sie läßt sich prüfen, indem man die Wahrscheinlichkeiten der Spin-Konfigurationen in einem kleinen Ausschnitt des ursprünglichen Gitters und daraus die Wahrscheinlichkeiten der entsprechenden Block-Spin-Konfigurationen errechnet (Bild 6). Der erhaltene Wert stimmt nicht mit dem überein, der sich ergibt, wenn man für die Block-Spins die gleiche Kopplung annimmt wie für die Spins des ursprünglichen Gitters.

Die Kopplungen zwischen den Block-Spins unterscheiden sich nicht nur in der Stärke, sondern unter Umständen auch in der Reichweite. Block-Spins an diagonal gegenüberliegenden Gitterpunkten können einander beeinflussen. Kopplungen über größere Entfernungen sind möglich, und es kann vorkommen, daß mehr als zwei Block-Spins miteinander gekoppelt sind. In jedem Fall müssen alle diese Kopplungen zusammengenommen eine Bedingung erfüllen: Sie müssen für die einzelnen Block-Spin-Konfigurationen Wahrscheinlichkeiten liefern, aus denen sich für die makroskopischen Eigenschaften diejenigen Werte errechnen lassen, die experimentell beobachtet werden.

Ist man in der Lage, die Kopplungen zwischen den Block-Spins zu beschreiben, so kann man auf das Block-Spin-Gitter erneut die Schritte der Block-Spin-Transformation anwenden und erhält so eine zweite Generation von Block-Spins. Es zeigt sich, daß die Kopplungen zwischen den Block-Spins der zweiten Generation wieder von anderer Art sind. Hat man sie ermittelt, so kann man zur dritten Generation der Block-Spins fortschreiten und so fort, das heißt, man kann die Transformation beliebig oft wiederholen.

Mit jeder Transformation erhält man ein neues Block-Spin-Gitter, das größere Fluktuationen des ursprünglichen Spin-Systems beschreibt (Bild 7). Die erste Transformation eliminiert die Fluktuationen der kleinsten Größenordnung und läßt die etwas größeren deutlicher sichtbar werden. Nach der zweiten Transformation repräsentiert jeder Block-Spin 81 Spins des ursprünglichen Gitters (wenn bei jeder Transformation neun Spins zu einem Block-Spin zusammengefaßt werden), und alle Fluktuationen, die kleiner als neun Abstände zwischen den Punkten des ursprünglichen Gitters sind, fallen weg. Bei der nächsten Transformation verschwinden Fluktuationen, deren Ausdehnung zwischen neun und 27 Einheiten des ursprünglichen Gitters liegt, und bei der vierten werden auch die Fluktuationen zwischen 27 und 81 Einheiten eliminiert. Man kann auf diese Weise ein Stadium erreichen, in dem keine Fluktuationen mehr vorkommen, deren Ausdehnung kleiner ist als die Korrelationslänge des ursprünglichen Gitters. In diesem Stadium zeigt das Block-Spin-Gitter nur noch die Eigenschaften des ursprünglichen Gitters, die eine große Reichweite haben.

Bild 7 läßt den Nutzen der Block-Spin-Technik am Beispiel des Spin-Gitters eines Ferromagneten erkennen. Betrachtet man eine Spin-Konfiguration des Gitters knapp unterhalb der Curie-

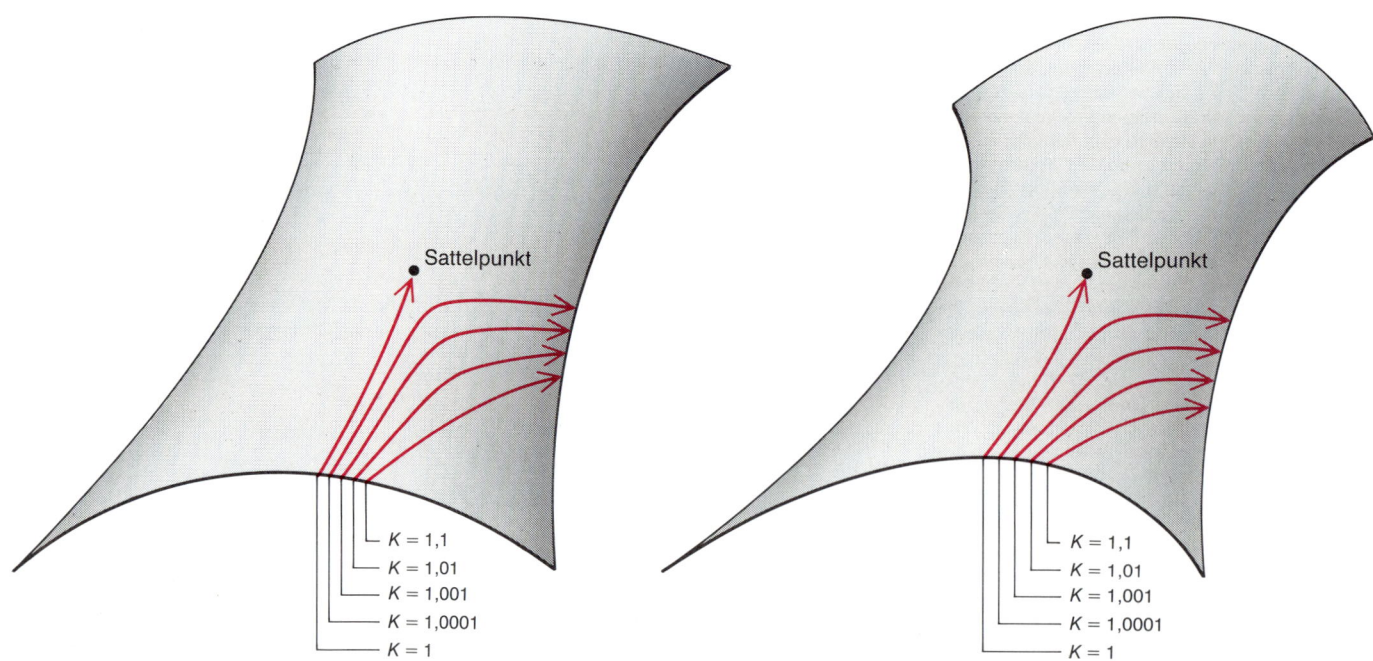

Bild 10: Wie sich die Neigung der in Bild 9 vorgestellten Fläche in der Nachbarschaft des Sattelpunktes auf den Verlauf der Kurven auswirkt, die die Veränderungen bei Block-Spin-Transformationen beschreiben, zeigen diese beiden Beispiele. Die linke Fläche ist vergleichsweise flach, so daß die Kurven für Systeme mit anfänglichen Kopplungsstärken K nahe dem Wert 1 näher an den Sattelpunkt herankommen als bei der stärker geneigten rechten **Fläche. Da die Temperatur der Kehrwert von K ist, läßt sich aus den Neigungen der Flächen in der Nähe des Sattelpunktes ableiten, welche Eigenschaften die entsprechenden Systeme im Bereich der kritischen Temperatur besitzen.**

Bild 11: Für das Verhalten eines Ferromagneten sind drei Größen kennzeichnend: die Magnetisierung M, die Suszeptibilität χ und die Korrelationslänge ξ seines Spin-Systems, die angibt, bis zu welcher Entfernung Spins einander beeinflussen können. Alle drei Größen sind proportional zu einer Potenz des Betrages $|t|$ der reduzierten Temperatur. Die reduzierte Temperatur erhält man, wenn man die Differenz zwischen Temperatur und Curie-Temperatur durch die Curie-Temperatur dividiert: $t = (T\text{-}T_c)/T_c$. Diese Proportionalität wurde schon in älteren Theorien über das Verhalten von Spin-Systemen im kritischen Zustand abgeleitet (linke Bildhälfte), doch sagten diese Theorien für die kritischen Exponenten β, γ und ν, durch die M, χ und ξ mit $|t|$ verknüpft sind, Werte voraus, die nicht unter allen Umständen zutreffen: Die Magnetisierung wird in Wirklichkeit nicht so groß, während die Suszeptibilität und die Korrelationslänge in der Nachbarschaft des kritischen Punktes (also in der Nähe von $t = 0$) größere Werte haben. 1944 gelang Lars Onsager die exakte Lösung des zweidimensionalen Ising-Modells. Die Kurven, die sich mit den dabei ermittelten kritischen Exponenten für M, χ und ξ ergeben, sind in der rechten Hälfte des Bildes dargestellt. Sie lassen sich auch aus der Neigung der in den Bildern 9 und 10 gezeigten Parameterflächen in der Nähe des Sattelpunktes ableiten.

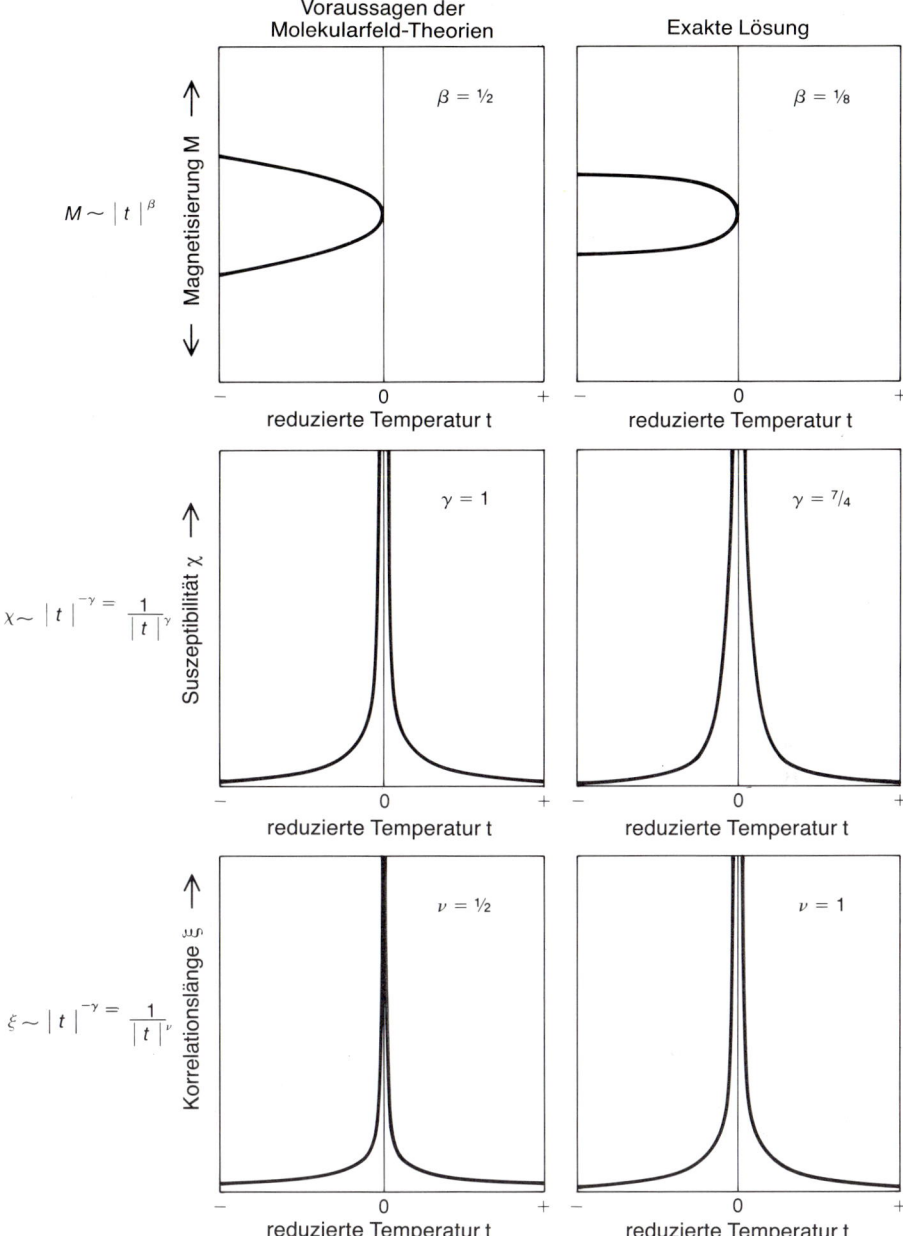

Temperatur (rechtes Drittel des Bildes), so wird man auf den ersten Blick kaum feststellen können, daß das Modell magnetisiert ist, denn es weisen nahezu gleich viele Spins nach oben und nach unten, und die vielen kleinen Fluktuationen machen das Bild unübersichtlich. Wendet man vier Block-Spin-Transformationen an, so verschwinden die kleinen Fluktuationen, und die Magnetisierung wird sichtbar.

Die physikalische Bedeutung der Block-Spin-Transformation ergibt sich unter anderem aus der Art, in der sich die Kopplungen zwischen den Spins ändern. Oft sind die Regeln, nach denen man die neuen Kopplungen aus den alten ableitet, sehr kompliziert. Wir wollen die Änderungen der Kopplungen an einem einfachen Modell veranschaulichen, das allerdings keinem realen physikalischen System entspricht. In diesem Modell sollen Kopplungen immer nur zwischen unmittelbar benachbarten Spins auftreten, so daß sich nur die Stärke der Kopplung ändern kann. Für die Stärke der Kopplung hatten wir das Symbol K eingeführt. Da K gleich dem Kehrwert der Temperatur T ist ($K = 1/T$), entspricht eine Änderung von K einer Änderung der Temperatur. In unserem Modell soll weiterhin die Stärke der Kopplung zwischen Block-Spins gleich dem Quadrat der Kopplungsstärke in dem Gitter sein, aus dem das Block-Spin-Gitter hervorgegangen ist. Bezeichnet man die Stärke der Kopplung zwischen der ersten Generation von Block-Spins mit K_1, so gilt demnach: $K_1 = K^2$. Wir nehmen nun an, daß K den Wert 1/2 hat.

Das bedeutet, daß sich das ursprüngliche Spin-Gitter bei einer Temperatur befindet, die (in willkürlich festgelegten Einheiten) den Wert 2 hat. In dem Gitter, das durch die erste Block-Spin-Transformation entsteht, ist dann $K_1 = (1/2)^2 = 1/4$ (Bild 8). Für die nächsten Transformationen erhält man die Kopplungsstärken $K_2 = 1/16$, $K_3 = 1/256$ und so weiter. Diese Folge konvergiert rasch gegen Null, das heißt, mit jeder Transformation wird die Kopplung des Spins schwächer. Da K gleich $1/T$ ist, entsprechen die abfallenden Kopplungsstärken zunehmenden Temperaturen, bis bei der Temperatur Unendlich ($K = 0$) alle Spins unabhängig sind.

Nimmt man andererseits an, daß K im ursprünglichen Spin-System den Wert 2 hat, was der Anfangstemperatur 1/2 entspricht, so wächst die Kopplungsstärke mit jeder Transformation an (Bild 8). Sie

beträgt nach der ersten Transformation 4, dann 16, dann 156 und wird schließlich Unendlich. Diese Folge entspricht sinkenden Temperaturen, das heißt, das System nähert sich dem Zustand, in dem alle Spins in die gleiche Richtung weisen.

Wenn wir hier von zunehmenden und abfallenden Temperaturen sprechen, so bedeutet das natürlich nicht, daß sich das Spin-System (der Ferromagnet) erhitzt oder abkühlt. Vielmehr entsteht bei jeder Transformation ein neues Spin-Gitter, das sich so verhält, wie sich das ursprüngliche System bei einer anderen Temperatur verhalten würde.

Es gibt drei Werte von K (Null, Eins, Unendlich), für die sich in unserem Modell die Kopplungsstärke bei den Transformationen nicht ändert. Man sagt in solchen Fällen, das System befinde sich an einem Fixpunkt. Zwei dieser Fixpunkte ($K = 0$ und $K = $ Unendlich) gelten als trivial. Der Fixpunkt mit $K = 1$ ist dagegen wichtig: Er entspricht dem kritischen Punkt.

Die Fläche im Parameterraum

Bei unserer Diskussion der Block-Spin-Technik haben wir unterstellt, daß sich bei den Transformationen nur die Kopplungsstärke K zwischen benachbarten Spins ändert. Tatsächlich ändern sich gleichzeitig weitere Parameter, was sich durch Flächen in mehrdimensionalen Räumen darstellen läßt: Man ordnet jedem Parameter eine Koordinatenachse zu und stellt die jeweilige Größe des Parameters als Strecke auf dieser Achse dar. Jedes Spin-System und jedes daraus hervorgehende Block-Spin-System entspricht dann einem Punkt in diesem Parameterraum, und die Gesamtheit der Punkte ergibt eine Parameterfläche.

Beschränken wir unsere Betrachtung jetzt wieder auf das zweidimensionale Ising-System, in dem sich nur die Kopplungsstärke ändert, so liegen alle Punkte, die diesem System entsprechen, im Parameterraum auf der im Bild 9 gezeigten Fläche mit zwei Erhebungen (rechts und links), zwei Tälern (vorn und hinten) und einem Sattelpunkt in der Mitte. Die Veränderungen, die ein Spin-Gitter bei mehreren Block-Spin-Transformationen erfährt, stellen sich als Kurve auf dieser Fläche dar. Der Verlauf einer Kurve hängt vom Anfangswert der Kopplungsstärke ab. Ist dieser kleiner als Eins, so läuft die Kurve in das Tal, in dem der Fixpunkt Null liegt. Ist der Anfangswert von K größer als Eins, so endet die Kurve im anderen Tal, das dem Fixpunkt Unendlich entspricht. Nur wenn $K = 1$ ist, bewegt sich das System auf dem Grat, der die beiden Erhebungen verbindet und durch den Sattelpunkt geht. Der Sattelpunkt selbst entspricht dem kritischen Punkt.

Uns interessiert vor allem das Verhalten eines Spin-Systems in der Nähe des kritischen Punktes, also dann, wenn die durch Block-Spin-Transformationen bewirkten Veränderungen durch Kurven wiedergegeben werden, die in der Nähe des Sattelpunktes verlaufen. Wählt man für die Kopplungsstärke beispielsweise den Anfangswert $K = 0,9999$, so hat man nach wenigen Transformationen einen nur wenig veränderten Wert (Bild 8), da sich K, $K_1 = K^2$, $K_2 = K_1^2$, $K_3 = K_2^2$ und so weiter nur geringfügig unterscheiden. Entsprechendes gilt für den Anfangswert $K = 1,0001$. Man kann nun untersuchen, wie sich die Bahnen ändern, wenn die Kopplungsstärke zunehmend vom kritischen Wert ($K = 1$) abweicht. Ist die Fläche in der Nähe des Sattelpunktes flach, so liegen die Kurven für Kopplungsstärken, die nur wenig von

Eins abweichen, näher am Sattelpunkt als bei Flächen, die in der Umgebung des Sattelpunktes stärker geneigt sind (Bild 10). Kennt man also die Gestalt der Fläche, so kann man berechnen, wie sich das System verhält, wenn sich die Anfangswerte der Temperatur und der Kopplungsstärke ändern. Das ist genau die Information, die man braucht, um die Erscheinungen zu verstehen, die man am kritischen Punkt beobachtet.

Die makroskopischen Eigenschaften eines Spin-Systems − oder allgemeiner eines thermodynamischen Systems − hängen davon ab, wie stark die Temperatur vom kritischen Wert abweicht. Man führt daher eine neue Größe ein, die man als reduzierte Temperatur t bezeichnet und die definiert ist als Differenz zwischen der Temperatur T und der kritischen Temperatur T_{krit}, dividiert durch die kritische Temperatur:

$$t = (T - T_{krit})/T_{krit}.$$

Man sieht aus dieser Gleichung sofort, daß die reduzierte Temperatur am kritischen Punkt den Wert Null hat. Der Nutzen der reduzierten Temperatur besteht unter anderem darin, daß alle Eigenschaften eines Systems, das sich im kritischen Zustand befindet, einer Potenz des absoluten Betrages der reduzierten Temperatur (den man durch das Symbol $|t|$ beschreibt) proportional sind. Beispielsweise gilt für die Magnetisierung M eines Ferromagneten bei der Curie-Temperatur

$$M \sim |t|^\beta,$$

für die magnetische Suszeptibilität χ (die angibt, wie sich die Magnetisierung in einem äußeren Magnetfeld ändert)

$$\chi \sim 1/|t|^\gamma$$

und für die Korrelationslänge ξ (das heißt für die maximale Reichweite der Kopplung in einem Spin-System)

$$\xi \sim 1/|t|^\nu.$$

Die ersten Versuche, das Verhalten von Systemen an einem kritischen Punkt zu beschreiben, ergaben Theorien, die man heute als Molekularfeld-Theorie bezeichnen würde. Sie machten die Annahme, daß man den Zustand eines einzelnen Teilchens in einem System aus den makroskopischen Eigenschaften des Systems ableiten könne. Man stellte sich vor, daß zu der Kraft, die an einem Gitterpunkt wirkt, alle Teilchen des Gitters beiträgen, oder, anders ausgedrückt, daß die Teilchen über beliebig große Entfernungen aufeinander einwirken können. Die Molekularfeld-Theorien sind qua-

litativ nützlich, aber ihre quantitativen Voraussagen stimmen nicht unter allen Umständen. Beispielsweise folgen aus einer solchen Theorie für die Exponenten β, γ und ν in den drei angeführten Gleichungen die Werte 1/2, 1 und 1/2, während sie nach Onsagers genauer Lösung des Ising-Modells $\beta = 1/8$, $\gamma = 7/4$ und $\nu = 1$ betragen (Bild 11).

Der Grund für die Ungenauigkeit der Molekularfeld-Theorien ist leicht einzusehen: Die Annahme, die Teilchen eines Systems könnten über beliebig große Entfernungen aufeinander einwirken, ist nicht einmal näherungsweise richtig. Unmittelbar benachbarte Teilchen sind bei weitem wichtiger als alle anderen. Die Renormierungsgruppen-Methode berücksichtigt diese Tatsache. Berechnet man mit ihrer Hilfe die kritischen Exponenten β, γ und ν aus der Gestalt der Parameterfläche in der Nähe des Sattelpunktes, so erhält man Ergebnisse, die mit den von Onsager errechneten auf etwa 0,2 Prozent genau übereinstimmen.

Universalität des kritischen Punktes

Für das zweidimensionale Ising-Modell gibt es Onsagers genaue Lösung. Dagegen ist für ein dreidimensionales Spin-Gitter keine exakte Lösung bekannt. Man kann die kritischen Exponenten für ein solches Gitter jedoch näherungsweise berechnen: Man bestimmt die Eigenschaften des Systems bei hohen Temperaturen mit großer Genauigkeit und schließt daraus, wie sich die Eigenschaften ändern, wenn sich die Temperatur dem kritischen Punkt nähert. So erhält man die Werte $\beta = 0,33$, $\gamma = 1,25$ und $\nu = 0,63$. Die kritischen Exponenten im dreidimensionalen Ising-Modell sind also andere als im zweidimensionalen Modell, was bedeutet, daß die Zahl der Dimensionen die Eigenschaften des Systems beeinflußt. Umso bemerkenswerter ist es, daß sie nicht von der geometrischen Struktur des Gitters abhängen. Auch beim zweidimensionalen Ising-Modell ist es gleichgültig, ob das Gitter rechtwinklig oder dreieckig ist. In die Praxis übertragen heißt das: Ferromagnete mit verschiedenen Kristallstrukturen zeigen bei der kritischen Temperatur das gleiche Verhalten.

Neben der Gitterstruktur gibt es andere mikroskopische Eigenschaften, die für die kritischen Exponenten ohne Bedeutung sind. Das läßt sich anschaulich begründen: Die Form des Gitters hat einen großen Einfluß auf Ereignisse von der Größenordnung des Abstandes zwischen zwei Gitterpunkten. Je größer jedoch der Maßstab wird, für den man sich interessiert, umso mehr muß dieser Einfluß abnehmen. In der Renormierungsgruppen-Methode werden Fluktuationen von der

Universalitätsklasse		Theoretisches Modell	Physikalisches System	Ordnungsparameter
$d = 2$	$n = 1$	zweidimensionales Ising-System	adsorbierte Schichten	Oberflächendichte
	$n = 2$	zweidimensionales XY-Modell	Filme aus flüssigem Helium–4	Amplitude der supraflüssigen Phase
	$n = 3$	zweidimensionales Heisenberg-Modell		Magnetisierung
$d > 2$	$n = \infty$	Kugelmodell	keines	
$d = 3$	$n = 0$	Modell disjunkter Zufallswege	langkettige Makromoleküle	Abstand zwischen den Enden der Molekülketten
	$n = 1$	dreidimensionales Ising-Modell	einachsige Ferromagnete	Magnetisierung
			Flüssigkeiten am kritischen Punkt	Differenz der Dichten beider Phasen
			Flüssigkeitsmischungen am Mischungspunkt	Differenz der Konzentrationen
			Legierung am Entmischungspunkt	Differenz der Konzentrationen
	$n = 2$	dreidimensionales XY-Modell	ebener Ferromagnet	Magnetisierung
			Helium–4 am λ-Punkt	Amplitude der supraflüssigen Phase
	$n = 3$	dreidimensionales Heisenberg-Modell	isotrope Ferromagnete	Magnetisierung
$d \leq 4$	$n = -2$		keines	
	$n = 32$	Quantenchromodynamik	Quarks in Protonen und Neutronen	

Größenordnung des Gitterabstandes schon bei den ersten Transformationen „herausgemittelt", so daß sich für Modelle mit verschiedenen Gittern schließlich dasselbe kritische Verhalten ergibt.

Man kann die Tatsache, daß die Form des Gitters keinen Einfluß auf die kritischen Exponenten hat, auch als Folge der Gestalt der Fläche im Parameterraum verstehen: Jede Gitterstruktur entspricht einem anderen Punkt im Parameterraum. Bei der kritischen Temperatur wird jedes Gitter durch einen Punkt auf der Gratlinie dargestellt, und nach mehreren Transformationen streben diese Punkte zum Sattelpunkt.

Die Vorstellung, daß einige Variable für die kritischen Phänomene unwichtig sind, gilt nicht nur für Ferromagnete. Eine Flüssigkeit am kritischen Punkt verhält sich ähnlich wie ein Ferromagnet bei der Curie-Temperatur. Der Magnetisierung, die gleich der Differenz zwischen den nach oben und den nach unten weisenden Spins ist, entspricht in der Flüssigkeit eine Dichtedifferenz: Der Unterschied zwischen den Dichten der flüssigen und der gasförmigen Phase. Wie die Magnetisierung, die oberhalb der Curie-Temperatur verschwindet, erreicht die Dichtedifferenz am kritischen Punkt der Flüssigkeit den Wert Null.

Der Suszeptibilität des Ferromagneten, die angibt, wie sich die Magnetisierung bei kleinen Änderungen eines äußeren Magnetfeldes ändert, entspricht die Kompressibilität der Flüssigkeit, die erkennen läßt, wie kleine Änderungen des äußeren Druckes die Dichte beeinflussen. Die Kompressibilität geht wie die Suszeptibilität am kritischen Punkt gegen Unendlich. Die Ähnlichkeit zwischen Flüssigkeiten und Ferromagneten im kritischen Zustand ist ein Beispiel für die Hypothese von der Universalität des kritischen Punktes. Danach hängt das kritische Verhalten der meisten Systeme lediglich von zwei Größen ab: Von der Dimensionalität d des Raumes und von der Dimensionalität n des Ordnungsparameters.

Als Ordnungsparameter bezeichnet man eine physikalische Größe, die − wie die Magnetisierung oder die Dichtedifferenz − oberhalb eines kritischen Punktes Null wird. Alle Systeme mit gleichen Werten für d und n haben die gleiche Fläche im Parameterraum und damit die gleichen kritischen Exponenten. Sie bilden eine Klasse von Systemen, die Universalitätsklasse (Bild 12).

Die Dimensionalität des Raumes ist gewöhnlich leicht zu bestimmen. Dagegen bedarf die Dimensionalität des Ordnungsparameters einer Erklärung. Wir geben sie am Beispiel der Magnetisierung. Die Dimensionalität n dieses Ordnungsparameters ist gleich der Zahl der Komponenten, die man braucht, um die Richtung eines Spin-Vektors anzugeben. Im Ising-Modell ist $n = 1$, denn der Spin kann nur längs einer Achse nach oben oder nach unten weisen. Um die Richtung eines Spin-Vektors zu charakterisieren, der sich in einer Ebene frei bewegen kann, braucht man zwei Komponenten. Gewöhnlich wählt man Abschnitte auf den beiden Achsen, die die Ebene aufspannen. Entsprechend braucht man für einen im dreidimensionalen Raum frei beweglichen Vektor drei Komponenten.

Für das dreidimensionale Ising-Modell ist also $d = 3$ und $n = 1$ (auch im dreidimensionalen Ising-Modell können sich die Spins nur längs einer Achse orientieren). Flüssigkeiten gehören zur selben Universalitätsklasse, denn sie existieren im dreidimensionalen Raum, und der Ordnungsparameter, der der Magnetisierung entspricht, − die Dichtedifferenz zwischen der flüssigen und der gasförmigen Phase − kann nur einen Wert annehmen. Gleiches gilt für ein Gemisch zweier Flüssigkeiten. Beispielsweise befindet sich ein Gemisch aus Öl und Wasser am Mischungspunkt in einem kritischen Zustand. Der Mischungspunkt ist die Temperatur, bei der die beiden Flüssigkeiten vollständig mischbar werden. Kühlt man die Mischung ab, so trennt sie sich in zwei Phasen. Der Ordnungsparameter ist das Mischungsverhältnis der beiden Phasen. Es läßt sich durch eine Zahl ausdrücken, das heißt n ist Eins.

Messing besteht bei tiefer Temperatur aus einer geordneten Phase, in der Atome der Metalle Kupfer und Zink in einem Gitter regelmäßig angeordnet sind. Beim Erwärmen geht die regelmäßige Anordnung allmählich verloren. Als Ordnungsparameter dieses Systems kann

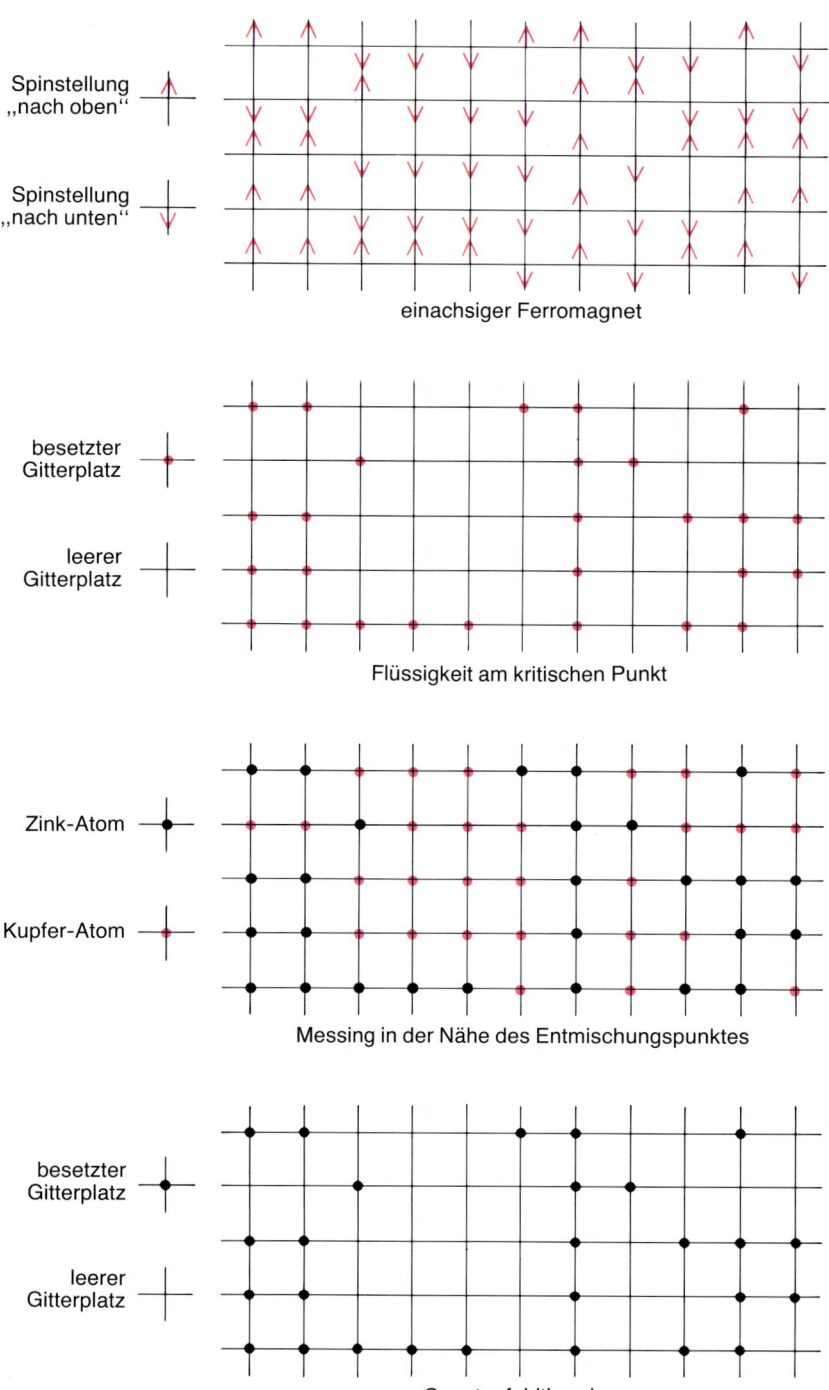

Spinstellung „nach oben"

Spinstellung „nach unten"

einachsiger Ferromagnet

besetzter Gitterplatz

leerer Gitterplatz

Flüssigkeit am kritischen Punkt

Zink-Atom

Kupfer-Atom

Messing in der Nähe des Entmischungspunktes

besetzter Gitterplatz

leerer Gitterplatz

Quantenfeldtheorie

Bild 13: Das Gitter des Ising-Modells eignet sich nicht nur zur Beschreibung ferromagnetischer Stoffe (oberstes Diagramm). Es läßt sich auch auf Flüssigkeiten in der Nähe des kritischen Punktes anwenden (zweites Diagramm von oben). Ein Gitterpunkt ist dann entweder von einem Flüssigkeitsteilchen (farbiger Punkt) besetzt oder leer, so daß Dichte-Fluktuationen erkennbar werden. Das dritte Diagramm von oben zeigt die Anwendung des Ising-Modells auf eine Legierung (Messing) in der Nähe des Entmischungspunktes. In Quantenfeldtheorien, die die Wechselwirkungen zwischen Elementarteilchen beschreiben, spielen Fluktuationen eine Rolle, die zur spontanen Erzeugung oder Vernichtung von Teilchen und Antiteilchen führen. Eine einfache Theorie dieser Art läßt sich so formulieren, daß Teilchen und Antiteilchen immer nur an Gitterpunkten entstehen oder verschwinden können.

eine zeitliche Dimension. Ein Ordnungsparameter unendlicher Dimensionalität (n = Unendlich) tritt in einem als Kugelmodell bezeichneten theoretischen Spin-Gitter auf, in dem jeder Spin eine beliebige Größe haben darf und nur die Summe der Spins begrenzt ist. Ein sehr langes, kettenförmiges Molekül (ein Makromolekül) hat normalerweise die Gestalt eines regellosen, dreidimensionalen Knäuels. Es gehört zu einer Universalitätsklasse, für die n = 0 ist. Schließlich gibt es theoretische Systeme, die zu $n = -2$ führen, wenngleich unklar ist, was das bedeutet.

Die einzigen Werte von d und n, deren physikalische Bedeutung unmittelbar verständlich ist, sind positive ganzzahlige Werte. Das ist besonders im Fall von d offensichtlich, denn einen Raum nichtganzzahliger Dimensionalität kann man sich nicht vorstellen. Gleichwohl können d und n in Rechnungen nach der Methode der Renormierungsgruppe als Variable auftreten, die sich kontinuierlich ändern. In Bild 14 sind die Werte der kritischen Exponenten als Funktionen von d und n aufgetragen. Wie man sieht, sind die Exponenten nicht nur für ganzzahlige Werte von d und n definiert, sondern auch für alle Zwischenwerte.

Das Bild zeigt auch, daß die kritischen Exponenten ab $d = 4$ die Werte haben, die man aufgrund der Molekularfeld-Theorien errechnet. Diese Beobachtung hat zu einer wichtigen Methode für Renormierungsgruppen-Rechnungen geführt: Man gibt die Dimensionalität des Raumes als $d = 4 - \varepsilon$ an. Die kritischen Exponenten ergeben sich dann als Summen unendlicher Reihen, deren Glieder Potenzen von ε mit wachsenden Exponenten enthalten. Ist ε kleiner als Eins, so sind Potenzen von ε mit großen Exponenten so klein, daß man sie vernachlässigen kann und schon durch Addieren der ersten Glieder der Reihe genügend genaue Werte erhält. Dieses als Epsilon-Entwicklung bezeichnete Rechenverfah-

der Konzentrationsunterschied der beiden Atomarten dienen, und wieder ist n gleich 1. Für alle genannten Systeme erwartet man also die gleichen kritischen Exponenten wie beim dreidimensionalen Ising-Modell (Bild 13). Für einige Ferromagnete, die sich nur längs einer Achse leicht magnetisieren lassen, konnte experimentell gezeigt werden, daß diese Erwartung erfüllt ist.

Das zweidimensionale Ising-Modell $d = 2$, $n = 1$ charakterisiert die Universalitätsklasse solcher Systeme, die auf den zweidimensionalen Raum beschränkt sind. Hierher gehören beispielsweise dünne Flüssigkeitsfilme oder Gase, die an einer festen Oberfläche adsorbiert

sind. Die meisten Ferromagnete fallen in die Klasse mit $d = 3$ und $n = 3$, denn ihre Gitter sind dreidimensional, und jeder Spin kann in jede Richtung des Raumes zeigen. Beschränkt man die Spinrichtungen auf eine Ebene, so gehört das System zur Klasse mit $d = 3$ und $n = 2$, in die auch Helium-4 beim Übergang vom flüssigen in den suprafluiden Zustand sowie Metalle beim Übergang zur Supraleitung fallen.

Andere Universalitätsklassen haben Werte für d und n, die nicht so einfach zu interpretieren sind (Bild 12). Der vierdimensionale Raum ($d = 4$) ist in der Physik der Elementarteilchen von Interesse. Er hat drei räumliche Dimensionen und

ren ist weniger anschaulich als die Block-Spin-Methode, aber es ist leistungsfähiger. Mit ihm läßt sich ermitteln, wie die mit einer Theorie des gemittelten Feldes errechneten Werte korrigiert werden müssen, um den tatsächlichen Verhältnissen zu entsprechen.

Die Beobachtung, daß sich die Werte der kritischen Exponenten mit steigendem d den Werten nähern, zu denen man mit einer Molekularfeld-Theorie gelangt, kommt nicht gänzlich unerwartet. Den Molekularfeld-Theorien liegt die Annahme zugrunde, daß die in einem Gitterpunkt wirkende Kraft von den Verhältnissen an vielen anderen Gitterpunkten abhängt. Mit zunehmender Dimensionalität d wächst die Zahl der unmittelbaren Nachbarn eines Gitterpunktes. In einem eindimensionalen Gitter hat jeder Gitterpunkt zwei nächste Nachbarn, in einem zweidimensionalen Gitter vier, in einem dreidimensionalen Gitter sechs und in einem vierdimensionalen Gitter acht. Mit steigender Dimensionalität kommt ein System also dem Zustand immer näher, den die Molekularfeld-Theorien voraussetzen. Gleichwohl bleibt rätselhaft, warum die kritischen Exponenten der verschiedenen Theorien ausgerechnet ab $d = 4$ übereinstimmen.

Die Renormierungsgruppen-Methode läßt sich nicht nur auf kritische Phänomene anwenden und wurde zunächst auch gar nicht dafür entwickelt. Ein als Renormierung bezeichnetes Verfahren tauchte zuerst in den vierziger Jahren im Rahmen der Quantenelektrodynamik auf, die die Wechselwirkung zwischen atomaren und subatomaren elektrisch geladenen Teilchen und einem elektromagnetischen Feld beschreibt. Nach dieser Theorie hat das Elektron eine unendliche Ladung, was im Widerspruch zu den Messungen steht. Durch Renormierung ließ sich der Widerspruch beseitigen: Das Elektron wird als punktförmiges Teilchen betrachtet, dessen „nackte" Ladung unendlich ist. Diese Ladung in-

Bild 14: Magnetisierung und Suszeptibilität eines Ferromagneten hängen mit unterschiedlichen Exponenten (β und γ) von der reduzierten Temperatur t ab. Im zweidimensionalen Ising-Modell ($d = 2$, $n = 1$) haben diese Exponenten die Werte 1/8 und 7/4. Die Diagramme zeigen das, denn die schwarzen Punkte bei $d = 2$, $n = 1$ liegen auf Kurven, die mit diesen Brüchen markiert sind. Für andere Modelle (andere Kombinationen von d und n) gelten andere Werte der kritischen Exponenten. Beispielsweise hat γ (unteres Diagramm) für das zweidimensionale Heisenberg-Modell ($d = 2$, $n = 3$) den Wert 3, während sein Wert für das dreidimensionale Heisenberg-Modell ($d = 3$, $n = 3$) zwischen 3/2 und 4/3 liegt. Ab $d = 4$ haben die beiden kritischen Exponenten die Werte, die von den Molekularfeld-Theorien vorausgesagt werden (farbige Flächen).

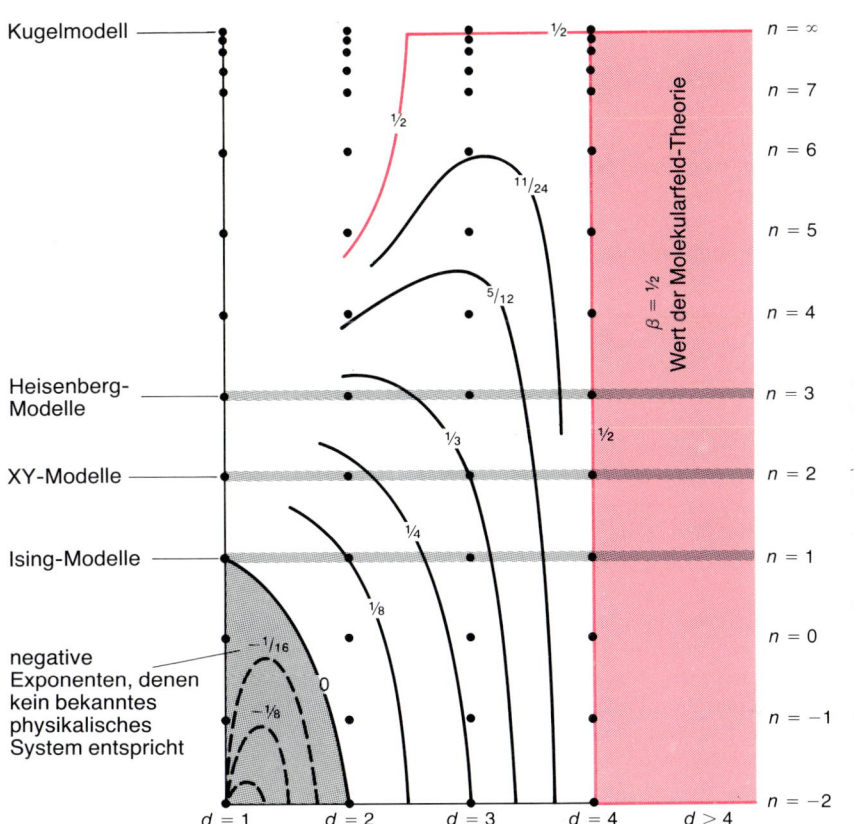

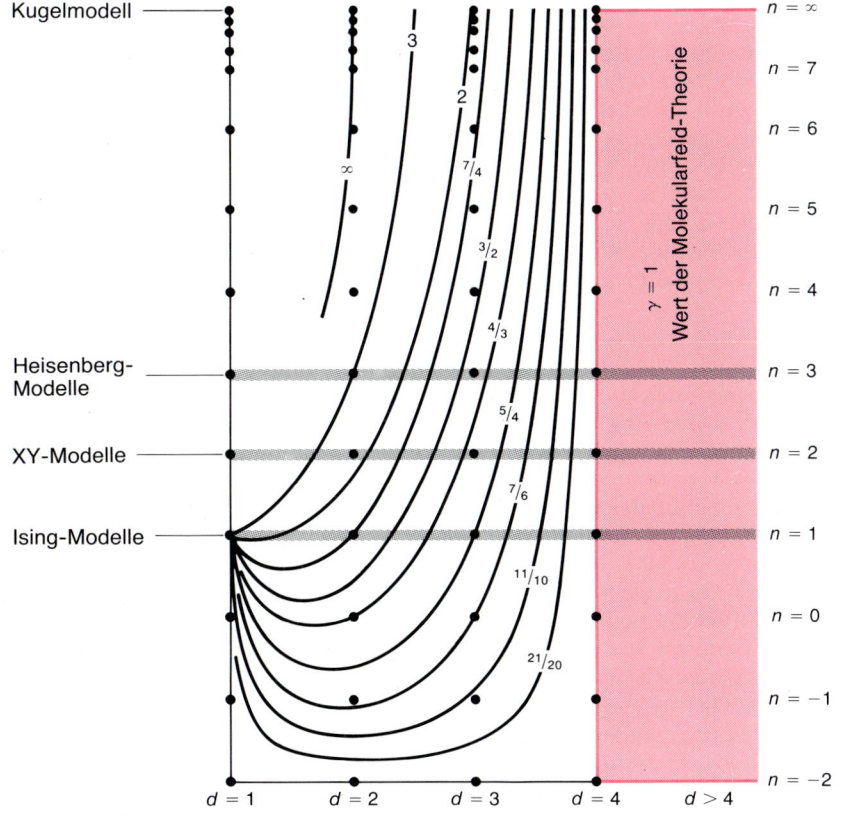

duziert im umgebenden Vakuum eine entgegengesetzte Ladung, die die nackte Ladung so weit kompensiert, daß sich die Ladung ergibt, die man experimentell beobachtet. Wir wollen uns eine Sonde vorstellen, mit der sich die Ladung auch noch in beliebig kleinen Abständen vom Elektron messen läßt. In großem Abstand fände man damit den endlichen Wert, der sich als Differenz zwischen der nackten und der induzierten Ladung ergibt. Je weiter sich die Sonde dem punktförmigen Elektron nähert, umso größer würde die Ladung, die die Sonde „sieht". Beim Abstand Null schließlich wäre die Ladung unendlich.

In den fünfziger Jahren schlugen Murray Gell-Mann und Francis E. Low eine Verallgemeinerung der Renormierung vor und entwickelten damit die erste Formulierung der Renormierungsgruppe. Sie konstruierten einen mathematischen Ausdruck, der die Größe der Elektronenladung in einem bestimmten Abstand vom Elektron angibt, und untersuchten, wie sich dieser Ausdruck ändert, wenn man den Abstand gegen Null gehen läßt. Dabei kommt man immer zum gleichen Ergebnis, einerlei von welchem Abstand man ausgeht. Es gibt also unendlich viele gleichwertige Renormierungsprozeduren, die zusammen die Renormierungsgruppe bilden.

Das Renormierungsverfahren von Gell-Mann und Low war allerdings auf Probleme beschränkt, die auch mit Hilfe der Störungsrechnung zu lösen sind. Außerdem ließ es nur eine Variable – die Ladung – zu. Die Form, die ich 1971 einführte, gestattet die Behandlung einer wesentlich größeren Zahl physikalischer Probleme, und sie gibt dem zunächst nur formalen Renormierungsverfahren eine physikalische Bedeutung.

Renormierungsgruppe, Quark-Wechselwirkung und andere kritische Phänomene

In den letzten Jahren habe ich versucht, die allgemeinere Form der Renormierungsgruppe auf ein Problem der Elementarteilchenphysik anzuwenden: Auf die Wechselwirkungen zwischen den Quarks, aus denen sich vermutlich Protonen, Neutronen und viele andere Elementarteilchen zusammensetzen.

Die Quarks verhalten sich in vieler Hinsicht ähnlich wie elektrisch geladene Teilchen: Sie besitzen eine Eigenschaft, die der elektrischen Ladung entspricht und als Farbe oder Farbladung bezeichnet wird. Ähnlich wie eine elektrische Ladung erzeugen Farbladungen ein Feld. Könnte man mit einer Sonde die Farbladung eines Quarks in verschiedenen Abständen vom Quark messen, so würde man finden, daß sie sich – anders als die

elektrische Ladung des Elektrons – mit kürzer werdendem Abstand verringert. Daher zeigen zwei Quarks bei sehr kleinem Abstand fast keine Wechselwirkung: Die Kopplung zwischen ihnen ist schwach. Entfernt man die Quarks voneinander, so wächst die effektive Farbladung, und die Bindung zwischen ihnen wird fester. Während ein Elektron im umgebenden Raum eine Ladung induziert, die die „nackte" Ladung kompensiert, scheint beim Quark die induzierte Ladung die Quark-Ladung zu erhöhen. Man vermutet, daß die Kopplung zweier Quarks nahezu unendlich wird, wenn ihr Abstand größer ist als der Durchmesser eines Protons, der ungefähr 10^{-13} Zentimeter beträgt. Es wäre dann unendlich viel Energie erforderlich, um ein Quark aus einem Proton zu lösen, das heißt, ein einzelnes Quark müßte für immer im Proton eingeschlossen bleiben oder könnte allenfalls mit einem oder zwei anderen Quarks ein neues Teilchen bilden.

Die Bindung zwischen zwei Quarks kann man mit Kraftlinien anschaulich darstellen. Die Kopplungsstärke ist dann proportional zur Anzahl der Kraftlinien in einem Raumgebiet. Entfernt man elektrische Ladungen voneinander, so nimmt die Dichte der Linien mit dem Quadrat der Entfernung ab. Die Dichte der Kraftlinien zwischen zwei Quarks scheint dagegen unabhängig vom Abstand der Teilchen zu sein. Die Kraftlinien verhalten sich, als wären sie in einer dünnen Röhre eingeschlossen. Auch dieses Modell erklärt, warum es bisher nicht gelungen ist, Quarks einzeln zu beobachten, aber es bietet gleichfalls nur eine qualitative Erklärung.

Da wir es hier mit einer Kraft zu tun haben, deren größte und kleinste Reichweiten sich um mehrere Größenordnungen unterscheiden, bietet sich die Behandlung dieses Problems mit der Renormierungsgruppen-Methode an. Ich habe eine Version des Problems formuliert, in der sich die Quarks an den Punkten eines vierdimensionalen Raum-Zeit-Gitters befinden und durch „Fäden" miteinander verbunden sind. Wendet man auf dieses Gitter Renormierungsgruppen-Transformationen an, so kann man die Wechselwirkung zwischen den Quarks bei immer größeren Abständen betrachten. Die Frage ist, ob die Kraftlinien auch bei sehr großen Abständen noch in dünnen Röhren eingeschlossen bleiben. Um die Antwort zu finden, muß man Rechnungen ausführen, die die Grenze der Möglichkeiten heutiger Computer ausschöpfen.

Viele andere Probleme lassen sich mit der Methode der Renormierungsgruppe behandeln, aber man hat sie noch nicht so formuliert, daß die Methode anwendbar wäre. Dazu gehört das Verhalten einer Flüssigkeit, die wie Wasser im Erdboden oder in einem mit Kaffeepulver gefüllten Filter durch poröses Material sickert. Turbulenzen in Flüssigkeiten oder Gasen entziehen sich seit mehr als einem Jahrhundert der mathematischen Beschreibung. In der Atmosphäre können sie in allen Größen vom kleinen Staubwirbel bis zum Hurrikan auftreten. Ein weniger bekanntes Problem ist der nach dem japanischen Physiker Jun Kondo benannte Kondo-Effekt: Baut man in ein nichtmagnetisches Metall, beispielsweise in Kupfer, magnetische Atome ein, so sollte der elektrische Widerstand des so verunreinigten Metalls stetig abnehmen, wenn die Temperatur sinkt. Tatsächlich beobachtet man, daß der Widerstand zunächst abnimmt, von einer bestimmten Temperatur an aber wieder zunimmt, wenn man die Temperatur weiter reduziert. Diese Anomalie ist nicht von brennender Bedeutung, aber sie ließ sich mit keiner bekannten Methode erklären. Man hat es hier wieder mit einem Problem zu tun, bei dem unterschiedliche Größenordnungen eine Rolle spielen: Die Leitungselektronen im Metall besitzen Energien im Bereich einiger Elektronenvolt, aber Änderungen dieser Energie, die nur 10^{-4} Elektronenvolt ausmachen, sind noch von Bedeutung. Durch eine Renormierungsgruppen-Berechnung konnte ich die Energie der Elektronen für alle Temperaturen bis zum absoluten Nullpunkt bestimmen und den Kondo-Effekt erklären.

Andere Renormierungsgruppen-Rechnungen führten zu neuen Vorhersagen, die später experimentell bestätigt wurden. Ein Beispiel ist ein zweidimensionales Gitter ($d = 2$) von zweikomponentigen Spins ($n = 2$). Älteren Theorien zufolge ist in einem solchen System keine Phase mit Fluktuationen großen Ausmaßes möglich. Renormierungsgruppen-Rechnungen haben dagegen gezeigt, daß sich das Verhalten des Systems bei einer kritischen Temperatur ändern sollte. Tatsächlich hat man bei dünnen Filmen von supraflüssigem Helium-4, die in die Universalitätsklasse mit $d = 2$ und $n = 2$ gehören, bei einer kritischen Temperatur eine sprunghafte Änderung der Dichte beobachtet.

In Anbetracht der vielen Arbeit, die in die Renormierungsgruppe investiert worden ist, mögen die bisher erzielten Resultate gering erscheinen. Man darf aber nicht vergessen, daß man sich hier mit Problemen beschäftigt, die zu den schwierigsten in der Physik gehören, so daß rasche Erfolge in keinem Fall zu erwarten sind. Immerhin ist es ein bedeutender Fortschritt, daß es mit der Renormierungsgruppen-Methode jetzt überhaupt ein Verfahren gibt, mit dem sich diese Probleme angehen lassen.

Spingläser

Ihre Eigenheiten verdanken diese Systeme ungeordneten
magnetischen Wechselwirkungen zwischen Atomen. Mathematische Modelle von Spingläsern
sind Prototypen für komplexe Systeme der Informatik,
der Neurologie und der Evolutionstheorie.

Von Daniel Stein

Schmutz läßt sich zwar beiseite wischen oder unter den Teppich kehren, früher oder später aber muß man sich doch darum kümmern. Auch in den Wissenschaften, die sich mit der physikalischen Welt beschäftigen, kennt man Vergleichbares, beispielsweise Unordnung in Strukturen, Verunreinigungen in Stoffen oder Wechselwirkungen, die miteinander in Konflikt geraten.

Schmutz stört die Ordnung. Nehmen Zufall, Strukturfehler und Widerstreit ein bestimmtes Ausmaß an, so können sie die wesentlichen Symmetrien der Strukturen zerstören, die sonst deren physikalische Beschreibung erheblich vereinfachen.

Die Geschichte der Physik ist weitgehend dadurch gekennzeichnet, daß man sich mit geordneten Systemen wie etwa idealen Kristallen befaßte und ungeordnete Systeme gar nicht erst untersuchte. Anfang der siebziger Jahre sahen sich die Physiker aber dazu gezwungen, sich mit der Unordnung auseinanderzusetzen: Zuviel davon hatte sich angesammelt. So begann man zunächst beispielsweise damit, ein wenig Unordnung im perfekten Kristall zuzulassen, um das Material Glas besser verstehen zu lernen, bei dem die Atome auf zufälligen Positionen im Raum gleichsam eingefroren sind (Bild 1). Diese Versuche scheiterten — wenn man zuviel Unordnung bei der Betrachtung eines ungeordneten Systems außer acht läßt, so ist das, als wollte man eine saubere Schlammpfütze untersuchen.

Einer der bisher erfolgreichsten Versuche hingegen, ungeordnete Systeme zu verstehen, war die Erforschung der sogenannten Spingläser. Deren materielle Zusammensetzung ist nichts Außergewöhnliches — beispielsweise können einige Eisenatome in einem Gitter von Kupferatomen verstreut sein.

Ihre magnetischen Eigenschaften sind jedoch unglaublich kompliziert und manchmal aufreizend unvorhersehbar.

In der Bezeichnung dieser Systeme steht „Spin" für den Spin der Quantenmechanik. Er ist für die magnetischen Effekte verantwortlich; das klassische Analogon ist der Eigendrehimpuls eines Teilchens. „Glas" weist auf die ungeordneten Orientierungen und Wechselwirkungen dieser Spins hin. Das Spinglas ist der Musterfall eines ungeordneten Systems. Die Methoden, die man bei seiner Erforschung entwickelt hat, sind auch bei Untersuchungen komplizierter Probleme in so unterschiedlichen Bereichen wie Informatik, Neurologie, Biochemie und Evolutionstheorie angewandt worden.

Magnetische Wechselwirkungen der Atome

Die fesselnden Eigenheiten von Spingläsern, ihre Dynamik, ihre Komplexität — all das hat seine Ursache in den magnetischen Wechselwirkungen ihrer Atome. Bestimmte Atome können sich wie winzige Stabmagnete verhalten, die Magnetfelder erzeugen und von diesen beeinflußt werden. Richtung und Stärke der magnetischen Effekte lassen sich mit Hilfe einer Vektorgröße beschreiben, dem sogenannten magnetischen Moment.

Bringt man ein Material, dessen Atome sich magnetisch verhalten, in ein äußeres Magnetfeld, so werden diese magnetischen Momente sich in einer bestimmten Richtung zu orientieren suchen. In einigen Stoffen können auch starke interne Effekte, die mit der atomaren Struktur zusammenhängen, eine derartige Ausrichtung bewirken.

Bei einem dieser Effekte werden alle magnetischen Momente in die gleiche

Richtung gedreht. Diese Orientierung ist insbesondere für die starken magnetischen Eigenschaften von Eisen verantwortlich; man bezeichnet deshalb den Effekt als Ferromagnetismus, obwohl er auch bei Kobalt, Nickel und vielen anderen Stoffen auftritt (Bild 3). Bewirkt wird er durch die quantenmechanischen Eigenschaften der inneren Elektronen dieser Metallatome, welche die parallele Orientierung der magnetischen Momente benachbarter Atome energetisch begünstigt.

Dementsprechend muß man Energie aufwenden, wenn man eines der beiden parallelen magnetischen Momente zweier ferromagnetischer Nachbaratome in die entgegengesetzte Richtung umklappen will. Umgekehrt wird beim Umklappen von antiparalleler in parallele Orientierung Energie frei. Die magnetische Gesamtenergie hat deshalb ein Minimum, wenn die magnetischen Momente aller Atome in die gleiche Richtung weisen.

Erwärmt man ein ferromagnetisches Material, so kann die Spinordnung dadurch beeinflußt werden. Übersteigt beispielsweise bei reinem Eisen die thermische Energie die der ferromagnetischen Wechselwirkung, so ändert sich die Richtung der einzelnen magnetischen Momente zufällig von einem Augenblick zum nächsten.

Auf einer Momentaufnahme der Eisenatome würde man jetzt erkennen, daß im Mittel gleich viele Spins nach oben wie nach unten, nach links wie nach rechts und nach vorn wie nach hinten zeigen. Die Vektorsumme aller magnetischen Momente ist demnach Null, es besteht insgesamt keine Magnetisierung mehr (genauer gesagt, ist dann eine äußerst geringe Magnetisierung mit Abstand am wahrscheinlichsten). In diesem Zustand ist Eisen ein sogenannter Paramagnet.

146

Bei abnehmender Temperatur des Eisens überwiegen mehr und mehr die Wechselwirkungen zwischen den magnetischen Momenten und bewirken die Ausrichtung der Momente in einem Zustand niedrigerer Energie. Bei der kritischen Temperatur von 771 Grad Celsius ändert sich schließlich die Anordnung der Atome mit einem Schlag radikal in der Weise, daß die meisten magnetischen Momente sich in die gleiche Richtung orientieren: Es hat ein Phasenübergang vom para- in den ferromagnetischen Zustand stattgefunden. (In gewöhnlichem Eisen tritt die Magnetisierung nicht zutage, weil noch ein anderer komplizierter Prozeß abläuft, infolge dessen die geordnete Struktur in einzelne Bereiche − sogenannte Weißsche Bezirke − aufbricht. Innerhalb dieser einzelnen Bezirke weisen die magnetischen Momente jedoch alle in die gleiche Richtung.)

Im Gegensatz dazu findet man bei anderen Materialien in tieferliegenden Energiezuständen eine andere Ordnung. Benachbarte Chromatome suchen beispielsweise ihre magnetischen Momente entgegengesetzt zu orientieren: Zeigt der Spin eines Atoms nach oben, so ist der des benachbarten Atoms nach unten gerichtet. Da es sich hier also genau anders als beim Eisen verhält, nennt man diese Eigenschaft Antiferromagnetismus. Auch Chrom hat allerdings wie die ferromagnetischen Stoffe eine kritische Umwandlungstemperatur, bei der es vom paramagnetischen Zustand mit zufälliger Anordnung der Spins in den antiferromagnetischen (paarweise antiparallel ausgerichtete Spins) übergeht.

Ferro- und Antiferromagnetismus

Spingläser zeichnen sich nun dadurch aus, daß sie sowohl ferro- als auch antiferromagnetische Eigenschaften zeigen. Eine Art von Spinglas stellt man her, indem man ein nichtmagnetisches Wirtsmetall mit wenigen Atomen dotiert, deren magnetische Momente von Null verschieden sind. Die magnetischen Momente zweier benachbarter Atome in einer solchen verdünnten magnetischen Legierung können dann entweder ferro- oder antiferromagnetisch miteinander wechselwirken.

Mischt man beispielsweise einige Teile Eisen mit hundert Teilen Kupfer, so können sich die normalerweise ferromagnetisch wechselwirkenden Eisenatome auch antiferromagnetisch verhalten. Obwohl die Ursachen dieses Phänomens in den Feinheiten der Quantentheorie zu suchen sind, läßt es sich im Detail doch qualitativ beschreiben.

Der Spin jedes Leitungselektrons, das sich frei im Kupfer bewegt, wird auf recht seltsame Weise von den Eisenatomen beeinflußt: Bei einem bestimmten Abstand orientiert das Atom den Spin des Leitungselektrons parallel zu seinem eigenen Spin; bei einer etwas größeren Entfernung sind die beiden Spins antiparallel, noch weiter voneinander entfernt sind sie wieder parallel, und so weiter. Das Eisenatom liegt also im gemeinsamen Mittelpunkt einer Reihe konzentrischer Kugelschalen, mit deren Radius der Einfluß des Atomspins abnimmt und auf denen er abwechselnd ferromagnetischer und antiferromagnetischer Natur ist (Bild 2).

Da zwei benachbarte Atome mit magnetischen Momenten auf diese Weise über die Leitungselektronen des Wirtsmetalls miteinander gekoppelt sind, kann die Wechselwirkung zwischen beiden je nach Abstand ferro- oder antiferromagnetisch sein. In einem Spinglas, bei dem eine Vielzahl von Atomen eines Metalls in einer anderen Metallmatrix verdünnt sind, wird damit etwa die Hälfte aller Atompaare ferromagnetisch und die andere Hälfte antiferromagnetisch wechselwirken. Für die eine Hälfte wird sich demnach die Energie eines Atompaares erniedrigen, wenn ihre beiden Spins parallel sind, für die andere Hälfte, wenn ihre Spins antiparallel sind.

Aufgrund dieses dualen Verhaltens ist es möglich, daß ein Atom seinen Spin nicht so orientieren kann, daß sei-

Bild 1: Kristalle und Gläser sind in ihrer Erscheinung zwar recht ähnlich, aber sie stellen dennoch strukturell deutlich verschiedene Zustände der Materie dar. Ein Kristall ist tatsächlich ein Festkörper, doch ein Glas ist in Wirklichkeit eine unendlich langsam fließende Flüssigkeit. Entsprechend kann es in Spingläsern eine permanente Orientierung der atomaren Magnetdipole geben, und sie können eine eindeutige Phase darstellen; andererseits ist es auch möglich, daß sie eine sich sehr langsam wandelnde Orientierung von Atomen repräsentieren.

ne Wechselwirkung mit allen anderen magnetischen Atomen im Spinglas abgesättigt wird. Stellen wir uns beispielsweise drei Eisenatome vor, die zufällig in einem Kupfergitter verteilt sind. Das erste Atom wechselwirke antiferromagnetisch mit dem zweiten, aber ferromagnetisch mit dem dritten, während die Wechselwirkung zwischen dem zweiten und dem dritten Atom ebenfalls ferromagnetisch sei.

In dieser Situation können sich die Spins nicht so einstellen, daß alle Wechselwirkungen gleichzeitig abgesättigt werden. Zeigt der Spin des ersten Atoms beispielsweise nach oben, so muß der des zweiten nach unten zeigen. Das dritte Atom sollte seinen Spin jedoch parallel sowohl zum ersten (nach oben) als auch zum zweiten Spin (nach unten) ausrichten. Jede denkbare Anordnung wird zumindest eine der Wechselwirkungen nicht absättigen. Ein derartiges System bezeichnet man als frustriert (Bild 4).

Aus diesem Frustrationseffekt ergibt sich unmittelbar, daß es für ein Spinglas mehrere tiefliegende Energiezustände geben kann. Haben beispielsweise die drei Eisenatome die Spinrichtungen „auf, ab, auf" oder „auf, ab, ab", so sind sie in beiden Fällen im energetisch niedrigsten Zustand, weil die Anzahl der Wechselwirkungsverletzungen jeweils so klein wie möglich ist.

Frustrierte Systeme

Das Phänomen der Frustration reicht weit über die Physik der Spingläser hinaus und betrifft komplexe Fragestellungen in anderen Gebieten. Für den Fall der Spingläser selbst läßt sich das Fehlen eines einzigen niedrigsten Energieniveaus mit der Frage verbinden, ob das Spinglas einen neuen Zustand der Materie darstelle oder nur einen äußerst trägen Paramagneten. Der mit fallender Temperatur stattfindende Wechsel vom flüssigen in den kristallinen Zustand oder vom Paramagneten zum Ferromagneten ist ein wirklicher Phasenübergang: Der Endzustand hält eine charakteristische Ordnung aufrecht, solange die Temperatur unverändert bleibt. Demgegenüber ist gewöhnliches Glas, obwohl es wie eine neue Phase erscheint, grundsätzlich eine Flüssigkeit.

Das Spinglas könnte demnach eine deutlich abgegrenzte Phase sein, deren magnetische Ordnung oder Spinausrichtung erhalten bleibt, solange man tiefe Temperaturen aufrechterhält. Es könnte aber auch ein Paramagnet sein, dessen dynamisches Verhalten so weit verlangsamt ist, daß es sich nur noch um eine statische Phase zu handeln

scheint. Ließe sich beobachten, daß die Spins in einem Spinglas bei tiefer Temperatur ihre Orientierung ändern, so könnte man daraus schließen, daß es sich um einen Paramagneten handelt. Dazu müßte man jedoch das Spinglas über einen Zeitraum beobachten, der größer als das Alter des Universums ist.

Im Labor kann man allerdings nach Hinweisen auf einen Phasenübergang suchen: einer plötzlichen Änderung der magnetischen und thermodynamischen Eigenschaften des Spinglases bei irgendeiner kritischen Temperatur. Unglücklicherweise ergaben jedoch Untersuchungen unterschiedlicher Eigenschaften widersprüchliche Ergebnisse.

Im Jahre 1970 untersuchten Vincent D. Cannella, John A. Mydosh und Joseph I. Budnick von der Fordham-Universität in New York die magnetischen Eigenschaften von Eisen-Gold-Legierungen. Unter anderem bestimmten sie die magnetische Suszeptibilität, welche die Änderung der Magnetisierung eines Stoffes bei langsamer Änderung eines äußeren Magnetfeldes angibt. Wie später eine Reihe anderer Forscher stellten sie fest, daß sich bei einer bestimmten kritischen Temperatur die Suszeptibilität abrupt ändert, wenn das äußere Magnetfeld verschwindet. Dies deutete auf einen Phasenübergang hin.

Aus anderen Experimenten ergab sich jedoch die entgegengesetzte Schlußfolgerung. Ein Phasenübergang sollte sich dadurch auszeichnen, daß sich eine thermodynamische Größe sprunghaft ändert, etwa die spezifische Wärme (das ist die Wärmemenge, die man pro Masseneinheit braucht, um die Temperatur eines Stoffes um ein Grad zu erhöhen). Eine derartige sprunghafte Änderung hat man aber nicht finden können. Statt dessen zeigt die Kurve der spezifischen Wärme von vielen unterschiedlichen Arten von Spingläsern einen breiten, stetigen Verlauf. Das Maximum liegt bei einer um etwa 20 Prozent höheren Temperatur als jener, bei der sich die Suszeptibilität schlagartig ändert.

Außerdem gibt es Hinweise darauf, daß die Meßdauer bei der experimentellen Bestimmung der thermischen und magnetischen Eigenschaften zu kurz war; aus diesem Grunde konnte das Spinglas nicht vollständig auf die geänderten Bedingungen reagieren. Es ist deshalb noch strittig, ob ein Phasenübergang von Spingläsern im Labor beobachtet worden ist oder nicht.

Während die Experimentalphysiker in der Klemme widersprüchlicher Resultate sitzen, behindert die Theoretiker die ungewohnte Thermodynamik ungeordneter Systeme. Im vergangenen Jahrzehnt sind aus Gründen der Ein-

fachheit und Durchführbarkeit die meisten theoretischen Arbeiten auf der Grundlage offenkundig unrealistischer Modelle von Spingläsern gemacht worden. Trotz dieser Einschränkungen machte man bei der Untersuchung derartiger einfacher Modelle wichtige theoretische Fortschritte und entdeckte viele überraschende Eigenschaften.

Theoretische Fortschritte

Sam F. Edwards von der Universität Cambridge in England und Philip W. Anderson von der Princeton-Universität in New Jersey führten 1975 ein kurzreichweitiges Spinglas-Modell ein, das seither viel untersucht worden ist. In diesem Modell sitzen die Spins in den Eckpunkten eines kubischen Gitters. Ein Spin wechselwirkt nur mit seinen nächsten Nachbarn, aber diese Wechselwirkungen können mit gleicher Wahrscheinlichkeit ferro- oder antiferromagnetisch sein. Edwards und Anderson charakterisierten die Wechselwirkungen durch numerische Zufallswerte: Ferromagnetische Wechselwirkung entspricht positiven, antiferromagnetische negativen Zahlen; der Betrag gibt die Wechselwirkungsstärke an.

In Gedanken kann man nun von einer Wechselwirkung zwischen benachbarten Spins zur nächsten gehen und dann fortlaufend eine geschlossene Kurve bis zum Ausgangspunkt zurück verfolgen. Notiert man die Werte der jeweiligen Wechselwirkungen und multipliziert sie miteinander, so ist ein negativer Wert immer gleichbedeutend mit Frustrationseffekten.

Da ein typisches Gitter eine große Anzahl solcher frustrierter Schleifen enthält, ist es äußerst schwierig, für alle Positionen die Spinwerte zu bestimmen, welche die Gesamtenergie des Systems minimieren. Tatsächlich kann es viele tiefliegende, voneinander unabhängige Energiezustände geben. Es wurde schnell deutlich, daß man mit den verfügbaren mathematischen Methoden das Verhalten selbst solch relativ einfacher Modellsysteme bei niedrigen Energien nicht zu erfassen vermochte.

Bald nach den Arbeiten von Edwards und Anderson schlugen David Sherrington vom Imperial-College in London und Scott Kirkpatrick vom Thomas-J.-Watson-Forschungszentrum der IBM in Yorktown Heights (New York) ein Modell mit unendlicher Reichweite vor. Sie nahmen an, daß im Mittel jeder Spin gleich stark mit allen anderen Spins im System wechselwirkt. Sie hofften, mit dieser weitaus weniger realistischen Annahme ein leichter lösbares Modell zu bekommen.

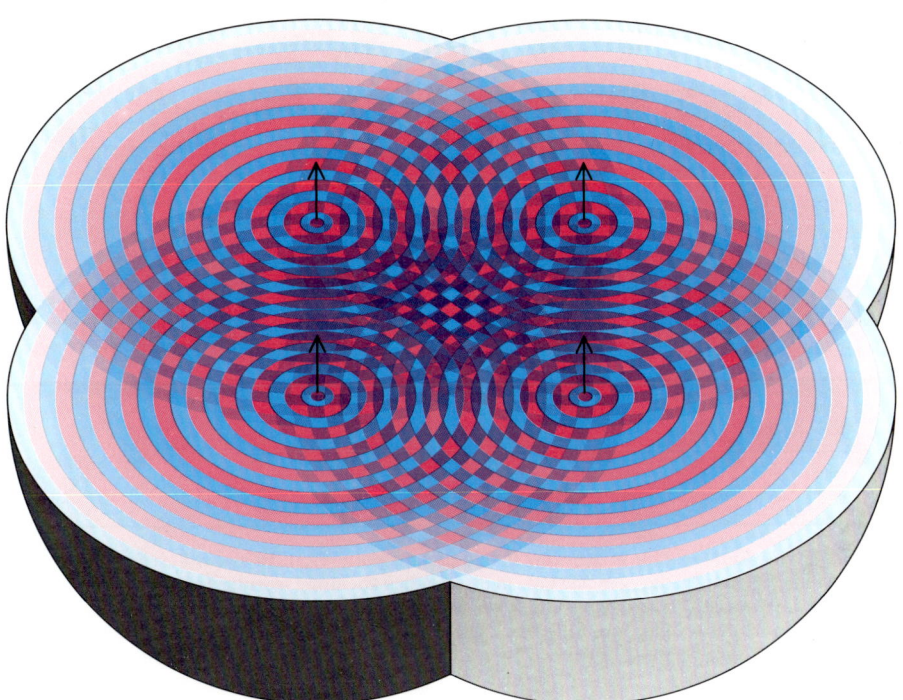

Bild 2: Ein Spinglas kann entstehen, wenn Atome mit Leitungselektronen wechselwirken. Jeder Pfeil repräsentiert die Richtung eines Atom-Nordpols. Jedes Atom liegt im Mittelpunkt einer Folge konzentrischer Kugelschalen abnehmender Wechselwirkungsstärke (farbig), in denen die Pole der Elektronen, die das Atom umgeben, abwechselnd nach Süden (rot) und Norden (blau) orientiert sind. Die Elektronen übertragen die Wechselwirkung zwischen den Atomen, deren Pole unter dem Einfluß anderer Atome und der umgebenden Elektronen umklappen können.

Die Modellrechnungen zeigten tatsächlich einen echten Phasenübergang von der paramagnetischen in die Spinglas-Phase, in der die Spins in einem permanenten Zufallsmuster eingefroren waren. Versuche, die Eigenschaften dieser Phase herauszuarbeiten, erwiesen sich jedoch als sehr schwierig.

Giorgio Parisi von der Universität Rom fand dann 1979 eine Lösung für das Sherrington-Kirkpatrick-Modell, die zwar bisher noch nicht bewiesen ist, für deren Richtigkeit es aber gute Indizien gibt. Als der Lösungsvorschlag gemacht wurde, erschien er als derart geheimnisvoll und unterschied sich so deutlich von den bekannten Beschreibungen von Zuständen der Materie, daß es vier Jahre dauerte, bevor man den physikalischen Inhalt dieses Modells verstanden hatte.

Parisis Lösung zeigt, daß das Sherrington-Kirkpatrick-Spinglas unterhalb der kritischen Temperatur in einer von vielen möglichen Phasen erstarren kann, deren jede einen tiefliegenden Energiezustand repräsentiert. Diese verschiedenen Zustände sind aber nicht über eine einfache Symmetrietransformation – wie etwa das Umkehren aller Spins – miteinander verknüpft. Vielmehr muß ein erheblicher Bruchteil aller Spins umklappen, wenn man von einem zu einem anderen dieser Zustände gelangen will.

Arbeiten von Anderson, David J. Thouless von der Universität Birmingham und Richard G. Palmer von der Princeton-Universität hatten bereits 1977 die Ansicht bestärkt, daß es in einem umfassenderen Spinglas-Modell mehrere nichttriviale Lösungen nebeneinander geben könnte. Parisis Lösung des Sherrington-Kirkpatrick-Modells zeigte dann tatsächlich diese Eigenschaft. Wie ich noch darstellen werde, hat das wichtige Auswirkungen auf Probleme der Informatik, der Biologie und anderer Gebiete.

Marc Mézard, Nicolas Sourlas und Gérard Toulouse von der Ecole Normale Supérieure in Paris sowie Miguel A. Virasoro vom Marconi-Institut in Rom und Parisi konnten 1984 zeigen, daß es zwischen diesen tiefliegenden Energiezuständen dennoch bestimmte Beziehungen gibt. Insbesondere lassen sich die Zustände – ausgehend von ihren Abständen untereinander – in einer Hierarchie anordnen, die einem Stammbaum oder einem Evolutionsdiagramm ähnelt (Bild 5).

Zur Festlegung der Abstände betrachtet man Karten der Spinorientierungen jedes Zustands, die man paarweise so überlagert, daß man Spins auf entsprechenden Positionen in den beiden Zuständen direkt miteinander vergleichen kann. Die Orientierungsunterschiede der Spins beider Zustände sum-

miert man und erhält auf diese Weise den Energieabstand.

Die tiefliegenden Energieniveaus neigen zu charakteristischen Häufungen innerhalb der Baumstruktur: „Geschwister" haben den geringsten Abstand, dann folgen die „Vettern ersten Grades" und so weiter. Es ist bei physikalischen Systemen sehr ungewöhnlich, daß sich auf diese Weise hierarchische Strukturen herausbilden. Sie erinnern eher an biologische und andere Systeme, bei denen es Evolutionsprozesse gibt; vielleicht sind sie ein gemeinsames Kennzeichen ungeordneter Systeme schlechthin. Kürzlich aber untersuchten William L. McMillan von der Universität von Illinois in Urbana-Champaign, Daniel S. Fisher und David A. Huse von den AT&T-Bell-Laboratorien sowie Alan J. Bray und Michael A. Moore von der Universität Manchester realistischere kurzreichweitige Modelle für Spingläser. Die Ergebnisse deuten wiederum darauf hin, daß hierarchische Strukturen ein pathologisches Merkmal der unendlichen Reichweite des Sherrington-Kirkpatrick-Modells sind.

Obwohl die Gültigkeit dieser neuen theoretischen Ergebnisse noch diskutiert wird, lassen sich doch mit ihnen viele der Eigenschaften der Spingläser reproduzieren, die man im Labor untersucht hat. Diese Theorien sagen eine Spinglas-Phase bei tiefen Temperaturen voraus, die aus nur zwei tiefen Energieniveaus besteht – ganz anders als im Sherrington-Kirkpatrick-Modell. Damit sehen sich die theoretischen Physiker vor die Herausforderung gestellt herauszufinden, welcher Art die Beziehungen zwischen Spinglas-Modellen kurzer und unendlicher Reichweite und den realen Spingläsern sind.

Anwendungen in Informatik, Neurologie und Biologie

Obwohl wir also noch ziemlich wenig über die Natur der Spingläser wissen, hat man doch im letzten Jahrzehnt einige kühne, aufregende und vielleicht sogar verwegene Anstrengungen unternommen, das bisher Verstandene auf einige herausragende Probleme der Informatik, Neurologie und Biologie anzuwenden. Welche Eigenschaften von Spingläsern könnten für derartige Fragestellungen relevant sein?

Viele dieser Probleme lassen sich nicht auf solche mit wenigen Variablen zurückführen. Wie in Spingläsern ist auch hier die Zahl der Variablen riesig, und sie wechselwirken auf ungleichmäßige Weise miteinander. Es ist typisch für diese Probleme, daß wie bei der

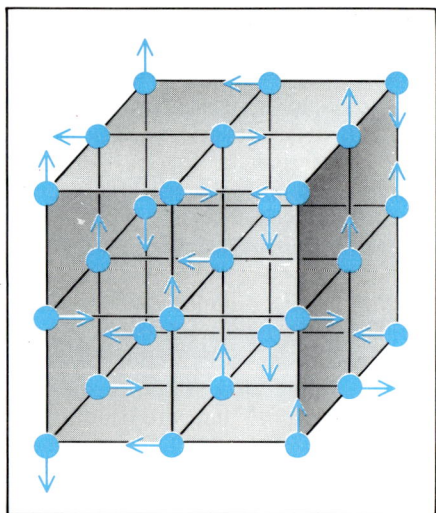 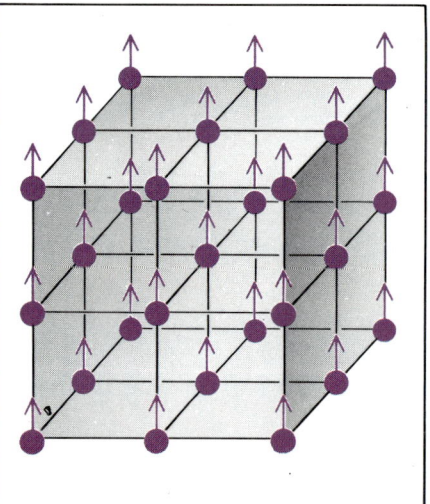 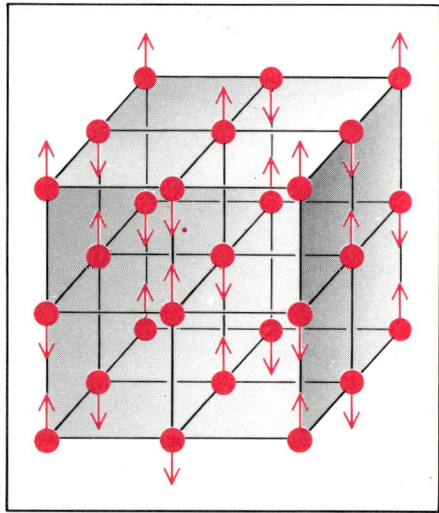

Bild 3: Paramagnetismus (links), Ferromagnetismus (Mitte) und Antiferromagnetismus (rechts) sind hier schematisch gezeigt. Atome verhalten sich in bezug auf die magnetische Wechselwirkung mit ihrer Umgebung wie kleine Stabmagnete. Die Pfeile bezeichnen die Nordpole der Atome. Die Atome in einem Paramagneten bewegen sich, so daß ihre Pole ungeordnet in alle Richtungen weisen. In einem Ferromagneten sind dagegen alle Pole in der gleichen Richtung orientiert. Bei einem Antiferromagneten richten benachbarte Atome ihre Pole jeweils entgegengesetzt aus. Ein Spinglas kann einem eingefrorenen Paramagneten ähneln: Es weist permanent eine statistische Verteilung der Polorientierungen auf.

Frustration in Spingläsern die Zwangsbedingungen nicht alle gleichzeitig erfüllt werden können. Deswegen gibt es bei diesen Systemen häufig viele erlaubte Lösungen, die nicht miteinander zusammenzuhängen scheinen.

Der zur Beschreibung der Spingläser entwickelte mathematische Formalismus verfügt über alle diese und noch weitere interessante Eigenschaften. Deshalb war die Spinglas-Theorie ein natürlicher Ausgangspunkt bei der Entwicklung vereinfachter Modelle für diese anderen komplexen Systeme. Man konnte mit ihr bestimmte Systemeigenschaften simulieren, die sich bis dahin gar nicht oder nur unter Schwierigkeiten beschreiben ließen.

Einige der ersten Anwendungen der Spinglas-Mathematik waren Computer-Algorithmen zur Lösung kombinatorischer Optimierungsprobleme. Besonders interessant ist in diesem Zusammenhang die Optimierung im Rahmen der Planungsforschung. Ein bekanntes Beispiel aus diesem Bereich ist das Problem des Handlungsreisenden: Welches ist der kürzeste Reiseweg für einen Vertreter, der eine bestimmte Anzahl von Städten besuchen und zum Heimatort zurückkehren soll?

Die Antwort mag offensichtlich scheinen: Man berechne die Entfernung zwischen allen Städtepaaren, addiere sie für alle möglichen Städtepaarkombinationen, mit denen sich die Rundreise abschließen läßt, und suche die kleinste Summe heraus. Diese Strategie funktioniert, solange die Anzahl der Städte gering ist, aber dahinter lauern die Schwierigkeiten — mit zunehmender Zahl der Städte explodiert die Zahl der Kombinationsmöglichkeiten förmlich.

Bei fünf Städten beispielsweise könnte ein Computer leicht die zwölf verschiedenen Möglichkeiten berechnen. Für zehn Städte würde er mit den 181 440 Varianten auch noch fertig. Doch schon für nur 25 Städte wird die Anzahl der möglichen Reiserouten so groß, daß ein Computer mit einer Rechenleistung von einer Million Routen pro Sekunde zu deren Berechnung 9,8 Milliarden Jahre benötigen würde — das sind immerhin fast zwei Drittel des Alters unseres Universums.

Normalerweise gibt es bei derartigen kombinatorischen Optimierungsproblemen eine große Anzahl von Variablen, Zwangsbedingungen und möglichen Kombinationen sowie eine sogenannte Kostenfunktion, die alle möglichen Werte der zu optimierenden Größe beschreibt. (Beim Problem des Handlungsreisenden ist das die Länge der Reise in Abhängigkeit von jeder der möglichen Reiserouten.) Vereinfacht lautet die Frage bei dieser Art von Problem immer: Welches ist die billigste Lösung?

Für viele dieser Aufgaben, sogar solche mit vielen Variablen, gibt es äußerst leistungsfähige Algorithmen, mit denen sich in relativ kurzer Zeit die billigsten oder global optimalen Lösungen finden lassen. Bei einigen kombinatorischen Optimierungsaufgaben ist man jedoch der Überzeugung, daß man keinen Algorithmus entwickeln kann, mit dem sich bei vertretbarem Zeitaufwand die beste Lösung auffinden ließe. Auf derartige schwierige Probleme stößt man häufig bei Anwendungen im Bereich der Logik, Robotik, Linguistik sowie bei Datenspeicherung und -zugriff. Es ist vielleicht keine Überra-

schung, daß eines dieser Probleme darin besteht, die energetisch niedrigste Anordnung der Spins in einem dreidimensionalen Edwards-Anderson-Spinglas zu identifizieren.

Lokale optimale Lösungen

Schwierige kombinatorische Optimierungsaufgaben kann man auch nach einer alternativen Strategie angehen, indem man sogenannte lokale optimale Lösungen sucht. Derartige relative Minimierungen der Kostenfunktion lassen sich jedoch nicht dadurch verbessern, daß man geringfügige Modifikationen an den zugeordneten Werten vornimmt — indem man etwa einige Spins in einem Spinglas umklappt oder die Reihenfolge von Städten auf der Reiseroute des Vertreters ändert. Obwohl man vielleicht zögert, sich mit einer solchen lokal optimalen Lösung zufriedenzugeben, wäre möglicherweise die einzige Alternative, bis irgendwann im nächsten Jahrhundert auf einen Computer zu warten, der die global beste Lösung dann direkt berechnet.

Für die nicht so Geduldigen erfanden Kirkpatrick, Charles D. Gelatt jr. und Mario Vecchi vom IBM-Forschungszentrum ein neues Rechenwerkzeug. Sie entwarfen einen Computeralgorithmus, der die lokal optimierten Lösungen relativ schnell finden kann. Die Grundlage für diesen Algorithmus, den man simuliertes Tempern nennt, bilden die physikalischen Methoden zur Bestimmung des niedrigsten Energieniveaus in einem Spinglas. Man kann dies auch als Optimieren durch simuliertes Ausglühen charakterisieren.

Die Energie eines bestimmten Spinglases läßt sich in Abhängigkeit vom Zustand des Systems — also der jeweiligen Spinanordnung — beschreiben. Wenn jeder Spin zwei Orientierungsmöglichkeiten hat (etwa auf und ab), ist bei n Spins im System 2^n die Gesamtzahl unterschiedlicher Zustände. Dabei ist im System definiert, ob zwei Spins ferro- oder antiferromagnetisch wechselwirken, und die Energie eines Zustands hängt davon ab, wieviele Spins bei der entsprechenden Anordnung die Wechselwirkungen absättigen. Ist das bei allen der Fall, so ist die Energie des Zustands minimal, andernfalls hat sie einen höheren Wert.

Die Funktion, welche die Energie in Abhängigkeit von allen Zuständen angibt, beschreibt eine Oberfläche in einem Raum, dessen Dimension gleich der Anzahl der Spins ist. Anstatt den Versuch zu machen, eine solche Geometrie zu veranschaulichen, stellen wir uns die Funktion hier als Gebirgslandschaft vor: Die Höhe an einem bestimmten Punkt stellt die Energie eines Zustands dar. Nehmen wir an, das System befinde sich in irgendeinem Zustand hoher Energie; in der Analogie läßt es sich beispielsweise durch eine Radfahrerin auf einem der Gipfel darstellen. Ihre Aufgabe ist es, das tiefste Tal — und das bedeutet: das niedrigste Energieniveau — ohne Hilfe einer Karte zu finden.

Die Fahrerin läßt sich den Berg hinabrollen, bis sie ein nahegelegenes Tal erreicht. Sie ist aber mißtrauisch, ob sie wirklich mit Glück im ersten Versuch den tiefsten Punkt erreicht hat, und strampelt aus dem Tal wieder heraus über einen Paß in ein anderes Tal, das sich als noch tiefer erweist. Nachdem sie so auf ihrem Rad durch viele Täler und über viele Gipfel gefahren ist, glaubt sie schließlich, den tiefsten Punkt entdeckt zu haben — obwohl sie sich dessen natürlich niemals sicher sein kann, denn viele Täler blieben unerforscht.

Die Suche nach einem niedrigen Energieniveau eines Spinglases erfordert wiederholtes Aufheizen und Abkühlen — Tempern —, entsprechend dem Bergaufstrampeln und Bergabrollen in unserem Beispiel. Wenn die Temperatur sehr niedrig ist, wird das System auch in einem flachen Tal sehr lange Zeit verweilen. Mit steigender Temperatur hat es dann mehr Energie zur Verfügung, um gewissermaßen auf Entdeckungsreise zu gehen: Seine Spins können leicht umklappen, und es hat auf diese Weise eine größere Chance, aus den flacheren Energiemulden herauszukommen und eine größere Zahl von Spinorientierungen auszuprobie-

ren, deren Energie dann vielleicht in einigen Fällen niedriger ist als im Ausgangszustand.

In einem einfachen Suchalgorithmus für relativ niedrige Energieniveaus im Spinglas simuliert man deshalb zunächst eine hohe Temperatur (bei der das System im Prinzip jeden Zustand besetzen kann) und kühlt dann langsam ab, damit das System in ein tieferes Energieniveau übergehen kann. Wenn es zu einem frühen Zeitpunkt in einer höheren Mulde hängenbleibt, hat es dann immer noch gute Aussichten, über den nächstgelegenen Paß wieder hinauszukommen und nach einem tieferen (energetisch niedrigeren) Tal Ausschau zu halten. Nach mehrfachem Tempern ergibt dieser Algorithmus mit hoher Wahrscheinlichkeit eine gute Lösung — also ein niedriges Energieniveau —, obwohl die Chancen, zufällig die global beste Lösung in dem riesigen Raum zu entdecken, extrem gering sind.

Bei vielen kombinatorischen Optimierungsproblemen ähnelt die Kostenfunktion einer rauhen Landschaft im Zustandsraum wie bei der Energiefunktion des Spinglases. Mit Algorithmen nach Art des simulierten Temperns geht man derartige Aufgaben so an, als ob man die Energie in einem Spinglas minimieren wollte. Die Energie als Funktion des Zustands übernimmt dabei die Rolle der Kostenfunktion.

Obwohl die Temperatur bei diesen Problemen keine physikalische Bedeutung hat, kann man sie formal auch hier

erhöhen oder erniedrigen, damit das System viele Bereiche des Zustandsraums auf der Suche nach guten Lösungen zu erforschen vermag. Auf diese Weise können Algorithmen auf der Grundlage von simuliertem Tempern in einer Reihe von kombinatorischen Optimierungsaufgaben relativ schnell lokal optimale Lösungen finden.

Das Hopfield-Modell

Anfang der achtziger Jahre machte John J. Hopfield von den AT&T-Bell-Laboratorien und dem California Institute of Technology einen weiteren Vorschlag für eine wichtige Anwendung der Mathematik der Spingläser. Er fand heraus, daß ein dem Spinglas ähnliches System Rechenoperationen durchführen und Informationen speichern könnte, wenn es entsprechenden dynamischen Regeln gehorchte. Das System ist deshalb von großem Interesse, weil es die Architektur des Gehirns genauer nachahmt als herkömmliche Digitalrechner. Mit neuronenähnlichen Schaltkreisen, die kollektiv rechnen, lassen sich ähnliche parallele Verarbeitungsprozesse erreichen, wie sie bei kognitiven Prozessen im Gehirn ablaufen.

Hopfields Modell besteht aus einfachen neuronenähnlichen Schaltern, die sich in einem von zwei Zuständen befinden können: an (feuernd) oder aus (nicht feuernd). Ob ein solches Neuron in seinem Zustand bleibt oder in den anderen umschaltet, hängt davon ab, in welchem Zustand alle anderen mit ihm verknüpften Neuronen sind. Die Rechenaufgabe legt das neuronale Verknüpfungsmuster fest. Im Gegensatz zu echten Neuronen wechselwirken diejenigen in Hopfields Modell symmetrisch: Die Wirkung, die ein Neuron auf ein anderes ausübt, ist die gleiche wie im umgekehrten Fall.

Ein solches System ähnelt in mancher Hinsicht einem Spinglas: Es ist eine Ansammlung von Variablen, von denen jede in zwei Zuständen existieren kann, die auf komplexe und unregelmäßige Weise miteinander wechselwirken. Die Hauptunterschiede zwischen beiden Systemen hängen damit zusammen, wie man die Wahrscheinlichkeitsverteilung der Wechselwirkungen in dem neuronalen Modell auswählt und daß sie sich im Laufe der Zeit verändern können — eine Eigenschaft, die Lernprozesse ermöglicht.

Auf ähnliche Weise wie beim Spinglas läßt sich auch für dieses System eine zustandsabhängige Energiefunktion definieren, die wiederum eine rauhe, gebirgige Oberfläche im Zustandsraum ergibt. Energietäler entsprechen

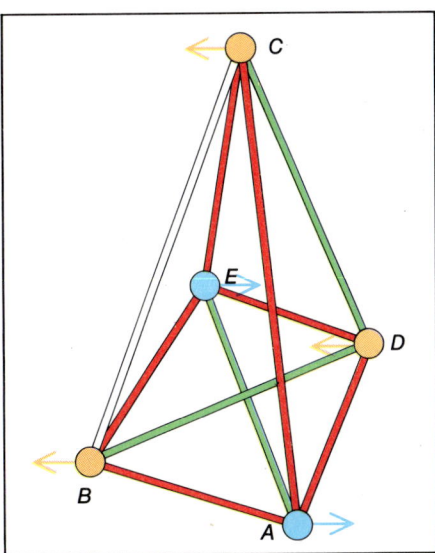

Bild 4: Frustration entsteht in einem Spinglas, wenn die magnetischen Wechselwirkungen miteinander in Widerstreit geraten. Hier bezeichnen die grünen und roten Linien Wechselwirkungen, welche die Pole parallel beziehungsweise antiparallel ausrichten. Die Pfeile im Bild kennzeichnen die Pole einer Anordnung, bei der alle Wechselwirkungen mit Ausnahme der zwischen B und C abgesättigt werden.

151

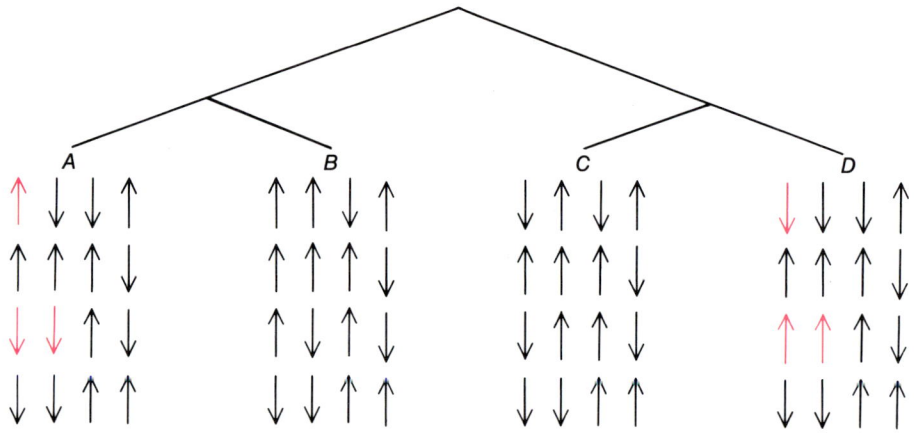

Bild 5: Der hier dargestellte Spinglas-Baum beschreibt die Beziehungen zwischen den niedrigen Energiezuständen der sogenannten Parisi-Lösung. Überlagert man jeweils zwei Zustandskarten und zählt die Spins, die in entgegengesetzter Richtung orientiert sind, so erhält man den Energieabstand zwischen diesen beiden Zuständen. Die farbigen Pfeile zeigen, daß der Abstand zwischen den Zuständen *A* und *D* drei beträgt. Die erste Ebene des Baums verbindet jeweils Zustände mit einem Abstand von zwei, die zweite solche mit einem von drei.

jetzt beispielsweise abzurufenden Erinnerungen, Mustern, die wiedererkannt werden sollen, oder anderen mentalen Prozessen. Das neuronale Verknüpfungsschema des Systems fixiert Anzahl, Lage und Bedeutung der Täler.

Ein von der Außenwelt ausgeübter Reiz legt die Anfangslage des Systems im Zustandsraum fest — bestimmt also, welche Neuronen feuern und welche im Ruhezustand sind. Eine anziehende Mulde umgibt den tiefsten Punkt einer Talsohle; er entspricht der Lösung. Befindet sich das System irgendwo in dieser Mulde, so wird es sich in Richtung der Lösung weiterentwickeln. Aus der Außenwelt eingegebene Informationen lösen damit die Auswahl einer bestimmten Lösung — beispielsweise einer bestimmten Erinnerung — aus.

Ein derartiges System unterscheidet sich grundsätzlich von den linearen, sequentiellen Algorithmen, wie man sie in Digitalrechnern verwendet. Die Rechenmethode ist kollektiver Natur, wie die Steuerung des Nervensystems in der Tierwelt. Das bedeutet, daß alle Teile des Systems gleichzeitig miteinander wechselwirken und viele Teile im Verlauf der Rechenoperation ihren Zustand wechseln.

Ein Modell der molekularen Evolution

Eine andere reizvolle Verbindung zwischen der Mathematik der Spingläser und der Welt des Lebendigen hat man im Bereich der biologischen Evolution entdeckt. Eine zentrale Frage zum frühen Stadium der Evolution ist: Wie entwickeln sich aus einer Ursuppe kleiner Moleküle wie Amino- oder Nucleinsäuren hochorganisierte Informationsträger wie makromolekulare Proteine oder DNA? Der genaue chemische Reaktionsmechanismus ist unbekannt. Dennoch kann man ein mathematisches Modell der molekularen Evolution entwerfen, in dem es einen interessanten Übergang von wenig zu viel Information gibt.

Gehen wir davon aus, daß die biologische Information, die in einer Folge von Monomeren (den Bausteinen von Makromolekülen oder Polymeren) enthalten ist, dann von Nutzen ist, wenn sie dem Überleben des Polymers dient. Bevor ein komplexer Zellapparat zur Übersetzung von DNA-Sequenzen in funktionelle Proteine existierte, hing die Überlebenswahrscheinlichkeit eines Polymers vielleicht direkt mit den chemischen Eigenschaften der betreffenden Sequenz zusammen: mit der einfachen Replikationsmöglichkeit, mit Charakteristika der Art, in der sich das Molekül faltet, mit der Wahrscheinlichkeit der Adsorption an benachbarten Oberflächen, der Neigung zur Knäuelbildung, der Stabilität und so weiter.

Zu Beginn der achtziger Jahre untersuchten Daniel S. Rokhsar aus Princeton und ich den Fall zweier Monomere, *X* und *Y*, die im Prinzip für zwei beliebige biologisch interessante Moleküle stehen können. Man mischt die Moleküle zunächst zu gleichen Teilen und prägt dann dem System eine Schrittfolge auf, bei der mit fortschreitender Zeit immer längere Monomerketten entstehen.

Der Schlüssel zur Erzeugung eines großen Informationsgehalts liegt in einem Verfahren, das Vielfalt und Selektivität sicherstellt. Vielfalt bedeutet, daß bei der Schrittfolge sehr viele unterschiedliche Polymere entstehen können. Ist beispielsweise die *X*-*Y*-Bindung wesentlich stabiler als die *X*-*X*- und *Y*-*Y*-Bindungen, so werden immer Polymere mit der Sequenz *X*,*Y*,*X*,*Y*,*X*,*Y* und so weiter entstehen: Das Verfahren liefert keine neuen Informationen.

Selektivität bedeutet demgegenüber, daß nicht alle Polymere die gleiche Überlebenschance haben. Wenn ein System alle denkbaren Arten von Polymeren hervorbringt, lernt man wieder nichts dabei. Der Informationsgehalt eines solchen Systems läßt sich definieren als der Logarithmus des Verhältnisses der Anzahl der möglichen Polymere zur Anzahl der existierenden verschiedenen Polymere.

Gemeinsam mit meinen Kollegen untersuchte ich ein recht abstraktes Modell, um gleichzeitig Vielfalt und Selektivität zu erzeugen. Die Wechselwirkung zwischen jeweils zwei beliebigen Monomeren einer Kette modellierten wir so, daß die Wahrscheinlichkeit für die entsprechende Zu- oder Abnahme der Überlebenschancen der Kette in etwa gleich groß ist. Die gesamte Überlebenswahrscheinlichkeit der Kette pro Zeiteinheit ist die Summe der Beiträge von jedem Paar. Mit diesen Voraussetzungen läßt sich ein mathematisches Modell konstruieren, das diese Faktoren in statistischer Weise berücksichtigt und in seiner mathematischen Struktur demjenigen eines Spinglases sehr ähnlich ist.

Wie die Zustandsfunktion des Spinglases hat auch die Funktion der Überlebenswahrscheinlichkeit viele Gipfel und Täler im Zustandsraum aller im Modell zugelassenen Polymere. Es zeigt sich, daß nicht alle Polymere gleich wahrscheinlich sind (was realistisch zu sein scheint). Gleichwohl wird eine ausreichende Vielfalt zur Erzeugung von Information aufrechterhalten, solange die Anzahl der brauchbaren Polymere exponentiell mit der Polymergröße ansteigt.

Was auch immer bei diesen Unternehmungen herauskommen mag — sie haben dazu beigetragen, eine bemerkenswerte gegenseitige Befruchtung zwischen so unterschiedlichen Disziplinen wie Physik, Mathematik, Informatik, Biologie, Chemie und Ökonomie zu fördern. Immer mehr Wissenschaftler nehmen nun grundlegende Probleme in Angriff, bei denen die Unbestimmtheit und Unordnung in unserem Universum eine fundamentale Rolle spielt. Wir sind dabei, ein tieferes Verständnis dafür zu entwickeln, weshalb diese Systeme mathematisch so schwierig zu behandeln sind; und vielleicht werden wir sie auch eines Tages in ihrer Eigenart verstehen lernen. Endlich krempeln wir die Ärmel hoch und machen uns die Hände schmutzig.

Quasikristalle

In diesen neuentdeckten Stoffen sind die Atome weder
geordnet wie in Kristallen noch unregelmäßig verteilt wie in Gläsern. Die ungewöhnliche
Struktur der Quasikristalle findet ihr Gegenstück in abstrakten mathematischen Gebilden:
sogenannten Penrose-Mustern aus der Theorie der Parkettierungen.

Von David R. Nelson

Im Jahre 1984 entdeckten Wissenschaftler am amerikanischen National Bureau of Standards ein Material, das eine der ältesten und fundamentalsten Grundregeln der Kristallographie zu verletzen schien. Es zeigte in seinem Aufbau einerseits die Art Ordnung, wie sie für Kristalle typisch ist; zugleich aber wies es eine Symmetrie auf, die für jede wirklich kristalline Substanz geometrisch unmöglich ist.

Untersuchungen seiner Mikrostruktur ergaben, daß der Stoff eine neue Art von Ordnung verkörpert, die weder kristallin noch völlig amorph ist. Materialien mit dieser „neuen Ordnung" liegen offenbar in der Mitte zwischen herkömmlichen Kristallen und metallischen Gläsern (Festkörpern, die sich bilden können, wenn geschmolzene Metall-Legierungen so schnell abgekühlt werden, daß die einzelnen Atome keine Zeit haben, ein Kristallgitter aufzubauen). Man hat sie daher Quasikristalle getauft.

Ein herkömmlicher Kristall enthält Atome oder Moleküle in äußerst regelmäßiger Anordnung. Gemeinsam bilden sie ein Gitter aus identischen „Elementarzellen", wie man die Grundbausteine des Kristalls nennt. Diese kleinsten Einheiten sind wie Backsteine regelmäßig und periodisch zu einer raumfüllenden Struktur aneinandergereiht.

Jede Kristallstruktur weist gewisse Symmetrien auf. So sagt man zum Beispiel, ein Kristall besitze eine dreizählige Rotationssymmetrie, wenn sein Gitter nach einer Drehung um ein Drittel eines vollen Kreises, also um 120 Grad, genau gleich aussieht wie vorher. (Ein einfaches Beispiel für ein Gebilde mit dreizähliger Rotationssymmetrie ist das gleichseitige Dreieck.)

Auch vierzählige oder sechszählige Rotationssymmetrien (wie sie etwa ein Quadrat beziehungsweise ein regelmäßiges Sechseck besitzt) können bei Kristallen auftreten. Kein Kristall aber kann eine fünfzählige Rotationssymmetrie haben. Elementarzellen mit dieser Symmetrie nämlich lassen sich ebensowenig raumfüllend aneinanderreihen, wie man mit Kacheln in Form regelmäßiger Fünfecke den Boden eines Badezimmers lückenlos auslegen kann, ohne daß sich einzelne Kacheln überschneiden.

Ein unmöglicher Kristall

Daher war es für die meisten Kristallographen und Festkörperphysiker eine Sensation, als Dan Shechtman, Ilan Blech, Denis Gratias und John W. Cahn die kristallographischen Eigenschaften einer besonders schnell abgekühlten Probe einer Aluminium-Mangan-Legierung mitteilten. Sie hatte einen Elektronenstrahl so gestreut, daß sich auf dem photographischen Film dahinter ein genau definiertes Muster mit fünfzähliger Symmetrie zeigte. Es bestand aus klar abgegrenzten, scharfen Punkten (Reflexen). Das aber hieß, daß Atome in vielen Teilen der Probe den Elektronenstrahl in gleicher Weise abgelenkt hatten; das Material mußte also eine Fernordnung besitzen.

Die Symmetrie des Musters, für die es offenbar keine Rolle spielte, welche Stelle der Probe der Elektronenstrahl getroffen hatte, zeigte jedoch klar, daß in der diesem Stoff zugrundeliegenden Struktur eine fünfzählige Symmetrie steckte. Andere Forscher haben inzwischen herausgefunden, daß sich dieselben Eigenschaften außer in der Aluminium-Mangan-Legierung auch in vielen anderen Metall-Legierungen erzeugen lassen.

Eine genaue Analyse des Beugungsmusters machte den Ursprung dieser bemerkenswerten Eigenschaften klar.

Die Elementarzellen vieler Kristalle basieren auf platonischen Körpern wie dem Würfel oder dem Oktaeder. Der Struktur dieser neuen Stoffe (die ich, einem Vorschlag Cahns folgend, Shechtmanite nennen möchte) liegt dagegen ein anderer platonischer Körper zugrunde: das Ikosaeder. Es hat 20 Flächen, die jeweils aus einem gleichseitigen Dreieck bestehen.

Bis zu dieser Entdeckung hatte es in der physikalischen Literatur fast so etwas wie eine „Verschwörung des Schweigens" über Ikosaeder gegeben. Viele anerkannte physikalische Lehrbücher behaupteten schlicht, daß das Ikosaeder „von keinerlei physikalischem Interesse" sei. Der Grund dieser Geringschätzung war, daß das Ikosaeder eine fünfzählige Symmetrie besitzt — an jeder seiner Ecken treffen sich fünf Flächen — und daher nicht als Elementarzelle für irgendwelche herkömmlichen Kristalle dienen kann.

Wie also mogeln sich Shechtmanite an dieser allgemeingültigen kristallographischen Grundregel vorbei? Die Antwort lieferten Untersuchungen über die mikroskopische Struktur der abgeschreckten Metall-Legierungen und die mathematische Theorie der Parkettierung.

Der Aufbau eines normalen Kristalls

Das Verständnis der Struktur von Shechtmanit-Quasikristallen setzt eine ungefähre Vorstellung vom Aufbau herkömmlicher Kristalle voraus. Diese besitzen zwei Arten von Fernordnung: eine Orientierungs- und eine Translations-Fernordnung. Beide lassen sich leicht an einer der einfachsten kristallinen Anordnungen von Atomen verdeutlichen: dem Dreiecksgitter, das bei-

Bild 1: Penrose-Muster bilden das zweidimensionale Gegenstück zu neu entdeckten Materialien, die als Quasikristalle oder Shechtmanite bezeichnet werden. Das Muster ist nicht periodisch: Es kann nicht in eine einzige Elementarzelle zerlegt werden, die sich unendlich oft wiederholt. Dennoch erfüllt es gewisse Ordnungskriterien, die für periodische, aus einer Grundfigur zusammengesetzte Mosaike (Mathematiker sagen Parkettierungen oder Pflasterungen) gelten. So haben die Zehnecke, die man überall im Muster findet, alle die gleiche Orientierung (ihre Seiten sind parallel zueinander), so wie auch die Grundfiguren in einem periodischen Mosaik ausnahmslos gleich ausgerichtet sind. Anders als jedes mögliche periodische Mosaik weist das Penrose-Muster allerdings eine Art fünfzähliger Symmetrie auf: In gewissem Sinne bleibt das Muster unverändert, wenn man es um ein Fünftel eines vollen Kreises, also um 72 Grad, dreht. Wie das Penrose- Muster zeigt auch die Mikrostruktur von Quasikristallen eine fünfzählige Symmetrie. Eine solche Symmetrie ist aber ebenso wie in periodischen Mosaiken auch in herkömmlichen Materialien (die aus einer sich regelmäßig wiederholenden Elementarzelle aufgebaut sind) geometrisch unmöglich. Shechtmanite können also trotz ihrer hochgeordneten Struktur keine echten Kristalle sein. Erdacht hat die Penrose-Muster Roger Penrose von der Universität Oxford. Die hier abgebildeten Kacheln wurden von Saxe Patterson (Taos Clay Products) in Taos, New Mexico, hergestellt.

spielsweise Poolbillardkugeln vor Beginn eines Spieles einnehmen (Bild 2).

In diesem zweidimensionalen Gitter sitzt jedes Atom in einer Art sechseckigem Käfig, der von seinen sechs nächsten Nachbarn gebildet wird. Dieses Sechseck mit einem Atom in der Mitte ist die Elementarzelle des Kristalls: Durch Aneinanderreihen in verschiedenen Richtungen kann man aus ihm den gesamten Kristall aufbauen. Da alle Sechsecke dieselbe Ausrichtung (Orientierung) haben — die Seiten jedes Sechsecks liegen parallel zu denen aller anderen —, sagt man von dem Kristall, er habe eine Orientierungs-Fernordnung.

Die zweite Art der Fernordnung, die in einem Kristall vorhanden ist, kann man demonstrieren, indem man eine Reihe paralleler Linien durch die Atome zeichnet. Zieht man sie so, daß sie alle Atome des Gitters erfassen, so haben sie über den gesamten Kristall hinweg genau den gleichen Abstand. Man kann daher einige Linien aus einem Teilbereich des Kristalls so verschieben, daß sie genau mit denen in einem anderen Teilbereich zusammenfallen. Es reicht also, irgendeinen kleinen Ausschnitt des Kristalls zu untersuchen, um die genaue Lage und Entfernung der Linien in jedem beliebigen anderen Ausschnitt zu bestimmen. Diese Eigenschaft von Kristallen bezeichnet man als Translations-Fernordnung.

In einem herkömmlichen Kristall gibt es viele Familien paralleler Linien, die jeweils in unterschiedliche Richtungen weisen und meist auch verschiedene Abstände haben. In einem dreidimensionalen Kristall sind die Linien in Wahrheit Ebenen, die man als Netzebenen bezeichnet. Einfallende Röntgen- oder Elektronenstrahlen werden an diesen Netzebenen reflektiert und gestreut. Indem Wissenschaftler die Richtungen der gestreuten Strahlen ermitteln, können sie die Orientierungen und Abstände der einzelnen Netzebenen bestimmen. Aus den relativen Intensitäten der an den verschiedenen Netzebenen reflektierten Strahlen läßt sich zudem oft die genaue Lage der Atome ableiten.

Mit dieser Methode der „Kristallstrukturbestimmung" wurde auch der Shechtmanit entdeckt. Sein scharfes Beugungsmuster besagte, daß er Netzebenen enthielt. Aus der fünfzähligen Symmetrie des Musters aber ging zugleich hervor, daß es sich nicht um einen Kristall im üblichen Sinn handeln konnte.

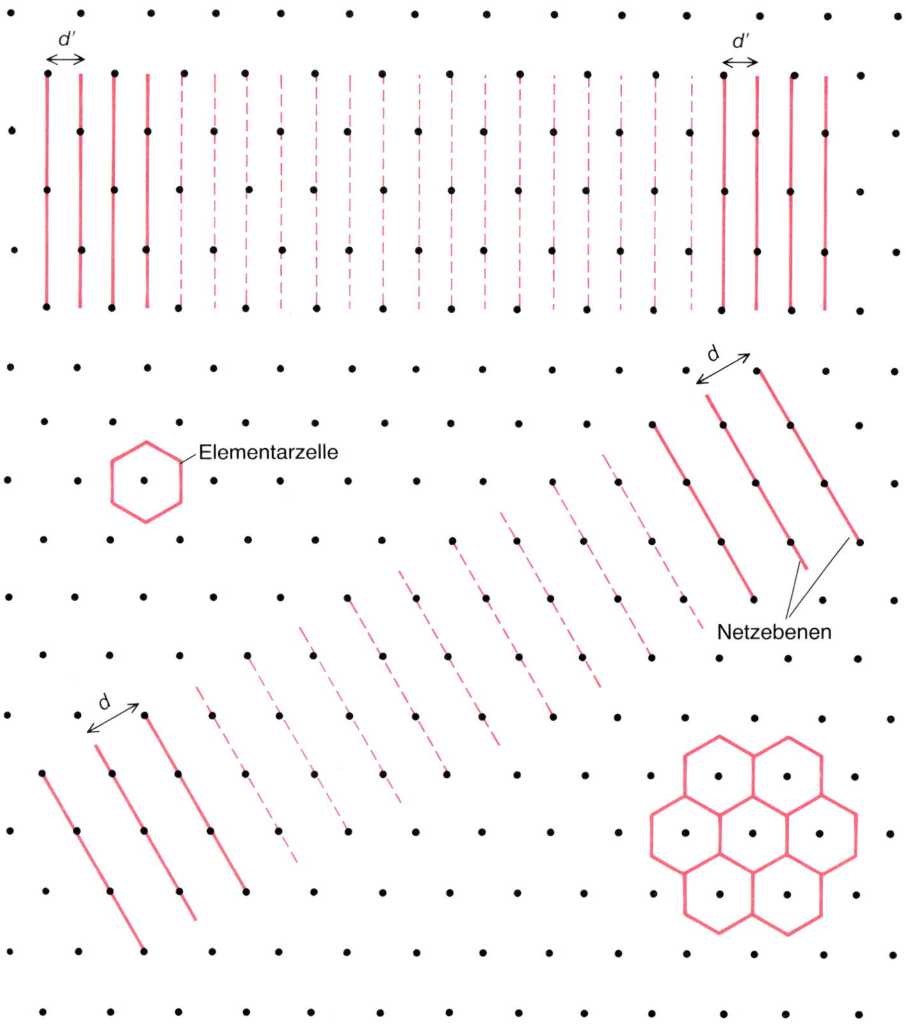

Frustration durch fünfzählige Symmetrie

Um zu verstehen, warum ein konventioneller Kristall keine fünfzählige Symmetrie besitzen kann, muß man nur versuchen, einen zweidimensionalen Kristall aus fünf- statt sechseckigen Elementarzellen aufzubauen (Bild 3a). Reguläre Fünfecke, die einfachsten Figuren mit fünfzähliger Symmetrie, können nicht als Elementarzelle eines solchen Kristalls dienen. Der Grund ist, daß man Fünfecke anders als Sechsecke nicht dicht nebeneinanderlegen kann, ohne einen Zwischenraum zu lassen: Werden zwei Fünfecke an einer Kante zusammengefügt, läßt sich kein drittes so anschließen, daß es gleichzeitig an beiden Nachbarn dicht anliegt. (Eine solche Diskrepanz zwischen einem erwünschten Idealzustand und dem real Machbaren bezeichnen Festkörperphysiker als Frustration.) Ebensowenig wie in zwei Dimensionen ist es in drei möglich, Formen mit fünfzähliger Symmetrie lückenlos zusammenzupacken.

Ein Sechseck ist die günstigste zweidimensionale Packungseinheit: Drei dicht zusammengefügte kreisrunde Scheiben (zweidimensionale „Atome") ergeben mit ihren Mittelpunkten ein Dreieck, und sechs solche Dreiecke zusammen bilden ein Sechseck, das aus sieben Scheiben besteht (Bild 3b). Erstaunlicherweise folgt aus einer ähnlichen Überlegung, daß das Ikosaeder,

Bild 2: An einem periodischen Gitter lassen sich die zwei Arten von Fernordnung aufzeigen, die in jedem herkömmlichen Kristall vorhanden sind. Man kann dieses Gitter in lauter Sechsecke zerlegen, jedes mit einem „Atom" im Zentrum. Weil die Sechsecke in einem Teil des Kristalls (unten rechts) die gleiche Orientierung haben wie in jedem anderen Teil (zum Beispiel Mitte links), sagt man, das Gitter besitze eine Orientierungs-Fernordnung. Daß das Gitter auch eine Translations-Fernordnung aufweist, läßt sich etwa an der Schar gleichartiger, schräger Linien im unteren Teil des Gitters zeigen. Wenn die Linien, die in einem dreidimensionalen Kristall Netzebenen heißen, so gezeichnet werden, daß sie durch sämtliche Atome gehen, sind die Abstände zwischen zwei benachbarten Linien im gesamten Kristall überall gleich. Lage und Richtung der Linien in einem beliebigen Teil des Kristalls können daher durch Verschiebung (Translation) von Linien aus einem anderen Teil genau bestimmt werden. Üblicherweise gibt es in einem Kristall eine ganze Reihe von Netzebenenscharen; in diesem Bild ist eine zweite am oberen Rand gezeichnet. Die Linienabstände können bei verschiedenen Netzebenenscharen unterschiedlich groß sein, müssen es aber nicht.

das wegen seiner fünfzähligen Symmetrie nicht als Grundbaustein einer gleichmäßig gepackten Struktur fungieren kann, dennoch die natürliche Packungseinheit im dreidimensionalen Raum sein sollte: Vier starre Kugeln (die Atome darstellen könnten) bilden,

dicht zusammengelegt, ein Tetraeder (das pyramidenartige Gebilde, zu dem oft bei Kriegerdenkmälern Kanonenkugeln zusammengesetzt sind), und 20 solcher Tetraeder ergeben mit nur geringen Verzerrungen einen Ikosaeder, der aus 13 Kugeln besteht (Bild 3c).

Was passiert nun, wenn man versucht, Kugeln zu einer Struktur zusammenzupacken, die auf dem Ikosaeder beruht? Zunächst ist zu sagen, daß schon das 13-atomige Ikosaeder nicht vollkommen ist. Es ist nicht absolut dicht gepackt, da zwischen den zwölf

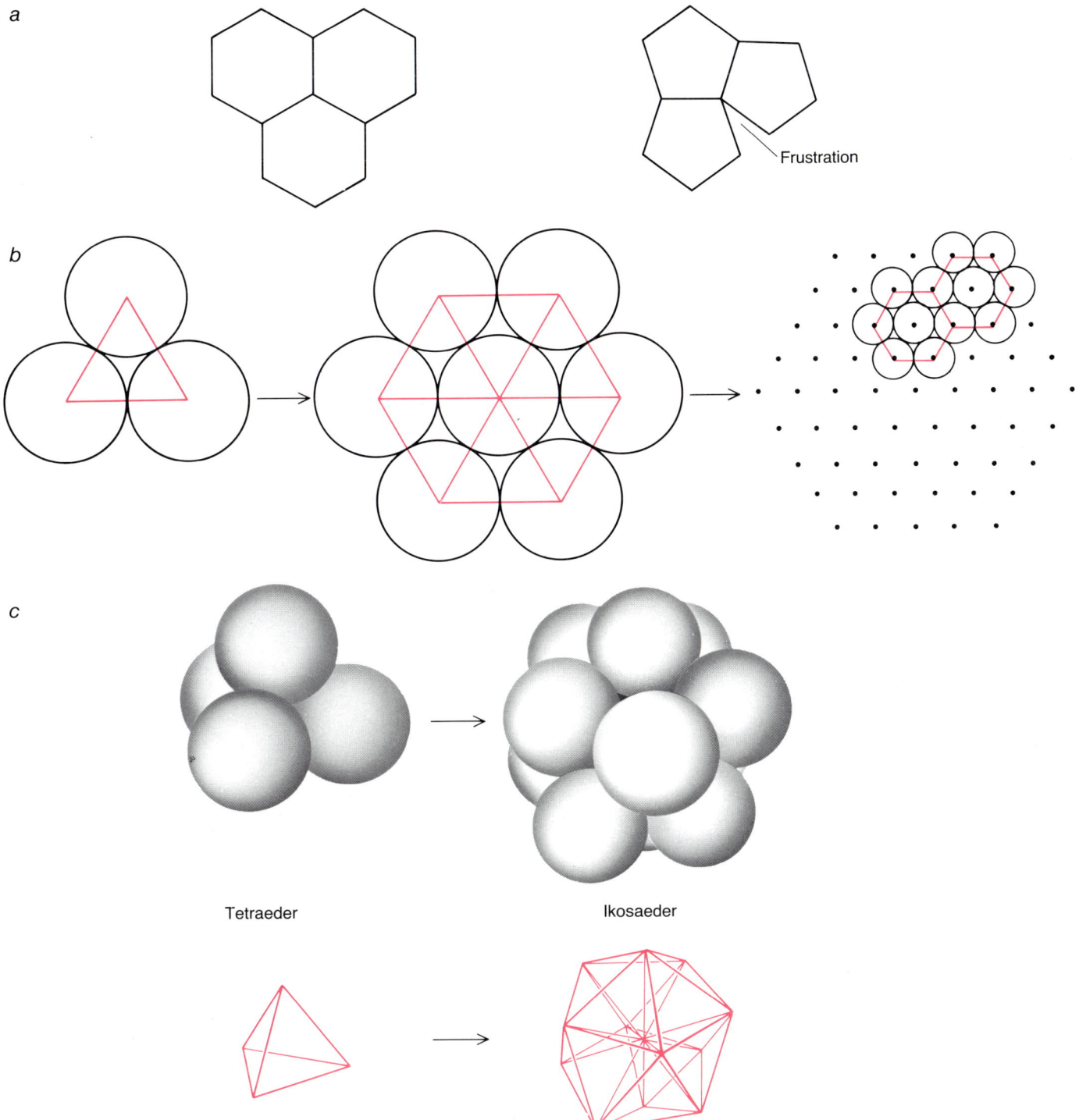

a

Frustration

b

c

Tetraeder

Ikosaeder

Bild 3: Formen mit fünfzähliger Symmetrie lassen sich weder in der Ebene noch im Raum lückenlos zusammenpacken. Während man drei Sechsecke dicht zusammenlegen kann, ohne daß Spalten frei bleiben, ist das mit drei Fünfecken nicht möglich (a). Festkörperphysiker bezeichnen die Diskrepanz zwischen real erreichbarem und idealem Zustand mit dem Ausdruck Frustration. Für zweidimensionale Packungen aus Kreisscheiben ist das Sechseck die günstigste Grundeinheit (b): Drei Scheiben lassen sich dicht zu einem Dreieck zusammenlegen; sechs sol- che Dreiecke ergeben, nahtlos aneinandergefügt, ein Sechseck, und mit den Sechsecken kann man durch Aneinanderreihen die Ebene lückenlos bedecken. In drei Dimensionen (c) bilden vier Kugeln bei dichter Packung ein Tetraeder, und 20 leicht verzerrte Tetraeder lassen sich fugenlos zu einem Ikosaeder zusammenpacken. Ikosaeder aber haben eine fünfzählige Symmetrie (fünf dreieckige Flächen treffen sich an jeder Ecke), und man kann sie daher nicht raumfüllend aneinanderfügen. Aus diesem Grund können sie nicht als Elementarzelle eines Kristalls dienen.

Atomen auf seiner Oberfläche Lücken klaffen: Jedes Atom ist von seinen Nachbarn auf der Oberfläche ungefähr fünf Prozent weiter entfernt als von dem Atom im Zentrum. Wie Fünfecke in der Ebene können die Atome nicht alle im selben Abstand voneinander plaziert werden.

Umhüllt man das Ikosaeder mit weiteren Atomlagen, verschlimmert sich die Situation noch: Die Lücken zwischen den Atomen auf den äußeren Schalen werden immer größer (Bild 4).

Wegen dieser zunehmenden Frustration läßt sich die ikosaedrische Ordnung nicht über den ganzen Kristall fortsetzen. Über kurze Entfernungen jedoch ergibt sie eine sehr hohe Packungsdichte. Auf Grund dieser Überlegungen äu-

ßerte Sir Charles Frank von der Universität Bristol schon 1952 die Vermutung, daß dichte unterkühlte Flüssigkeiten (die unter ihren Erstarrungspunkt abgekühlt worden sind) großenteils aus vielen kleinen Bereichen mit Ikosaeder-Symmetrie aufgebaut sein sollten, in denen sich Atomgruppen zu Ikosaedern zusammengeballt haben. Wenn eine solche unterkühlte Flüssigkeit vor dem Kristallisieren ein Glas bildet, könnte auch dieses, wie man später vermutete, aus einer Anzahl irgendwie miteinander verbundener kleiner Ikosaeder-Cluster bestehen (ein Cluster ist gewissermaßen das atomare Gegenstück einer Menschentraube). Die Atome des Glases besäßen dann in vielen sehr kleinen Gebieten eine ikosaedrische Nahordnung.

Franks Vorstellungen haben sich inzwischen im Prinzip bestätigt. Anfang der sechziger Jahre gelang es erstmals, Metalle so schnell abzukühlen, daß sie erstarrten, bevor sie kristallisieren konnten. Ende der sechziger und Anfang der siebziger Jahre fand man dann, daß sich die Positionen der Atome in diesen Gläsern durch ungeordnete Packungen starrer Kugeln darstellen lassen. Diese Packungen enthalten viele Bruchstücke von Ikosaedern, und so scheint die ikosaedrische Nahordnung offenbar tatsächlich ein wichtiges Strukturelement bei schnell abgekühlten Flüssigkeiten und metallischen Gläsern zu sein.

Ein besonders einfaches metallisches Glas wird von einer Legierung aus Ma-

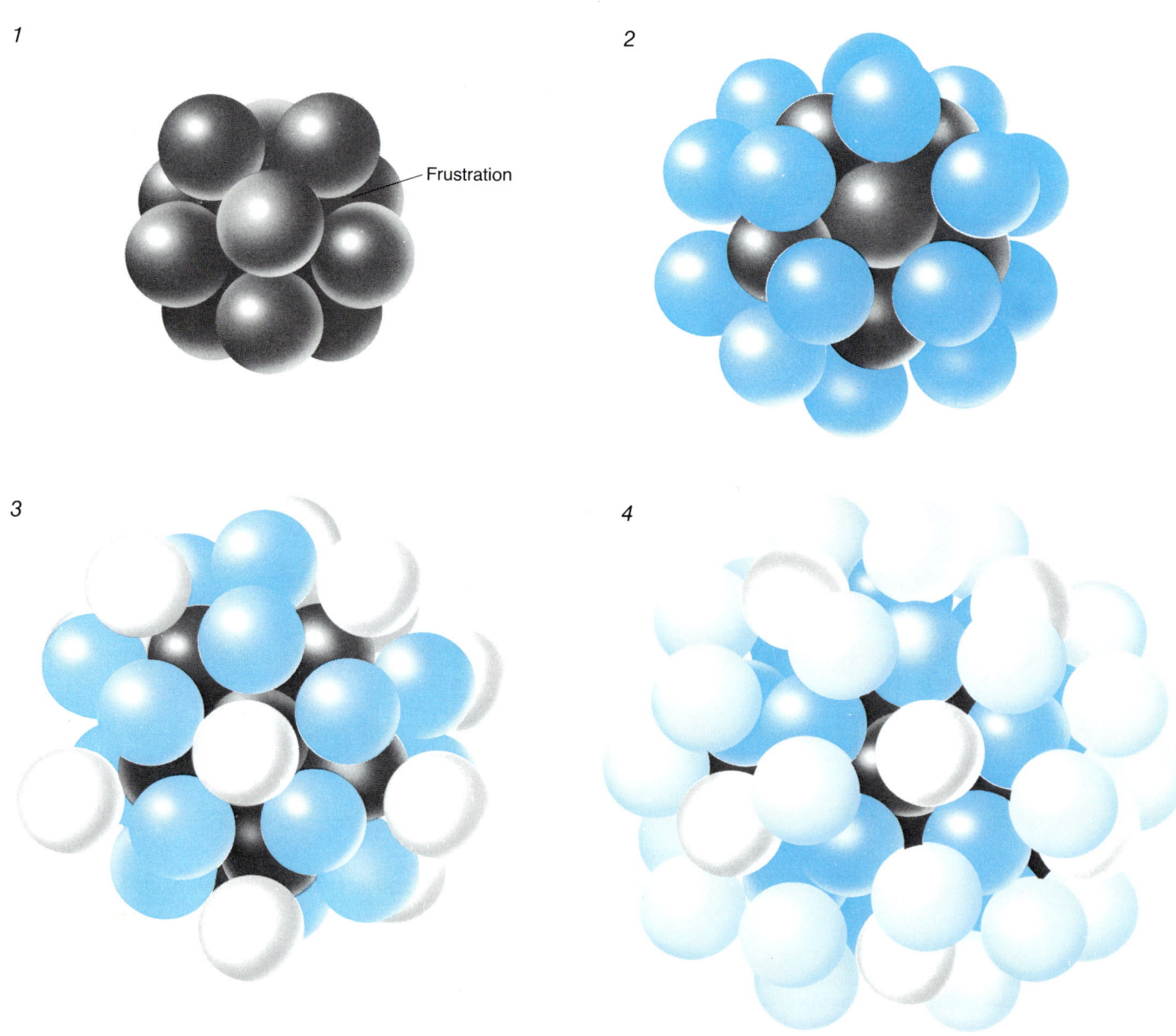

Bild 4: Mit ikosaedrischen Clustern (Gruppierungen) von Atomen läßt sich nur über kurze Distanzen der Raum weitgehend füllen. Je größer die Cluster werden, desto schlechter gelingt das: Die Spalten zwischen benachbarten Atomen nehmen mit jeder neuen Atomlage, die man außen anfügt, an Größe zu. In einigen Legierungen, wie etwa in $Mg_{32}(Al,Zn)_{49}$ (das einen Shechtmanit bilden kann), wird diese Frustration dadurch gemildert (im Bild nicht gezeigt), daß sich zusätzliche Atome in jene Spalten zwängen, die erstmals in Teil 3 dieser Abbildung zu sehen sind.

gnesium und Zink gebildet. Eine verwandte Verbindung, $Mg_{32}(Al,Zn)_{49}$, ist von besonderer Bedeutung für das Studium der Quasikristalle. Sie gehört zu den Legierungen, die einen Shechtmanit bilden, wenn sie schnell genug abgekühlt werden. Bei noch schnellerem Abkühlen erstarren Legierungen dieser Art oft zu Gläsern, die viele kleine Bereiche mit ikosaedrischer Symmetrie enthalten. Läßt man $Mg_{32}(Al,Zn)_{49}$ dagegen langsamer erkalten, so entsteht ein Kristall, der zwar in kleinen Bereichen noch ikosaedrische Symmetrie zeigt, als ganzes aber keine dicht gepackte Ansammlung von regulären Ikosaedern ist. Die einzelnen Ikosaeder sind vielmehr leicht verzerrt und so angeordnet, daß der Kristall insgesamt eine kubische Symmetrie aufweist; damit kommt es nicht zu der verbotenen ikosaedrischen Fernordnung. Wahrscheinlich ist die ikosaedrische Nahordnung, die man in solchen glasigen und kristallinen Phasen beobachtet, allerdings mit der ikosaedrischen Fernordnung in Shechtmaniten verwandt.

Festkörper
mit ikosaedrischer Nahordnung

In kristallinem $Mg_{32}(Al,Zn)_{49}$ werden die bei der ikosaedrischen Nahordnung verbleibenden Lücken dadurch geschlossen, daß sich zusätzliche Atome in die Spalten zwischen den Atomen in den äußeren Ikosaeder-Schalen zwängen. Sie heben die fünfzählige Symmetrie der Cluster auf. Die entstehende dichte Packung von Atomen läßt sich als eine Anzahl leicht verzerrter Tetraeder ansehen. Die Atome bilden die Ekken und die Bindungen zwischen ihnen die Kanten der Tetraeder. Je zwei Tetraeder haben eine Seitenfläche gemeinsam, und an jeder Kante (oder Bindung) stoßen mehrere Tetraeder aneinander (Bild 5). Nach diesem Muster lassen sich metallische Gläser und kristalline Verbindungen gleichermaßen analysieren.

An jeder Bindung treffen vier, fünf oder sechs leicht verzerrte Tetraeder aufeinander; meist sind es fünf. Eine

Bild 5: Wenn Atome dicht gepackt sind, nehmen sie oft Anordnungen an, in denen leicht verzerrte Tetraeder Bindungen gemeinsam haben. An den meisten Bindungen stoßen fünf Tetraeder aneinander (oben); diese bilden dann zusammen ein Ikosaeder-Bruchstück. Um die einer ikosaedrischen Packung innewohnende Frustration zu mindern, müssen sich manchmal aber auch sechs Tetraeder in eine Bindung teilen (unten). Die resultierende Figur ähnelt einem Ikosaeder, hat aber anders als dieser eine sechszählige Symmetrieachse.

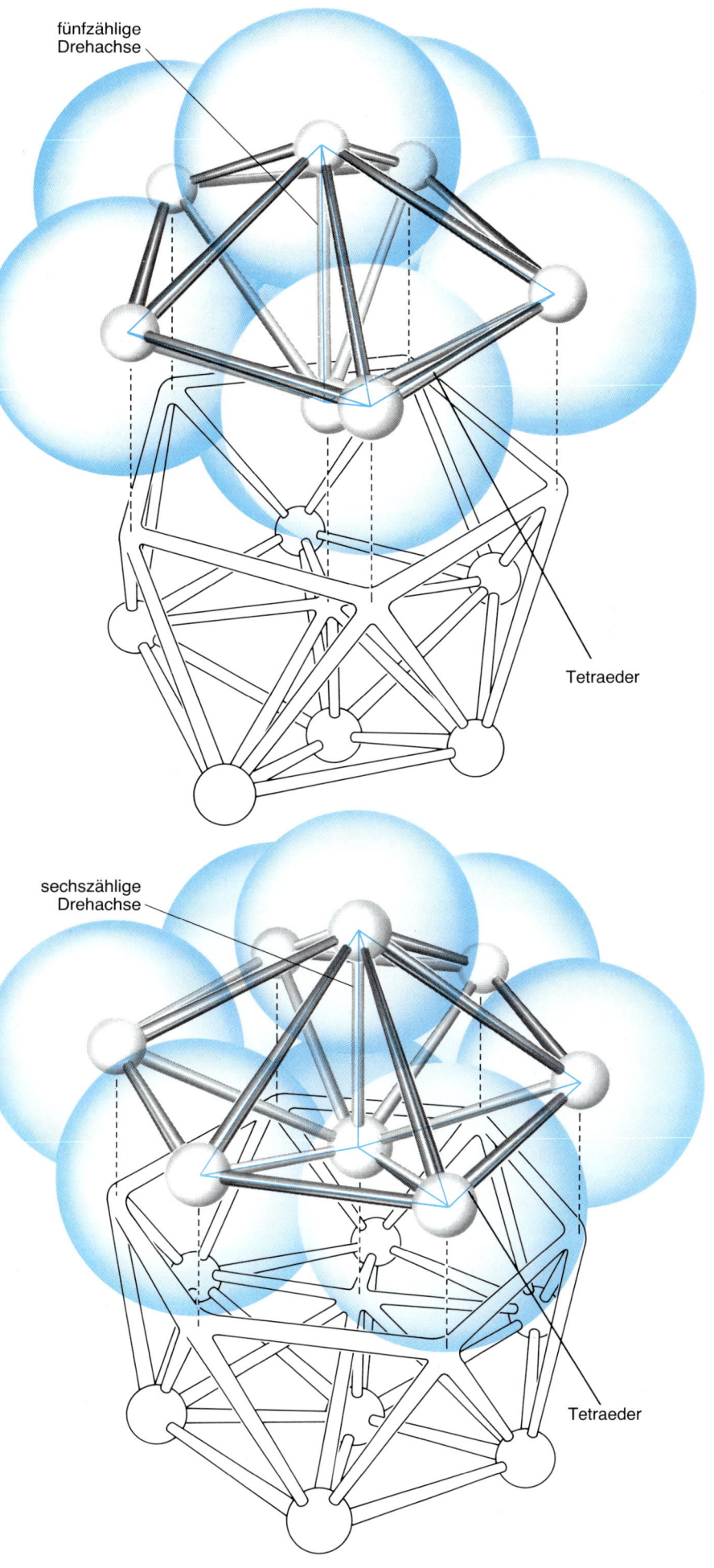

fünfzählige Drehachse

Tetraeder

sechszählige Drehachse

Tetraeder

solche Gruppierung von fünf Tetraedern um eine gemeinsame Bindung kann man als Fragment eines Ikosaeders betrachten. Wo immer diese Gruppierungen auftreten, hat die Legierung also eine ikosaedrische Nahordnung. Damit die mit der ikosaedrischen Anordnung verbundenen Lücken gefüllt werden, müssen sich in zehn Prozent der Fälle jedoch sechs statt fünf Tetraeder eine Bindung teilen.

Wie sich zeigt, sind alle sechsfachen und vierfachen Bindungen in diesem Material zu langen Reihen miteinander verbunden, die man Keil-Disklinationen (*wedge disclinations*) nennt. Keil-Disklinationen können innerhalb eines Stoffes weder anfangen noch aufhören, und bei niedrigen Temperaturen sind sie in ihrer momentanen Position quasi eingefroren. Wenn geschmolzene Metalle abgeschreckt werden, bilden sich diese Linien sehr schnell in einem chaotischen Gewirr, das keine Zeit mehr hat, sich zu ordnen. So entsteht ein metallisches Glas. Werden die Metalle dagegen langsamer abgekühlt, bleibt den Keil-Disklinationen mehr Zeit, sich zu kreuzen und dabei zu entwirren. Schließlich verbinden sie sich so zu einem periodischen Netzwerk miteinander. In vielen Legierungen enthält das Material dann ein regelmäßiges Netz sechsfacher Bindungen, die sich durch eine im übrigen vollständig ikosaedrische Umgebung schlängeln.

Dies ist die kristalline Phase dieser Legierungen, bekannt als Frank-Kasper-Phase. In der Frank-Kasper-Phase von $Mg_{32}(Al,Zn)_{49}$ liegen Magnesiumatome an den Stellen, die durch sechsfache Bindungen verknüpft sind, und die kleineren Aluminium- und Zinkatome besetzen die verbleibenden ikosaedrischen Lagen.

Das Beispiel nicht-periodischer Parkettierungen

Metallische Gläser und Frank-Kasper-Phasen sind gute Beispiele dafür, wie die ikosaedrische Nahordnung entstehen und in einem Kristall untergebracht werden kann, der keine ikosaedrische Fernordnung besitzt. Um die ikosaedrische Fernordnung der Shechtmanite zu verstehen, muß man zusätzlich die mathematische Theorie der Parkettierung heranziehen: der lückenlosen und überlappungsfreien Überdeckung der euklidischen Ebene mit identischen Teilstücken. Vertraute Beispiele für Parkettierungen sind Parkettfußböden oder gekachelte Flächen.

Eine Parkettierung läßt sich gut mit einem Kristall vergleichen. So wie in einem Kristall der dreidimensionale Raum mit Elementarzellen gefüllt ist, wird bei Parkettierungen der zweidimensionale Raum mit Fliesen oder Kacheln gefüllt.

Viele Eigenschaften der dreidimensionalen Kristalle finden sich ebenso bei zweidimensionalen Parkettierungen. Auch dort gibt es beispielsweise Netzebenen und eine Orientierungs-Fernordnung. Demnach sollten bestimmte Parkettierungen auch einige der ungewöhnlichen Eigenschaften der Quasikristalle aufweisen.

In der Tat wurde jene Parkettierung, die das beste Modell für Quasikristalle abgibt, schon zehn Jahre vor dem ersten Shechtmanit entdeckt: Im Jahre 1974 suchte Roger Penrose, ein theoretischer Physiker an der Universität Oxford, nach Möglichkeiten, eine Ebene aperiodisch zu parkettieren (so daß sich das Kachelmuster nicht aus nur einer Elementarzelle, etwa einem Sechseck, aufbauen läßt). Penrose fand ein solches Muster, das nur zwei verschieden geformte Kacheln erfordert, beides Rauten oder Rhomben (schiefe Quadrate). Der eine Rhombus hat Innenwinkel von 36 und 144, der andere Winkel von 72 und 108 Grad.

Die Rauten werden nach einer bestimmten Bauanleitung zusammengefügt. In einem unendlichen Penrose-Muster verhält sich die Zahl der „dicken" zur Zahl der „dünnen" Rhomben entsprechend dem Goldenen Schnitt (ungefähr also einem Verhältnis von 1,618). Da dieses Verhältnis eine irrationale Zahl ist, kann das Muster unmöglich in eine einzige Elementarzelle zerlegt werden, die eine ganze Zahl jeder Rhombenart enthält.

Wie die Shechtmanite sind auch Penrose-Muster nicht kristallin im herkömmlichen Sinne, besitzen aber viele Eigenschaften von Kristallen. So lassen sich in einem Penrose-Muster viele Zehnecke ausmachen (Bild 6a). Wie die Sechsecke, die die Elementarzelle des zweidimensionalen „Billardkugel"-Kristalls bilden, haben sie alle dieselbe Orientierung. Auch Penrose-Muster zeigen also wie Shechtmanite die für Kristalle typische Orientierungs-Fernordnung.

Auf eine subtilere Weise haben Penrose-Muster sogar eine Art Translations-Fernordnung. Dies kann man sehen, wenn man alle Rhomben einfärbt, bei denen zwei der vier Seiten parallel zu einer vorgegebenen Richtung liegen. Die farbigen Rhomben bilden dann eine Reihe gezackter, unregelmäßiger Linien, die sich aber alle — grob gesehen — durch eine Gerade annähern lassen (Bild 6b bis f). Diese Geraden verlaufen parallel und haben ungefähr den gleichen Abstand voneinander. Daher besitzt ein Penrose-Muster, statistisch gesehen, außer der Orientierungs- auch eine Translations-Fernordnung.

Wie die Quasikristalle zeichnen sich Penrose-Muster durch eine Art fünfzähliger Symmetrie aus. Beim Einfärben der Rhomben mit gleich orientierten Seiten erhält man fünf verschiedene Linienscharen. Sie verlaufen parallel zu den Kanten eines regelmäßigen Fünfecks und schneiden sich unter Winkeln, die ein Vielfaches von 72 Grad, einem Fünftel eines vollen Kreises, sind.

Man kann zeigen, daß diese Linien wie die Netzebenen eines gewöhnlichen Kristalls Elektronen- oder Röntgenstrahlen beugen würden. Wegen ihrer fünfzähligen Symmetrie müßten auch die von einem Penrose-Muster reflek-

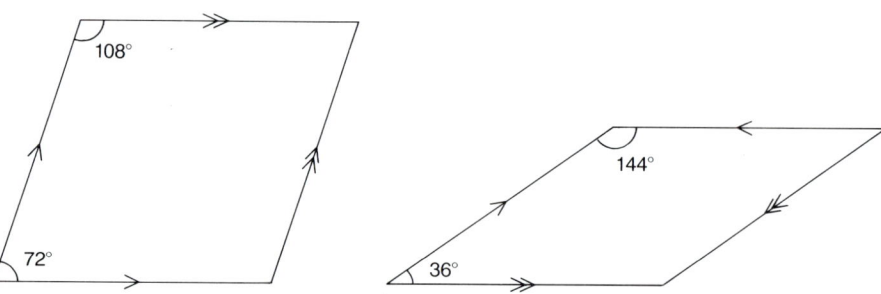

Bild 6: Die Fernordnung in einem Penrose-Muster ähnelt der in einem herkömmlichen Kristall; es gibt jedoch feine Unterschiede, dank derer Penrose-Muster eine fünfzählige Symmetrie aufweisen können. Die überall im Muster zu findenden Zehnecke (a, farbig) sind alle gleich orientiert und belegen damit die Orientierungs-Fernordnung des Musters. Daneben existiert aber auch eine Art Translations-Fernordnung. Färbt man nämlich alle Rhomben, die parallele Seiten zu einer vorgegebenen Richtung haben (b), erhält man eine Reihe von gezackten Linien, die im großen ganzen parallel verlaufen und ungefähr gleich weit voneinander entfernt sind. Damit gleichen sie den Netzebenen eines herkömmlichen Kristalls. Es gibt fünf Arten solcher Linien (b bis f); sie schneiden sich unter Winkeln, die Vielfache von 72 Grad (einem Fünftel eines vollen Kreises) sind. Jedes Beugungsmuster von Röntgen- oder Elektronenstrahlen, die an diesen Netzebenen reflektiert würden, hätte demnach eine fünfzählige Symmetrie. Ein Penrose-Muster bildet sich, wenn die oben gezeigten Rhomben so zusammengelegt werden, daß die Pfeile an den Kanten zur Deckung kommen.

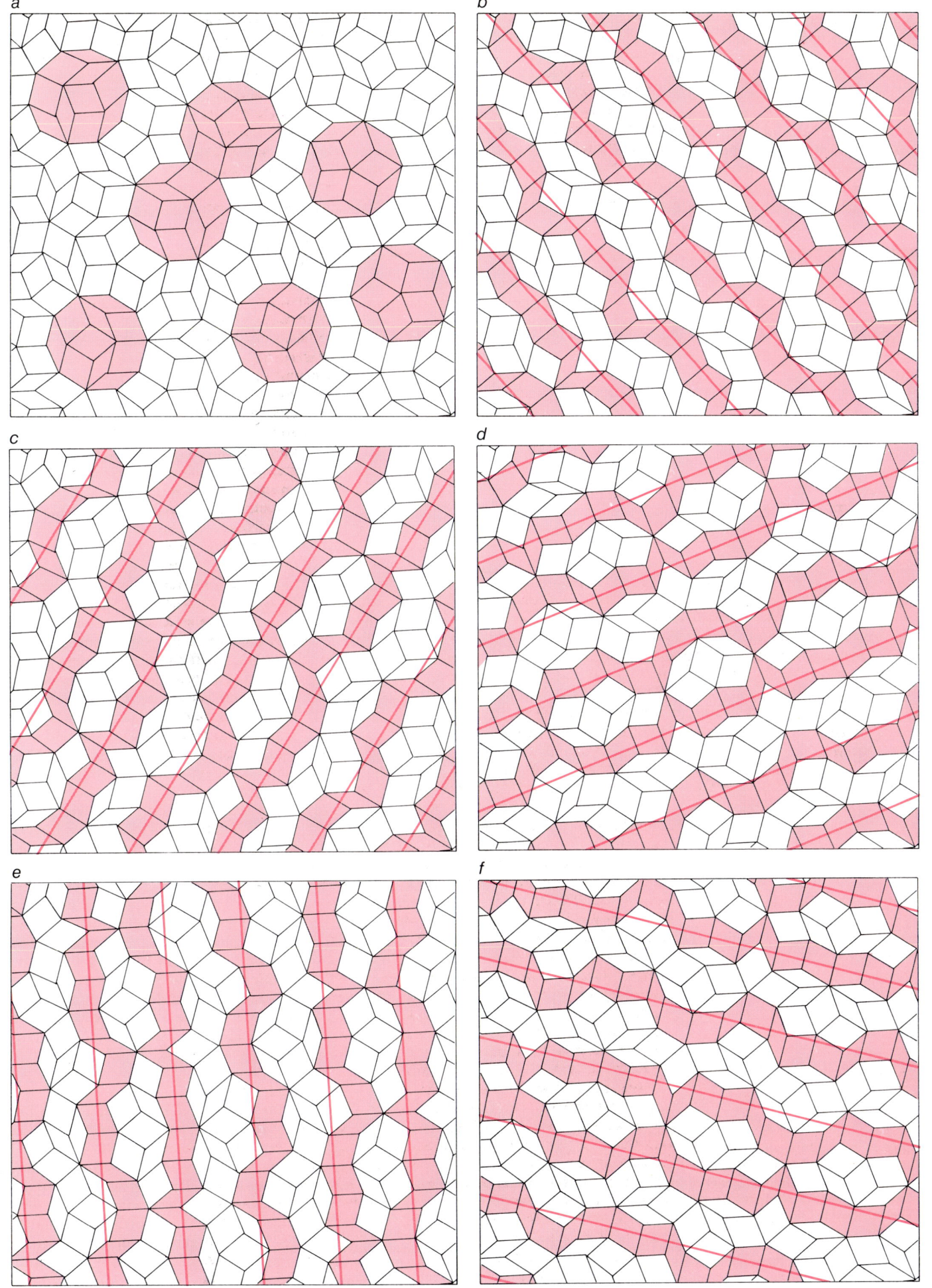

tierten Strahlen eine fünfzählige Rotationssymmetrie aufweisen − unabhängig davon, von welcher Stelle des Musters sie reflektiert worden wären.

Daß die Netzebenen nicht ganz gerade und gleichmäßig sind, spielt dabei keine Rolle. Auch in einem herkömmlichen Kristall bewirkt die thermische Bewegung bei Temperaturen oberhalb des absoluten Nullpunkts, daß nicht alle Atome exakt in Reih und Glied liegen. In den Penrose-Mustern wäre die Unordnung natürlich selbst am absoluten Nullpunkt noch vorhanden.

Als erster zeigte Alan L. Mackay vom Birbeck-College der Universität London im Jahre 1981, daß sich Penrose-Muster möglicherweise auch auf reale Stoffe anwenden lassen. Drei Jahre später entwickelten dann Peter Kramer und Roberto Neri an der Universität Tübingen sowie Dov I. Levine und Paul J. Steinhardt an der Universität von Pennsylvania unabhängig voneinander eine dreidimensionale Verallgemeinerung des Penrose-Musters. Wie sich zeigte, kommt sie der Struktur des Shechtmanits ziemlich nahe.

Penrose-Packungen

Wie ihre zweidimensionalen Gegenstücke zeigen auch die dreidimensionalen Penrose-Muster (man spricht hier besser von Penrose-Packungen) eine Orientierungs- und Translations-Fernordnung. Ähnlich wie die zweidimensionalen Penrose-Muster weisen sie zugleich eine durchgehende fünfzählige Symmetrie auf.

Die Grundbausteine der raumfüllenden, überlappungsfreien dreidimensionalen Packungen sind zwei Rhomboeder (Figuren mit sechs Rhomben als Seitenflächen; ein Rhomboeder sieht in etwa so aus wie ein verzerrter Würfel). Die inneren Raumwinkel der Rhomboeder stimmen mit den Winkeln zwischen gewissen Bindungen in einem ikosaedrischen Atom-Cluster überein (Bild 7). In einer unendlichen Penrose-Packung verhält sich die Anzahl der einen Rhomboeder-Art zu jener der anderen gemäß dem Goldenen Schnitt; deshalb kann diese Struktur genausowenig mit nur einer einzigen Elementarzelle beschrieben werden wie die der Shechtmanite. Berechnete Strahlungs-Beugungsmuster von Penrose-Packungen waren den realen von Shechtmanit-Proben erstaunlich ähnlich.

Penrose-Packungen sind ein hervorragender Ausgangspunkt für das Verständnis der atomaren Bindungen in Quasikristallen. Um die Struktur einer bestimmten Shechtmanit-Legierung mit ihrer Hilfe zu verstehen, muß man nach einer Möglichkeit suchen, die beiden Rhomboeder derart mit Atomen zu bestücken („dekorieren"), daß eine raumfüllende Packung der Rhomboeder die Atome der beteiligten Elemente genau im richtigen Verhältnis enthält. Zur Beschreibung eines herkömmlichen Kristalls ist dagegen nur eine einzige Elementarzelle in analoger Weise auszustaffieren.

Die Penrose-Packungen, wie sie in Shechtmaniten verwirklicht sind, verkörpern eine neue Art von Kristallinität. Da sich die beiden „Elementarzellen" nicht streng regelmäßig wiederholen, sitzt jede einzelne in einer etwas anderen Umgebung. Folglich sind die Anziehungskräfte auf entfernte Atome von Zelle zu Zelle leicht verschieden. Damit sollten auch die Positionen der Atome in jeder Zelle geringfügig variieren. Damit die Penrose-Rhomboeder eine bestimmte Shechtmanit-Legierung wirklich zutreffend beschreiben können, müssen diese Schwankungen jedoch klein sein.

In realen Stoffen sind die Regeln für die Plazierung von Penrose-Rhomboedern wahrscheinlich nicht streng befolgt. Man kann zeigen, daß sich kleine Gruppen von Penrose-Zellen lokal in regelwidriger Weise umstellen lassen, ohne daß dadurch die Gesamtordnung des Materials gestört würde.

Entsprechendes gilt für die zweidimensionalen Penrose-Muster. Auch

Aluminium- oder Zinkatome

Magnesium-atome

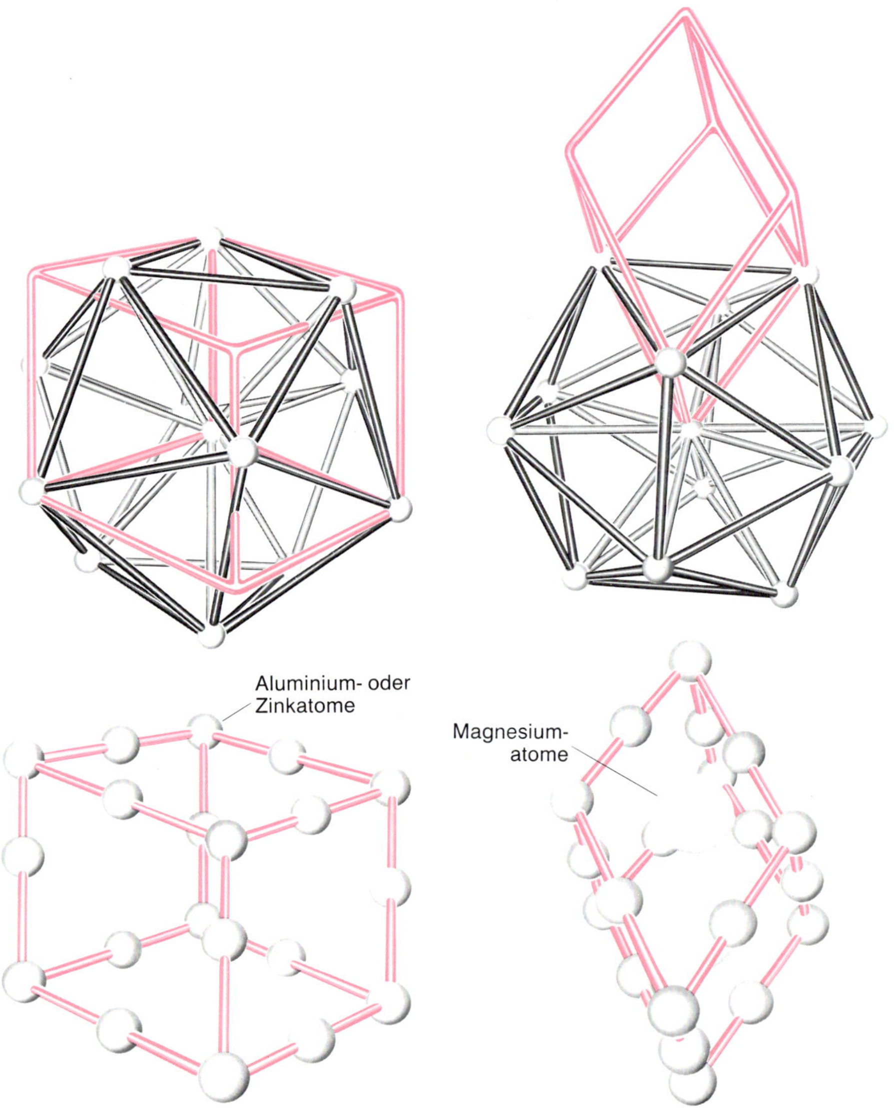

Bild 7: Penrose-Rhomboeder (farbig) lassen sich zu einem dreidimensionalen Gebilde (nicht abgebildet) zusammenpacken, das den zweidimensionalen Penrose-Mustern ähnelt. Die Innenwinkel der Rhomboeder leiten sich, wie oben gezeigt, von den Bindungswinkeln eines ikosaedrischen Clusters ab. Eine dreidimensionale Penrose-Packung hat eine ikosaedrische Symmetrie im selben eingeschränkten Sinn, in dem ein zweidimensionales Penrose-Muster eine fünfzählige Symmetrie aufweist. Bestimmte Legierungen kann man als Penrose-Packungen beschreiben, in denen jedes Rhomboeder dergestalt mit Atomen bestückt ist, daß in der vollständigen Packung die Atome der beteiligten Elemente im richtigen Verhältnis vorliegen. Unten ist eine solche Bestückung für $Mg_{32}(Al,Zn)_{49}$ gezeigt.

hier kann man beispielsweise alle Teile innerhalb eines Zehnecks herausnehmen, durcheinandermischen und wieder so zum Zehneck zusammensetzen, daß die Konstruktionsregeln (siehe Bild 6) stellenweise verletzt werden. Die Orientierung des Zehnecks bleibt dabei allerdings gewahrt – und damit auch die Orientierungs-Fernordnung des Quasikristalls. Auch die Netzebenen werden durch die Unordnung nicht auseinandergerissen, sondern machen jetzt sozusagen nur „zick", wo sie vorher „zack" gemacht haben. Daher ändert sich das Beugungsmuster von Röntgen- oder Elektronenstrahlen nur in Details.

Die Struktur der Shechtmanite

Penrose-Packungen machen auch die Beziehung zwischen der kristallinen Ordnung vieler Legierungen in der Frank-Kasper-Phase und der ikosaedrischen Fernordnung der Shechtmanite deutlich. So haben Christopher Henley von der Cornell-Universität in Ithaca (New York) und Veit Elser von den AT&T Bell-Laboratorien gezeigt, daß man die Elementarzelle der Frank-Kasper-Phase von $Mg_{32}(Al,Zn)_{49}$ als leicht verzerrtes Bruchstück einer Penrose-Packung sehen kann.

In der Frank-Kasper-Phase zerstört die periodische Wiederholung dieses verzerrten Bruchstücks jede Spur der ursprünglichen ikosaedrischen Symmetrie. In Shechtmaniten jedoch setzt sich die in dem Bruchstück angelegte ikosaedrische Ordnung über das gesamte Material hinweg fort: Es entsteht ein makroskopischer Quasikristall.

Henley und Elser haben auch gezeigt, wie man die Penrose-Rhomboeder so bestückt, daß sich die Struktur der Shechtmanit-Phase von $Mg_{32}(Al,Zn)_{49}$ ergibt. Obwohl ein Netzwerk von Keil-Disklinationen ähnlich denen in Frank-Kasper-Phasen vorhanden ist, bleibt die ikosaedrische Ordnung in dieser Phase über den gesamten Kristall erhalten.

Mit ähnlichen Untersuchungen und Überlegungen hat man auch versucht, die ursprünglich von Shechtman und seinen Kollegen entdeckten Aluminium-Mangan-Legierungen zu beschreiben. Die vorgeschlagenen Modelle enthalten viele Tetraeder und Bruchstücke von Ikosaedern, allerdings auch einige Oktaeder. Mit ihnen läßt sich die Lage von etwa 80 Prozent der Atome in diesem Material erklären.

Aus Penrose-Packungen kann man auch ausgefallene Kristallographien ableiten, die nicht auf ikosaedrischen Symmetrien beruhen. Leonid A. Bendersky vom amerikanischen National Bureau of Standards hat gezeigt, daß

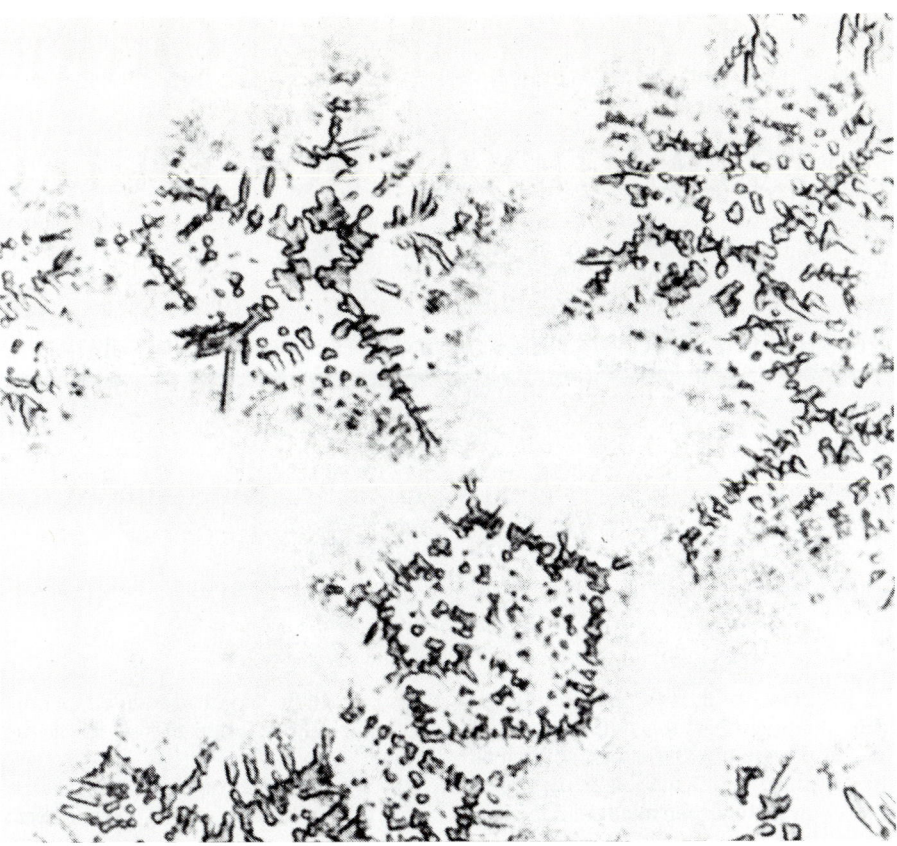

Bild 8: „Schneeflocken" aus einem Shechtmanit bilden sich, wenn eine geschmolzene Legierung aus Aluminium und Mangan schnell abgekühlt wird. Die „Kristalle" zeigen dasselbe verzweigte, dendritische Muster wie Eiskristalle, aber wegen der ikosaedrischen Symmetrie der Shechtmanite haben sie eine fünfzählige und nicht die sechszählige Symmetrie normaler Schneeflocken. Die einzelnen Gebilde umfassen etwa 10 000 Atomabstände. Die 10 000fach vergrößerte elektronenmikroskopische Aufnahme wurde im Labor von Leonid A. Bendersky und Robert J. Schaefer am US National Bureau of Standards angefertigt.

sich ein schnell abgekühltes Aluminium-Mangan-Gemisch in einer anderen Phase so verhält, als bestehe es aus Lagen zweidimensionaler Penrose-Muster, die abwechselnd übereinandergestapelt sind.

Offene Fragen

Viele Fragen sind noch offen. Was beispielsweise verbindet die ikosaedrische Nahordnung in Flüssigkeiten oder metallischen Gläsern mit der ikosaedrischen Fernordnung in Shechtmaniten? In einer unterkühlten Flüssigkeit scheinen sich viel leichter mikroskopisch kleine Teile von Shechtmanit-Kristallen zu bilden als die ersten mikroskopisch kleinen Teile eines herkömmlichen Kristalls. Diese kleinen Keime müssen dann zu makroskopischen Gebilden heranwachsen. Wie Shechtmanite wachsen, ist noch unbekannt. Nur soviel steht fest: Ihre Wachstumsprozesse müssen von denen herkömmlicher Kristalle völlig verschieden sein.

Rätsel gibt auch die Reichweite der Orientierungs- und Translations-Ordnung in diesen Materialien auf. Obwohl die Ausrichtung der Ikosaeder in Shechtmaniten über Entfernungen von rund 1000 Atomabständen korreliert ist, sind die zugehörigen Netzebenen nur über etwa 100 Atomabstände in Phase. Wir wissen nicht, ob die kurzen Korrelationslängen der Translations-Ordnung ein charakteristisches Merkmal dieser Phase sind oder nur ein Artefakt des Abkühlungsprozesses. Vielleicht gelingt es schon bald, große Shechtmanit-Kristalle unter besser kontrollierten Bedingungen zu züchten; mit ihnen sollten wir des Rätsels Lösung näherkommen.

Shechtmanit-Quasikristalle sind nicht nur bloße Kuriositäten. Immerhin hat ihr Studium bereits zwei bislang völlig ferne Gebiete zusammengebracht: die Theorie metallischer Gläser und die mathematische Theorie aperiodischer Parkettierungen. Dadurch wurden der Erforschung metallischer Legierungen neue Wege erschlossen. Die aufgeworfenen Fragen zur ikosaedrischen Nah- und Fernordnung dürften Festkörperphysiker und Werkstoffwissenschaftler wohl noch eine Weile beschäftigen.

Cortex: hohe Ordnung oder größtmögliches Durcheinander?

Anatomische Betrachtungen des Cortex, der Hirnrinde also,
wecken den Verdacht, daß dort die Neuronen-Verschaltungen weitgehend zufällig sind —
mit Konsequenzen für die Funktionsweise des Gehirns.

Von Valentin Braitenberg und Almut Schüz

Keiner weiß, wann man damit begonnen hat, mit dem Finger auf das Gehirn zu deuten: seitlich an die Schläfe, um Zweifel an der Vernunft eines Menschen anzumelden, vorne an die Stirn, um auf eine besonders gute eigene Idee hinzuweisen. Jedenfalls war schon in der Antike der Glaube, das Gehirn habe etwas mit dem Denken zu tun, weit verbreitet. Relativ neu ist dagegen die Vorstellung, daß die beim Menschen besonders reich entwickelte, den größten Teil des Gehirns bedeckende Großhirnrinde für die raffiniertesten — manche sagen: für die höchsten — Funktionen verantwortlich sei, mithin für jene Tätigkeiten wie Sprechen, Planen, Überlegen, die den Menschen gegenüber den Tieren auszeichnen. Was ist daran wahr?

Zweifellos beeinträchtigen örtliche Schädigungen der Großhirnrinde, wie sie manchmal bei Schädelverletzungen, viel öfter aber wegen arteriosklerotisch verengter Blutgefäße auftreten, gerade höhere psychische Funktionen. Da mag die Fähigkeit verlorengehen, grammatikalisch korrekte Sätze zu sprechen, bekannte Gesichter zu erkennen oder sich im Raume zu orientieren. Man darf aber nicht verschweigen, daß solche Störungen — oder ganz ähnliche — gelegentlich auch nach Verletzung anderer Bereiche als der Großhirnrinde auftreten können.

Und vor allen Dingen: Da die Großhirnrinde bei allen Säugetieren ganz ähnlich wie beim Menschen ausgebildet ist, bei manchen Tieren auch keineswegs absolut kleiner, sollte man vorsichtig sein, ihre Funktion mit den höheren psychischen Funktionen gleichzusetzen — es sei denn, man verstünde darunter eine Art von geistiger Leistung, die man gerne auch einer Ratte, einer Robbe oder einem Rind zubilligt.

In Wirklichkeit gibt es noch keine von allen Hirnforschern akzeptierte Vorstellung über die besondere Art von Informationsverarbeitung in der Großhirnrinde. Daß aber dort mit den Informationen anders umgegangen wird als in anderen Teilen des Gehirns, ist schon allein deswegen sicher, weil die Struktur der Großhirnrinde im Mikroskop ganz anders aussieht als die von anderen Teilen des Gehirns.

Wir werden versuchen, dem Leser das Material zu liefern, an dem er sich selbst ein Bild von der Rolle der Großhirnrinde machen kann. Natürlich werden wir kaum vermeiden können, ihn in Richtung auf unsere eigenen, in den letzten 15 Jahren am Max-Planck-Institut für biologische Kybernetik in Tübingen entwickelten Ideen zu beeinflussen.

Bautyp Cortex

Die Großhirnrinde, anatomisch *Cortex cerebri* genannt, gehört zur grauen Substanz (Bild 1), in der die Zellkörper der Hirnneuronen liegen und die Signale verarbeitet werden. Die weiße Substanz enthält außer den überall im Nervensystem eingestreuten Hilfs- und Stützzellen (Gliazellen) bloß Kabel, übermittelt also lediglich Signale; ihre charakteristische Farbe hat sie übrigens von den hellen Hüllen der Kabel.

Zwar ist nicht alle graue Substanz Cortex, doch gibt es auch außerhalb der Großhirnrinde graue Substanz, die den allgemeinen Bautyp des Cortex zeigt. Nicht dazu gehören jene Stücke grauer Substanz, in denen alle Elemente — also Zellen und Faserverbindungen verschiedener Art — keinerlei sichtbare geometrische Ordnung zeigen (Bild 2 oben). Ein Schnitt durch einen solchen Bereich verrät unter dem Mikroskop nicht, in welcher Richtung dieser angelegt war.

Andere Stücke grauer Substanz haben dagegen eine deutlich flächenhafte Ordnung. Solche Gehirnteile — für sie ist die allgemeine Bezeichnung Cortex üblich — sind meist recht gleichmäßig dünn und flächenhaft ausgebreitet. (Die menschliche Großhirnrinde ist bei rund 1000 Quadratzentimetern Fläche nur etwa 2 Millimeter dick.) Ein derartiger Cortex mag an der Oberfläche liegen wie die Großhirnrinde, die Kleinhirnrinde und einige mehr, kann aber auch ganz zwischen anderen Gehirnteilen eingebettet sein, wie der untere Olivenkern im verlängerten Mark oder der Zahnkern (*Nucleus dentatus*) im Kleinhirn. Selbst dann ist aber sowohl der Eingang als auch der Ausgang über die ganze Fläche verteilt.

In den meisten Fällen ist ein Cortex deutlich geschichtet (Bild 2 Mitte und unten). Im Querschnitt sieht man dann ein streifiges Muster, das die Anordnung von Nervenzellen und Fasern widerspiegelt: So gibt es Schichten mit vorwiegend kleinen oder mit vielen großen Zellen, Schichten mit Fasern vorwiegend parallel oder senkrecht zur Fläche und zumeist auch eine abgrenzbare Schicht, in der die Signale den Cortex über aufsteigende — afferente — Fasern erreichen, und eine andere, von der die meisten absteigenden — efferenten — Fasern ausgehen, die Signale in andere Hirnteile weiterleiten.

Warum eine derartige Organisation des Nervengewebes, der allgemeine

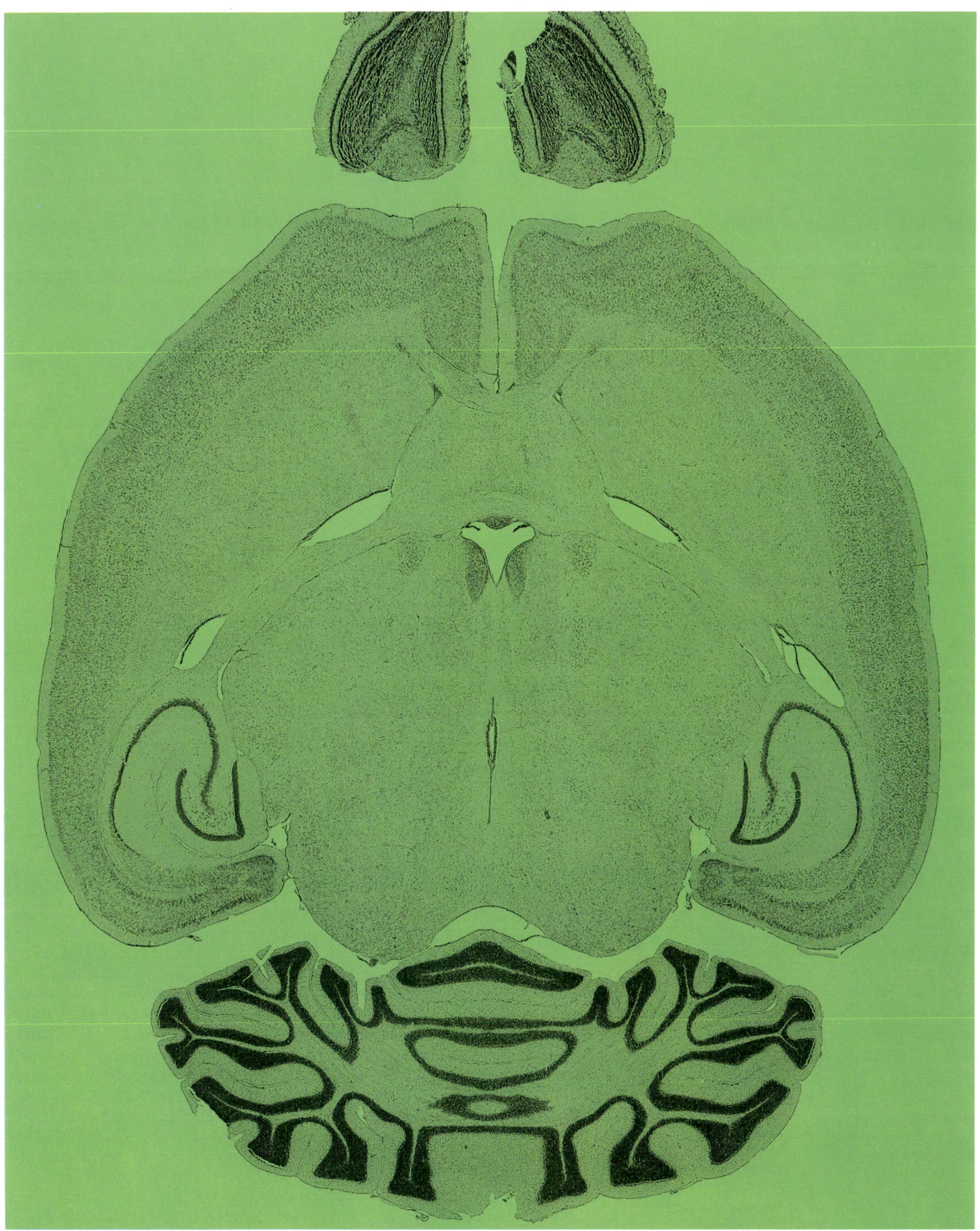

Bild 1: Dieser 17fach vergrößerte Horizontalschnitt durch das Gehirn einer weißen Maus läßt die Gliederung des Gehirns in groben Zügen erkennen. Selektiv angefärbt sind die Zellkörper mit einer nach dem deutschen Neurologen Franz Nissl benannten Methode. Zelldichte Gebiete bilden die sogenannte graue Substanz. Dazu zählt die Großhirnrinde, die als breites Band außen um das Großhirn zieht; um sie geht es in erster Linie in diesem Artikel. Hinten seitlich geht sie über in das schmale, gewundene und sehr zelldichte Band des Hippo-campus, an dem ein im Querschnitt V-förmiges Band von Nervenzellen auffällt: die *Fascia dentata*. Gleich unter der Großhirnrinde liegt das relativ zellarme Fasersystem der weißen Substanz; darin eingebettet sind die lockeren Zellmassen des Streifenkörpers, des *Striatums*. Hinten am Großhirn schließt sich das Kleinhirn an, gut kenntlich an seiner sehr dichten, dunklen Zellschicht, die in baumartig verzweigte Windungen eingeht. Ganz vorn (oben) vor dem Großhirn liegen die beiden zellreichen Gebiete des Riechkolbens (*Bulbus olfactorius*).

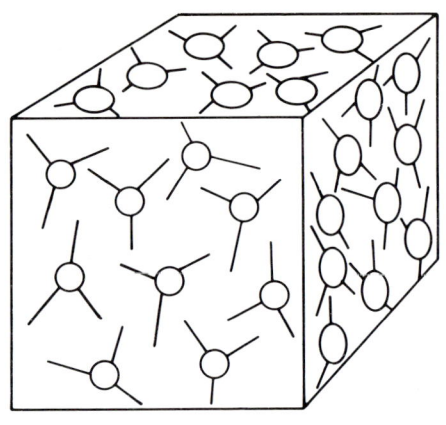

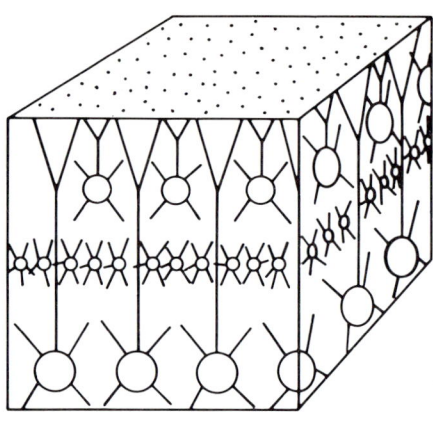

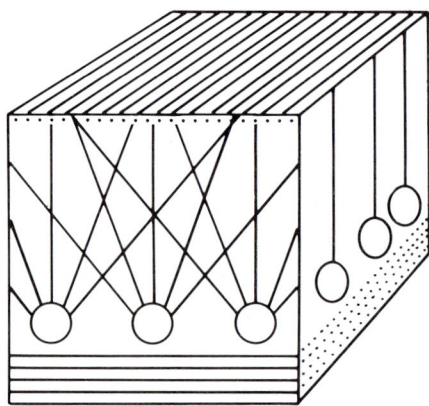

Bild 2: Verschiedene Stücke grauer Substanz unterscheiden sich in der geometrischen Ordnung der Nervenelemente. An manchen Stellen sind die Fortsätze der Nervenzellen gleichmäßig in allen Raumrichtungen verteilt (oben). An anderen Stellen gibt es eine deutliche Vorzugsrichtung der Elemente quer zur Fläche sowie Schichten von Zellen oder Fasern, die in der Ebene angelegt sind (Mitte). Dieser Block stellt eine karikaturhafte Vereinfachung der Situation in der Großhirnrinde dar; die tatsächlichen Verhältnisse sind komplizierter. An wieder anderen Stellen zeigen sich zudem Vorzugsrichtungen in der Ebene, so daß auch ein Schnitt parallel zur Oberfläche ein streifiges Muster ergibt. Dies ist der Bautyp der Kleinhirnrinde (unten), wobei allerdings die Reihenfolge der Schichten aus graphischen Gründen verändert ist.

Bautyp des Cortex also, an verschiedenen Stellen eines Gehirns immer wieder auftritt, selbst bei Gehirnen ganz verschiedener Bauart — so auch bei Insekten, Krebsen, Asseln und Tintenfischen, eigentlich bei allen Tieren mit relativ komplexem Gehirn —, kann verschiedene Gründe haben.

Man erwartet solche flächigen Faserfilze, wenn die Information, die darin verarbeitet wird, sich auf ein von vornherein flächiges Gebiet bezieht. So ist es kein Wunder, daß man bei Krabben, Tintenfischen und Säugern flächige Anordnungen von Nervenzellen im Zusammenhang mit den Augen sieht, weil die visuelle Information schon auf der Netzhaut (wie immer sie gebaut sein mag) als zweidimensionales Bild dargestellt ist und dann, der Ordnung halber sozusagen, wiederum auf ein zweidimensional angelegtes Stück Gehirn projiziert wird. Das hat natürlich den Vorteil, daß nahe beieinander liegende Dinge im Sehraum auch nahe beieinander im Gehirn abgebildet werden, was wiederum gewisse rechnerische Analysen der visuellen Information sehr erleichtert. Aus ganz ähnlichen Gründen ist wohl auch die Körperoberfläche mit ihren vielen in der Haut gelegenen Sinneszellen im Gehirn wieder flächig abgebildet.

Aber das ist nur eine der möglichen Erklärungen für das Überwiegen des Bautyps Cortex im Gehirn. Auf große Teile der Großhirn- und der Kleinhirnrinde, für die keine eindeutige Projektion eines Sinnesraums bekannt ist, trifft sie offenbar nicht zu.

So muß man sich also eine weitere Erklärung für die flächig als Cortex angelegten Stücke grauer Substanz zurechtlegen. Nimmt man an, daß jede Eingangsfaser eines Gehirnstücks auf eine ganz bestimmte Weise, durch eine überall ähnliche Verschaltung, Signale auf den Ausgang überträgt, so läßt sich das Stück Nervengewebe dazwischen als die elementare Masche des Nervennetzes betrachten. Denkt man sich nun viele solcher elementaren Maschen parallel zueinander angeordnet, so hat man wieder so etwas wie einen Cortex vor sich. In der Computersprache werden solche Anordnungen gern als Parallelrechner bezeichnet.

Großhirnrinde: extreme Selbstverkabelung

Die einzelnen als Cortex angelegten Stücke grauer Substanz sind genauer besehen recht verschieden gebaut. Die Großhirnrinde unterscheidet sich dabei von den anderen Hirnrinden vor allem durch drei wichtige Merkmale.

Erstens sind ihre Verbindungen im Innern in allen Richtungen der Cortexfläche ungefähr die gleichen, also isotrop. Bei anderen Cortices ist das nicht so: In der Kleinhirnrinde etwa verlaufen ganz verschiedene Fasern in zwei aufeinander senkrechten Richtungen der corticalen Fläche.

Zweitens ist die Großhirnrinde ausgiebig mit sich selbst verkabelt; denn die Substanz darunter, das sogenannte Hemisphärenmark, besteht größtenteils aus Fasern, die an einer Stelle des Cortex entspringen und an einer anderen — nahen oder entfernten — Stelle wieder eintreten.

Es sieht beinahe so aus, als würde die große Menge dieser cortico-corticalen Verbindungen die Nachbarschaftsbeziehungen der Elemente in der Rinde zunichte machen: Ob zwei Stellen darin miteinander verknüpft sind, hängt nicht in erster Linie von ihrem Abstand ab.

In anderen Hirnregionen ist das nicht so. In der Kleinhirnrinde beispielsweise laufen die Fasern, die Signale innerhalb der Fläche austauschen, über feste, relativ kleine Abstände. Welche Beziehungen zwei Stellen zueinander haben, hängt daher hier stark von ihrem Abstand ab; Signale werden nur in engen Bereichen ausgetauscht. Ähnlich ist es beim Dach des Mittelhirns (*Tectum opticum*), dem größten Cortex im Gehirn der niederen Wirbeltiere (Fische und Amphibien), sowie in manchen cortexartigen Strukturen bei Insekten und Kopffüßern. Die Großhirnrinde mit ihrer gewaltigen Menge cortico-corticaler Fasern bildet demnach eine Ausnahme.

Als drittes ist die Zahl ihrer Zellen groß verglichen mit der Zahl der Elemente (Fasern), die Sinnesinformation an sie herantragen: je nach Tierart zehn- bis tausendmal größer. Im *Tectum opticum* hingegen gibt es ungefähr genauso viele Fasern für den (visuellen) Eingang wie Zellen, die zu seiner Analyse da sind. Die Großhirnrinde besteht also fast nur aus einer riesigen Zahl von Interneuronen: Nervenzellen, die weder direkt mit dem Eingang noch mit dem Ausgang verbunden sind und offenbar der internen Datenverarbeitung im Cortex dienen. (Das Verhältnis von inneren Elementen zu heranführenden Fasern ist übrigens in der Kleinhirnrinde ähnlich groß wie in der Großhirnrinde.)

Wir können also, noch ehe wir weiter ins Detail gehen, aus dieser groben Charakterisierung der Cortex-Anatomie einige allgemeine Aussagen zur Informationsverarbeitung im Cortex ableiten. Anders gesagt: Man braucht nur hinzuschauen, um einige wichtige Eigenschaften des Computers in der Großhirnrinde zu erkennen:

Erstens ist er sehr groß verglichen mit den Apparaten, aus denen er seine Daten bezieht, und mit denen, an die er sie weitergibt. Daraus wäre zu schließen, daß er vielleicht eher zum Speichern als zum Weitergeben von Information da ist.

Zweitens sind in ihm keine Vorzugsrichtungen in der Ebene zu erkennen; und sogar die besonderen Beziehungen zwischen seinen Elementen, die durch ihre Lage zueinander entstehen, werden durch die großen Fasersysteme, welche die corticalen Elemente kreuz und quer miteinander verbinden, wieder teilweise zunichte gemacht. Daraus wiederum wäre zu schließen, daß es hier weniger um die räumliche Konfiguration der neuronalen Aktivitätsmuster geht als um andere Arten von Beziehungen zwischen den Neuronen − vielleicht um das zeitliche Zusammenfallen oder um die Abfolge ihrer Aktivitäten.

Ein Drittes: Aus der auf den ersten Blick ziemlich einförmigen Schichtung der gesamten Großhirnrinde (wir werden uns später mit den Ausnahmen beschäftigen) geht schließlich hervor, daß die Grundoperation zwischen den Schichten im wesentlichen überall sehr ähnlich sein muß.

Nur zwei Hauptbauelemente

Wenden wir uns jetzt der mikroskopischen Analyse der Großhirnrinde zu, in der Hoffnung, den Prinzipien der Informationsverarbeitung in ihrem Inneren näherzukommen. Dies ist ein Projekt, bei dem etliche Fachleute die Hände über dem Kopf zusammenschlagen: Viel zu komplex, sagen sie, sei die Verschaltung, viel zu groß die Vielfalt der Elemente und viel zu geheimnisvoll die Funktionspläne; ohne deren Kenntnis aber ließe sich die Struktur rein prinzipiell nicht enträtseln. Wir werden zeigen, daß die Vielfalt der Elemente gar nicht so groß ist und daß die Verschaltung in groben Zügen überall die gleiche und sogar ganz gut deutbar ist, wenn man nur eine grundsätzliche Annahme macht: daß die „Verdrahtung" der Elemente im Cortex im Rahmen eines konstanten, wenn auch örtlich variierenden Grundmusters von vornherein bloß statistisch angelegt, also nicht Punkt für Punkt vorherbestimmt ist. Das heißt freilich auch, daß die Hirnrinde vom Anatomen bloß statistisch beschrieben werden sollte, wenn er nicht Gefahr laufen will, an Dingen herumzurätseln, an denen gar nichts zu rätseln ist, weil sie eben bloß vom Zufall gestaltet worden sind.

Betrachten wir einmal eine Anzahl von corticalen Nervenzellen, wie sie

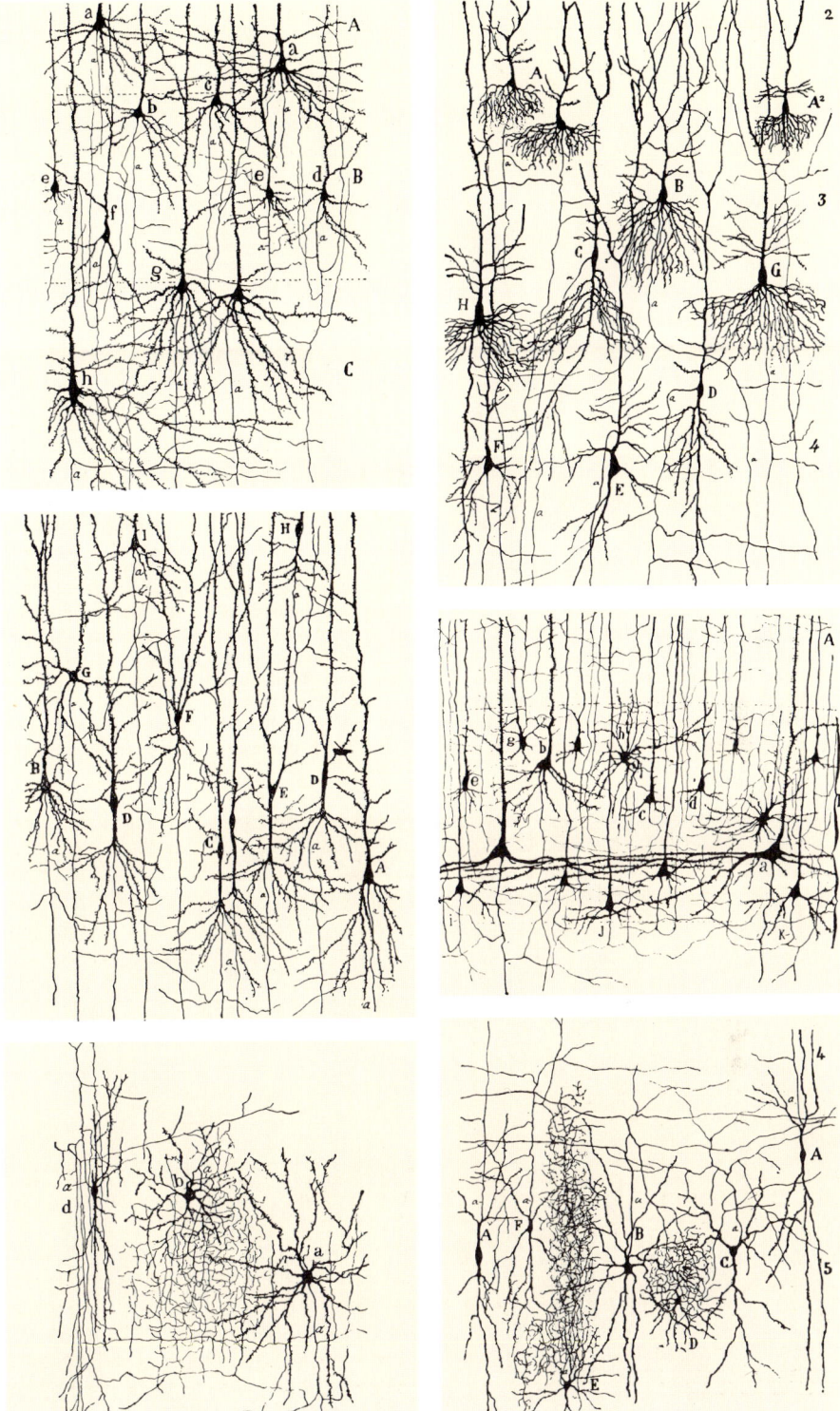

Bild 3: Sechs Zeichnungen von Nervenzellen in sogenannten Golgi-Präparaten aus dem 1911 erschienenen monumentalen Werk des spanischen Histologen Santiago Ramón y Cajal. Die von dem italienischen Cytologen Camillo Golgi entwickelte Methode färbt nur einen kleinen Bruchteil der im Gewebe enthaltenen Neuronen, hebt sie aber so aus dem Gewirr anderer Zellen erst heraus. Es gibt zwei Haupttypen corticaler Neuronen: die Pyramidenzellen (oben und Mitte), kenntlich an den vielen feinen Dornen an ihren signalempfangenden Dendriten, und die Sternzellen (unten), von denen sich einige durch ihre besonders dicht verzweigten Axone, also fortleitenden Fasern, auffällig abheben. Bei einem dritten Typ, den Martinotti-Zellen (*A*, rechts unten) ist nicht klar, ob es sich bloß um eine Formvariante der Sternzellen handelt. Je nach Gebiet der Großhirnrinde können beide Zellarten ganz verschieden gestaltet sein. Neben den gewissermaßen normalen Pyramidenzellen (links oben) gibt es eine Variante mit sehr viel dichterer Dendritenverzweigung unter dem Zellkörper (rechts daneben), ferner eine, deren Dendriten sich unterhalb des Zellkörpers erst nach einem unverzweigten Stück verästeln (Mitte links), und noch eine andere, bei der die Dendriten vom Zellkörper weg vorzugsweise horizontal verlaufen (Mitte rechts). Solche Formvarianten hängen vermutlich mit verschiedenen Verbindungsmustern zusammen, die in verschiedenen Rindengebieten verschiedene Funktionen widerspiegeln.

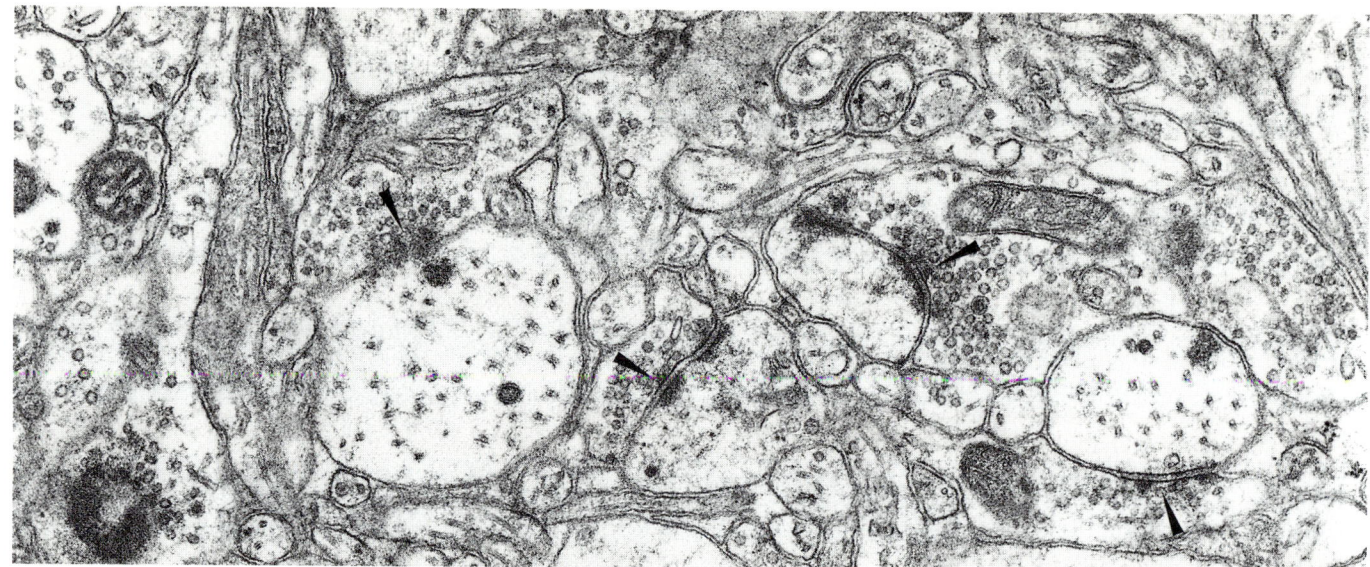

Bild 4: Die 68000fach vergrößerte elekronenmikroskopische Aufnahme eines sehr dünnen Schnitts aus dem Cortex einer Maus sieht für Laien verwirrend aus. Dendriten und Axone von Neuronen sowie Fortsätze von Gliazellen (Stützzellen) sind teils längs, öfters schräg oder quer angeschnitten. Hier geht es nur um die Synapsen, die Schaltstellen zwischen den Neuronen. Ein paar davon sind mit einer Pfeilspitze markiert, die in Richtung der Signalübertragung weist. Man erkennt die Synapsen hauptsächlich an einer Ansammlung von Vesikeln auf ihrer vorgeschalteten – präsynaptischen – Seite. Beim Typ I, den mut- maßlich erregenden Synapsen (Pfeile in der Mitte), ist außerdem eine dunkel gefärbte Substanz innen an die Membran (dunkle Doppellinie) der postsynaptischen Zelle angelagert. Beim Typ II, den mutmaßlich hemmenden Synapsen, fehlt diese (rechts unten). Pyramidenzellen tragen auf ihrem Axon wie auch auf fast allen Dornen (helle „Blasen" gegenüber den beiden mittleren Pfeilen) ihrer Dendriten nur erregende Synapsen, auf ihrem Zellkörper aber nur hemmende. Sternzellen haben hingegen am Zellkörper und an ihren Dendriten (helle gepunktete Blase rechts unten) beide Typen, am Axon aber hemmende Synapsen.

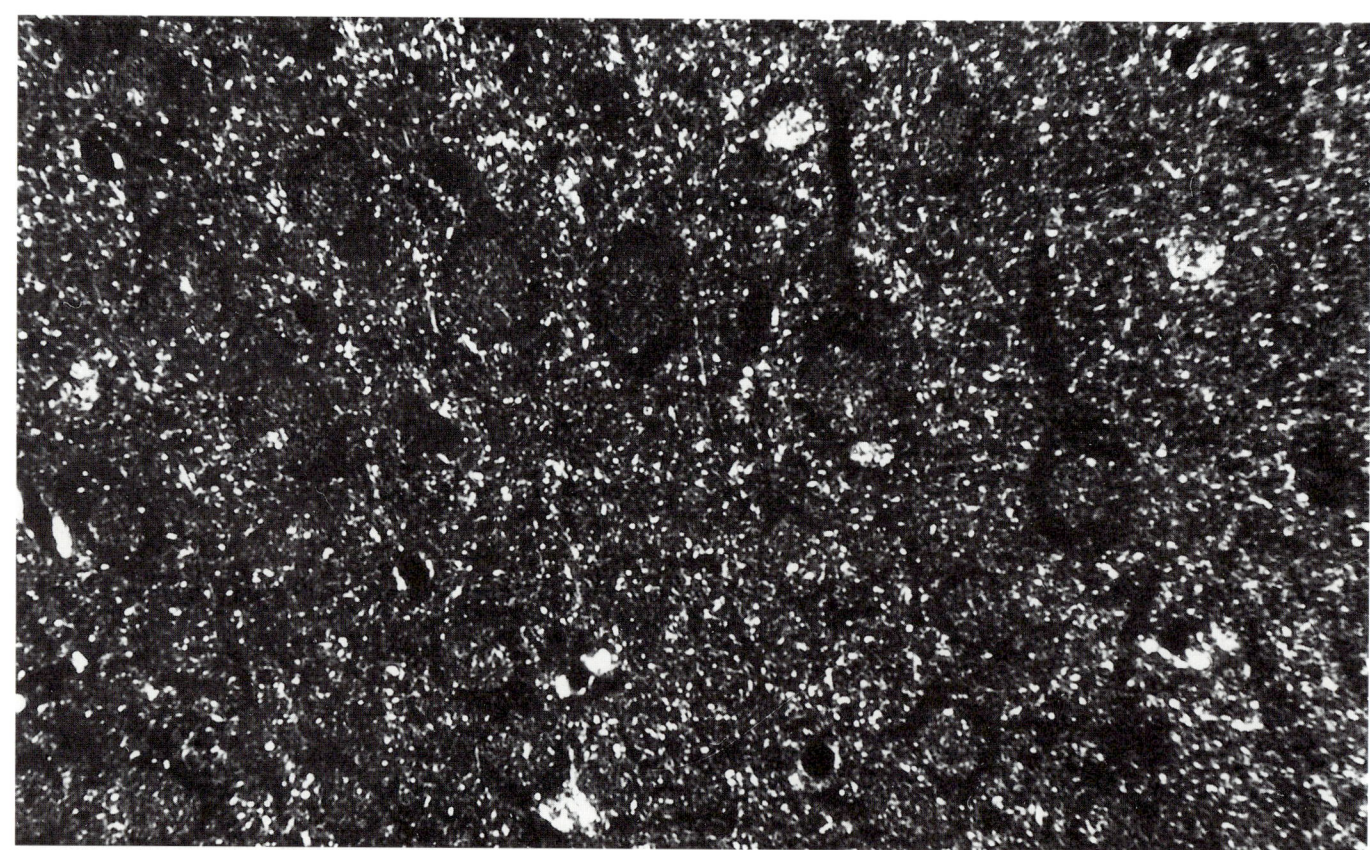

Bild 5: Die Art der Synapsen läßt sich nur im Elektronenmikroskop untersuchen, da ihre Größe unterhalb des Auflösungsvermögens des Lichtmikroskops liegt. Mit Hilfe eines Tricks gelingt es aber, sie selbst auch lichtmikroskopisch sichtbar zu machen, wie es hier bei einem wenige tausendstel Millimeter dicken Gewebeschnitt eines Mäusegehirns geschehen ist: Man benötigt dazu Phosphorwolframsäure, die sich spezifisch an Proteine der Synapsen anlagert und diese äußerst kontrastreich färbt. Bei Dunkelfeldbeleuchtung kann man sie dann – wie Staubkörnchen in einem Sonnenstrahl – sehen, obwohl ihre Grö- ße unterhalb der Auflösungsgrenze liegt. Die Aufnahme zeigt eindrucksvoll die Dichte der Synapsen im Cortex. Die meisten hellen Punkte entsprechen einzelnen Synapsen; wenn diese zu nahe beieinanderliegen, erscheinen sie wohl als einziger, aber hellerer Punkt. Auch die Zellkerne im Innern der Nervenzellkörper, die als dunkle ovale Gebiete (etwas oberhalb der Mitte) schräg nebeneinander im Bild liegen, enthalten Bestandteile, die im Dunkelfeld schwach leuchten. Große helle Flecken entsprechen den Kernen von Gliazellen oder von Zellen in den Wänden der Blutkapillaren. Die Vergrößerung ist **800fach**.

der vorzügliche Beobachter und getreuliche Zeichner, der Spanier Santiago Ramón y Cajal (1852 bis 1934), in seiner monumentalen Histologie des Nervensystems 1911 dargestellt hat (Bild 3). Die von ihm angewendete Färbetechnik geht auf seinen italienischen Kollegen Camillo Golgi (1844 bis 1926) zurück (beide haben 1906 gemeinsam den Nobelpreis für Medizin und Physiologie bekommen); sie läßt einige wenige der im mikroskopischen Schnitt vorhandenen Nervenzellen dunkel-rotbraun auf hellem Grund erscheinen, löst sie sozusagen aus dem unentwirrbaren Faserfilz heraus und läßt alle ihre Verästelungen erkennen. Dabei kann man mit einiger Übung ganz leicht eine der am Zellkörper entspringenden Fasern, das Axon, von den anderen, den Dendriten, unterscheiden: Diese führen Signale an die Nervenzelle heran, das lange dünne Axon hingegen leitet sie zu anderen Nervenzellen weiter.

Anhand der Abbildung lassen sich ohne weiteres zwei Haupttypen von Nervenzellen im Cortex unterscheiden. Die Zellen vom ersten Typ, seit jeher Pyramidenzellen genannt (weil der Zellkörper, wenn nur er im mikroskopischen Präparat gefärbt ist, unten breit und oben zugespitzt erscheint), zeichnen sich vor allem durch ihre mit feinen Dornen übersäten Dendriten aus (Bild 3 oben und Mitte). Auch ihr Axon ist charakteristisch − es verläuft meist vom Zellkörper schnurgerade nach unten (unten auf den Bildern bedeutet nach alter Konvention: von der Oberfläche des Cortex weg, nicht unbedingt unten im Kopf!) und verzweigt sich zu einem lockeren, weitläufigen Baum. Dessen Zweige wiederum ziehen gewöhnlich recht geradlinig, wenn auch in verschiedenen Richtungen, durch das Gewebe. Die Zellen vom anderen Typ, die sogenannten Sternzellen, haben kaum Dornen auf den Dendriten und vor allem einen viel reicher und weniger geradlinig verzweigten Axonbaum, der sich auf ein engeres Gebiet beschränkt (Bild 3 unten).

Die Cajalsche Darstellung zeigt zugleich, daß die Zellen der beiden Haupttypen in verschiedenen Varianten auftreten. Manche davon kommen nur in bestimmten Gebieten der Gehirnrinde vor und sind für diese typisch. So findet man die allergrößten Pyramidenzellen − die Riesenpyramidenzellen − bloß in der sogenannten motorischen Rinde, dort, wo die bis ins Rückenmark gehenden Fasern entspringen. Pyramidenzellen mit sehr dichter Dendritenverzweigung treten nur in bestimmten Bereichen des Schläfenlappens auf, solche mit ganz besonders lockerer Verzweigung dagegen in einem anderen Bereich

dieses Hirnlappens. Bei den Sternzellen gibt es mindestens ebenso auffallende Formvarianten.

Warum wir trotz dieser vielen Spielarten an der Vorstellung von zwei Haupttypen festhalten, hat einen triftigen Grund: Moderne elektronenmikroskopische Untersuchungen − vor allem von Marc Colonnier an der Laval-Universität in Quebec, Simon LeVay vom Salk-Institut in La Jolla, Alan Peters an der Universität Boston, Peter Somogyi an der Universität Oxford und anderen − haben für Stern- und Pyramidenzellen jeweils ziemlich durchgehende Merkmale ergeben, speziell was die Verteilung von erregenden und hemmenden Schaltstellen (sprich Synapsen) auf Dendriten, Zellkörper und Axon anbelangt. Das muß genauer erklärt werden.

Elektronenmikroskopische Bilder des Nervengewebes sind für den Uneingeweihten zunächst verwirrend (Bild 4). Die sehr dünnen Schnitte (weniger als ein zehntausendstel Millimeter dick) zeigen eine Vielfalt von meist schrägen

Querschnitten durch die vielen eng aneinanderliegenden faserigen Elemente, die größtenteils den Filz der grauen Substanz ausmachen. An einigen Stellen, wo ein Stück Axon einem Stück Dendrit oder Nervenzellkörper benachbart ist, fallen allerdings besondere Strukturen an den Zellmembranen auf: Bläschen, besondere Anlagerungen und Verdichtungen. E. George Gray in London, einer der ersten Elektonenmikroskopiker des Gehirns, hat diese Strukturen bereits als Synapsen gedeutet und zwei Typen unterschieden. Im Laufe der Jahre hat sich die Vorstellung immer mehr bewährt, daß es sich dabei um erregende beziehungsweise hemmende Synapsen handelt.

Art und Verteilung dieser Schaltstellen, wie sie im Elektronenmikroskop sichtbar sind, bekräftigen nun die bereits hundert Jahre alte Vermutung, daß es zwei Haupttypen corticaler Neuronen gibt: einerseits die Pyramidenzellen und andererseits die Sternzellen. Alle Pyramidenzellen, gleich welcher Form, tragen an ihren Axonen nur Syn-

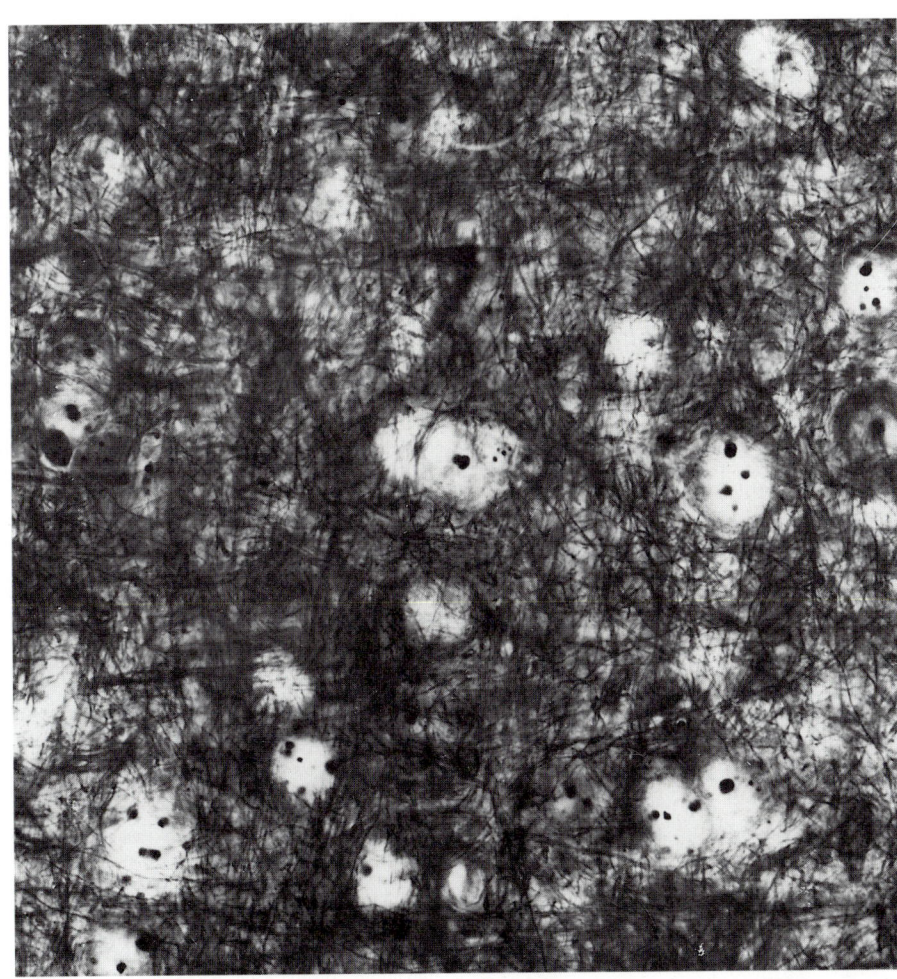

Bild 6: Wenn man mit Hilfe von Silbersalzen bloß die Axone im Mäuse-Cortex färbt, kann man die Dichte des Axonnetzes − einige Kilometer pro Kubikmillimeter − direkt abschätzen. Die Nervenzellkörper und Blutgefäße erscheinen bei dieser Methode dann als helle Aussparungen. Im Innern der Zellkerne sind die Kernkörperchen, die Nucleoli, als dunkle Punkte sichtbar. Die lichtmikroskopische Aufnahme ist ebenfalls 800fach vergrößert.

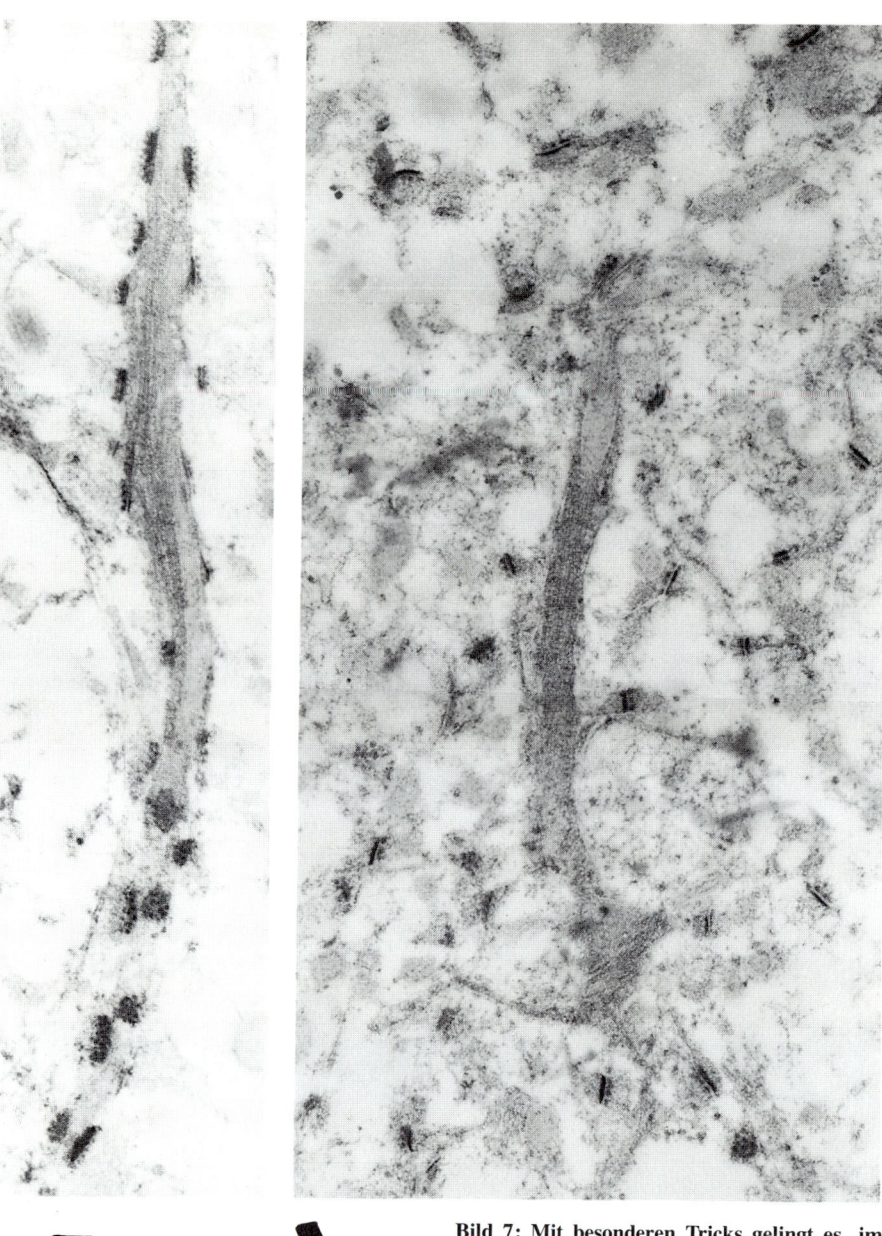

apsen vom Typ I, wirken also auf andere Neuronen erregend; an ihre dendritischen Dornen treten nur — oder fast nur — erregende Synapsen heran, an ihren Zellkörper aber dafür nur hemmende, also solche vom Typ II. Die Sternzellen hingegen gehen mit ihrem Axon hemmende Synapsen mit anderen Neuronen ein, während Zellkörper und Dendriten über hemmende wie auch erregende Synapsen Signale empfangen. Diesem sehr starken funktionellen Kriterium gegenüber sind natürlich die vielen Formvarianten (beispielsweise die früher als dornige Sternzellen, englisch *spiny stellate cells*, bezeichneten Pyramidenzellen) relativ unwichtig, so sehr sie auch die Verbindungsstruktur im corticalen Nervenfilz beeinflussen mögen.

Übrigens ist es sehr verlockend, eine dritte Sorte besonders gestalteter Neuronen im Cortex zu beschreiben, die sogenannten Martinotti-Zellen. Ihr Axon verläuft Richtung Oberfläche, also „nach oben" im Cortex, und verzweigt sich nicht ganz so dicht wie bei den Sternzellen, aber auch nicht so locker wie bei den Pyramidenzellen. Doch ist bisher nicht bekannt, wieweit diese Martinotti-Zellen in der Verteilung der Synapsen auf ihrer Oberfläche mehr dem einem oder dem anderen Hauptzelltyp gleichen oder gar von beiden abweichen. Daher schieben wir sie bis auf weiteres einfach beiseite.

Statistische Auswertungen

Statt nun zu fragen, auf welche Weise diese verschiedenen Neuronentypen miteinander verschaltet sind und ob sich dabei vielleicht so etwas wie ein elektronischer Schaltkreis ergibt, der das Geheimnis der Informationsverarbeitung im Cortex birgt, wollen wir das Ganze zunächst statistisch betrachten. Es kann nicht schaden, wenn man herausfindet, wie viele Elemente von jeder Sorte im Gewebe vorhanden sind und wie sie sich mengenmäßig zueinander verhalten. Wir werden sehen, daß dabei die Idee eines Schaltkreises in immer weitere Ferne rückt.

Die Zahl der Synapsen läßt sich genau genug feststellen, wenn man die — nicht ganz einfache — Kunst beherrscht, aus Zählungen am elektronmikroskopischen Bild auf die Anzahl pro Volumen umzurechnen. Die Schwierigkeiten ergeben sich daraus, daß die elektronmikroskopischen Schnitte dünner als die Synapsen dick sind und diese zudem noch recht verschieden gestaltet sein können. Dies wirft nicht ganz einfach zu lösende rechnerische Probleme auf, die gelegentlich sogar ei-

Bild 7: Mit besonderen Tricks gelingt es, im elektronenmikroskopischen Präparat (oben) einzelne Dendriten etwas dunkler erscheinen zu lassen; so kann man feststellen, wie viele von den mit Phosphorwolframsäure gefärbten Synapsen jeweils zu einem solchen Fortsatz gehören. Bei dem dornenlosen Sternzell-Dendriten (bandartige Struktur links) sitzen die Synapsen direkt auf der Oberfläche, bei dem Pyramidenzell-Dendriten (rechts) hingegen auf der Spitze der Dornen; ein solcher Dorn ist in seiner gesamten Länge im Schnitt getroffen (rechts am mittleren Bereich des bandartigen Dendriten). Quergeschnittene Synapsen erscheinen kommaförmig (linkes Photo oben), flach getroffene aber scheibenförmig (unten). Die Vergrößerung ist 15700fach. Dendritische Dornen könnten formveränderlich, also plastisch sein und auf diese Weise die Wirksamkeit der an ihrem Kopf sitzenden Synapsen verstärken oder abschwächen. Bei neugeborenen Meerschweinchen, von denen das links unten als Silhouette gezeigte Dendriten-Stück stammt, haben nämlich die meisten Dornen einen dünnen Stiel, während bei erwachsenen Tieren (Dendriten-Stück rechts) die dickeren Dornen überwiegen. Wären Formveränderungen der Dornen durch Lernerfahrung bedingt, so hätte man hier einen Anhalt für einen möglichen Gedächtnismechanismus.

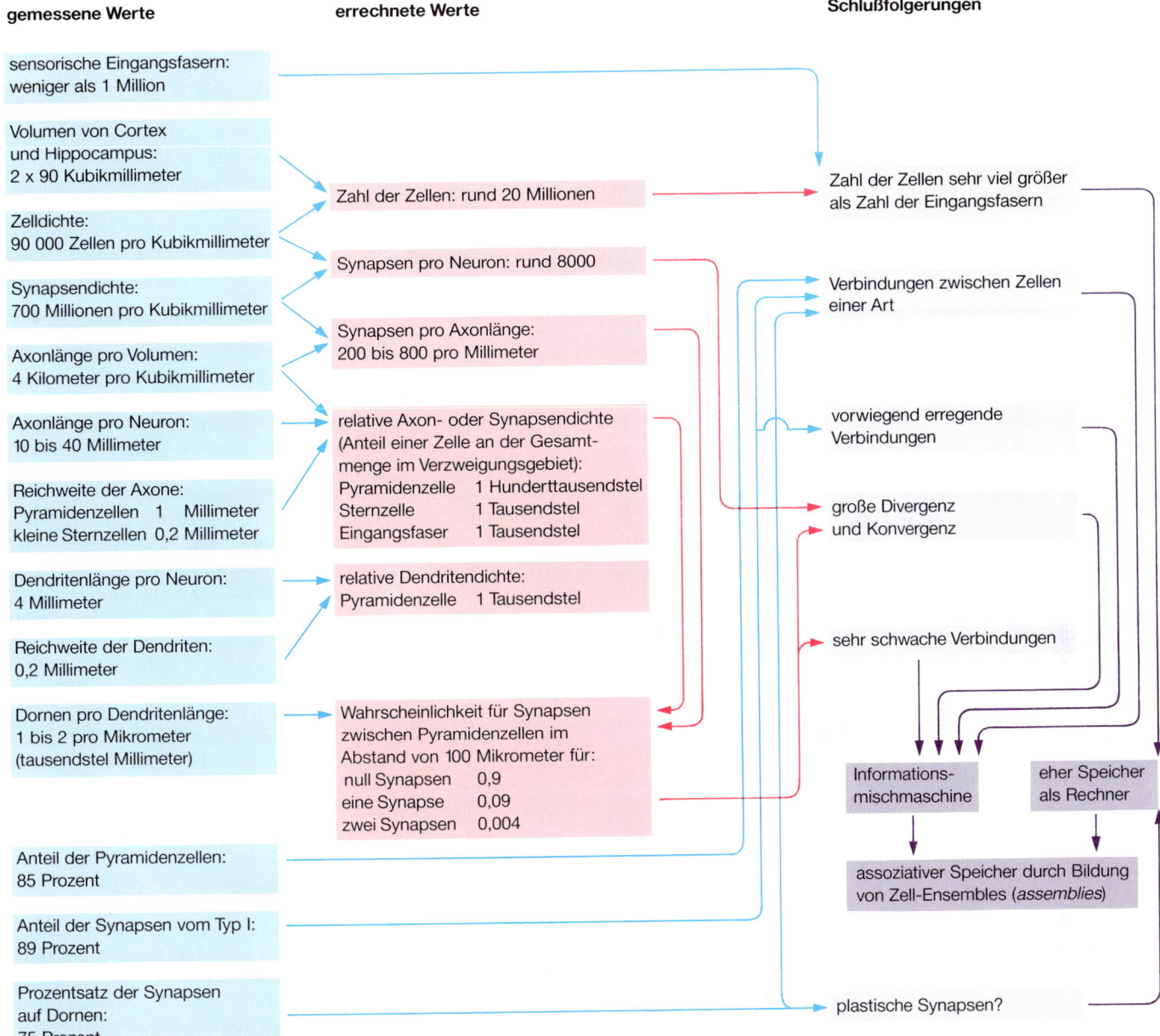

Bild 8: Aus Messungen und Zählungen der vorgestellten Zellbestandteile im Mäuse-Cortex ergeben sich zum Teil überraschende Aussagen. Das Schema zeigt eine Kurzfassung der Gedankengänge, aus denen die Autoren ihre Vorstellungen über den Cortex ableiten. Links sind die direkt gemessenen Werte angegeben, in der mittleren Spalte die daraus berechneten Werte und rechts die Folgerungen. So ist die errechnete Zahl der Synapsen mit rund 8000 pro Neuron sehr hoch (zweite Zeile Mitte; tatsächlich trägt ein Neuron 16000 „halbe" Synapsen), die Wahrscheinlichkeit aber gering, daß zwei benachbarte Pyramidenzellen mehr als eine davon gemeinsam haben (Mitte, unterer Block). Ihre Verbindung ist demnach sehr schwach; die Erregung wird dafür sehr vielen, auch entfernten Zellen des gleichen Haupttyps mitgeteilt (Pyramidenzellen stellen 85 Prozent aller Rindenneuronen), und die Divergenz der Signale von einer Zelle auf viele andere, ebenso wie die Konvergenz von vielen auf eine, ist hoch. Aufgrund solcher Schlüsse sehen die Autoren den Cortex als eine Art Informationsmischmaschine mit eher Speicher- als Rechnerfunktion an: Ein sogenanntes assoziatives Gedächtnis entsteht hier, indem sich Zellen, die häufiger im Gleich- als im Gegentakt arbeiten, durch Verstärken ihrer wohl plastischen Synapsen zu Zell-Ensembles zusammenkoppeln. Die „Verdrahtung" ist im Gehirn zunächst nur zu einem gewissen Maß vorgegeben.

nen Mathematiker wie unseren Kollegen Günther Palm interessiert haben.

Die Berechnungen ergeben immerhin, daß ein Kubikmillimeter Cortex bei der Maus fast eine Milliarde (7×10^8) Synapsen enthält; im ganzen Cortex sind es etwa 200mal mehr (Bild 5). Beim Menschen kommt man auf eine ähnliche Dichte; die Gesamtzahl im Cortex erreicht hier eine Größenordnung von 100 Billionen (10^{14}).

Diese Zahlen werden erst im Zusammenhang mit anderen interessant. In einem Kubikmillimeter Mäuse-Cortex liegen knapp 100 000 (9×10^4) Nervenzellkörper. Da nun an jeder Synapse ein Neuron vor- (prä-) und ein anderes nachgeschaltet (postsynaptisch) ist, errechnet sich daraus leicht, daß jedes corticale Neuron im Durchschnitt für 8000 Synapsen präsynaptisch sowie für ebenso viele postsynaptisch ist, insgesamt also auf Axonen und Dendriten 16000 Synapsen trägt.

Interessant ist auch, was sich aus der Länge der axonalen Fasern ableiten läßt. Man kommt — je nach Vorgehensweise — auf eine Gesamtlänge von ein bis vier Kilometer pro Kubikmillimeter, das heißt, ein Neuron hat im Durchschnitt ein Axon von stattlichen ein bis vier Zentimetern Länge, wenn man alle Verzweigungen zusammenrechnet.

Auf nur einen Millimeter Axon kommen demnach überraschenderweise 200 bis 800 Synapsen. Sie sind perlschnurartig daran aufgereiht und sitzen nicht nur an den Faserenden, wie man es von manchen anderen Neuronen des Ner-

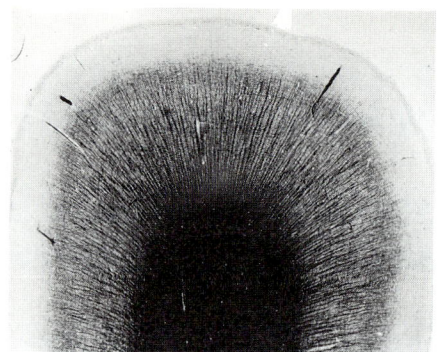
obere Stirnwindung

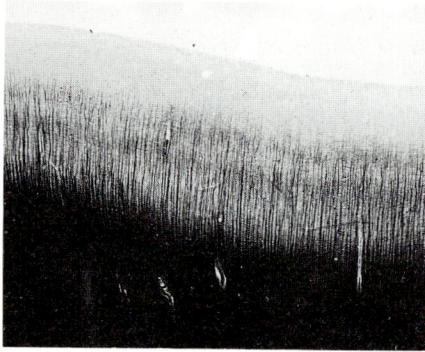
mittlere Stirnwindung

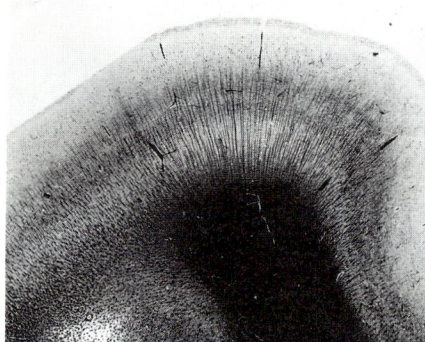
untere Stirnwindung

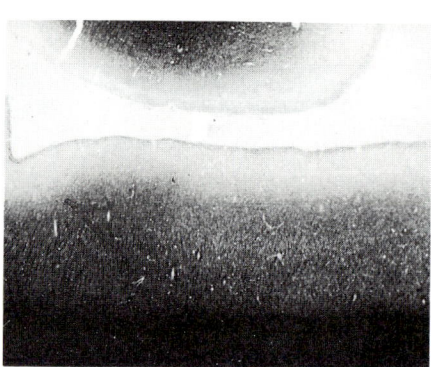
motorischer Cortex

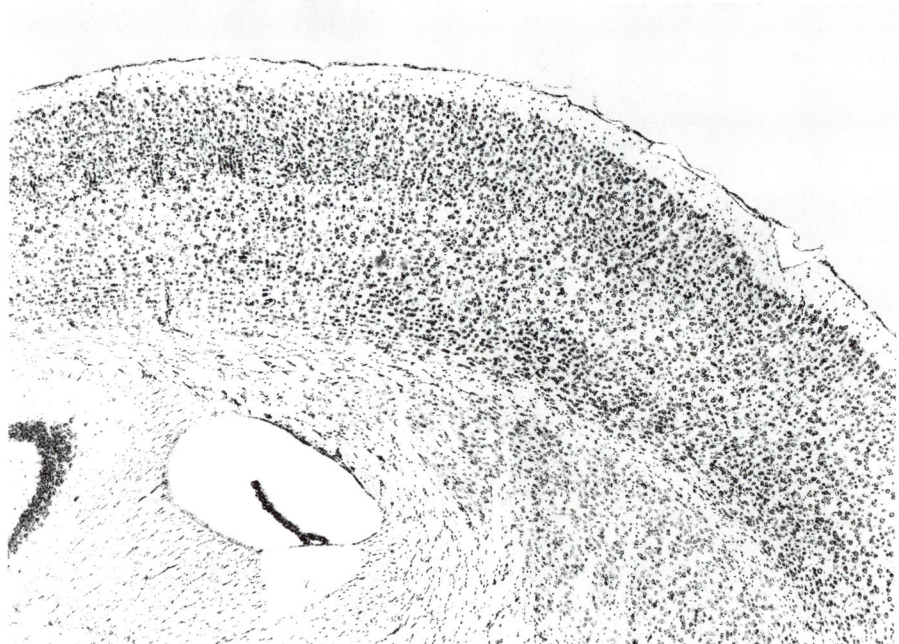

Bild 9: Die Zellen, Dendriten und Axone verteilen sich nicht überall im Cortex in derselben Weise auf Schichten. Daher sehen gefärbte Schnitte (oben und Mitte vom Menschen, unten von einer Maus) je nach Hirnregion ein wenig verschieden aus, haben eine andere Architektonik. Oft ist einer solchen Region auch eine spezielle Funktion zugeordnet. Beispielsweise fallen in einer bestimmten Region des Mäuse-Cortex bei entsprechender Anfärbung (Nissl-Färbung) klumpige Anhäufungen von Zellkörpern auf (linker Bereich im unteren Bild) − dort werden Informationen aus den Schnurrhaaren verarbeitet. Die Schichtung des Cortex ändert sich nach rechts zu geringfügig, aber doch deutlich erkennbar. Ganz auffällig ist die abweichende Architektur beim Vergleich von Markscheiden-Präparaten verschiedener Regionen der menschlichen Gehirnrinde. Man sieht besonders faserreiche Schichten, die sogenannten Baillargerschen Streifen: in der oberen Stirnwindung (links oben) nur den äußeren, in der mittleren (rechts oben) aber beide. In der unteren Stirnwindung (Mitte links), der sogenannten Brocaschen Sprachregion, sind die Streifen fast verschmolzen, und im motorischen (präzentralen) Feld gehen sie in einem einheitlich dichten Faserfilz ganz unter (Mitte rechts). Der menschliche Cortex ist 8fach vergrößert, der Mäuse-Cortex 43fach.

vensystems kennt und gelegentlich in Lehrbüchern abgebildet sieht.

Was die Dendriten betrifft, so läßt sich bei den Pyramidenzellen auch lichtmikroskopisch etwas über die Menge an Synapsen aussagen, und zwar durch Zählung der dendritischen Dornen. Da ein bis zwei Dornen auf einen Mikrometer Dendrit kommen, ergeben sich daraus bei einer Gesamtdendritenlänge von 4 Millimetern 7500 Dornen und damit ebensoviele Synapsen. Dies paßt gut zu dem bereits auf anderem Weg errechneten Wert.

Ganz allgemein läßt sich sagen, daß in der grauen Substanz Axone wie auch Dendriten weitaus länger sind als die Abstände zwischen den Neuronen. Dies zeigt bereits, daß sie stark mit anderen verfilzt sein müssen und es auch sind (Bild 6). Eine einzelne sehr locker verzweigte Pyramidenzelle steuert, wie sich errechnen läßt, tatsächlich nur jeweils ein Hunderttausendstel zur Gesamtlänge der Axonpopulation in ihrem Verzweigungsgebiet bei (dies ist die sogenannte relative Axondichte einer Pyramidenzelle). Sogar bei den am dichtesten verzweigten Zellen − den Sternzellen und den Zellen, die ihre Fasern in den Cortex entsenden − trägt die einzelne lediglich etwa ein Tausendstel dazu bei.

Was die Verteilung der Zelltypen angeht, so ist die überwiegende Mehrheit − etwa 85 Prozent − vom dornigen Typ, vertreten durch die Pyramidenzellen. Dies kann nicht überraschen, da ein ähnlich hoher Prozentsatz von Synapsen dem Typ I, dem vermutlich erregenden, angehört und Pyramidenzellen diese Art Synapsen auf ihren Axonen tragen. Daß die meisten Schaltstellen im Cortex auf dendritischen Dornen, also auf Dendriten von Pyramidenzellen sitzen, paßt ebenfalls gut ins Bild.

Überraschende Schlüsse

Was kann man aus alledem folgern? Einige sehr überraschende Zusammenhänge (Bild 8).

Zuvörderst: Die überwiegende Mehrheit der Synapsen im Cortex sind solche, bei denen eine Pyramidenzelle über ihr Axon Erregung an eine andere Pyramidenzelle weitergibt. Das war die erste große Überraschung. Damit ist die Hoffnung hinfällig, das Geheimnis der corticalen Funktion läge in einer schlauen Verschaltung von einem Neuron mit einem oder mehreren Neuronen einer anderen Sorte, etwa wie in der Elektronik, wo man mit einem Kondensator und einer Spule beziehungsweise mit einem Widerstand, einem Kondensator und einem Transistor oder einer

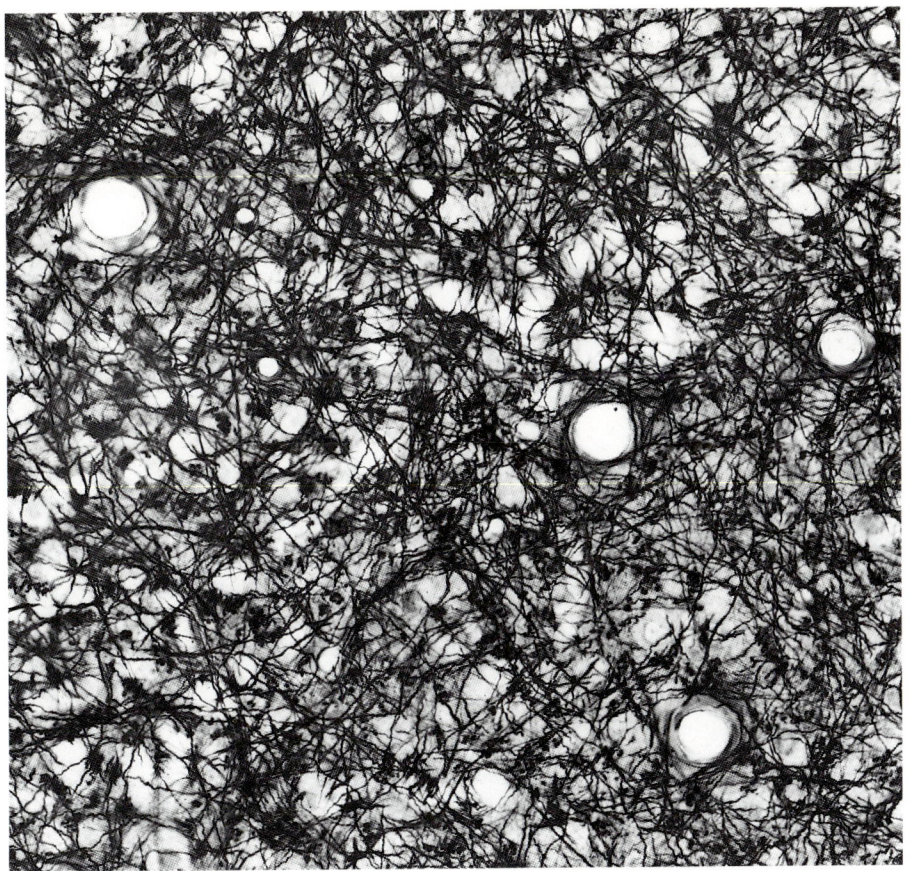

Bild 10: Dieser Flachschnitt durch die primäre Sehrinde eines Makaken (hier durch die Schicht 4b) belegt die allgemeine Regel, daß die Fasern in der Cortex-Fläche weitgehend zufällig ausgerichtet sind. Man meint, hier und dort Vorzugsrichtungen zu sehen, was sich aber bei statistischer Analyse als unhaltbar erweist. Ein Erklärungsmodell für die speziellen Eigenschaften von Sehrinden-Neuronen sollte daher ohne eine besondere Orientierung der Faserverbindungen auskommen. Die runden Lücken sind quergeschnittene Blutgefäße.

anderen Kombinationen dieser Elemente ganz wunderbare Geräte basteln kann. Im Cortex verbinden die meisten Synapsen Pyramidenzellen untereinander, also Elemente ein und derselben Sorte. Offenbar ist das Funktionsgeheimnis dort eher in der Einförmigkeit zu suchen.

Auch daß die große Mehrheit der Synapsen im Cortex — anders als in den übrigen Teilen des Gehirns — auf Dornen sitzt, war überraschend und verlangte nach einer Erklärung. Manche Anatomen meinen einfach, die Dornen dienten der Oberflächenvergrößerung, brächten also mehr Platz für Synapsen auf Dendriten. Dem widerspricht aber, daß man bei dornenlosen Sternzellen (Bild 7 links oben) eher mehr Schaltstellen pro Dendritenlänge zählt als bei den dornigen Pyramidenzellen. Man muß wohl annehmen, daß die auf Dornen sitzenden Synapsen eine bestimmte und offenbar für die Großhirnrinde wichtige Funktion haben.

Wir vermuten, daß sie ihre Stärke verändern können — je nach der vorangegangenen Aktivität der Neuronen, die sie verbinden (Bild 7 unten). Denkbar ist zum Beispiel , daß sich durch eine solch veränderliche Synapse die Kopplung zwischen zwei Neuronen verstärkt oder verringert, je nachdem, ob beide oft im Gleich- oder im Gegentakt arbeiten.

Eine solche Plastizität der Synapsen ist oft als Grundlage von Lernen und Gedächtnis vermutet worden. Wenn das stimmt, und einiges spricht dafür, kann man bei der sehr großen Zahl von synaptischen Dornen im Cortex getrost behaupten, er sei ein großer Gedächtnisspeicher: fast nur Gedächtnis.

Aus der Tatsache, daß die axonalen Zweige der Pyramidenzellen geradlinig durch das Gewebe schießen, sowie aus der Verteilung der Dendriten einzelner Pyramidenzellen im Gewebe läßt sich über einfache geometrische Überlegungen schließen, daß jede Pyramidenzelle ihre Tausende von Synapsen auf Tausende anderer Pyramidenzellen verteilt. Ihr Axon scheint nur ausnahmsweise gleich mehrfachen Kontakt zu einer individuellen Pyramidenzelle zu haben. Das Prinzip ist daher, in der Regel eine ganz schwache Verbindung mit jeder einzelnen Partnerin einzugehen und dafür die Erregung auf möglichst viele verschiedene Zellen zu verteilen.

Das System der untereinander verbundenen Pyramidenzellen ist offenbar ein großer Mischapparat: Alle Signale werden so weit wie möglich verbreitet. Auch dies paßt gut zur Vorstellung eines Gedächtnisspeichers. Wenn festgehalten werden soll (durch Verstärkung der entsprechenden Synapsen), welche Neuronen oft gleichzeitig aktiv sind, so ist es wichtig, daß möglichst viele Neuronen voneinander „wissen", um möglichst vielen Kombinationen von Zellen die Gelegenheit zu geben, sich stärker miteinander zu verkoppeln. Auch bei den jetzt in die Phase der technischen Realisierung kommenden elektronischen assoziativen Speichern ist es ein Problem, die assoziative Matrix möglichst reich mit lernenden Elementen zu besetzen. Technisch ist die Herstellung von einem dichten, dreidimensionalen Filz aus reich verzweigten Fasern, wie er im Cortex vorliegt, noch ein ungelöstes Problem.

Aus der reichen Verzweigung der Verbindungen zwischen den Pyramidenzellen folgt, daß die meisten Wege im Cortex über wenige synaptische Schritte wieder auf das Ausgangsneuron zurückführen. Das bedeutet eine riesige Zahl von geschlossenen Neuronenkreisen im Cortex.

Einen einfachen, aber schlagenden Beleg dafür zu finden, blieb dem mathematischen Geist von Palm vorbehalten: Wenn jede Pyramidenzelle im Cortex der Maus Erregung an — vorsichtig gerechnet — 5000 andere Pyramidenzellen weitergibt, so wären das nach zwei synaptischen Schritten bereits 25 Millionen Zellen — und damit mehr als die schätzungsweise 10 bis 20 Millionen dort vorhandenen Neuronen, also unmöglich viele. Unter denen, die in zwei Schritten erreicht werden, müssen demnach viele sein, die schon einmal dran waren. Das heißt, daß von den allermeisten, vermutlich von allen Zellen eine große Zahl von synaptischen Wegen wieder auf sie selbst zurückführt. Diese kreisförmige Verschaltung ist für die Großhirnrinde typisch.

Besonders pikant ist, daß diese dichte, in sich geschlossene Verschaltung der Pyramidenzellen aus lauter erregenden Synapsen besteht. Eine so gewaltige Menge positiver Rückkopplungen ist eine höchst explosive Situation — und so wundert es nicht, daß die Gehirnrinde besonders anfällig für epileptische Phänomene ist, die ja vermutlich durch das gegenseitige unkontrollierte Aufschaukeln von Nervenaktivität in Neuronenverbänden entstehen.

Epileptische Anfälle sind allerdings keine Erklärung für die Verschaltung

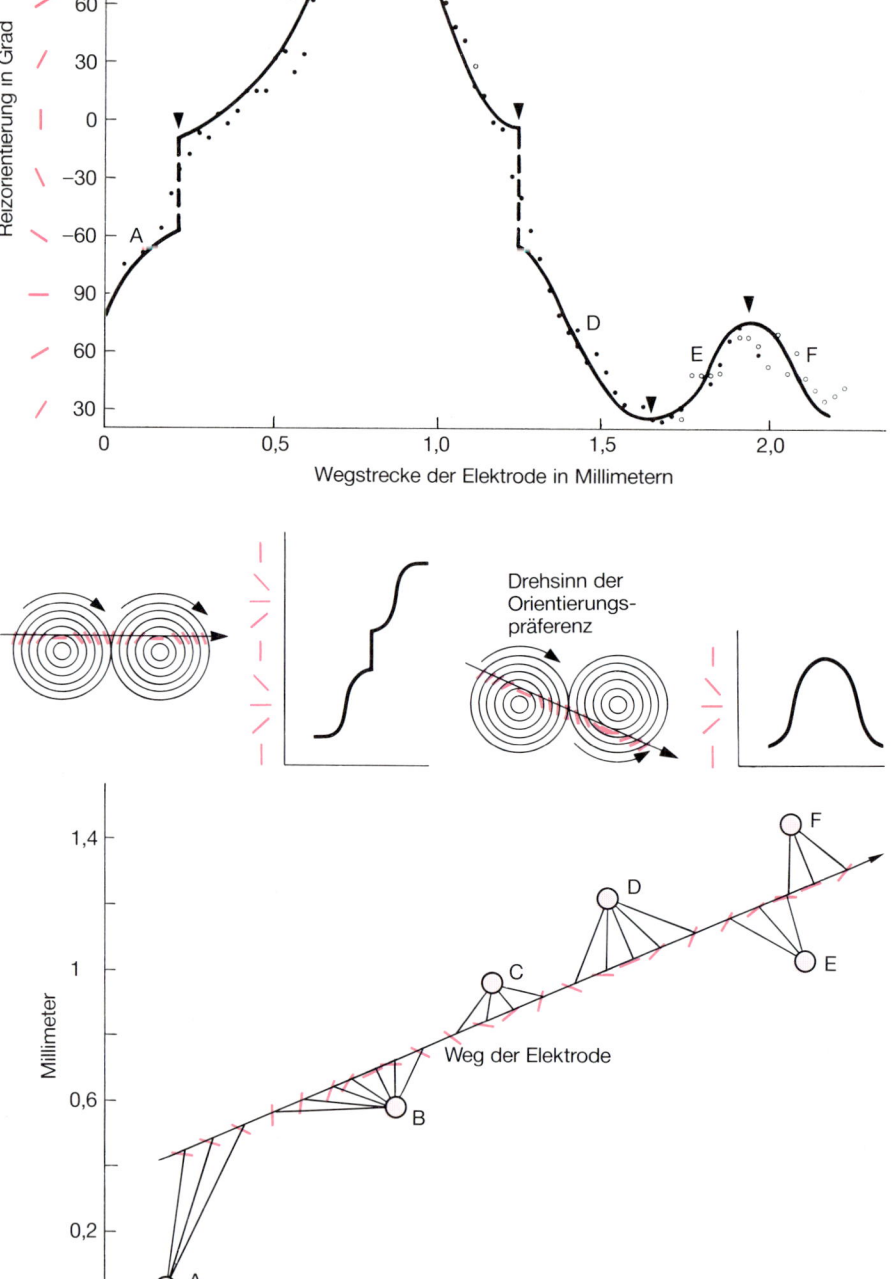

der Nervenzellen im Cortex, vielmehr ein betrüblicher Nebeneffekt. Hingegen bietet ein assoziatives Gedächtnis, besonders in Form der Hebbschen Neuronenverbände (englisch *cell assemblies*), eine Erklärung für das meiste, was wir bisher gesagt haben. Das Modell geht auf Donald O. Hebb von der McGill-Universität in Montreal zurück, der damit assoziatives Lernen auf der Ebene der Synapsen zu erklären versuchte. Solche Zell-Ensembles, wie man sie vielleicht auf deutsch nennen könnte, entstehen nach seiner Vorstellung aus Gruppen von Neuronen, die nicht unbedingt nahe beieinander liegen, aber durch erregende Synapsen vielfach miteinander verbunden sind, und zwar so, daß die Aktivierung einiger Zellen die anderen mitaktiviert; die erregenden Synapsen zwischen jenen Neuronen, die oft gleichzeitig aktiv sind, sollten dann verstärkt werden und diese so zu Ensembles koppeln. Das geschieht beispielsweise, wenn die Sinnesreize, welche die einzelnen Neuronen aktivieren, zu ein und demselben „Ding" der Außenwelt gehören. So entstehen im Cortex Zell-Ensembles als Vertreter von Dingen und Ereignissen der Außenwelt.

Verschiedene Neuronenverbände haben unter Umständen auch Zellen gemeinsam, weil verschiedene Dinge ja dieselben Eigenschaften haben können. Regelmechanismen sorgen aber dafür, daß entweder das eine oder das andere Ensemble „zündet", also aktiv wird: Das entspricht in der Wahrnehmungspsychologie verschiedenen, sich gegenseitig ausschließenden Deutungen derselben Situation. In einem Netzwerk wie der Hirnrinde kann eine überaus große Zahl solcher Ensembles Platz finden – entsprechend reich ist die Begriffswelt, die durch Erfahrung aufgebaut wird. Das Überwiegen erregender Synapsen im Cortex erstaunt dann nicht mehr.

Jedoch muß auch die Minderheit hemmender Neuronen im Cortex ihren Sinn haben. Und in der Tat, wenn Lernen durch Zusammenschalten von Neuronen geschieht, so ist schwer vorstellbar, wie Begriffe erlernt werden können, die negative Bestandteile haben (eine Glatze ist ein Kopf ohne Haar, ein Kneifer ist eine Brille ohne Bügel) – es sei denn, die einlaufenden Informationen gelangten nicht bloß direkt, sondern auch über inhibitorische Zwischenneuronen zu dem Lernmechanismus. Es wundert also nicht, daß die aufsteigenden Fasern, die in den Cortex einstrahlen, sowohl mit Pyramidenzellen als auch mit hemmenden Zwischenneuronen synaptische Verbindungen haben. Verständlich ist dann auch, daß

Bild 11: Die meisten Neuronen der Sehrinde von Makaken sprechen, wie David Hubel und Torsten Wiesel festgestellt haben, am besten auf strichförmige visuelle Reize mit einer bestimmten Winkelneigung an; und diese Orientierungspräferenz ändert sich ziemlich regelmäßig zwischen Zellen, die mit einer möglichst flach durch den Cortex fortschreitenden Elektrode nacheinander sondiert werden (Punkte im oberen Diagramm). Die Änderung der Präferenz läßt sich theoretisch nachvollziehen, wenn man annimmt, daß die Neuronen verschiedener Orientierungsspezifität auf Kreisen um gewisse Zentren angeordnet sind. Die Tangente in dem Punkt, wo der Einstichkanal einen der gedachten Kreise schneidet, repräsentiert die Orientierung, auf die eine dort liegende Zelle am besten anspricht (Mitte). Die Än- **derung der Präferenz zwischen zwei Zentren folgt den angegebenen Teilkurven. Aus den von Hubel und Wiesel veröffentlichten Orientierungen entlang eines Elektrodeneinstichs kann man nun – durch Einzeichnen der zugehörigen Kreisradien – die Lage der Zentren rekonstruieren (unteres Diagramm). Die beiden Zentren A und B befinden sich auf derselben Seite des Einstichkanals; die Zentren B und C aber auf verschiedenen Seiten, wie es in der Mitte schematisch dargestellt ist. Aus den zugehörigen Teilkurven läßt sich die theoretische Gesamtkurve für die von Hubel und Wiesel gemessenen Ergebnisse (oberes Diagramm) rekonstruieren. Die Grenzen der Bereiche, innerhalb derer sich die Orientierungspräferenz um die Zentren A bis F herum regelmäßig ändert, sind durch Dreiecke markiert.**

diese − anders als die erregenden Pyramidenzellen, die den Lernmechanismus darstellen − viel konzentriertere Axon-Endigungen haben: Ihre Aufgabe ist ja nicht die möglichst diffuse Verteilung von Signalen, sondern eine Umschaltung am Ort.

Modell der Sehrinde − Variation gegenüber dem Grundtypus

Das Bild des Cortex, das wir bisher gezeichnet haben, ist weit entfernt von dem einer präzise programmierten Maschine. Es entspricht eher einem Netzwerk von diffusen, durch Aktivität veränderlichen Verbindungen über kurze und weite Strecken hinweg.

Sicher, was dieses Netzwerk „lernen" muß, ist im visuellen Bereich anders als im akustischen, taktilen oder motorischen. So ist es ganz einleuchtend, daß ein Teil der Verschaltung für jeden dieser Bereiche schon vorgegeben ist: durch besondere Formen der Dendriten und axonalen Verzweigungen. Man erkennt das bereits bei geringer Vergrößerung an der unterschiedlichen Architektonik der Hirnrinde (Bild 9); je nach Feld variieren die Dicke der einzelnen Schichten und die Zahl der größeren und kleineren Nervenzellkörper darin.

Könnte es nicht sein, daß − selbst wenn unsere statistische Beschreibung des Cortex im allgemeinen stimmt − in manchen dieser besonderen Rindenfelder doch viel genauere Verschaltungsmuster angelegt sind, wobei das Lernen dort vielleicht die geringere Rolle spielt? Der Fachmann denkt da besonders an Feld 17, die primäre Sehrinde, auf die das Bild der Netzhaut − nach einer Umschaltung in einer Zwischenstation − projiziert wird. Dort haben David H. Hubel und Torsten N. Wiesel − Nobelpreisträger des Jahres 1981 − und viele andere nach ihnen Effekte beschrieben, die ein sehr komplex angelegtes Nervennetz vermuten lassen. Beispielsweise gibt es in der Sehrinde Neuronen, die auf genau definierte Reizmuster im Gesichtsfeld, meist Striche einer bestimmten Orientierung, ansprechen. Es liegt uns nun daran, zu zeigen, daß auch solche Effekte ganz leicht in einem Nervennetz zustande kommen können, das im wesentlichen zufällig angelegt ist, nur mit einer geringfügigen „architektonischen" Variation gegenüber dem Grundtypus.

Hubel und Wiesel, damals beide an der Medizinischen Fakultät der Harvard-Universität in Cambridge (Massachusetts), haben bei ihren Experimenten an Makaken eine Elektrode in die Hirnrinde eingestochen und die Reak-

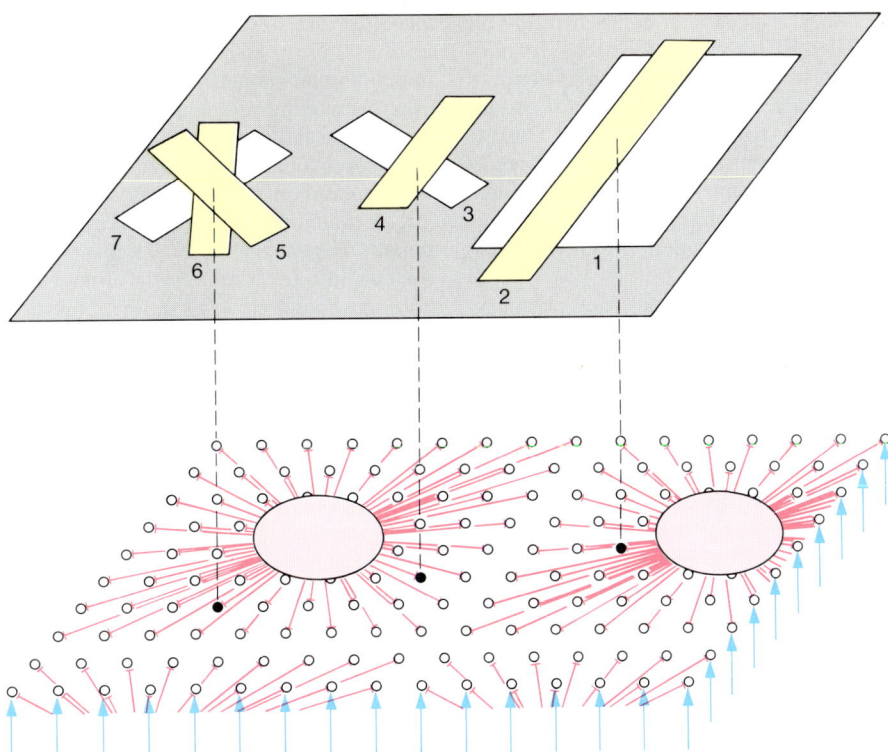

Bild 12: Die Orientierungspräferenz und andere Effekte lassen sich mühelos erklären, wenn man annimmt, daß es in der Sehrinde im Abstand von jeweils etwa einem halben Millimeter Zentren hemmender Elemente gibt (rote Kreise), welche die Aktivität umliegender Nervenzellen (kleine schwarze Kreise) drosseln (rote Linien). Erregen die Fasern der Sehbahn (blaue Pfeile) ein zu großes Gebiet des Cortex, beispielsweise weil ein breiter, rechteckiger Lichtfleck als visueller Reiz (1) geboten wird, so wird immer auch das hemmende Zentrum mitaktiviert; eine einzelne, von ihm beeinflußte Zelle kann dann auf diesen Reiz, obwohl er sie trifft, nicht reagieren. Das über die einlaufenden Fasern auf den Cortex projizierte elektrische Abbild eines schmalen Lichtstreifens (2) paßt dagegen in den Raum zwischen den Zentren und kann deshalb Zellen in diesem Bereich aktivieren. Bei einem nahe an einem Hemmzentrum gelegenen Neuron kann ein schmaler, unpassend orientierter Reiz wieder das Zentrum mittreffen (3); er vermag daher die entsprechende Zelle (schwarz) nicht zu aktivieren. Bei anderer Orientierung aber, wenn er das Zentrum nicht berührt (4), wird er wirksam. Eine solche Zelle weist also eine Orientierungspräferenz auf. Ein anderes Neuron in der Nachbarschaft desselben Hemmzentrums hat eine andere Orientierungspräferenz − mit einer gewissen Toleranz (5 und 6) − und wird entsprechend von einem anders orientierten Streifen (7) gehemmt. Auf diese Weise könnten sich die Orientierungspräferenzen, wie man sie beim Fortschreiten der Elektrode durch den Cortex mißt (Bild 11), regelmäßig um gewisse „Drehzentren" ordnen. Tatsächlich gibt es in der Sehrinde Zentren, wo sich ein bestimmtes Enzym konzentriert, und zwar in den vom Modell geforderten Abständen. Innerhalb dieser Zentren haben die Zellen übrigens keinerlei Orientierungsspezifität.

tion der nacheinander getesteten Neuronen auf − beispielsweise − unterschiedlich im Gesichtsfeld orientierte Striche geprüft. Bei fast parallel zur Cortexfläche angesetzter Elektrode änderte sich die Orientierungspräferenz der Zellen entlang des Einstichkanals mit einer gewissen Regelmäßigkeit (Bild 11 oben).

Die Art der Änderung legte die Annahme nahe, daß Neuronen verschiedener Orientierungsspezifität auf Kreisen um gewisse Zentren angeordnet sind, die etwa einen halben Millimeter auseinander liegen (Bild 11 Mitte und unten). Als diese Behauptung von einem von uns (Braitenberg) zusammen mit Carla Braitenberg 1979 aufgestellt wurde, waren in der Anatomie des primären Sehfelds noch keine Besonderheiten

bekannt, die das hätten erklären können. Wenig später aber entdeckten Allen L. Humphrey und Anita E. Hendrikson an der Universität von Washington in Seattle sowie Jonathan C. Horton und Hubel an der Medizinischen Fakultät der Harvard-Universität in Cambridge (Massachusetts), daß diese Gegend des Cortex bei Makaken tatsächlich ein inselartiges Muster aufweist: Das Enzym Cytochromoxidase konzentriert sich in Flecken (Blobs), die genau in dem von uns vorhergesagten Abstand verteilt sind. Den Zellen in diesen Flecken fehlt, wie sich herausstellte, jegliche Orientierungsspezifität.

Es ist verlockend, die beiden Phänomene miteinander in Verbindung zu bringen. Schon lange hat man sich überlegt, wie es dazu kommt, daß die meisten Neuronen in der Sehrinde von Affen und Katzen auf Striche im Gesichtsfeld ansprechen. Eine besonders anziehende Hypothese, die auf Adam M. Sillito von der Universität Cardiff und Otto Creutzfeld vom Max-Planck-Institut für biophysikalische Chemie in Göttingen zurückgeht, macht dafür inhibitorische Neuronen im Cortex verantwortlich.

Nach unserem Modell der primären Sehrinde wird ein Strich von einer Pyramidenzelle „gesehen", wenn sein Abbild, das die Projektionsbahnen vom Auge quasi auf dem Cortex entwerfen, dort gerade zwischen zwei flankierende inhibitorische Zentren paßt. Ein breiterer „Erregungsklecks" oder ein anders orientierter Strich würde auch die Einzugsgebiete (die Dendritenfelder) der inhibitorischen Zellen treffen; diese würden über ihre Axone, die über das Einzugsgebiet hinausreichen, die Pyramidenzelle zum Schweigen bringen. Nimmt man nun an, daß die inhibitorischen Neuronen in der Sehrinde an den Stellen konzentriert sind, die den Cytochromoxidase-Flecken entsprechen, und daß sie alle umliegenden Pyramidenzellen hemmen (Bild 12), dann würden sich die Orientierungen, auf die diese Zellen ansprechen, gerade so um die Flecken oder Zentren ordnen und drehen, wie es unsere Analyse der Hubelschen und Wieselschen Experimente ergeben hat (Bild 11 unten).

Zur Zeit wird die Frage, wie Neuronen mit verschiedener Vorzugsorientierung auf der Cortex-Oberfläche verteilt sind, mit raffinierten Methoden untersucht. Das Aktivitätsmuster auf der Oberfläche läßt sich zum Beispiel optisch sichtbar machen, wenn man das lebende Hirngewebe mit Farbstoffen tränkt, die unter der Einwirkung der Erregungspotentiale ihre Reflexionseigenschaften ändern. Gary G. Blasdel an der Universität Calgary (kanadische Provinz Alberta) hat mit dieser Methode beim lebenden Tier die Verteilung der erregten Zellen nach Darbietung bestimmter visueller Reize regelrecht photographiert.

Eine andere, länger bekannte Methode besteht darin, die Zellen mit radioaktiv markierter Desoxyglucose zu füttern, die sie nicht verdauen können. Sie nehmen von diesem vermeintlichen Energiespender (der echte ist die Glucose) um so mehr auf, je stärker sie aktiv sind. Nach visueller Reizung mit Strichen bestimmter Orientierung kann man dann auf Gewebeschnitten anhand der radioaktiven Markierung die Verteilung aktiver Zellen im Cortex erkennen.

In beiden Fällen zeigt sich ein fleckiges Muster, und es sieht so aus, als wären corticale Zellen verschiedener Orientierungspräferenz um gewisse Zentren herum angeordnet − und diese haben wieder ungefähr den Abstand der von uns angenommenen Hemmzentren: etwa einen halben Millimeter.

Unser Modell der Sehrinde mit den inhibitorischen Zentren paßt auch sonst gut zu den elektrophysiologisch gewonnenen Ergebnissen, besonders wenn man es mit der Vorstellung eines assoziativen Speichers kombiniert. Nehmen wir einmal die rezeptiven Felder einzelner Rindenneuronen, wie Hubel und Wiesel sie beschrieben haben (ein solches Feld ist der Bereich im Gesichtsfeld, auf den ein Neuron anspricht, wenn dort ein entsprechender visueller Reiz − ein richtig orientierter Lichtstreifen etwa − erscheint). Die gemessenen Felder sind so groß, daß sie − auf den Cortex projiziert − einen Bereich von etwa einem Millimeter Durchmesser abdecken. Innerhalb dieses Rindenstücks, das mehrere unserer Hemmzentren einschließt, muß man daher das Zusammenwirken mehrerer Elemente annehmen. Dies könnte sehr wohl durch assoziatives Zusammenschalten einer Gruppe elementarer Strichdetektoren mit ähnlicher Orientierung geschehen. Was ein Elektrophysiologe als rezeptives Feld mißt, wäre dann in Wirklichkeit die Summe aller Mikrofelder des Zell-Ensembles. Je nach Lage der so zusammengeschalteten Neuronen gegenüber dem Raster der hemmenden Zentren können auch rezeptive Felder mit getrennten erregenden und hemmenden Unterabteilungen entstehen, wie Hubel und Wiesel sie gefunden haben.

Die rezeptiven Felder von Neuronen, die in der Sehrinde nahe beieinander liegen, sind im Gesichtsfeld oft gegeneinander stark verschoben, haben aber fast immer eine sehr ähnliche Orientierungspräferenz. Auch dies läßt sich erklären, wenn man wieder annimmt, daß das rezeptive Feld durch Zusammenschalten verschiedener Zellen zu Ensembles entsteht: In dem weitgehend zufällig angelegten Netzwerk intracorticaler Verbindungen kann es durchaus passieren, daß sich zwei benachbarte Neuronen mit jeweils anderen, recht weit auseinanderliegenden Gruppen assoziieren, wenn sie nur auf dieselbe Art von Reizen − beispielsweise auf dieselbe Orientierung − ansprechen.

Die Möglichkeit, daß sich ein Teil der von Hubel und Wiesel beschriebenen Effekte auf so einfache Weise erklären ließe, ist für unsere These wichtig. Wir haben ja aus der Anatomie des Cortex den Verdacht geschöpft, daß dort die Verbindungen weitgehend dem Zufall überlassen sind, nur mit kleinen, sogenannten „architektonischen" Variationen von Feld zu Feld. Hier hätten wir eine solche kleine Variation, nämlich die Konzentration der Hemmzellen in gewissen Zentren, die sehr präzise, überraschende Folgen in der Physiologie hat, ohne daß man raffinierte Muster in der Faseranatomie annehmen müßte.

Resümee

Der Cortex allgemein gleicht also, nach unserem Modell, weniger einer präzise vorprogrammierten Maschine als einem Netzwerk von diffusen, durch Aktivität veränderlichen Verbindungen. Die Grundzüge der Verschaltung sind vorgegeben, variieren aber leicht von Region zu Region − kenntlich beispielsweise an den besonderen Formen der Dendriten und axonalen Verzweigungen. Durch seine ausgiebige Selbstverkabelung arbeitet der Cortex als assoziativer Speicher. Seine volle Funktionsfähigkeit erhält er in der Auseinandersetzung mit der Umwelt: durch Koppeln gleichzeitig aktiver Zellen zu Ensembles, durch Stärken oder Schwächen der Verbindungen an plastischen Synapsen. Es genügt, den Grundtypus einer in groben Zügen überall gleichen Verschaltung geringfügig abzuwandeln (Beispiel Hemmzentren), um selbst Mechanismen, die eine raffinierte Vorverdrahtung zu verlangen scheinen, mühelos zu erklären.

Letztlich war es unser Anliegen zu erläutern, welch große Aussagekraft die Neuroanatomie bei Überlegungen zur möglichen Funktionsweise des Gehirns hat. Voraussetzung ist allerdings, daß die theoretischen Vorstellungen über die Hirnmechanismen genau genug formuliert sind, damit sich eventuelle Widersprüche oder Übereinstimmungen mit den anatomischen Gegebenheiten feststellen lassen. Umgekehrt müssen die Hirnanatomen bereit sein, ihre Ergebnisse in Zahlen auszudrücken; diese sind der Prüfstein für gute Theorien, die ja meist quantitative Voraussagen machen.

Dabei hat sich gezeigt, daß relativ grobe Messungen und Zählungen, wenn sie miteinander in Beziehung gebracht werden, oft schon viel aussagen. Wie bei allen Dingen, muß man auch hier zwischen allzuviel Detail und allzu allgemeinen Aussagen einen goldenen Mittelweg finden. Die von uns vorgeschlagene Statistik der neuronalen Verbindungen im Cortex ist ein solcher Mittelweg zwischen dem Modell einer präzisen „Verdrahtung" und dem einer völlig regellosen Struktur. Beide sind gelegentlich als realistisch vorgestellt worden.

Wie der Leopard zu seinen Flecken kommt

Den vielfältigen Fellzeichnungen, wie sie bei Tieren vorkommen, könnte
ein einheitlicher Musterbildungsmechanismus zugrunde liegen. Mit einem mathematischen
Modell lassen sich immerhin ganz unterschiedliche natürliche Muster
erstaunlich getreu reproduzieren.

Von James D. Murray

Säugetiere zeigen eine Fülle von Fellzeichnungen; entsprechend zahlreich sind die Versuche, den Ursprung dieser Muster zu erklären — viele der Deutungen wirken freilich nicht viel überzeugender als Rudyard Kiplings Argumentation in seinem köstlichen Essay „How the Leopard Got its Spots" („Wie der Leopard zu seinen Flecken kam").

Klar ist, daß letztlich Gene die Fellzeichnung bestimmen; aber wie sich die Muster im einzelnen bilden, darüber gibt es bislang nur Vermutungen. Dabei wäre es vom evolutions- wie auch vom entwicklungsbiologischen Gesichtspunkt aus interessant zu wissen, ob all den vielfältigen natürlichen Fellzeichnungen vielleicht ein gemeinsamer Mechanismus zugrundeliegt.

Dies ist, meine ich, tatsächlich der Fall. Ich werde hier in knapper Form ein einfaches mathematisches Modell vorstellen, das beschreibt, wie die verschiedenen Fellzeichnungen im Laufe der Embryonalentwicklung entstehen könnten. Dieses Modell vermag Muster zu erzeugen, die denen von zahlreichen Tieren wie Leopard, Gepard, Jaguar, Zebra und Giraffe verblüffend ähneln. Es steht außerdem mit der Beobachtung in Einklang, daß die Anordnung der Flecken bei Wildkatzen oder der Streifen bei Zebras, obwohl sie variantenreich und individuell deutlich verschieden ist, innerhalb einer jeden Art doch einem allgemeinen Schema folgt. Außerdem sagt das Modell voraus, daß die Muster nur bestimmte Formen annehmen können, was wiederum auf beschränkende Faktoren in der Embryonalentwicklung hinweist und ein Licht

auf die Evolutionsgeschichte der Fellzeichnungen wirft.

Wodurch genau während der Embryonalentwicklung Muster entstehen, weiß man nicht. Theoretisch können mehrere Mechanismen die Bildung von Fellzeichnungen erklären. Mein einfaches Modell besticht dabei durch seine mathematische Vielseitigkeit und die erstaunliche Ähnlichkeit der von ihm kreierten Muster mit den tatsächlich auftretenden. Ich hoffe, daß es zu Experimenten anregt, mit denen sich der biologische Mechanismus der Musterbildung definitiv aufklären läßt.

Von Pigmenten und Vormustern

Lassen Sie mich zunächst kurz zusammenfassen, was über Fellzeichnungen bisher bekannt ist. Die Farbe der Fellhaare bestimmen besondere Pigmentzellen, Melanocyten genannt, die in der tiefsten Schicht der Haut liegen. Die Melanocyten bilden einen Farbstoff, das Melanin, den sie an das Haar abgeben. Bei Säugetieren gibt es im wesentlichen nur zwei Sorten von Melanin: Eumelanin (von griechisch *eu* für gut und *melas* für schwarz), das Haare braun bis schwarz färbt, sowie Phaeomelanin (von griechisch *phaeos* für staubig), das ihnen eine gelbe bis rötlich-orange Färbung verleiht.

Ob die Melanocyten Melanin bilden oder nicht hängt nach allgemeiner Ansicht von der Gegenwart chemischer Aktivatoren und Inhibitoren ab. Obwohl man diese Stoffe bisher nicht kennt, nimmt man an, daß jede sichtbare Fellzeichnung ein chemisches Vor-

muster in oder direkt unter der Haut widerspiegelt. Die Melanocyten lesen dieses Muster dann lediglich ab. Das Modell, das ich beschreiben werde, könnte solch ein Vormuster erzeugen.

Meine Studie basiert auf einem Vorschlag des britischen Mathematikers Alan M. Turing, dem Entdecker der Turing-Maschine (einer universellen Rechenmaschine) und Begründer der modernen Rechnertheorie. Im Jahre 1952 postulierte Turing in einer der wichtigsten Veröffentlichungen auf dem Gebiet der theoretischen Biologie einen chemischen Mechanismus für die Entstehung von Fellzeichnungen. Danach sollte jede biologische Form einem durch die Konzentration sogenannter Morphogene vorgezeichneten Muster folgen. Die Existenz dieser Morphogene ist noch immer fraglich; dennoch spricht für Turings Modell, daß es offensichtlich eine große Anzahl experimenteller Resultate durch ein oder zwei einfache Vorstellungen zu erklären vermag.

Turing ging davon aus, daß die Morphogene miteinander reagieren und durch Zellen diffundieren können. Anhand eines mathematischen Modells zeigte er dann, daß die Konzentrationen zunächst gleichmäßig über eine Zellpopulation verteilter Morphogene, wenn diese nur in der richtigen Weise miteinander reagieren und diffundieren, räumliche Muster ergeben können.

Turings Modell hatte eine ganze Klasse von Nachfolgern, die heute als Reaktions-Diffusions-Modelle bezeichnet werden. Sie sind immer dann anwendbar, wenn es sich verglichen mit dem Durchmesser der einzelnen Zelle um ein großes Muster handelt. Das ist

Bild 1: Die Fellzeichnungen von Tieren wie dem hier abgebildeten Leoparden (*Panthera pardus*) werden von besonderen Pigmentzellen, den sogenannten Melanocyten, in der tiefsten Schicht der Haut hervorgerufen. Diese bilden unter dem Einfluß bislang unbekannter chemischer Aktivatoren und Inhibitoren als Melanine bezeichnete Farbstoffe, von denen es im wesentlichen zwei Sorten gibt: Eumelanin (von griechisch *eu* für gut und *melas* für schwarz), das Haare braun bis schwarz färbt, und Phaeomelanin (von griechisch *phaeos* für staubig), das ihnen eine gelbe oder rötlich-orange Färbung verleiht. Die Fellzeichnung wird zu einem bestimmten Zeitpunkt während der Embryonalentwicklung angelegt.

beispielsweise beim Fell des Leoparden der Fall, da ein Fleck zum Zeitpunkt der Musterbildung hier eine zwei- bis dreistellige Anzahl von Zellen umfaßt.

Ein Waldbrand als Beispiel

Turings Ideen wurden von einer Reihe von Wissenschaftlern, zu denen auch ich gehöre, zu einer umfassenderen mathematischen Theorie ausgebaut. Bei einem typischen Reaktions-Diffusions-Modell beginnt man mit zwei Morphogenen, die verschiedene Reaktionen eingehen und unterschiedlich schnell diffundieren können.

Bei fehlender Diffusion — beispielsweise in einer gut durchgerührten Mischung — würden die beiden Morphogene überall im gleichen Ausmaß miteinander reagieren, so daß ihre Konzentration überall gleich bliebe und schließlich einen stationären Zustand erreichen würde. Daran ändert sich auch nichts, wenn die Morphogene mit gleicher Geschwindigkeit diffundieren; denn jede lokale Abweichung vom stationären Zustand würde dabei von selbst ausgeglichen.

Bei verschiedenen Diffusionsgeschwindigkeiten dagegen wirkt die Diffusion potentiell destabilisierend: Die Reaktionsgeschwindigkeiten an irgendeinem Punkt vermögen sich dann unter Umständen nicht mehr schnell genug einzuregeln, damit der Gleichgewichtszustand erreicht wird. Unter geeigneten Bedingungen kann eine kleine räumliche Störung so nicht mehr abgefangen werden und vermag damit eine Musterbildung auszulösen. Derartige Instabilitäten heißen diffusionsgetrieben.

Bei Reaktions-Diffusions-Modellen nimmt man an, daß eines der beiden Morphogene ein Aktivator ist, der die Melanocyten zur Bildung einer Melaninsorte — sagen wir der schwarzen — veranlaßt. Der andere ist nach dieser Vorstellung dagegen ein Inhibitor, der die Melanin-Produktion in den Pigmentzellen stoppt. Angenommen, durch die Reaktionen nimmt die Konzentration des Aktivators lokal zu, während zugleich auch die Inhibitor-Produktion steigt. Wenn dann der Inhibitor schneller als der Aktivator diffundiert, entsteht eine Insel hoher Aktivator-Konzentration innerhalb einer Region mit hohem Inhibitor-Gehalt.

Eine recht gute Vorstellung davon, wie solch ein Aktivator-Inhibitor-Mechanismus räumliche Muster hervorzubringen vermag, kann das folgende, teils freilich etwas unrealistische Beispiel vermitteln. Man stelle sich einen sehr trockenen Wald vor, der bei dem kleinsten Funken Feuer fängt. Um mögliche Brandschäden minimal zu halten, haben sich Feuerwehrleute mit Hubschraubern und Brandbekämpfungsgerät über den gesamten Wald verteilt. Nun bricht tatsächlich ein Feuer (der Aktivator) aus, und eine Feuerfront beginnt sich auszubreiten. Anfänglich gibt es nicht genügend Brandbekämpfer (die Inhibitoren) in unmittelbarer Nähe des Feuers, um es zu ersticken. Mit ihren Helikoptern können die von der Feuerfront erreichten Brandbekämpfer jedoch vor dieser fliehen, sich eine Strecke davor sammeln und Brandschutzmittel auf die Bäume sprühen. Sobald das Feuer die besprühten Bäume erreicht, erlischt es: Die Front ist gestoppt.

Wenn plötzlich wahllos an mehreren Stellen des Waldes Feuer ausbricht, werden sich mit der Zeit mehrere Feuerfronten (Aktivierungswellen) ausbrei-

Bild 2: Ein einfaches mathematisches Modell, Reaktions-Diffusions-Mechanismus genannt, bringt Muster hervor, die den Fellzeichnungen mancher Tiere in erstaunlichem Maße ähneln. Den Zeichnungen auf dem Schwanz des Leoparden (links), des Jaguars und des Gepards (Mitte) sowie der Ginsterkatze (rechts) sind hier die Muster gegenübergestellt, die das Modell für Kegelstümpfe mit unterschiedlichen Radien liefert.

Bild 3: Auch die Streifenmusterung am Übergang zwischen Vorderbein und Rumpf beim Zebra (links) läßt sich mit einem Reaktions-Diffusions-Modell naturnah simulieren (oben).

ten. Vor jeder Front setzen sich die Brandbekämpfer in ihren Helikoptern (Inhibitionswellen) nach außen ab und bringen die Front in einiger Entfernung vom Brandherd zum Erlöschen. Am Ende bleibt ein Wald mit einem schwarz-grünen Fleckenmuster zurück; die schwarzen Flecken zeugen vom Brand, während die grünen von den besprühten, brandgeschützten Bäumen herrühren.

Im Prinzip entspricht das Ergebnis demjenigen des obigen Modells. Welcher Mustertyp entsteht, hängt dabei von den Parametern des Modells ab und läßt sich einer mathematischen Analyse entnehmen.

Beschreibung der Reaktions-Diffusions-Modelle

Zahlreiche Reaktions-Diffusions-Modelle, denen wahrscheinliche oder tatsächliche biochemische Reaktionen zugrunde liegen, sind inzwischen aufgestellt und darauf geprüft worden, ob und welche Muster sie hervorrufen. Als Parameter enthalten sie unter anderem die Geschwindigkeitskonstanten der einzelnen Reaktionen, die Diffusionskoeffizienten der beteiligten Stoffe und − was besonders wichtig ist − die Form und Größe des Gewebes.

Eine faszinierende Eigenschaft von Reaktions-Diffusions-Modellen wird deutlich, wenn man mit einem einheitlichen stationären Zustand beginnt und sämtliche Parameter bis auf einen einzigen konstant hält. Läßt man beispielsweise nur die Größe des Gewebes zunehmen, erreicht das System schließlich einen kritischen Punkt, einen sogenannten Gabelungswert, an dem der stationäre Zustand der Morphogene in-

stabil wird und räumliche Muster zu entstehen beginnen.

Das optisch eindrucksvollste Beispiel einer Reaktions-Diffusions-Musterbildung liefert die farbenprächtige Klasse chemischer Reaktionen, die Ende der fünfziger Jahre von den sowjetischen Wissenschaftlern B. P. Belousov und A. M. Zhabotinsky entdeckt worden ist und unter dem Namen „Oszillierende chemische Reaktionen" bekannt ist. Diese Reaktionen organisieren sich durch periodische Schwankungen in den Reaktionsrichtungen optisch sichtbar räumlich und zeitlich selbst, zum Beispiel als Spiralwellen. Dabei können sie mit uhrwerkartiger Präzision oszillieren, so daß die Farbe beispielsweise genau zweimal pro Minute von Blau nach Rot und wieder zurück nach Blau umschlägt.

Ein anderes Beispiel für natürliche Reaktions-Diffusions-Muster hat der französische Chemiker Daniel Thomas 1975 entdeckt und untersucht. Diese Muster entstehen durch Reaktionen zwischen Harnsäure und Sauerstoff auf einer dünnen Membran, innerhalb der die Stoffe diffundieren können. Obwohl die Membran ein immobilisiertes Enzym enthält, das die Reaktion beschleunigt, kommen in dem empirischen Modell, das den Mechanismus beschreibt, lediglich die beiden chemischen Substanzen vor − das Enzym ist irrelevant. Wegen der geringen Dicke der Membran kann man das System als zweidimensional betrachten.

Jeder Reaktions-Diffusions-Mechanismus, der diffusionsgetriebene räumliche Muster zu erzeugen vermag, dürfte ein plausibles Modell für Fellzeichnungen bei Tieren abgeben. Derartige Muster hängen stark von der Form und der Größe jenes Bereiches ab, in dem

die chemischen Reaktionen stattfinden. Folglich sollten Größe und Form des Embryos zum Zeitpunkt, zu dem die Reaktionen in Gang gesetzt werden, die entstehenden räumlichen Muster bestimmen. (Späteres Wachstum kann das ursprüngliche Muster natürlich noch verzerren.)

Die hier vorgestellten numerischen und mathematischen Ergebnisse basieren auf einem Modell, das aus der Arbeit von Thomas hervorgegangen ist. Bei typischen Werten für die verschiedenen Parameter läge die für die Musterbildung während der Embryogenese benötigte Zeit bei etwa einem Tag.

Ähnlichkeiten mit Vibrationsmustern

Interessanterweise ähnelt das mathematische Problem, die Anfangsstadien der räumlichen Musterbildung (wenn die Abweichungen vom uniformen Zustand noch gering sind) durch Reaktions-Diffusions-Mechanismen zu simulieren, demjenigen, die Vibration von dünnen Platten oder Trommelfellen zu beschreiben. Daher lassen sich Einsichten darüber, wie die Musterentstehung von Geometrie und Größe der Fläche abhängt, auch am Beispiel vibrierender Trommelfelle gewinnen (Bild 7).

Ein sehr kleines Trommelfell vibriert kaum nach, da die Schwingungen sofort verebben. Erst ab einer Mindestgröße kann eine nachhaltige Vibration entstehen. Angenommen, das Trommelfell, das dem Reaktions-Diffusions-Bereich entspricht, sei ein Rechteck. Je größer es nun wird, desto kompliziertere Vibrationen können sich ausbilden.

Wie die Form die möglichen Vibrationsweisen beschränkt, zeigt das Bei-

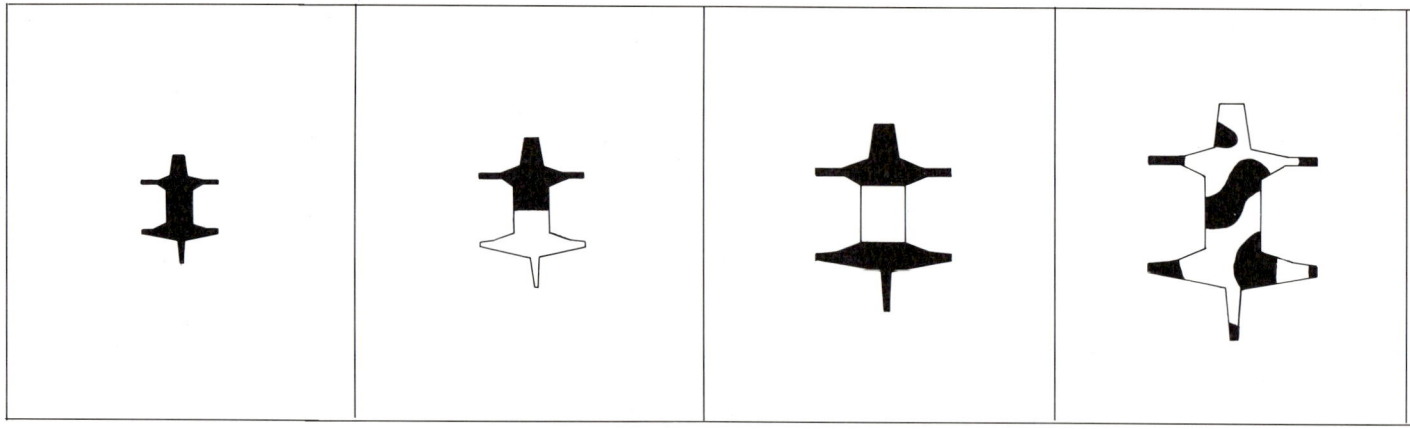

Bild 4: Welche Musterung das Modell des Autors für ein schematisches Fell liefert, hängt von dessen Größe ab. Bei sonst konstanten Parametern gibt sie Anlaß zu beachtlicher Variabilität. Die Ergebnisse der Modellrechnungen stehen in Einklang damit, daß das Fell kleiner

Bild 5: Beispiele für natürlich vorkommende großflächige Musterungen bieten der Tamandua, ein Ameisenbär (links), und die Walliser Ziege (rechts). Derartige Muster ergeben sich aus dem Reaktions-Diffusions-Mechanismus des Autors für mäßig große Tiere (siehe Bild

spiel eines sehr schmalen Rechtecks, in dem praktisch nur einfache eindimensionale Vibrationen auftreten können. Für echte zweidimensionale Muster muß das Fell breit und lang genug sein. Auch wenn das Rechteck zu einem Zylinder gebogen ist, darf dessen Radius nicht zu klein sein, da sonst gleichfalls nur quasi-eindimensionale Vibrationsarten auftreten, das heißt sich nur ringförmige Muster ausbilden. Erst ab einem bestimmten Radius kommen zweidimensionale Muster zum Vorschein. Infolgedessen kann ein Kegelstumpf einen kontinuierlichen Übergang von einem zweidimensionalen Muster zu einfachen Streifen zeigen (siehe Bild 2).

Ergebnisse
von Modellrechnungen

Doch kehren wir zu dem von mir untersuchten Reaktions-Diffusions-Mechanismus mit zwei Morphogenen zurück. Für meine Simulationen wählte ich einen festen Satz von Reaktionsgeschwindigkeitskonstanten und Diffusionskoeffizienten, die zu einer diffusionsgetriebenen Instabilität führen konnten; die einzigen beiden Variablen waren Größe und Geometrie der Fläche. Als Ausgangsbedingungen meiner per Computer durchgeführten Berechnungen gab ich zufällige Störungen des gleichförmigen stationären Zustandes

ein. Die entstehenden Muster waren dort, wo die Konzentration eines der beiden Morphogene über oder unter der im ursprünglichen stationären Zustand lag, dunkel beziehungsweise hell gefärbt. Selbst unter diesen Beschränkungen bei den Parametern und Anfangsbedingungen war die Fülle möglicher Muster erstaunlich.

Wie nahe kommen die Ergebnisse des Modells typischen Fellzeichnungen und allgemeinen Färbungsmustern von Tieren? Ich begann mit Kegelstümpfen zur Simulation der Musterentstehung auf Schwanz und Beinen. Die Ergebnisse entsprechen dem, was für die Vibrationen von Platten gilt: Bei hinreichend

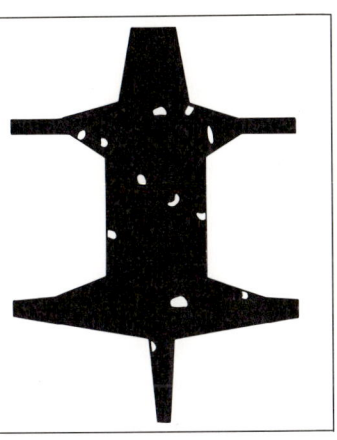

Tiere wie der Maus einheitlich gefärbt und das mittelgroßer Tiere wie des Leoparden gemustert ist, während sehr große Tiere wie der Elefant schließlich wieder einfarbig sind.

4). Die Zeichnung des Ameisenbärs ist einer Publikation von G. und W. B. Whittaker vom Februar 1824 entnommen; die Ziege haben Avi Baron und Paul Munro photographiert.

kleinem Durchmesser gehen die Flecken schließlich in Streifen über.

Der Leopard (*Panthera pardus*), der Gepard (*Acinonyx jubatus*), der Jaguar (*Panthera onca*) und die Ginsterkatze (*Genetta genetta*) liefern anschauliche Beispiele für eine derartige Musterbildung. Der Leopard ist fast bis zur Schwanzspitze gefleckt. Der Schwanz von Gepard und Jaguar hat dagegen ein längeres gestreiftes Ende, während er bei der Ginsterkatze sogar völlig gestreift ist.

Dies steht in Einklang mit dem, was man über die embryonale Schwanzform bei den vier Tieren weiß. Vor der Geburt ist der Leopardenschwanz spitzke-

gelförmig und recht kurz. Daher sollten sich Flecken bis zur Schwanzspitze ausbilden können. (Der Schwanz des erwachsenen Leoparden ist lang, hat aber dieselbe Anzahl an Wirbeln.) Der Schwanz des Ginsterkatzenembryos — das andere Extrem — ist dagegen dünn und bemerkenswert gleichmäßig. Demnach sollte er gar nicht gefleckt sein.

Das Modell liefert auch den Fall einer der ganz wenigen dokumentierten Einschränkungen für Entwicklungsvorgänge. Ihm zufolge sind die möglichen Fellzeichnungen nämlich durch Größe und Form des Embryos begrenzt. Insbesondere gilt, daß ein geflecktes Tier zwar einen gestreiften, nicht aber ein

gestreiftes Tier einen gefleckten Schwanz haben kann.

Auch die Fellzeichnung der Zebras habe ich simulieren können (Bild 3). Mit meinem Mechanismus eine Serie von Streifen zu erzeugen fällt nicht schwer. Kritischer ist der Übergang zwischen Vorderbein und Rumpf; doch auch hier ergibt das mathematische Modell das typische Muster der Schulterstreifen.

Um den Einfluß der Größe bei einer komplizierteren Geometrie zu untersuchen, berechnete ich die Muster für eine typische abstrakte Tierform, bestehend aus einem Rumpf, einem Kopf, vier Gliedmaßen und einem Schwanz. Ich begann mit einer sehr kleinen Form und vergrößerte sie schrittweise unter Beibehaltung der Proportionen. Dabei erhielt ich eine Reihe interessanter Ergebnisse (Bild 4).

Auch hier entsteht bei zu kleiner Fläche überhaupt keine Musterung. Mit zunehmender Größe kommt es dann zu einer Serie von „Gabelungen": Aufspaltungen des Fells in eine wachsende Zahl verschiedenfarbiger Bereiche. Die dabei gebildeten Muster tauchen ebenso urplötzlich auf, wie sie wieder verschwinden.

Insgesamt ergibt sich eine immer stärkere Strukturierung, und es treten mehr und mehr Flecken auf. Schlanke Gliedmaßen behalten jedoch ihr Streifenmuster, selbst bei recht großen Flächen. Für sehr große Flächen wird die Struktur des Musters schließlich so fein, daß wieder eine fast einheitliche Färbung resultiert.

Die Bedeutung des Aktivierungszeitpunktes

Der Einfluß der Größe auf das Muster läßt vermuten, daß der Zeitpunkt, zu dem der Musterbildungsprozeß während der Embryogenese aktiviert wird, von höchster Bedeutung ist. Zumindest gilt das, wenn — wie hier stillschweigend vorausgesetzt — die Geschwindigkeitskonstanten und die Diffusionskoeffizienten bei verschiedenen Tieren annähernd übereinstimmen.

Wird der Mechanismus in der Frühphase der Entwicklung durch eine Art genetischen Schalter aktiviert, sollten kleine Tiere, die ja kurze Tragzeiten haben, einheitlich gefärbt sein. Das ist auch im allgemeinen der Fall. Bei etwas größeren Oberflächen zum Zeitpunkt der Aktivierung können die Tiere dann halb schwarz und halb weiß werden. Der Honigdachs (*Mellivora capensis*) und die Walliser Ziege (eine besondere Rasse der Hausziege *Capra aegagrus hircus*) sind zwei Beispiele (Bild 5). Je größer die Fellfläche zum Zeitpunkt der Musteraktivierung, desto stärker sollten die Tiere gemustert sein. Tatsächlich nimmt die Komplexität der Fellzeichnung von der Walliser Ziege über bestimmte Ameisenbären und das Zebra zum Leopard und Gepard hin stetig zu. Am oberen Ende der Größenskala stehen die Giraffen mit den nahe beieinanderliegenden Flecken ihres Fellkleides. Noch größere Tiere schließlich sollten wieder einheitlich gefärbt sein, was bei Elefant, Nashorn und Nilpferd in der Tat der Fall ist.

Ich gehe davon aus, daß der Aktivierungszeitpunkt für die Musterbildung genetisch fixiert ist. Zumindest für jene Tiere, deren Fell- oder Hautzeichnung überlebenswichtig ist, wird der Mechanismus offenbar dann „angeschaltet", wenn der Embryo gerade die richtige Größe erreicht hat.

Natürlich sind die Bedingungen auf der Haut des Embryos zum Zeitpunkt der Aktivierung von Tier zu Tier etwas verschieden. Da das gebildete Muster unter anderem von diesen Bedingungen abhängt, liefert der Reaktions-Diffu-

sions-Mechanismus auch bei gleicher Größe und Form nie identische Muster. Dennoch sind sich die Ergebnisse in qualitativer Hinsicht ähnlich. Bei einem Fleckenmuster zum Beispiel variiert lediglich die Verteilung der Flecken. Dies steht in Einklang mit der Tatsache, daß trotz gleichartiger Musterung innerhalb einer Tierart jedes einzelne Tier seine individuelle Fellzeichnung hat, die es erlaubt, Verwandte und Gruppenmitglieder zu erkennen.

Nach meiner Vorstellung entsprechen die durch den Modellmechanismus er-

Bild 6: Verschiedene Unterarten von Giraffen zeigen leicht unterschiedliche Musterungen. Kennzeichnend für die Massaigiraffe (*Giraffa camelopardalis tippelskirchi*) sind eher kleine, weit auseinanderliegende Flecken (oben links); die Netzgiraffe (*G. camelopardalis reticulata*) hat dagegen ein Fell mit großen, nahe beieinanderliegenden Flecken (oben rechts). Beide Mustertypen lassen sich mit dem Reaktions-Diffusions-Modell simulieren (unten links und rechts). Dabei wird angenommen, daß der Embryo zum Zeitpunkt der Musterbildung zwischen 35 und 45 Tage alt und zwischen acht und zehn Zentimetern lang ist. (Die Tragzeit der Giraffe beträgt im Durchschnitt 457 Tage.)

zeugten Muster dem räumlichen Verteilungsmuster der Morphogen-Konzentrationen. Liegt die Aktivator-Konzentration über einem bestimmten Schwellenwert, bilden die Melanocyten die Melanin-Pigmente. Der Einfachheit halber habe ich diesen Schwellenwert im allgemeinen gleich der Konzentration im homogenen stationären Zustand gesetzt.

Diese Annahme ist jedoch in gewisser Hinsicht willkürlich. Wahrscheinlich schwankt die Schwellenkonzentration selbst innerhalb einer Art etwas. Den Einfluß dieser Schwankungen untersuchte ich an verschiedenen Unterarten von Giraffen. Dazu änderte ich für einen bestimmten Mustertyp die Morphogen-Schwellenkonzentration für die Melanocytenaktivität. Auf diese Weise konnte ich Muster erzeugen, die denen von zwei Giraffen-Unterarten sehr ähnlich sind (Bild 6).

Vor kurzem haben Charles M. Vest und Youren Xu von der Universität von Michigan in Ann Arbor Ergebnisse meines Modells in eindrucksvoller Weise bestätigt. Sie erzeugten Muster aus stehenden Wellen auf einer vibrierenden Platte und untersuchten, wie sich die Art der Muster mit der Vibrationsfrequenz änderte. Mit Hilfe eines holographischen Verfahrens, bei dem die Platte in Laserlicht getaucht war, machten sie die Muster mit Hilfe eines Referenzstrahls als Interferenzmuster sichtbar (Bild 7).

Vest und Youren stellten fest, daß niedrige Vibrationsfrequenzen einfache, hohe dagegen komplizierte Muster entstehen lassen. Interessant war zudem die folgende Beobachtung: Das bei einer bestimmten Frequenz auf einer Platte gebildete Muster stimmte mit demjenigen überein, das auf einer größeren Platte bei einer entsprechend niedrigeren Frequenz entstand. Damit stützen Vest und Yourens Daten meine Schlußfolgerung, daß sich um so kompliziertere Muster bilden sollten, je größer die Fläche des Reaktions-Diffusions-Bereiches ist. Die Ähnlichkeit zwischen meinen Mustern und den erst später von den Wissenschaftlern in Ann Arbor produzierten ist jedenfalls frappierend.

Musteranomalien und Evolutionssprünge

Mein Modell liefert außerdem eine Erklärung für Musteranomalien, die bei einigen Tieren vorkommen. Unter gewissen Bedingungen kann nämlich eine leichte Verschiebung bei einem Parameter eine deutliche Veränderung des Musters zur Folge haben. Die Stärke

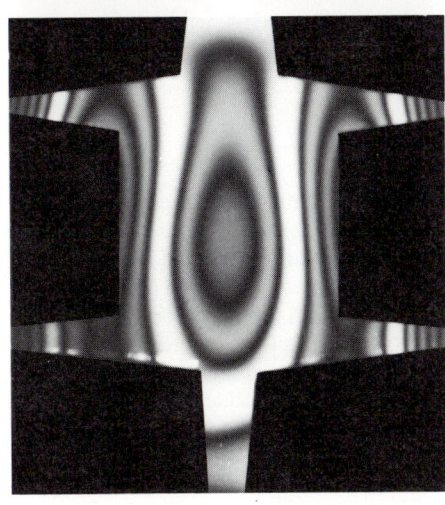
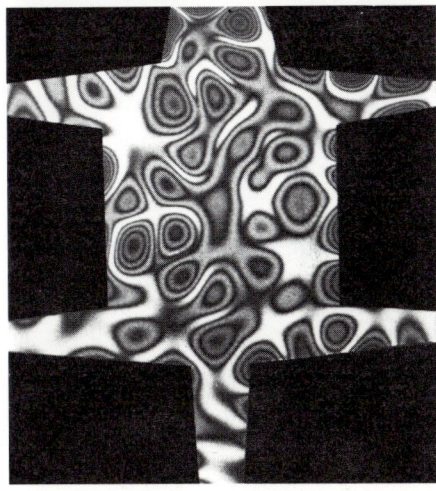
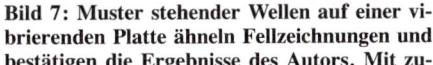

Bild 7: Muster stehender Wellen auf einer vibrierenden Platte ähneln Fellzeichnungen und bestätigen die Ergebnisse des Autors. Mit zunehmender Vibrationsfrequenz werden sie immer komplizierter. Die Experimente haben Charles M. Vest und Youren Xu durchgeführt.

des Effekts hängt davon ab, wie nahe der Wert des Parameters bei einem Gabelungswert liegt, bei dem ein neuer Mustertyp auftritt.

Wird einer der Parameter, beispielsweise eine Geschwindigkeitskonstante, kontinuierlich verändert, kann es passieren, daß der Mechanismus von einem Zustand, bei dem sich keine räumlichen Muster bilden können, zu einem Zustand mit Musterbildung übergeht und schließlich wieder in den Bereich ohne Musterbildung zurückfällt. Solche abrupten Übergänge bei geringfügiger kontinuierlicher Verschiebung eines Parameters stehen in Einklang mit einer neueren Variante der Evolutionstheorie, die man als Punktualismus oder Theorie des zwischenzeitlich gestörten Gleichgewichtes bezeichnet. Danach sollen lange Perioden mit geringem evolutivem Wandel von kurzen Phasen schlagartiger Veränderungen unterbrochen werden.

Selbstverständlich beeinflussen zahlreiche Faktoren die Färbung von Tieren. Dazu gehören Temperatur, Feuchtigkeit und Nahrung ebenso wie Hormone und die Stoffwechselrate. Zwar könnte der Einfluß solcher Faktoren sicherlich durch Manipulation verschiedener Parameter simuliert werden; doch liegt darin wenig Sinn, solange man nicht mehr über die tatsächliche Entstehung der aus den Melanin-Pigmenten gebildeten Muster weiß.

Vorerst kann man nur konstatieren, daß die Mustervielfalt, die ein Reaktions-Diffusions-Modell allein durch Variation von Größe und Form hervorzubringen vermag, höchst erstaunlich ist. Dabei gibt die teils bis ins einzelne gehende Übereinstimmung mit spezifischen Mustermerkmalen von Tieren Anlaß zu Optimismus. Ich bin der festen Überzeugung, daß die meisten der in der Natur vorkommenden Fellzeichnungen über einen Reaktions-Diffusions-Mechanismus erzeugt werden können. Doch beweist die Übereinstimmung zwischen Simulation und Realität noch lange nicht die Richtigkeit meines Modells. Allein Experimente können es bestätigen oder widerlegen.

Software für Mathematik und Naturwissenschaften

Der Einsatz von Computern eröffnet neue Möglichkeiten, wissenschaftliche und mathematische Systeme zu beschreiben und zu untersuchen. Computersimulation kann unter Umständen der einzige Weg sein, die Entwicklung komplexer Systeme zu bestimmen.

Von Stephen Wolfram

Wissenschaftliche Zusammenhänge führen über ihre mathematische Formulierung auf Algorithmen oder Ablaufregeln, die das Verhalten von Systemen bestimmen. Computerprogramme sind Hilfsmittel, diese Algorithmen zu formulieren und anzuwenden. Physikalische Objekte und mathematische Strukturen lassen sich als Zahlen und Symbole im Rechner darstellen; mit Hilfe von Programmen werden dann die Daten den Algorithmen entsprechend verarbeitet. Bei der Ausführung verändern sich dann die Zahlen und Symbole entsprechend den Regeln, die das betrachtete Problem bestimmen; auf diese Weise lassen sich die Konsequenzen der wissenschaftlichen Gesetze erschließen.

In vieler Hinsicht ähnelt die Ausführung eines Computerprogramms einem Experiment. Die Experimentiergegenstände sind jedoch hier im Gegensatz zu den realen Objekten herkömmlicher Experimente nicht an die Naturgesetze gebunden; statt dessen gehorchen sie Regeln, die das Programm festlegt.

Der Einsatz von Datenverarbeitungsanlagen erweitert demnach den Bereich experimenteller Wissenschaften: Er ermöglicht Experimente in einer hypothetischen Welt. Vom Rechnereinsatz profitieren aber auch theoretische Wissenschaften. Modelle formuliert man in der Regel mit Hilfe spezieller mathematischer Funktionen und Konstrukte. Man entwickelt sie sowohl wegen ihrer mathematischen Einfachheit als auch wegen ihrer Eigenschaft, das Charakteristische eines Phänomens zu verdeutlichen.

Viele komplexe Systeme, die man mit traditionellen mathematischen Methoden nicht untersuchen konnte, sind heute durch Computermodelle beschreibbar

und über Rechnerexperimente analysierbar geworden. Der Einsatz von Rechnern in den Naturwissenschaften entwickelt sich zu einer wichtigen Methode und ergänzt sowohl die theoretische als auch die experimentelle Forschungsarbeit.

Zahlreiche Aufgabenstellungen sind natürlich mit Methoden der klassischen Mathematik − ohne Verwendung von Datenverarbeitungsanlagen − lösbar. Zum Beispiel läßt sich aus den Bewegungsgleichungen für Elektronen in einem beliebigen Magnetfeld eine einfache Formel für die Flugbahn eines Elektrons in einem homogenen Magnetfeld (an jedem Punkt herrscht die gleiche Feldstärke) herleiten.

Für komplizierte Magnetfelder ist dies nicht der Fall. Die Bewegungsgleichungen liefern jedoch einen Algorithmus zur Bestimmung der Flugbahn von Elektronen. Damit läßt sich die Flugbahn prinzipiell berechnen; in der Praxis kann jedoch nur der Computer die für ein exaktes Resultat notwendige Anzahl von Rechenschritten wirtschaftlich abarbeiten.

Computerexperimente

Ein Programm, das die Gesetze für die Bewegung von Elektronen in Magnetfeldern enthält, kann man für Computerexperimente einsetzen, die flexibler als konventionelle Laborexperimente sind. Zum Beispiel läßt sich die Flugbahn von Elektronen in einer Fernsehröhre unter dem Einfluß eines Magnetfeldes leicht im Labor untersuchen; es gibt jedoch keine Laborexperimente zur Untersuchung der Bedingungen, denen ein Elektron im Magnetfeld eines Neutronensterns ausgesetzt ist. Das Computerprogramm ist für beide Fälle einsetzbar.

Will man die Elektronenbewegung in einem Magnetfeld mit dem Rechner untersuchen, so beschreibt man das Feld durch einen Satz abgespeicherter Zahlen. Das Programm arbeitet nach dem Algorithmus, der die Elektronenbewegung simuliert. Dies geschieht durch Veränderung der Zahlen, die der Elektronenposition zu den jeweiligen Zeitpunkten entsprechen.

Aufgrund der Leistungsfähigkeit heutiger Rechnersysteme benötigt eine Simulation nur noch wenig Zeit. Daher ist es möglich, eine Vielzahl von Fällen zu untersuchen. Sobald neue Ergebnisse vorliegen, kann der Forscher direkt am Computer verschiedene Aspekte des un-

Bild 1: Computer-Simulation ermöglicht es, viele neue Modelle für Naturerscheinungen zu untersuchen. Hier wird das Wachstum einer Schneeflocke per Programm verfolgt. Das Programm realisiert einen sogenannten Zellular-Automaten. Nach dem Modell wird über die Ebene ein Gitter aus kleinen sechseckigen Zellen gelegt. Jede dieser Zellen kann die Werte 0 (entspricht Wasserdampf, hier schwarz gekennzeichnet) oder 1 (entspricht Eis, hier farbig) annehmen. Ausgehend von einer einzigen roten Zelle in der Mitte des Bildes wächst die Schneeflocke in einer Reihe von Schritten heran. Bei jedem Schritt hängt der nächste Wert einer Randzelle der Schneeflocke von dem Gesamtzustand der sechs Nachbarzellen ab. Ist der Gesamtwert eine ungerade Zahl, gefriert die Zelle und erhält den Wert 1. Andernfalls erhält sie den Wert 0 und bleibt Wasserdampf. Die auf diese Weise nacheinander entstandenen Eisschichten sind als Farbfolge von rot nach blau jeweils nach Verdopplung der Schichtenzahl dargestellt. Die Berechnung für jede einzelne Zelle ist sehr einfach. Für das hier gezeigte Muster waren allerdings mehr als 10 000 Rechenschritte erforderlich. Einzige Möglichkeit, dieses Muster entstehen zu lassen, ist die Computersimulation. Dieses Bild wurde mit Hilfe eines Programms von Norman H. Packard erzeugt.

186

tersuchten Phänomens variieren. So wird der übliche wissenschaftliche Zyklus (Formulierung und anschließender Test von Hypothesen) mit Hilfe des Computers wesentlich schneller durchlaufen.

Rechnerexperimente sind nicht nur auf Vorgänge beschränkt, die in der Natur beobachtet werden. So kann ein Programm die Bewegung eines magnetischen Monopols im Magnetfeld simulieren, obwohl man magnetische Monopole bisher experimentell noch nicht nachge-

wiesen hat. Mehr noch, das Programm läßt sich modifizieren, um verschiedene alternative Modelle für die Bewegung magnetischer Monopole zu testen; auch hier erlauben die Ergebnisse eine Interpretation des betrachteten Modells. Der Rechner ermöglicht Forschern so das Experimentieren mit einem ganzen Spektrum hypothetischer „Naturgesetze".

Auch zur Untersuchung abstrakter mathematischer Systeme kann man Computer benutzen. Mathematische

Computerexperimente führen oft zu Vermutungen, die sich erst später formal beweisen lassen. Betrachten wir ein Modell für den Weg von Elektronen durch das Magnetfeld kreisförmiger Teilchenbeschleuniger. Die seitliche Abweichung eines Elektrons während eines Umlaufs läßt sich durch einen Wert x zwischen 0 und 1 charakterisieren. Der entsprechende Wert für den nächsten Umlauf ist dann $ax(1-x)$; dabei ist a eine Zahl zwischen 0 und 4. Diese Formel liefert

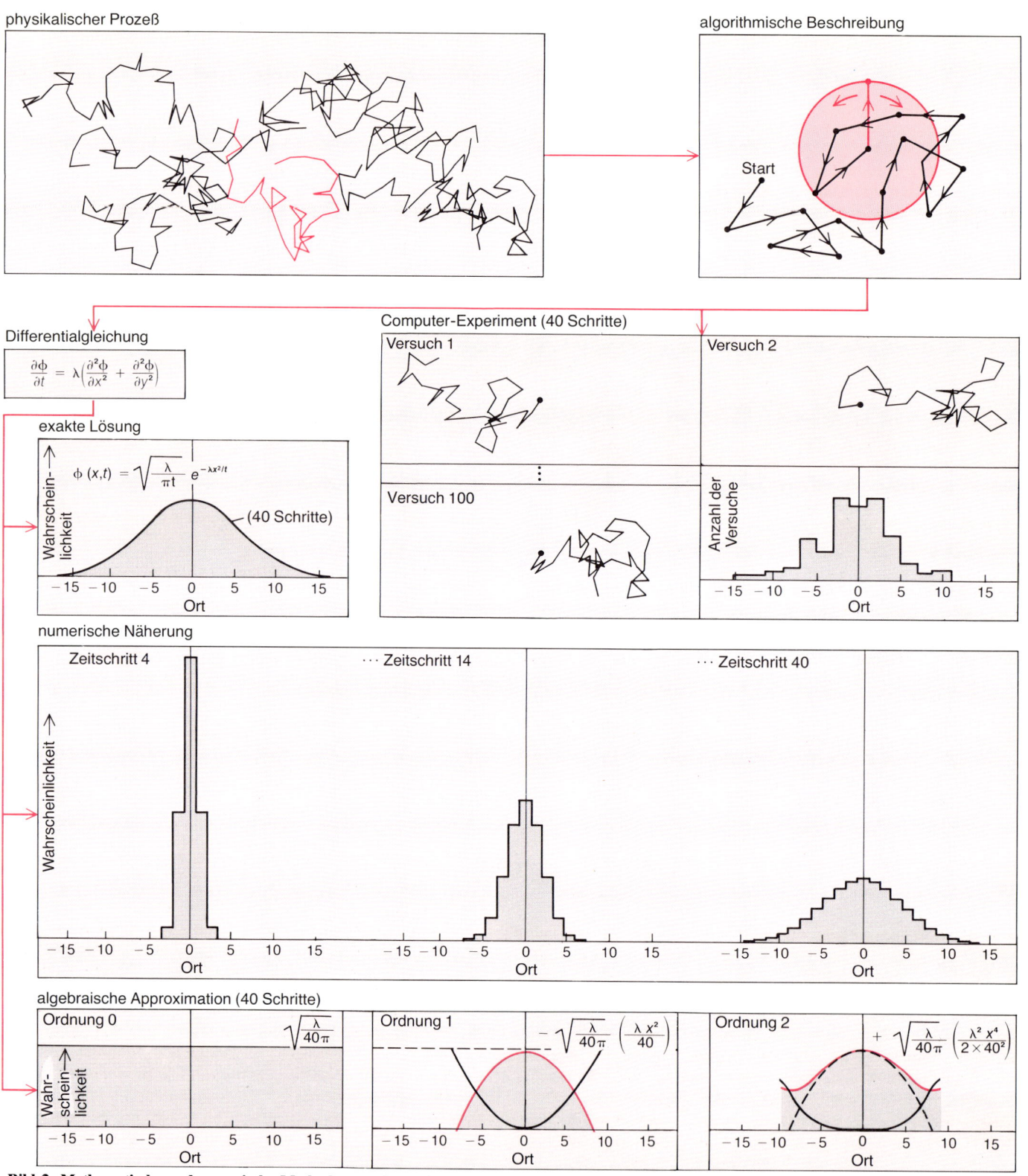

physikalischer Prozeß

algorithmische Beschreibung

Start

Differentialgleichung

$$\frac{\partial \phi}{\partial t} = \lambda \left(\frac{\partial^2 \phi}{\partial x^2} + \frac{\partial^2 \phi}{\partial y^2} \right)$$

Computer-Experiment (40 Schritte)

Versuch 1

Versuch 2

Versuch 100

Anzahl der Versuche

Ort

exakte Lösung

$$\phi(x,t) = \sqrt{\frac{\lambda}{\pi t}}\, e^{-\lambda x^2 / t}$$

Wahrscheinlichkeit

(40 Schritte)

Ort

numerische Näherung

Wahrscheinlichkeit →

Zeitschritt 4 ··· Zeitschritt 14 ··· Zeitschritt 40

Ort | Ort | Ort

algebraische Approximation (40 Schritte)

Ordnung 0 $\sqrt{\dfrac{\lambda}{40\pi}}$

Wahrscheinlichkeit →

Ort

Ordnung 1 $-\sqrt{\dfrac{\lambda}{40\pi}}\left(\dfrac{\lambda x^2}{40}\right)$

Ort

Ordnung 2 $+\sqrt{\dfrac{\lambda}{40\pi}}\left(\dfrac{\lambda^2 x^4}{2\times 40^2}\right)$

Ort

Bild 2: Mathematische und numerische Methoden werden auf verschiedene Weise beim Studium der Irrfahrten (random walks) verwendet. Dabei handelt es sich um ein Modell für physikalische Abläufe wie etwa die Brownsche Bewegung kleiner Teilchen in Flüssigkeiten. Das Teilchen unterliegt zufallsbedingten Ablenkungen durch die Stöße der Flüssigkeitsmoleküle. Sein Weg läßt sich daher als Folge kleiner Schritte in jeweils willkürliche Richtungen beschreiben. Er läßt sich mit dem Weg eines Menschen in einer sich ständig bewegenden Menge vergleichen. Im Computerexperiment kann man die Konsequenzen des Modells sehr einfach ableiten. Man simuliert dazu viele solcher Zufallsbewegungen mit dem Computer und wertet ihre durchschnittlichen Eigenschaften aus. Die Abbildung zeigt ein Histogramm, in dem die Höhe jedes Balkens die Anzahl der Irrfahrten angibt, die nach einer vorgegebenen Zeit einen bestimmten Ort erreichten. Je mehr Versuche man auswertet, desto stärker ähnelt das Histogramm der tatsächlichen Verteilung. Für einfache Zufallsbewegun- gen kann man die Verteilung direkt ermitteln und eine exakt lösbare Differentialgleichung aufstellen. Im allgemeinen Fall ist die zugehörige Differentialgleichung jedoch nicht exakt lösbar, so daß man zu Approximationen übergehen muß. Bei numerischen Näherungslösungen nähert man glatte Veränderungen von Größen der Differentialgleichungen durch eine große Zahl kleiner Veränderungen an. Die im Bild gezeigten Ergebnisse hat ein Programm ermittelt, bei dem räumliche und zeitliche Schritte Bruchteile der Längen- und Zeitintervalle einzelner Schritte des Modells waren. Algebraische Näherungen der Differentialgleichungen sind in Form von Reihenentwicklungen algebraischer Ausdrücke möglich. Im Bild sind die ersten drei Terme einer solchen Reihe gezeigt. Der Beitrag jedes Ausdrucks ist als durchgezogene schwarze Linie beziehungsweise Kurve dargestellt; er wird als Überlagerung zur unterbrochenen schwarzen Kurve (vorhergehende Approximation) addiert. Das Ergebnis dieser Überlagerung ist die neue Approximation (durchgezogene farbige Kurven).

einen Algorithmus, mit dem man die Folge der jeweiligen Bahnabweichungen bestimmen kann.

Bereits wenige Versuche zeigen, wie die Folge von dem Parameter a abhängt. Hat a den Wert 2 und ist der Anfangswert von x gleich 0,8, so ergibt sich das nächste x aus $ax(1-x)$ zu 0,32. Wendet man die Formel nochmals an, so erhält man den x-Wert 0,4352. Nach mehreren Iterationen konvergiert die Folge der x-Werte gegen 0,5.

Bei kleinem a und einem Anfangswert von x, der zwischen 0 und 1 liegt, strebt die Folge stets schnell gegen ein und denselben Wert x für alle folgenden Umläufe des Elektrons. Bei wachsendem a kann man dagegen das interessante Phänomen der Periodenaufspaltung (Bifurkation, Verzweigung) beobachten. Für a gleich 3 wechselt die Folge zwischen zwei Werten für x. Betrachtet man Folgen mit immer größeren a, so gibt es zunächst vier, dann acht, später sechzehn und schließlich bei etwa 3,57 einen ganzen Bereich solcher x-Werte. Dieses Verhalten läßt sich nicht ohne weiteres aus der Konstruktion der Folge ablesen; entsprechende Computerexperimente deuten jedoch sofort darauf hin. Die genauen Eigenschaften des betrachteten Modells lassen sich dann auch mathematisch exakt herleiten und beweisen.

Mathematische Operationen, die man durch ein Rechenprogramm beschreiben kann, sind nicht auf die üblichen Operationen und Funktionen der Mathematik eingeschränkt. Beispielsweise gibt es keine gebräuchliche mathematische Notation für die Funktion, welche die Reihenfolge der Ziffern einer Zahl umdreht. Dennoch ist es möglich, diese Funktion in einem Programm zu definieren und anzuwenden. Erst durch den Einsatz von Computern wird es sinnvoll, algorithmisch formulierte Modelle einzuführen und zu untersuchen.

Schießt man beispielsweise ein auf hohe Energie beschleunigtes Elektron in einen Bleiblock, so löst das eine Kette von Ereignissen aus. Mit einer gewissen Wahrscheinlichkeit emittiert das Elektron ein Photon bestimmter Energie. Aus dem Zerfallsprodukt entsteht — wieder mit einer gewissen Wahrscheinlichkeit — ein zweites Elektron und ein Positron (das Antiteilchen des Elektrons). Jedes dieser Teilchen kann wiederum weitere Photonen emittieren, die eine Kaskade von Teilchen erzeugen.

Es gibt keine einfache mathematische Formel, die auch nur die elementaren Ereignisse eines derartigen Prozesses beschreibt. Man kann dennoch einen Algorithmus für den Gesamtvorgang programmieren; aus dem Ergebnis des Programmlaufs läßt sich dann auf das Resultat des physikalischen Prozesses schlie-

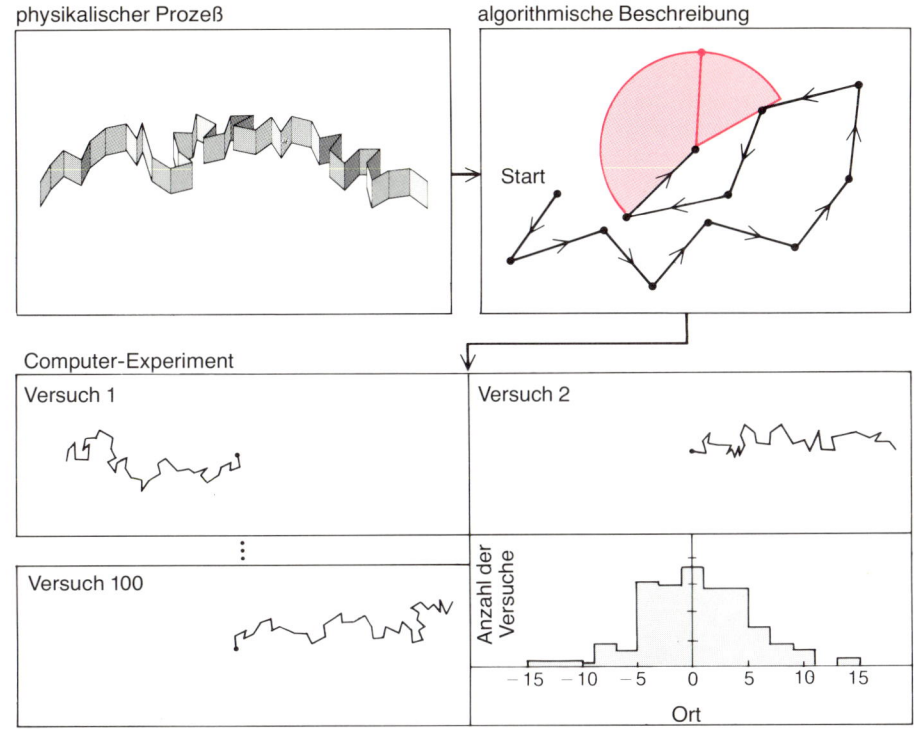

physikalischer Prozeß

algorithmische Beschreibung

Start

Computer-Experiment

Versuch 1

Versuch 2

Versuch 100

Anzahl der Versuche

-15 -10 -5 0 5 10 15

Ort

Bild 3: Beim Studium der überschneidungsfreien Irrfahrten setzt man nur numerische Methoden ein. Überschneidungsfreie Zufallsbewegungen unterscheiden sich von den gewöhnlichen dadurch, daß jeder Weg eines Schritts keinen der früheren schneiden darf. Solche Probleme treten bei Modellen für das Entstehen großer Molekülketten auf. Die Einschränkung „Überschneidungsfreiheit" macht die Herleitung einer Differentialgleichung unmöglich. Herkömmliche mathematische Ansätze versagen deshalb in diesem Zusammenhang. Eigenschaften überschneidungsfreier Irrfahrten untersucht man durch direkte Simulation.

ßen. Der Algorithmus dient demnach als Grundregel zur Beschreibung dieses Vorgangs.

Die Rolle der Differentialgleichungen

Die meisten Naturphänomene beschreibt man normalerweise mit Hilfe von mathematischen Modellen, die auf Differentialgleichungen beruhen. Diese Gleichungen liefern Beziehungen zwischen gewissen Größen und deren Veränderungen. Beispielsweise verläuft eine chemische Reaktion in Abhängigkeit von den Konzentrationen der miteinander reagierenden Stoffe. Diese Abhängigkeit läßt sich durch eine Differentialgleichung beschreiben.

Die Lösung der Differentialgleichung liefert die Konzentration der beteiligten Chemikalien als Funktion der Zeit. In einfachen Fällen kann man eine vollständige Lösung der Differentialgleichung mit Hilfe gebräuchlicher Funktionen finden. In den meisten Fällen ist eine exakte Lösung jedoch nicht zu erhalten, so daß man zu Näherungslösungen greifen muß; sie sind meistens numerischer Art.

Beschreibt etwa ein Term der Differentialgleichung die momentane zeitliche Veränderung einer Größe, so kann man zunächst diesen Ausdruck durch die Ge-

samtänderung in einem kleinen Zeitintervall annähern. Setzt man diese Näherung dann in die Differentialgleichung ein, so ergibt sich ein Algorithmus, der den angenäherten Wert am Ende eines Zeitintervalls mit Hilfe des Wertes am Anfang des Zeitintervalls bestimmt.

Wiederholt man dieses Verfahren für aufeinanderfolgende Zeitschritte, so kann man eine Näherungslösung für die zeitliche Veränderung der untersuchten Größe berechnen. Je kleiner die Zeitintervalle sind, desto genauer ist in der Regel das Ergebnis. Die erforderliche Rechnung je Intervall ist recht einfach, muß in den meisten Fällen jedoch häufig wiederholt werden, um ausreichende Genauigkeit zu erreichen. Das läßt sich nur mit dem Rechner durchführen.

In vielen Anwendungsgebieten konnte man durch Einsatz entsprechender Programme Näherungslösungen der auftretenden Differentialgleichungen finden. Gelegentlich haben diese Lösungen eine einfache Form. In vielen Fällen dagegen zeigen die Lösungen ein kompliziertes, fast zufallsbedingtes Verhalten, selbst wenn die Struktur der zugrundeliegenden Differentialgleichungen einfach ist. Dann müssen mathematische Computerexperimente helfen.

In der Praxis zeigt sich oft, daß nicht nur komplizierte, sondern auch viele miteinander gekoppelte Differentialgleichungen zu lösen sind. Die theoretischen Modelle für Kernreaktionen bei Supernova-Ausbrüchen oder bei der Kernwaffenentwicklung beispielsweise umfassen Hunderte von Differentialgleichungen, welche die Wechselwirkungen vieler Isotope beschreiben. Praktisch einsetzbar sind all diese Modelle nur mit Hilfe von Rechenprogrammen: Nur der Computer kann die Beziehungen zwischen so vielen Größen verfolgen.

Die Resultate einiger Rechnungen sind in Form einzelner Zahlen darstellbar, wie beispielsweise die Heliummasse im Universum. In den meisten Fällen hat man es aber je nach Parameterwahl mit einem ganzen Spektrum von Werten zu tun. Bei einem oder zwei solcher Parameter sind die Ergebnisse als Graphen darstellbar. Mit größerer Parameterzahl lassen sich jedoch die Abhängigkeiten häufig nur in Formeln zusammenfassen.

In der Regel kann man keine Formeln finden, die Ergebnisse numerischer Rechnungen exakt beschreiben. Näherungsformeln lassen sich dagegen häufig herleiten; sie sind sehr willkommen, da man sie im Gegensatz zu Graphen oder Zahlentabellen direkt für weitergehende Berechnungen verwenden kann.

Eine gebräuchliche Näherungsform ist die Reihenentwicklung. Dabei enthält jedes Glied der Reihe die Potenz eines Ausdrucks; der zugehörige Exponent wächst schrittweise. Setzt man in diese Entwicklung kleine Werte für den Ausdruck ein, werden die einzelnen Summanden der Reihe immer kleiner. Für genügend kleine Werte liefern die ersten Glieder einer Reihe (zum Beispiel $1-x+x^2-x^3+\ldots$) eine gute Näherung der unendlichen Reihe (sie entspricht hier der Funktion $1/(1+x)$.

Die ersten Summanden einer Reihe sind meist noch einfach zu ermitteln; später steigt der Rechenaufwand jedoch rasch an. Der Computer ist deshalb ein wesentliches Instrument für die Berechnung von Ausdrücken mit hohen Exponenten.

Programmiersprachen

Prinzipiell können Programme auf der Grundlage jedes wohldefinierten mathematischen Schemas arbeiten. In der Praxis bestimmt allerdings die verwendete Programmiersprache wesentlich die Objekte und Strukturen, die das Programm verarbeiten kann.

Numerische Methoden erfordern nur eine begrenzte Auswahl mathematischer Operationen, und die entsprechenden Programme lassen sich in gängigen Sprachen wie C, FORTRAN oder BASIC formulieren. Die Herleitung und Manipulation von Formeln verlangt dagegen den Umgang mit mathematischen Objekten; dafür sind neue Computersprachen notwendig.

Unter den derzeit benutzten Sprachen dieses Typs ist auch die von mir entwickelte Sprache SMP anzusiedeln. Sie dient der Manipulation von Symbolen und arbeitet nicht nur mit Zahlen, sondern auch mit symbolischen Ausdrükken. Den Ausdruck $2x - 3y + 5x - y$ beispielsweise vereinfacht SMP zu $7x - 4y$; die Umformung gilt für alle reellen Zahlen x und y. Die Standardoperatio-

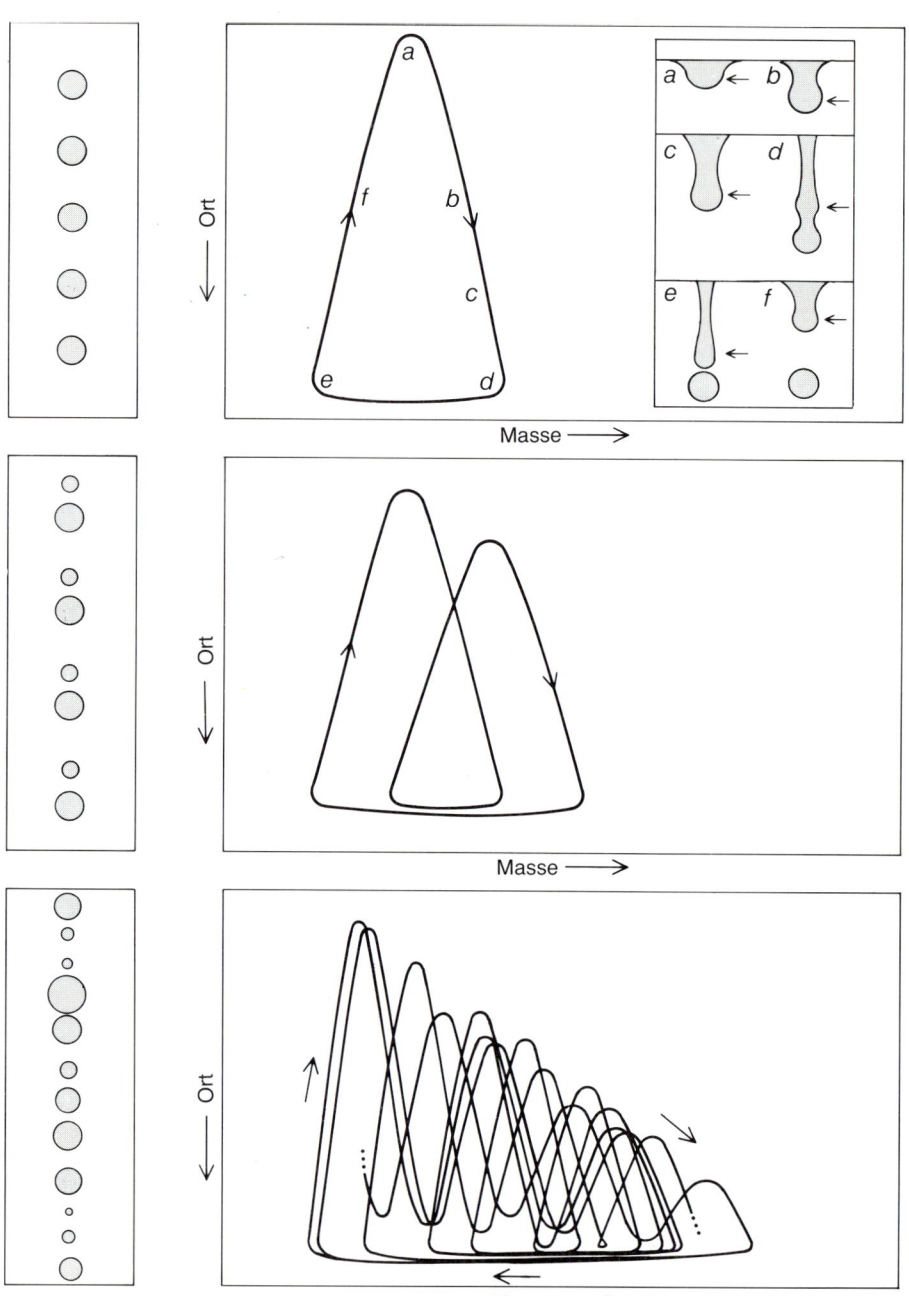

Bild 4: Chaotisches Verhalten kann man in vielen natürlichen Systemen beobachten. Ein bekanntes Beispiel ist der tropfende Wasserhahn. Robert Shaw vom Institute for Advanced Study hat dafür auf der Grundlage einer Differentialgleichung ein Modell formuliert. Ist die Strömungsgeschwindigkeit im Wasserhahn niedrig, bilden sich in gleichen Zeitabständen gleich große Tropfen (links). Nach dem Modell ergibt sich eine einfache geschlossene Kurve (rechts), wenn man den Ort, an dem sich ein Tropfen bildet (Pfeile), in Abhängigkeit von der Masse des Tropfens aufträgt. Die Entwicklung des Systems ist durch einen Punkt darstellbar, der diese Kurve durchläuft. Vergrößert man die Strömungsgeschwindigkeit, ändert sich die Situation schlagartig. Periodenaufspaltung (Bifurkation) macht sich bemerkbar, und Tropfenpaare von oft unterschiedlicher Größe werden je Zeitschritt gebildet. Weiter ansteigende Fließgeschwindigkeit verursacht zusätzliche Periodenaufspaltungen. Unmittelbar bevor ein stetiger Wasserstrahl aus dem Hahn fließt, wird ein unregelmäßiger Tropfenstrom erzeugt. Die Tropfengröße variiert über einen ganzen Bereich und die Zeitabstände zwischen aufeinanderfolgenden Tropfen scheinen zufallsbedingt zu sein. Das Verhalten des Systems beschreibt eine unregelmäßige Kurve, die man als chaotischen oder seltsamen Attraktor bezeichnet (unten).

Eingabe	Ausgabe	Kommentar
$6+17$	23	Berechne einen numerischen Ausdruck.
$6/7+8/9$	$110/63$	Berechne einen numerischen Ausdruck mit Brüchen.
$2x-3x+1$	$1-x$	Vereinfache einen algebraischen Ausdruck.
$Ex[(x-1)\ (x+1)]$	$-1+x^2$	Entwickle einen algebraischen Ausdruck.
$Ex[(x-a)\hat{\ }2\ (x+2a)\hat{\ }5]$	$8a\ x^6+21a^2\ x^5+10a^3\ x^4-40a^4\ x^3-48a^5\ x^2$ $+16a^6\ x+32a^7+x^7$	Die Bezeichnung $x\hat{\ }y$ bedeutet x hoch y. Zwischenräume stehen für das Multiplikationszeichen.
$Fac[x\hat{\ }2-1]$	$(-1+x)\ (1+x)$	Zerlege algebraische Ausdrücke in Faktoren.
$Fac[x\hat{\ }6-6x\hat{\ }4+4x\hat{\ }3+9x\hat{\ }2-12x+4]$	$(-1+x)^4\ (2+x)^2$	
$Sol[x\hat{\ }2-3x+1=0,x]$	$\{x\to\dfrac{3-5^{1/2}}{2},\ x\to\dfrac{3+5^{1/2}}{2}\}$	Löse eine Gleichung für die Variable x.
$Sol[\{x+3a\ y=4,y-15x=6b\},\{x,y\}]$	$\{x\to\dfrac{4}{1+45a}-\dfrac{18a\ b}{1+45a},\ y\to\dfrac{60}{1+45a}+\dfrac{6b}{1+45a}\}$	Löse ein Paar gekoppelter Gleichungen für die Variablen x und y.
$Ps[(1+x\hat{\ }3)\ E\hat{\ }x,x,0,6]$	$1+x+\dfrac{x^2}{2}+\dfrac{7x^3}{6}+\dfrac{25x^4}{24}+\dfrac{61x^5}{120}+\dfrac{121x^6}{720}$	Finde eine Reihenentwicklung des Ausdrucks $e^x(1+x)^3$ für kleine x bis zur Ordnung x^6.
$t{:}x-2a$ $t\hat{\ }2-2t+1$	$1+4a-2x+(-2a+x)^2$	Ordne den Wert $x-2a$ dem Symbol t zu; vereinfache den Ausdruck t^2-2t+1 für diesen Wert.
$f[2]{:}6x+1$ $f[3]{:}4-x$ $a\ f[2]+b\ f[3]+c\ f[1]$	$a\ (1+6x)+b\ (4-x)+c\ f[1]$	Ordne den Wert $6x+1$ dem Symbol $f[2]$ und den Wert $4-x$ dem Symbol $f[3]$ zu; berechne einen Ausdruck mit $f[1]$, $f[2]$ und $f[3]$, wobei $f[1]$ noch nicht bestimmt ist.
f	$\{[2]{:}1+6x,[3]{:}4-x\}$	Drucke die Liste f, deren Elemente die Nummern in Klammern als Index haben.
$f[1]{:}7$ f	$\{7,1+6x,4-x\}$	Ordne den Wert 7 dem Ausdruck $f[1]$ zu; drucke die Liste der Elemente von f.
$f\hat{\ }2-8$	$\{41,-8+(1+6x)^2,-8+(4-x)^2\}$	Quadriere alle Elemente von f und subtrahiere 8; das Ergebnis ist ein neuer Vektor.
$f[p]{:}5x$ $f[p\hat{\ }2]{:}6x$ f	$\{[p^2]{:}6x,[p]{:}5x,[1]{:}7,[2]{:}1+6x,[3]{:}4-x\}$	Bestimme Werte für die Elemente von f mit nichtnumerischen Indices; drucke f.
$f[\$x]{:}\$x\hat{\ }2$ f	$\{[p^2]{:}6x,[p]{:}5x,[1]{:}7,[2]{:}1+6x,[3]{:}4-x,[\$x]{:}\$x^2\}$	Ordne $f[\$x]$ einen Wert zu; $\$x$ ist ein beliebiger Ausdruck. Die allgemeine Definition für $\$x$ am Ende der Liste f wird nur benutzt, wenn keiner der vorangehenden Spezialfälle zutrifft. Drucke f.
$f[p]+f[2]+f[a]$	$1+11x+a^2$	Drucke den Ausdruck $f[p]+f[2]+f[a]$; die allgemeine Definition für $f[\$x]$ wird benutzt, um $f[a]$ zu berechnen.
$g[\$x\_=Natp[\$x]]{:}\$x\ g[\$x-1]$ $g[1]{:}1$ g	$\{[1]{:}1,[\$x\_=Natp[\$x]]{:}\$x\ g[\$x-1]\}$	Definiere die Funktion $g[x]$ für natürliche Zahlen x; es ist $g[N]$ gleich $1\times2\times3\times...\times N$. Eine rekursive Formel definiert $g[x]$ durch $g[x-1]$. Der Ausdruck $\$x\_=Natp[\$x]$ bedeutet, daß $\$x$ eine natürliche (positive ganze) Zahl ist.
$g[5]$	120	Berechne $g[5]$, das Produkt der natürlichen Zahlen bis 5.
$Abs[3]$ $Abs[-3]$ $Abs[-x]$	3 3 $Abs[x]$	Bestimme die Absolutwerte von -3, 3 und $-x$.
$Abs[\$x\ \$\$x]{:}Abs[\$x]\ Abs[\$\$x]$		Definiere den Betrag des Produkts zweier beliebiger Ausdrücke $\$x$ und $\$\$x$ als das Produkt ihrer Beträge.
$Abs[\$x\hat{\ }(\$n\_=Natp[\$n])]{:}Abs[\$x]\hat{\ }\$n$		Definiere den Betrag des Ausdrucks $\$x$ hoch $\$n$ (mit natürlichem n) als den Betrag von $\$x$ hoch $\$n$.
$Abs[a\ b\hat{\ }2\ c]$	$Abs[a]\ Abs[b]^2\ Abs[c]$	Bestimme den Betrag des Produktes $a\times b^2\times c$ entsprechend den Standardregeln der Algebra und den Definitionen für die Betragsfunktion.
$Graph[Sin[E\hat{\ }x],x,-3,3]$	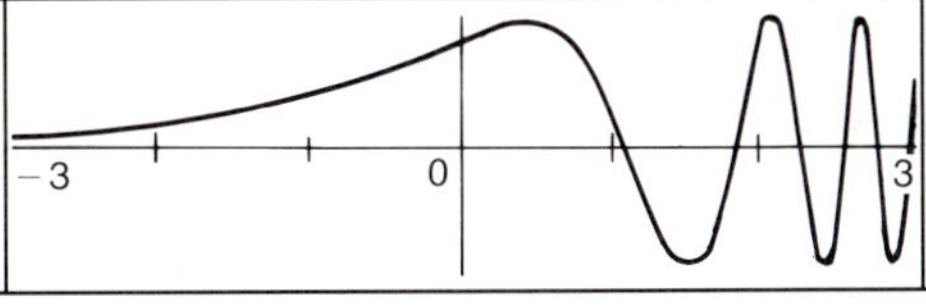	Zeichne einen Graphen der Funktion $sin(e^x)$ für Werte von x von -3 bis 3.

Bild 5: Der Computer führt mathematische Berechnungen durch. Das demonstriert dieser Dialog in der vom Autor entwickelten SMP-Sprache. Neben Zahlen lassen sich auch algebraische oder andere symbolische Ausdrücke verarbeiten. Alle Standardoperationen der Mathematik sind in den Kommandos der Sprache enthalten. Auch neue mathematische Objekte lassen sich in dieser Sprache definieren und verarbeiten. In den unteren Kästen ist die Definition neuer Operationen dargestellt. Eigenschaften der Betragsfunktion werden definiert und dann durch den Rechner angewandt, um jeden Ausdruck mit dieser Funktion zu vereinfachen; beispielsweise die Bestimmung des Betrages eines Produktes von Zahlen.

nen aus Algebra und Analysis gehören zu den Grundbefehlen von SMP (Bild 5).

Ähnlich wie in der üblichen mathematischen Arbeit lassen sich auch in SMP neue mathematische Objekte definieren und verarbeiten. Die reellen Zahlen (sie umfassen die rationalen und irrationalen Zahlen) sind ebenso wie die komplexen Zahlen (mit Real- und Imaginärteil) Basiselemente in SMP, nicht jedoch die unter dem Namen Quaternionen bekannten Verallgemeinerungen der komplexen Zahlen. Man kann sie und die zugehörigen Additions- und Multiplikationsregeln dennoch in SMP definieren. Auf diese Art läßt sich das mathematische Wissen von SMP erweitern.

Einige der Vorteile einer Sprache wie SMP sind vergleichbar mit den Vorteilen einer Rechenmaschine gegenüber einer Logarithmentafel. Heute hat die große Verbreitung elektronischer Rechenmaschinen und Computer solche Tabellenwerke überflüssig gemacht: Es ist bequemer, ein Programm aufzurufen, um den Logarithmus zu berechnen, als das Resultat in einer Tabelle nachzusehen.

Eine Sprache wie SMP ermöglicht außerdem die Bereitstellung mathematischen Wissens in Algorithmenform. Die Berechnung von Integralen beispielsweise, die man bisher meistens mit Hilfe von Tabellen und Formelsammlungen durchgeführt hat, kann man mehr und mehr dem Computer überlassen. Er erledigt nicht nur die abschließenden Berechnungen schnell und fehlerfrei, sondern automatisiert auch das Auffinden der zutreffenden Formeln und Methoden.

In SMP wird eine sich ständig erweiternde Sammlung von Definitionen bereitgestellt, mit denen sich eine Vielzahl von Berechnungen durchführen läßt. Man kann in SMP beispielsweise die Definition der aus der Statistik bekannten Varianz finden und direkt anwenden, um den Wert für einen speziellen Fall auszurechnen. Solche Definitionen erlauben SMP-Programmen den Zugriff auf ein immer weiter verfeinertes mathematisches Wissen.

Mit Hilfe von Differentialgleichungen kann man Modelle für die globalen Eigenschaften von Naturprozessen formulieren. Bei einer chemischen Reaktion beschreibt man mit ihrer Hilfe beispielsweise die Veränderung der Gesamtkonzentration von Molekülen, ohne jedoch die Bewegung einzelner Moleküle in Betracht zu ziehen.

Die Bewegung einzelner Moleküle kann man als Zufallspfad (englisch: *random walk*) interpretieren: Der Weg eines jeden Moleküls läßt sich mit dem Weg eines Menschen in einer sich ständig und unregelmäßig bewegenden Menschenmenge vergleichen (Bild 2). In der einfachsten Fassung des Modells für die-

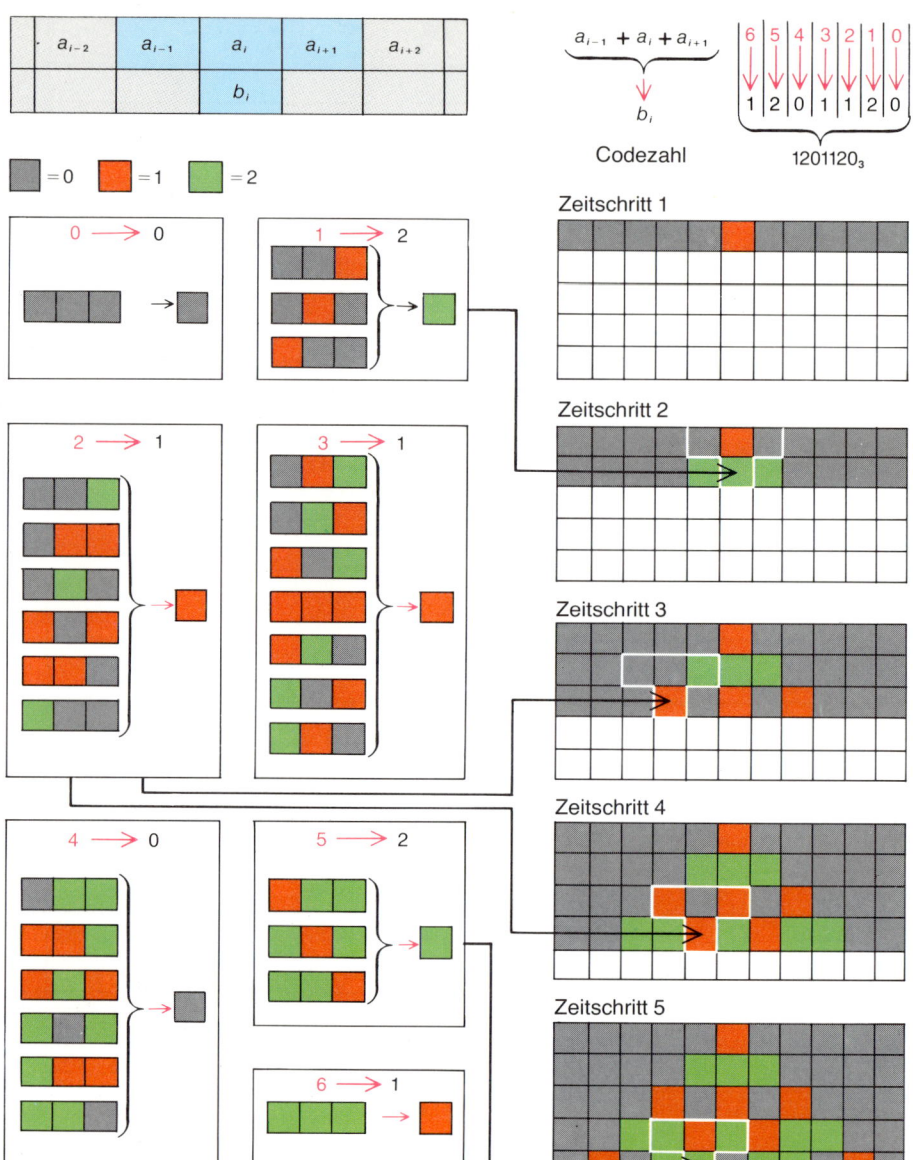

Bild 6: Zellular-Automaten sind einfache Modelle, die offenbar die wesentlichen Eigenschaften vieler natürlicher Systeme festhalten. Im eindimensionalen Fall besteht der Automat aus linear angeordneten Zellen (farbige Quadrate). Jeder Zelle kann man eine Zahl aus einer Wertemenge zuordnen (unterschiedliche Farben). Der Automat entwickelt sich in mehreren Zeit-

schritten (Zeilenfolge von oben nach unten). Jedesmal werden die Zellinhalte nach bestimmten Regeln aktualisiert. Im vorliegenden Fall wird der neue Wert aufgrund der Summe aller früheren Werte und den früheren Werten der unmittelbaren Nachbarn gebildet. Solche Regeln werden durch Codezahlen festgelegt. Hier kann jede Zelle einen von drei Werten annehmen.

sen Prozeß nimmt man an, daß sich das Molekül auf einer geraden Linie fortbewegt, bis es mit einem anderen Teilchen zusammenstößt und dann in irgendeine Richtung abprallt. Alle geradlinigen Schritte haben die gleiche Länge. Bewegen sich viele Moleküle nach diesem Modell, so zeigt es sich, daß man die durchschnittliche zeitliche Veränderung der Molekülkonzentration durch eine Differentialgleichung − die sogenannte Diffusionsgleichung − beschreiben kann.

Es gibt jedoch viele physikalische Prozesse, für die eine solche Beschreibung mittlerer Eigenschaften nicht möglich ist. Es gibt dann keine geeigneten Differentialgleichungen, so daß man die Prozesse

direkt simulieren muß. Dabei folgt man den Bewegungen vieler einzelner Moleküle oder Komponenten und bestimmt dann das Gesamtverhalten des Systems aufgrund der gemittelten Eigenschaften der Ergebnisse. Der einzig brauchbare Weg für solche Simulationen ist das Computerexperiment. Ohne den Computer wäre die notwendige Analyse nicht durchführbar.

Ein Beispiel für einen Prozeß, den man offenbar nur durch direkte Simulation untersuchen kann, ist die überschneidungsfreie Irrfahrt (Bild 3). Ihr Algorithmus ähnelt dem der gewöhnlichen Zufallsbewegung; man muß jedoch die Forderung hinzufügen, daß die auf-

192

einanderfolgenden Wegstücke früher zurückgelegte Pfade nicht kreuzen dürfen. So läßt sich etwa die Ausbildung komplexer Molekülstrukturen in der DNA als überschneidungsfreie Zufallsbewegung modellieren.

Die Einführung dieser einen Zusatzbedingung macht das erweiterte Modell für den Zufallspfad erheblich komplizierter. Es ist keine einfache Globalbeschreibung analog der Diffusionsgleichung bekannt. Um die Eigenschaften des Modells zu untersuchen, scheint das Computerexperiment der einzige Ausweg zu sein.

Die Theorie komplexer Systeme

Die bisher gegebenen Beispiele von Modellen waren von der Konstruktion her relativ einfach, vom Verhalten jedoch durchaus kompliziert. Ihr Studium führt zur Theorie komplexer Systeme, in der die Berechnungsmethoden eine zentrale Rolle spielen (Bild 8).

Das Paradebeispiel in diesem Zusammenhang ist die turbulente Strömung. Sie bildet sich beispielsweise dann aus, wenn Wasser mit großer Geschwindigkeit um ein Hindernis fließt. Das Differentialgleichungssystem für die Flüssigkeitsbewegung ist leicht aufzustellen. Dennoch haben sich die Strömungsverhältnisse, die sich dabei ergeben, größtenteils der mathematischen Beschreibung und Analyse entzogen. In der Praxis findet man die Strömungsmuster durch Beobachtung des jeweiligen physikalischen Systems – oder aber durch Computerexperimente (Bild 4).

Man vermutet, daß bestimmte, vielen Modellen gemeinsame mathematische Zusammenhänge für das komplizierte Verhalten verantwortlich sind. Diese Mechanismen lassen sich um so besser studieren, je einfacher das Modell ist.

Kürzlich hat man derartige Untersuchungen für die sogenannten Zellular-Automaten durchgeführt (Bild 6). Sie bestehen aus vielen identischen Komponenten; jede einzelne entwickelt sich nach einfachen Regeln. Als Ganzes betrachtet, erzeugen diese Elemente ein Verhalten beliebiger Komplexität.

Die Elemente eines solchen Automaten kann man sich als Zellen vorstellen, die im eindimensionalen Fall in gleichen Abständen auf einer Linie verteilt sind. In zwei Dimensionen entspricht das der Verteilung auf einem gleichmäßigen quadratischen oder sechseckigen Gitter. Jeder Zelle kann man eine Zahl aus einer Wertemenge zuordnen; oft sind dies nur die Werte 0 und 1.

Bei jedem Zeittakt werden die Werte aller Zellen gleichzeitig nach einer vorgegebenen Regel aktualisiert. Die Regel

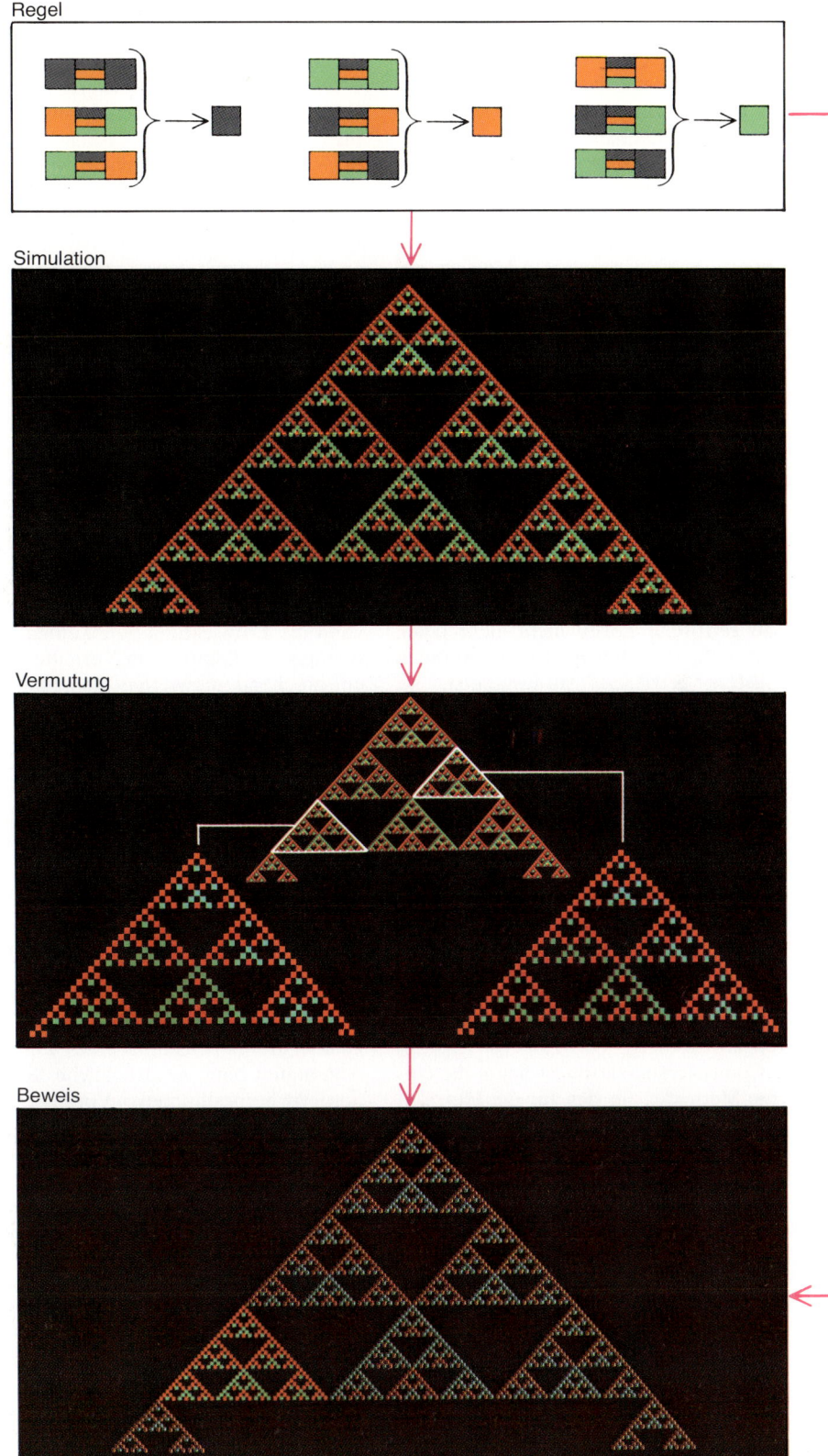

Bild 7: Experimentelle Mathematik ist eine Untersuchungstechnik, die im wesentlichen durch den Einsatz von Rechnern möglich geworden ist. Der Computer kann mathematische Regeln anwenden und ihre Ergebnisse wie in einem Experiment auswerten. Um beispielsweise ein Muster zu untersuchen, das ein Zellular-Automat nach der hier gezeigten Regel erzeugt hat, simuliert man viele einzelne Schritte der Entwicklung des Zellular-Automaten auf dem Rechner. Eine Überprüfung des Ergebnisses führt dann zu der Vermutung, daß es selbstähnlich ist: vergrößerte Teilbereiche des Musters sehen dem Gesamtmuster ähnlich. Ist diese Vermutung einmal formuliert, läßt sie sich relativ leicht mit der üblichen mathematischen Technik beweisen. Der Beweis beruht auf der Tatsache, daß die Anfangsbedingungen für das Wachstum gewisser Zellen im Muster identisch sind mit denen der ersten Zelle. Es gibt eine wachsende Zahl mathematischer Ergebnisse aus Computerexperimenten. Einige dieser Ergebnisse konnte man inzwischen mit den üblichen mathematischen Methoden beweisen.

193

bestimmt den neuen Wert einer Zelle aus dem alten Stand der Zelle selbst und den alten Inhalten von Nachbarzellen.

Selbst für eindimensionale Probleme mit der Belegungsmöglichkeit von 0 und 1 für die Zellen kann das Gesamtverhalten sehr kompliziert sein, so daß es sich nur durch Computerexperimente untersuchen läßt. Viele der Eigenschaften solcher Automaten konnte man tatsächlich durch die Auswertung von Mustern aus Computerexperimenten bestimmen (Bild 7). In einigen Fällen ließen sie sich später formal mathematisch beweisen.

Zellular-Automaten kann man als Modelle für viele physikalische Prozesse verwenden. Ist etwa in einem zweidimensionalen sechseckigen Gitter Eis durch Zellen mit dem Wert 1, Wasserdampf durch Zellen mit der Belegung 0 dargestellt, so lassen sich damit die Entwicklungsschritte einer Schneeflocke simulieren (Bild 1).

Die Regeln dieses Modells besagen, daß gefrorene Zellen nicht mehr tauen und daß Randzellen des wachsenden Musters gefrieren, vorausgesetzt, sie können genügend Wärme ableiten, weil die Anzahl der gefrorenen Nachbarzellen klein ist. Aus einer einzigen gefrorenen Zelle entstandene Computer-Schneeflocken zeigen ein kompliziertes baumartiges Muster, das dem der echten Schneeflocken sehr ähnlich ist.

Schneeflockenwachstum kann man auch mit Hilfe von Differentialgleichungen modellieren. Das erheblich einfachere Zellular-Automaten-Modell bewahrt aber dennoch das Wesentliche des Prozesses, der die komplexen Muster erzeugt.

Computersimulation ist heute die einzige Methode, die sich für die Untersuchung vieler der bisher diskutierten Systeme anbietet. Natürlich muß man fragen, ob Simulation prinzipiell die am besten geeignete Vorgehensweise ist, oder ob es eine Möglichkeit gibt, einfacher zum Endergebnis zu gelangen. Um diese Frage sauber formulieren zu können, muß man die Beziehung zwischen physikalischem und rechnerischem Prozeß genau untersuchen.

Algorithmen beschreiben physikalische Prozesse

Jeder physikalische Prozeß läßt sich vermutlich durch einen Algorithmus beschreiben; demnach kann man ihn in einen Rechenprozeß umsetzen, dessen Komplexität zu bestimmen ist. Für Zellular-Automaten ist die Beziehung zwischen physikalischem und rechnerischem Prozeß relativ klar. Der Zellular-Automat läßt sich als Modell eines physikalischen Systems ansehen, aber auch eine

Deutung als Rechensystem analog den bekannten digitalen Rechenanlagen ist möglich.

Die Folge der Anfangswerte in einem Zellular-Automaten besteht aus Daten, die mit der Sequenz von Binärzahlen im Speicher eines Digitalrechners vergleichbar sind. Während der Entwicklung eines Zellular-Automaten wird diese Information verarbeitet: Zell-Belegungen ändern sich nach den vorgegebenen Regeln. Ähnlich werden die Zahlen im Speicher eines Computers aufgrund der Regeln in der Zentraleinheit verarbeitet.

Die Entwicklung des Zellular-Automaten aus einem Anfangszustand kann man demnach als eine Berechnung ansehen, welche die Information des jeweiligen Zustands verarbeitet. Für Zellular-Automaten mit einfachem Verhalten ist in der Regel auch die Berechnung einfach. Es kann ausreichen, Sequenzen von drei aufeinanderfolgenden Zellen mit der Belegung 1 zu finden. Andererseits kann die Entwicklung von Zellular-Automaten mit komplexem Verhalten auch entsprechend schwierige Berechnungen nach sich ziehen.

Es ist immer möglich, das Ergebnis nach einer vorgegebenen Zahl von Entwicklungsschritten zu bestimmen, indem man jeden einzelnen Schritt simuliert. Gibt es eine wirksamere Möglichkeit, an das Ergebnis zu gelangen? Gibt es eine Abkürzung der schrittweisen Simulation, einen Algorithmus, der das Ergebnis vieler Entwicklungsschritte angibt, ohne jeden Schritt durchlaufen zu haben?

Ein derartiger Algorithmus könnte auf einem Computer ablaufen. Der Rechner könnte die Entwicklung eines Zellular-Automaten ohne ausdrückliche Simulation vorherbestimmen. Voraussetzung dafür wäre, daß der Rechner eine abstraktere Rechenoperation als der Zellular-Automat durchführen könnte und damit gleiche Ergebnisse mit weniger Schritten erhielte. Das wäre so, als ob der Zellular-Automat 7 mal 18 durch fortgesetzte Addition berechnete, während der Computer dies durch die übliche Multiplikation erledigte.

Eine derartige Vereinfachung ließe sich nur dann durchführen, wenn der Computer eine komplexere Rechenoperation ausführen könnte als die Rechnung, welche die Entwicklung des Zellular-Automaten beschreibt.

Man kann die Klasse der sogenannten berechenbaren Probleme definieren. Dabei handelt es sich um Aufgaben, die sich in endlicher Zeit durch eindeutige Algorithmen lösen lassen. Einfache Hilfsmittel wie Addiermaschinen können nur wenige dieser Probleme lösen. Daneben gibt es jedoch universelle Maschinen, die jedes berechenbare Problem lösen können.

Ein realer digitaler Computer ist im wesentlichen eine derartige universelle Maschine. Der Befehlsvorrat der Zentralprozessoren ist in der Regel groß genug für Programme mit beliebigen Algorithmen. Neben dem Digitalrechner hat man auch andere Systeme konstruiert, die ebenfalls als universelle Rechner anzusehen sind. Darunter sind auch Zellular-Automaten — so ein einfacher zweidimensionaler Zellular-Automat mit 0 und 1 als Wertevorrat für jede Zelle.

Man vermutet, daß auch einige eindimensionale Zellular-Automaten universelle Rechner sind. Die einfachsten Kandidaten haben drei mögliche Belegungswerte für jede Zelle und Entwicklungsregeln, welche nur die unmittelbaren Nachbarzellen in Betracht ziehen.

Zellular-Automaten rechnen universell

Zellular-Automaten mit universeller Rechenfähigkeit sind also in der Lage, jeden Rechner nachzuahmen. Da sich jeder physikalische Prozeß als rechnerischer Ablauf darstellen läßt, können sie jedes physikalische System simulieren.

Gäbe es einen Algorithmus, der das Verhalten dieser Zellular-Automaten schneller lieferte als sich der Automat selbst entwickelte, könnte man damit jede Berechnung beschleunigen. Doch diese Folgerung führt zu einem Widerspruch und bedeutet, daß es keine allgemeingültige Vereinfachung gibt, welche die Entwicklung eines beliebigen Zellular-Automaten bestimmen kann. Dieses Problem ist irreduzibel, nicht zu vereinfachen (Bild 10). Das Ergebnis kann man nur durch schrittweise Simulation erhalten.

Direkte Simulation ist demnach tatsächlich die beste Methode, das Verhalten gewisser Zellular-Automaten zu studieren. Ihre Entwicklung läßt sich nicht vorhersagen; man muß abwarten und zusehen, was passiert.

Man weiß bisher nicht, wie verbreitet das Phänomen der rechnerischen Irreduzibilität bei Zellular-Automaten oder physikalischen Systemen im allgemeinen ist. Es ist jedoch bekannt, daß die Elemente eines Systems nicht sehr komplex sein müssen, um das Gesamtverhalten rechnerisch irreduzibel zu machen.

Komplexe oder chaotische Systeme lassen sich möglicherweise fast nie rechnerisch vereinfachen. Es sind keine mathematischen Formeln zur Beschreibung solcher Systeme bekannt, und es ist denkbar, daß sie auch nicht gefunden werden. In diesem Fall wären Computerexperimente die einzigen Hilfsmittel.

Die Physik hat sich traditionsgemäß auf berechenbare Phänomene konzentriert, die durch relativ einfache Gesamt-

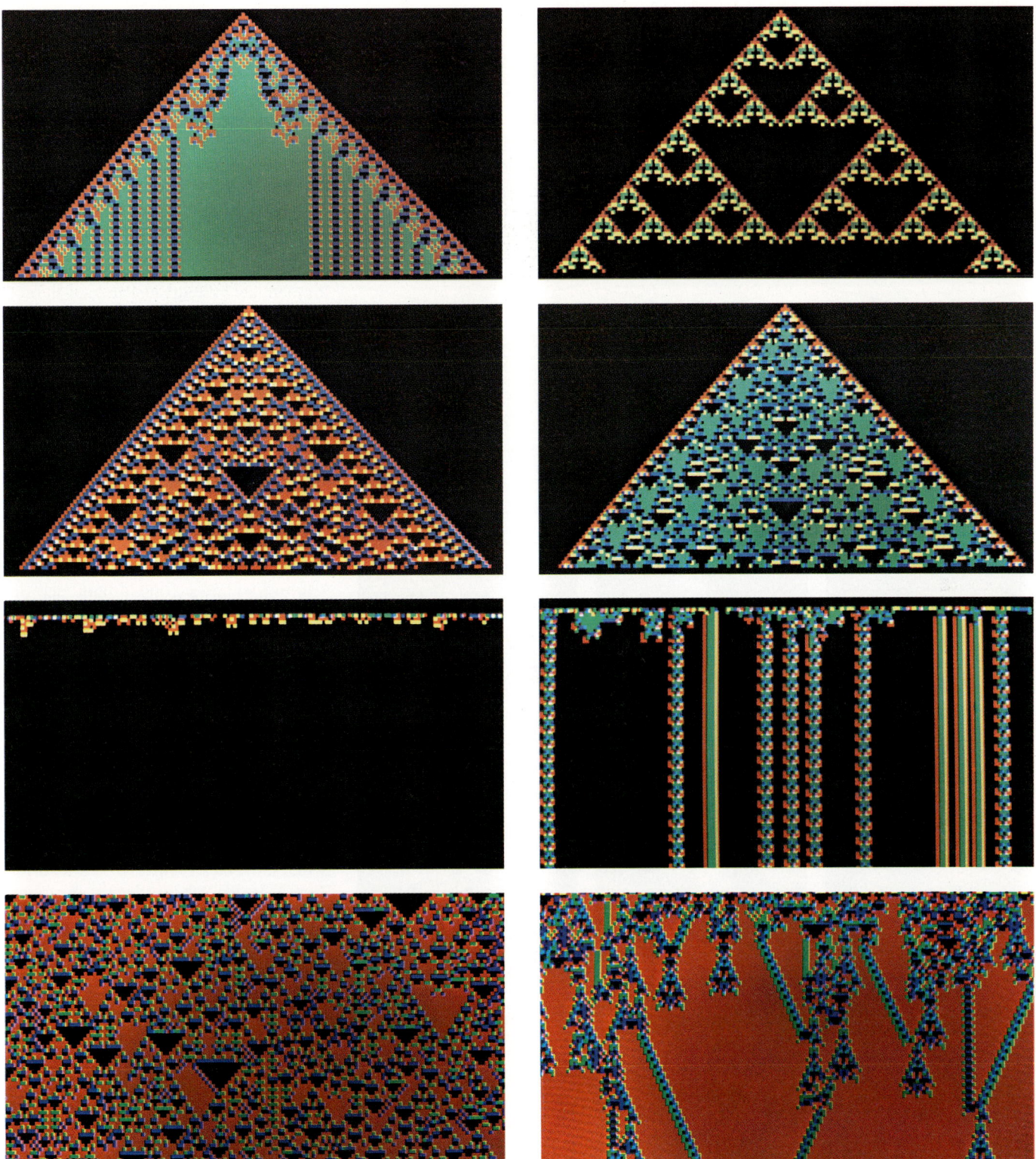

2213310_5	4200410_5	■ = 0
331240_5	2024310_5	■ = 1
1100400_5	2231000_5	■ = 2
131210_5	3211310_5	■ = 3
		■ = 4

Bild 8: Komplexes Verhalten kann sich auch in einfachen Systemen entwickeln. In diesen Photographien sind acht Zellular-Automaten gezeigt; sie bestehen aus Linien mit Zellen, denen jeweils einer von fünf möglichen Werten zugeordnet ist. Der neue Inhalt jeder Zelle wird aus den Werten seiner Nachbarn auf der vorhergehenden Zeile bestimmt. Eine Regel, deren Codenummer verschlüsselt angegeben ist (siehe Bild 6) erzeugt das jeweilige Muster. Die Muster der ersten vier Bilder sind aus einer einzigen farbigen Zelle gewachsen. Selbst in diesem Fall können die Resultate sehr komplex sein und willkürlich erscheinen. Auf diese Weise können komplizierte Bilder wie Muster turbu-lenter Strömungen entstehen. Produkte zellularer Automaten lassen sich zur Verschlüsselung von Texten oder zur Generierung von Zufallszahlen verwenden. Die Muster der unteren vier Photographien zellularer Automaten starten mit ungeordneten Zuständen. Obwohl diese Startwerte zufallsbedingt waren, liefert die Entwicklung der Zellular-Automaten Strukturen, die in vier Klassen einzuordnen sind. In zwei Klassen (dritte Reihe) ist das Langzeitverhalten relativ einfach; in den beiden anderen (unterste Reihe) höchst komplex. Das Verhalten vieler natürlicher Systeme könnte mit dieser Klassifikation übereinstimmen: die Automaten sind einfache Modelle dieser Systeme.

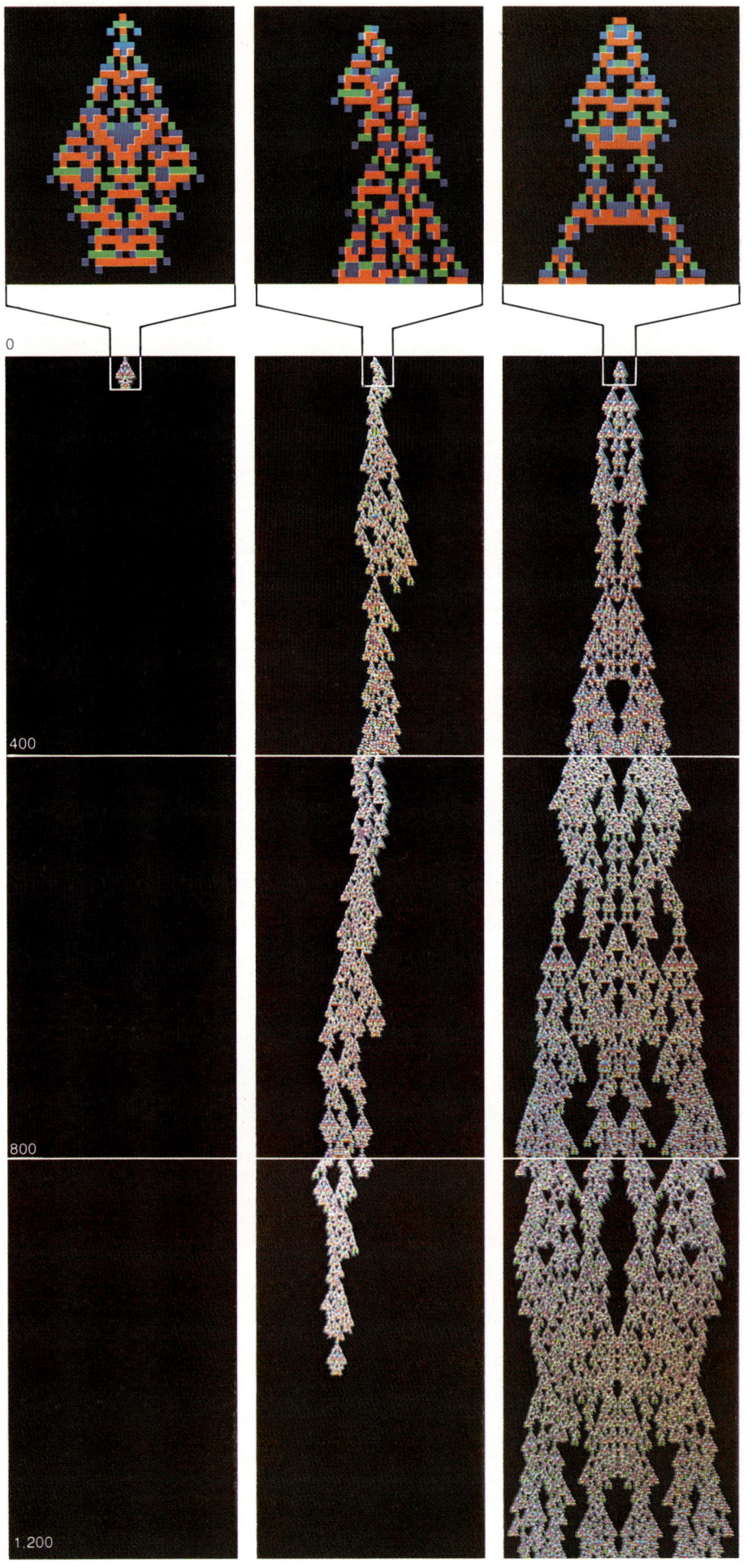

beschreibungen gekennzeichnet sind. In der Realität sind das eher die Ausnahmen als die Regel, Eines der vielen Beispiele für rechnerische Irreduzibilität ist offenbar die turbulente Strömung.

Bei biologischen Modellen scheint die rechnerische Irreduzibilität noch weiter verbreitet zu sein: Es könnte sich herausstellen, daß man die Entwicklung eines biologischen Organismus aus seinem genetischen Code nur durch Verfolgung eines jeden einzelnen Entwicklungsschritts bestimmen kann. Erweist sich ein Problem als rechnerisch irreduzibel, muß man bei seiner Lösung auf Computerberechnungen zurückgreifen.

Als Konsequenz zeigt sich, daß man die Frage nach dem endgültigen Verhalten irreduzibler Systeme nicht in voller Allgemeingültigkeit durch einen endlichen Prozeß beantworten kann. Solche Fragen sind als unentscheidbar anzusehen (Bild 9).

Ein Beispiel dafür ist die Frage nach dem Aussterben eines Musters während der Entwicklung eines Zellular-Automaten. Für eine bestimmte Anzahl von Schritten − etwa 1000 − läßt sich die Frage leicht klären; man muß nur 1000 Einzelsimulationen ausführen. Um jedoch die Antwort für eine beliebige Zahl von Entwicklungsperioden zu erhalten, wären unendlich viele Simulationen erforderlich. Ist der Zellular-Automat rechnerisch irreduzibel, gibt es keine wirksame Alternative zu einer direkten Simulation.

Es gibt keinen Rechenweg mit fest vorgegebenem Aufwand, der mit Sicherheit die Frage nach dem endgültigen Schicksal eines Musters beantwortet. Zwar läßt sich der Werdegang über einige Entwicklungsschritte hinweg verfolgen; wieviele Schritte bis zum Aussterben des Musters nötig sind, kann man jedoch nicht vorhersagen. Das endgültige Muster ist das Ergebnis unzählig vieler Schritte. Für rechnerisch irreduzible Musterentwicklungen läßt sich das Ergebnis

Bild 9: Unentscheidbare Probleme können bei der mathematischen Analyse von Modellen physikalischer Abläufe auftreten. Ein Beispiel ist die Frage, ob ein Muster eines Zellular-Automaten irgendwann aussterben wird, so daß alle Zellen schwarz werden. Die hier gezeigten Muster sind so kompliziert, daß der einzig mögliche Ansatz die Simulation der Entwicklung des Zellular-Automaten ist. Das links gezeigte Ausgangsmuster stirbt nach 16 Schritten aus. Der mittlere Startzustand ist nach 1016 Zyklen gestorben. Das Schicksal des rechten Musters bleibt unklar. Im allgemeinen gibt es keine Simulation mit endlicher Schrittzahl, die das endgültige Verhalten des zellularen Automaten bestimmt. Daher ist die Frage nach dem Aussterben eines Musters formal unentscheidbar. Der hier im Bild gezeigte Automat folgt einer Regel mit der Codenummer 3311100320_4.

nicht durch einen endlichen Prozeß reproduzieren.

Das mögliche Auftreten unentscheidbarer Fragen in mathematischen Modellen physikalischer Systeme kann man als Bestätigung des Satzes über die Unentscheidbarkeit in der Mathematik ansehen. Diesen Satz hat Kurt Gödel 1931 bewiesen; er besagt, daß es in fast allen mathematischen Systemen Behauptungen geben kann, die durch endliche mathematische oder logische Abläufe weder beweisbar noch widerlegbar sind.

Der Beweis einer gegebenen mathematischen Behauptung kann eine unbestimmte Anzahl logischer Schritte erfordern. Selbst für knapp und klar aufgestellte Behauptungen kann ein beliebig langer Beweis erforderlich sein. In der Praxis gibt es viele einfache mathematische Sätze, deren bekannte Beweise sehr umfangreich sind. Außerdem sind oft komplizierte Fallunterscheidungen zu berücksichtigen, wenn Vermutungen zu beweisen oder zu widerlegen sind.

In der Zahlentheorie gibt es viele Beispiele dafür, daß die kleinste Zahl mit einer bestimmten Eigenschaft extrem groß ist; man kann sie oft nur durch Testen der natürlichen Zahlen finden. In solchen Fällen ist der Computer ein wirkungsvolles Hilfsmittel der mathematischen Forschung.

Rechnerische Irreduzibilität setzt grundlegende Grenzen für Modelle physikalischer Systeme. Es mag möglich sein, ein System auf vielen Ebenen zu modellieren − von der Simulation der Bewegung einzelner Moleküle bis zur Lösung der Differentialgleichungen, die das System beschreiben. Irreduzibilität hat zur Folge, daß es ein höchstes Niveau gibt, auf dem sich abstrakte Modelle formulieren lassen; oberhalb dieser Ebene kann man Ergebnisse nur durch Simulation finden.

Führt das Beschreibungsniveau eines Problems zur rechnerischen Irreduzibilität, treten auch nichtentscheidbare Fragen auf. Solche Fragen muß man bei der Formulierung einer Theorie vermeiden. In ganz ähnlicher Weise wurde bei der Formulierung der Quantenmechanik die gleichzeitige Messung von Ort und Geschwindigkeit eines Elektrons ausgeschlossen; aufgrund der Unschärferelation ist sie unmöglich.

Selbst wenn man derartige Fragen wegläßt, gibt es noch genügend praktische Probleme bei der Beantwortung von Fragen, die sich prinzipiell klären lassen. Der Schwierigkeitsgrad hängt stark von den Objekten ab, die an der Simulation beteiligt sind. Könnte man Wettervorhersagen nur durch die Simulation der Bewegungen aller Moleküle in der Atmosphäre machen, wäre jede praktische Berechnung unmöglich. Die

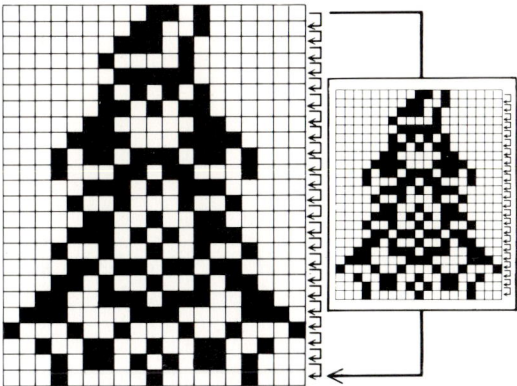

Bild 10: Rechnerische Irreduzibilität ist ein Problem, das offenbar in vielen mathematischen und physikalischen Systemen vorkommt. Das Verhalten eines Systems ist durch Simulation seiner Entwicklungsschritte erkennbar. In wenigen Fällen ist es möglich, eine Vereinfachung zu finden: aus einem vorgegebenen Startzustand läßt sich jeder Schritt mit Hilfe einer Formel errechnen. Für das links gezeigte System erfordert die Rechenanweisung das Auffinden des Restes bei der Division der Schrittanzahl durch zwei. Ein solches System bezeichnet man als rechnerisch reduzibel. Für das rechts gezeigte System gibt es keine allgemeine verkürzende Beschreibung. Es ist rechnerisch irreduzibel; seine Entwicklung läßt sich nur durch schrittweise Simulation bestimmen. Vermutlich sind viele Prozesse, für die keine einfachen Beschreibungen bekannt sind, tatsächlich rechnerisch irreduzibel. Experimente, entweder physikalisch oder mit dem Rechner, sind der einzig sinnvolle Weg, sie zu untersuchen.

wesentlichen Eigenheiten der Wetterberechnung liegen jedoch vermutlich in Wechselwirkungen großer Volumina der Atmosphäre, so daß Simulationen durchführbar scheinen.

Wie wirksam man ein rechnerisch irreduzibles System simulieren kann, hängt von der rechentechnischen Qualität bei jedem Entwicklungsschritt ab. Diese Einzelschritte lassen sich durch die Instruktionen eines Programms darstellen. Je weniger solche Befehle je Schritt notwendig sind, um so wirksamer ist die Simulation.

Abstrakte Beschreibungen physikalischer Systeme erfordern in der Regel spezielle Einzelschritte, wie auch einzelne Befehle höherer Programmiersprachen erheblich mehr Befehlen niedrigerer Sprachen entsprechen. So erfordert ein Zeitschritt bei der numerischen Näherungslösung der Differentialgleichung, die einen Gasstrahl beschreibt, komplexere Rechenschritte als beispielsweise die Berechnung der Kollision zweier Moleküle in dem Gas. Andererseits berücksichtigt jeder Schritt bei der Beschreibung mit Hilfe der Differentialgleichung eine Unzahl von Schritten in dem einfachen Modell der Molekülzusammenstöße. Der Gewinn an Wirksamkeit gleicht dabei die größere Komplexität der Einzelschritte mehrfach aus.

Zwischen existierenden Rechnern und physikalischen Systemen oder Modellen gibt es allerdings einen wichtigen Unterschied: Rechner bearbeiten Information seriell, während wirkliche physikalische Systeme Information parallel verarbeiten können. Bei physikalischen Abläufen, die ein Zellular-Automat modelliert, werden alle Zellinhalte gleich-

zeitig bei jedem Zeitschritt aktualisiert. In Programmen auf üblichen Rechensystemen realisieren demgegenüber Schleifen die Simulation des Zellular-Automaten: Jede gerade behandelte Zelle erhält ihren neuen Wert zugeordnet. In diesem Fall kann man leicht Programme schreiben, die parallele Abläufe mit Hilfe serieller Algorithmen durchführen.

Es gibt eine abgesicherte Theorie, mit deren Hilfe man Algorithmen für die serielle Informationsverarbeitung beschreiben kann. Viele physikalische Probleme scheinen jedoch Beschreibungen zu erfordern, die im wesentlichen paralleler Natur sind. Für parallele Prozesse gibt es noch keine abgeschlossene Theorie. Sobald sie verfügbar ist, dürften auch effektive Beschreibungen für komplexe physikalische Sachverhalte möglich werden.

Die Einbindung des Computers in die wissenschaftliche Arbeit ist zwar vergleichsweise jung, ermöglicht es aber dennoch, viele Probleme auf neuartige Weise anzugehen. So lassen sich jetzt Phänomene untersuchen, die wesentlich komplexer sind als alle bisher betrachteten. Gleichzeitig verändern sich dadurch Richtung und Betonung vieler Forschungsgebiete.

Noch wichtiger ist offenbar, daß der Rechnereinsatz zu einer neuen Denkweise in den Naturwissenschaften führt. Wissenschaftliche Gesetzmäßigkeiten interpretiert man heute algorithmisch; man untersucht viele naturwissenschaftliche Zusammenhänge mit Hilfe von Computerexperimenten. Auf diese Weise sind der Forschung neue Aspekte des Naturgeschehens zugänglich geworden.

Autoren

Arthur T. Bergerud war, als er seinen Artikel schrieb, Forschungsassistent an der Universität Victoria in British Columbia. Sein Biologiestudium schloß er 1961 an der Universität von Wisconsin ab. Danach ging er nach Neufundland ans Department of Wildlife, an dem er bis zum Direktor aufstieg. Im Jahre 1968 promovierte er an der Universität von British Columbia. Thema seiner Arbeit war die Karibu-Population Neufundlands.

Valentin Braitenberg und seine Koautorin Almut Schüz arbeiten seit 15 Jahren am Max-Planck-Institut für Biologische Kybernetik in Tübingen gemeinsam an der Frage, inwieweit sich aus der Struktur der Großhirnrinde ihre Funktionsweise als biologischer Computer ableiten läßt. Dabei hat sich Braitenberg vor allem mit den Besonderheiten der Verschaltung, die den Cortex von anderen Gehirnstrukturen unterscheiden, befaßt. Ähnlichen Fragen geht er seit 1949 an verschiedenen Teilen und Arten von Gehirnen nach. Er hat in Rom in Medizin promoviert und sich später in Kybernetik und Informationstheorie habilitiert. Er war an verschiedenen Instituten tätig, bevor er nach Tübingen kam. Seit der Gründung des Max-Planck-Instituts für Biologische Kybernetik gehört er zu dessen Direktorium.

Charles R. Carrigan und sein Koautor David Gubbins sind Geophysiker an der Universität Cambridge (England). Carrigan kam in Südkalifornien zur Welt. An der Universität von Kalifornien in Los Angeles studierte er Astronomie und Physik und promovierte 1977 bei Friedrich Busse über Versuche mit Modellen des Erdkerns. Er erhielt ein NATO-Stipendium und arbeitete bei Dan P. McKenzie über Probleme der Wärmeübertragung im oberen Erdmantel.

James P. Crutchfield und seine Koautoren J. Doyne Farmer, Norman H. Packard und Robert S. Shaw begannen mit ihrer gemeinsamen Untersuchung chaotischer Systeme als Physikstudenten an der Universität von Kalifornien in Santa Cruz. Crutchfield, der dort promovierte, arbeitet jetzt an der Universität von Kalifornien in Berkeley.

Patrick De Kepper und seine Koautoren Irving R. Epstein, Kenneth Kustin und Miklós Orbán sind Chemiker mit gemeinsamem Interesse an chemischen Oszillatoren. De Kepper ist Forschungsdirektor für chemische Verfahrenstechnik an dem vom französischen Nationalen Zentrum für Naturwissenschaftliche Forschung (CNRS) unterhaltenen Paul-Pascal-Forschungszentrum an der Domaine-Universität in Talence. Als gebürtiger Franzose studierte er an der Universität Bordeaux I, wo er 1978 in chemischer Verfahrenstechnik promovierte. Noch im selben Jahr ging er zum CNRS.

Russell J. Donnelly ist Professor für Physik an der Universität von Oregon in Eugene. Er wurde in Hamilton (Ontario) in Kanada geboren und erhielt seine Ausbildung an der McMaster University in Hamilton und der Yale University in New Haven (Connecticut), wo er 1956 promovierte. Er lehrte dann bis 1966 an der Universität Chicago und wirkt seitdem an der Universität von Oregon. Im Jahre 1972 hatte er eine Gastprofessur am Niels-Bohr-Institut in Kopenhagen inne. Donnelly ist gegenwärtig Mitherausgeber der Zeitschrift *Physical Review A* und seit vielen Jahren Mitglied des Komitees für das Oregon-Bach-Festival.

Irving R. Epstein und seine Koautoren Kenneth Kustin, Patrick De Kepper und Miklós Orbán sind Chemiker mit gemeinsamem Interesse an chemischen Oszillatoren. Epstein, seit 1971 Chemieprofessor an der Brandeis-Universität, studierte und promovierte an der Harvard-Universität. 1977/78 arbeitete er als Stipendiat der National Science Foundation am Max-Planck-Institut für Biophysikalische Chemie in Göttingen.

J. Doyne Farmer und seine Koautoren James P. Crutchfield, Norman H. Packard und Robert S. Shaw begannen mit ihrer gemeinsamen Untersuchung chaotischer Systeme als Physikstudenten an der Universität von Kalifornien in Santa Cruz. Farmer ist seit 1982 am Los-Alamos-Nationallaboratorium; er promovierte 1981 in Santa Cruz.

David Gubbins und sein Koautor Charles R. Carrigan sind Geophysiker an der Universität Cambridge (England). Gubbins hat dort eine Professur für Geodäsie und Geophysik. Er hatte schon in Cambridge seine Promotion abgeschlossen — 1972 bei Sir Edward Bullard —, aber danach führten ihn Forschungsarbeiten und Lehraufträge an die Universität von Colorado, ans Massachusetts Institute of Technology

und an die Universität von Kalifornien, wo er Carrigan kennenlernte. Gubbins kehrte 1976 nach Cambridge zurück und gehört seit 1977 zum Lehrkörper der Universität.

Hartmut Jürgens ist Leiter des Graphiklabors Dynamische Systeme an der Universität Bremen. Er studierte Mathematik an der Universität Bremen, wo er 1983 promovierte. Nachdem er einige Zeit als Systemberater in der Computerindustrie tätig war, kam er 1985 als Leiter an das Graphiklabor der Universität Bremen.

Kenneth Kustin und seine Koautoren Irving R. Epstein, Patrick De Kepper und Miklós Orbán sind Chemiker mit gemeinsamem Interesse an chemischen Oszillatoren. Kustin ist seit 1961 Chemieprofessor an der Brandeis-Universität. Er studierte am Queens College und promovierte an der Universität von Minnesota in anorganischer Chemie. Anschließend arbeitete er als Stipendiat der US-Gesundheitsbehörde am Max-Planck-Institut für Physikalische Chemie in Berlin. Von 1974 bis 1977 war er Dekan der chemischen Fakultät an der Brandeis-Universität.

James D. Murray ist Professor für mathematische Biologie am gleichnamigen Zentrum der Universität Oxford in England. Er hat 1956 an der Universität St. Andrews (Schottland) in angewandter und 1968 an der Universität Oxford in reiner Mathematik promoviert. Zwischen 1961 und 1963 war er Stipendiat und Mathematik-Tutor in Oxford. Danach wurde er als Professor für technische Mechanik an die Universität von Michigan in Ann Arbor berufen. 1967 übernahm er eine Mathematikprofessur an der New York University, ehe er 1970 nach Oxford zurückkehrte. Murray war Gastprofessor an vielen Universitäten weltweit, darunter der Tsing-Hua-Universität in Taiwan und der Universität Florenz.

David R. Nelson ist Physikprofessor an der Harvard-Universität. Er hat an der Cornell-Universität in Ithaka (New York) 1975 promoviert. Er arbeitete dort als Forschungsassistent, ehe er an die Harvard-Universität überwechselte, wo er 1978 Dozent und 1980 zum Professor ernannt wurde. Zu seinen Forschungsschwerpunkten zählen Phasenübergänge, Turbulenzen, Flüssigkristalle und die statistische Mechanik von Gläsern.

Christiane Normand und ihr Koautor Manuel G. Velarde sind Physiker, die sich mit Transportphänomenen in

Flüssigkeiten und Gasen beschäftigen. Sie lernten sich 1974 in der Abteilung für theoretische Physik des Kernforschungszentrums in Saclay bei Paris kennen und arbeiten seither zusammen. Frau Normand studierte an der Universität Süd-Paris Physik und schloß 1973 ihr Studium mit einem Diplom in Plasmaphysik ab. Danach ging sie als Stipendiatin an das Kernforschungszentrum in Saclay, wo sie sich für konvektive Bewegungen von Flüssigkeiten und Gasen zu interessieren begann.

Miklós Orbán und seine Koautoren Irving R. Epstein, Kenneth Kustin und Patrick De Kepper sind Chemiker mit gemeinsamem Interesse an chemischen Oszillatoren. Orbán ist Ungar und studierte an der Eötvös-Lóránd-Universität Budapest, wo er 1983 eine Professur für Chemie erhielt.

Julio M. Ottino ist Professor für Verfahrenstechnik und Polymerforschung an der Universität von Massachusetts in Amherst. Er studierte an der Nationalen Universität von La Plata in Argentinien und an der Universität von Minnesota, wo er 1979 promovierte. Seine Erfahrung beim Mischen gefärbter Objekte ist nicht auf das Laboratorium beschränkt; seine Bilder wurden bereits bei einer Ausstellung in Argentinien gezeigt. Ottino hat kürzlich ein Buch mit dem Titel *The Kinematics of Mixing: Stretching, Chaos and Transport* geschrieben; es erscheint bei Cambridge University Press.

Norman H. Packard und seine Koautoren James D. Crutchfield, J. Doyne Farmer und Robert S. Shaw begannen mit ihrer gemeinsamen Untersuchung chaotischer Systeme als Physikstudenten an der Universität von Kalifornien in Santa Cruz. Packard ist Mitglied der Physikabteilung und des Computer-Forschungszentrums an der Universität von Illinois in Urbana-Champaign. Er promovierte 1982 in Santa Cruz und war anschließend zunächst am Institut des Hautes Etudes Scientifiques in Buressur-Yvette (Frankreich) und am Institute for Advanced Study in Princeton tätig.

Heinz-Otto Peitgen ist Professor für Mathematik an der Universität Bremen und − seit 1985 − an der Universität von Kalifornien in Santa Cruz. Er promovierte 1973 an der Universität Bonn, wo er sich 1976 habilitierte. 1977 kam er nach Bremen. Peitgen hat verschiedene Gastprofessuren in Belgien, Italien, Mexiko und den USA wahrgenommen und mehrere Bücher über Fraktale veröffentlicht.

Leonard M. Sander begann, sich für Fraktale und Nichtgleichgewichts-Wachstumsprozesse zu interessieren, als er einer Lieblingsbeschäftigung nachging: dem Computer-Hacken. Normalerweise arbeitet er als Experimentalphysik-Professor an der Universität von Michigan in Ann Arbor mit den Schwerpunkten Festkörperphysik und statistische Physik. Er studierte an der Washington-Universität in St. Louis und promovierte 1969 in Physik an der Universität von Kalifornien in Berkeley. Anschließend arbeitete er als Wissenschaftler an der Universität von Kalifornien in San Diego, bevor er nach Michigan ging.

Dietmar Saupe ist Hochschulassistent für Numerik an der Universität Bremen, wo er Mathematik studierte und 1982 auch promovierte. Es folgte ein Aufenthalt als Assistenzprofessor an der Universität von Kalifornien in Santa Cruz, bevor er 1987 nach Bremen zurückkehrte. Zusammen mit Heinz-Otto Peitgen hat Saupe Bücher über Fraktale veröffentlicht.

Stephen H. Schneider ist stellvertretender Leiter des wissenschaftlichen Forschungsprogramms am National Center for Atmospheric Research (NCAR) in Boulder. Im Jahre 1971 promovierte er an der Columbia-Universität in Ingenieurmechanik. Sein Interesse gilt den natürlichen und künstlichen Ursachen von Klimaänderungen sowie ihren politischen Konsequenzen; diesem Thema hat er sich in der Kommission für natürliche Ressourcen bei der amerikanischen Akademie der Wissenschaften gewidmet, am Goddard-Institut für Weltraumstudien und seit 1972 am NCAR. Außerdem trat er im Kongreß als Sachverständiger auf, war Mitglied eines Wissenschaftlergremiums für das amerikanische Verteidigungsministerium zu Fragen des „nuklearen Winters" (Defense Science Bord Task Force on Atmospheric Obscuration) und diente als Berater unter den amerikanischen Präsidenten Nixon und Carter. Schneider ist Chefredakteur der Zeitschrift *Climatic Change* und Autor mehrerer populärwissenschaftlicher Bücher.

Almut Schüz und ihr Koautor Valentin Braitenberg arbeiten seit 15 Jahren am Max-Planck-Institut für Biologische Kybernetik in Tübingen gemeinsam an der Frage, inwieweit sich aus der Struktur der Großhirnrinde ihre Funktionsweise als biologischer Computer ableiten läßt. Dabei hat sich Almut Schüz vor allem mit der Frage eines möglichen Gedächtnisniederschlags in der Großhirnrinde befaßt. Sie hat in

Marseille und Tübingen Biologie studiert und am Max-Planck-Institut für Biologische Kybernetik promoviert, wo sie als wissenschaftliche Mitarbeiterin tätig ist und sich gerade habilitiert.

Robert S. Shaw und seine Koautoren James P. Crutchfield, J. Doyne Farmer und Norman H. Packard begannen mit ihrer gemeinsamen Untersuchung chaotischer Systeme als Physikstudenten an der Universität von Kalifornien in Santa Cruz. Shaw studierte am Harvard-College und promovierte 1980 in Santa Cruz.

Daniel L. Stein ist Professor für Physik an der Universität von Arizona. Er studierte an der Brown-Universität und promovierte 1979 an der Princeton-Universität. 1988 war er der erste Leiter der Sommerschule über komplexe Systeme in Santa Fe. Zu seinen Arbeitsschwerpunkten gehören die Komplexität von Computerberechnungen, Spingläser und Biophysik.

Manuel G. Velarde und seine Koautorin Christiane Normand sind Physiker, die sich mit Transportphänomenen in Flüssigkeiten und Gasen beschäftigen. Sie lernten sich 1974 in der Abteilung für theoretische Physik des Kernforschungszentrums in Saclay bei Paris kennen und arbeiten seither zusammen. Velarde ist Professor für statistische Mechanik und Direktor der Abteilung für Physik der Flüssigkeiten an der Universidad Autónoma de Madrid. 1968 promovierte er an der Universidad Complutense de Madrid, und zwei Jahre später erwarb er an der Universität Brüssel einen zweiten Doktortitel. Er hat längere Zeit in Forschungslaboratorien in den Vereinigten Staaten, in Frankreich, Norwegen, Belgien und Großbritannien gearbeitet.

Kenneth G. Wilson ist Professor für Physik an der Cornell-Universität. Er studierte an der Harvard-Universität und promovierte 1961 am California Institute of Technology. Die Renormierungsgruppen-Methode ist Wilsons wichtigster Beitrag zur Physik. Er leitete sie aus seinem Verständnis der Quanten-Feldtheorie ab.

Arthur T. Winfree ist Professor für Biowissenschaften an der Universität von Arizona in Tucson. Bis 1965 studierte er technische Physik an der Cornell-Universität, danach Physik und Biologie an der Universität Princeton. Nach der Promotion (1969) war er drei Jahre Assistenzprofessor an der Universität Chicago, ab 1972 Professor für Biowissenschaften an der Purdue-Universität. Seine derzeitige Arbeit gilt drei Fragen: Wie läßt sich der menschliche Schlaf-Wach-Rhythmus erklären? Welches sind die Organisationszentren, die sich in erregbaren Medien bilden und erhalten? Was hat es mit dem Herzflimmern auf sich, und wodurch wird es ausgelöst? Für seine Arbeiten wurde ihm eine MacArthur Fellowship zuerkannt.

Stephen Wolfram ist seit 1982 Mitglied des Institute for Advanced Study in Princeton. Er ist gebürtiger Londoner, studierte am Eton College und an der Universität Oxford und ging dann ans California Institute of Technology. Dort promovierte er 1979 in theoretischer Physik. Im Jahre 1980 wurde er Fakultätsmitglied am Caltech; dort blieb er, bis er seine derzeitige Position antrat. Wolfram hat auf den Gebieten Hochenergiephysik, Kosmologie und statistische Mechanik gearbeitet.

Literatur

Allgemeine Literatur

Mandelbrot, B. B. *Die fraktale Geometrie der Natur.* Basel/Boston (Birkhäuser) 1987.

Chaos
(*Spektrum der Wissenschaft, 2/1987*)

Großmann, S. *Chaos − Unordnung und Ordnung in nichtlinearen Systemen.* In: *Physikalische Blätter* 39/6 (1983) S. 1939−1945.
Nicolis, C.; Nicolis, G. *Gibt es den Klima-Attraktor?* In: *Physikalische Blätter* 41/1 (1986) S. 5−9.
Lauterborn, W.; Meyer-Ilse, W. *Chaos − Ein Experiment zum Nachmachen.* In: *Physik in unserer Zeit* 17/6 (1986) S. 177−187.
Packard, N. H.; Crutchfield, J. P.; Farmer, J. D.; Shaw, R. S. *Geometry from a Time Series.* In: *Physical Review Letters* 45/9 (1980) S. 712−716.
Schuster, H. G. *Deterministic Chaos: An Introduction.* Deerfield/Weinheim (VCH Publishers) 1984.
Mayer-Kress, G. (Hrsg.) *Dimensions and Entropies in Chaotic Systems.* New York (Springer) 1986.

Klimamodelle
(*Spektrum der Wissenschaft, 7/1987*)

Berger, A. L.; Imbrie, J.; Hays, J.; Kukla, G.; Saltzman, B. (Hrsg.) *Milankovitch and Climate.* Dordrecht (Reidel) 1984.
Washington, W. M.; Parkinson, C. L. *An Introduction to Three-dimensional Climate Modeling.* Mill Valley (University Science Books) 1986.
Thompson, S. L.; Schneider, S. H. *The Nuclear Winter Debate: Comment and Correspondence.* In: *Foreign Affairs* 65/1 (1986) S. 171−178.

Wie entsteht das Magnetfeld der Erde?
(*Spektrum der Wissenschaft, 4/1979,* sowie *Ozeane und Kontinente,* Reihe „Verständliche Forschung", 1985)

Gubbins, D. *Theories of Geomagnetic and Solar Dynamos.* In: *Reviews of Geophysics and Space Physics* 12/2 (1974) S. 137−154.

Jakobs, J. A. *The Earth's Core.* New York (Academic Press) 1975.
Busse, F. H.; Carrigan, C. R. *Laboratory Simulation of Thermal Convection in Rotating Planets and Stars.* In: *Science* 191/4222 (1976) S. 81−83.
Busse, F. H. *Magnetohydrodynamics of the Earth's Dynamo.* In: *Annual Review of Fluid Mechanics* 10 (1978) S. 435−462.

Konvektion
(*Spektrum der Wissenschaft, 9/1980*)

Chandrasekhar, S. *Hydrodynamic and Hydromagnetic Stability.* Oxford (University Press) 1961.
Turner, J. S. *Buoyancy Effects in Fluids.* Cambridge (University Press) 1973.
Normand, C.; Pomeau, Y.; Velarde, M. G. *Convective Instability: A Physicist's Approach.* In: *Reviews of Modern Physics* 49/3 (1977) S. 581−624.
Walker, J. *The Amateur Scientist.* In: *Scientific American* 237/4 (1977) S. 142−150.

Mischen zäher Flüssigkeiten
(*Spektrum der Wissenschaft, 3/1989*)

Aref, H. *Stirring by Chaotic Advection.* In: *Journal of Fluid Mechanics* 143 (1984) S. 1−21.
Ranz, W. E. *Fluid Mechanical Mixing − Lamellar Description.* In: Ulbrecht, J. J.; Patterson, G. K. *Mixing of Liquids by Mechanical Agitation.* London (Gordon and Breach Science Publishers) 1985.
Khakhar, D. V.; Rissing, H.; Ottino, J. M. *Analysis of Chaotic Mixing in Two Model Systems.* In: *Journal of Fluid Mechanics* 172 (1986) S. 419−451.
Ottino, J. M.; Leong, C. W.; Rising, H.; Swanson, P. D. *Morphological Structures Produced by Mixing in Chaotic Flows.* In: *Nature* 333/6172 (1988) S. 419−425.

Turbulenzen in Supraflüssigkeiten
(*Spektrum der Wissenschaft, 1/1989*)

Donnelly, R. J.; Swanson, C. E. *Quantum Turbulence.* In: *Journal of Fluid Mechanics* 173 (1986) S. 387−429.
Tough, J. T. *Superfluid Turbulence.* In: *Progress in Low Temperature Physics* 8 (1987) S. 133−216.
Schwarz, D. W. *Three-dimensional Vortex Dynamics in Superfluid ^4He: Homogeneous Superfluid Turbulence.* In: *Physical Review B* 38/4 (1988) S. 2398−2417.

Oszillierende chemische Reaktionen
(*Spektrum der Wissenschaft, 5/1983*)

Fraude, U. F. *Chemische Oszillationen.* In: *Angewandte Chemie* 90/1 (1978) S. 1−16.
Field, R. Y. *Eine oszillierende Reaktion.* In: *Chemie in unserer Zeit* 7/6 (1973) S. 171−176.
De Kepper, P.; Epstein, I. R.; Kustin, K. *A Systematically Designed Homogeneous Oscillating Reaction: The Arsenite-Iodate-Chlorite System.* In: *Journal of the American Chemical Society* 103/8 (1981) S. 2133f.
Orbán, M.; De Kepper, P.; Epstein, I. R. *Minimal Bromate Oscillator: Bromate-Bromide-Catalyst.* In: *Journal of the American Chemical Society* 104/9 (1982) S. 2657−2658.

Die Populationsdynamik von Räuber und Beute
(*Spektrum der Wissenschaft, 2/1984*)

Wilson, E. O.; Bossert, W. H. *Einführung in die Populationsbiologie.* Heidelberg (Springer) 1973.
MacArthur, R. H.; Connell, J. H. *Biologie der Populationen.* München (BLV) 1970.
Errington, P. L. *Of Predation and Life.* Iowa State University Press 1967.

Sekundenherztod: Hilfe von der Topologie
(*Spektrum der Wissenschaft, 7/1983*)

Lown, B. *Sudden Cardiac Death − 1978.* In: *Circulation* 60/7 (1979) S. 1593−1599.
Winfree, A. T. *The Geometry of Biological Time.* New York (Springer) 1980.
Capelle, F. J. L. van; Durrer, D. *Computer Simulation of Arrhythmias in a Network of Coupled Excitable Elements.* In: *Circulation Research* 47/3 (1980) S. 454−466.
Winfree, A. T. *Fibrillation as a Consequence of Pacemaker Phase-resetting.* In: Bouman, L. N.; Jongsma, H. J. (Hrsg.) *Cardiac Rate and Rhythm.* Leiden (Nijhoff) 1982.

Fraktale − eine neue Sprache für komplexe Strukturen
(*Spektrum der Wissenschaft, 9/1989*)

Barnsley, M. *Fractals Everywhere.* New York (Academic Press) 1988.
Barnsley, M.; Elton, J. *A New Class of Markov Processes for Image Encoding.* In: *Journal of Applied Probability* 20 (1988) S. 14−32.

Mandelbrot, B. B. *The Fractal Geometry of Nature.* New York (Freeman) 1982.
Mandelbrot, B. B. *Fractal Aspects of the Iteration of* $z \to \lambda z(1-z)$ *for complex* λ *and z.* In: *Annals NY Acad. Sciences* 357 (1980) S. 249−259.
Hausdorff, F. *Dimension und äußeres Maß.* In: *Mathematische Annalen* 79 (1919) S. 157−179.
Hutchinson, J. *Fractals and Self-similarity.* In: *Indiana University Journal of Mathematics* 30 (1981) S. 713−747.
Julia, G. *Sur l'itération des fonctions rationnelles.* In: *Journal de Math. Pure et Appl.* 8 (1918) S. 47.
Falconer, K. J. *The Geometry of Fractal sets.* Cambridge (University Press) 1985.
Hanan, J.; Prusinkiewicz, P. *L-systems, Fractals and Plants.* New York (Springer) 1989.
Peitgen, H.-O.; Richter, P. H. *The Beauty of Fractals.* Heidelberg (Springer) 1986.
Peitgen, H.-O.; Saupe, D. (Hrsg.) *The Science of Fractal Images.* Heidelberg (Springer) 1988.
Feder, J. *Fractals.* New York (Plenum Press) 1988.
Lei, T. *Similarity Between the Mandelbrot Set and Julia Sets.* Bremen (Institut für Dynamische Systeme) 1989.
Peitgen, H.-O.; Jürgens, H.; Saupe, D. *Fractals for the Classroom.* New York (Springer) in Vorb. [11/1989].

Fraktales Wachstum
(*Spektrum der Wissenschaft, 3/1987*)

Fricke, J. *Fraktale Systeme.* In: *Physik in unserer Zeit* 17/5 (1986) S. 151−155.
Brix, P. *G. G. Lichtenberg, der Physiker: Altes und Neues.* In: *Physikalische Blätter* 6 (1986) S. 141−145.
Witten, T. A.; Sander, L. M. *Diffusion-limited Aggregation.* In: *Physical Review B* 27/9 (1983) S. 5686−5697.

Die Renormierungsgruppe
(*Spektrum der Wissenschaft, 10/1979,* sowie *Teilchen, Felder und Symmetrien,* Reihe „Verständliche Forschung", 1985)

Fisher, M. E. *The Renormalization Group in the Theory of Critical Behavior.* In: *Reviews of Modern Physics* 46/4 (1974) S. 597−616.
Wilson, K. G. *Renormalization Group Methods.* In: *Advances in Mathematics* 16/2 (1975) S. 170−186.
Wilson, K. G. *The Renormalization Group: Critical Phenomena and the Kondo Problem.* In: *Reviews of*

Modern Physics 47/4 (1975) S. 773−840.
Pfeuty, P.; Toulouse, G. *Introduction to the Renormalization Group and to Critical Phenomena.* New York (Wiley) 1977.

Spingläser
(*Spektrum der Wissenschaft, 9/1989*)

Mézard, M.; Parisi, G.; Virasoro, M. A. *Spin Glas Theory and Beyond.* Singapur (World Scientific Publications) 1986.
Chowdhury, D. *Spin Glasses and Other Frustrated Systems.* Singapur (World Scientific Publications) 1986.
Stein, D. L. *Complex Systems.* Reading (Addison-Wesley) in Vorb.
Kauffman, S. A. *Origins of Order: Self-Organization and Selection in Evolution.* Oxford (University Press) in Vorb.

Quasikristalle
(*Spektrum der Wissenschaft, 10/1986*)

Kramer, P. *Nichtperiodische Kristalle mit fünfzähliger Symmetrie.* In: *Physikalische Blätter* 41/4 (1985) S. 103f.
Shechtman, D. et al. *Metallic Phase with Long-Range Orientational Order and No Translational Symmetry.* In: *Physical Review Letters* 53/20 (1984) S. 1951−1953.
Nelson, D. R. *The Structure and Statistical Mechanics of Glass.* In: Garrido, L. (Hrsg.) *Applications of Field Theory to Statistical Mechanics: Proceedings of the Sitges Conference on Statistical Mechanics, 10.−15. Juni 1984.* New York/Heidelberg (Springer) 1985.
Nelson, D. R.; Halperin, B. I. *Pentagonal and Icosahedral Order in Rapidly Cooled Metals.* In: *Science* 229/4710 (1985) S. 223−238.

Cortex: hohe Ordnung oder größtmögliches Durcheinander?
(*Spektrum der Wissenschaft, 5/1989*)

Peters, A.; Jones, E. G. (Hrsg.) *Cerebral Cortex.* Bde. 1−7. New York/London (Plenum Press) 1984−1988.
Palm, G. *Neural Assemblies. An Alternative Approach to Artificial Intelligence.* Berlin/Heidelberg/New York (Springer) 1982.
Rose, D.; Dobson, V. G. (Hrsg.) *Models of the Visual Cortex.* New York (Wiley) 1985.
Braitenberg, V. *Künstliche Wesen. Verhalten kybernetischer Vehikel.* Wiesbaden (Vieweg) 1986.

Braitenberg, V. *Gehirngespinste. Neuroanatomie für kybernetisch Interessierte.* Berlin/Heidelberg/New York (Springer) 1973.

Hubel, D. H. *Auge und Gehirn. Neurobiologie des Sehens.* Heidelberg (Spektrum der Wissenschaft) 1989.

Wie der Leopard zu seinen Flecken kommt
(Spektrum der Wissenscahft, 5/1988)

Bard, J. B. L. *A Unity Underlying the Different Zebra Striping Patterns.* In: *Journal of Zoology* 183/4 (1977) S. 527−539.

Murray, J. D. *A Pre-Pattern Formation Mechanism for Animal Coat Markings.* In: *Journal of Theoretical Biology* 88/1 (1981) S. 161−199.

Murray, J. D. *On Pattern Formation Mechanisms for Lepidopteran Wing Patterns and Mammalian Coat Patterns.* In: *Philosophical Transactions of the Royal Society of London, Serie B* 295/1078 (1981) S. 473−496.

Murray, J. D.; Maini, P. K. *A New Approach to the Generation of Pattern and Form in Embryology.* In: *Science Progress* 70/280 (1986) S. 539−553.

Software für Mathematik und Naturwissenschaften
(*Spektrum der Wissenschaft, 11/1984,* sowie *Computer-Anwendungen*, Reihe „Verständliche Forschung", 1989)

Campbell, D.; Rose, H. (Hrsg.) *Order in Chaos.* Amsterdam (North-Holland) 1983.

Wolfram, S. *SMP Reference Manual.* Los Angeles (Interference Corporation) 1983.

Doing Physics With Computers. In: *Physics Today* 36/5 (1983).

Farmer, D.; Toffoli, T.; Wolfram, S. (Hrsg.) *Cellular Automata: Proceedings of an Interdisciplinary Workshop, Los Alamos, New Mexico.* Amsterdam (North-Holland) 1984.

Pavelle, R.; Rothstein, M.; Fitch, J. *Computer-Algebra.* In: *Spektrum der Wissenschaft* 2 (1982) S. 71.

Bildnachweise

Chaos: Bild 1: Bill Sanderson, James P. Crutchfield; Bilder 2, 3 und 5 (oben): Andrew Christie; Bilder 4, 5 (unten), 6, 7, 9 und 10: James P. Crutchfield; Bild 8: Harry L. Swinney, Anke Brandstäter, University of Texas at Austin − **Klimamodelle:** Bild 1: Starley L. Thompson, National Center for Atmospheric Research; Bilder 2−6: Andrew Christie − **Wie entsteht das Magnetfeld der Erde?:** Bild 1: Charles R. Carrigan mit David Gubbins; Bilder 2−10: Allen Beechel − **Konvektion:** Bild 1: Clemente Simon, Sapinfo Iongenieros, S. A.; Bilder 2−7, 9 und 10: Alan D. Iselin; Bild 8: H. Linde, Central Institute for Physical Chemistry, Berlin − **Mischen zäher Flüssigkeiten:** Bilder 1, 2 und 4 (unten): C. W. Leong, Julio M. Ottino, University of Massachusetts at Amherst; Bilder 3, 4 (oben) und 5 (oben): Bob Conrad; Bild 5 (unten): John G. Franjione, Julio M. Ottino, University of Massachusetts at Amherst; Bild 6: Paul D. Swanson, Julio M. Ottino, University of Massachusetts at Amherst; Bild 7: K. R. Sreenivasan, Yale University; Bild 8: Ichiro Sugioka, Bradford Sturtevant, California Institute of Technology − **Turbulenzen in Supraflüssigkeiten:** Bild 1: Klaus W. Schwarz, Thomas J. Watson Research Center; Bilder 2−5, 7 und 8: George V. Kelvin; Bild 6: Russell J. Donnelly − **Oszillierende chemische Reaktionen:** Bilder 1 und 11: R. F. Bonifield; Bilder 2−10: A. Beechel − **Die Populationsdynamik von Räuber und Beute:** Bilder 1−6: Tom Prentiss − **Sekundenherztod: Hilfe von der Topologie?:** Bilder 1−10: George V. Kelvin − **Fraktale − eine neue Sprache für komplexe Strukturen:** Bilder 1, 3−7, 9, 10 (links) und 11−13: Hartmut Jürgens, Heinz-Otto Peitgen, Dietmar Saupe; Bilder 2 und 8: Hartmut Jürgens, Heinz-Otto Peitgen, Dietmar Saupe/Spektrum der Wissenschaft; Bild 10 (rechts): Przemyslaw Prusinkiewicz − **Fraktales Wachstum:** Bild 1: Paul Meakin; Bilder 2, 3, 4 (oben), 5 (links): Andrew Christie; Bild 5 (rechts): Nancy Hecker/David G. Grier; Bild 6: Leonard M. Sander; Bild 7 (links oben, rechts unten): David G. Grier; Bild 7 (rechts oben): Eshel Ben-Jacob; Bild 7 (links unten): L. Niemeyer/H. J. Wiesmann − **Die Renormierungsgruppe:** Bilder 1 und 7: LCR Graphics; Bilder 2−6 und 8−14: Gabor Kiss − **Spingläser:** Bild 1: Quesada/Burke; Bilder 2−5: Hank Iken − **Quasikristalle:** Bild 1: Saxe Patterson; Bilder 2−7: George V. Kelvin; Bild 8: Leonid A. Bendersky/Robert J. Schaefer − **Cortex: hohe Ordnung oder größtmögliches Durcheinander?:** Bilder 1 und 4: Valentin Braitenberg, Almut Schüz; Bilder 2, 5 und 9 (oben und Mitte): Valentin Braitenberg; Bild 3: Santiago Ramón y Cajal; Bild 6: Volker Staiger, Valentin Braitenberg; Bild 7 (oben): Almut Schüz, Valentin Braitenberg, Monika Dortenmann; Bilder 7 (unten) und 9 (unten): Almut Schüz; Bild 8: Valentin Braitenberg, Almut Schüz/Spektrum der Wissenschaft; Bild 10: Claudia Martin-Schubert, Valentin Braitenberg; Bild 11: Valentin Braitenberg, Carla Braitenberg/Spektrum der Wissenschaft; Bild 12: Valentin Braitenberg/Spektrum der Wissenschaft − **Wie der Leopard zu seinen Flecken kommt:** Bild 1: Bruce Coleman Inc./G. Harrison; Bilder 2, 3 (rechts), 4 und 6 (unten): Patricia J. Wynne; Bilder 3 (links) und 6 (rechts oben): Animals Animals; Bild 5 (rechts): James D. Murray; Bild 5 (links): Avi Baron, Paul Munro; Bild 6 (links oben): Bruce Coleman Inc./Hans Reinhard; Bild 7: Charles M. Vest, Youren Xu − **Software für Mathematik und Naturwissenschaften:** Bilder 1 und 7−9: Quesada/Burke; Bilder 2−6 und 10: Ilil Arbel.

Index

Abildskov, J. A. 104
absoluter Nullpunkt, Temperatur 62
Ackerman, T. P. 28
Adams, H. 81
Aktivator-Inhibitor-Mechanismus 180
Aktivierung
   Musterbildung 180
   neuronale 174f
Aktivierungswellen 180
Alexander, S. 126
Algorithmus 12, 106, 108, 150, 186, 194, 197
Allessie, M. 95
Anderson, P. W. 148, 152
Anfangsbedingungen 193
Anfangszustand 12
Antiferromagnetismus 147
Antzelevitch, C. 102f
Antzelevitch, J. 102f
aperiodische Bewegungen 16
Arbor, A. 185
Aref, H. 56f
Arnold, W. I. 56
Atmosphäre
   Modelle 23f
   Strahlungshaushalt 28
   Zirkulation 38, 50
Attraktoren 12f
   Anfangsbedingungen 13
   chaotische 13−18
   Dimension 18
   seltsame 80f
Autokatalyse 77

Ball, R. C. 123
Bang, O. 84
Bar-Eli, K. 79
Barenghi, C. 67, 69
Barnsley, M. 106, 110f
Baron, A. 183
Barron, E. J. 26
Belousov, B. P. 74, 181
Belousov-Reaktion 74
Belousov-Zhabotinsky-Reaktion 75, 78
Bénard, H. 38−40, 46
Bénardsche Zellen 38f, 46−48
Bendersky, L. A. 163
Ben-Jacob, E. 126
berechenbare Probleme 194
Bergerud, A. T. 82
Best, E. 100
Bifurkation 20f, 189
biologische Zeitgebersysteme 95
Birks, J. W. 28
Bistabilität 75f
Blasdel, G. G. 176
Blech, I. 154
Bohr, N. 65
Boissonade, J. 77

Bonke, F. I. M. 104
Botet, R. 125
Brady, R. M. 123
Braitenberg, C. 175
Braitenberg, V. 164, 175
Bray, A. J. 149
Bray, W. C. 73f, 78
Briggs, T. S. 73, 75
Brownsche Bewegung 8, 188
Budnick, J. I. 148
Bullard, E. C. 32

Cahn, J. W. 154
Cannella, V. D. 148
Capelle, F. J. van 104
Carrigan, C. R. 30
Chance, B. 76
Chaos 17−21
   chemisches 80
   deterministisches 8
   Merkmale 56
   neuronales 167f
   Übergang 20f
Chaos-Spiel 111f
chaotische Attraktoren 13−18
chaotische Strömungen 53
chaotisches Verhalten 190
chemische Reaktion, oszillierende 18, 72−81, 181
Chevray, R. 57
Clausius, R. 73f
Colonnier, M. 169
Computerexperiment 106, 186f, 192
Computersimulation 58, 69, 100−103, 120, 122−124, 189, 192f, 197
Coriolis, C. G. de 34
Cortex 166−176
Couette-Strömung 17
Covey, C. 28
Creutzfeld, O. 176
Crutchfield, J. P. 8, 18
Crutzen, P. J. 28
Curie, P. 128
Curie-Temperatur 128, 139

Dehnungsströmung 61
Determinismus 8, 10, 56, 106, 115
   Laplacescher 10
   Mechanik 10
   Quantenmechanik 10
deterministische Punkttransformationen 56
deterministisches Chaos 8
Differentialgleichung 189f, 197
Diffusion 64, 126, 192
diffusionsbegrenztes Wachstum 122−126
Dimension 13, 141
   Attraktor 18
   fraktale 106, 117f, 120
   Hausdorffsche 117
   topologische 117
Dipolgas 69
dissipative Strukturen 74
Donnelly, R. J. 62, 67
Dugmore, A. A. R. 84
Dynamik 11f

Dynamo
   Gleichgewichtszustand 35
   magnetischer 31−33

Eccles, J. C. 96
Edelson, D. 76
Edwards, S. F. 148
Edwards-Anderson-Spinglas 150
einfache Systeme 11f
Ekman-Zahl 34
elliptische Punkte 54
Elsasser, W. M. 32
Elser, V. 163
Embryonalentwicklung 178, 183f
Energieabstand 149
Energiezustand 41
   quantenmechanischer 63
Entropie 73
Epstein, I. R. 72, 76, 79
Euler, L. 52
Eulersche Gleichungen 54
Evolution 19, 89f, 146, 149, 178, 185
   molekulare 152
exponentielles Wachstum 11

Faltung 52−56, 58f
Faradayscher Scheibendynamo 32f
Farmer, J. D. 8, 18
Fatou, P. 113f
Fehlerfortpflanzung 11
Fernordnung 154f
Ferromagnetismus 128, 136, 146−150
Festkörper 147
Feynman, R. P. 64, 66, 70
Fibonacci-Folge 116
Field, R. J. 75f
Fisher, D. S. 149
Fixpunkt 12f, 139f
Fixpunkt-Attraktor 13
Fließgleichgewicht 77
Fließvorgänge 52, 54
Fluide 14, 62, 123
Fluktuationen 14f, 50, 128, 138
   chemische 80
   Reichweite 131
Flüssigkeit 10, 147
   Grenzflächen 47
   inkompressible 42
   komplexe 64
   Oberflächenspannung 38
   Stabilität 43
   Viskosität 42, 61
Flüssigkeitsinseln 55
Flüssigkeitsmechanik 52−54
Flüssigkeitsmischung 52−61, 141
Flüssigkeitsströmungen 120
Fraktale 14, 106, 120
   reale 120
   zufällige 114f
fraktale Dimension 106
fraktale Strukturen 60
fraktales Wachstum 120−127
Franjione, J. G. 58
Frank, C. 158
Frank-Kasper-Phase 160, 163
Freiheitsgrade 11
Frustrationseffekt 148

Geddes, L. A. 94
Gehirn
  Aufbau 165
  neuronale Vernetzung 166−171
  Organisation 164−176
  Synapsen 168−172
Gelatt, C. D. 150
Gell-Mann, M. 144
Geometrie
  euklidische 106, 122
  fraktale 106, 125
  Riemannsche 108
geschlossene Lösungen 11 f
Geschwindigkeitsfeld 54
Gibbs, J. W. 56
Ginzburg, V. L. 48
Gleichgewicht 41, 73, 121, 180
  indifferentes 41, 44 f
  instabiles 41, 44 f
  populationsdynamisches 88
  stabiles 41, 44 f, 49
  stationäres 77
  thermisches 27
Gleichgewichtszustand 35
Gödel, K. 197
Goldstein, S. 62
Golgi, C. 167, 169
Gollub, J. P. 16−18
Gradienten 42, 47, 51
Gratias, D. 154
Gray, E. G. 169
Grenzzyklus 12 f
Grenzzyklus-Attraktor 13, 20
Grier, D. G. 124
Großhirnrinde (Cortex) 166−176
  Selbstverkabelung 166 f
Gubbins, D. 30
Guttman, R. 103

Hall, H. 66
Hamilton, W. R. 56
Hamiltonsche Systeme 56
harmonische Funktion 125
Hausdorff, F. 117
Hausdorff-Dimension 117
Hebb, D. O. 174
Hecker, N. 124
Heisenbergsche Unschärferelation 10
Hele-Shaw, H. 123
Hele-Shaw-Zelle 123−125
Helium, supraflüssiges 62−64
Hemmung
  Musterbildung 180
  neuronale 174 f
Hendrikson, A. E. 175
Henley, C. 163
Hénon, M. 16, 56
Hénon-Attraktor 16
Herz 94
Herzschlag 92−105
  Rhythmus 95 f
  Synchronisation 95 f
heterokliner Querpunkt 56
Hodgkin, A. L. 102
homokliner Querpunkt 56
Hopfield, J. J. 151
Horton, J. C. 175
Hubel, D. 174 f

Hudson, J. L. 81
Humphrey, L. 175
Huse, D. A. 149
Hutchinson, J. 108
Huxley, A. F. 102
Hydrodynamik 10
hyperbolische Punkte (Sattelpunkte)
  54
Hysterese, chemische 77 f

Inhibitionswellen 181
Instabilitäten 45−47, 180
Irreduzibilität 196 f
irreversible Thermodynamik 74
Ising, E. 136
Ising-Modell 136 f
Iteration 20 f, 108, 113 f

Jalife, J. 96 f
Janse, M. J. 104
Jones, C. 70
Julia, G. 113 f
Julia-Mengen 107, 111, 113−115
Julien, R. 125
Jürgens, H. 106

Kadanoff, L. P. 137
Keesom, A. 62
Keesom, W. H. 62
Kepper, P. de 72, 76
Kirkpatrick, S. 148−150
Klimamodelle 22−29
Kochsche Schneeflockenkurve 110,
  115 f, 119
Kodierung, Bilder 111
Koevolution 90
Kolb, M. 125
komplexe Strukturen 52
komplexe Systeme 56, 193
Komplexität 11, 22, 106, 120, 184,
  193
Kontraktion 112
Kontrollparameter 20 f, 113 f
Konvektion 38−51, 61
  Rückkopplung 48
Konvektionsmuster 18, 36
Konvektionsströmungen 30 f, 36−40,
  44 f
Konvektionszellen 38 f, 44−48, 51
Kopelman, R. 125
Kopplung, Synapsen 173
Kopplungsintervall 96
Kopplungsstärke 130 f, 136
Kopplungsstärke und Temperatur
  139 f
Körös, E. 74, 78
Korrelation 131
Korrelationslänge 131, 163
Koschmieder, E. E. 45
Kramer, P. 162
Krinskij, V. I. 104
Kristalle 120, 146, 154
  Fernordnung 154 f
  Nahordnung 158
Kristallstruktur 154−159
Kristallwachstum 121
kritische Phänomene 140−144
kritische Temperatur 147

kritischer Punkt 128, 181
  Universalität 140 f
kritischer Wert 43, 48
Kugelpackungen 157 f
Kustin, K 72, 76
Kutzbach, J. E. 25

L-Systeme 115−117
Lamb, H. 62
Landau, L. D. 11, 48
Landausche Theorie 11, 16 f, 49
Laplace, P. S. de 10
Laplacescher Determinismus 10
Latenzzeit 96
Leeuwen, J. M. J. 137
Lei, T. 115
Lenz, W. 136
Leong, K. 53, 57
LeVay, S. 169
Levine, D. I. 162
Lichtenberg, G. C. 124
Lichtenberg-Figur 123
Limesbild 108
Lindenmayer, A. 115, 117
lineare Strömungen 54
Lokalisierung, Zustandsraum 14
Lorenz, E. N. 12, 14, 17
Lorenz-Attraktor 14
Lösungen, geschlossene 11 f
Lotka, A. J. 77
Lotka-Mechanismus 77
Low, F. E. 144

MacCrackens, M. C. 29
Mackay, A. L. 162
Magnetfeld, Dynamoprinzip 31−33
Magnetfeld-Umkehr 35−39
Magnetisierung 69, 77, 128−136,
  146 f
Malone, R. C. 29
Malthus, T. 77
Manabe, S. 25
Mandelbrot, B. 106, 113, 120
Mandelbrot-Menge 106 f, 112 f
  Definition 116
Marangoni, C. G. M. 47
Martein, P. J. 17
McMillan, W. L. 149
McWilliam, J. A. 94
Meakin, P. 125
Mechanik 10
mechanische Systeme 11 f
Mercer, E. 86
Meßfehler 14
metallische Gläser 154
Mézard, M. 149
Millais, J. G. 84
Mines, G. 92, 95 f, 105
Mischvorgänge 52
Moe, G. K. 104
Mohr, W. D. 56
Moleküldiffusion 56
Moore, M. A. 149
Munro, P. 183
Murray, J. D. 178
Musterbildung 195 f
  biologische 178−185
  Simulation 182 f

siehe auch Diffusion, Gehirn und Konvektion
Mydosh, J. A. 148

Näherungen 38, 188f
Näherungsverfahren 128
Nahordnung 158
Nahrungsketten 84
Nahrungsnetz 82
negative Rückkopplung 24
Nelson, D. R. 154
Neri, R. 162
neuronale Netze 167f, 175
Neuronen 164
    Organisation 164
    statistische Verschaltung 167f
Newtonsches Kraftgesetz 10
Nicht-Gleichgewichts-Fraktale 126
Nicht-Gleichgewichtsprozeß 121
nichtlineare Prozesse 54
Nield, D. H. 47
Niemayer, L. 136
Niemeijer, T. 137
Nissl, F. 165
Normand, C. 38
Noyes, R. M. 76

Oberflächenspannung 38, 47
Ökosysteme 82, 90
Onsager, L. 64, 136
Optimierung 150
Orbach, R. L. 126
Orbán, M. 72, 77−79
Orbit 11
    periodischer 13
Ordnung 146
Ordnungsparameter 141
Oszillationen 11, 14
Oszillationen
    chemische Reaktionen 72−81
Oszillatoren 18
oszillierende chemische Reaktion 18, 72−81, 181
oszillierende Strömungen 48
oszillierende Systeme 73
Ottino, J. M. 52f
Ozeane, Konvektion 50

Pacault, A. 76
Packard, N. H. 8, 186
Palm, G. 171
Palmer, R. G. 149
Papert, S. 116
Paramagnetismus 146, 150
Parameter 23
Parameterfläche 137
Parameterraum 140
Parisi, G. 149
Parkettierungen 155−157
    nicht-periodische 160
Paterson, L. 123
Patterson, S. 155
Peano-Kurve 117
Pearson, J. R. A. 47
Peitgen, H.-O. 106
Pendel 11, 36
Penrose, R. 160
Penrose-Muster 155, 160−162

Penrose-Packungen 162f
periodischer Orbit 13
periodischer Punkt 55
periodisches Gitter 156
periodisches Verhalten 72
Perpetuum mobile 73
Peters, A. 169
Phasenübergänge 38, 62, 147
    Magnetisierung 48
Pietronero, L. 126
Plancksches Wirkungsquantum 65
platonische Körper 154
Poincaré, H. 8, 10, 56
Poincaré-Schnitt 58f
Poincarésche Wiederkehr 8
Pollack, J. B. 28
Pope, S. C. 17
Populationsdynamik 77, 82−90
Populationszyklus 88
positive Rückkopplung 24
Potentialflächen 44f, 48−50
Prigogine, I. 74f
Prusinkiewicz, P. 116f
Punkttransformation 54
    deterministische 56

Quantenmechanik 10, 63
quantisierte Wirbel 64
Quasikristalle 154−163
quasiperiodische Bewegungen 14

Ramón y Cajal, S. 167, 169
Randbedingungen 23
Räuber-Beute-Systeme 82−90
räumliche Strukturen 80f
Rauschen 15, 122, 124
Rauscher, W. C. 73, 75
Rauschverstärker 14f
Rayleigh, Lord J. W. 40−43
Rayleigh-Zahl 43−48
    kritischer Wert 43
    und Strömungsgeschwindigkeit 48
Reaktions-Diffusions-Modelle 178−181
Renormierung 128−145
Reynoldszahl 60
Rheinboldt, W. C. 104
Richter, R. 124
Rinzel, J. M. 103
Roberts, P. 70
Rokhsar, D. S. 152
Rössler, O. E. 12−14
Rössler-Attraktor 13, 18
Rotation, Turbulenz 69
Rotationssymmetrie 154
Roux, J. C. 81
Rückkopplung
    chemische 76f
    iterative 108
    Konvektion 48
    negative 24
    neuronale 173f
    positive 24
Rückkopplungsmechanismen 23f
Rückkopplungsparameter 24
Ruelle, D. 17

Sagan, C. 28
Salata, J. 96f
Sander, L. M. 120
Saupe, D. 106
Scherströmung 61
Schneeflockenkurve 110, 115−119
Schneider, S. H. 22, 25, 27f
Schopman, F. J. G. 104
Schütz, A. 164
Schwarz, K. W. 63, 68, 70
Scott, P. L. 17
Selbstähnlichkeit 108, 112, 114, 120f
    Selbstähnlichkeits-Dimension 117
Selbstbeschränkung 48
Selbstorganisation 181
seltsame Attraktoren 16, 80f, 190
Shaw, R. S. 8, 12, 17
Shechtman, D. 154
Shechtmanite 154, 163
Shechtmanit-Phase 163
Sherrington, D. 148f
Sherrington-Kirkpatrick-Modell 149
Siedepunkt 62
Sierpiński, W. 108
Sierpiński-Dreieck 108, 116
Sillito, A. M. 176
Silveston, P. L. 45
Simulation 22, 25
    Erdkern 35
    Langzeiteffekte 25
singulärer Punkt 102f
Skaleneigenschaften 125
Skaleninvarianz 106, 120−123
Skalierung 68f, 117
Skalierungsgesetz 117
Smale, S. 55
Somogyi, P. 169
Sourlas, N. 149
Spektraldimension 126
Spencer, R. S. 56
Spin 146
Spingitter 130−135
    Transformationen 132, 134f, 137f
    siehe auch Zellular-Automaten
Spingläser 146−152
Spinglas-Phase 149
Spin-Kopplung 130
Sreenivasan, K. R. 60
Stabilität 41, 43−45, 75
    Ökosysteme 90
stationäre Strömung 54
stationärer Zustand 181
Stein, D. 146
Steinhardt, P. J. 162
Stochastizität 8, 14−16
    siehe auch Zufall
Störungen 11, 41
    Amplitude 46
    Anwachsen 48
    exponentielles Wachstum 11
Stouffer, R. 25, 27
Stromlinien 35, 54, 57
    chaotische 56
Strömungen 190
    chaotische 53, 56
    deterministische nichtperiodische 17
    Erdkern 31

Geschwindigkeit 48
Helizität 35 f
laminare 10
lineare 54
magnetohydrodynamische 31,
33 − 37
oszillierende 48
Selbstbegrenzung 48
Simulation 58 − 60
Stabilität 38
stationäre 54
turbulente 10 f, 16 f, 52, 60
Strömungsbilder 16
Strömungsmechanik 63
Strömungsmuster 31, 34 − 36, 55, 193
siehe auch Konvektion
Strömungswiderstand 62
Strutt, J. W. 40 − 43
Sturtevant, B. 61
Sugioka, I. 61
Supraflüssigkeiten 62 − 71
Wärmeleitung 64
Supraleitfähigkeit 48
Swanson, C. E. 67 − 69
Swanson, P. D. 57
Swinney, H. L. 16 − 18, 81
Symmetrien 154
Symmetrietransformation 149
Synchronisation, Herz 95
Systeme
abgeschlossene 74
biologische 84
bistabile 75
chaotische 8
einfache 11 f
Energiezustand 41, 44 f
Freiheitsgrade 11
instabile 77
irreduzible 196
isolierte 74
komplexe 193
mechanische 11 f
offene 74
physikalische 141
Stabilität 41, 44 f
stationäre 77
stochastische 8, 14
Störung 41, 44 f
ungeordnete 146 − 152
Zeitgeber 95
Zustand 48, 63

Tabor, M. 57
Tacker, W. A. jun. 94
Takens, F. 17
Tan lei 115
Temperatur
absoluter Nullpunkt 62
kritische 139 f
reduzierte 140
Temperaturgradienten 47
Temperaturwelle 65
thermische Bewegung 8, 130
thermisches Gleichgewicht 27
Thomas, D. 181
Thompson, S. L. 22, 25, 27 f
Thompson, Sir B. 38
Thouless, D. J. 149

Toon, O. B. 28
Topologie 95
Tough, J. T. 68
Toulouse, G. 149
Transformationen 54
affin-lineare 108
nichtlineare 112 − 115
Renormierung 132, 134 f, 137 f
Treibhauseffekt 27
Tröpfchenzerfall 56
Tropffolgen 17
turbulente Strömungen 16 f, 52, 60,
193, 196
Turbulenzen 10 f, 17, 62 − 71
homogene 69
klassische 62, 67
quantenmechanische 62, 64, 67
Rotation 69
Turco, R. P. 28
Turing, A. M. 178
Turner, J. 81

Überstabilität 48
Unbestimmtheit 11
unentscheidbare Probleme 196
Universalität 123
Universalitätsklassen 144 f
Unordnung 146

Vecchi, M. 150
Velarde, M. G. 38
Vest, C. M. 185
Vibrationsmuster 181 f
Vidal, C. 81
Vinen, W. F. 66 f
viskoelastische Flüssigkeiten 61
viskoses Verästeln 123 − 125
Viskosität 34, 42
kinematische 68
visuelle Wahrnehmung, Organisation
174 f
Vorhersagbarkeit, siehe Determinismus
Vorhersagegenauigkeit 14 f
Voss, R. F. 115

Wachstum 181, 186
diffusionsbegrenztes 122 − 126
fraktales 120 − 127
Wachstumsinstabilität 122
Wang, R. 68
Wärmeleitung, Supraflüssigkeiten 64
Wärmetransport 26, 64 f
Washington, W. M. 26
Wellander, P. 56
Wellen, zirkulierende 103 f
Wellenzahl 46
Wetherald, R. T. 27
Wettervorhersage 14
Whittaker, G. 183
Whittaker, W. B. 183
Wiederanpassung 96
Wiesel, T. 174 f
Wiesmann, H. J. 126
Wiley, R. M. 56
Wilson, K. G. 128
Winfree, A. T. 92
Wirbel, quantisierte 64
Wirbelkerne 65

Wirbellinienstruktur 67
Witten, T. A. 120 f
Wolfram, S. 186
Wolschin, G. 21

Youren Xu 185

Zeitgebersysteme, biologische 95
Zellular-Automaten 192 − 197
siehe auch Spingitter
Zhabotinsky, A. M. 75, 181
Zirkulation, quantisierte 70
Zirkulationsmodelle 23
zirkulierende Wellen 103 f
Zufall 8, 124, 149
Zufallsbewegung 188, 192 f
Zufallsgesetz 115
Zufallsverhalten 8 f, 11 f
Zustandsraum 11 − 13, 151
Faltung 14
Lokalisierung 14
mehrdimensionaler 17
zweiter Hauptsatz der Thermo-
dynamik 73
zyklische Bahn 55

Das Spektrum der Wissenschaft-Buchprogramm

Reihe Verständliche Forschung

Gehirn und Nervensystem
208 Seiten, ISBN 3-922508-21-9

Evolution
Mit einer Einführung von Ernst Mayr
208 Seiten, ISBN 3-922508-22-7

Ozeane und Kontinente
Mit einer Einführung von Peter Giese
248 Seiten, ISBN 3-922508-24-3

Industrielle Mikrobiologie
Mit einer Einführung von Heinz Schaller
200 Seiten, ISBN 3-922508-25-1

Kosmologie
Mit einer Einführung von
Immo Appenzeller
208 Seiten, ISBN 3-922508-27-8

Teilchen, Felder und Symmetrien
Mit einer Einführung von
Hans Günter Dosch
224 Seiten, ISBN 3-922508-29-4

Erbsubstanz DNA
Mit einer Einführung von Albrecht
E. Sippel und Alfred Nordheim
204 Seiten, ISBN 3-922508-30-8

Vulkanismus
Mit einer Einführung von Hans Pichler
208 Seiten, ISBN 3-922508-32-4

Die Entstehung der Sterne
Mit einer Einführung von
Joachim Krautter
192 Seiten, ISBN 3-922508-35-9

Die Moleküle des Lebens
Mit einer Einführung von Peter Sitte
224 Seiten, ISBN 3-922508-39-1

Wahrnehmung und visuelles System
Mit einer Einführung von Manfred Ritter
224 Seiten, ISBN 3-922508-36-7

Elementare Materie, Vakuum und Felder
Mit einer Einführung von Walter Greiner
224 Seiten, ISBN 3-922508-37-5

Krebs – Tumoren, Zellen, Gene
Mit Einführungen und einem Vorwort
von Volker Schirrmacher
224 Seiten, ISBN 3-922508-38-3

Die Dynamik der Erde
Mit einer Einführung von
Raymond Siever
216 Seiten, ISBN 3-922508-40-5

Immunsystem
Mit Einführungen von Georges Köhler
und Klaus Eichmann
224 Seiten, ISBN 3-922508-41-3

Gravitation
Mit einer Einführung von Jürgen Ehlers
und Gerhard Börner
192 Seiten, ISBN 3-922508-42-1

Biologie des Sozialverhaltens
Mit einer Einführung von Dierk Franck
200 Seiten, ISBN 3-922508-45-6

Planeten und ihre Monde
Mit einer Einführung von Roland Wielen
224 Seiten, ISBN 3-922508-46-4

Anwendungen des Lasers
Mit Einführungen von F. P. Schäfer und
Alexander Müller
208 Seiten, ISBN 3-922508-47-2

Computer-Kurzweil
Mit einer Einführung von Immo Diener
248 Seiten, ISBN 3-922508-50-2

Die Physik der Musikinstrumente
Mit einer Einführung von Klaus Winkler
196 Seiten, ISBN 3-922508-49-9

Computer-Anwendungen
Mit einer Einführung von
Gerhard Johannsen
224 Seiten, ISBN 3-922508-52-9

Computer-Systeme
Mit einer Einführung von
Jörg H. Siekmann
200 Seiten, ISBN 3-922508-51-0

Siedlungen der Steinzeit
Mit einer Einführung von Jens Lüning
232 Seiten, ISBN 3-922508-48-0

Reihe Spektrum-Bibliothek

Philip und Phylis Morrison
ZEHN^{HOCH}
168 Seiten, ISBN 3-922508-65-0

Steven Weinberg
Teile des Unteilbaren
200 Seiten, ISBN 3-922508-64-2

George Gaylord Simpson
Fossilien
264 Seiten, ISBN 3-922508-62-6

Roman Smoluchowski
Das Sonnensystem
192 Seiten, ISBN 3-922508-68-5

Thomas A. McMahon und
John Tyler Bonner
Form und Leben
240 Seiten, ISBN 3-922508-70-7

John R. Pierce
Klang
232 Seiten, ISBN 3-922508-72-3

Irvin Rock
Wahrnehmung
232 Seiten, ISBN 3-922508-71-5

Peter William Atkins
Wärme und Bewegung
224 Seiten, ISBN 3-922508-73-1

Richard Lewontin
Menschen
200 Seiten, ISBN 3-922508-80-4

David Layzer
Das Universum
264 Seiten, ISBN 3-922508-81-2

Stefan Hildebrandt und Anthony Tromba
Panoptimum
224 Seiten, ISBN 3-922508-82-0

Herbert Friedman
Die Sonne
224 Seiten, ISBN 3-922508-83-9

Julian Schwinger
Einsteins Erbe
232 Seiten, ISBN 3-922508-84-7

Henry W. Menard
Inseln
224 Seiten, ISBN 3-922508-85-5

Solomon H. Snyder
Chemie der Psyche
224 Seiten, ISBN 3-922508-86-3

Arthur T. Winfree
Biologische Uhren
224 Seiten, ISBN 3-922508-87-1

Steven M. Stanley
Krisen der Evolution
248 Seiten, ISBN 3-922508-89-8

Peter W. Atkins
Moleküle
200 Seiten, ISBN 3-922508-90-1

David H. Hubel
Auge und Gehirn
240 Seiten, ISBN 3-922508-92-8

J. E. Gordon
Strukturen unter Stress
208 Seiten, ISBN 3-922508-94-4

Spektrum-Sachbücher

James D. Watson/John Tooze/
David T. Kurtz
Rekombinierte DNA
232 Seiten, ISBN 3-922508-34-0

Lawrence Crapo
Hormone
176 Seiten, ISBN 3-922508-15-4

Sally P. Springer und Georg Deutsch
Linkes/Rechtes Gehirn
248 Seiten, ISBN 3-922508-14-6

Michael G. Koch
AIDS
320 Seiten, ISBN 3-922508-97-9

Robert Kail/James W. Pellegrino
Menschliche Intelligenz
192 Seiten, ISBN 3-922508-16-2

Christian de Duve
Die Zelle
456 Seiten, ISBN 3-922508-92-8

Banesh Hoffmann
Einsteins Ideen
200 Seiten, ISBN 3-922508-18-9

John R. Anderson
Kognitive Psychologie
432 Seiten, ISBN 3-922508-19-7

Robert W. Weisberg
Kreativität und Begabung
208 Seiten, ISBN 3-89330-698-6

CIP-Kurztitelaufnahme der Deutschen Bibliothek

Chaos und Fraktale / mit e. Einf. von H. Jürgens.
– Heidelberg: Spektrum-der-Wissenschaft-Verlags-
gesellschaft, 1989.
(Spektrum-der-Wissenschaft: Verständliche Forschung)
ISBN 3-922508-54-5
NE: Jürgens, Hartmut [Vorr.]

© 1989
Spektrum der Wissenschaft Verlagsgesellschaft mbH
6900 Heidelberg

Lektorat: Katharina Neuser-von Oettingen
Produktion: Karin Kern

Typographie, Umschlag- und Buchgestaltung:
Design Studio Henri Wirthner, Gengenbach

Gesamtherstellung:
Klambt-Druck GmbH, Speyer